水库泄洪排沙建筑物体型与布局研究及实践

赵连军　武彩萍　吴国英　陈俊杰　宋莉萱　等编著
潘　丽　张文皎　王嘉仪　罗立群　张　源

黄河水利出版社
·郑　州·

内 容 提 要

本书集合了黄河水利科学研究院近 20 年来对国内外十几个坝体较高的水库泄洪排沙建筑物的水力学及泥沙问题模型试验研究成果,包括溢洪道单体模型、泄洪洞单体模型、导流洞单体模型和枢纽整体模型。书中对水库泄水建筑物涉及的水力学和泥沙问题进行了大量详细研究论证,如溢洪道和泄洪洞的体型优化和下游消能、导流洞进口漩涡和洞内明满流过渡问题、水利枢纽整体布局是否合理、泄水建筑物前泥沙淤积和下游冲刷与防护等。

本书可供从事水电枢纽设计、水力学及泥沙模型试验等工作的科技人员及高等院校相关专业师生阅读参考。

图书在版编目(CIP)数据

水库泄洪排沙建筑物体型与布局研究及实践/赵连军等著. —郑州:黄河水利出版社,2019.11
ISBN 978 - 7 - 5509 - 2238 - 9

Ⅰ.①水… Ⅱ.①赵… Ⅲ.①水库 - 泄水建筑物 - 研究 ②水库泥沙 - 淤积控制 - 水工建筑物 - 研究
Ⅳ.①TV62②TV145

中国版本图书馆 CIP 数据核字(2018)第 292028 号

组稿编辑:王路平 电话:0371 - 66022212 E-mail:hhslwlp@126.com

出 版 社:黄河水利出版社 网址:www.yrcp.com
地址:河南省郑州市顺河路黄委会综合楼 14 层 邮政编码:450003
发行单位:黄河水利出版社
发行部电话:0371 - 66026940、66020550、66028024、66022620(传真)
E-mail:hhslcbs@126.com
承印单位:河南新华印刷集团有限公司
开本:787 mm × 1 092 mm 1/16
印张:39.5
字数:920 千字
版次:2019 年 11 月第 1 版 印次:2019 年 11 月第 1 次印刷
定价:200.00 元

前　言

水力学在农田水利、水力发电、航运、交通运输等部门应用广泛，而试验水力学更是在大量生产实践中有着不可或缺的作用，如河道整治、农田水利、水资源及水电开发等方面。黄河水利科学研究院自20世纪50年代以来，跟随黄河流域水利开发进程，开展了大量的水力学试验方面的研究，如龙羊峡水库、刘家峡水库、青铜峡水利枢纽、天桥水电站、三门峡水库、小浪底水库、西霞院水库等。随着国家经济的发展，黄河水利科学研究院不但继续服务于黄河流域水利建设，还承接了大量国内外有关水力学试验方面的任务。本书精选了黄河水利科学研究院近20年来完成的十几个坝体较高的工程水力学试验成果，包括水库溢洪道、溢洪洞、泄洪洞、导流洞、泄洪排沙洞单体和水利枢纽整体水力学模型试验。不仅涉及水力学问题，还包括泥沙问题。每个试验成果都详述了模型设计、试验手段、原设计试验、多组次修改试验及建议，对泄洪排沙建筑物的泄流能力、过流面压力分布和特征点脉动压力情况、流道流速分布、水深变化、下游消能冲刷和库区拉沙等具体水力学参数进行了系统的观测分析，为这些工程设计工作深入和优化提供了可靠的试验依据。

本书收集的试验成果时间跨度有20多年，参加的人员很多，主要有赵连军、武彩萍、吴国英、陈俊杰、宋莉萱、潘丽、张文皎、王嘉仪、罗立群、张源、朱超、李远发、任艳粉、郭慧敏、勾兆莉、王德昌、来志强等。

作　者

2019 年 7 月

目　录

前　言

第1篇　基础理论篇

第2篇　整体模型试验篇

第 1 篇　基础理论篇

第一章 基础护理篇

第 1 章　水工模型试验理论基础

水工模型试验,因其本身特点及场地、设备等条件的限制,设计制作时往往要缩小原型,从而产生模型和原型的相似问题。同时,水工模型必须能复演原型中各种动力因素影响下发生的物理力学现象,才能很好地用于研究和解决水利工程的实际问题。不仅如此,由于流体力学、河流动力学等理论及实际工程问题的复杂性,模型往往无法获得严格的相似,还需要采用某种近似模拟的方法。因此,水工模型试验必须建立在基于相似原理的模型试验方法上才具有普遍的推广意义。本章将从一般的相似现象和原理出发,系统地介绍水工及河工模型试验的相似条件、相似准则等。

1.1　相似现象及相似概念

所谓相似现象,通常指的是自然界中物理现象的相似,即两个物理体系的形态和某种变化过程相似。从广义的角度来说,相似大致有三种含意:①同类相似(相似);②异类相似(拟似);③变态相似(差似)。

要求两种物理现象严格的相似,必须保证这两种现象具有同一的物理性质,例如一种流体运动与另一种流体运动、一种机械运动与另一种机械运动。

如果两个物理体系的物理性质不同,但它们的变化过程遵循同一数学规律,如人们熟悉的渗流场与电场、扩散与热传导等,它们之间也存在着广义的相似。这种通过研究一种物理现象的变化规律去了解另一种物理现象的方法,即通常所说的“模拟”。

同类相似(简称相似)是本书重点讨论的对象。几何相似是相似现象最基本的条件,而具有“同一物理性质”是相似现象的重要前提,如即使同为流体运动,若流态不同,则其流体内部的阻力规律也完全不同。“同名物理量”即表征一种物理属性,如长度对应长度,流量对应流量等。相似现象同名物理量具有固定的比例常数,这一固定的比例常数称为相似常数,在模型设计中称为比尺,通常用 λ 表示。总而言之,如果两个力学系统相似,必然能用相同的数学物理方程来进行描述,并同时满足以下三个相似条件,即几何相似、运动相似和动力相似。

1.1.1　几何相似

我们知道,最早在几何学中就有相似的概念,例如若两个三角形对应边成同一比例,或对应角相等,则称为相似三角形。这一概念可推广到其他物理现象中,即两个体系(通常一个是实际的物理现象,称为原型;另一个是在试验中进行重演或预演的同类物理现象,称为模型)彼此所占据的空间的对应尺寸之比为同一比例常数,则称这两个系统彼此几何相似,该比例常数即为长度比尺 λ。例如,在两个空间体系 xyz 和 $x'y'z'$ 中,空间对应尺寸之比为

$$\left.\begin{array}{l} \dfrac{x_1 x_2}{x'_1 x'_2} = \lambda_x \\[3mm] \dfrac{y_1 y_2}{y'_1 y'_2} = \lambda_y \\[3mm] \dfrac{z_1 z_2}{z'_1 z'_2} = \lambda_z \end{array}\right\} \qquad (1\text{-}1\text{-}1)$$

若 $\lambda_x = \lambda_y = \lambda_z = \lambda_l$，则两空间体系严格几何相似，即"正态相似"，如大小不同的两个圆球体。若 $\lambda_x = \lambda_y \neq \lambda_z$，即平面几何比尺与垂直几何比尺不同，则两体系就不是正态相似，而是"变态相似"，例如圆球体与椭球体、正方体与长方体。通常把平面几何比尺与垂直几何比尺的比称为变率 η，即

$$\frac{\lambda_x}{\lambda_z} = \eta \qquad (1\text{-}1\text{-}2)$$

显然，变率越大，几何相似性越差。

1.1.2　运动相似

运动相似是指两体系中对应的两个质点沿着几何相似的轨迹运动，在互成一定比例的时间内通过一段几何相似的路程（见图 1-1-1），即两个体系动态相似。

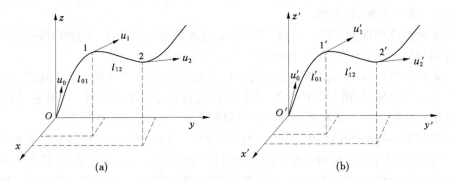

(a)	(b)

图 1-1-1　质点运动相似

若路程 l、时间 t、速度 u、加速度 a 各要素的比尺分别为 λ_l、λ_t、λ_u 和 λ_a，即

$$\left.\begin{array}{l} \dfrac{l_{01}}{l'_{01}} = \dfrac{l_{12}}{l'_{12}} = \cdots = \lambda_l \\[3mm] \dfrac{t_{01}}{t'_{01}} = \dfrac{t_{12}}{t'_{12}} = \cdots = \lambda_t \\[3mm] \dfrac{u_{01}}{u'_{01}} = \dfrac{u_{12}}{u'_{12}} = \cdots = \lambda_u \\[3mm] \dfrac{a_{01}}{a'_{01}} = \dfrac{a_{12}}{a'_{12}} = \cdots = \lambda_a \end{array}\right\} \qquad (1\text{-}1\text{-}3)$$

则图 1-1-1 所示的两质点运动相似可表示为

$$\left.\begin{array}{r} \vec{l} = \lambda_l \vec{l}' \\ t = \lambda_t t' \\ \vec{u} = \lambda_u \vec{u}' \\ \vec{a} = \lambda_a \vec{a}' \end{array}\right\} \tag{1-1-4}$$

在以上体系中,各种比尺始终保持某一固定常数,这些常数之间并不一定相同,这是由现象本身规律所决定的,且它们之间存在一定的制约关系。在图 1-1-1 中有

$$\left.\begin{array}{r} u_{01} = \dfrac{l_{01}}{t_{01}} \\ u'_{01} = \dfrac{l'_{01}}{t'_{01}} \end{array}\right\} \tag{1-1-5}$$

由于 $u_{01} = \lambda_u u'_{01}$, $l_{01} = \lambda_l l'_{01}$, $t_{01} = \lambda_t t'_{01}$ 代入式(1-1-5)得

$$\lambda_u u'_{01} = \frac{\lambda_l}{\lambda_t} \frac{l'_{01}}{t'_{01}} \tag{1-1-6}$$

或

$$\frac{\lambda_u \lambda_t}{\lambda_l} u'_{01} = \frac{l'_{01}}{t'_{01}} \tag{1-1-7}$$

于是有 $\dfrac{\lambda_u \lambda_t}{\lambda_l} = 1$ 。

$\dfrac{\lambda_u \lambda_t}{\lambda_l}$ 称为两相似体系运动的"相似指标"。式(1-1-7)还可以进一步改写为

$$\left(\frac{ut}{l}\right)_p = \left(\frac{ut}{l}\right)_m = idem = K \tag{1-1-8}$$

式中, $\left(\dfrac{ut}{l}\right)_p$ 和 $\left(\dfrac{ut}{l}\right)_m$ 都是无因次数,称为相似准数或相似判据。

相似指标等于 1,或原型与模型的相似准数保持为同量并始终等于某一常数 K ,是两体系运动相似的必要条件。

式(1-1-8)也说明,在相似系统中,各种比尺或各物理量均服从于相应的公式或方程,且彼此相互制约,互不独立。如上例中,一旦 λ_l 、 λ_t 确定, λ_u 也就确定了。因此,在模型设计中,各种比尺的确定要满足相应的相似指标的约束关系,而不能全部任意指定。

1.1.3　动力相似

两个几何相似体系中,对应点上的所有作用力方向相互平行,大小成同一比例,则这两个体系动力相似,即力的作用相似。

$$\frac{\vec{F}}{\vec{F}'} = \lambda_F \tag{1-1-9}$$

式中, λ_F 为力的比尺。

一个物理体系,可能同时存在有多个动力作用。如水利工程中,可能遇到的作用力包

括惯性力F_I、重力F_g、黏滞力F_μ、摩阻力F_D、表面张力F_σ和弹性力F_e等。在动力相似体系中,所有这些对应的力的方向应相互平行、大小成同一比例,即

$$\lambda_{F_I} = \lambda_{F_g} = \lambda_{F_\mu} = \lambda_{F_D} = \lambda_{F_\sigma} = \lambda_{F_e} = \lambda_F$$

1.2　模型试验相似理论

水工及河工模型试验的主要目的在于通过模型试验塔可准确地模拟各种动力因素下水利工程及其周围水域水流、河床变化等现象,并将试验中获得的可靠结果推广应用于原型。水工及河工模型试验所研究的问题是非常复杂的,要达到上述目的,就必须解决模型设计和试验应满足哪些具体相似条件、试验中应采集哪些物理量、试验成果如何整理和推广应用等一系列问题。

和其他领域的模型试验一样,水工及河工模型试验的基础是相似理论。人们对自然界相似现象及规律的认识和研究已有200多年的历史,一些学者对相似理论进行总结,提出了具有概括性的"相似三定理"。

1.2.1　相似第一定理

彼此相似的物理体系应由同一方程式描述,各变量之间保持一定的比例,其相似指标为1或者它们的各种相似准数的数值相同。

相似第一定理阐明了本章第一节中所讨论的相似现象所具有的性质及相似准则的存在。下面结合对力学现象最一般的规律——牛顿第二定律进行相似变换,进一步说明相似第一定理。一般模型试验研究的是原型中的某一具体的运动现象,不论是原型还是模型均应遵循牛顿第二定律。

$$\vec{F} = M\vec{a} = M\frac{\mathrm{d}\vec{u}}{\mathrm{d}t} \tag{1-1-10}$$

对于原型,应有

$$\vec{F}_P = M_P\frac{\mathrm{d}\vec{u}_P}{\mathrm{d}t_P} \tag{1-1-11}$$

对于模型,同样应有

$$\vec{F}_m = M_m\frac{\mathrm{d}\vec{u}_m}{\mathrm{d}t_m} \tag{1-1-12}$$

则各同名物理量之间应有固定的相似比尺

$$\lambda_F = \frac{\vec{F}_P}{\vec{F}_m} \quad \lambda_M = \frac{M_P}{M_m} \quad \lambda_u = \frac{\vec{u}_P}{\vec{u}_m} \quad \lambda_t = \frac{t_P}{t_m} \tag{1-1-13}$$

将它们代入(1-1-11)并整理得

$$\frac{\lambda_F\lambda_t}{\lambda_M\lambda_u}\vec{F}_m = M_m\frac{\mathrm{d}\vec{u}_m}{\mathrm{d}t_m} \tag{1-1-14}$$

对比式(1-1-12)可知,式(1-1-14)左端的系数项应等于1,即得到相似指标

$$\frac{\lambda_F \lambda_t}{\lambda_M \lambda_u} = 1 \tag{1-1-15}$$

式(1-1-15)表明,仅当这一相似指标为 1 时,原型和模型才都遵循牛顿第二定律。进一步改写可得到如下相似准数

$$\left(\frac{F_t}{M_u}\right)_P = \left(\frac{F_t}{M_u}\right)_m = idem = K \tag{1-1-16}$$

式(1-1-16)称为牛顿相似准数,又称牛顿数,通常用 N_e 表示。

以上推导表明,若两体系现象相似,其几何尺寸和各物理量的值改变一个倍数(比尺)后表示运动规律的方程式不变,则可以据此得到若干个无因次的相似准数,作为判别现象相似的一种标志。这些相似准数是由该体系中的某些物理量按照一定规则组合而成的,相似指标也是由体系中同名物理量的比尺组合而成的。因此,这些物理量和物理量的比尺不再是独立存在的,而是服从相似准数及相似指标的约束,即两相似体系存在某种相似准则。

1.2.2　相似第二定理

对于两个同一类物理现象,如果它们的定解(单值)条件相似,而且由定解条件物理量所组成的相似准数相等,则现象必定相似。

模型设计最关键的问题是找出满足哪些条件才达到相似。由相似第一定理知道,模型与原型现象相似,则必然遵循同一客观规律,具有同等的相似准数,这是以现象相似为前提得出的结论,构成了现象相似的必要条件。但是不是只要按照相似准则去设计模型的各种比尺和测量各种物理量,就能使原型和模型的现象相似并获得符合实际的试验结果呢?

给定一个方程,一般只能描述某一现象的一般规律,还不能确定具体的运动状态,必须附加一些条件(如给定开始运动情况或在边界上施加一些约束,即给出初始条件或边界条件),才能完全确定其具体运动状态。例如,不可压缩的黏性流体最普遍的运动方程式是水流运动方程和水流连续方程,只有给定自由表面边界条件和水流运动的初始条件后,这一流动才是特定的。这些条件称为定解条件或单值条件,有了这些条件就能够从一个普遍规律的无数现象中区别出某一特定的具体现象。因此,若要使某一具体的现象完全相似于另一具体现象,定解条件相似是现象相似的第二个必要条件,与相似准数相等共同构成了现象相似的充分必要条件。定解条件决定现象过程的特点,若这一条件不相似,则不可能保证现象时时处处总是相似。

定解条件相似包括:几何相似,介质物理性质相似,边界条件相似(如水流进出口处几何相似、流场相似等),初始条件相似。

相似第二定理讨论了满足哪些条件(必要而且充分)现象才达到相似的问题。模型设计的关键问题就在于找出必须遵循的相似条件,因此相似第二定理是相似理论的核心。

1.2.3　相似第三定理

相似第三定理表示物理过程的微分方程式可以转换为由若干个无因次的相似准数组

成的准数方程式。

如前所述,两物理体系相似,则表示其运动规律的方程式中的各物理量都乘上一对应比数(比尺)后的方程式仍然不变,由此可以得到若干个无因次的相似准数。描述某一物理现象的微分方程式既然表达了某些物理量间的函数关系,那么同这些物理量所组成的相似准数之间必然也存在着某种函数关系,称为相似准数方程或相似判据方程。各相似准数都是一个无因次的复合数,如牛顿数、弗劳德数、雷诺数等。相似准数方程可表示为

$$f(\pi_1, \pi_2, \cdots, \pi_n) = 0 \tag{1-1-17}$$

因此,相似第三定理又可称为第 2 章所述的 π 定理。由第 2 章可知,一个有 n 个变量参与作用的物理过程的函数式,经过处理,可以变为仅包含若干个无因次数的函数式,此准数方程与原微分方程表达的是同一物理规律。我们知道,物理现象相似也就是各物理量改变一个倍数而其运动规律保持相同,即表示其运动规律的方程式不变。由于准数方程中所包含的都是无因次数,其数值不会随单位更换而改变,那么将准数方程的各项数值倍增或倍减某一个比数,即可得到表征某一物理现象的具体函数关系式。也就是说,模型试验的结果若整理成准数方程后就可推广到原型中去。因此,对于凭借数学分析方法无法求解或难以求解的一些复杂现象的方程,以及尚未建立起数学方程的某些物理现象,相似理论提供了通过模型试验进行求解的一个有效途径。

综上所述,以相似三定理为总结的相似理论实质上是指导模型试验的基本理论,是规划试验方案、进行模型设计、组织试验、整理试验成果以及将试验结果推广到原型的理论依据。按照相似理论,我们在模型试验中,必须满足定解条件相似。必须使相似准数相等,应当采集相似准数中所包含的各个物理量,并且将试验成果整理成相似准数之间的函数关系式,这样才可以将它们推广到原型中去。

1.3　水工模型试验中常用的相似准则

1.3.1　相似性力学

水工模型定律即水力相似性原理,应用范围可分为两方面:①借水工模型试验分析研究水工建筑物或水力机械的设计问题、施工方法以及检验实际运行情况等;②流体运动现象的基本理论研究。

水力相似性根据力学原理可分为以下三种。

1.3.1.1　几何相似性

几何相似指模型与原型几何形状和边界条件的相似,即模型与原型相应长度的比例 λ_L 为一定值。根据定义得

$$\frac{L_P}{L_m} = \lambda_L \tag{1-1-18}$$

式中,P、m 分别表示原型、模型。

模型比例 λ_L 的倒数 $1/\lambda_L$ 习惯上称为模型缩尺。

在水工模型制造中必须遵守的基本法则:尽可能在工艺上保持一定的几何相似性。

由于某一方面无法达到完全相似而导致水流运动的某种程度的变态必须心中有数,以免发生未能预知的误差。

1.3.1.2　运动相似性

运动相似模型与原型中水流质点运动的流线几何相似,这要求原型与模型间流速比例 λ_V 为一定值,故运动相似的必要条件为

$$\frac{V_P}{V_m} = \lambda_V = \frac{\lambda_L}{\lambda_T} = \lambda_L \lambda_T^{-1} \tag{1-1-19}$$

$$\frac{a_P}{a_m} = \lambda_a = \frac{\lambda_V}{\lambda_T} = \lambda_L \lambda_T^{-2} \tag{1-1-20}$$

$$\frac{Q_P}{Q_m} = \frac{L_P^3}{L_m^3} \frac{T_P^{-1}}{L_m^{-1}} = \lambda_L^3 \lambda_T^{-1} \tag{1-1-21}$$

式中,下角 T、V、a 及 Q 分别表示时间、流速、加速度及流量。

1.3.1.3　动力相似性

动力相似指模型与原型水流中相应点作用力的相似性。例如,流过弧形闸门的水流,为达到模型与原型的几何相似,选用模型长度比例为 $\lambda(L_1) = \lambda(L_2) = \lambda(L_3) = \lambda_L$,同时保持运动相似 $\lambda(V_a) = \lambda(V_b) = \lambda_V$。

设于水流中 C 点有 3 种作用力,根据其向量图形的相似性及牛顿第二定律($F = M_a$),可得

$$\frac{(F_1)_P}{(F_1)_m} = \frac{(F_2)_P}{(F_2)_m} = \frac{(F_3)_P}{(F_3)_m} = \frac{M_P (a_c)_P}{M_m (a_c)_m} = \lambda_F \tag{1-1-22}$$

即为了达到动力相似,沿流路所有相应点的 λ_F 比例必须保持一定。从向量图可明显看出

$$F_1 \mapsto F_2 \mapsto F_3 = \frac{M a_c}{g_c} \tag{1-1-23}$$

式中,$\mapsto$ 表示向量加法;M 为质量;a_c 为加速度;g_c 为比例常数(尺度为 $M \cdot \dfrac{L}{F} \cdot T^2$,即 kg·m/(N·s²))。

从式(1-1-23)亦可得

$$\lambda_F = \frac{(F_1)_P \mapsto (F_2)_P \mapsto (F_3)_P}{(F_1)_m \mapsto (F_2)_m \mapsto (F_3)_m} = \frac{M_P (a_c)_P}{M_m (a_c)_m} \tag{1-1-24}$$

1.3.2　流体作用力与特别模型定律

使流体发生运动的常见作用力有以下 8 种,其尺度表示如下:

(1)惯性力 F_i = 质量×加速度 = $(\rho L^3)(L/T^2) = \rho L^2 V^2$

(2)重力 F_g = 质量×重力加速度 = $(\rho L^3)g = \gamma L^3$

(3)黏滞力 F_μ = 黏滞剪切应力×剪切面积 = $\tau L^2 = \mu(\dfrac{\mathrm{d}V}{\mathrm{d}z})L^2 = \mu(V/L)L^2 = \mu L V$

(4)压力 F_p = 压强×面积 = $p L^2$

(5)弹性力 F_E = 弹性模量×面积 = $E L^2$

（6）表面张力$F_\sigma =$ 表面张力强度×长度 $= \sigma L$

（7）离心力$F_\omega =$ 质量×加速度 $= (\rho L^3)(L/T^2) = \rho L^4 \omega^2$

（8）振动力$F_f =$ 质量×加速度 $= (\rho L^3)(L/T^2) = \rho L^4 f^2$

上述式中，γ 为密度；ω 为角速度；f 为振动频率。

如果上述 8 种作用力都作用在某一流体单元上，则模型与原型的完全动力相似要求

$$\lambda_F = \lambda(F_i \mapsto F_g \mapsto F_\mu \mapsto F_p \mapsto F_E \mapsto F_\sigma \mapsto F_\omega \mapsto F_f) = \lambda(M_a) \tag{1-1-25}$$

同时，完全的动力相似性尚须符合

$$\lambda(F_i) = \lambda(F_g) = \lambda(F_\mu) = \lambda(F_p) = \lambda(F_E) = \lambda(F_\sigma) = \lambda(F_\omega) = \lambda(F_f) = \lambda(M_a) \tag{1-1-26}$$

式（1-1-25）及式（1-1-26）为流体运动的完全动力相似必要条件，但模型流体则无法选择出使其不同作用力同时与原型流体相似（$\lambda_F = 1$ 除外）。

实际上，很多实际工程问题中，流体运动中的某些作用力常不发生作用或影响甚微，故可仅仅考虑惯性力及某一种主要作用力以满足式（1-1-25）或式（1-1-26）的比例关系，得出原型与模型间各量的相似定律，即特别模型定律。

惯性力比例可写成 $\lambda(M_a) = \lambda_\rho \lambda_L^4 \lambda_T^{-2}$，当模型与原型流体选定后，$\rho_r$ 为常数，故惯性力比例可写成长度和时间比例的函数

$$\lambda(M_a) = \varphi_1(\lambda_L, \lambda_T) \tag{1-1-27}$$

$$\lambda_F = \varphi_2(\lambda_L, \lambda_T) \tag{1-1-28}$$

动力相似的必要条件，按式（1-1-25）及式（1-1-26），原型与模型间惯性力的比例必须与所考虑的主要作用力的比例相等

$$\varphi_1(\lambda_L, \lambda_T) = \varphi_2(\lambda_L, \lambda_T)$$

故得

$$\lambda_T = \varphi(\lambda_L) \tag{1-1-29}$$

对于所考虑的主要作用力，式（1-1-29）即为该种作用力的动力相似特别模型定律。

应用特别模型定律时一般先决定 λ_L，其次由特别模型定律的关系式算出 λ_T，根据 λ_L 和 λ_T 即可推演出动力相似的其他各量的比例关系。

如果作用于流体运动系统中的力需要同时考虑两种作用力 F_1 及 F_2，则根据模型与原型动力相似的必要条件得

$$\lambda(M_a) = \lambda(F_1) = \lambda(F_2)$$

而

$$\lambda(M_a) = \varphi_1(\lambda_L, \lambda_T) \tag{1-1-30}$$

$$\lambda(F_1) = \varphi_2(\lambda_L, \lambda_T) \tag{1-1-31}$$

$$\lambda(F_2) = \varphi_3(\lambda_L, \lambda_T) \tag{1-1-32}$$

式（1-1-30）～式（1-1-32），3 个方程式含有 3 个变数 $\lambda(M_a)$、λ_L 及 λ_T，其间只有一组解答存在，故原型与模型间的比例关系均因流体的选定而随之确定，没有任何其他模型比例选择的可能。

1.3.3　重力相似定律

今考虑原型与模型促成运动的主要作用力为重力，将次要影响力略去不计，则重力比例为

$$\lambda(F_g) = \frac{\gamma_P L_P^3}{\gamma_m L_m^3} = \lambda_\gamma \lambda_L^3 \tag{1-1-33}$$

按原理与模型动力相似的必要条件,惯性力比例与作用力比例相等,即 $\lambda_\rho \lambda_L^4 \lambda_T^{-2} = \lambda_\gamma \lambda_L^3$ 或 $\lambda_\rho \lambda_L^4 \lambda_T^{-2} \lambda_\gamma^{-1} = 1$,故得重力相似定律

时间比例 $$\lambda_T = (\lambda_L / \lambda_g)^{1/2} \tag{1-1-34}$$

流速比例 $$\lambda_V = (\lambda_g \lambda_L)^{1/2} \tag{1-1-35}$$

由于 $\lambda_g = 1$,式(1-1-36)、式(1-1-37)可写成

$$\lambda_T = \lambda_L^{1/2} \tag{1-1-36}$$

$$\lambda_V = \lambda_L^{1/2} \tag{1-1-37}$$

其他各量的模型比例,皆可从式(1-1-36)及式(1-1-37)推导得出

流量比例 $$\lambda_Q = \lambda_A \lambda_V = \lambda_L^2 \lambda_L^{1/2} = \lambda_L^{5/2} \tag{1-1-38}$$

力的比例 $$\lambda_F = \lambda_\rho \lambda_L^4 \lambda_T^{-2} = \lambda_\rho \lambda_L^4 \lambda_T^{-1} = \lambda_\rho \lambda_L^3 \tag{1-1-39}$$

若 $\lambda_\rho = 1$,则

$$\lambda_F = \lambda_L^3 \tag{1-1-40}$$

从式(1-1-35)的 λ_V 的比例关系可得

$$\lambda_V / \sqrt{\lambda_g \lambda_L} = \lambda(Fr) = 1 \tag{1-1-41}$$

式中,Fr 表示水流重力特性的参数(弗劳德数),考虑重力为主要作用力而设计模型时,其相似条件即原型与模型的弗劳德数 Fr 必须相等。

实际上,水流由于重力作用发生流动的同时,边界面对流体产生阻力作用。设 τ_0 为单位边界面对水流的剪力,p 为湿周长,l 为流路长度,则对水流发生作用的阻力为

$$F_\sigma = \tau_0 p l \tag{1-1-42}$$

因为,$\tau_0 = \gamma RS = \rho g RS$,故

$$\lambda(F_g) = \lambda(\rho g RS p l) = \lambda_\rho \lambda_g \lambda_L^3 \lambda_S \tag{1-1-43}$$

根据 $$\lambda(M_a / F_g) = \lambda_\rho \lambda_L^2 \lambda_V^2 / \lambda_\rho \lambda_g \lambda_L^3 \lambda_S = \lambda_V^2 / \lambda_g \lambda_L \lambda_S = 1$$

故得

$$(Fr) \lambda_S^{-\frac{1}{2}} = 1 \tag{1-1-44}$$

式中,R 为水力半径;S 为水力坡降。

式(1-1-44)指明,按弗劳德模型定律设计的模型,为获得阻力相似,应使原型与模型水力坡度一致。

对于阻力平方区的紊流,水力坡降 S 如按谢才公式计算,可得

$$\lambda_S = \lambda(V^2 / C^2 R) = 1 \tag{1-1-45}$$

或 $$\lambda_C = 1 \tag{1-1-46}$$

式中,C 即谢才公式中的谢才系数,从 $C = \sqrt{8g/\lambda}$,可得阻力系数 λ 的模型比例

$$\lambda_\lambda = 1 \tag{1-1-47}$$

而 $\lambda = f(\Delta / R)$,故得

$$\lambda(\Delta / R) = 1 \tag{1-1-48}$$

式中,Δ 为粗糙率凸起高度;Δ / R 为相对粗糙率。

式(1-1-48)表明,按重力相似定律设计模型时,要求渠道的相对粗糙率必须相等。

如根据曼宁公式 $V = \dfrac{1}{n} R^{2/3} S^{1/2}$ 得

$$\lambda_V = \lambda\left(\dfrac{1}{n} R^{2/3} S^{1/2}\right) = \lambda_L^{2/3} \lambda_n^{-1} \tag{1-1-49}$$

故得渠道粗糙率系数 n 的模型比例

$$\lambda_n = \lambda_L^{1/6} \tag{1-1-50}$$

从上述原理可知,按弗劳德模型定律设计模型,为符合原型与模型间的阻力相似,使水力坡降一致,必须使原型和模型间包括粗糙率在内的边界条件完全相似。

但实际缩制模型时,技术上不易解决粗糙率的缩制问题,故很难达成原型和模型间的完全动力相似。所幸,对具有自由表面的紊流,重力作用远较其他作用力显著。故一般水工建筑物模型中,如比例适当,边界面的粗糙率即使不能达到式(1-1-50)的要求,在尽可能做到平整光滑的条件下,模型中所测得的结果仍可使用。由于粗糙率不相似而产生的缩尺影响,可设法进行校正,包括必要时进行不同比例的模型试验。

由于受重力作用具有自由液面流动现象在水力学中占主要位置,故水工模型试验中,弗劳德模型定律的应用范围远较其他模型定律为广。

1.3.4　黏滞力相似定律

设有两相邻薄层流体表面,其垂直距离为 z,当上层流体受作用力 F 时,则上、下两薄层 $abcd$ 间(见图 1-1-2)的流体将发生角变形而变成 $ebcf$,$\angle abe$ 的变形速率为 V/ab,一般

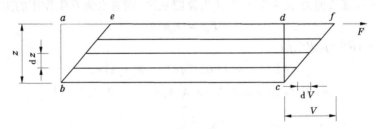

图 1-1-2　相邻薄层流体黏滞力作用示意图

情况用 $\mathrm{d}V/\mathrm{d}z$ 表示。如单位面积上因角变形所受的剪力为 τ,则 $\tau \propto \mathrm{d}V/\mathrm{d}z$,即

$$\tau = \mu \dfrac{\mathrm{d}V}{\mathrm{d}z} \tag{1-1-51}$$

式中,μ 为流体的动黏滞率。

若两相邻薄层流体间的面积为 A,则其间的黏滞力应为

$$F_\mu = \gamma A = \mu \dfrac{\mathrm{d}V}{\mathrm{d}z} A \tag{1-1-52}$$

当运动的流体中黏滞力为主要作用力时,则原型和模型间黏滞力的比例为

$$\lambda(F_\mu) = \lambda_\mu \lambda\left(\dfrac{\mathrm{d}V}{\mathrm{d}z}\right) \lambda_A = \lambda_\mu \lambda_L^2 \lambda_T^{-1} \tag{1-1-53}$$

按原型和模型动力相似的必要条件,黏滞力比例与惯性力比例相等,即 $\lambda_\rho \lambda_L^4 \lambda_T^{-2} =$

$\lambda_\mu \lambda_L^2 \lambda_T^{-1}$，故得

$$\lambda_T = \lambda_L^2 \left(\frac{\lambda_\rho}{\lambda_\mu} \right) = \lambda_L^2 \lambda_V^{-1} \tag{1-1-54}$$

$$\lambda_V = \frac{\lambda_L}{\lambda_T} = \lambda_V \lambda_L^{-1} \tag{1-1-55}$$

式中，V 为流体的运动黏滞率，$V = \mu / \rho$。

式(1-1-54)及式(1-1-55)为雷诺模型定律的时间比例及速度比例。若模型流体与原型相同，$\lambda_V = 1$，则

$$\lambda_T = \lambda_L^2 \tag{1-1-56}$$

$$\lambda_V = \lambda_L^{-1} \tag{1-1-57}$$

从式(1-1-55)可得

$$\lambda_V \lambda_L / \lambda_V = \lambda(Re) = 1 \tag{1-1-58}$$

式中，Re 为雷诺数，表示流体黏滞性运动的参数。

从式(1-1-58)可知，当黏滞力支配运动时，流体运动的相似条件为原型与模型的 Re 数必须相等。应用雷诺模型定律主要研究不可压缩流体中紊流受流体内部摩擦力影响下的运动现象，或研究管道内无自由液面不可压缩流体的问题，例如潜艇在深水下的运动，以及飞机在大气中的飞行等。

$$\lambda_V \lambda_L = 1 \tag{1-1-59}$$

若 L_m 较原型 L_p 缩小 λ_L 倍，则模型中流速需要增大 λ_L 倍，才能保持水流运动的完全动力相似。这从例 5 和例 6 亦可看出。此外，管流模型借雷诺模型定律设计，所解决的实际问题有限，除特殊需要外，一般水工模型试验中雷诺模型定律很少应用。

至于研究输水管道进出口水流问题，因受重力作用，故仍应用弗劳德模型定律；研究输水管道内部水流情况时，必须保证紊流的雷诺数位于阻力平方区，同时对施测数值应加以适当的校正。

具有自由液面而流速甚低的层流及渗流，因黏滞力影响较大，且受重力作用，故设计此类模型时常将雷诺定律与弗劳德定律结合使用，即动力相似条件 $\lambda(Fr) = 1$ 和 $\lambda(Re) = 1$ 应同时成立，故从 $\lambda(Fr) = \lambda(Re)$ 得

$$\lambda_V / \sqrt{\lambda_g \lambda_L} = \lambda_V \lambda_L / \lambda_\nu \tag{1-1-60}$$

将 $\lambda_g = 1$ 代入式(1-1-60)即得

$$\lambda_L = \lambda_\nu^{\frac{2}{3}} \quad \text{或} \quad \lambda_L^{\frac{3}{2}} = \lambda_\nu \tag{1-1-61}$$

从式(1-1-60)可知，这种模型比例确定于所选择的流体。如果模型流体与原型相同，$\lambda_L = 1$，则失去模型试验意义，故模型流体应选择黏滞性较小者，λ_L 也不能太大。

1.3.5　压力相似定律

在不可压缩流体中运动的物体所受的压力

$$F_\gamma = \text{压强} \times \text{面积} = pL^2$$

而运动物体的惯性力　　　　　　　　　　　$F_i = \rho L^2 V^2$

当模型设计中只考虑压力为作用力时,按原型与模型动力相似的必要条件,惯性力比值与作用力比值相等,即

$$\lambda(\rho L^2 V^2) = \lambda(p L^2) \text{ 或 } \lambda_\rho \lambda_V^2/\lambda_p = \lambda(E_u) = 1 \tag{1-1-62}$$

式中,E_u 为表示流体压力特性的参数,称为欧拉数。

借模型研究原型物体在流体中运动,原型与模型的欧拉数必须相等。

1.3.6　弹性力相似定律

设某种可压缩流体的密度为 ρ。当增加单位面积上的压力 $\Delta\rho$ 时,相应的密度增加率为 $\Delta\rho/\rho$,由于 $\Delta p \propto (\Delta\rho/\rho)$,故可定义 $\Delta p = E(\Delta\rho/\rho)$,或

$$E = \rho(\Delta p/\Delta\rho) \tag{1-1-63}$$

式(1-1-63)中 E 为比例常数(弹性模量),此时可表示为作用在某种流体单位面积上的压力强度,故弹性力为

$$F = EA \tag{1-1-64}$$

设弹性力支配流体运动,则原型与模型间弹性力的比例为

$$\lambda_F = \lambda_E \lambda_A = \lambda_E \lambda_L^2 \tag{1-1-65}$$

根据动力相似的必要条件　$\lambda_\rho \lambda_L^4 \lambda_T^{-2} = \lambda_E \lambda_L^2$

则　　　　　　　　　$\lambda_T = \lambda_L/\sqrt{\lambda(E/\rho)}$

而运动弹性率 $e = E/\rho$,得模型的时间比例为

$$\lambda_T = \lambda_L \lambda_e^{-\frac{1}{2}} \tag{1-1-66}$$

流速比例为

$$\lambda_V = \lambda_L/\lambda_T = \lambda_e^{\frac{1}{2}} \tag{1-1-67}$$

若原型与模型的流体系统一致,则 $\lambda_e = 1$,式(1-1-66)及式(1-1-67)可写成

$$\lambda_T = \lambda_L \tag{1-1-68}$$
$$\lambda_V = 1 \tag{1-1-69}$$

式(1-1-67)可写成

$$\lambda_V \lambda_e^{-1/2} = \lambda(M_a) = 1 \tag{1-1-70}$$

或写成

$$\lambda(\rho V^2/E) = \lambda(C_a) = 1 \tag{1-1-71}$$

式(1-1-70)及式(1-1-71)中,M_a 及 C_a 为两种表示弹性力的参数,M_a 为马赫数,C_a 为柯西(Cauchy)数。进行弹性力模型试验时,动力相似的条件及柯西数 C_a(或 M_a 数)必须保持与原型值相等。

柯西模型定律一般用于空气动力学问题的研究中。由于水在水力学问题的试验研究中常作为不可压缩流体,故柯西定律很少应用于水工模型试验中。

1.3.7　表面张力相似定律

由于流体分子间的凝聚力。两种不相混合的液体、或液体与气体间分界面上产生表面张力现象。表面张力强度以单位长度的力衡量,今以 σ 表示,则表面张力的总力可写

成

$$F = \sigma L \qquad (1\text{-}1\text{-}72)$$

原型与模型间相应的表面张力的比例为

$$\lambda_F = \lambda_\sigma \lambda_L$$

如原型与模型间主要控制力为表面张力,则动力相似的必要条件为

$$\lambda_\rho \lambda_L^4 \lambda_T^{-2} = \lambda_\sigma \lambda_L \qquad (1\text{-}1\text{-}73)$$

或

$$\lambda_T = \lambda_L^{3/2} \lambda (\rho/\sigma)^{1/2} \qquad (1\text{-}1\text{-}74)$$

而运动毛管率 $\omega' = \sigma/\rho$,由式(1-1-74)可得

$$\lambda_T = \sqrt{\lambda_L^3/\lambda_{\omega'}} \qquad (1\text{-}1\text{-}75)$$

$$\lambda_V = \lambda_L/\lambda_T = \sqrt{\lambda_{\omega'}/\lambda_L} \qquad (1\text{-}1\text{-}76)$$

式(1-1-75)及式(1-1-76)即韦伯模型定律中的时间比例和速度比例。若原型与模型的流体相同, $\lambda_{\omega'} = 1$,则式(1-1-75)、式(1-1-76)分别改写成

$$\lambda_T = \lambda_L^{3/2} \qquad (1\text{-}1\text{-}77)$$

$$\lambda_V = \lambda_L^{-1/2} \qquad (1\text{-}1\text{-}78)$$

式(1-1-76)可改写成

$$\lambda (LV^2/\omega') = \lambda (W_e) = 1 \qquad (1\text{-}1\text{-}79)$$

式中, W_e 为韦伯数,表示流体表面张力特性的参数。

当表面张力支配运动时,动力相似条件为原型与模型的韦伯数必须相等。

韦伯模型定律亦很少应用于水工试验。流体运动中如小型沟渠的表面微波和土壤中的毛细管现象皆为表面张力现象。表面张力的作用在小模型中会引起缩尺影响,应予注意。

1.3.8　水力学常用公式的相似性

特别模型定律亦可从常用的水力学公式求出,但由此方法求得的比例关系,仍须考虑在某种情况下的流体运动特性,否则将会发生误差,现举例说明如下。

1.3.8.1　孔口水流

当模型与原型的孔口为几何相似,按孔口流速公式得出比例关系如下

$$\lambda_V = \lambda (c_0 \sqrt{2gH}) \qquad (1\text{-}1\text{-}80)$$

式中, c_0 为流速系数; H 为水头。

由于 $\lambda_g = 1$,在某一定流速范围内 $\lambda_{c_0} = 1$,故得

$$\lambda_V = \lambda_H^{1/2} = \lambda_L^{1/2} \qquad (1\text{-}1\text{-}81)$$

式(1-1-81)所表示的比例关系与弗劳德模型定律相同。孔口水流主要作用力显然为重力,故应用弗劳德定律自属合理,但当模型孔口甚小时,则流速系数 c_0 将随流速而有显著的变化,同时必须考虑流体黏滞性的影响,故 c_0 可写成

$$c_0 = f(VL/\upsilon) = f(Re) \qquad (1\text{-}1\text{-}82)$$

即当孔口较小时,孔口水流受黏滞性的影响,则须按雷诺模型定律进行校正。

1.3.8.2　堰流公式

过堰水流亦受重力作用,故原型与模型的相应堰流亦具有重力相似性。根据任何溢

流堰公式都可直接求出符合弗劳德定律中的流量比例 λ_Q。

设三角堰为几何相似,按三角堰公式可得出流量比例关系

$$\lambda_Q = \lambda(m_1 \sqrt{2g} \, H^{5/2}) \tag{1-1-83}$$

当流量系数 m_1 在一定范围内保持不变及 $\lambda_g = 1$,可得

$$\lambda_Q = \lambda_L^{5/2} \tag{1-1-84}$$

对于矩形堰,同样可得

$$\lambda_Q = \lambda(m_2 b \sqrt{2g} \, H^{3/2}) \tag{1-1-85}$$

式中,b 为堰顶宽度。

当流量系数 m_2 保持不变及 $\lambda_g = 1$ 时

$$\lambda_Q = \lambda(bH^{3/2})\lambda_L^{5/2} \tag{1-1-86}$$

必须注意,流量系数并非为一固定不变的值,它随行近流速、水深及流体黏滞率而变化,故在应用模型定律时,必须根据流体运动的物理特性加以适当的校正。

1.3.9　模型相似定律的应用

影响水流的因素极为复杂,首先必须根据原型流体运动的特性,确定出主要的作用力。如能选择模型比例,按适合的模型定律进行试验研究。

将原型水流边界条件按集合相似制成模型后,还必须注意使模型与原型的流态保持相似。水工模型流体通常采用水,原型水流一般皆为紊流,故模型中的水流亦必须保持为紊流,不得为层流。紊流与层流的界限,可以根据雷诺数 Re 的估算进行检验。

模型流体与原型相同时,$V_m = V_P$,则模型雷诺数为

$$(Re)_m = V_m R_m / \nu_m \tag{1-1-87}$$

式中,V 和 R 分别为某断面的平均流速和水力半径。

按重力相似定律设计模型时,$V_m = V_P \lambda_L^{-1/2}$,而 $R_m = R_P \lambda_L^{-1}$,代入式(1-1-87)得

$$(Re)_m = (V_P R_P / \nu_m)\lambda_L^{-3/2} \tag{1-1-88}$$

为保持模型水流为紊流,在选用 λ_L 时必须使

$$(Re)_m > (Re)_{cr} \tag{1-1-89}$$

式中,$(Re)_{cr}$ 表示临界雷诺数,为实验值。如:

(1)在直段明渠水流中,粗糙率为中等(或 $\dfrac{\Delta}{R} < \dfrac{1}{25}$)时为临界雷诺数

$$(Re)_{cr} = \frac{VR}{\nu} \approx 1\,400\,(\text{爱伦}) \tag{1-1-90}$$

(2)粗糙表面矩形明渠水流

$$(Re)_{cr} = \frac{VR}{\nu} > 1\,400\,(\text{爱伦}) \tag{1-1-91}$$

(3)长度比例的最小许可值

$$(\lambda_L)_{\min} > (30 \sim 50)(RV)_P^{2/3}\,(\text{阿格罗斯金}) \tag{1-1-92}$$

亦可参考水力学中关于 $\lambda \sim Re$(阻力系数~雷诺数)曲线验证 $(Re)_m$。

缓流与射流的界限可用弗劳德数 Fr 判断,即

缓流 $\qquad Fr < 1$ 或 $V < \sqrt{gh}$ $\qquad$ (1-1-93)

射流 $\qquad Fr > 1$ 或 $V > \sqrt{gh}$ $\qquad$ (1-1-94)

式中, h 为试验断面的水深。

如原型水流具有表面波浪,模型中亦需要有波浪显现时,则水流表面流速

$$V_{\delta\omega} > 23 \text{ cm/s (经验值)} \qquad (1-1-95)$$

在模型试验中一方面需要照顾到水流的相似,另一方面也需要注意到,不得使模型中水流运动的次要作用力因模型缩小而对主要作用力的相似产生显著影响。如由于模型过小,表面张力对水流运动发生干扰作用等。

以上几点限制为模型缩尺 $(1/\lambda_L)$ 的下限。当 λ_L 较小或模型愈大时,则缩尺影响愈小,试验所得结果愈精确。但模型愈大,则愈不经济,有时亦为实际条件所不许可。故在实际选用模型比例时,应对试验场地的面积,能供给的试验流量,以及时间和所需费用的经济适用等因素,与试验精度要求进行综合考虑,全面比较。一般水工建筑物模型的长度比例 λ_L 大多为 $20 \sim 120$。

此外尤应特别注意,模型水流中的某些现象不能一概按比例推算到原型现象中,如掺气或负压问题等。

从纯数理观点出发,模型与原型达成完全相似几乎不可能,但模型比例选择适当,模型与原型间的主要作用力仍存在足够的相似性,据以观察和解决多种水力学问题。

1.3.10　缩尺影响

综上所述,模型与原型水流运动的关系取决于水力相似性定律,由于模型水流不可能同时满足所有的相似性定律,故不能达到完全的动力相似。从根据特别模型定律设计的模型测得的数据推演原型数据,由于次要作用力的影响,偏差是不可避免的,此即缩尺影响。

例如,水工实验室常用的雷伯克(T. Rehbock)矩形堰流量公式为

$$Q = C \sqrt{2g}\, bH^{3/2} = \left(1.786 + \frac{1}{340H} + 0.236\frac{H}{P}\right) bH^{3/2} \qquad (1-1-96)$$

式中, b、P 分别为堰宽、堰高; H 为堰上水头; C 为流量参数。

如果 H/P 为固定的 $1/3$,则 $H_1 = 0.60$ m 时, $C_1 = 0.442$;

$\lambda_L = 6$,即 $H_2 = \dfrac{0.6}{6} = 0.1$ 时,即 $C_2 = 0.428$;

$\lambda_L = 10$,即 $H_3 = \dfrac{0.6}{10} = 0.06$ 时,即 $C_3 = 0.432$;

$\lambda_L = 20$,即 $H_4 = \dfrac{0.6}{20} = 0.03$ 时,即 $C_4 = 0.444$;

从上一组数值可知, C_2 比 C_1 大 $\quad (0.428 - 0.422)/0.422 = 1.4\%$

$\qquad\qquad\qquad C_3$ 比 C_1 大 $\quad (0.432 - 0.422)/0.422 = 2.4\%$

$\qquad\qquad\qquad C_4$ 比 C_1 大 $\quad (0.444 - 0.422)/0.422 = 5.2\%$

模型缩尺 $(1/\lambda_L)$ 愈小,误差愈大。

从上述两个简单的实例可看出,缩尺影响是客观存在的,但当模型缩尺足够大,或采取补偿和校正步骤,缩尺影响可减低到最小。为了减小缩尺影响,大模型固然受到欢迎,但是随着模型尺寸的加大,在模型制造及试验操作等方面,时间、人力及物质的消耗是不容忽视的。故从经济上考虑,只需要制作能满足精度要求的足够大的模型即可。为此目的,实验室往往进行局部模型和断面模型试验,以作为整体模型试验的补充,或取代整体模型试验。

多数需要借水工模型研究的水力学问题的特征是,水流的黏滞力与其惯性力相比较都相对的小,故从雷诺定律而来的偏差不会严重地破坏水力相似性,模型可按弗劳德模型定律进行制造和试验,但须保持雷诺数超过要求的临界值。如果模型水流的雷诺数$(Re)_m$小到使层流起控制作用,但在原型是紊流,缩尺影响将极为严重,甚至试验资料不能应用。

河道和河口模型由于所包括的河段长、范围大,按弗劳德相似定律设计模型时,水平比例λ_L大多为 $100 \sim 500$,甚至更大;而深度比例λ_h大多在 100 以下,即制成的河工变态模型具有较大的变率(λ_L / λ_h)。这类河工变态模型的宽深比一般为

$$(B/h)_m \geqslant 6 \sim 10$$

而原型河道的宽深比$(B/h)_P$多数大于上值,从这方面考虑,模型的变率大致为

$$(\lambda_L / \lambda_h) = (B/h)_P \div (6 \sim 10) \tag{1-1-97}$$

按蔡克士的方法河工变态模型的变率由下式控制

$$100\lambda_L / (Re)_P^{2/3} \leqslant \lambda_L / \lambda_h \leqslant \lambda_L^{5/3} / \lambda_Q^{2/3} \tag{1-1-98}$$

或参考下式选用模型的深度比例λ_h

$$(\lambda_Q / \lambda_L)^{2/3} \leqslant \lambda_h \leqslant [(Re)_P / 1\,000]^{2/3} \tag{1-1-99}$$

因为如果不采取水深方向的放大,则由于模型中水深过小,流速过低,黏滞力及表面张力等次要的作用力将在模型上发生显著影响,甚至流态发生根本变化而无法预演原型水流情况。

由此可明确在设计这类模型时,必须考虑:①流态的相似;②低雷诺数时由黏滞性引起的缩尺影响;③河床粗糙率的影响;④平面及断面形状的影响;⑤对活动河床模型如何选择模型砂等。

广义的模型缩尺影响还包括常压模型(水面上为当地大气压)中不能重演空穴和高速水流掺气现象等。为深入认识缩尺影响的规律,解决模型观测值的校正问题,其中最有效的方法是进行不同比例的模型试验和进行原型观测。

第 2 章　水工模型设计制作及测验技术

2.1　模型设计制作与验证

　　模型试验成果的准确性、真实性以及试验成果实际应用的成败,在很大程度上取决于模型设计的合理性和科学性,整体制作及每个环节的精确性和相似性,甚至每个细节都对试验成果具有较大影响。所以,水工及河工模型除遵循严格的相似条件外,还需要精心制作,应达到模型所要求的精确度和光滑度,试验过程中模型不得发生变形和漏水,边界条件不得随意改变,控制条件需符合实际。随着我国水利工程建设和科学研究的迅速发展,模型试验的技术如模型材料、制造安装方法、量测仪器和手段等方面的水平也在不断的提高,现仅就模型规划设计、制作和验证等内容加以说明。

2.1.1　模型的规划设计

2.1.1.1　模型试验的主要步骤

　　水工及河工模型试验常用于进行基础理论研究,用以补充纯理论难以解决的问题或提供检验理论正确性的基础资料,但更多的是针对生产实际,对某个水利工程的某些方面进行具体研究,从项目委托到成果的实际应用,通常需经过以下主要过程:

　　(1)了解研究任务。详细了解项目的研究内容,认清委托单位委托的研究任务,分析研究的重点,有时委托单位对模型试验不了解,则需对研究内容进行必要的建议。

　　(2)收集资料。针对研究任务,全面收集地质地形、水文泥沙、设计方案、结构细部构造等模型设计、模型试验需要的基础性资料。

　　(3)模型设计。确定主要相似准则,判定动床、定床或正态、变态等模型类型,拟定模型比尺,划定试验范围,选择模型沙等。

　　(4)模型制作。河道模型的平面、断面控制及安装,河道地形的塑造,水工建筑物及桥梁等其他特殊建筑物的精细加工和安装。

　　(5)设备安装和准备。量水、尾水等控制设备的建造和安装,水位、流速、波浪、压力等量测仪器的检验和准备。

　　(6)模型验证试验。依据原型实测资料,检验几何、重力、阻力等模型相似性的试验,验证模型的流速分布、局部流态、水面线、河床变形等与原型的符合程度,必要时需做模型沙的起动流速、沉速等预备性试验。

　　(7)试验方案、工况的制订。以研究任务、研究内容为基础,考虑制订水文条件、工程方案的全面性和代表性,组合多种符合实际又切实可行的试验方案,为试验有条不紊进行、按期完成打好基础。

　　(8)模型正式试验。针对制订好的试验工况,进行放水试验,详细施测各水力、变形等要素,获取系统的试验数据、图像等资料。

(9)成果分析和总结。依据试验成果资料进行分析、总结和提炼,绘制相关图表,得出结论性成果,编写试验报告。

(10)项目鉴定和验收。试验报告编写完成后,需要相关部门组织同行专家对试验成果进行鉴定、验收,以保证研究成果的可靠性、可信度以及适用性,再提交研究成果。

(11)应用反馈试验。对于试验成果马上需要实施的工程,在施工过程中可能遇到些具体问题,方案需要改变或优化,则还需根据工程的反馈要求做进一步试验。

2.1.1.2　模型试验需要收集的资料

针对不同的研究任务、不同的模型类型,需要收集的具体资料有一定差异,但总体主要有以下资料。

1. 河道制模资料

河道地形图是制作河道模型的主要资料。一般选用最近施测的河道地形图,为了保证制模精度,比例不宜过小,常为1:5 000～1:1 000,如河床变化剧烈、形态复杂,测图比例可大些;河床变化平缓、形态简单的测图比例则可小一些,有时需要1:500的图以便准确模拟局部地形。地形测图的平面范围需满足试验要求,高程范围需保证试验最高水位不溢出。

跨、临河建筑物构造图是制作河道模型不可缺少的资料。模型试验河段如已建有河桥梁过江管道、沿江公路、港口码头、丁顺坝等整治建筑物、取水口等,还需要收集其细部构造和施工图,因为地形图一般比例较小,难以准确反映其关键尺寸和细部构造以及平面位置,必要时需现场踏勘和施测。

2. 河床演变分析资料

历史河道地形图是河床演变分析的主要资料。我国的大江大河,通常测有近十年来多套地形图,有些河段还有近数百年的河道概图。通过历史河道地形图测绘等分析手段,可获得试验河段在此时期内的岸线变迁、洲滩演变、主泓摆动、河床冲淤、汊道发展、弯道演化等情况,为枢纽的电站、泄水建筑物、通航建筑物等的布置提供依据。在地形图的拼接和套绘时需注意,由于测图时间间隔较长,各测图坐标系统高程可能不一致,需要通过测量部门的一致性换算。有时,测图时间差异过大,可能难以定量换算,可采用长期基本不变的突嘴、石梁、山包、整治建筑物相同地物进行套绘。

另外,需要收集年内不同时期的河道地形,典型的是同年内枯水期、洪水期各施测一地形,通过等高线、深泓、横断面等比较,以分析河道年内演变规律、冲淤部位,为取水口引水渠等的布置提供参考,同时也为动床模型河床变形验证提供资料。

3. 模型验证资料

模型相似性验证通常需要收集瞬时水面线、断面及垂向流速分布、表面浮标流速流向等资料,对于动床模型,还需要收集至少一套除初始制模地形外的地形图。

瞬时水面线需收集洪、中、枯三级流量的资料。测量时,在试验河段内左右岸成对设水尺,平面坐标高程基点水尺零点等控制量测完成后,待适当来流量时各水尺同步读,同时收集控制水文站同步流量和水位。水尺布置密度可根据试验任务和要求而定,密者间隔200～400 m布置一对,稀者间隔600～1 000 m甚至更长布置一对,通常在试验河段内布置不少于 5 对水尺为宜。水位原型测量精度应不低于 1 cm。

断面及垂向流速分布也需要收集洪、中、枯三级流量的资料。测流断面通常与水尺断面布置在同一断面,可随时观读测流断面的水位变化,同时也可减少平面控制测量的工作量。每个断面测流垂线密度根据具体情况而定,要求可低于控制水文站断面,通常不宜少于 3~5 条,采用 3 点法或 5 点法施测垂线流速分布。各断面流速测定后,需进行流量闭合验算,闭合差宜控制在 ±10% 以内,如差异较大,则需要修正,必要时需重复测量。目前,原型流速观测记录可保留到 1 cm/s 甚至更小。

表面浮标流速流向测量通常采用浮筒等作为浮标,从试验河段上游施放浮标,采用交会法或 GPS 等定位设备,每隔 10 s 或 20 s 测读浮标位置,最后连接成为流迹线。浮标流速流向图标有各浮标点的位置及其表面流速,回流、横流等流态及其范围可明显看出。浮标流向资料仍需要洪、中、枯三级流量的资料,观测一般不少于 5 条,特殊情况可加密。以上三种资料通常在同期完成,可减少原型测量和模型试验的工作量。

河床变形验证主要需要的是河床地形图。初始制模地形常采用枯水期测图,而验证地形通常选用同年或后几年的洪水地形,因为有较多河流、河段年内冲淤基本平衡,仅是同年内洪、枯地形有一定冲淤变化,如验证地形选用同水期地形,即使相隔多年,有时差异也不大,难以体现真正的演变规律。如能收集到丰、中、少沙与丰、中、少水不同组合的多个特征年河床地形,则河床变形验证就更为可靠。

4. 来流来沙控制资料

来流来沙资料的来源主要是试验河段附近的水文站,主要包括多年流量变化过程、含沙量变化过程及其级配、推移质输沙量及推移质级配等。水文站常有数十年来日平均流量、水位、含沙量资料,重要的水文站还有典型时期的悬移质级配、推移质输沙量和级配等资料,这些都是动床模型必不可少的基础性资料。通过这些资料,可获得各频率流量、各保证率流量、平均流量等数据,为试验水流条件和工况的拟订提供依据。

当收集多年资料有困难时,可根据研究目的收集几个典型水文年的相关资料,然后循环组合成一个水文系列。当然,对于定床模型,也可只收集几个特征流量,如设计洪水流量、校核洪水流量、最高最低通航流量、多年平均流量、造床流量等。

5. 尾水控制资料

模型出口的水位过程是模型的下游边界条件,试验过程中需要与上游来流条件一一对应。通常是在试验研究河段下游,水流条件不受工程建设影响的河段,设置固定水尺(尾水水尺),每天 1~3 次连续观读 1 个甚至更多水文年的水位,从而建立与水文站流量之间的关系,以供试验过程中随时查用。当然,上述的模型验证需要的水文测验也需同步观测此水位。对于上游建有水电站等形成的不稳定流,在建立尾水水位与水文站流量关系时需注意不稳定流的传播特性,应分析其相位差从而准确确定二者的同步性。

不论是尾水水尺还是瞬时水位观测水尺,宜布置在河道相对顺直、无特殊流态的河段,最好不要布置在河道突宽、突窄、突嘴前后及存在回流、跌水、壅水、横流等水域,这样建立的水位流量关系难以单一,计算的河道糙率真实性差,给模型设计带来困难。

6. 水工建筑物制模资料

水工建筑物的精细制作不仅需要各方案(推荐、比较方案等)的平面布置图、断面剖面图、立面图等,还需要各细部的构造图,如闸门门槽大小及形状、底缘形态、止水方式、方圆渐变过渡型式、进水口体型、廊道连接方式、阀门结构、通气孔平压管位置、取水口型式、掺气装置的构造等,因为这些细部如模拟不准确,会影响到局部水位损失和局部流态,从而影响到泄流能力、压力、水面线的准确性等。

还有一个重要的资料是水工建筑物的建筑或衬砌材料和过水面的粗糙度,目的是收集原型糙率,可为模型确定几何比尺、达到阻力相似的设计提供依据。

7. 河床质资料

河床质资料用于动床模型、坝下闸下冲刷模型等铺设动床。通常在研究范围内河道的枯水水边、河槽、滩面等多处进行坑测、筛分,测量其密度和干容重等。不仅需了解河床质颗粒大小的纵、横分布,当覆盖层较厚时还需要了解垂向分布,模型河床需分区、分层铺设。河岸、洲面有植物覆盖的地方,需特别注意其抗冲性。

8. 其他相关资料

对于通航河流或通航建筑物模型,需要收集各种船型在洪、中、枯水期的习惯航线和规划航线,通航要求的水流条件和航道尺度等资料。对于截流模型,需要收集进占、合龙等截流材料的几何特性、重力特性以及截流方案、围堰布置等资料。对于溃坝模型,需要收集坝体材料的几何、重力、力学、渗流特性和抗冲能力,下游的城镇情况及规模等。对于有些需要数学模型提供边界条件、初始条件的模型,还需要收集相关资料。对于有异重流运动的水库和河道,还需收集异重流的发生位置、输移距离、相对深度、含沙量等资料。对于海工或近海模型,还需要收集潮位过程线、涨落潮时段、大小潮时刻等资料。对于有防洪要求的,需要收集上下游防洪标准、淹没损失等资料。对于取水口模型,需要收集取水流量、取水保证率、取水水质要求等资料。对于泄洪、消能等模型,需要了解下游河床、两岸的抗冲要求。对于水库枢纽模型等,需要收集水库调度方案、闸门开启方式等资料。收集多种模型沙资料,为模型沙设计提供选择。

由于受试验时间、经费等的限制,以上资料如要全部收集较为困难,在保证模型制作、验证、方案试验的基本资料基础上应尽量多收集资料,以提高试验成果的可靠性和可信度。对于有些资料收集确实困难,可针对模型研究的重点,对某些资料进行适当舍弃,如以研究防洪、淹没为主要任务的可放弃对枯水甚至中水的验证,以浅滩整治为主要研究任务的可放弃对洪水的验证等。

2.1.1.3 模型设计

模型设计的关键是确定合理的相似比尺,步骤主要包括选择模型类型、拟订模型范围、确定相似比尺和选配模型沙。

1. 选择模型类型

选用定床模型还是动床模型,选用正态模型还是变态模型,如确定动床模型后是选用推移质模型或悬移质模型还是全沙模型,是做整体动床模型还是做局部动床模型,这主要根据具体的研究任务、重点研究内容、河道地质条件以及工程本身的要求等确定。

对于泄水建筑物泄流能力、体型优化、压力分布、消能工水力特性等常规试验,河床演变对其影响不大,可做定床模型。对于截流模型,如河床覆盖层较厚,需做动床模型;如覆盖层较薄,截流过程中河床变形对水流条件影响较小,则可做定床模型。河床较为稳定、年内冲淤变化较小的试验河段,或河床有一定变形,但对工程影响较小,或者工程规模不大,对河床变形影响较小等情况下,可做定床模型。可根据河道主要造床质确定是做推移质模型或悬移质模型还是全沙模型,研究水库的淤积过程问题,多需做全沙模型。一般情况下,水工建筑物不得采用变态模型。河工变态模型的变率也不宜过大,常为 2~5,宽深比小的河段取小值,大的河段取大值;对于河床窄深、地形复杂、水流湍急、流态紊乱等以及宽深比 <6 的河段宜做正态模型。

2. 拟订模型范围

模型研究的范围短则几千米,长则达数百千米,主要根据研究的各方面具体情况而定、模型范围常规确定方法是:模型范围 = 进口段 + 试验段 + 出口段。进口段和出口段可称为非试验段,该段内无试验观测任务,其主要目的是将水流平顺导入或引出试验段,相似性要求可适当低于试验段。

确定试验段河道长度的原则总体上是包含工程建成后可能影响到水流条件的整个范围,如桥墩引起水位壅高、流速变化的范围,排、泄水建筑物引起主流改变、流场流态变化的范围,水库模型则需包含初期及后期川水影响的范围等。一般在试验前不知道工程的具体影响范围可根据已建工程或实践经验进行估计,并留有余地。

确定进出口段长度的原则为需保证其水流条件平顺过渡,在调整到试验段时达到相关相似要求。进口段长度通常需要 8~12 m,出口段长度需要 6~10 m,当进口段为弯道时,模型应延长至弯道以上,如有重要的支流汇入,则需包括 10~15 m 的河道地形。

3. 确定相似比尺

确定模型相似比尺的主要步骤如下:

(1)初步确定平面比尺。对照模型研究范围和试验场地大小初步确定平面比尺 λ_1,在场地和经费允许的情况下尽量选择小的比尺,这样其他相似条件容易满足,精度也可提高。

(2)初步确定垂向比尺。根据原型河道断面最小平均水深和过流建筑物最小水深,按照表面张力的限制条件(一般要求河道模型最小水深不小于 1.5 cm,过流建筑物模型最小水深不小于 3 cm)初步确定垂向比尺 λ_h。再验算模型流态是否进入紊流区或阻力平方区,判断模型变率是否满足相关规范的要求。如 $\lambda_h > \lambda_1$,则可采用几何比尺为 λ_1 的正态模型;如 $\lambda_h < \lambda_1$,可做变态模型,变率常取 2~5 的整数。

(3)计算水流运动相似比尺。依据重力、阻力相似条件计算流速、流量、水流时间、糙率等比尺。

(4)验算供水能力能否满足。根据试验需要的最大流量、量测仪器的量测范围等,按照拟订的比尺验算供水条件是否能达到,量测仪器测量范围是否满足。如不满足,在保证各项限制条件下可做适当调整,否则需增设供水设备和量测仪器。

(5)验算糙率能否达到相似。通常情况下,天然河道糙率不会太小,通过加糙容易达到糙率相似;而水工建筑物材料常为混凝土,且过流面光滑,表面糙率均较小,模型缩小后可能采用最光滑的有机玻璃均难以达到,所以在满足其他条件下尽可能选择满足糙率 S 相似的几何比尺。如实在难以全面顾及,则需采取糙率校正措施。

(6)模型沙选配及确定泥沙运动相似比尺。收集多种模型沙资料,全面分析模型沙特性,选配适当的模型沙。如有可能,尽量利用已有的模型沙,这样不仅可节约经费,还可省去模型沙起动、沉降等准备性试验,减少堆放场地,节约时间,减小环境污染。模型沙选配后,依据泥沙运动相似条件,计算出推移质或悬移质的粒径比尺、输沙率比尺、河床变形时间比尺等。

由于目前还没有一个能准确计算各种河流的输沙率公式,所以输沙率比尺不能完全准确反映原型与模型输沙率的实际相似比尺,此处确定的输沙率、河床变形时间等比尺还不是最终相似比尺,还需通过河床变形验证试验反复校正。

(7)计算其他相关比尺。对于截流、溃坝等典型水工模型,需要计算坝体、截流材料等的粒径比尺、冲刷空比尺;对于水流空及掺气减蚀模型,需要计算空化数等。

(8)验算相似准则的偏离。有些平原河流,河道糙率随流量的变化而变化,即使通过河床、边滩、河岸等分区段加糙都难以满足各级流量的糙率相似,特别是需要施放流量过程的动床模型试验显得尤为突出。这种情况下,应使对工程最起作用、影响最大的那级流量的水面线达到相似,允许其他流量级的阻力相似有所偏离,但偏离值宜小于30%,并应保证与原型水流同为缓流或急流。

通过以上8个步骤的反复调整,可设计出最恰当的相似比尺。

2.1.2　模型制作与安装

模型设计工作完成以后,模型试验就进入了模型制作与设备安装阶段,必须按模型比尺进行精确缩制。水工模型制作和安装过程主要包括模型制作、水工建筑物模型制作和设备仪器安装三大部分。

闸墩、隧洞、溢流坝、消能工、泄水闸、输水廊道等水工建筑物模型的制作和安装一般有两大步骤,第一步是制作整体建筑物或建筑物各组成部件的模型,第二步是将模型整体安装或各部件组装在河道模型上。

2.1.2.1　水工建筑物模型的制作

1. 制作材料

水工建筑物制作的主要材料是有机玻璃,其优点是光滑、糙率小;透明便于观测;在加热情况下可塑性较好,便于造型;常温情况下有一定刚度,不致随意变形。如果研究重点不在水工建筑物,而只将其作为局部边界时也可用木材、水泥、塑料等材料。

2. 制作方式

如何将板状的有机玻璃塑造为各种体型的水工建筑物,目前主要有两种方式:一种是直拼法,就是按模型各部件的尺寸下料,如矩形引水渠的两边墙、底板等,然后将各部件直接黏结为模型整体。该方法属于直接法,只适合于方直形建筑物模型,如无圆角的矩形、梯形等。另一种是模具法,就是按照模型的形状、尺寸,采用木材、混凝土等制作为实体模型,然后以此模型为模具,将加热后的有机玻璃顺模具外缘面压制成模。图1-2-1是圆形隧洞、溢流堰顶部曲线段的制模示意图。该方法属于间接法,应用较广,可制作扭曲面、1/4椭圆、圆弧、平面转弯圆弧、圆变方或方变圆、WES堰、驼峰堰等复杂体型的水工建筑物模型。

应用模具法时,应根据具体情况来确定模具是否需要预留有机玻璃的厚度。由

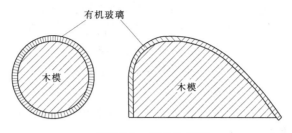

图 1-2-1　模具法示意

图 1-2-1 可见,对于溢流堰,模型需要的是非贴模面,如需非贴模面满足模型尺寸要求,则必须将模具表面沿法向缩回一个有机玻璃厚度,所以制作模具时需预留厚度;对于隧洞,模型需要的是贴模面,模具表面尺寸就是模型需要的尺寸,所以模具不需预留厚度。

3. 模型的制作

模具的制作材料主要是木材,有时可用混凝土。模具木材一般就地取材,但其硬度、加工容易性需满足试验要求。模具表面一定要光滑,尺寸要准确。

有机玻璃可用恒温干燥箱(如容积为 60 cm×60 cm×75 cm,鼓风机功率为 40 kW 的电热鼓风恒温干燥箱)加热,在加热过程中要控制好温度,温度过高、时间过长会导致有机玻璃变色、面积缩小、厚度增加。不同厚度的有机玻璃所需加热的时间不同,通常厚度为 4.5 mm 的有机玻璃,持续升温时间控制在 5~10 min。

下面就两种典型的模型制作方法进行简要说明。

1)圆弧的制作

首先根据模型的半径和圆心角,制作如图 1-2-2 所示的木模。固定木条、活动木条的宽、高均为 2~3 cm,预留槽深 2~3 cm,宽需满足有机玻璃能插入。图 1-2-2 为横断面,如属于逐渐收缩或扩展的非棱体,长度方向的断面形式应顺势而变。

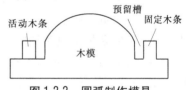

图 1-2-2　圆弧制作模具

模具制作完成后,进行有机玻璃的下料。下料的尺寸与恒温干燥箱的容积、模型的大小、施工的速度有关,一般取 28~33 cm,宽取弧线长度加上 2~3 cm 为宜,如果太长,则还未来得及全部成型,有机玻璃就冷却变硬了。

将下好料的有机玻璃放入恒温干燥箱加热 5~10 min,取出变软的有机玻璃,将其一端插入预留槽内,再将剩余部分沿木模形状弯曲,两人用手将有机玻璃抹平压紧,再用活动木条将有机玻璃挤紧,并用手压紧顶部,直至有机玻璃冷却。完全成型取出,修剪掉插入预留槽中多余部分的有机玻璃,至此圆弧模型就制作完成了。

2)WES 堰或驼峰堰面的制作

WES 堰或驼峰堰面的制作仅用单模难以制成,需要用木模、混凝土正模和负模,主要过程如下:①用层板制作两个尺寸、形状完全相同的溢流堰纵剖面木模,注意预留有机玻璃的厚度;②根据模型实际尺寸制作两个大小相同的正方形或长方形的无底木箱;③将层板木模固定在第一个箱的两内侧,保证不变形,且两木模保持完全对称;④将木箱置于平整的水泥地板上,用 C15 或 C20 混凝土浇筑,然后用水泥浆抹面,按两侧木模的形状塑造溢流面,保证表面光滑,通过 3~7 d 的养护,便制成混凝土正模;⑤将另一个木箱置于混凝土正模之上,不可滑动,用 C15 或 C20 混凝土浇筑,过了养护期,启下后便制成了负模,用蜡进行处理表面,使其保持光滑,否则制作出的有机玻璃的表面不平整;⑥将加热后的有机玻璃铺于混凝土正模上,进行适当平整后再将混凝土负模对齐置于上面,送入恒温干燥箱加热 15~20 min 取出即可成型。

模型制作完成后,需检验其制作精度,尺寸精度要求为 ±0.2 mm。

2.1.2.2　水工建筑物模型的安装

模型制作和精度检验完成后,需将其准确安装在河道模型上。在安装之前,可在模型特征位置做一些标记,为安装定位和高程检验提供方便;同时根据研究的需要,在指定位置钻设测压孔,为了保证过流面顺滑,不影响水流条件,测压孔要求较为严格,内径小于 2 mm,孔口需垂直壁面,且与过流面齐平。水流通过测压孔、紫铜管、橡胶软管,到玻璃测压管进行测压,测压管内径宜大于 1 cm,且管径需均匀。模型有机玻璃厚度常为 5 mm 左右,从 2 mm 的测压孔连接到 1 cm 的紫铜管有一定困难,通常采用的方法是在测压孔外绑贴一小块钻有直径为 1 cm 孔的有机玻璃,小孔位于大孔中央,然后将紫铜管插入大孔并黏结固定。

模型定位仍以导线点和导线、水准点为基准,应用经纬仪、钢尺、水准仪等将模型平面位置、轴线走向、各处高程确定准确后,将模型固定。要求水工建筑物轴线走向误差控制在 ±0.1° 内,高程误差控制在 ±0.3 mm 内。

水工建筑物模型安装完成后,需恢复被破坏了的河道地形,注意不要破坏河工模型制作时预留空间的防渗层。

2.1.2.3　控制及量测设备的安装

水工及河工模型固定式的控制及量测设备主要包括量水堰、尾门、测针、加沙机等,非固定仪器主要有流速仪、含沙量仪等,关于这些设备将在第 7 章介绍,这里仅就安装方面进行简要说明。

1. 量水设备

量水设备用得较多的是矩形、三角、复式等薄壁堰,巴歇尔(Parshall)槽用得不多,有些动床模型和非恒定流模型也用电磁流量计、超声流量计等。根据模型类型、适用范围、模型流量大小及其变化范围选择量水堰。一般情况下,试验流量均较小,宜选用三角堰;试验流量均较大,则选用矩形堰;如流量变幅较大,可选择复式堰,也可建造 2 个量水堰,即用三角堰控制小流量、矩形堰控制大流量。

恒定流模型对量水堰与模型之间的距离要求不高,宜尽量利用原有的量水堰,这样可节约一定时间和经费。建造量水堰要注意以下事项:

(1)量水堰的关键部件之一是堰槽,堰槽必须保证底部水平、侧壁铅直和平顺。

(2)堰板是量水堰的另一关键部件,宜采用强度高、易打磨的铜板制作,有时也可采用较厚的塑料板或有机玻璃板。堰板顶面需制作成锐缘,锐缘厚度常为 1~2 mm,斜面与堰板壁面的夹角成 30°。堰板必须与堰槽垂直正交,与堰槽侧墙、底板均垂直,堰板顶部必须水平。

(3)堰槽必须等宽,槽两侧壁稍伸出堰板;为了避免负压,矩形堰堰下水舌(水帘)与堰板之间应设通气孔。

（4）堰不宜过高，也不宜过低，过高会减小平水塔的水头差，降低过流能力；过低易形成淹没出流，影响过流能力和流量精度。其高度一般由堰板顶部与水舌入水面之高差不小于 7 cm 来控制，这样可保证堰流为自由出流。

（5）堰的长度需满足堰槽内水流平稳，入流不应水平射入堰内，管口应朝下，还需在堰板上游 10 倍最大水头处设置消浪栅。

（6）堰上水头由连通管引至堰外测针读取，连通管应设置在堰板上游 6 倍最大堰顶水头处。对于浑水模型，还需经常清洗堰槽和连通管。

（7）堰宽、堰高、堰上水头范围等不应超出相应堰型的适用条件。

2. 引水槽和前池

模型进口水流需要稳定、平顺，所以量水堰的水舌不应直接跌入模型，需修筑一段引水槽，再连接到前池，最后由前池将水流平顺过渡到模型进口。前池越大、越深，水流越平稳，一般要求前池长度一般与模型进口河宽相同，深度可取模型最大水深的 2 ~ 3 倍。前池水面常抛掷木栅、木排或其他漂浮物以消浪，在模型进口需均匀排列小树条、埽枝等，或砌筑几道透水花墙使模型进口水流均匀。

3. 尾水池和尾门

尾门的作用是控制模型出口水位，即尾水位，是模型试验中重要的下游边界。尾水池接模型出口，位于尾门上游，其长度与模型出口河宽、尾门长度相同，深度和宽度要求不高，可与模型高度一致，尾水池的作用是接纳模型水流均匀从尾门顶部下泄。尾门常用的有翻板门和百叶门，翻板门水流由顶部溢出，属于堰流，通过升降顶部高程达到调节水位的目的，要求顶部水平；百叶门与百叶窗类似，通过叶片的开度来调节水位，属于孔流。相比较而言，翻板门调节方便，水面稳定。另外，常需在尾水池侧安装带阀门的排水管，称之为尾门微调，主要是对尾水位进行微小调节，可提高精度和方便性。

4. 测针

河道模型的水位测量基本都是由测针完成的，还包括量水堰的堰上水头、尾水位，其安装精度对试验水位的真实性影响较大。测针主要由两部分组成，即测杆和测座，测杆带有针尖和精度 1 mm 的刻度，测座带有测杆槽、游标尺和用于固定的螺丝孔、微调手轮等，测杆可插入测杆槽自由上下移动。

测针的安装主要有以下步骤：

（1）选择测针量测范围。测针量测范围有 0 ~ 40 cm 和 0 ~ 60 cm，可根据模型试验水位的最大变化范围进行选择。

（2）选择适当的位置。尽量选择与水尺较近的位置。

（3）选择恰当的安装高程。如测针安装过高，可能无法测读低水位，过低则可能不能测读高水位，其高程应保证能测读到模型最高、最低水位。

（4）架设固定基座。一般紧靠模型边墙砌筑 2 根砖柱，砖柱间架设刚度好、不易变形的角钢或槽钢，用于固定测针，需注意其高程，且要求水平，其下放置测针筒。

（5）安装测针。将测杆套入测座，固定在角钢上，注意测杆必须保证铅直。

（6）测量测针零点。测针零点也有人称测针常数，表示测杆的零点与测座上游标尺的零点重合时测针尖的高程,量水堰的测针零点则表示杆、座零点重合时针尖与堰板顶之间的误差;测针零点需通过高精度水准仪反复测量 2 ~ 3 次,每次偏差不超过 ±0.3 mm,然后取其平均值。

(7)连通水尺。用橡胶软管将测针筒与埋设水尺时预留在边墙外的紫铜管连通。

设 z_c(m)为测针零点,h_c(cm)为测针读数,则测出的水位 z_p(m)按下式计算

$$z_p = z_c + 0.01\lambda_h h_c \tag{1-2-1}$$

将读数范围 0 ~ 60 cm 代入式(1-2-1),有 $z_c = z_{pmin}$;$(z_{pmax} - 0.06\lambda_h)$,$z_{pmin}$、$z_{pmax}$ 分别为试验的最低、最高原型水位,这说明测针零点在此范围内才能测读到所有试验水位,可供确定测针的安装高程时参考。

当某些山区河流水位变幅大、垂直比尺较小时,有可能出现试验水位变化范围超过 40 cm 或 60 cm,则需要在同一水尺位置安装测针零点一大一小的 2 根测针。

5. 其他设备

其他设备主要有流速仪、压力传感器、推移质加沙机、悬移质加沙系统、清浑水循环系统等,可参考有关章节和参考书。

2.1.3　模型的验证

模型建立的正确性由模型验证这个环节来检验,只有获得了验证的模型,其试验成果的可靠性才能得以保住。模型建成以后,应严格地检测模型的几何形状和尺寸的准确性,并以原型实测数据资料为依据验证模型中水流泥沙运动以及河床演变的相似程度。如有必要,可调整模型设计的有关比尺,以保证模型中能重演天然河道中的水沙运动现象以及冲淤变化。

2.1.3.1　几何相似性检验

从断面的布置、绘制、裁切、安装到模型河床地形、微地形的塑造,只要每个步骤均达到了精度的要求,模型的几何相似就基本能满足。另外还有一种方法,即采用围线法或其他方法测出模型地形,再将模型与原型河道地形图进行套绘比较,分析各等高线、深槽、浅滩等位置的符合程度,由此可检验模型制造的精度。

2.1.3.2　水面线验证

河床阻力相似是由水面线的相似性验证来体现的。天然河道的阻力通常随着水位的变化而改变,所以为了保证模型阻力的全面相似,一般需要进行洪、中、枯三级流量的水面线验证。其验证方法是根据原型实测的瞬时水面线资料,在模型中施放相应的模型流量,调整尾水位与原型相同,再测量沿程各水尺的水位。采用图、表进行模型所测水位与实测水位对比,如果水面线符合程度较好,各水尺偏差满足有关精度要求,则认为达到相似。否则须寻找原因,修正后再进行验证试验,直到满足要求。

水面线验证时,模型、原型水位允许最大偏差:山区河流为 ±0.10 m,平原河流为 ±0.05 m。这里所说的偏差有正差和负差,如果所有水尺的偏差均在 ±0.10 m 或 ±0.05 m 内,但均是正差或负差,则认为没有达到相似性要求,需修正模型后重新验证。

初次水面线验证如不能满足要求,则可根据沿程水位的偏差情况查找原因。从下游往上游,如模型水位高于原型水位且偏差逐渐增大[见图 1-2-3(a)],通常有流量或糙率

偏大两种原因,需先检查量水堰测针零点是否正确,读数及计算是否有误,在排除放水流量出现错误的情况下,需对河床进行减糙;如模型水位低于原型水位且偏差逐渐增大,则有可能流量或糙率偏小,同样在排除放水流量出现错误的情况下,应对河床进行加糙;如出现某把水尺以上水位偏差基本相同,则问题可能出现在开始偏差的那把水尺[见图1-2-3(b)中的●]以下河段,需要进行局部加、减糙,检查微地形;如出现某个别水尺偏差较大[见图1-2-3(c)中的●],在排除了连通管内存在气泡或漏水,测针零点和读数、水尺位置等错误后,应检查该水尺是否处在回流区、泡漩水或横流等影响区,检查突嘴或石梁等局部地形模拟是否准确,检查水尺是否受到河床局部隆起的遮掩,检查水面线变化的趋势等。

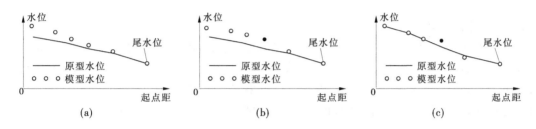

图 1-2-3　水位偏差原因分析

2.1.3.3　流速验证

流速验证不仅需要检验流速的大小,还需要检验横向和垂线分布以及流向,流速的相似是模型水流运动相似的重要标志。流速分布决定了泥沙的运动特性,对于研究包含有泥沙运动的河工模型试验,水流运动的相似尤为重要。流速验证仍需进行洪、中、枯多个流量级的验证,在流量确定后,断面平均流速与水深关系密切,所以水面线也需要与原型基本一致,不过各断面原型测流难以做到同步,其水面线偏差没有水面线验证时严格。

流速验证试验时,模型流量、尾水位调整准确后,测读各水尺水位,再对测流断面进行横向及垂线流速分布测量。垂线布置除与原型相对应外,可适当加密,以免漏掉最大流速、主回流交界等特征位置。仍采用图表进行模型和原型对比分析,如果符合程度满足相关要求,则达到相似,否则需寻找原因做进一步验证试验。

流速验证精度一般要求最大流速的相对误差不超过±5%,其他部分流速的相对误差不得超过±10%,流向与断面线夹角的相对误差不宜大于15%。

图1-2-4为流速验证不相似的代表图形,下面分析其原因供参考。如模型各垂线流速分布形态基本一致,但其值均大于原型[见图1-2-4(a)],可能是施放流量偏大或断面水位偏低较多,宜检查量水堰相关参数是否有误,断面水深是否低于原型过多;如模型流速均小于原型值,可能是施放流量偏小或断面水位偏高较多,也宜检查量水堰和断面水深;如出现最大流速的位置不同[见图1-2-4(b)中的●],说明主流位置不对、流速分布不相似,产生这种情况的原因较复杂,可从模型进口水流是否存在强制性导流,是不是测流水期与制模测图水期不同而主槽位置不一致,上、下游附近是否有突嘴等局部挑流等方面分析;如发现个别测点偏差较大[见图1-2-4(c)中的●],但分布形态正确,首先需排除流

速仪旋桨是否被苔丝缠绕、传感系统是否出现故障等人为因素,再检查是否有暗礁等局部地形变化的情况,因为在其附近流速梯度较大。

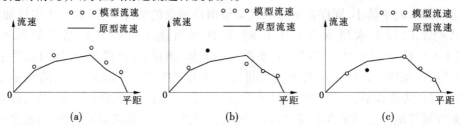

图 1-2-4　　流速偏差原因分析

2.1.3.4　流态验证

流态验证主要是采用目测、录像或施放浮标等手段,观测模型内的回流、泡漩、横流等流态,判断其出现的位置、强度、范围、方向等是否与原型一致。还需要根据原型实测的浮标流向资料进行模型浮标流向施放,浮标定位可采用断面、网格等方法控制,原型、模型的标流迹线也需要基本一致。流态验证没有定量的精度要求,但需保证位置、范围不出现差异。

2.2　试验测试设备及量测技术

2.2.1　测试设备

水工试验常规测试仪器,主要用于观测水位、压力、流速和流量等水力要素。这些观测仪器一般都由感应器、转换器和指示器三部分组成。其中最重要的是感应器,它直接与流体接触,以感受所测的物理量。本节论述的常规仪器以感应器为主。转换器和指示器有现成产品可供选用,一般无需另行设计。

常规仪器按其原理、性能和用途,有机械式、差压式和堰槽式等类型。这类仪器用于观测物理量的时间平均值,具有操作简单,测量结果稳妥、可靠等优点,至今仍广泛应用于实验室,为水工模型试验不可或缺的仪器。因此,掌握常规仪器的设计和使用,是从事水工试验者的基本功之一。

仪器的设计和使用涉及灵敏度和精确度。灵敏度亦称感量,表明仪器感受所测物理量微小变化的能力。使用仪器时需知其灵敏度,以了解是否符合测量的要求。精确度简称精度,表示仪器实际检定的准确程度,具体指仪器所能测读的最小分度和标定误差的大小。因此,仪器的精度不得小于它的灵敏度,否则,刻度的精细将失去实际意义。

此外,使用仪器时还应注意各种仪器之间的精度和谐。一味追求一种仪器的精度,而忽视其他有关仪器的精度,则测取的资料受精度差的仪器控制,使精度高的仪器起不到应有的作用。同时,仪器的灵敏度应与稳定性结合起来,一味追求灵敏度而忽视其稳定性也是不可取的。上述辩证关系,在设计和使用仪器时应当注意。

2.2.1.1　水位测量仪器

1. 量水测针

水位测试仪器,目前多采用结构简单、使用方便的针形测针。套筒牢固地安装在支座上,测杆可在套筒中上、下抽动。另有一套微动机构,借微动轮使其做微量移动。测杆上附有化微器,精度可达 0.1 mm。

使用时,以测针尖直接量测水位,或用测针筒将水引出,在筒内进行测读。前者测读简捷,唯水面波动对读数的影响较大;后者水面平静,测量精度较高。还可采用钩形针尖,能避免表面吸附影响,使读数更准确。但要注意连通管内不得存留气泡。若需测量水面线,可将测针安装在活动测针架上,使其沿着校平导轨前后左右滑动,以便测得任意断面处的水深或水位。如果使用自动控制三向坐标仪,则测量精度和速度将大大提高。

使用测针时,应注意下列各点:

(1)测针尖端勿过于尖锐,以半径为 0.25 mm 的圆尖为宜。

(2)测量时,测针尖应自上向下逐渐逼近水面,直至针尖与其倒影刚巧吻合,水面微有跳起时观测读数。钩形测针则先将针尖浸入水面,然后徐徐向上移动,直至针尖触及水面。

(3)当水位略有波动时,应测量最高与最低水位多次,然后取其平均值。

(4)经常检查测针有无松动,零点有无变动。

2. 电感闪光测针

上述水位测针与水面的接触全凭目力观察,亦可称为视感测针。但在某些场合无法用肉眼测读或测读有困难时,则可采用电感闪光测针。这种测针的测杆和普通测针一样,只是针头部分需另行设计。其要点如下:

首先,将普通测针的单针头改为双针头。其中一根为标准针头,另一根为辅助针头。两针尖端高差视试验精度而定。各针头分别接上一只氖气小灯泡,使用时,由于标准针头的测针读数事先定好,当针尖触及水面时,与其对应的氖灯开始闪光,表示水位正好达到预期要求。若两个氖灯同时闪光,表示水位高于预期水位;两个氖灯都不亮表示水位低于预期水位,均需重新调整水位。这样,既可避免试验人员往返操作,又可随时监视水位的变化情况,使观测结果更为可靠。

3. 浮筒水位计

这种水位计用来测定模型水位随时间的变化。如船闸闸室中灌、泄水时的水位变化及水电站调压井的涌波水位变化等。由于它是机械式的测量装置,惯性较大,不能用来测定周期很短的水位变化。

浮筒水位计由带有平衡锤的浮筒、记录滚筒、记录笔以及用小马达操纵的变速机构等组成。根据记录坐标的不同,通常有如下两种形式:

(1)以滚筒的旋转方向为时间坐标,而与滚筒轴线平行的方向为水位坐标。

(2)以滚筒的旋转方向为水位坐标,而与滚筒轴线平行的方向为时间坐标。

其设计要点如下:

首先,根据被测水位的变化幅度和需要测定的时间,确定滚筒的直径、长度及变速比等。其次,根据记录精度和传动部分的摩阻力矩,确定浮筒和滑轮的直径。同时,平衡锤的重量应使弦线张紧,使与滑轮之间不产生滑动。在水位升降过程中,避免平衡锤触及水面。

上述两种形式的浮筒水位计,在 20 世纪 70 年代以前使用广泛,后由跟踪式水位计所代替。

2.2.1.2　压力测量仪器

压力计是实验室内测量流体压强的常用仪器。施测时,在测量压强的边壁上开测压孔,然后用不锈钢管或紫铜管、橡皮管等将测压孔连通至测压管或比压计中进行测读。

测压管的主要要求有:

(1)内径须大于 1 cm,否则毛细管影响太大。

(2)管径应均匀,否则毛细管升高不同。

(3)玻璃管须洁净,以免弯液面倾斜。

(4)管身保持直立。

测压孔的主要要求有:

(1)孔口采用圆柱形,孔径小于 2 mm。

(2)孔壁平滑,无接痕毛疵等弊病。

(3)孔口垂直边壁,孔深至少应为孔径的 2 倍。

(4)孔面与其周围边壁应光滑平滑。

压力计通常有下列四种:

(1)测压管。直接用水柱高度表示压强(或称测压管水头)。测读时,水柱高度读尺最好用不锈钢或铜尺。

(2)压力计。如用测压管测量较大的压强,管子高度过高,测量不便,这时可改用较重的液体测量压强。

(3)比压计。用来测量两点之间的压强差。比压计中使用的液体应具备以下条件:①不粘管壁,使管内液体清晰易读;②与所测的液体接触后不致混合;③对管壁及所接触物体不腐蚀;④温度变化对重率影响不大;⑤化学性能稳定不易蒸发。

(4)测微比压计。这是灵敏度较高的测压仪器。

2.2.1.3　流速测量仪器

1. 毕托管

毕托管是实验室内测量时均"点"流速的常用仪器。1732 年由亨利·毕托(Henri Pitot)首创此项仪器。后经多年来的不断改进,目前已有几十种形式。其中,最常用的有以下三种:

(1)标准型毕托管;

(2)NPL 型锥形毕托管;

(3)NPL 型半球形毕托管。

毕托管是根据管身迎水顶端滞点压强最大、流速为零的原理设计的。毕托管的流量公式一般写成

$$u = \varphi \sqrt{2g\Delta h} \tag{1-2-2}$$

式中,Δh 为全压管与静压管的水头差;φ 为毕托管流速系数,通过标定确定。

标定试验表明,当雷诺数 $\dfrac{ud}{\nu}$(u 为流速,d 为毕托管外径,ν 为流体运动黏滞系数)为 3 300 ~ 360 000,正对流向的标准型毕托管 $\varphi = 1$。一般自制的毕托管,经标定 $\varphi = 1$,误差不大于 ±3%,即认为合格。

从原理上讲,毕托管可以测量高流速。目前通用的标准型毕托管,管径为 8 mm,体型较大。用于高流速时,不仅影响流场,而且限制近壁区流速的流量。

2. 毕托柱

毕托柱亦属差压类测速仪器,其设计原理与毕托管相同,即利用柱体迎水顶端滞点压力的特性而测量流速。前人曾对水流围绕圆柱体的压力分布进行过试验。

毕托柱通常用来测量封闭管道中的流速和流向,其测速范围为 0.15 ~ 6 m/s。标准毕托柱的设计要点如下:

(1)毕托柱首离静压孔位置至少 8 倍柱径,否则柱首绕流将影响流速系数;

(2)滞压孔与静压孔的夹角宜选 40° ~ 45°,以适应较宽的雷诺数范围;

(3)柱尾附以量角器,以便定位并观测流向;

(4)适当选择柱径,既有足够强度,又不影响流态和流量。

毕托柱有以下特点:

(1)毕托柱用于施测管道流速及流向尚称满意;

(2)毕托柱不宜用于测量静压强;

(3)标准毕托柱的流速系数与毕托管相同,使用时的要求亦相同。

为了加工方便或其他原因,各家自制的毕托柱常与标准毕托柱的设计要求差距较大。因此,制成后的毕托柱须逐支进行标定以确定流速系数值。

此外,还可用毕托球测量流速。其设计原理亦是利用滞点压力的特性。目前多用于测量风洞中的风速。唯加工比较复杂,水工试验中用的不很普遍。

3. 旋桨式小流速仪

上述毕托管或毕托柱等差压类测速仪器,当测低流速时因流速水头值甚小,往往感量不足。旋桨式小流速仪在流水中旋转时感量较高,特别是应用近代光学原理,感量更高,是水工试验中测量低流速的合适仪器之一。

2.2.1.4　流向测量仪器

水工模型试验除测量流速大小外,有时还要求测量流速的方向(简称流向),以便获得流场的图形。测量流向的方法甚多,从最简单地用丝线或高锰酸钾溶液目测流向,直至近代电光式流向仪。一般水工试验多选用合适的指示剂或浮子来指示流向。常用的流向指示剂有下列几种:

(1)测定水面流向者:纸花、干锯木屑、发光浮子等。最近采用的聚乙烯薄膜(厚 0.1 cm,直径 1 cm)是理想的流向指示剂。

(2)测定水中流向者:短羊毛细线、高锰酸钾溶液及用苯、白漆和四氯化碳调制的混合液滴。

(3)测定水底流向者:湿木屑、高锰酸钾颗粒以及由石蜡和煤屑等制成的小球。

此外,利用毕托管或毕托柱逐点测定最大流速的方向然后以切线相连,同样可获得流场图形。毕托柱尤其适用于管道流向的观测。

2.2.1.5　流量测量仪器

1. 量水堰

量水堰属于堰槽类的量水仪器,水工模型试验常用它测量流量。其基本原理是基于堰顶水头与流量存在一定关系,故可通过水深测量而算出流量。

量水堰的形式很多,如矩形堰、三角形堰、抛物线形堰以及复式堰等。流量公式一般可写为

$$Q = CBH^n \qquad\qquad (1\text{-}2\text{-}3)$$

式中,Q 为流量;B 为堰宽;H 为堰顶水头;C 为流量系数,由率定试验确定;n 为指数,随堰的形式而变,矩形堰 $n = 3/2$,三角形堰 $n = 5/2$,抛物线形堰 $n = 2$。

下面介绍几种实验室内常用的量水堰:

(1)矩形堰。矩形堰的布置比较简单。凡自行设计、制造的量水堰,安装后最好先做矫正试验再交付使用。若实验室缺乏校正设备,则可仿照标准量水堰的设计要求,引用雷伯克(T. Rehbock)堰流公式计算流量

$$Q = \left(1.782 + 0.24\,\frac{h}{P}\right)BH^{3/2} \qquad\qquad (1\text{-}2\text{-}4)$$

式中,P 为堰高;B 为堰宽;h 为堰上水深;H 为堰上水头,$H = h + 0.011$ m。

标准量水堰的设计要求如下:

①堰高与堰宽的选择,视模型最大流量和最小流量而定。通常要求堰顶水头不小于 3 cm,否则表面张力和黏滞力影响过大。同时,堰顶水头亦不宜大于堰高的 1/2,以减少行近流速的影响。

②堰壁应与来水流向和引槽垂直正交,引水槽务须等宽,堰板垂直,顶部水平。堰板锐缘厚度不大于 1 cm,与堰背成 30°。

③引槽槽壁应向前伸出,略微超过堰板的位置,使水舌过堰后不致立即扩散。

④水舌下的空气必须畅通,无吸压或贴流现象,故常在堰板与水舌之间设置通气孔。下游尾水与堰顶高度差不小于 7 cm。

⑤消浪栅设置在堰板上游 10 倍最大堰顶水头以及远处,使来水平稳无波动。

⑥测针孔应设置在 6 倍最大堰顶水头处,并连通至测针筒内测读。

(2)三角形堰。一般常采用堰口为 90°的三角堰。堰槽宽度应为堰顶最大水头的 3 ~ 4 倍,其他设计要求与矩形堰相同。此堰用于小流量时精度较高,其流量计算公式为

$$Q = CBH^{5/2} \qquad\qquad (1\text{-}2\text{-}5)$$

式中,C 为流量系数,其值随堰高、堰宽和水头的变化而有所不同;B 为堰板上游水槽宽度;其他符号意义同前。

$$C = 1.354 + \frac{0.04}{H} + \left(0.14 + \frac{0.2}{\sqrt{P}}\right)\left(\frac{H}{B} - 0.09\right) \qquad\qquad (1\text{-}2\text{-}6)$$

(3)复式量水堰。复式量水堰由矩形堰和三角形堰两部分组成。其优点是能适应较宽范围的流量。当流量小时,实际上就是三角形堰,因而可得到较高的精度。鉴于此种堰形目前尚无准确的流量计算公式,故须通过校正试验后方可使用。

(4)巴歇尔量水槽。这是属于另一种类型的堰槽量水装置,20 世纪 40 年代首先创于美国农业试验站。进行浑水试验时用它测量流量。巴歇尔量水槽的优点是水头损失量小,漂浮物及沉淀物不致影响测流,故在渠系上应用较广泛。

2. 文丘里水计

文丘里水计属差压类量水仪器,因文丘里(G. B. Venturi)对咽喉收缩管试验的研究而

得名。该仪器主要由收缩管、喉管和扩大管三部分组成。其流量公式可由伯努利方程和连续方程推导而得,即

$$Q = C_d a \sqrt{\frac{2gh}{1 - \left(\frac{a}{A}\right)^2}} = C_d a \sqrt{\frac{2gh}{1 - \left(\frac{d}{D}\right)^2}} \qquad (1\text{-}2\text{-}7)$$

式中,C_d 为流量系数,由试验确定;d、a 分别为喉部直径和断面面积;D、A 分别为管子直径、断面面积。

常用的文丘里水计分长型和短型两种。文丘里水计的最大流量系数可达 0.984,通常取 0.975。

文丘里水计的优点是流量调整简捷,使用、卸载方便,不占用或少占试验场地,故在工业上和实验室中均广泛应用。缺点是测量范围较小,精度不及量水堰。

3. 量水孔板

它是差压类量水仪器中最简单的装置。其原理和流量公式与文丘里水计相同。但由于孔口射流收缩的影响,流量系数值远较文丘里水计小。

4. 管嘴

管嘴亦属于压差类量水仪器,因其进口平顺,无水流收缩现象,故流量系数远较量水孔板大,常取 0.96 ~ 0.98。

上述三种压差类量水仪器,就流量系数和水头损失来说,以文丘里水计最佳,管嘴次之,量水孔板最差。

5. 弯管计

弯管计又名离心计,通常利用管路原有的 90°弯头,在其内周及外周管壁的中央设置测压孔,用来测量流量。其原理基于弯管曲线的离心作用,从而产生流速与压力的变化。流量公式为

$$Q = \eta A \sqrt{2gh} \qquad (1\text{-}2\text{-}8)$$
$$\eta = 2D/R$$

式中,D 为管径;R 为管道中线半径;A 为管的断面面积。

弯管计的上、下游各需有 25D 和 10D 长度的平直段。因其经济、简单,并可结合已有管路中的 90°弯头。尤其适用于封闭管路循环系统,如减压箱和水洞等设备,作为估算流量的仪器。误差为 10% 左右。

2.2.2　量测技术

2.2.2.1　水位与波面测量

1. 水位测针

水位测针是目前最常用的水位测量仪器。图 1-2-5 为一种国产测针的结构图,图中套筒牢固地安装在支座上,测杆可在套筒中上下抽动。另有一套微动机构,借微动轮使其做微量移动。测杆上附有游标,精度可达 0.1 mm。

使用时,以测针尖直接量测水位,或用测针筒将水引出,在筒内进行测读。前者测读简捷,唯水面波动对读数的影响较大;后者水面平静,测量精度较高。还可采用钩形针尖,

能避免表面吸附影响,使读数更准确。但要注意连通管内不得存留气泡。当需测量水面线时,可将测针安装在活动测针架上,使其沿着校平导轨前后左右滑动,以便测得任意断面处的水深或水位。如果使用自动控制三向坐标仪,则测量精度和速度将大大提高。使用测针时,应注意下列各点:

（1）测针尖端勿过于尖锐,以半径为 0.25 mm 的圆尖为宜。

（2）测量时,测针尖应自上向下逐渐逼近水面,直至针尖与其倒影刚好符合,水面微有跳起时观测读数。钩形测针则先将针尖浸入水面,然后徐徐向上移动,直至针尖触及水面。

（3）当水位略有波动时,应测量最高水位与最低水位多次,然后取其平均值。

（4）经常检查测针有无松动,零点有无变动。

2. 超声波水位计

超声波水位计是一种把声学和电子技术相结合的水位测量仪器。按照声波传播介质的区别可分为液介式和气介式两大类。

1）超声波水位计测量原理

超声波水位计是利用超声波的回波反射原理来量测水位的。超声波水位计通过超声换能器,将具有一定频率、功能和宽度的电脉冲信号转换成同频率的声脉冲波,定向朝水面发射,此声波束到达水面后被反射回来,其中部分超声能量被换能器接收又将其转换成微弱的电信号。这组发射与接收脉冲经专门电路放大处理后,

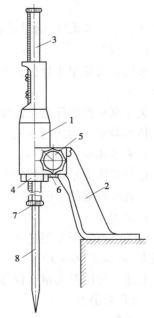

1—套筒;2—支座;3—测杆;
4—微动机构;5—微动轮;
6—制动螺丝;7—测针紧固帽;8—测针

图 1-2-5　测针结构示意图

可形成一组与声波传播时间直接关联的发收信号。量测超声波脉冲从发射至接收所经的时间,并根据水中的声速,通过计算便可以确定水位。

2）超声波水位计的结构与组成

超声波水位计一般由换能器、超声发收控制部分、数据显示记录部分和电源组成。换能器安装在水中的称为液介式超声波水位计,而换能器安装在空气中的称为气介式超声波水位计,后者为非接触式测量。

对于液介式仪器,一般把后三部分组合在一起;对于气介式仪器一般把超声发收控制部分和数据处理部分的一部分与换能器组合在一起形成超声传感器,而把其余部分组合在一起形成显示记录仪。

（1）换能器。液介式超声波水位计一般采用压电陶瓷型超声换能器,其频率一般为40～200 Hz。功能均是作为水位感应器件,完成声能和电能之间的转换。为了简化机械结构设计和电路设计并减小换能器部件的体积,通常发射与接收共用一只超声换能器。

（2）超声发收控制部分。超声发收控制部分与换能器相结合,发射并接收超声波,从而形成一组与水位有直接关联的发收信号。该部分可以采用分立元件、专用超声发收集

成电路或专用超声发收模块。其发射部分主要功能应包括:产生一定脉宽的发射脉冲,从而控制超声频率信号发生器输出信号;经放大器、升压变压后,实现将一定频率、一定持续时间的大能量正弦波信号加至换能器。接收部分主要功能应包括:从换能器两端获取回波信号,将微弱的回波信号放大再进行检波、滤波,从而实现把回波信号处理成一定幅度的脉冲信号。由于发收共用一只换能器,因此发射信号也进入接收电路,为此接收电路的输入端需要加安全措施以保护接收电路。

高性能的超声发收控制部分应具备自动增益控制电路(AGC),使近、远程回波信号经处理后能取得较为一致的幅度。

(3)超声传感器。超声传感器是将换能器、超声发收控制部分和数据处理部分组合在一起的部件。它既可以作为超声波水位计的传感器部件,与该水位计的显示记录相连,又可以作为一种传感器与通用型数传(有线或无线)设备相连。

3.跟踪式水位仪

跟踪式水位仪主要由水位传感器等组成。水位传感器一般由步进电机、探针、地电缆和控制装置(单片机系统)四部分组成。探针下接有上拉电阻,同时和单片机的中断信号管脚连接。步进电机带动探针上下运动,探针接触水面后,水作为导体将探针和数字相连通,探针的电位会降低,这样就产生一个中断信号。单片机接收到中断信号后通过步进电机的转动方向和步进数计算出水位,并使电机反转,提起探针并进行第二次测量,两次测量的差值即为水位的差值。这样,通过步进电机步进数的计数得到水位信息。随着水面的起伏,探针会上下运动,跟踪水面的起伏。

由于步进电机步进角度小,而且不会造成累积误差,所以测量精度较高。而且这种水位仪不是传统的利用水的浮力、压力或水的反射等,而是利用水产生中断信号,并通过开环控制来测量水位,这种方式速度快,且少受水温、水质等的影响。

4.波高仪

波高和水位在水工及河工模型试验中是必不可少的测量要素,二者在测量要求上有所不同,水位对于测量的精度要求较高,而波高需要能敏捷可靠地反映瞬时的波浪幅度变化(波浪要素有波高、周期和波长)、测量波高的仪器和传感器应具有频率响应快、灵敏度高、体积小、防水性能好等特点:目前测量波高的仪器较多,通常有电阻式波高仪、电容式波高仪、压力式水位计、超声水位计和计算机波高测量系统等。

电阻式波高传感器由于受水温、水质的影响,以及率定系数的非线性等,测量误差较大。计算机波高测量系统采用了电容式波高传感器,电容式波高传感器由钽丝、氧化膜、水组成,其精度取决于绝缘膜的均匀性和耐久性,当水面沿钽丝上下移动时,电容量线性地变化。传感器入水深度 h 和电容量 C 的关系为

$$C = \frac{2\pi\varepsilon h}{\ln(r/R)}$$

式中,ε 为极板间绝缘质的介电常数;r 为钽丝半径;R 为氧化膜半径。

由于氧化膜涂得很薄,故传感器的灵敏度很高。实际上,传感器钽丝的直径和氧化膜半径都是固定不变的常数,因此电容量只与传感器在水中的深度成正比。

如果传感器的位置固定不变,那么水位变化将引起电容量的变化和相应电压的变化,

同样这个电压与传感器在水中的深度成正比。电容量的检出电路和放大电路由恒流源、惠斯登测量电桥和高集成运算放大器等组成,当传感器在水中的深度发生变化,引起电路中的阻抗变化,桥路失去平衡时,则产生相应的电压输出。放大电路的输出经 A/D 转换电路转化后由计算机采集和处理。系统工作框图如图 1-2-6 所示。

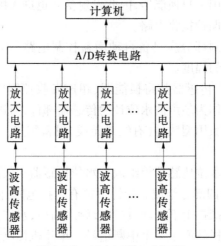

图 1-2-6　波高测量工作框图

2.2.2.2　流速和流量测量

流速测量方法可分为接触式和非接触式,接触式有毕托管流速仪、旋桨流速仪、热线流速仪、电磁流速仪和超声多普勒流速仪等,非接触式有激光多普勒流速仪和粒子图像测速系统(PIV/P1V)等。毕托管流速仪是一种古典的测速仪器,适宜测量稳定流,且流速宜大于 0.15 m/s,现在实验室及科研单位已经很少使用毕托管流速仪测流速了。

1. 旋桨流速仪

测量流速最常用的仪器是旋桨流速仪。旋桨流速仪按传感器的结构分为电阻式、电感式和光电式三种,目前采用较多的是光电式旋桨流速仪和旋桨式流速流向仪。这类流速仪各实验室和厂家出品的型号甚多,其构造大同小异。旋桨叶轮是光电式传感器的关键部件,旋桨叶轮的材料、螺旋角、直径、螺距与起动流速、率定关系式、均方差等均有直接关系。南京水利科学研究院研制的一种新型的流速旋桨传感器和 LGY - Ⅲ 型多功能智能流速仪,旋桨叶轮直径分别为 12 mm 和 15 mm(可以适用于不同的水深和不同的流速),叶轮的螺旋角和螺距也做了改进,旋桨反光面采用了先进的电镀工艺,耐磨损、信号强,新型的流速旋桨传感器的起动流速、测速范围、线性度、率定系数和均方差等指标均有较大的改进和提高。

光电式旋桨流速仪的工作原理是,旋桨叶片边缘上电镀了反光镜片,传感器上端安装一发光源,经光导纤维传至旋桨处,旋桨转动时,反光镜片产生反射光,经另一组导光纤维传送至光敏三极管,转换成电脉冲信号,转换后的电脉冲信号经放大整形,由计数器计数,通过计数器,记录单位时间转动次数,换算成流速值,流速计算公式为

$$u = \lambda_u (kN/T + C)$$

式中,u 为流速;λ_u 为流速比尺;k 为旋桨率定系数;C 为旋桨率定常数;T 为设定的采样时

间,s;N 为采样时间内的旋桨转数。

2. 其他流速测量仪器

热线流速仪的工作原理是利用热电阻传感器的热损失来测量流速,测量时将传感器置于流场中,流体使其冷却,利用传感器的瞬时热损失来测出流场的瞬时速度。热线流速仪对水质有较高的要求,必须清洁无杂质,否则由于杂质沉淀在传感器表面,改变了热耗散率,将造成误差。

电磁流速仪是根据法拉第电磁感应定律,把水作为导体来测量水流速度的流速仪。电磁流速仪具有很好的频率响应特性,可用来测瞬变流速和流向,也可测往复流的流速和流向。由于电磁流速仪没有任何转动部分,可以不受水质中的纤维杂质或沙质影响,也可在浑水中测量,对流态影响不大,其缺点是易受附近电磁场的干扰。如日本 KENEKCORPORATION 公司制造的 VM – 801HA 型电磁流速仪和传感器。

超声波流速仪是利用超声多普勒(Doppler)效应测量水流速度,其工作原理为应用压电晶体的逆压电效应做成超声发射探头,向水中发射超声波,利用压电晶体的压电效应制作接收探头,接收水中激粒散射回来的超声波,利用超声多普勒效应测量水流的速度。ADV(acouistic doppler velocimeter,ADV)等声学多普勒流速仪现已广泛应用于水力及海洋实验室的流速测量。

激光流速仪是利用激光多普勒效应测量水流速度,已在水工、河工、港工试验研究中得到应用。激光流速仪可以用于气体或透明液体速度的测量,测速范围最高可超过 1 000 m/s,最低已达 0.5 mm/s 量级。激光测速仪为非接触式流速仪,不影响流速场分布,动态响应快,测量精度高,近年来得到迅速发展。但由于其结构复杂,价格昂贵,大部分用于基础研究。

3. 粒子图像测速系统(PIV)

计算机技术与图像处理技术的快速发展,使得流场测试技术得以迅速发展与提高。PIV(particle image velocimetry,PIV)技术克服了以往流场测试中单点测量的局限性,能够进行二维(三维)流场的测试,是一种非常有发展前景的无扰动流场测量技术。

PIV 技术是利用速度的基本定义,通过测量水质点在已知时间间隔内的位移实现水质点运动速度的测量。图 1-2-7 为 PIV 原理示意图。对二维平面上的多个水质点进行跟踪、测量,就能够实现整个二维流场的测量。如果在流场中散播跟随性好且比重适当的示踪粒子,水质点的运动就可以通过相应示踪粒子的运动反映出来。图 1-2-8 为某一测量区域内的示踪粒子示意图,图中的实线圆表示 t_1 时刻示踪粒子簇的位置,虚线圆表示 $t_2(t_2 = t_1 + \Delta t)$ 时刻示踪粒子簇的位置,箭头表示各示踪粒子在 Δt 间隔内的位移。

流场中某一示踪粒子在二维平面上运动,其在 x、y 两个方向上的位移随时间的变化为 $x(t)$、$y(t)$,是时间 t 的函数,那么,该示踪粒子所在处的水质点的二维流速可以表示为

$$\left.\begin{array}{l} u_x = \dfrac{\mathrm{d}x(t)}{\mathrm{d}t} = \lim\limits_{\Delta t \to 0} \dfrac{x(t + \Delta t) - x(t)}{\Delta t} \approx \dfrac{x(t + \Delta t) - x(t)}{\Delta t} = \overline{u_x} \\ u_y = \dfrac{\mathrm{d}y(t)}{\mathrm{d}t} = \lim\limits_{\Delta t \to 0} \dfrac{y(t + \Delta t) - y(t)}{\Delta t} \approx \dfrac{y(t + \Delta t) - y(t)}{\Delta t} = \overline{u_y} \end{array}\right\} \qquad (1\text{-}2\text{-}9)$$

式中,u_x 为水质点沿 x 方向的瞬时速度;u_y 为水质点沿 y 方向的瞬时速度;$\overline{u_x}$ 为水质点沿

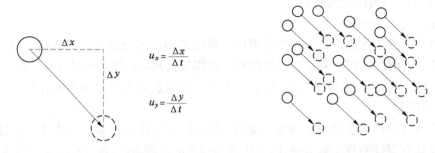

图 1-2-7　PIV 原理示意图　　　　　　　　　　图 1-2-8　示踪粒子示意图

x 方向的平均速度;$\overline{u_y}$ 为水质点沿 y 方向的平均速度;Δt 为测量时间间隔。

在式(1-2-9)中,当 Δt 足够小时,$\overline{u_x}$ 与 $\overline{u_y}$ 的大小可以精确地反映 u_x 与 u_y。PIV 技术就是通过测量示踪粒子的瞬时平均速度实现对二维流场的测量。

利用 PIV 技术测量流场,不仅可以在模型水面撒入示踪粒子,测量模型水面的表面流场,而且可以在水体内部加入示踪粒子,应用激光(片形光束)照射流场中的任意一个要求测试的剖面(见图 1-2-9),用成像的方法(照相或摄像)记录下两次或多次曝光的粒子位置,用图像分析技术得到各点粒子的位移,由此位移和曝光的时间间隔便可得到流场中各电的流速矢量,并计算出其他运动参量(包括流场速度矢量图、速度分量图、流线图、漩度图等)。

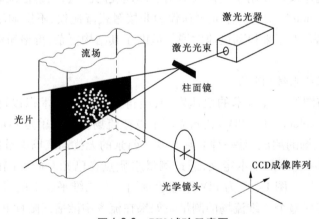

图 1-2-9　PIV 试验示意图

PIV 系统的实现过程一般分为三步:通过硬件设备采集流场图像;应用图像处理算法提取速度信息;显示流场的速度矢量分布。影响 PIV 测量的因素众多,并相互作用、相互牵制,需综合考虑。

表面流场实时测量系统 VDMS 是由清华大学河流海洋研究所研制开发的基于颗粒示踪,图像采集、处理和分析的流场测速系统。VDMS 运用数字摄像与粒子跟踪测速技术(PTV),同时系统配备强大的后处理分析模块,该系统已被广泛应用于水工模型、河工模型、港工模型及水槽试验中。系统支持多个摄像终端(通道)并可实现多系统联网同步测量,其摄像终端的变形误差小于 0.4 像素,系统的测量误差小于 5%。可以执行单路、多路采样和自动周期采样,能够自动识别模型中的外轮廓或岛屿等实体。具备了多种高效率、高精度的插值功能。能够生成固定点的流速矢量过程。采样结果可直接嵌入其他软件或编程应用。

2.2.2.3　流向测量

水工及河工模型试验除测量流速大小外,有时还要求测量流速的方向(简称流向),以便获得流场的图形。测量流向的方法甚多,从最简单的川丝线或高锰酸钾溶液目测流向,直至近代光电式流向仪。一般水工及河工模型试验多选用合适的指示剂或浮子来指示流向。常用的流向指示剂有下列几种。

1. 测定水面流向

纸花、干锯木屑、发光浮子(烛光、铝粉)等。聚乙烯薄膜(厚0.1 cm,直径1 cm)是理想的流向指示剂。

水面流向摄影也是一种较好的方法,将干燥的白色纸花撒在水面上,纸花的移动轨迹即为水面质点色线。摄影曝光时间取决于流速大小,流速愈低,曝光时间宜愈长,通常取2~8 s。光圈指数多在16以上。拍摄时照度不需要很大,但亮度要均匀,并使用软线快门,将摄像机固定在三脚架上,位于拍摄面的上方或侧向较高位置。当纸花进入取景范围时,立即打开快门,按选定的曝光时间拍摄。当拍摄回流区流向时,曝光时间不一定等于纸花旋转一周的时间。只要纸花散布均匀,采用半周的时间即可(见图1-2-10)。

图1-2-10　回流区流向测量结果

2. 测定水中流向

短羊毛细线、高锰酸钾溶液及用苯、白漆和四氯化碳调制的混合液滴。

3. 测定水底流向

湿木屑、高锰酸钾颗粒以及石蜡和煤屑等制成的小球。

南京水利科学研究院研制的 CSY－Ⅲ 型流速流向仪是一种多功能智能流速流向仪,它采用了先进的电子技术、传感技术和计算机硬软件技术,内置 CPU 微处理器、存储器功能丰富,使用简单方便。CSY－Ⅲ型流速流向仪现已广泛应用于水工、河工和港工模型试验的流速流向测量。仪器可直接应用于模型试验中流速流向测量、垂线上流向变化过程的测量以及大面积流速流向多点同步测量,其最小工作水深 3 cm,流向最大跟踪速度 30～400 cm/s,流向跟踪的最小流速不大于 3 cm/s。

2.2.2.4 流量测量

随着工业生产的发展,对流量测量的准确度和范围的要求越来越高,流量测量技术日新月异。为了适应各种用途,各种类型的流量计相继问世。目前已投入使用的流量计已超过 100 种。

1. 流量计的分类

从不同的角度出发,流量计有不同的分类方法。常用的分类方法有两种:一是按流量计采用的测量原理进行归纳分类,二是按流量计的结构原理进行分类。

1)按测量原理分类

(1)力学原理。属于此类原理的仪表有利用伯努利定理的差压式、转子式;利用动量定理的冲量式、可动管式;利用牛顿第二定律的直接质量式;利用流体动量原理的靶式;利用角动量定理的涡轮式;利用流体振荡原理的漩涡式、涡街式;利用总静压力差的毕托管式以及容积式和堰(槽)式等。

(2)电学原理。属于此类原理的仪表有电磁式、差动电容式、电感式、应变电阻式等。

(3)声学原理。利用声学原理进行流量测量的有超声波式、声学式(冲击波式)等。

(4)热学原理。利用热学原理测量流量的有热量式、直接量热式、间接量热式等。

(5)光学原理。激光式、光电式等是属于此类原理的仪表。

(6)原子物理原理。核磁共振式、核辐射式等是属于此类原理的仪表。

2)按流量计结构原理分类

根据流量计的结构原理,大致上可归纳为以下几种类型:

(1)容积式流量计。容积式流量计相当于一个标准容积的容器,它连续不断地对流动介质进行度量。流量越大,度量的次数越多,输出的频率越高。容积式流量计的原理比较简单,适于测量高黏度、低雷诺数的流体。

(2)叶轮式流量计。叶轮式流量计的工作原理是将叶轮置于被测流体中,受流体流动的冲击而旋转,以叶轮旋转的快慢来反映流量的大小。典型的叶轮式流量计是水表和涡轮流量计,其结构可以是机械传动输出式或电脉冲输出式。

(3)差压式流量计(变压降式流量计)。差压式流量计由一次装置和二次装置组成。一次装置称流量测量元件,它安装在被测流体的管道中,产生与流量(流速)成比例的压力差,供二次装置进行流量显示。二次装置称显示仪表,它接收测量元件产生的差压信号,并将其转换为相应的流量进行显示。

(4)变面积式流量计(等压降式流量计)。放在上大下小的锥形流道中的浮子受到自下而上流动的流体的作用力而移动。当此作用力与浮子的"显示重量"(浮子本身的重量减去它所受流体的浮力)相平衡时,浮子即静止。浮子静止的高度可作为流量大小的量度。

(5)动量式流量计。利用测量流体的动量来反映流量大小的流量计称为动量式流量。这种流量计的典型仪表是靶式流量计和转动翼板式流量计。

(6)冲量式流量计。利用冲量定理测量流量的流量计称冲量式流量计,其测量原理当被测介质从一定高度 h 自由下落到有倾斜角的检测板上产生一个冲力,冲力的水平力与质量流量成正比,故测量这个水平分力即可反映质量流量的大小。

(7)电磁流量计。电磁流量计是应用导电体在磁场中运动产生感应电动势,而感应电动势又和流量大小成正比,通过测电动势来反映管道流量的原理而制成的。其测量精度和灵敏度都较高。

(8)超声波流量计。超声波流量计是基于超声波在流动介质中传播的速度等于被测介质的平均流速和声波本身速度的几何和的原理而设计的。

(9)流体振荡式流量计。流体振荡式流量计是利用流体在特定流道条件下流动时产生振荡,且振荡的频率与流速成比例这一原理设计的。

2. 电磁流量计简介

1)测量原理

电磁流量计是基于法拉第电磁感应原理而设计的。当一导体在磁场中运动切割磁力线时,在导体的两端即产生感生电势 e,其方向由右手定则确定,其大小与磁场的磁感应强度 B、导体在磁场内的长度 l 及导体的运动速度 u 成正比。如果 B、l、u 三者互相垂直,则

$$e = Blu$$

与此相仿,在磁感应强度为主的均匀磁场中,垂直于磁场方向放一个内径为 D 的不导磁管道,当导电液体在管道中以流速 u 流动时,导电流体就切割磁力线。如果在管道截面上垂直于磁场的直径两端安装一对电极,见图 1-2-11,则可以证明,只要管道内流速分布为轴对称分布,两电极之间也将产生感应电动势。

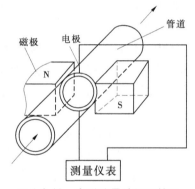

图 1-2-11　电磁流量计原理简图

$$e = BD\bar{u}$$

式中,$\bar{u}$ 为管道截面上的平均流速。

由此可得管道的体积流量为

$$q_V = \frac{\pi D^2}{4}\bar{u} = \frac{\pi De}{4B} \qquad (1\text{-}2\text{-}10)$$

由式(1-2-10)可知,体积流量 q_V 与感应电动势 e 和测量管内径 D 成线性关系,与磁场的磁感应强度 B 成反比,与其他物理参数无关,这就是电磁流量计的测量原理。

需要说明的是,要使式(1-2-10)严格成立,必须使测量条件满足下列假定:

(1)磁场是均匀分布的恒定磁场;

(2)被测流体的流速为轴对称分布;

(3)被测液体是非磁性的;

(4)被测液体的电导率均匀且各向同性。

2)电磁流量计的选用与安装。

(1)电磁流量计的选用。

电磁流量计的选用,主要是变送器的正确选用,而转换器只需要与之配套就可以了。

①口径与量程的选择。变送器口径通常选用与管道系统相同的口径。如果管道系统有待设计,则可根据流量范围和流速来选择口径。对于电磁流量计来说,流速为 2 ~ 4

m/s较为适宜。在特殊情况下,如液体中带有固体颗粒,考虑到磨损的情况,可选用流速≤3 m/s;对于黏稠的流体,可选用流速≥2 m/s。

在量程 Q 已确定的条件下,即可根据流速 u 的范围确定流量计口径 D 的大小,其值由下式计算

$$Q = \frac{\pi D^2 u}{4} \tag{1-2-11}$$

式中,Q 为流量;D 为流量计口径;u 为流速。

变送器的量程可以根据两条原则来选择:一是仪表满量程大于预计的最大流量值;二是正常流量大于仪表满量程的50%,以保证一定的测量精度。

②温度和压力的选择。电磁流量计能测量的流体压力与温度是有一定限制的。选用时,使用压力必须低于该流量计规定的工作压力。目前,国内生产的电磁流量计的工作压力规格为:小于50 mm口径,工作压力为1.6 MPa;900 mm口径,工作压力为1 MPa;大于1 000 mm口径,工作压力为0.6 MPa。

电磁流量计的工作温度取决于所用的内衬材料,一般为5~70 ℃。如做特殊处理,可以超过上述范围,如天津自动化仪表三厂生产的耐磨耐腐蚀电磁流量计,变送器允许被测介质温度为 -40 ~ +130 ℃。

③内衬材料与电极材料的选择。变送器的内衬材料与电极材料必须根据介质的物理化学性质做正确选择,否则仪表会由于衬里和电极的腐蚀而很快损坏,而且腐蚀性很强的介质一旦泄漏容易引起事故。因此,必须根据生产过程中的具体测量介质,慎重地选择电极与内衬的材料。

(2)电磁流量计的安装。

要保证电磁流量计的测量精度,正确的安装是很重要的。

①变送器应安装在室内干燥通风处。避免安装在环境温度过高的地方,不应受强烈振动,尽量避开具有强烈磁场的设备,如大电机、变压器等。避免安装在有腐蚀性气体的场合。安装地点便于检修。这是保证变送器正常运行的环境条件。

②为了保证变送器测量管内充满被测介质,变送器最好垂直安装,流向自下而上。尤其是对于固液两相流,必须垂直安装。若现场只允许水平安装,则必须保证两电极在同一水平面上。

③变送器两端应装阀门和旁路。

④变送器外壳与金属管两端应有良好的接地,转换器外壳也应接地。接地电阻不能大于10 Ω,不能与其他电器设备的接地线共用。如果不能保证变送器外壳与金属管道良好接触,应用金属导线将它们连接起来,再可靠接地。

⑤为了避免干扰信号,变送器和转换器之间的信号必须用屏蔽导线传输。不允许把信号电缆和电源线平行放在同一电缆钢管内。信号电缆长度一般不得超过30 m。

⑥转换器安装地点应避免交、直流强磁场和振动,环境温度为 -20 ~ 50 ℃,不含有腐蚀性气体,相对湿度不大于80%。

⑦为了避免对测量的影响,流量调节阀应设置在变送器下游。对于小口径的变送器来说,因为从电极中心到流量计进口端的距离已相当于好几倍直径 D 的长度,所以对上

游直管可以不做规定。但对口径较大的流量计,一般上游应有 5D 以上的直管段。

2.2.2.5　含沙量的测量

1. 含沙量的测量

1) 光电测沙仪

动床模型试验的含沙量测量包括烘干称重、比重瓶称重及光电测沙几种方法。烘干称重法及比重瓶称重法是传统的测量方法,其测量精度在很大程度上取决于所取样品的代表性,而且测量周期长、操作过程烦琐、劳动强度大,不能很好地进行实时监测水流的流动过程。

光电测沙仪的工作原理是浑水消光定律。一束平光通过均匀分布的含沙水体后,射光的强度就会减弱,一部分光被水体中的悬沙吸收,另一部分光被散射到其他方向,透射光只是入射光的一部分,由比尔定律可得

$$\Phi = \Phi_0 e^{-KSL/d} \tag{1-2-12}$$

式中,Φ_0 为入射光通量;Φ 为透射光通量;L 为光穿透浑水层的厚度;K 为吸收系数;S 为含沙量;d 为泥沙粒径。

光电测沙原理的应用就是采用光电转换器件用相对测量的方法,将式(1-2-12)经过一系列转换,使通过清水的光通量转换为电信号 V_0,通过含沙水体的光通量转换为电信号 V_i,再经转换后得出含沙量与电信号的关系式

$$V_2 = V_1 e^{-KS/d} \tag{1-2-13}$$

式中,V_2 为通过含沙水体的电信号;V_1 为通过清水的电信号;K 为系数;S 为含沙量,kg/m^3;d 为泥沙粒径,mm,在泥沙有级配情况下,取级配曲线上 d_{50} 对应的数值。

由此可见,应用光电测沙原理测量含沙量,为了确保测量精度,必须要有不随时间变化的稳定的入射光强。

南京水利科学研究院研制的光电式智能测沙颗分仪由稳压电源、传感器、放大器、A/D 转换器和单片机测量控制电路组成,其工作原理如图 1-2-12 所示。智能测沙颗分仪是一种多功能智能仪器,内置 CPU 微处理器、存储器等,具有自动存储和记忆功能,仪器配置了放大器、稳压器、A/D 转换器和通信接口电路等。测沙传感器的光电转换选用了硅光电池,为防止电场、磁场的干扰,A/D 转换电路与单片机系统的信号传输采用了光电耦合隔离。

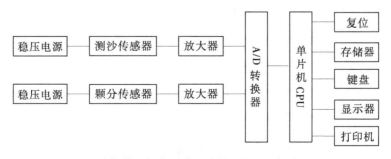

图 1-2-12　智能测沙颗分仪工作原理框图

智能测沙颗分仪开机后,按下“Time”键,即可显示当前的年、月、日和时、分、秒,称作

时钟显示。由键盘输入需要实时打印含沙量的间隔时间 T 和常系数 K 值等,可连续采集、计算、显示模型进口的含沙量,并按设定的间隔时间打印出测量时刻、测量信号和含沙量。其中,常系数 K 可按下式计算

$$K = \frac{S}{\ln(V_1/V_2)} \tag{1-2-14}$$

式中,S 为含沙量,kg/m³;V_1 为在清水中的电信号;V_2 为在浑水中的电信号;K 为系数。

式(1-2-14)经过变换,含沙量 S 的公式为

$$S = K\ln(V_1/V_2) \tag{1-2-15}$$

智能测沙颗分仪除可以测量含沙量外,还具有颗分仪功能,可以实时采集、显示、打印全颗分时段内的采样值。智能测沙颗分仪含沙量测量适用于低含沙($S < 12$ kg/m³)水体,并需定期冲洗积聚在传感器探头上的泥垢。有的光电测沙仪将接收光电池和发光源设置在同一处,称为后向反射式光电测沙仪,根据发光源的不同又可分为可见光的光电测沙仪和红外光的光电测沙仪等。

2)其他的测沙仪器

测量含沙量的仪器还有很多,如同位素测沙仪、振动管测沙仪、超声波测沙仪等,下面简要介绍这些仪器的原理。

同位素测沙仪是利用 γ 射线穿过水样时强度将发生衰减的原理而制成的,其衰减程度与水样中含沙量的大小有关,从而可利用 γ 射线衰减的强度反求含沙量。同位素测沙仪可以在现场测得瞬时含沙量,省去水样的采取及处理工作,操作简单,测量迅速。其缺点是放射性同位素衰变的随机性对仪器的稳定性有一定影响,探头的效应、水质及泥沙矿物质对施测含沙量会产生一定误差。另外,要求的技术水平和设备条件较高。

振动测沙仪利用物体(或单位体积的物质)的固有频率与其质量(或密度)有确定的关系这一原理测定金属传感器的振动频率,从而确定流经金属棒体内水体的悬移质泥沙含沙量。

超声波测沙仪根据超声波在含沙水流中传播时,其衰减规律与浑水中悬浮颗粒浓度有关这一原理实现对水体含沙量的测量。

2. 冲淤地形的测量

地形测量仪器是用来测量动床模型中冲淤地形的仪器。在河工模型试验中,常常要掌握动床模型河床的变化过程,为了能够及时了解模型放水过程中床面的冲淤变化,要求在试验过程中测得水下河床地形。此外,当动床模型试验结束后,若水全部放空,可能导致地形的破坏,所以要在水下进行地形的测量。下面介绍超声波式、电阻式和光电式地形仪。

1)超声波式地形仪

利用超声波反射的原理,可以精确地测定河床面的高程。

安置在水中的脉冲换能器向河床发射超声波,超声波到达河床表面后反射回来,被换能器所接收。由于超声波速度是已知的(约 1 500 m/s,随水温而改变),因此用电子线路测出声波往返所需时间,即可确定水深。

超声波换能器通常采用锆钛酸铅 PZT 材料制成。测量精度与发射频率有密切关系，用 1～2.5 MHz 的频率可在 1 m 的水深范围内测量，误差为 ±1 mm。

超声波地形仪具有不接触河床表面的优点，但对于床面变化较骤的情形，由于超声波被散射，测量精度降低，尤其不适用于颗粒河床质的床面测量。此外，这类仪器有一盲区，其大小随发射频率而异，在选择仪器型号时，应考虑这一问题。

2）电阻式地形仪

这种地形仪由传感器和仪表两部分组成，其原理框图如图 1-2-13 所示。传感器由 2 根不锈钢针构成。钢针间的电阻随介质而变化，因此当传感器由水进入河床沙面时，钢针间的电阻发生明显变化，利用这一原理即可探测河床面的高程。使用时，把传感器装在测针上，先把它插入水中，调节仪表，使振荡器停振，这时无音响输出；当传感器下降到靠近沙面时，钢针间电阻陡增，促使文氏振荡器起振，此时，扬声器发出声音，针尖位置即为床面高程。电阻式地形仪的传感器也可制作成电极上、下布置的。

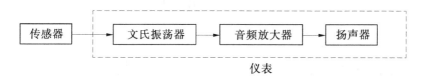

图 1-2-13　电阻式地形仪的原理框图

利用上述原理，还可以制成自动跟踪式地形仪。这种仪器的测杆由一伺服传动系统带动，传感器的电阻作为测量桥路的一臂。先将传感器插入水中，调节桥路使之平衡，然后开动传动系统，它使测杆带着传感器下降，直到沙面时，由于阻值骤变，电桥失去平衡，电桥输出的不平衡电压推动伺服系统，带动测杆反向运动，当针尖略离开沙面时，阻值恢复，桥路重新获得平衡，测杆停止运动。这样，可使针尖始终保持在沙面上一定距离。将测杆安装在测车上并带动一精密电位器，沿着河床横断面移动测杆，用 X、Y 记录仪的 x 轴记录水平移动，y 轴记录电位器的电位改变，可直接绘制成河床断面图。

电阻式地形仪在浑水试验中，由于到界面时电阻变化不明显，不易分辨出沙面来，效果略差。

3）光电式地形仪

由导光纤维束 A 传导的光，通过弯月状的传感器头部，穿过间隙，被导光纤维束 B 所接收，并由光敏三极管转换成电信号传到仪表。当传感器头部接触河床面时，间隙中的光路被阻隔。这一变化被检测出来，由仪表显示，从而辨别沙面。光电式地形仪在浑水试验中，分辨界面的能力优于电阻式。

2.2.2.6　压力测量

水工模型试验中的压力测量分静态压力测量和动态压力测量。静态压力一般理解为不随时间变化的压力，或者是随时间变化较缓慢的压力，即在流体中不受流速影响而测得的压力值。动态压力和静态压力相对应，是指随时间快速变化的压力。

水工实验室常用各种压力计来测量流体的压强。在需要测压强的边壁部位上开测压孔，然后用不锈钢管或紫铜管、橡皮管等将测压孔连通至测压管或其他测量压力的仪器中进行测读。当压强极大时可以选用压力表进行测量,当压强极小时可选用测微比压计进行测量,当需要测量两点之间的压差时可选用压差计。下面介绍几种压力测量仪器。

1. 测压管

测压管是水工模型试验中常用的测量静态水压力的仪器,其直接用水柱高度表示压强(或称测压管水头),也可以用其他液体表示压强,如图 1-2-14 所示。测读时,水柱高度读尺最好用不锈钢尺或铜尺。读数可用滑动式水平金属缝,事先要校正好零点。当测量的压强较大时,可以选用比水比重大的液体表示压强;当测量的压强较小时,为使读数准确,增加精度,可以选用比水比重小的液体表示压强。对于不同比重的液体,需要换算成测压管水柱高度。

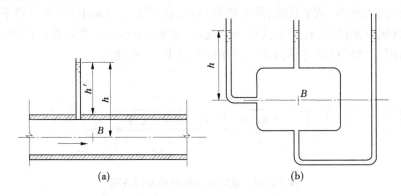

图 1-2-14　测压管压强表示方法示意图($p_B = \gamma h$)

对测压管主要有以下几点要求:

(1)测压孔内径应小于 2 mm;

(2)测压管内径宜大于 1 cm,管径均匀;

(3)孔口应垂直边壁,且与过流面齐平;

(4)管身保持直立,管内无气泡,零点高程由水准仪校正。

当选用其他液体表示压强时,对液体的选择应满足以下几点要求:

(1)与被测液体不融合;

(2)不黏管壁,不腐蚀管壁;

(3)化学性能稳定,不挥发;

(4)稳定性好,温度变化对比重影响小。

2. 压力传感器

压力传感器是工业实践中最为常用的一种传感器,其广泛应用于各种工业自控环境,以及水利水电、铁路交通、智能建筑、生产自控、航空航天、军工、石化、油井、电力、船舶、机床、管道等众多行业,下面就简单介绍一下压力传感器的工作原理及其应用。

力学传感器的种类繁多,如电阻应变片压力传感器、半导体应变片压力传感器、压阻式压力传感器、电感式压力传感器、电容式压力传感器、谐振式压力传感器及电容式加速度传感器等。但应用最广泛的是压阻式压力传感器,它具有极低的价格和较高的精度以及较好的线性特性。下面主要介绍这类传感器。

电阻应变片是一种将被测件上的应变变化转换成电信号的敏感器件。它是压阻式应变传感器的主要组成部分之一。电阻应变片应用最多的是金属电阻应变片和半导体应变片两种。金属电阻应变片又有丝状应变片和金属箔状应变片两种。通常是将应变片通过特殊的黏合剂紧密地黏合在产生力学应变基体上,当基体受力发生应力变化时,电阻应变片也一起产生形变,使应变片的阻值发生改变,从而使加在电阻上的电压发生变化。这种应变片在受力时产生的阻值变化通常较小,一般这种应变片都组成应变电桥,并通过后续的仪表放大器进行放大,再传输给处理电路(通常是 A/D 转换和 CPU)显示或执行机构。

金属电阻应变片的工作原理是电阻应变效应,即金属丝在受到应力作用时。其电阻随着所发生机械变形(拉伸或压缩)的大小而发生相应的变化。电阻应变效应的理论公式如下

$$R = \rho L / S_{\mathrm{W}} \tag{1-2-16}$$

式中,ρ 为电阻率,$\Omega \cdot \mathrm{mm}^2/\mathrm{m}$;$L$ 为金属丝的长度,m;S_{W} 为金属丝的截面面积,mm^2。

由式(1-2-16)可知,金属丝在承受应力而发生机械变形的过程中,ρ、L、S 三者都要发生变化,从而必然会引起金属丝电阻值的变化。当受外力伸张时,长度增加,截面面积减小,电阻值增加;当受压力缩短时,长度减小,截面面积增大,电阻值减小。因此,只要能测出电阻值的变化,便可知金属丝的应变情况。这种转换关系为

$$\Delta R / R = K_0 \varepsilon \tag{1-2-17}$$

式中,ΔR 为金属丝电阻值的变化量;K_0 为金属材料的应变灵敏系数,它主要由试验方法确定,且在弹性极限内基本为常数值;ε 为金属材料的轴向应变值,$\varepsilon = \Delta L/L$,因此又称为 ε 长度应变值,对金属丝而言,其值为 0.24 ~ 0.4。

在实际应用中,将金属电阻应变片粘贴在传感器弹性元件或被测机械零件的表面。当传感器中的弹性元件或被测机械零件受作用力产生应变时,粘贴在其上的应变片也随之发生相同的机械变形,从而引起应变片电阻发生相应的变化。这时,电阻应变片便将力学量转换为电阻的变化量输出。

3. 数据采集系统

智能仪器的数据采集系统简称 DAS(data acquisltion system,DAS),是指将温度、压力、流量、位移等模拟量进行采集、量化转换成数字量后,以便由计算机进行存储、处理、显示或打印的装置。数据采集系统是智能仪器中被测对象与微机之间的联系通道,因为微机只能接收数字信号,而被测对象常常是一些非电量,所以数据采集系统的前一道环节是感受被测对象,并把被测非电量转换为可用电信号的传感器,后一道环节是将模拟电信号转换为数字电信号的数据采集电路。除数字传感器外,大多数传感器都是将模拟非电量转换为模拟电量,而且这些模拟电量通常不宜直接用数据采集电路进行数字转换,还需进行适当的信号调理。

1) 数据采集的基本概念

通常从传感器或其他方式得到的模拟信号,经过必要的处理后转换成数字信号,以供存储、传输、处理和显示之用。我们把从模拟域到数字域之间的接口,称为数据采集系统。

在现实世界中被控对象或测量对象的有关参数如温度、压力、流量、速度等往往都是一些连续的模拟量。人们要认识、使用它又常常要先把各种物理量转换成电的模拟信号,

然后进行处理。随着数据信号处理的广泛应用,如语音信号处理、图像信号处理、物信号处理、雷达信号处理等,都必须将这些模拟量转换成数字量,然后利用计算机实现各种信息处理。这种由模拟量转换成数字量的过程称为 A/D 转换。而将计算机加工处理的数字量转换成模拟量,以便对被控对象进行控制,这个过程称为 D/A 转换。

2)数据采集系统的组成结构

一般说来,数据采集系统由传感器、信号调理电路、数据采集电路三部分组成,如图 1-2-15 所示。

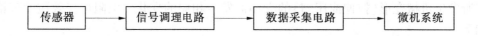

图 1-2-15　数据采集系统的基本组成

实际的数据采集系统往往需要同时测量多种物理量(多参数测量)或同一种物理量的多个测量点(多点巡回测量)。因此,多路模拟输入通道更具有普遍性。按照系统中数据采集电路是各路共用一个还是每路各用一个,多路模拟输入通道可分为集中采集式(简称集中式)和分散采集式(简称分布式)两大类型。

(1)集中采集式(集中式)。集中采集式多路模拟输入通道的典型结构有分时采集型和同步采集型两种,如图 1-2-16 所示。

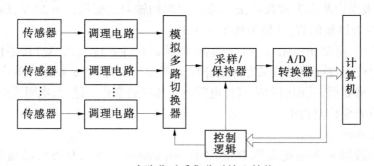

(a)多路分时采集分时输入结构

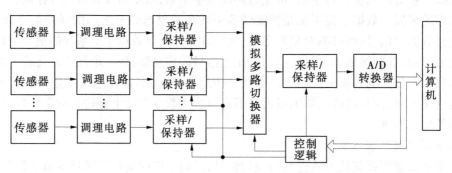

(b)多路同步采集分时输入结构

图 1-2-16　集中式数据采集系统的典型结构

（2）分散采集式（分布式）。分散采集式的特点是每一路信号一般都有一个 S/H 和 A/D，因而也不再需要模拟多路切换器 MUX。每一个 S/H 和 A/D 只对本路模拟信号进行数字转换即数据采集，采集的数据按一定顺序或随机地输入计算机。根据采集系统中计算机控制结构的差异可以分为单机采集系统和网络式采集系统，如图 1-2-17 所示。

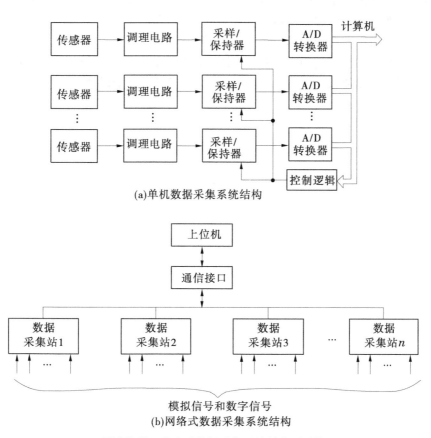

(a)单机数据采集系统结构

(b)网络式数据采集系统结构

图 1-2-17　分布式数据采集系统的典型结构

3）数据采集系统各个组成部分简介

（1）传感器。把各种物理量如温度、压力等转换成电信号的器件称为传感器。如测量温度的传感器有热电偶、热敏电阻；测量机械力的有压力传感器、应变片等；测量机械位移的有感应式位移传感器等。

（2）多路模拟开关。如果有多个独立的或相关的模拟信号源需要转换成数字形式，为使采样/保持器、A/D 等后续电路可以公用，可通过多路模拟开关按序切换来实现。

（3）信号调理器。信号调理器的作用如下：

①完成信号的电平、极性等转换，以便与 A/D 变换器所需的电平极性匹配，充分利用 A/D 精度。从传感器得到的输出信号小至毫伏级、微伏级，必须放大到足够的电平，才能精确测量。有的信号是双极性，需要进行极性转换变成单极性。信号调理器还应起阻抗变换作用，隔离后面的负载对传感器的影响。

②抑制干扰,提高信噪比,特别是传感器通过较长电缆与计算机相联,共模干扰及高频干扰明显,信号常被淹没。信号调理器应尽量抑制干扰和噪声,不使信号污染。

③防止混叠现象,即对信号预先进行防混叠波。

(4)采样保持电路。

在 A/D 进行转换时间内,保持输入信号不变的电路称采样保持电路。A/D 转换中采样保持电路对系统的精度起着决定性的影响。

一般采样保持电路有两种运行模式,即采样模式和保持模式,它由数字控制输入端来控制。在采样模式中输出随输入变化,通常增益为 1;在保持模式中,采样保持电路的输出命令发出时的输出值,直到数字控制输入端输入了下一个采样命令为止。

第 2 篇　整体模型试验篇

第 2 篇　整体尾型试验常

第 1 章　甘肃巴家嘴水库溢洪道
水工整体模型试验

1.1　工程概况

　　巴家嘴水库位于甘肃省庆阳市后官寨附近,处于黄河流域泾河支流蒲河中下游黄土高原地区,控制流域面积 3 478 km²。工程于 1958 年开工兴建,1962 年建成,后经多次加固、改建。枢纽由拦河土坝、一条输水发电洞、两条泄洪洞、两级发电站和电力提灌站组成。巴家嘴水库在建设和运用过程中其工程开发任务几经变化,当前现状为具有防洪、供水、灌溉及发电综合利用的大(2)型水利枢纽工程。巴家嘴水库现状的防洪能力达不到 1 000 年一遇,大坝安全鉴定认为水库防洪标准不够,存在安全隐患,评定为三类坝。经多方案比较,采用增设 2 孔开敞式溢洪道并适当加高坝体方案,枢纽平面布置如图 2-1-1 所示。

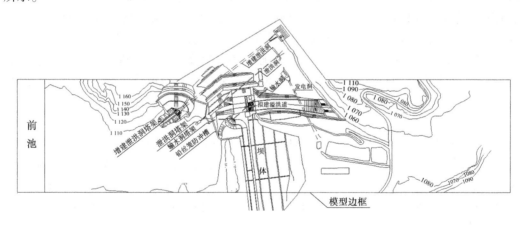

图 2-1-1　巴家嘴水库枢纽布置图

　　坝址区内,河谷狭窄,岸坡陡立。蒲河自黄土塬深切于基岩,河谷表现为 U 形不对称谷。河道宽 250 ~ 300 m,平均坡降 1/400,两岸黄土陡坡直达塬顶,塬顶高程最高为 1 393 m,高出河水位 200 ~ 300 m,相对高差 300 多 m。坝址区内,山顶高程 1 246 m,河床高程 1 050 m,相对高差近 200 m。岸边山顶高程 1 246 m,相对高差 150 m。原大坝坝顶高程 1 124.7 m,坝高 74 m。除坝下游河道及小南河沟隧洞出口有基岩裸露外,其余均为第四系黄土和第三系红色黏土所覆盖,上覆土层厚度约 110 m。库区为淤土覆盖,淤土面高程 1 110 m 左右,淤土厚度 60 m 左右。自然边坡,黄土平均坡度 15° ~ 35°,基岩坡度 80°左右。

　　新增溢洪道上游进水渠位于左坝肩上游,左侧结合地形开挖,为满足水流平顺要求,采用半径 145.5 m 圆弧与上游库岸衔接,右侧结合土坝布置及连接要求采用裹头布置型式;为满足水流过闸要求,闸前设 40 m 长直立导墙段。左侧导墙与坝轴线垂直,上游设渐变段与岸坡衔接;右侧导墙设 7°扩散角,上游设渐进式圆弧护墙。进水渠底部在闸前 40 m 采用钢筋混凝土铺盖防护,高程 1 095 m。上游接 1:6 斜坡与上游连接,上游开挖高程 1 106 m,与堰顶齐平。

闸室控制段位于坝顶上游侧,闸底板高程 1 095 m,堰型采用混凝土实体 WES 型,即采用双圆弧堰面曲线,上游堰面坡度 3:2,下游直线段坡降 3:4,后接半径为 30.0 m 的圆弧曲线与闸后泄槽底板相接。闸室采用开敞式布置,共 2 孔,单孔净宽 13.0 m,堰顶高程 1 106 m,闸室顶高程和坝顶高程相同,为 1 126.4 m,闸顶上游设 1.2 m 高防浪墙与坝顶防浪墙相接。

泄槽纵向底坡的选择考虑了在地质条件许可的情况下,尽量使开挖和混凝土衬砌工程量最省。同时还考虑泄槽底板和边墙结构的自身稳定及施工方便、水流流态等因素,为保证泄槽段不发生水跃,保持急流,其坡度应大于临界坡度。根据泄槽段地质条件和前后段衔接需要,设计选用泄槽底部 $i = 0.025$。为减轻或避免泄槽末端挑射水流冲刷南小河沟右岸山体,泄槽平面设置了中心转弯半径 450 m,转角 12°,长度 94.25 m,内侧转角 16°,外侧转角 8°的急流扩散弯道段。离心力及弯道冲击波作用,将造成弯道内外侧横向水面差,流态十分不利,因此为消除或抑制弯道处冲击波的影响,初拟弯道段设置弯道横坡,弯道上下游设水面曲线过渡段,并根据流态的需要,逐渐横向倾斜,在平面上做成横坡式抬高段,弯道最大横比降 $i = 0.085$。泄槽末端采用陡坡与挑流鼻坎衔接,陡坡起始段采用抛物线连接,抛物线方程为 $y = 0.025x + x^2/120.24$,后接 1:1.6 的直线段与挑流鼻坎衔接。泄槽出口采用挑流方式消能,挑流鼻坎挑角 20°,为改善泄槽与南小河沟斜交情况下挑射水流平面扩散及南小河沟水流条件,挑流鼻坎采用异形斜鼻坎。为避免挑射水流在小水情况冲刷坎后山体和大水情况下河床冲刷回淘山体,鼻坎后部设钢筋混凝土护坡及防淘槽防护。

溢洪道消能区出口位于小南河沟出口附近,1 110 m 以下为白垩系(K1)砂岩。组成消能池基础的岩体主要为白垩系上部黄绿色钙泥质胶结的细砂岩,颗粒密度为 2.65 g/cm³,虽然其岩体完整性好,但其抗压强度低。根据已有的试验资料,其干、湿抗压强度平均值分别为 17.5 MPa 和 10.59 MPa,风化带部位仅有 3.16 MPa,岩体胶结软弱,强度低,抗冲性能较差。

为论证工程布置的合理性,黄河勘测规划设计研究院有限公司委托黄河水利科学研究院进行整体水工模型试验,以验证其泄流能力和泄洪消能等水力学参数,提出溢洪道的改进建议,为优化设计提供可靠依据。

1.2　试验内容

(1)不同库水位情况下,溢洪道进水渠、控制段和泄槽的流速分布、水面线;

(2)不同库水位情况下,溢洪道控制段、泄槽段的压力分布;

(3)论证已有输水洞、增建泄洪洞进口塔架对溢洪道引水渠的影响,提出优化建议;

(4)论证溢洪道纵曲线参数和泄槽弯道参数,并提出相关优化建议;

（5）论证溢洪道挑流消能设计方案：不同泄量下，挑流距离、冲坑形态、冲坑深度，流速分布等情况。论证溢洪道不同挑流鼻坎型式的挑流消能效果；

（6）两孔不同时开启情况下溢洪道的流态；

（7）引水渠不同淤积高程对溢洪道的泄量影响；

（8）上游来水对溢洪道引水渠和大坝的影响；

（9）已有泄水建筑物参与泄洪对溢洪道泄流的影响和消能防冲的影响；

（10）溢洪道出口消能对南小河沟左岸山体的影响；

（11）验证尾渠段与河道衔接情况。

1.3　模型比尺及模型沙

根据设计部门提出的试验任务和要求，巴家嘴水库整体模型设计为正态，按弗劳德相似定律设计，模型分别满足重力相似和阻力相似，根据试验内容及要求，模型几何比尺选用 1：100。根据模型相似条件计算模型主要比尺见表 2-1-1。

表 2-1-1　模型主要比尺汇总表

相似条件	比尺名称	比尺	依据
几何相似	水平比尺 λ_L	100	试验任务要求及场地条件
	垂直比尺 λ_H	100	
水流重力相似	流速比尺 λ_V	10	
	流量比尺 λ_Q	100 000	
	水流运动时间比尺 λ_t	10	
水流阻力相似	糙率比尺 λ_n	2.15	

巴家嘴模型以天然石子散粒料作为模拟岩基冲刷材料，用基岩的抗冲流速确定散粒料的粒径，组成消能池基础的岩体主要为白垩系上部黄绿色钙泥质胶结的细砂岩，颗粒密度为 2.65 g/cm³，最终选定模型沙粒径 D 取值为 3.4~6.7 mm。

巴家嘴水库库区淤积物模拟仍然采用抗冲流速相似法进行模拟，巴家嘴水库入库水流含沙量高（1951~1996 年平均含沙量 218 kg/m³，汛期平均含沙量 337 kg/m³），悬移质泥沙颗粒较细（按 1977~1991 年统计，各年中值粒径变化为 0.016~0.026 mm，多年平均中值粒径约 0.022 mm）。库区淤积物特性主要与来水来沙、水库运用方式、坝前水位、泄水建筑物泄量大小等因素有关，一方面，据 20 世纪 70 年代实测资料，库区淤积物干容重为 1.11~1.65 t/m³，淤积物泥沙中值粒径为 0.03~0.05 mm，按照土力学中土的分类，该粒径泥沙属于轻壤土类，由《水力学计算手册》查得，该种土质在水力半径为 1.0 m 时，不冲流速为 0.6~0.8 m/s，换算到水深 10 m 时，不冲流速为 0.95~1.27 m/s。因此，按流速均值 1.1 m/s 进行模型沙选择。

模型选用精制无烟煤滤料来模拟，无烟煤容重 γ_s 为 1.35 t/m³，干容重 γ_0 为 0.95 t/m³，采用泥沙起动流速公式计算，$D_m = 1.0~2.0$ mm。

1.4　模型范围

模型试验在黄河水利科学研究院南院实验厅内进行,根据试验任务要求,坝轴线以上取 800 m,坝下取 1 300 m,总计原型模拟长度 2.1 km,宽度 500 m,模型范围 21 m × 5 m,模型布置见图 2-1-2。模型模拟库区、两条泄洪洞和输水洞的 3 座进水段及塔架、坝体、溢洪道及下游河道等。输水洞 3 座进口段、塔架及溢洪道均采用有机玻璃模拟制作,有机玻璃糙率为 0.007 ~ 0.009,模型采用有机玻璃基本满足阻力相似要求。

图 2-1-2　巴家嘴溢洪道整体水工模型布置

1.5　原设计方案试验

1.5.1　泄流能力

按照委托任务要求,试验分别对闸前无淤积、闸前淤积高程 1 101 m、1 106 m,且在清水来流条件下溢洪道的泄流能力进行了量测,结果见图 2-1-3、图 2-1-4,根据模型实测流量采用堰流流量公式反求流量系数,列入表 2-1-2。

可以看出,清水和闸前无淤积条件下,各级特征水位下溢洪道泄量较设计值大,满足设计要求。但随着闸前淤积面的抬高,溢洪道过流能力逐渐降低,当闸前淤积面高程达到1 101 m 时,对应各特征水位,其泄量减小 0.3% ~ 3.7%;当淤积面高程接近堰顶高程,各特征库水位下溢洪道下泄流量较闸前未产生淤积时,相应减少 9% ~ 11%。即如果闸前淤积泥沙不能被拉走的条件下,溢洪道泄流将不满足设计泄流量要求。由表 2-1-2 可知,各特征库水位条件下过闸流量系数随着库水位的升高而增大,当闸前没有淤积时,对应各特征水位条件下过闸流量系数为 0.459 ~ 0.474,但当闸前产生淤积,且淤积面低于堰顶时,如闸前淤积面高程为 1 101 m,相当于堰高减小,因而各特征水位下流量系数略有减小，设计水位为 1 120. 95 m 时流量系数由 0. 470 减小到 0. 457。但当闸前淤积面接近堰顶高程时，各特征水位下过闸流量系数减小较多，为 0. 415 ~ 0. 429，主要原因是该条件下其过闸堰型接近宽顶堰，但由于闸的拉沙作用，闸前淤积面不能与堰顶高程形成同一平面，因此其流量系数较宽顶堰流量系数（$\mu_{max} = 0. 385$）大。

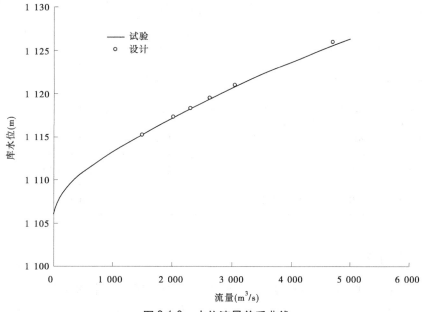

图 2-1-3　水位流量关系曲线

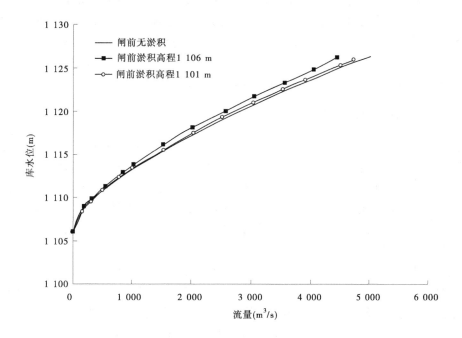

图 2-1-4　闸前不同淤积条件下水位流量关系曲线

表 2-1-2　闸前无淤积和不同淤积高程时各特征水位下流量比较

库水位（m）	设计流量（m³/s）	闸前无淤积				闸前淤积高程 1 101 m			闸前淤积高程 1 106 m		
		流量（m³/s）	流量系数	与设计流量相对误差（%）		流量（m³/s）	流量系数	与闸前无淤积相比（%）	流量（m³/s）	流量系数	与闸前无淤积相比（%）
1 115.28	1 494.9	1 494.9	0.459	0		1 490	0.458	−0.3	1 350	0.415	−9.7
1 117.28	2 003.4	2 030	0.466	1.3		2 000	0.459	−1.5	1 820	0.417	−10.3
1 118.36	2 297.9	2 345	0.469	2.0		2 280	0.456	−2.8	2 090	0.418	−10.9
1 119.53	2 631.8	2 700	0.471	2.6		2 600	0.454	−3.7	2 430	0.424	−10.0
1 120.95	3 056.8	3 130	0.470	2.4		3 040	0.457	−2.9	2 850	0.428	−8.9
1 125.94	4 708.5	4 860	0.474	3.2		4 708	0.459	−3.1	4 400	0.429	−9.5

1.5.2　压力分布

试验在左右两闸孔堰面中心线上、中墩、左边墩上布置了多个测压点,各特征水位下溢洪道沿程压力如图 2-1-5 ~ 图 2-1-7 所示。可以看出,溢洪道闸室段堰面压力变化比较平顺,当闸前水位超过设计水位时,堰面出现脱流造成负压。随库水位的逐渐升高,负压随之增大,在校核水位时负压达到最大。受溢洪道进口来流影响,左、右孔堰面负压位置与大小稍有差别,右孔堰面负压较左孔大,负压最大值达到 3.19 m 水柱,对应边墩、中墩也出现负压,加之门槽影响,校核水位时中墩上最大负压达到 4.78 m 水柱,但未超出溢洪道设计规范堰面负压的允许值。从堰面压力分布看,堰面设计合理。

1.5.3　水流流态及水面线

溢洪道进口布置要求来流平顺,避免横向流及漩涡出现,关键在于进口导墙型式的选择,它直接影响着进口流态和泄流能力,该溢洪道闸前设 40 m 长直立导墙段,左侧导墙与坝轴线垂直,上游设渐变段与岸坡衔接;右侧导墙设 6°扩散角,上游设渐进式圆弧护墙。试验结果表明,当闸前无淤积时,对应各级流量时,闸前进流较为平顺,见图 2-1-8,当闸前有淤积,闸前流速较大,闸前进流较为紊乱,特别是在高水位大流量时,在进口段与两岸衔接处产生较大强度的绕流漩涡,见图 2-1-9 。

闸墩墩头和墩尾采用半圆头型,墩前产生壅水,水流入闸室水面降落较快,受侧向收缩影响,水面不平顺,墩尾处产生水冠,水流进入泄槽后受弯道段及扩散段影响,槽内产生菱形冲击波,水面起伏较大,影响到出口鼻坎单宽流量分布,挑流水舌厚薄不均。

模型实测闸室及泄槽段在各级水位情况下的水面线如图 2-1-10 所示。闸室水面没有顶冲弧门铰座(铰座桩号 0 +028.47,高程 1 114.0 m),水流进入弯道后,由于离心力和

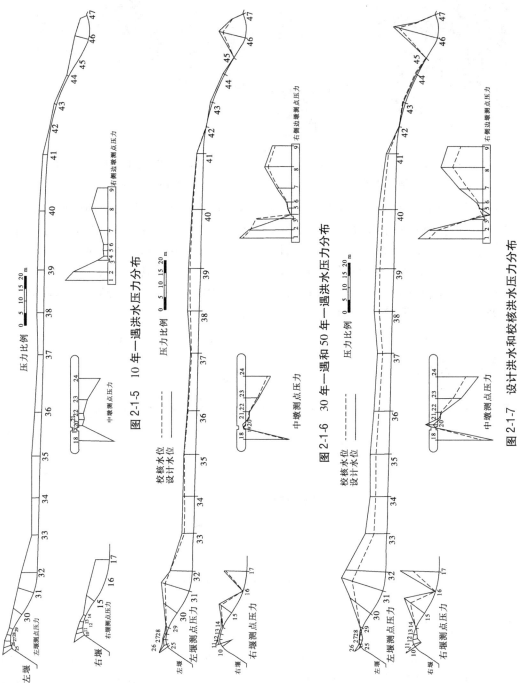

图 2-1-5 10 年一遇洪水压力分布

图 2-1-6 30 年一遇和 50 年一遇洪水压力分布

图 2-1-7 设计洪水和校核洪水压力分布

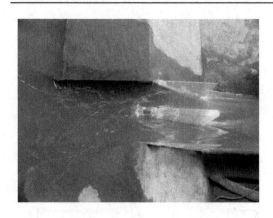

图 2-1-8　校核水位闸前流态　　　　　　图 2-1-9　校核水位闸前流态

（闸前无淤积）　　　　　　　　　（闸前淤积高程 1 101 m）

直渠段惯性力的存在,凹岸方向的水面增高,凸岸方向的水面降低,形成横向水面比降,试验量测弯道各断面水深沿横向分布如图 2-1-11 所示。试验结果表明,各级流量时,泄槽内有菱形波存在,水面纵横向起伏变化,设计水位时,桩号 0 + 105.24 断面,左右岸最大水深差 1.3 m。校核水位时,桩号 1 + 117.12 断面左岸(凹岸)水深 11 m,右岸水深 8.5 m,两岸最大水深相差 2.5 m。左边墙设计高程为 1 104.2 m,模型实测左岸水面高程为 1 105.326 m,可见泄槽左边墙设计高度需要加高。

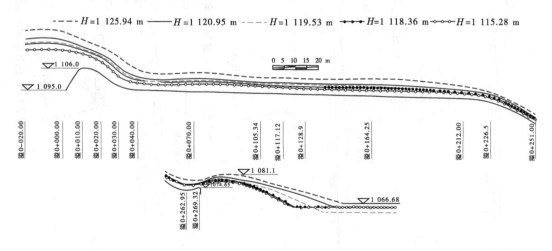

图 2-1-10　溢洪道沿程水面线

1.5.4　流速分布

　　试验量测了进口引渠段 3 个断面(0 - 106、0 - 020、0 + 000)和泄槽段 11 个断面的流速分布,特征水位下沿程各断面流速分布见表 2-1-3。可以看出,泄槽内受冲击波的影响,各断面水面起伏,导致流速分布规律稍有差异,弯道段各断面流速分布右岸流速大于左岸,出口段流速分布调整为左岸大、右岸小,100 年一遇洪水时,试验量测泄槽弯道段最大

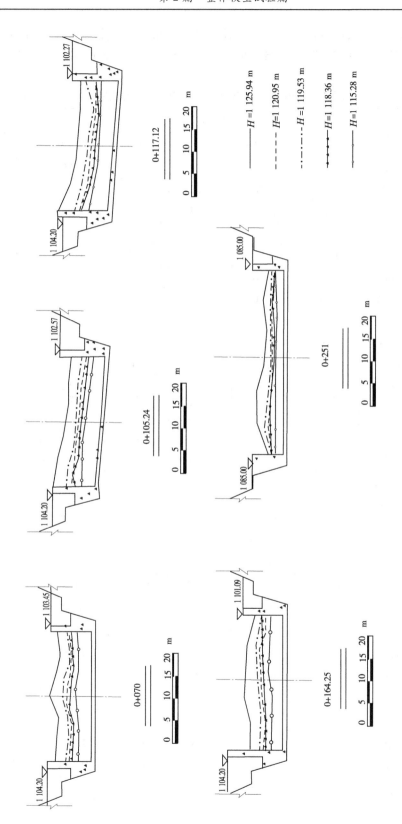

图 2-1-11　泄槽内断面水深沿横向分布

底部流速约 20.83 m/s,出口扩散段最大流速约 27.27 m/s。校核洪水时,试验量测泄槽弯道段最大底部流速约 22.17 m/s,出口扩散段最大流速约 28.43 m/s。从整体来看流速分布相对均匀。

表 2-1-3　特征水位下不同部位断面垂线平均流速　　　　　　（单位:m/s）

桩号	位置	库水位（m）					备注
		1 115.28	1 118.36	1 119.53	1 120.95	1 125.94	
0−106	左底	1.56	1.70	1.80	1.60	1.55	
	中底	1.88	2.58	2.08	2.07	1.90	
	右底	1.60	2.88	2.15	1.65	2.28	
0−020	左底	1.83	2.95	3.15	3.48	4.22	
	中底	1.86	2.97	3.32	3.70	4.77	
	右底	2.18	2.90	2.90	2.87	3.20	进口段
0+000	左孔左	2.06	4.10	2.47	3.55		
	左孔中	2.13	2.47	4.80		4.25	
	左孔右	1.56		4.40			
	右孔左	1.65	4.07	2.47	3.45		
	右孔中	2.38	2.70	4.43		4.12	
	右孔右	2.36		4.43			
0+040	左孔中	17.25	17.72	16.30	17.98	17.75	闸室
	右孔中	17.31	17.92	18.13	17.83	17.83	末端
0+070	左	18.01	18.62	19.28	19.42	20.67	弯道
	左中	18.25	18.75	19.43	19.62	21.00	起始
	中	17.78	18.43	18.50	18.53	19.75	断面
	右中	18.78	19.43	19.88	20.00	21.35	
	右	17.91	18.73	19.48	19.87	21.53	
0+105.34	左	18.18	18.27	19.23	19.62	20.70	
	左中	18.21	19.08	18.75	19.73	20.80	
	中	17.71	18.67	18.95	19.07	20.65	
	右中	18.78	19.88	19.85	20.23	21.58	
	右	18.88	18.80	19.93	20.18	21.50	弯段
0+117.12	左		17.88	18.53	18.62	20.12	
	左中		19.02	19.17	19.48	20.75	
	中		18.45	18.85	19.28	20.17	
	右中		20.52	19.85	20.40	21.83	
	右		17.75	19.02	19.98	21.45	

续表 2-1-3

桩号	位置	库水位（m）					备注
		1 115.28	1 118.36	1 119.53	1 120.95	1 125.94	
0 + 128.9	左	18.68	19.03	17.05	19.10	20.78	弯段
	左中	17.75	19.75	19.63	19.73	21.38	
	中	18.51	18.90	19.17	19.53	20.58	
	右中	19.18	19.55	20.12	20.25	21.82	
	右	15.05	16.75	19.35	19.80	21.98	
0 + 164.25	左	17.85	19.53	19.88	19.85	21.53	
	左中	17.88	19.20	19.95	20.10	21.65	
	中	18.05	18.95	19.07	19.30	20.18	
	右中	19.48	19.55	19.93	20.05	21.80	
	右	17.21	18.65	19.35	19.60	22.02	
0 + 212	左	18.28	20.70	20.10	20.18	21.27	陡坡段
	左中	18.31	19.73	20.25	20.48	21.97	
	中	17.51	19.13	20.10	20.73	21.52	
	右中	18.75	19.80	20.27	21.27	22.22	
	右	14.25	17.40	17.60	18.15	21.57	
0 + 226.5	左	21.01	22.53	20.60	20.37	23.57	
	左中	20.41	21.90	21.37	20.03	24.25	
	中	20.41	22.80	23.37	21.40	23.73	
	右中	21.38	22.50	22.87	19.77	23.78	
	右	17.25	18.27	19.13	18.17	23.68	
0 + 251	左	22.91	22.70	20.33	20.77	20.50	挑坎段
	左中	23.45	25.53	25.63	24.23	25.47	
	中	24.98	26.13	26.40	27.27	25.97	
	右中	26.35	26.20	27.33	27.07	26.50	
	右	15.91	23.30	24.33	25.00	24.07	
挑坎末端	左	24.41	25.43	23.47	23.57	23.63	
	左中	25.65	25.63	26.47	25.77	27.80	
	中	23.35	26.73	26.40	26.63	25.50	
	右中	22.38	26.50	27.63	26.27	28.43	
	右	22.05	23.73	22.83	23.47	27.70	

1.5.5　出口挑坎水力特性

为改善泄槽与下游南小河沟斜交情况下,挑射水流平面扩散及南小河沟水流条件,设计采用异形斜鼻坎,在低水位时,如10年一遇洪水,挑流水舌均匀,随着库水位的升高,流量增大,泄槽内冲击波强度增大,挑流水舌薄厚不均。试验量测各特征水位下水舌挑距见表2-1-4。溢洪道下泄各级流量时,左侧水股挑落在南小河沟左岸高程为1 055～1065 m的山坡上。试验量测溢洪道该体型下的起挑流量为200 m³/s,收挑流量为124 m³/s。

表2-1-4　水舌挑距统计　　　　　　　　　　　　　（单位:m）

试验工况	库水位（m）	挑距(m)		
		左	中	右
10年一遇	1 115.28	52.0	59.0	58.2
30年一遇	1 118.36	60.0	67.1	64.8
50年一遇	1 119.53	60.0	64.4	69.9
设计水位	1 120.95	65.0	69.4	79.8
校核水位	1 125.94	65.1	73.2	82.3

1.5.6　下游水流流态及冲刷

溢洪道下游基岩冲刷是一个比较复杂的问题,它涉及水力学和岩石力学两方面的诸多因素,目前基岩模拟技术还不完善,试验采用散粒体模拟基岩冲刷,忽略了岩石块体之间的黏结状态,考虑到巴家嘴溢洪道下游地形的特殊性,为了在模型中近似模拟岩石的抗冲特性,下游河床按照原河床地形铺设散粒体,对两岸山体模拟进行了特殊处理,在散粒料中加少量的水泥,水泥只起黏结作用,使山体不至于遇水很快滑落下来。

模型动床模拟范围,宽100～150 m,长500 m。溢洪道下泄水流对下游河道冲刷情况与库区上游来水洪峰大小、洪水持续时间等有关,模型是按照库区来流达到不同标准洪水流量,即恒定流时进行量测。

模型在放水前按照原始地形铺设完成后,先进行小流量（10年一遇洪水）的冲刷,待冲刷稳定后（模型时间约4 h）进行地形测量,接着进行下一级流量的冲刷,共进行了表2-1-5中5种工况试验,表中对应下游水位按照设计提供的坝下690 m断面蒲河水位流量关系进行控制,在试验前,按照设计要求将下游右岸路面加高,阻止水流入坝后。

表2-1-5　试验工况

试验工况	1	2	3	4	5
	10年一遇	30年一遇	50年一遇	设计洪水	校核洪水
库水位(m)	1 115.28	1 118.36	1 119.53	1 120.95	1 125.94
流量(m³/s)	1 494.9	2 345	2 700	3 130	4 860
下游水位(m)（坝下690 m断面）	1 055.25	1 056.6	1 057.1	1 057.7	1 060.08

1.5.6.1　下游流态与流速分布

试验对各特征水位不同流量级溢洪道下游流态及流速分布进行了量测,如图 2-1-12 ～ 图 2-1-16 所示。溢洪道出口挑流鼻坎采用了异形斜鼻坎,水舌虽然分别在横向扩散、纵向拉伸,但由于溢洪道出口水舌挑入南小河沟,南小河沟河道较窄,水舌两侧分别落在南小沟及两岸山坡,被冲的岩块推向下游而堆积下来形成堆积体,该堆积体抬高了冲刷坑内的水位,堆积体的位置和高程又影响水垫塘下游河道的流态及流速分布。各级流量时,由于下游水位较低,加之堆积体堆积后,河道内水深较浅,水流呈急流,河道流速较大,特别是右岸岸坡流速较大,有可能冲刷右岸路基。

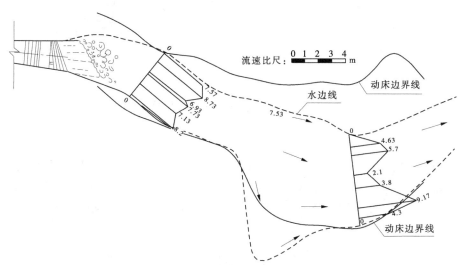

图 2-1-12　10 年一遇下游河道流态与流速分布

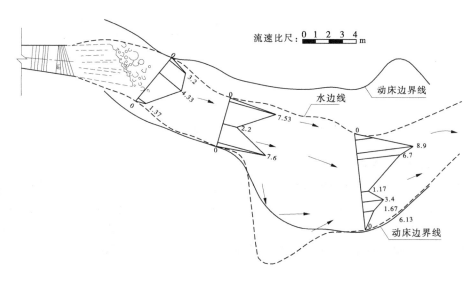

图 2-1-13　30 年一遇下游河道流态与流速分布

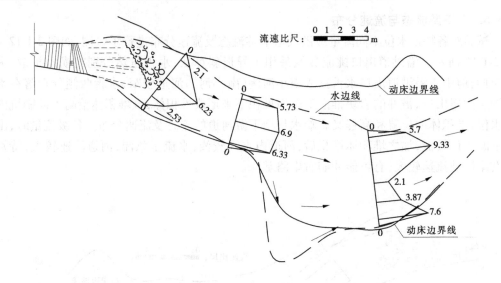

图 2-1-14　50 年一遇下游河道流态与流速分布

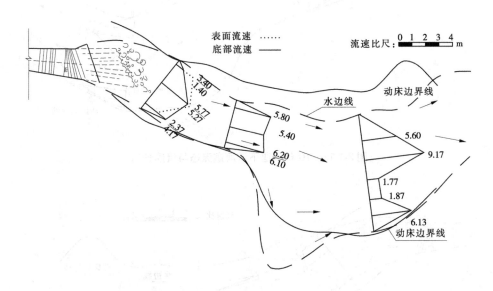

图 2-1-15　100 年一遇下游河道流态与流速分布

1.5.6.2　下游冲刷情况

冲刷最深点桩号(溢洪道桩号)与高程见表 2-1-6。图 2-1-17 ~ 图 2-1-21 为溢洪道下泄不同流量时下游河道冲刷地形图。结果表明,随着溢洪道下泄流量的增大,下游冲刷坑的深度逐渐增加、范围也越来越大。下游基岩冲刷是一个比较复杂的问题,模拟难度大,在该模型模拟试验条件下 50 年一遇洪水时冲坑最深点高程为 1 036.3 m。

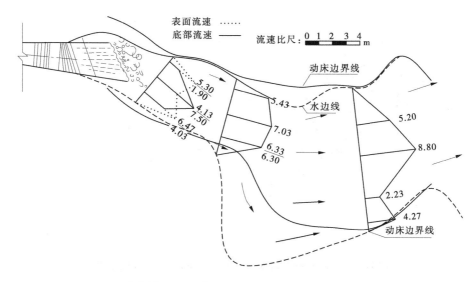

图 2-1-16　2 000 年一遇下游河道流态与流速分布

表 2-1-6　下游冲刷最深点高程与位置

试验工况		1	2	3	4	5
		10 年一遇	30 年一遇	50 年一遇	设计洪水	校核洪水
库水位(m)		1 115.28	1 118.36	1 119.53	1 120.95	1 125.94
流量(m³/s)		1 494.9	2 345	2 700	3 130	4 860
下游水位(m) (坝下 690 m 断面)		1 055.25	1 056.6	1 057.1	1 057.7	1 060.08
冲坑 最深点	桩号	0 + 354	0 + 355	0 + 374	0 + 375	0 + 376
	高程(m)	1 043.5	1 037.6	1 036.3	1 035.5	1 030.9

图 2-1-17　10 年一遇洪水($H = 1\ 115.28$ m)下游冲刷地形

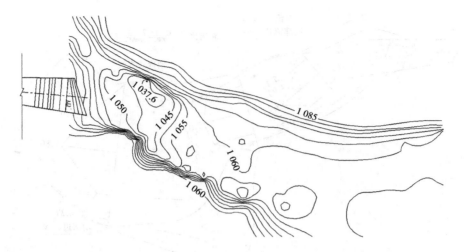

图 2-1-18　30 年一遇洪水($H = 1\,118.36$ m)下游冲刷地形

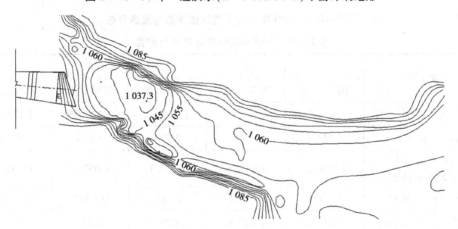

图 2-1-19　50 年一遇洪水($H = 1\,119.53$ m)下游冲刷地形

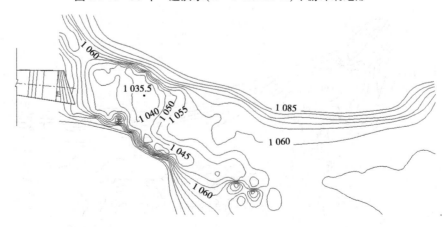

图 2-1-20　100 年一遇洪水($H = 1\,120.95$ m)下游冲刷地形

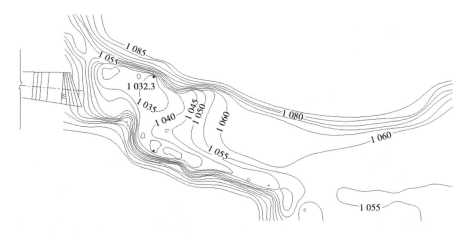

图 2-1-21　校核洪水($H = 1$ 125.94 m)下游冲刷地形

1.6　修改一方案试验

　　巴家嘴水库原设计溢洪道闸墩墩头和墩尾采用半圆头形,墩前产生壅水,导致闸室过流不均匀,墩尾处产生水冠。泄槽内水流受弯道及边墙扩散影响,产生冲击波,槽内水面不仅沿纵向起伏变化,而且在横断面上的水深也发生局部壅高。校核水位时,桩号 0 + 117.12 断面左岸(凹岸)水深 11 m,较右岸水深 8.5 m 深 2.5 m,另外冲击波传到溢洪道出口,单宽流量集中,不利于下游消能。同时原设计方案该溢洪道体型复杂,施工难度大,为此设计部门提出了修改方案,该方案与原方案不同:①将溢洪道进口方向扭转,取消弯道;②闸前进口引渠两侧裹头及开挖边坡体型做了相应调整;③闸室段闸墩墩头和墩尾,由半圆型改为流线型;④泄槽由两侧扩散修改为单侧扩散,出口斜鼻坎的挑坎由等挑角(25°)变半径体型改为等半径变挑角,挑坎挑角从左岸 15° 渐变到右岸 30.38°,挑坎仍然是左高右低,坎顶左右高差变小,高度为 4.84 m,宽度由 44.27 m 改为 43.76 m,长度缩短 4 m。体型布置如图 2-1-22 所示,此方案称为修改一方案。

1.6.1　水流流态及水面线

　　由于进口引渠右岸裹头由锥型改为半径为 10 m 的直立裹头,右岸裹头处绕流强度增大,进口流态波动较大,见图 2-1-23。闸墩体型修改后,墩前壅水和墩尾产生的水冠高度明显减小,溢洪道泄槽段流态得到明显改善,泄槽内左右岸水位差明显减小,但泄槽内仍有明显的菱形冲击波,见图 2-1-24,并影响到下游出口,在挑流鼻坎上形成左、中、右 3 股集中水流,挑流鼻坎两侧水流单宽加大,不利于下游消能,下一步应采取措施以削减冲击波。

　　模型实测闸室段和泄槽段在各级水位情况下沿程断面水深沿横向分布如图 2-1-25 所示。试验表明,各级流量下,泄槽内有菱形波存在,水面横向起伏变化,在 0 + 136.5 断面上水面最大高差约为 2.8 m。

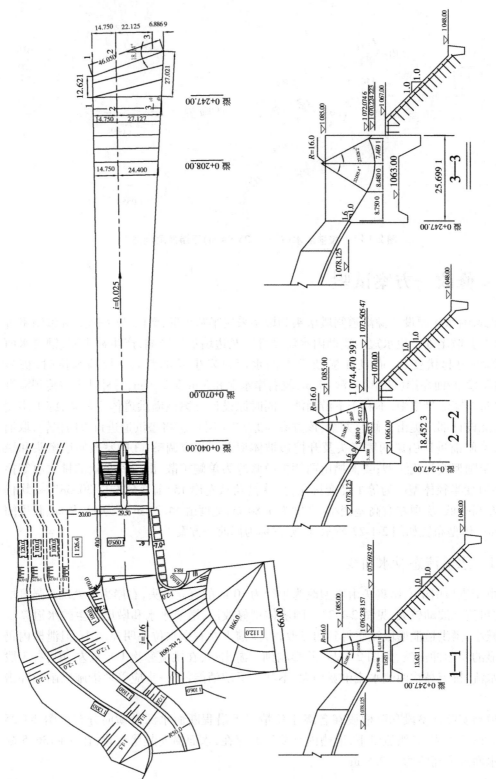

图 2-1-22　溢洪道修改一方案体型布置

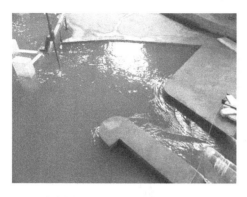 

图 2-1-23　校核水位时闸室进口流态　　图 2-1-24　校核水位时泄槽内冲击波

1.6.2　压力分布

试验量测各特征水位下溢洪道沿程压力如图 2-1-26 ~ 图 2-1-28 所示。可以看出,溢洪道闸室段堰面压力变化比较平顺,当闸前水位超过设计水位时,堰面出现负压。在校核水位时负压达到最大。受溢洪道进口来流影响,左、右孔堰面负压位置与大小稍有差别,右孔堰面负压较左孔大,堰面负压最大值达到 1.97 m 水柱,堰面负压较原设计方案有所减小。对应边墩、中墩也出现负压,加之门槽影响,校核水位时中墩上最大负压达到 4.68 m 水柱,但未超出溢洪道设计规范堰面负压的允许值。从堰面压力分布来看,堰面设计合理。

1.6.3　流速分布

试验量测了进口引渠段 3 个断面(0 - 040、0 - 020、0 + 000)和泄槽段 10 个断面的流速分布,特征水位下沿程各断面流速分布见表 2-1-7,可以看出,泄槽内受冲击波的影响,各断面水面起伏,导致流速分布规律稍有差异。进口段受来流及右侧裹头绕流影响,在 0 - 040断面流速分布是左侧小于右侧,在 0 - 020 断面流速分布调整为左侧大于右侧。校核水位时,进口段最大流速约为 6.63 m/s;在泄槽直段,泄槽内最大流速约为 21.80 m/s;泄槽陡坡段最大流速达 26.13 m/s;出口反弧段最大流速约为 27.50 m/s,出口挑流鼻坎左高右低,坎顶上流速分布左侧流速小于右侧。

1.6.4　挑流水舌

修改一方案与原设计出口挑坎体型相比变化不大,挑坎位置上移 4 m,挑坎宽度减小2.34 m,左右挑坎高差减小 1 m。试验量测各特征水位下水舌挑距见表 2-1-8,表中水舌挑距是从挑坎末端位置至下游入水处的长度。试验结果表明,与原设计方案相比,溢洪道下泄各级流量时,挑坎过流单宽流量略有增大,受泄槽冲击波的影响,挑坎右侧单宽(水深)增加,右侧水股挑流射程变长,左侧水股仍挑落在南小河沟左岸高程为 1 055 ~ 1 065 m 的山坡上。

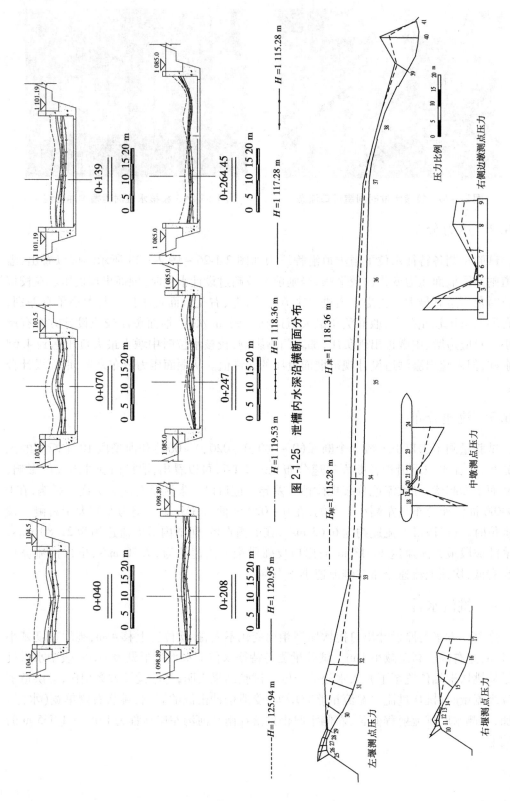

图 2-1-25　泄槽内水深沿横断面分布

图 2-1-26　溢洪道压力沿程分布（10 年一遇和 20 年一遇洪水）

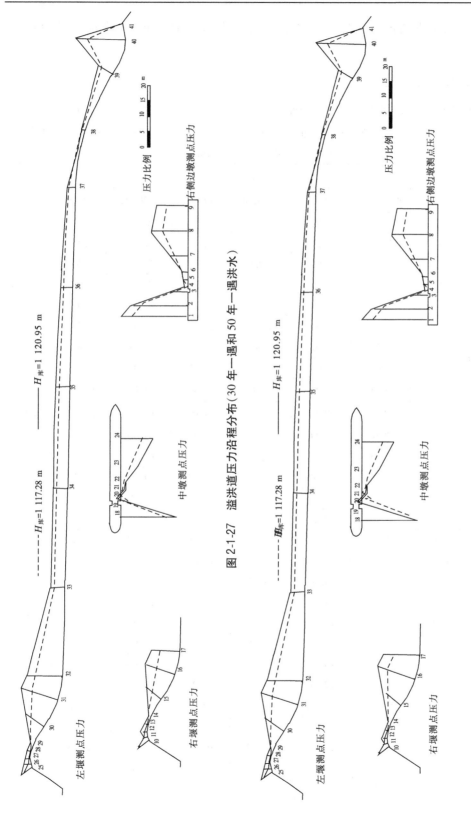

图 2-1-27　溢洪道压力沿程分布（30 年一遇和 50 年一遇洪水）

图 2-1-28　溢洪道压力沿程分布（100 年一遇和 2 000 年一遇洪水）

试验量测溢洪道该出口体型下的起挑流量为 95 ~ 180 m³/s，收挑流量为 60 ~ 135 m³/s。

1.6.5　下游水流流态与冲刷

由于基岩模拟技术还不完善,考虑到巴家嘴溢洪道下游地形基岩的复杂性,在进行该方案冲刷试验时,采用两种模拟方法进行对比试验。一种是按照原设计方案下游河床铺

表 2-1-7　溢洪道不同部位流速　　　　　　　　（单位:m/s）

桩号	位置	库水位（m）						备注
		1 115.28	1 117.28	1 118.36	1 119.53	1 120.95	1 125.94	
0 - 040	左	1.42	1.52	2.43	2.24	2.90	4.51	进口段
	中	3.39	3.29	3.63	3.81	3.96	5.11	
	右	3.16	3.90	4.64	4.69	5.10	6.63	
0 - 020	左	2.66	2.80	3.20	3.34	3.58	5.07	
	中	3.52	3.54	3.84	3.87	4.19	5.43	
	右	1.60	1.64	2.01	2.60	2.66	4.78	
0 + 000	左孔中	2.74	2.91	3.54	3.63	3.86	5.44	
	右孔中	2.01	2.68	3.28	3.52	4.06	5.34	
0 + 040	左孔中	17.30	17.57	17.97	17.75	17.68	17.95	闸室末端
	右孔中	17.33	17.60	18.10	18.03	17.68	18.23	
0 + 070	左	17.97	18.50	18.80	19.40	19.90	21.13	泄槽段
	中	18.00	18.57	18.97	19.23	19.20	20.50	
	右	18.30	18.47	19.20	19.07	19.37	21.23	
0 + 104.5	左	17.77	18.73	18.40	18.97	19.57	20.58	
	左中	18.23	17.97	18.50	19.30	19.47	21.17	
	中	17.07	18.17	18.80	18.90	20.00	21.03	
	右中	17.73	18.60	19.23	19.07	19.33	21.32	
	右	18.07	19.03	19.27	19.70	19.57	21.05	
0 + 139	左	17.27	17.53	18.80	19.20	18.93	21.18	
	左中	17.93	18.17	18.90	19.73	19.57	21.77	
	中	18.77	18.90	19.70	20.00	19.93	21.57	
	右中	18.80	19.33	19.93	20.20	18.90	21.80	
	右	16.53	17.60	18.40	19.23	18.57	21.40	
0 + 173.5	左	17.40	18.23	19.17	19.27	19.40	21.68	
	左中	18.50	18.73	20.27	20.63	19.57	19.95	
	中	16.77	18.90	18.47	19.10	19.67	18.23	
	右中	17.53	18.63	18.47	19.40	17.80	19.17	
	右	15.50	18.03	18.27	20.20	19.10	17.00	

续表 2-1-7

桩号	位置	库水位（m）						备注
		1 115.28	1 117.28	1 118.36	1 119.53	1 120.95	1 125.94	
0+208	左	17.70	19.03	20.20	19.47	19.80	17.28	陡坡段
	左中	18.70	19.27	20.43	20.00	19.83	19.25	
	中	16.70	18.57	18.50	19.77	20.03	17.97	
	右中	18.53	19.20	19.23	19.47	20.33	18.68	
	右	17.70	17.67	19.17	18.40	19.73	17.60	
0+227.5	左	19.60	20.23	20.67	21.77	21.97	19.20	
	左中	20.70	20.20	20.80	20.97	22.40	20.30	
	中	20.47	21.37	21.83	21.30	22.10	22.53	
	右中	19.77	20.80	20.80	20.73	21.27	22.77	
	右	18.47	19.80	20.33	20.00	21.27	20.33	
0+247	左	9.53	18.50	20.87	24.23	25.03	21.67	
	左中	24.60	24.33	25.37	24.47	24.70	25.10	
	中	24.67	25.10	25.70	26.13	25.87	25.50	
	右中	23.50	25.40	26.10	24.80	25.27	24.67	
	右	23.10	22.57	24.17	23.63	23.50	23.43	
反弧中	左	12.60	18.43	24.50	23.83	24.03	19.90	出口反弧段
	左中	24.23	23.97	24.40	22.57	21.70	20.83	
	中	26.10	26.40	24.70	26.03	25.57	22.13	
	右中	25.87	26.37	24.40	25.53	23.93	21.23	
	右	15.80	25.10	21.63	22.53	20.37	13.13	
0+259.6 ~ 0+274.0	左	13.33	22.53	23.70	24.00	24.87	23.30	
	左中	24.37	25.83	26.07	25.57	26.47	27.33	
	中	26.53	26.27	27.30	27.17	27.50	26.73	
	右中	27.37	28.13	26.57	24.60	24.33	24.43	
	右	21.57	23.50	27.23	25.83	26.30	25.27	

设办法,河床部分采用散粒体,对两岸山体模拟进行了特殊处理,在散粒料中加少量的水泥,水泥只起黏结作用,使山体不至于遇水很快滑落下来,该冲刷结果偏深。另一种是下游河床及两岸山体全部采用散粒体铺制,由于天然石子的坍落度与原型不相似,冲刷坑范围偏大,下游堆积物偏多,抬高冲刷坑的水位,冲刷深度相对较浅。试验结果表明,由于模拟方法不同,水垫塘下游流态和流速分布存在较大差异。

表 2-1-8　水舌挑距　　　　　　　（单位:m）

试验工况	库水位（m）	长度(m)		
		左	中	右
10 年一遇	1 115.28	52	60	60
20 年一遇	1 117.28	59	64	66
30 年一遇	1 118.36	61	61	66
50 年一遇	1 119.53	63	69	70
设计水位	1 120.95	68	72	75
校核水位	1 125.94	73	85	80

模型冲刷仍然是从小流量开始,待冲刷稳定后(模型时间约 4 h),进行地形测量,在上一级流量的冲刷基础上,接着进行下一级流量的冲刷。

1.6.5.1　山体采用胶结材料模拟试验

溢洪道下泄小流量时,挑流水舌入下游河道,在高速射流冲击的作用下,河床被破坏而形成冲坑,主流顺着南小河沟流入蒲河,由于南小河沟河槽较窄,河道流速相对较大,在10 年一遇洪水时,南小河沟流速达到 5 ~ 6.6 m/s,河槽很快冲刷展宽,有可能危及右岸路基安全。随着溢洪道泄流的增大、冲坑的加深,下游堆积物向下推移,下游河道流态及流速分布也随之发生变化,在各级流量时,下游河道内水流流速较大,如图 2-1-29 ~ 图 2-1-31 所示。不同工况下下游冲刷地形如图 2-1-32 ~ 图 2-1-34 所示,冲坑最深点高程统计于表 2-1-9。在该试验条件下,10 年一遇、50 年一遇及设计洪水时,冲坑最深点高程分别为 1 041.2 m 、1 035.9 m 和 1 030.2 m。

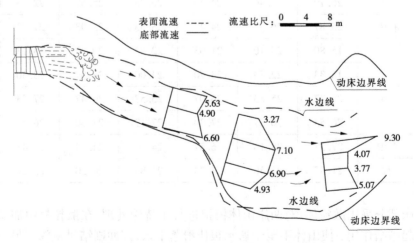

图 2-1-29　10 年一遇洪水下游流态及流速分布

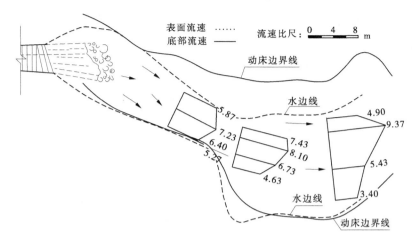

图 2-1-30　100 年一遇洪水下游流态及流速分布

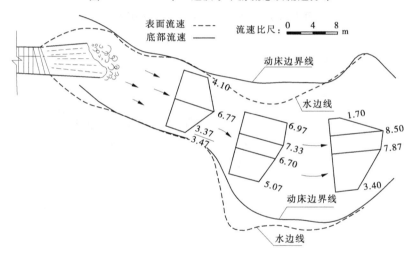

图 2-1-31　2 000 年一遇洪水下游流态及流速分布

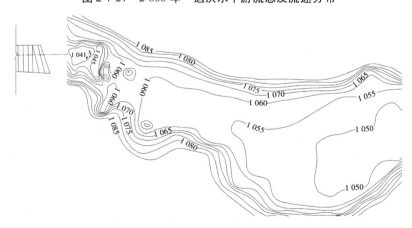

图 2-1-32　10 年一遇洪水下游冲刷地形

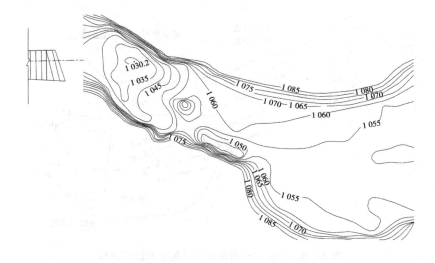

图 2-1-33 100 年一遇洪水下游冲刷地形

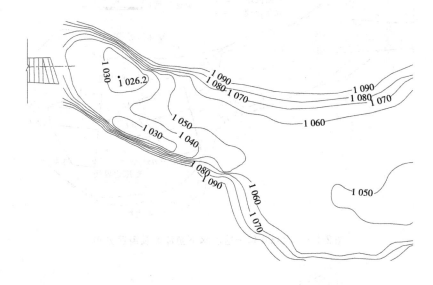

图 2-1-34 2 000 年一遇洪水下游冲刷地形

1.6.5.2 山体采用散粒体模拟试验

两岸山体采用散粒体铺制后,在溢洪道下泄各级流量时,挑流水舌均挑落在河槽两岸山坡上,即使溢洪道下泄小流量,两岸山体受水流冲刷很快滑落,冲坑两侧也很快达到模型定床边界,冲坑范围大,深度较浅。试验量测溢洪道下泄各级流量时,下游冲刷地形如图 2-1-35 ~ 图 2-1-37 所示,不同工况冲坑最深点也列于表 2-1-9。

下游地形全部采用散粒体模拟时,试验量测到的下游冲坑较浅,主要有两方面的原因,一是采用散粒体模拟山体,各级流量,特别是小流量时,冲坑宽度偏大,如 10 年一遇洪水时,两岸山体采用散粒体模拟时冲坑宽 100 m,而两岸山体采用胶结材料时冲坑宽为 62 m,水垫塘水体增大,消能效果较好。另一方面,两岸山体采用散粒体模拟时,由于下游堆积

表 2-1-9　下游冲刷最深点高程

试验工况		1	2	3	4	5	6
		10 年一遇	20 年一遇	30 年一遇	50 年一遇	设计洪水	校核洪水
库水位(m)		1 115.28	1 117.28	1 118.36	1 119.53	1 120.95	1 125.63
流量(m³/s)		1 494.9	2 030	2 345	2 700	3 130	4 775
下游水位(m) (坝下 690 m 断面)		1 055.25	1 056.25	1 056.6	1 057.1	1 057.7	1 060.08
冲坑 最深点 高程(m)	山体采用胶结 材料模拟	1 041.2	1 039.7	1 038	1 035.9	1 030.2	1 026.2
	山体采用散粒 体模拟	1 044.5	1 040.1	1 039.8	1 038	1 035.9	1 027.3

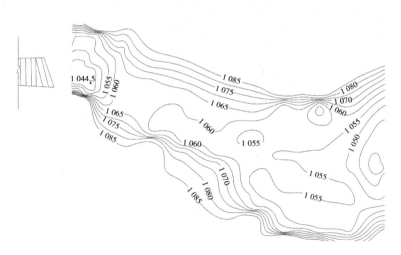

图 2-1-35　10 年一遇洪水下游冲刷地形

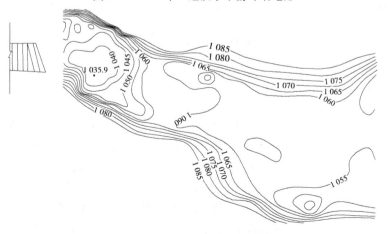

图 2-1-36　100 年一遇洪水下游冲刷地形

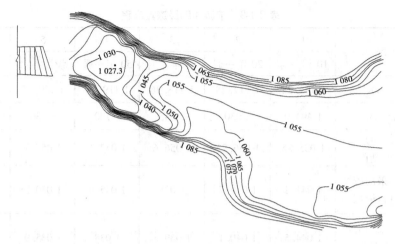

图 2-1-37　2 000 年一遇洪水下游冲刷地形

物较多,向下推移速度慢,抬高下游河道水位,图 2-1-38 为 50 年一遇洪水时,下游河道水面线图,图中距离为以溢洪道轴线与南小河沟交点为零,沿水流主流线距离,可以看出,溢洪道下泄 50 年一遇洪水,下游山体采用两种不同材料模拟,水垫塘末端水位相差 0.6 m,因而该试验条件下冲坑较浅。但在校核水位时,即溢洪道下泄 2 000 年一遇洪水时,由于下泄水流单宽较大,无论采用哪种模拟材料,冲坑两侧均达到模型定床边界,河道内堆积物向下推移速度快,下游河道水面线相差不大,如图 2-1-39 所示,因此冲坑最深点高程较接近。

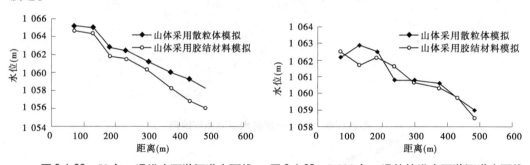

图 2-1-38　50 年一遇洪水下游河道水面线　　图 2-1-39　2 000 年一遇校核洪水下游河道水面线

1.7　修改二方案试验

　　修改二方案是在修改一方案体型基础做了四部分调整:①闸前进口两侧裹头及开挖边坡体型做了相应调整;②闸室中墩末端加一长 30 m、高 13 m 导流墩,以减小冲击波;③泄槽陡坡段抛物线方程做了调整;④出口扭斜鼻坎由左高右低改变为左低右高,挑坎半径为 20 m,挑角从左岸 15°渐变到右岸 34.83°,挑坎坎顶左右高差为 2.9 m,挑坎宽度由43.76 m 改为 42.8 m,坎顶位置向上游移 13.72 m,体型布置如图 2-1-40 所示,并将此方案称为修改二方案。另外,库区按照现状地形制作,溢洪道与输水洞、泄洪洞及新增泄洪洞联合泄洪。

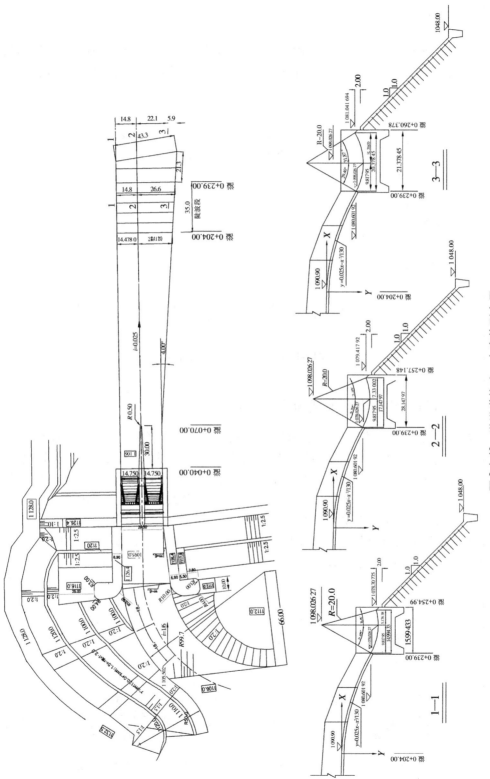

图 2-1-40 溢洪道修改二方案体型布置

1.7.1　泄流能力

　　试验对该库区现状淤积地形、闸前无淤积,且清水来流条件溢洪道的泄流能力进行了量测,结果见图 2-1-41。由图可知,该体型下溢洪道泄流能力与原方案基本相同。

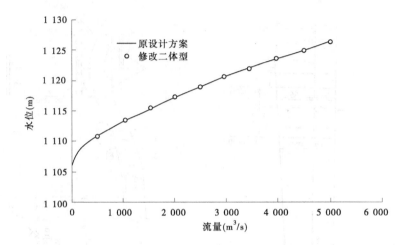

图 2-1-41　溢洪道泄流能力曲线

1.7.2　闸门全开溢洪道泄槽流态及水面线

　　裹头形式改变后,右岸裹头处绕流强度略有减小,左岸裹头处绕流强度较修改一方案增大,设计水位时,右岸裹头处绕流流速约为 4.4 m/s;校核水位时,右岸裹头处绕流流速5.4 m/s,左岸裹头处绕流流速达 1.9 m/s。进闸水流波动较大,见图 2-1-42,中闸墩后增设 30 m 导流墩后,溢洪道泄槽段流态得到明显改善,各级流量时,泄槽内冲击波现象明显减弱,见图 2-1-43,泄槽内左右岸水位差明显减小,下游出口挑坎水流较为均匀。试验量测 7 个库水位下溢洪道各断面水深沿横向分布如图 2-1-44 所示,试验结果表明,各级流量时,泄槽内水面横向起伏变化明显减小,在同一横断面上左右岸水面最大高差约为 2.4 m。

图 2-1-42　校核水位时溢洪道进口流态

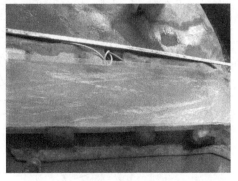

图 2-1-43　校核水位时溢洪道泄槽流态

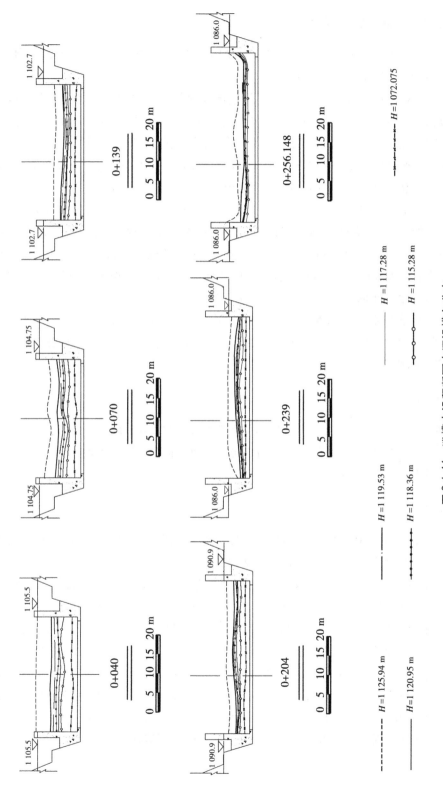

图 2-1-44　泄槽内沿程断面水深沿横向分布

1.7.3　左右孔单独开启水流流态

2 000 年一遇洪水位、100 年一遇洪水位和 50 年一遇洪水位时,左、右孔单独开启,沿程水深分布如图 2-1-45 ~ 图 2-1-47 所示。

设计水位时,右孔单独开启,水流在墩后迅速向左侧扩散,形成折冲水流,至左边墙桩号 0 + 103 附近,因有左边墙的阻挡和导向,水面逐渐壅高,水面至桩号 0 + 143 处壅到最高,水深约 6.8 m,达到最高后,又逐渐向右侧扩散,至挑流鼻坎末端,经挑坎挑入下游河道。校核水位时,水流扩散至左边墙桩号 0 + 097,在桩号 0 + 120 附近,水面升至最高,最大水深约 8.8 m。溢洪道下泄流量减小时,扩散至左边墙的位置下移。

设计水位时,左孔单独开启,水流在墩后迅速向右侧扩散,至右边墙桩号 0 + 101 附近,因有右边墙的阻挡和导向,水面逐渐壅高,水面在桩号 0 + 140 处升到最高,水深约 5.5 m,达到最高后,又逐渐向左侧扩散,至挑流鼻坎末端,经挑坎挑入下游河道。校核水位时,水流扩散至右边墙桩号 0 + 095,在桩号 0 + 124 附近,水面升至最高,最大水深约 8 m。溢洪道下泄流量减小时,扩散至右边墙的位置下移。

左、右孔单独开启时,水流在堰后迅速向对岸扩散,形成明显折冲水流,水流顶冲对岸墙后,水面壅高,岸墙受到较大的动水压力,安全稳定应进行验算,不是非常情况下,不应采用单孔开启的运用方式。

1.7.4　压力分布

试验量测各特征水位下溢洪道沿程压力如图 2-1-48 ~ 图 2-1-50 所示。该体型溢洪道闸室左、右孔堰面负压值相近,且较修改一方案略有减小,堰面负压最大值达到 1.59 m 水柱,对应边墩、中墩处负压变化不大。

1.7.5　流速分布

试验量测了进口引渠 0 - 040、0 + 000 两个断面及堰顶断面和泄槽段 10 个断面的流速分布,特征水位下沿程各断面流速分布见表 2-1-10。可以看出,100 年一遇洪水工况下,进口段最大流速约为 4.19 m/s,堰顶最大流速约为 11.84 m/s,泄槽直段最大流速约为 21.70 m/s,陡坡段最大流速约为 26.07 m/s,挑坎上最大流速约为 26.80 m/s。在 2 000 年一遇校核洪水时,进口段最大流速约为 5.23 m/s,堰顶最大流速约为 12.32 m/s,泄槽直段最大流速约为 22.70 m/s,陡坡段最大流速约为 27.83 m/s,挑坎上最大流速约为 29.10 m/s。进口段受来流及右侧裹头绕流影响,在 0 - 040 断面流速分布与修改一方案规律一致,仍然是左侧流速小于右侧流速。在校核水位时泄槽直段、泄槽陡坡段及出口反弧段最大流速较修改一方案略有增大。该方案出口挑流鼻坎体型与修改一不同,为左低右高,坎顶上流速分布规律与修改一不同,左侧流速大于右侧流速。

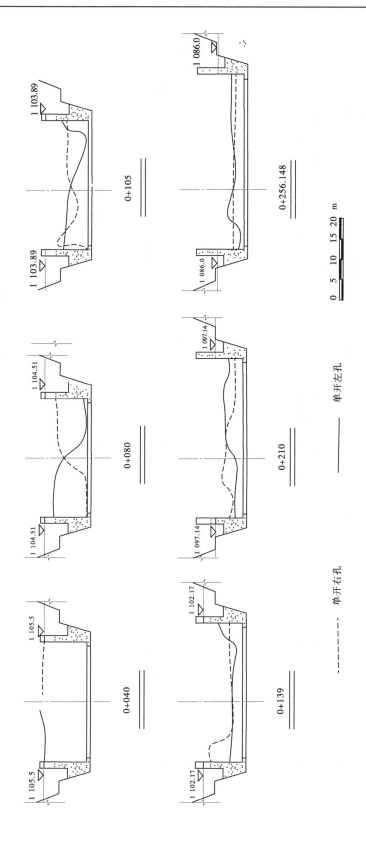

图 2-1-45 2 000 年一遇左、右孔单独开启断面水深横向分布

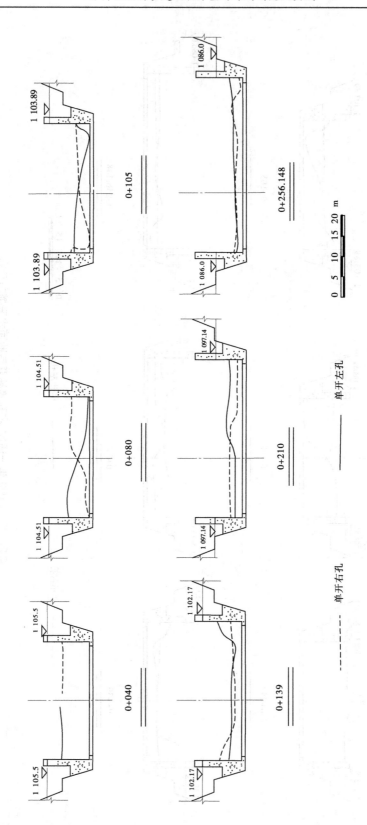

图 2-1-46　100 年一遇左、右孔单独开启断面水深横向分布

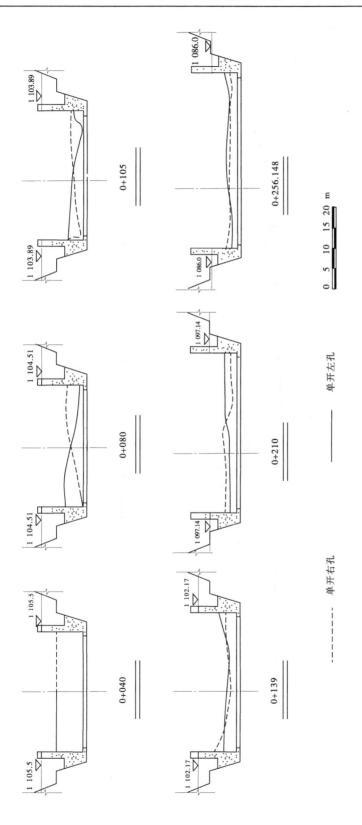

图 2-1-47　50 年一遇左、右孔单独开启断面水深横向分布

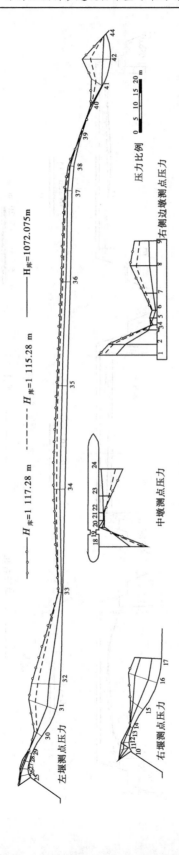

图 2-1-48　溢洪道压力沿程分布（汛限水位、10 年一遇洪水、20 年一遇洪水）

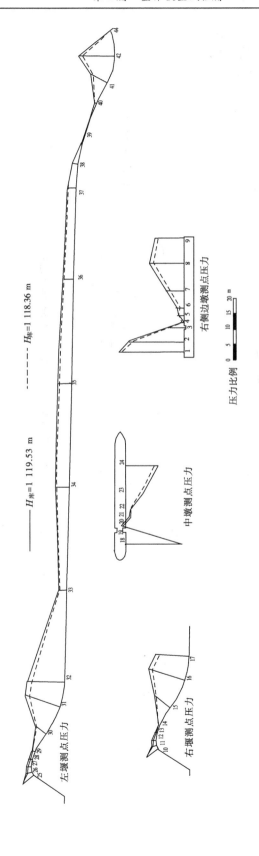

图 2-1-49 溢洪道压力沿程分布（30 年一遇洪水和 50 年一遇洪水）

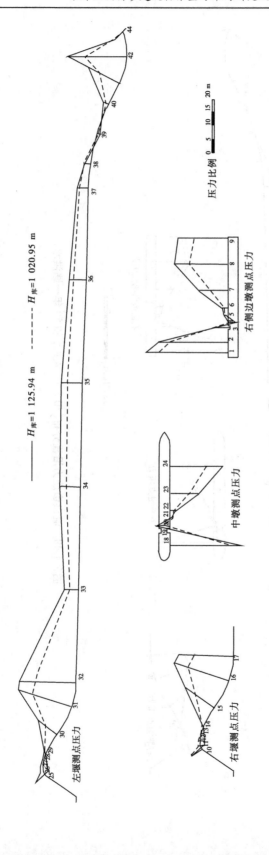

图 2-1-50　溢洪道压力沿程分布（100 年一遇洪水和 2 000 年一遇洪水）

表 2-1-10　溢洪道断面垂线平均流速　　　　　　　　（单位:m/s）

桩号	位置	库水位（m）							备注
		1 072.075	1 115.28	1 117.28	1 118.36	1 119.53	1 120.95	1 125.94	
0-040	左	0.77	1.53	2.19	2.63	2.77	3.28	4.59	进口段
	中	1.23	2.89	3.14	3.62	3.73	3.83	4.84	
	右	2.97	2.78	4.04	4.49	4.71	3.43	4.27	
0+000	左孔中	1.20	2.78	3.18	3.78	3.91	4.19	5.11	
	右孔中	1.60	2.23	3.21	3.52	4.00	3.86	5.23	
0+010	左孔左	6.20	8.96	9.44	9.92	10.61	11.84	12.27	堰顶
	左孔中	6.67	8.96	9.62	9.83	11.10	10.27	11.61	
	左孔右	6.33	8.61	9.87	9.61	10.89	10.84	12.32	
	右孔左	6.47	9.39	10.74	10.98	11.19	11.18	12.29	
	右孔中	6.23	8.37	9.93	10.67	10.79	11.21	12.21	
	右孔右	5.20	7.78	8.82	9.46	9.72	10.68	11.71	
0+040	左孔中	16.73	16.70	17.47	17.67	17.70	18.20	17.68	闸室末端
	右孔中	17.70	17.13	17.73	17.83	17.63	17.97	18.41	
0+070	左孔中	16.93	18.20	19.00	19.30	19.90	20.10	21.40	
	右孔中	16.80	18.63	19.57	19.67	19.80	20.07	21.35	
0+104.5	左	13.70	17.40	19.03	19.80	19.77	20.43	21.48	直段
	左中	16.30	18.37	19.07	19.10	19.13	20.43	20.88	
	中	13.63	17.50	17.63	18.03	17.87	19.23	20.48	
	右中	16.73	18.50	19.50	19.83	19.93	20.63	22.03	
	右	14.70	18.33	18.83	19.00	19.80	19.90	21.32	
0+139	左	10.30	17.80	18.53	18.17	19.00	20.47	21.20	
	左中	16.13	18.43	18.83	19.60	19.93	21.00	22.52	
	中	14.37	17.83	18.53	19.13	19.07	20.67	22.00	
	右中	14.80	18.43	19.57	19.97	20.27	20.83	22.37	
	右	13.47	17.30	17.90	18.00	18.70	20.20	20.53	
0+173.5	左	14.40	17.40	18.73	19.10	18.93	20.53	20.32	
	左中	14.67	19.07	19.47	19.83	19.93	21.70	22.37	
	中	13.87	17.90	19.07	19.17	19.57	20.67	22.70	
	右中	14.70	19.30	19.50	20.00	19.93	21.10	22.23	
	右	10.37	16.17	16.57	17.53	18.70	21.03	21.10	

续表 2-1-10

桩号	位置	库水位(m)							备注
		1 072.075	1 115.28	1 117.28	1 118.36	1 119.53	1 120.95	1 125.94	
0 + 204	左	11.53	17.90	19.17	20.23	19.20	21.77	23.37	陡坡段
	左中	14.63	19.47	20.53	20.33	21.37	21.73	23.50	
	中	14.67	17.37	18.43	19.17	17.30	22.10	23.37	
	右中	11.73	18.50	19.47	20.03	20.17	21.47	23.60	
	右	10.37	16.60	17.73	18.37	19.80	16.73	24.27	
0 + 239	左	12.83	15.60	22.73	23.87	23.57	22.77	25.57	
	左中	16.33	24.17	24.80	24.23	24.27	26.07	27.60	
	中	18.00	22.43	21.97	22.17	22.67	24.07	27.83	
	右中	14.43	23.40	23.97	24.50	25.20	25.17	25.97	
	右	11.53	20.80	22.83	23.73	23.43	24.87	24.40	
0 + 254.0 ~ 0 + 260.3	左	14.10	22.47	23.90	23.67	24.53	24.27	29.10	挑坎
	左中	14.97	24.57	25.67	25.20	23.90	26.80	28.97	
	中	15.23	22.03	23.17	23.57	23.60	26.03	27.77	
	右中	15.20	22.30	24.77	24.50	23.87	26.30	27.60	
	右	10.50	18.97	21.10	21.47	21.80	15.53	16.17	

1.7.6　挑流水舌

与修改一方案出口挑坎体型相比,挑坎位置上移 8 m,挑坎宽度减小 2.79 m,挑流鼻坎由左高右低调整为左低右高,挑坎左侧高程抬高 2.47 m,挑坎右侧高程抬高 10.21 m。试验量测各特征水位下水舌挑距见表 2-1-11,表中同时列出修改一方案挑距以供比较,表中水舌挑距是从挑坎位置至下游入水处的长度。试验结果表明,溢洪道在各特征水位时,左侧水股挑落在南小河沟左岸高程为 1 050 ~ 1 060 m 的山坡上。

试验量测溢洪道在该方案体型下的起挑流量为 70 ~ 250 m³/s,收挑流量为 80 ~ 165 m³/s。

1.7.7　下游水流流态与冲刷

为了与修改一方案相比较,在进行该方案冲刷试验时,下游基岩冲刷仍然采用两种模拟方法进行试验。试验冲刷过程和冲刷时间与修改一方案相同。

表 2-1-11　水舌挑距长度及入水角

试验工况	库水位（m）	修改一方案			修改二方案			中股水舌入水角	水舌入水处水位（m）
		水舌挑距（m）			水舌挑距（m）				
		左	中	右	左	中	右		
汛限水位	1 111.00				40.6	42	36.7		
10 年一遇	1 115.28	52	60	60	52	60	56	31°	1 060.1
20 年一遇	1 117.28	59	64	66	53	63	65	32°	1 064.0
30 年一遇	1 118.36	61	61	66	59	64	67	33°	1 067.1
50 年一遇	1 119.53	63	69	70	65	63	69	36°	1 064.4
设计水位	1 120.95	68	72	75	66	72	79	39°	1 063.4
校核水位	1 125.94	73	85	80	75	80	85	40°	1 062.1

1.7.7.1　山体采用胶结材料模拟试验

在该试验条件下,试验量测溢洪道下泄不同频率洪水时,下游河道内水流流态与流速分布如图 2-1-51 ~ 图 2-1-53 所示。从图中可以看出,在汛限水位时,由于溢洪道下泄流量较小,下泄水流主流顺着南小河沟沟槽入蒲河,过流断面较窄,河槽中流速较大,最大流速达到 7 ~ 9 m/s,河槽刷深。随着溢洪道下泄流量的增大,过流断面增大,断面最大流速位置左移,冲刷左岸岸坡。下游河道断面流速分布随着下游河道的冲淤变化而变化。

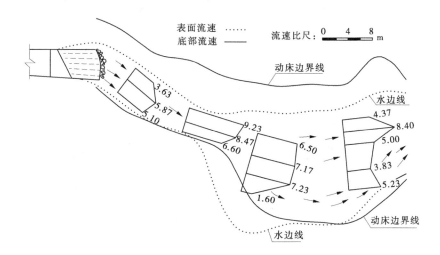

图 2-1-51　10 年一遇洪水下游流态与流速分布图

不同频率洪水下游冲刷地形如图 2-1-54 ~ 图 2-1-56 所示,冲坑最深点高程统计见表 2-1-12。在该试验条件下,10 年一遇、50 年一遇及设计洪水时,冲坑最深点高程分别为1 042.9 m、1 034.5 m 和 1 029.1 m。

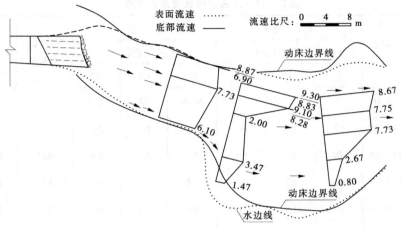

图 2-1-52　100 年一遇洪水下游流态与流速分布图

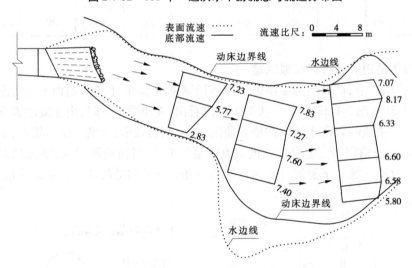

图 2-1-53　2000 年一遇洪水下游流态与流速分布图

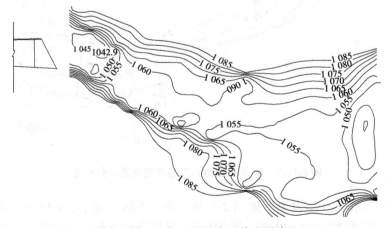

图 2-1-54　10 年一遇洪水下游冲刷地形

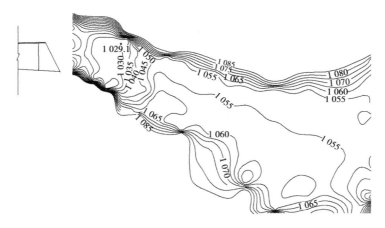

图 2-1-55　100 年一遇洪水下游冲刷地形

1.7.7.2　山体采用散粒体模拟试验

两岸山体采用散粒体铺设后,溢洪道下泄不同频率洪水时,下游冲刷地形如图 2-1-57 ~ 图 2-1-59 所示,不同频率洪水冲坑最深点见表 2-1-12。可以看出,下游地形全部采用散粒体模拟时,下游冲刷坑深度随着溢洪道下泄流量的增加而加深,在相应水流条件下,冲坑深度均较两岸山体采用胶结材料模拟时浅。

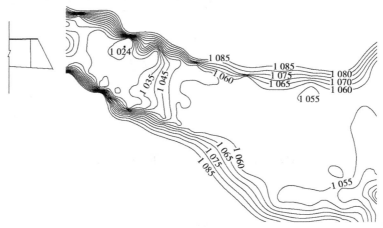

图 2-1-56　2000 年一遇洪水下游冲刷地形

表 2-1-12　下游冲刷最深点高程

试验工况		1	2	3	4	5	6
		10 年一遇	20 年一遇	30 年一遇	50 年一遇	设计洪水	校核洪水
库水位(m)		1 115.28	1 117.28	1 118.36	1 119.53	1 120.95	1 125.63
流量(m³/s)		1 494.9	2 030	2 345	2 700	3 130	4 775
下游水位(m)		1 055.25	1 056.25	1 056.6	1 057.1	1 057.7	1 060.08
冲坑最深点高程(m)	两岸山体采用胶结材料模拟	1 042.9	1 039.7	1 036.6	1 034.5	1 029.1	1 024
	两岸山体采用散粒体模拟	1 044.2	1 038.9	1 038	1 036.7	1 033.6	1 025.9

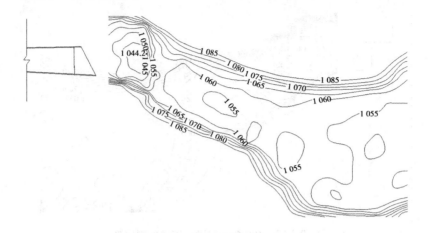

图 2-1-57 10 年一遇洪水下游冲刷地形

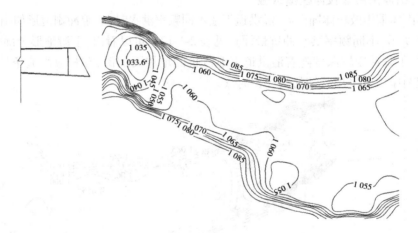

图 2-1-58 100 年一遇洪水下游冲刷地形

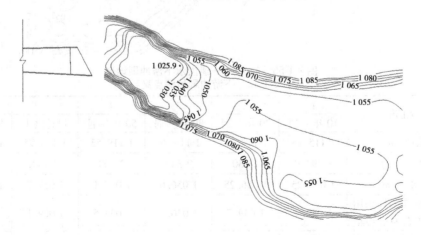

图 2-1-59 2 000 年一遇洪水下游冲刷地形

1.8　溢洪道下游消能冲刷结果分析

1.8.1　下游河道水位对下游消能冲刷的影响

　　进行试验时,对应各级流量时下游水位按照设计提供的坝下 690 m 断面蒲河设计水位流量关系(如图 2-1-60 所示)进行控制。试验结果表明,在模型放水初始按照设计提供的蒲河河道水位进行控制,随着南小河沟的冲刷,被冲的岩块推向下游,进入蒲河,蒲河河道发生冲淤变化,其蒲河水位随之变化,图 2-1-61 为坝下 690 m 蒲河断面模型实测水位流量关系,可知,坝下 690 m 蒲河水位与南小河沟冲刷堆积物形状和基岩的模拟方法有关,模拟方法不同,下游堆积体的位置、厚度和形状也随之变化。试验还量测了溢洪道不同体型、下游基岩不同模拟条件,南小河沟出口断面模型实测水位流量关系,如图 2-1-62 所示。南小河沟出口断面水位变化范围为 1 058.6 ~ 1 063.3 m,泄流量大于 1 500 m³/s 后,水位高于下游路面高程(1 060 m)。受下游河道模拟范围限制,下游河道较短,试验结果仅供设计参考。

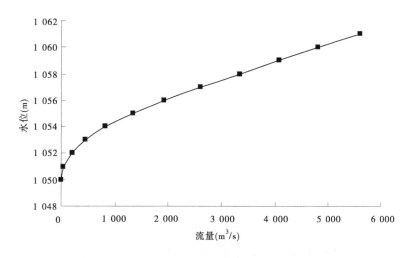

图 2-1-60　坝下 690 m 断面蒲河设计水位流量关系曲线

1.8.2　已有泄水建筑物参与泄洪对下游消能冲刷的影响

　　巴家嘴水库经过多次改建,目前已建泄水建筑物有 1 条输水洞、1 条泄洪洞和 1 条增建泄洪洞,不同库水位下设计泄量见表 2-1-13。不同特征水位下,输水洞泄量为溢洪道泄量的 1% ~ 2%,泄洪洞泄量为溢洪道泄量的 2% ~ 6%,10 年一遇洪水库水位 1 115.28 m时,增建泄洪洞泄量为溢洪道泄量的 30%,2 000 年一遇洪水库水位 1 125.94 m 时,增建泄洪洞泄量约为溢洪道的 10%,所以当输水洞和泄洪洞参与泄洪时对溢洪道消能冲刷影响很小,当增建泄洪洞参与泄洪时,特别在较低库水位时,由于增建泄洪洞泄量所占比例

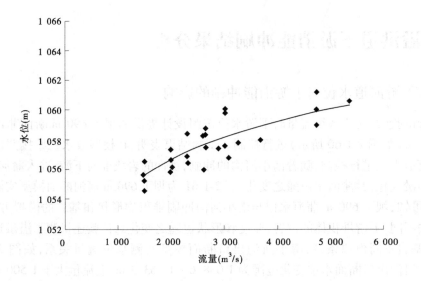

图 2-1-61　坝下 690 m 蒲河断面模型实测水位流量关系曲线

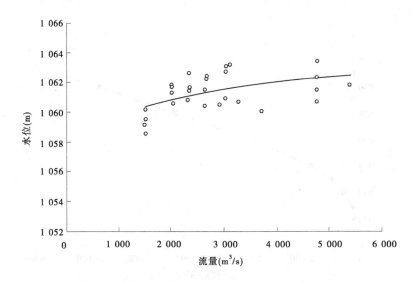

图 2-1-62　南小河沟出口断面模型实测水位流量关系曲线

较大,对下游河道消能冲刷会产生一定的影响。图 2-1-63 ~ 图 2-1-65 分别为汛限水位 1 111 m、10 年一遇洪水及 50 年一遇洪水时溢洪道与所有泄水建筑物联合运用时下游河道流态。从联合运用时下游河道流态可以看出,当库水位低于 10 年一遇洪水位时,泄洪洞下泄洪水以及南小河沟上游来洪水,一部分水流顺主河槽流入下游,一部分水流与溢洪道挑流水舌交汇后流入下游河道。当库水位高于 10 年一遇洪水位时,泄洪洞下泄洪水以及南小河沟上游来洪水被溢洪道挑流水舌阻截,使水垫塘水面抬高,如在库水位 1 120.95 m,试验量测溢洪道单独运用较联合运用时,水垫塘水位约低 0.5 m。已有泄水建筑物参与泄洪对溢洪道泄流消能防冲影响不大。

表 2-1-13 特征库水位各泄水建筑物泄量

频率	库水位 （m）	溢洪道流量 （m³/s）	输水洞 （m³/s）	泄洪洞 （m³/s）	增建泄洪洞 （m³/s）
10 年一遇	1 115.28	1 485	31.2	87.6	433.7
20 年一遇	1 117.28	2 020	32.2	90.7	450.1
30 年一遇	1 118.36	2 327	32.7	92.3	458.6
50 年一遇	1 119.53	2 690	33.3	94.1	467.7
100 年一遇	1 120.95	3 090	33.9	96.1	478.5
2 000 年一遇	1 125.94	4 775	36.2	103	514.5

图 2-1-63 汛限水位联合运用下游流态

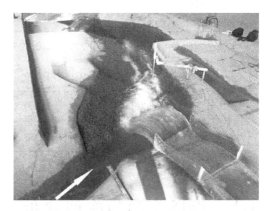

图 2-1-64 10 年一遇洪水联合运用下游流态

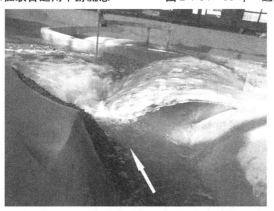

图 2-1-65 50 年一遇洪水联合运用下游流态

1.8.3 溢洪道出口体型变化对冲刷结果的影响

表 2-1-14 为溢洪道两种出口体型下游冲刷坑最深点高程，可以看出，无论采用哪种模拟方法，修改一方案体型下游冲刷坑深度较修改二方案体型略浅。修改二方案体型与

修改一方案相比,挑坎宽度减小 2. 79 m,挑流鼻坎由左高右低调整为左低右高,挑坎左侧高程较修改一方案抬高 2. 47 m,挑坎右侧抬高 10. 21 m。因此,修改二方案出口单宽流量略有增加,修改二方案挑坎高程抬高后,挑流水舌入水角比修改一方案大,因而冲坑最深点略低。但由于修改二方案出口坎顶位置较修改一方案上移 13. 72 m,修改二方案体型挑流水舌上移,相对减轻了对左岸山体的冲击。

表 2-1-14　两种出口体型下游冲坑最深点比较

试验工况		1	2	3	4	5	6
		10 年一遇	20 年一遇	30 年一遇	50 年一遇	设计洪水	校核洪水
库水位(m)		1 115. 28	1 117. 28	1 118. 36	1 119. 53	1 120. 95	1 125. 63
流量(m³/s)		1 494. 9	2 030	2 345	2 700	3 130	4 775
下游水位(m)(坝下 690 m 断面)		1 055. 25	1 056. 25	1 056. 6	1 057. 1	1 057. 7	1 060. 08
山体采用胶结材料模拟	修改一方案	1 041. 2	1 039. 7	1 038. 0	1 035. 9	1 030. 2	1 026. 2
	修改二方案	1 042. 9	1 039. 7	1 036. 6	1 034. 5	1 029. 1	1 024
山体采用散粒体模拟	修改一方案	1 044. 5	1 040. 1	1 039. 8	1 038	1 035. 9	1 027. 3
	修改二方案	1 044. 2	1 038. 9	1 038	1 036. 7	1 033. 6	1 025. 9

1.9　库区流态与流速分布

1.9.1　清水定床试验

模型库区范围包括坝上 1 000 m、宽度 400 m 泄水建筑物附近的局部库段,按照设计提供的库区现状淤积地形和设计的坝前漏斗淤积地形制成定床,观测了坝前库区的流态和流速分布。量测断面位置如图 2-1-66 所示,淤积地形横剖面如图 2-1-67。

1.9.1.1　库区现状淤积地形试验

试验分别量测了库区现状地形条件下,溢洪道与其他泄洪洞联合泄流时,库区流态以及坝轴线以上 150 m、300 m、400 m、500 m 断面流速分布,图 2-1-68 ~ 图 2-1-70 分别为溢洪道下泄 10 年一遇、100 一遇年和 2 000 年一遇洪水时库区流态及流速分布。受左岸山体影响,各级流量时库区左侧新建泄洪洞进口塔架上游有一回流区,回流强度随着库水位的升高而增大,校核水位时,最大回流流速为 1. 18 m/s。库区右侧也存在一小范围的弱回流区。进水塔架两侧流速随着库水位的升高而增大,3 个塔架中,输水洞进口塔架位于溢洪道进口正前方,在相同水流条件下,输水洞进口塔架量测流速较其他 2 个泄洪洞大,在校核水位时,新建泄洪洞、泄洪洞和输水洞进口塔架侧边最大流速分别为 0. 9 m/s、0. 78 m/s、2. 48 m/s。校核水位时,库区内最大流速约为 1. 8 m/s,顺坝最大流速约为 1. 33m/s。

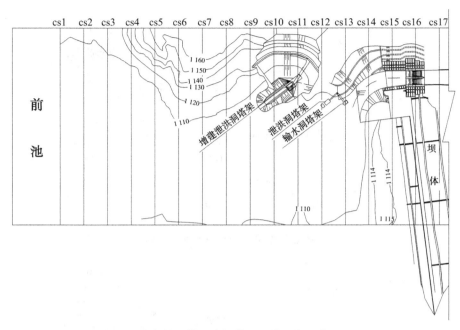

图 2-1-66　模型库区范围及量测断面布置

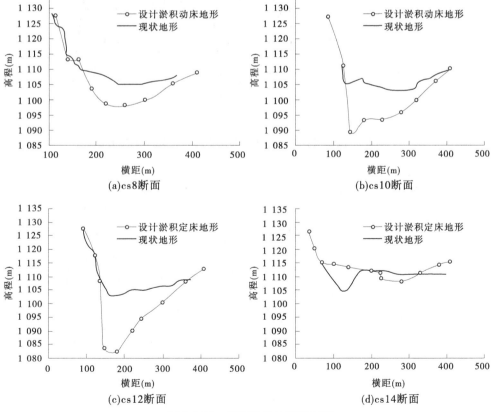

图 2-1-67　库区淤积地形横剖面

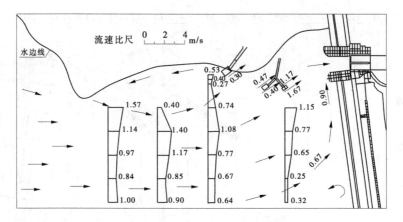

图 2-1-68　溢洪道下泄 10 年一遇洪水库区流态和流速分布

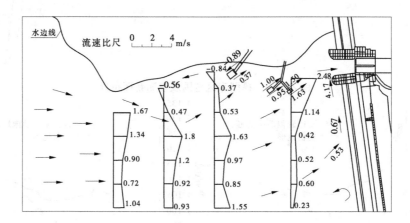

图 2-1-69　溢洪道下泄 100 年一遇洪水库区流态和流速分布

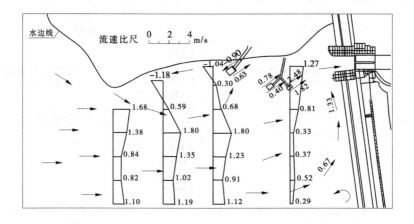

图 2-1-70　溢洪道下泄 2 000 年一遇洪水库区流态和流速分布

1.9.1.2　设计的坝前漏斗淤积地形试验

从图 2-1-66 中可以看出,该淤积地形与现状地形相比,库区漏斗处明显变深,cs10 和 cs12 断面分别位于增建泄洪洞和泄洪洞进口塔架前附近。试验分别量测了不同特征水位下溢洪道与其他泄水建筑物联合运用时库区流态与流速分布,如图 2-1-71 ~ 图 2-1-73 所示。从图中看出,各级库水位时库区流态与现状地形时较为相似,库区左侧新建泄洪洞进口塔架上游仍有一回流区,对应各级流量时回流范围和强度变化不大,库区上游断面流速变化不大,在已建泄水建筑物塔架附近断面流速略有减小,现状地形条件下 cs8 和 cs10 断面最大垂线平均流速均为 1.8 m/s,而设计的坝前漏斗淤积地形条件下两断面最大流速分别减小为 1.4 m/s 和 1.31 m/s。新建泄洪洞、泄洪洞和输水洞进口塔架侧边水深增大,各塔架两侧边垂线平均流速也略有减少。由于溢洪道泄洪后,其进口引渠内淤积泥沙很快被拉走,进口左右岸裹头处绕流强度变化不大。

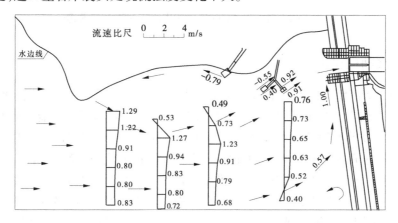

图 2-1-71　溢洪道下泄 10 年一遇洪水库区流态和流速分布

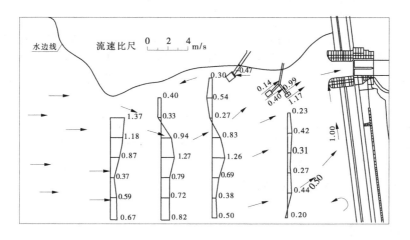

图 2-1-72　溢洪道下泄 100 年一遇洪水库区流态和流速分布

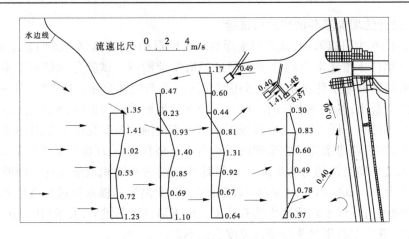

图 2-1-73　溢洪道下泄 2 000 年一遇洪水库区流态和流速分布

1.9.2　清水动床试验

　　从定床试验量测结果可知,在设计单位提供的库区现状淤积地形和坝前漏斗设计淤积地形情况下,相应各级库水位时,库区水流流速相对较小,库区有可能发生淤积。蒲河来沙很细,汛后坝前淤积,泥沙中值粒径约为 0.035 mm,干容重 1.21 t/m³,属于黏土类土壤,1 m 水深抗冲流速约 1 m/s。按上述黏土类的土壤抗冲流速,模型选取 1 ~ 2 mm 的轻质煤屑模型沙进行清水动床模拟试验。模型地形按现状库区地形铺设,溢洪道进口上游两侧墙裹头处地形仍然按照设计高程 1 115 m 进行铺设,库区地形横剖面如图 2-1-74 所示,放水组次仍然从 10 年一遇洪水开始进行冲刷试验,并量测库区流速分布,在此冲刷基础上,依次进行 30 年一遇、100 年一遇和 2 000 年一遇洪水试验。

　　结果表明,溢洪道上游引渠中淤积高程 1 115 m 高于堰顶高程(1 106 m)较多,当上游遭遇洪水,溢洪道闸门打开泄流后,闸前淤积泥沙很快被拉走,闸前引渠淤积面高程降至 1 097 ~ 1 102 m,受进口两侧导墙裹头绕流影响,引渠内淤积面左侧低右侧高,溢洪道进口、输水洞、泄洪洞、增建泄洪洞进口塔架前冲刷漏斗形态见图 2-1-75。当溢洪道下泄流量达到 30 年一遇洪水流量时,进口引渠内除堰前约 15 m 范围内存有约 3 m 厚的淤沙外,引渠内其他部位淤沙全部被拉走。即当溢洪道长期处于关闭状态,闸前淤积面较高时,在闸门开启后初始运用时,溢洪道的泄流能力很小,闸前水流呈急流状态,随着闸前泥沙迅速冲刷,溢洪道泄量逐渐加大,闸前淤积对溢洪道泄量的影响逐渐减小。

　　图 2-1-76 ~ 图 2-1-78 分别为不同频率洪水库区流态与流速分布,可知,由于现状淤积地形较坝前漏斗设计淤积地形偏高,库区流速略有增大。

1.10　结　论

　　(1)原设计方案各级特征库水位下,溢洪道泄量较设计值大,满足设计要求。但随着闸前引渠淤积面的抬高,溢洪道过流能力逐渐降低,如当闸前淤积面高程为 1 101 m 时,

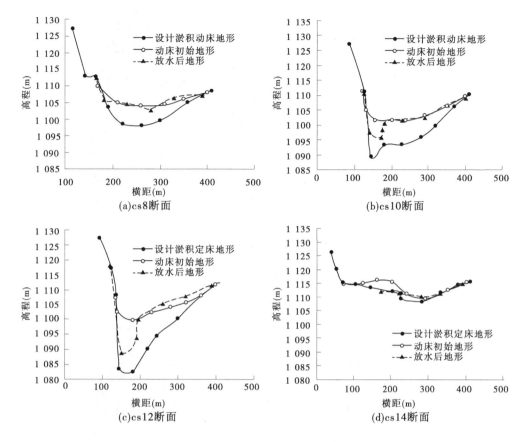

(a)cs8断面　　　　　　　　　　　(b)cs10断面

(c)cs12断面　　　　　　　　　　　(d)cs14断面

图 2-1-74　库区地形横剖面图

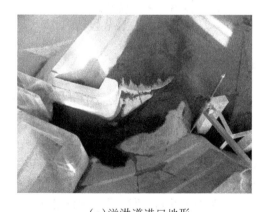

（a）溢洪道进口地形　　　　　　（b）泄水建筑物进口塔架前漏斗形态

图 2-1-75　10 年一遇洪水后溢洪道进口地形和泄水建筑物进口塔架前漏斗形态

对应各特征水位,其泄量减小 0.3% ~3.7%;当闸前淤积面高程接近堰顶高程,各特征库水位下,溢洪道下泄流量较闸前未产生淤积时,相应减少 9% ~11%。根据闸的拉沙试验结果,当溢洪道遭遇 30 年一遇洪水时,进口引渠内淤沙大部分被洪水带走,即当溢洪道遭遇大洪水时,闸前不会产生泥沙淤积,溢洪道泄流满足设计要求。当溢洪道遭遇小洪水

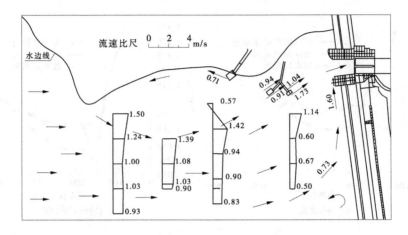

图2-1-76　溢洪道下泄10年一遇洪水库区流态和流速分布

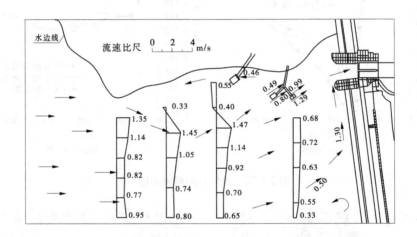

图2-1-77　溢洪道下泄100年一遇洪水库区流态和流速分布

时,闸前可能产生局部淤积,其泄流能力略有减少,仍能够满足设计要求。溢洪道采用修改二方案体型后,其泄量能力与原设计相比变化不大,满足设计要求。

(2)原设计方案闸前水位超过设计水位时,堰面出现负压,堰面最大负压达到3.19 m水柱,对应边墩、中墩处也出现负压,中墩上最大负压达到4.78 m水柱。

(3)原设计方案溢洪道泄槽内0+105.24断面左右岸最大水深差1.3 m。校核水位时,桩号0+117.12断面左岸(凹岸)水深11 m,右岸水深8.5 m,两岸最大水深相差2.5 m。左岸水面高程为1 105.326 m,泄槽边墙设计高度需要加高。

(4)原设计方案泄槽段受水流冲击波的影响,沿程各断面水面起伏,导致流速分布规律稍有差异,但从整体来看流速分布较均匀。

(5)原设计方案溢洪道下泄各级洪水时,泄槽内水流流态较差、左右岸水深差较大、挑坎上水流分布不均匀,不利于下游消能和冲刷,建议将泄槽弯道段改为直段。

(6)溢洪道原设计方案进口导墙型式经过修改后,闸室进口流态得到了改善,但右裹

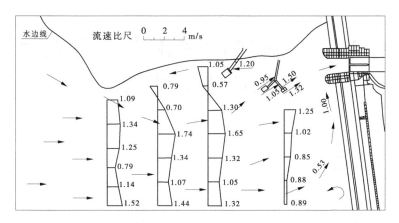

图 2-1-78　溢洪道下泄 2 000 年一遇洪水库区流态和流速分布

头处绕流流速仍较大,最大流速约为 5.4 m/s。

(7)溢洪道闸墩墩头由原设计半圆型改为流线型,闸墩后加导流墩,闸室流态和泄槽冲击波得到改善,建议设计采用。

(8)溢洪道出口采用修改二方案体型其下游最深点虽然较修改一方案略深,但采用修改二方案体型后,出口坎顶位置上移,不仅溢洪道工程量较修改一方案少,而且挑流水舌上移,水舌入水角增大,可减轻对左岸山体的冲击,建议设计采用。

(9)溢洪道采用修改二方案体型后,在校核库水位时,试验量测到堰面最大负压约为 1.59 m 水柱,中墩上最大负压仍达到 4.78 m 水柱。溢洪道泄槽内最大水深约为 9.3 m。当溢洪道左右孔单独开启时,试验量测溢洪道泄槽中最大水深约为 8.8 m,溢洪道内水深分布极不均匀。

(10)为了避免溢洪道下泄水流冲击左岸山体,溢洪道出口采用异型扭斜挑流鼻坎,但由于溢洪道出口挑射距离较远,南小河沟很窄,加之挑流鼻坎单宽又较大,因此溢洪道下泄各级流量,挑流水舌均跌落在左岸山坡上,冲刷左岸山体,希望设计加以重视。

(11)下游河道较短,下游河道糙率难以验证,溢洪道不同体型、下游基岩不同模拟条件下,冲坑冲出的岩块,在冲坑下游堆积形态差别很大,试验量测坝下 690 m 蒲河河道断面和南小河沟出口断面水位流量关系,仅供设计参考。试验量测南小河沟出口断面水位变化范围为 1 058.6 ~ 1 063.3 m,高于下游路面(南小河沟出口右侧路面高程为 1 060 m)高程。

(12)已建泄水建筑物参与泄洪对溢洪道下游消能和冲刷影响不大。

(13)模型库区模拟 400 m 宽度,根据设计单位提供 3 种坝前淤积地形条件下,量测坝前水流流态和流速分布,结果仅供设计参考。

本试验是在清水试验条件下进行的。巴家嘴水库汛期洪水为细颗粒的高含沙洪水,在充分紊动的阻力平方区,这种高含沙均质浑水阻力损失与清水无明显差别,溢洪道泄流能力、泄槽流态、流速分布以及挑流水舌的观测成果可供设计采用。基岩模拟冲刷技术尽管还不成熟,但作为消能冲刷方案优劣比较,观测成果还是可靠的。模型库区只选取泄水建筑物附近的局部范围,观测成果仅供检验坝前漏斗设计形态时参考。

第 2 章　新疆尼雅水利枢纽整体水工模型试验

2.1　工程概述

尼雅水利枢纽工程位于新疆和田民丰县尼雅河中游,控制流域面积7 146.00 km²,多年平均径流量2.18亿 m³。工程开发任务是合理调配自然生态和经济社会用水,提高尼雅河水资源综合管理能力,兼顾灌溉、发电等综合利用。

尼雅水利枢纽水库总库容 4 220.00 万 m³,校核洪水位 2 673.00 m,设计洪水位 2 671.20 m,正常蓄水位 2 663.00 m,电站装机容量 6 000 kW。尼雅水利枢纽由拦河沥青混凝土心墙砂砾石坝、表孔溢洪洞、泄洪冲沙隧洞(导流洞改建)、灌溉发电隧洞等组成。拦河坝坝顶高程为 2 673.80 m,坝顶长度 352.00 m,最大坝高为 131.00 m。总平面布置见图 2-2-1。

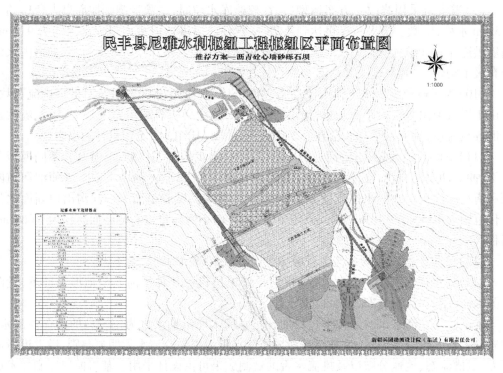

图 2-2-1　尼雅水库总平面布置

原设计表孔溢洪洞堰设计泄洪流量 1 044.00 m³/s,堰顶高程为2 658.00 m,堰顶宽

10.00 m,溢洪隧洞为城门洞型,尺寸为 7.50 m×9.00 m,采用挑流式消能。进口引渠段长度为 55.00 m,控制段长度为 36.10 m,桩号 0+010.02~0+044.24 为斜井段,下至 0+426.72 为平洞段,后接挑流鼻坎,挑流鼻坎长度为 13.50 m,挑角为 11°,具体布置见图 2-2-2。

泄洪冲沙洞为无压隧洞,设计泄洪流量为 371.00 m³/s,进水口底高程 2 595.00 m,孔口尺寸 3.50 m×3.50 m,泄洪冲沙洞从桩号 0+000 断面宽度 3.5 m 渐变至 0+008 的 4.0 m,桩号 0+008~0+494.05 洞身断面尺寸为 4.00 m×5.45 m 城门洞形,消能方式为底流消能,消力池底高程为 2 544.82 m,消力池尾部海漫高程为 2 549.87 m,布置见图 2-2-3。

2.2　研究目的和内容

通过模型试验,验证各过水建筑物的过流能力、建筑物布置方案的合理性、建筑物体型的合理性、下游消能防冲设计的合理性等;研究泄洪冲沙洞进口拉沙效果及排泄淤积泥沙对电站尾水的影响,为工程规划设计提供技术支撑,使设计方案更加合理。主要研究内容如下:

(1)试验复核表孔溢洪洞和底孔泄洪冲沙隧洞各工况的过流能力,绘制水位流量关系曲线,分析泄流规模是否满足设计要求。

(2)研究设计及校核洪水位工况下表孔溢洪洞、底孔泄洪冲沙洞的水流流态、时均动水压力及特殊部位脉动压力、水面线及流速分布,分析泄水建筑物体型的合理性,并提出改进意见。

(3)研究设计及校核洪水位工况下溢洪洞陡坡段、平洞段流速分布,计算溢洪洞陡坡段、平洞段沿程水流空化数,明确泄槽段是否需要设置掺气槽及自然掺气对水面线的影响,并提出掺气槽的合理型式、位置或其他减蚀措施。

(4)研究泄洪冲沙洞进口设计洪水位工况的排沙效果和出口河道的泥沙淤积形态,以及泥沙淤积对电站尾水的影响。

(5)复核溢洪道 WES 堰在各泄洪工况的过流能力、流量系数,并根据试验分析 WES 堰上、下游堰面曲线的合理性,提出优化措施。

(6)研究设计及校核洪水位工况下泄洪冲沙洞出口消能池的消能效果及对下游河道淤积的影响,完全消能与不完全消能对河道冲刷的影响及泥沙冲与淤的利弊关系,提出消能工的优化体型。

(7)研究表孔溢洪洞单独泄洪及与底孔泄洪洞联合泄洪的各工况时,水流对河道及山体的局部冲刷的影响,提出消能工的优化体型及河道防冲消能措施。

2.3　模型比尺和范围

尼雅水利枢纽整体模型设计为正态模型,按照重力相似、阻力相似准则及水流连续性设计,根据试验任务要求,几何比尺取 60。依据模型试验相似准则,模型主要比尺见表 2-2-1。

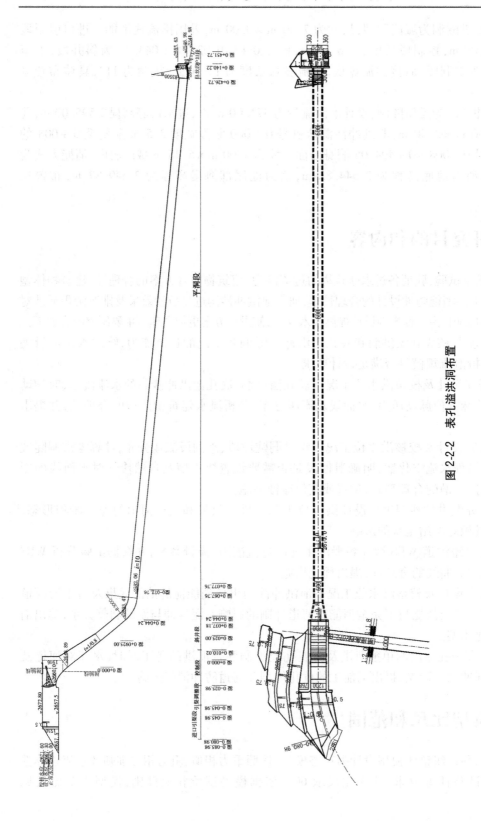

图 2-2-2　表孔溢洪洞布置

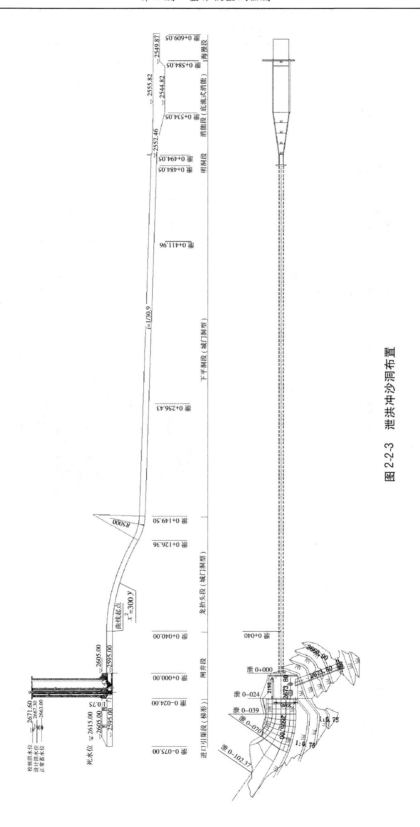

图 2-2-3　泄洪冲沙洞布置

表 2-2-1　模型比尺汇总

比尺名称	比尺	依据
几何比尺 λ_L	60	试验任务要求及相关规范
流速比尺 λ_V	7.75	$\lambda_V = \lambda_L^{\frac{1}{2}}$
流量比尺 λ_Q	27 885.5	$\lambda_Q = \lambda_L^{\frac{5}{2}}$
水流运动时间比尺 λ_{t_1}	7.75	$\lambda_{t_1} = \lambda_L^{\frac{1}{2}}$
糙率比尺 λ_n	1.98	$\lambda_n = \lambda_L^{\frac{1}{6}}$
起动流速比尺 λ_{V_0}	7.75	$\lambda_{V_0} = \lambda_V$

　　模型主要包括上游部分库区、枢纽泄洪底孔及下游河道部分,模拟范围库区长度 750 m,大坝、表孔溢洪洞、泄洪冲沙隧洞、下游河道长度 1 000 m,模型整体布置见图 2-2-4。

(a)库区　　　　　　　　　　　　　　　(b)下游河道

图 2-2-4　尼雅水利枢纽水力学模型整体布置

2.4　原设计方案试验

2.4.1　泄流能力

2.4.1.1　表孔溢洪洞

　　试验量测溢洪洞全开时的水位流量关系,见图 2-2-5。根据试验量测结果,用堰流流量公式反求流量系数,计算结果列入表 2-2-2 中。溢洪洞闸门全开时,设计水位泄量为 443.6 m³/s,较设计值小 6.6%;校核水位泄量为 883.5 m³/s,比设计值大 0.6%,基本满足设计泄流能力要求。

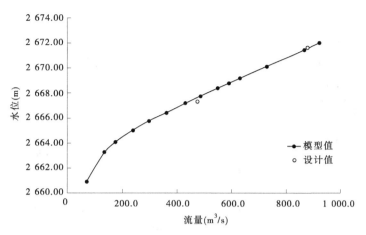

图 2-2-5 表孔溢洪洞水位流量关系

表 2-2-2 表孔溢洪洞特征水位泄流能力

库水位 （m）	模型实测流量 （m³/s）	设计流量 （m³/s）	流量偏差 （±%）	流量系数 m
2 663	126.8			0.459
2 667.3	443.6	475	−6.6	0.423
2 671.6	883.5	877.8	0.6	0.421

注:流量偏差(%) = (试验值−设计值) ÷ 设计值×100%。

2.4.1.2 底孔泄流冲沙洞

表 2-2-3 和图 2-2-6 为底孔泄流冲沙洞实测数据,由模型实测结果并采用孔流泄流计算公式对各特征水位下的流量系数进行计算,结果一并列入表 2-2-3 中,设计水位和校核水位时,模型实测值比设计值大 8% 左右。

表 2-2-3 底孔泄流冲沙洞泄流能力

库水位 （m）	模型实测流量 （m³/s）	设计流量 （m³/s）	流量偏差 （±%）	流量系数 u
2 663	398.5			0.912
2 667.3	412.6	382	8.0	0.915
2 671.6	426.2	394	8.2	0.917

注:流量偏差(%) = (试验值−设计值) ÷ 设计值×100%。

2.4.2 表孔溢洪洞试验

根据委托任务的要求,结合给定的特征水位,试验选取具有代表性的 3 组典型工况,如表 2-2-4 所示。模型下游水位控制断面在表孔出口下游 280 m 处,下游水位按照设计部门提供的水位资料控制。

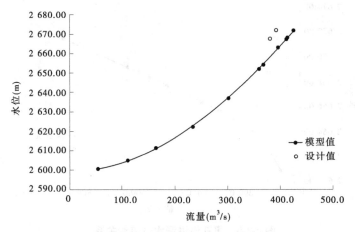

图 2-2-6　底孔泄流冲沙洞水位流量关系

表 2-2-4　模型试验工况

工况名称	备注	库水位(m)	泄量(m³/s)	下游水位(m)
Z1	正常蓄水位	2 663	126.8	
Z2	设计水位	2 667.3	443.6	
Z3	校核水位	2 671.6	883.5	

2.4.2.1　流态及水深

试验观测了 Z1 ~ Z3 工况下表孔流态见图 2-2-7 ~ 图 2-2-9。各级工况下水库来流平

图 2-2-7　Z1 工况($H = 2\ 663$ m, $Q = 126.8$ m³/s)下表孔流态

顺,溢洪洞引渠段在各工况下水流平稳,设计水位 Z2 工况和校核水位 Z3 工况时,进口处左侧受闸墩扰流影响,引渠调整段左侧水深略浅。水流经过堰面曲线控制段后进入斜井段流速增大,由于收缩段长度不足,收缩角较大,试验观测在设计水位和校核水位时水流受收缩影响,在斜井段末端形成水翅,可冲击到城门洞顶部,水翅出现在溢洪洞桩号 $0+068.0\sim0+138.0$ 约 70 m 范围内。

图 2-2-8　Z2 工况($H=2\,667.3$ m,$Q=443.6$ m³/s)下表孔流态

图 2-2-9　Z3 工况($H=2\,671.6$ m,$Q=883.5$ m³/s)下表孔流态

试验量测 3 个工况下泄流流道水深见表 2-2-5,由于冲击波和射流影响,斜井段后洞内水面产生波动,断面水深分布不均匀。

表 2-2-5　各工况下明流段断面水深　　　　　　　　（单位:m）

编号	测点部位	桩号	Z1 工况	Z2 工况	Z3 工况
H1	引渠段	0 - 085.98	6.12	10.20	14.10
H2		0 - 065.72	6.00	9.60	13.44
H3		0 - 045.98	5.76	8.76	12.00
H4		0 - 028.00	5.70	8.46	11.10
H5	控制段	0 - 016.38	2.70	4.92	7.74
H6		0 - 013.44	1.80	3.36	5.88
H7		0 - 010.44	1.38	2.76	5.52
H8		0 - 007.44	1.20	2.10	4.74
H9	斜井段	0 + 012.49	1.02	2.28	4.44
H10		0 + 024.99	0.96	2.28	4.62
H11		0 + 044.34	0.66	1.74	4.20
H12	平洞段	0 + 054.77	1.14	2.34	4.38
H13		0 + 067.76	0.90	1.68	3.78
H14		0 + 128.21	0.96	2.34	3.72
H15		0 + 187.91	1.08	2.28	4.02
H16		0 + 247.61	1.02	2.40	4.08
H17		0 + 307.32	0.90	2.10	3.78
H18		0 + 367.02	1.02	2.22	4.50
H19	鼻坎段	0 + 426.72	1.32	2.70	4.98
H20		0 + 432.75	1.32	2.58	4.92
H21		0 + 438.72	1.26	2.40	4.50

2.4.2.2　进口段及明流段流速分布

表 2-2-6 ~ 表 2-2-8 为各工况下,表孔溢洪洞进口及出口各断面实测流速,引渠和进口段 V1 ~ V6 位置采用旋桨流速仪量测,其他部位流速用毕托管量测。左右两侧流速测量垂线距溢洪洞两侧边壁 0.5 m,每条垂线量测底、中、表 3 个位置流速,断面平均流速根据模型实测 3 条垂线流速通过断面平均计算得出。

表 2-2-6　Z1 工况下进口及明流段断面流速　　　　（单位：m/s）

编号	桩号	位置	底	中	表	断面平均
V1	0 - 085.98	左	0.39	0.39	0.39	0.47
		中	0.46	0.46	0.46	
		右	0.62	0.54	0.54	
V2	0 - 065.72	左	0.93	0.93	0.85	1.08
		中	1.08	1.08	1.08	
		右	1.24	1.16	1.32	
V3	0 - 045.98	左	1.86	1.86	1.78	1.75
		中	1.78	1.86	1.78	
		右	1.86	1.55	1.39	
V4	0 - 028.00	左	2.01	2.01	1.94	1.93
		中	2.01	2.01	2.01	
		右	1.86	1.78	1.7	
V5	0 - 016.38	左	4.49	—	3.8	4.09
		中	4.57	—	4.03	
		右	4.11	—	3.56	
V6	0 - 007.44	左	10.77	—	—	10.59
		中	10.69	—	—	
		右	10.3	—	—	
V7	0 + 025.00	左	26.94	—	—	27.13
		中	27.56	—	—	
		右	26.89	—	—	
V8	0 + 044.24	左	27.75	—	—	27.72
		中	27.65	—	—	
		右	27.75	—	—	
V9	0 + 067.76	左	29.3	—	—	29.34
		中	29.52	—	—	
		右	29.2	—	—	
V10	0 + 426.72	左	18.56	—	—	18.65
		中	20.83	—	—	
		右	16.55	—	—	
V11	0 + 438.72	左	18.85	—	—	20.79
		中	23.16	—	—	
		右	20.37	—	—	

表 2-2-7 Z2 工况下进口及明流段断面流速 （单位：m/s）

编号	桩号	位置	底	中	表	断面平均
V1	0 - 085.98	左	0.54	0.54	0.54	0.67
		中	0.7	0.62	0.7	
		右	0.85	0.77	0.77	
V2	0 - 065.72	左	1.32	1.39	1.08	1.5
		中	1.39	1.39	1.32	
		右	1.86	1.86	1.86	
V3	0 - 045.98	左	3.64	3.41	3.18	3.6
		中	3.56	3.33	3.25	
		右	3.95	4.03	4.03	
V4	0 - 028.00	左	4.11	4.26	4.11	4.1
		中	4.18	3.95	3.56	
		右	4.18	4.42	4.11	
V5	0 - 016.38	左	7.36	5.73	5.34	6.65
		中	7.82	6.2	5.27	
		右	8.52	7.28	6.35	
V6	0 - 007.44	左	13.48	13.79	14.1	13.89
		中	13.94	14.02	13.94	
		右	14.41	13.25	14.1	
V7	0 + 025.00	左	28.57	—	29.95	29.45
		中	29.02	—	30.09	
		右	28.98	—	30.11	
V8	0 + 044.24	左	30.5	—	32.53	31.79
		中	31.47	—	33.14	
		右	30.4	—	32.71	
V9	0 + 067.76	左	27.69	—	33.11	31.71
		中	29.6	—	33.46	
		右	33.25	—	33.12	
V10	0 + 426.72	左	24.8	27.31	28.47	28.92
		中	27.54	32.96	34.52	
		右	24.92	28.79	30.94	
V11	0 + 438.72	左	24.68	29.99	30.29	30.1
		中	29.42	33.77	34.21	
		右	26.65	31.67	30.19	

表 2-2-8 Z3 工况下进口及明流段断面流速 （单位：m/s）

编号	桩号	位置	底	中	表	断面平均
V1	0－085.98	左	1.16	1.32	1.32	1.17
		中	1.08	1.16	1.16	
		右	1.16	1.08	1.08	
V2	0－065.72	左	2.17	2.09	1.86	2.01
		中	2.09	2.09	2.01	
		右	2.17	1.78	1.78	
V3	0－045.98	左	6.12	6.51	6.58	6.76
		中	6.51	6.43	6.2	
		右	6.74	7.82	7.9	
V4	0－028.00	左	6.51	6.51	6.12	6.26
		中	6.51	6.66	5.81	
		右	6.43	6.58	5.19	
V5	0－016.38	左	10.69	7.75	6.97	8.98
		中	11.77	8.52	7.28	
		右	11.93	8.6	7.28	
V6	0－007.44	左	15.72	15.41	14.18	14.81
		中	15.72	14.48	13.48	
		右	15.57	14.64	14.1	
V7	0＋025.00	左	28.49	30.38	30.52	29.65
		中	27.75	30.42	30.46	
		右	27.65	30.6	30.58	
V8	0＋044.24	左	30.09	31.49	31.71	31.53
		中	28.69	32.75	33.21	
		右	30.09	32.71	33.04	
V9	0＋067.76	左	31.05	31.99	33.21	31.68
		中	29.5	32.26	33.28	
		右	28.9	31.91	33.02	
V10	0＋426.72	左	27.33	35.97	36.13	33.13
		中	27.75	36.05	38.03	
		右	26.72	34.21	35.97	
V11	0＋438.72	左	32.62	34.21	33.11	33.77
		中	31.52	37.72	36.29	
		右	31.34	35.31	31.8	

结果表明,水流进口处引渠段 V1～V4 断面流速较小,正常蓄水位工况下,断面平均流速为 0.47～1.93 m/s;校核洪水位时,断面平均流速为 1.17～6.26 m/s。V1 和 V2 断面在各工况下,由于受到右侧边墩绕流影响,流速值右侧略大于左侧。水流经过堰顶后,洞身各断面流速沿程增大,控制段最大流速 14.81 m/s,在鼻坎顶端 V11 断面流速达到最大,校核洪水时实测最大断面平均流速为 33.77 m/s。按照相关规范要求,陡坡段可以不设掺气设施,但需要采用抗磨蚀材料,并严格控制该段过流面施工平整度,以防空蚀空化破坏。

2.4.2.3　压力分布

试验测量了表孔溢洪洞底板时均动水压力,各测点压力分布参见图 2-2-10。校核水位下在控制段桩号 0-010.44 处出现 0.94 m 水柱负压,其余测点均为正压。P1 测点位于斜井段和平洞段连接圆弧曲线中部水流冲击区,底板压力出现一个峰值,而后压力值沿程减小,至挑流鼻坎反弧段由于离心力导致底板压力增大。校核洪水时最大冲击压力达到 24.52 m 水柱,鼻坎反弧段最大压力为 16.77 m。表孔溢洪洞底板压力分布均匀,且符合正常分布规律,体型设计合理。

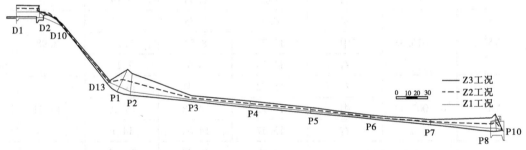

图 2-2-10　表孔溢洪洞底板时均动水压力分布　(单位:m 水柱)

2.4.2.4　挑流水舌及下游流态

表孔溢洪洞出口采用的是连续式挑流鼻坎,挑流鼻坎段边墙高程为 2 555.63 m,坎顶高程为 2 546.98 m。库区正常蓄水位、设计水位和校核水位 3 组工况下,挑流水舌流态见图 2-2-11～图 2-2-13。水流在设计水位下冲击对岸山坡坡脚,校核水位时直接冲至对岸山体。

鼻坎挑流水舌距离及宽度见表 2-2-9,Z1 工况下挑流水舌入水点挑距约为 18 m,Z2 和 Z3 工况下挑流水舌挑距约为 36 m。不同工况下,水舌纵向扩散宽度随着流量增大而增大,校核水位 Z3 工况入水点水舌最大宽度为 9.60 m。

2.4.3　泄洪冲沙洞试验

泄洪冲沙洞试验也根据委托任务的要求,一共分为 3 组工况,如表 2-2-10 所示。模型下游水位控制断面在表孔出口下游 280 m 处,下游水位按照设计部门提供的水位资料控制。

2.4.3.1　流态及水深

泄洪冲沙洞在弧形工作门前有压流段,后为城门洞型无压隧洞段,试验观测了正常蓄水位 Z4、设计水位 Z5 和校核水位 Z6 3 种工况下泄洪冲沙洞流态。结果表明,3 种工况

图 2-2-11　Z1 工况($H = 2\,663$ m，$Q = 126.8$ m³/s）下水舌

图 2-2-12　Z2 工况($H = 2\,667.3$ m，$Q = 443.6$ m³/s）下水舌

图 2-2-13　Z3 工况($H = 2\,671.6$ m，$Q = 883.5$ m³/s）下水舌

表 2-2-9　鼻坎挑流水舌距离及宽度　　　　　　　　　　　　　（单位：m）

Z1 工况		Z2 工况		Z3 工况	
距鼻坎距离	水舌宽度	距鼻坎距离	水舌宽度	距鼻坎距离	水舌宽度
0	6.00	0	6.00	0	6.00
6	6.60	12	7.20	12	7.20
12	7.20	24	8.40	24	8.40
18	7.20	36	9.00	36	9.60

下流态一致,高于库水位 2 658.6 m 时,消力池水跃推出,水流呈急流状态。如图 2-2-14 所示,三级水位下消力池均不能产生底流消能流态。

表 2-2-10　模型试验工况

工况名称	备注	库水位(m)	泄量(m³/s)	下游水位(m)
Z4	正常蓄水位	2 663	398.5	
Z5	设计水位	2 667.3	412.6	
Z6	校核水位	2 671.6	426.2	

图 2-2-14　Z4 工况(H = 2 663 m, Q = 398.5 m³/s)下冲沙洞流态

试验量测 3 个工况下明流泄流段水深见表 2-2-11,各级工况下洞内水深均大于城门洞直墙高度,洞顶余幅不够,水流出隧洞后延连接消力池抛物曲线水深沿程减小,由于水流冲击波影响,消力池内 H5 ~ H9 各断面水深不均匀。

表 2-2-11　各工况下明流段断面水深　　　　　　　　　　　(单位:m)

测点	桩号	Z4 工况			Z5 工况			Z6 工况		
		左	中	右	左	中	右	左	中	右
H1	0 + 297. 61	4. 32	—	4. 32	4. 38	—	4. 32	4. 44	—	4. 38
H2	0 + 329. 41	4. 44	—	4. 38	4. 50	—	4. 44	4. 56	—	4. 56
H3	0 + 419. 36	4. 56	—	4. 56	4. 74	—	4. 68	4. 86	—	4. 74
H4	0 + 484. 05	4. 74	—	4. 62	4. 86	—	4. 98	5. 16	—	4. 92
H5	0 + 494. 04	3. 78	4. 50	3. 66	4. 08	4. 50	4. 02	4. 26	4. 50	4. 32
H6	0 + 504. 22	1. 62	3. 30	1. 68	1. 86	3. 54	1. 86	1. 74	3. 54	1. 68
H7	0 + 514. 24	1. 26	2. 64	1. 38	1. 08	2. 58	1. 44	1. 26	2. 34	1. 68
H8	0 + 524. 14	1. 20	1. 98	1. 26	1. 14	2. 10	1. 56	1. 14	1. 74	1. 26
H9	0 + 534. 04	1. 50	1. 14	1. 50	1. 50	1. 14	1. 56	1. 74	1. 26	1. 92
H10	0 + 547. 24	2. 64	0. 78	2. 64	2. 76	0. 90	2. 82	2. 70	1. 08	2. 46
H11	0 + 556. 04	2. 52	0. 78	2. 70	2. 58	0. 78	2. 70	2. 70	0. 90	2. 70
H12	0 + 568. 84	2. 10	0. 66	1. 92	2. 16	0. 66	2. 04	2. 28	0. 84	2. 22
H13	0 + 578. 04	1. 74	0. 78	1. 68	1. 74	0. 72	1. 68	1. 68	0. 72	1. 56

2.4.3.2　明流段流速分布

　　泄洪冲沙洞在出口明洞段和消力池及海漫段布设 6 个测速断面，由于水深较浅，每条垂线量测底部流速，表中断面平均流速是根据模型实测左、中、右位置流速通过断面平均计算得出的。沿程各断面平均流速见表 2-2-12 ～表 2-2-13，水流出孔口后，在消力池未形成淹没水跃，各工况下 V1 ～ V5 断面平均流速值接近，最大流速值均出现在 V3 断面，校核水位最大流速为 23.68 m/s。

表 2-2-12　Z4 工况下明流段断面流速　　　　（单位：m/s）

编号	桩号	位置	底	断面平均
V1	0+494.04	左	20.92	20.72
		中	20.80	
		右	20.43	
V2	0+514.24	左	17.75	19.69
		中	22.06	
		右	19.25	
V3	0+534.04	左	21.20	22.86
		中	25.57	
		右	21.82	
V4	0+547.24	左	19.76	22.34
		中	25.27	
		右	21.98	
V5	0+556.04	左	20.80	21.93
		中	24.20	
		右	20.77	
V6	0+578.04	左	16.52	17.92
		中	18.97	
		右	18.28	

表 2-2-13　Z5 工况下明流段断面流速　　　　（单位：m/s）

编号	桩号	位置	底	断面平均
V1	0+494.04	左	21.31	21.31
		中	21.90	
		右	20.72	
V2	0+514.24	左	20.05	22.10
		中	23.63	
		右	22.62	
V3	0+534.04	左	21.77	23.58
		中	27.33	
		右	21.63	

续表 2-2-13

编号	桩号	位置	底	断面平均
V4	0 + 547.24	左	22.09	23.26
		中	25.71	
		右	21.98	
V5	0 + 556.04	左	20.97	22.02
		中	24.27	
		右	20.80	
V6	0 + 578.04	左	15.75	16.80
		中	19.34	
		右	15.30	

表 2-2-14　Z6 工况下明流段断面流速　　　　　　　　　　（单位：m/s）

编号	桩号	位置	底	断面平均
V1	0 + 494.04	左	22.09	22.04
		中	21.77	
		右	22.25	
V2	0 + 514.24	左	21.98	22.89
		中	23.13	
		右	23.56	
V3	0 + 534.04	左	22.28	23.68
		中	25.59	
		右	23.16	
V4	0 + 547.24	左	20.55	23.14
		中	26.61	
		右	22.28	
V5	0 + 556.04	左	20.49	22.21
		中	24.68	
		右	21.47	
V6	0 + 578.04	左	16.90	17.29
		中	18.34	
		右	16.62	

2.4.3.3　压力分布

试验测量了泄洪冲沙洞压力段顶板和沿程底板时均动水压力,各测点压力分布参见图 2-2-15 和图 2-2-16。可以看出:各工况下泄洪底孔顶板均未出现负压,各测点压力值随上游水位增大而增大。底板压力在进口及洞身段也均未出现负压,明流洞身段最大压力值出现在龙抬头末端反弧半径中心处,最大值为 17.42 m 水柱压力。水流在明洞段斜坡部位 P5 和 P6 出现负压,最大负压值为校核水位时 −3.55 m 水柱。

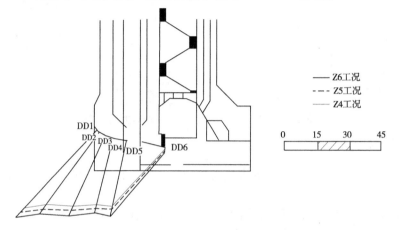

图 2-2-15　泄洪孔顶板时均动水压力分布　（单位:m 水柱）

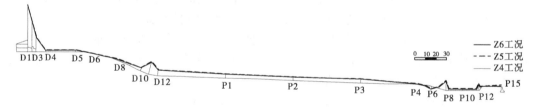

图 2-2-16　泄洪底孔底板时均动水压力分布　（单位:m 水柱）

2.4.3.4　消力池流态

泄洪冲沙洞明洞段后接消力池消能,各级工况下,消力池流态相似,下游消力池内均未形成水跃,水流经明洞段斜坡扩散段进入消力池,在池内形成菱形冲击波并在消力池末端形成水翅,断面水深分布不均匀。Z4 工况消力池内流态见图 2-2-17。

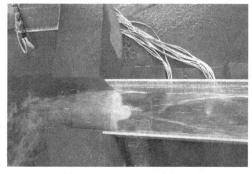

图 2-2-17　Z4 工况($H = 2\,663$ m,$Q = 398.5$ m³/s)下消力池流态

底孔泄洪冲沙洞在库水位较低时,因流速小,可在消力池内形成水跃,库水位为 2 637.3 m时池内水深可接近边墙高度 11 m,见图 2-2-18。模型实测库水位为 2 657.5 m 时,消力池内最大水深 13.8 m。

 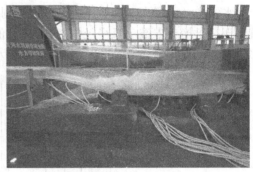

图 2-2-18　库水位 H = 2 637.3 m 时消力池流态

2.4.4　小结及建议

(1)校核水位下模型试验量测的表孔溢洪洞流量较设计值大 0.6% ,满足设计泄流能力要求。

(2)表孔溢洪洞沿程水面线及流速分布合理,各测点在不同工况下压力分布符合正常分布规律,设计满足规范要求,体型设计合理。

(3)水流平顺经过堰面曲线控制段后进入斜井段流速增大,受收缩段影响,在设计水位和校核水位时,在斜井段末端形成水翅,水翅触击到城门洞顶部。

(4)表孔溢洪洞出口采用的是连续式挑流鼻坎,水流在设计水位下冲击对岸山坡坡脚,校核水位时直接冲至对岸山体,对山体稳定不利,建议修改为扭鼻坎体型设计,调整出口转角,可解决下游河床狭窄的问题。

(5)试验量测泄洪冲沙洞各级泄流较设计值有较大富裕。

(6)各级工况下洞内水深均大于城门洞直墙高度,校核水位下洞内最小净空为 11.5% ,小于规范规定的 15% ,洞内余幅不够。

(7)底孔泄洪冲沙洞在库水位为 2 637.3 m 低水位、小流量时,消力池内形成水跃,池内水深已接近边墙高度 11 m,模型实测库水位为 2 657.5 m 时,消力池内最大水深 13.8 m。

(8)三级特征水位下消力池均不能产生水跃,试验观测在库水位为 2 658.6 m 时,消力池水跃推出,水流呈急流状态。

(9)明洞段连接消力池前部曲线出现负压,小流量时消力池边墙高度不足,大流量时消力池内不能产生设计的底流淹没消能效果,建议对消力池体型进行优化。

2.5　泄洪冲沙洞修改方案

针对泄洪冲沙洞存在的问题,对泄洪冲沙洞体型进行了调整,泄洪冲沙洞明流段洞身高度由 5.45 m 增加至 6.15 m,同时将明洞段出口(桩号 0 + 494.05)高程降低 0.8 m,消力池上段曲线方程进行了调整,消力池池深增加、长度增长。消力池池底高程 2 541.82 m,尾部海漫处高程 2 549.80 m,具体见图 2-2-19。

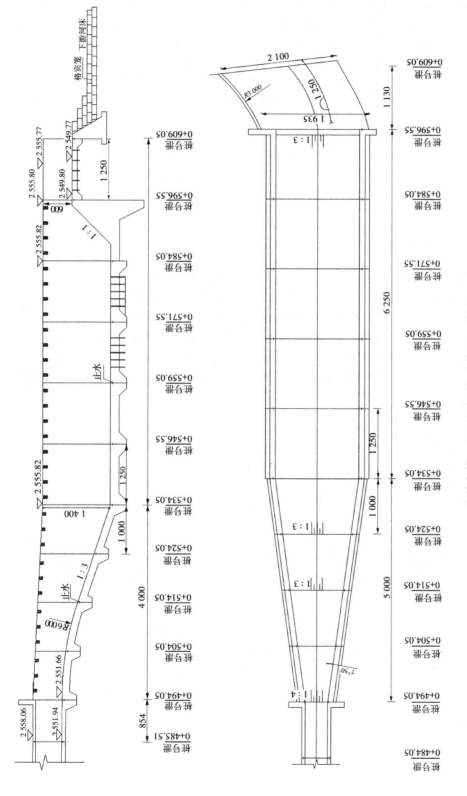

图 2-2-19 泄洪冲沙洞修改体型 （单位：cm）

泄洪冲沙洞修改方案试验共分为 3 组工况,分别按照设计部门提供的特征流量控制,水位为模型实测库水位。模型下游水位控制断面在表孔出口下游 280 m 处,下游水位按照设计部门提供的水位资料求得,各工况分组情况见表 2-2-15。

表 2-2-15　泄洪冲沙洞修改方案试验工况

工况名称	备注	库水位(m)	泄量(m³/s)	下游水位(m)
Z7	汛限水位	2 636.5	305	
Z8	设计水位	2 656.9	382	
Z9	校核水位	2 660.6	394	2 546.08

2.5.1　流态及水深

试验观测了汛限水位 Z7、设计水位 Z8 和校核水位 Z9 3 种工况下底孔流态,参见图 2-2-20 ~ 图 2-2-22。3 种工况下消力池均产生淹没水跃,Z7 工况下水跃起始于斜坡段,结束于斜坡段与水平消力池连接处的垂直断面上,Z8 和 Z9 工况为折坡水跃,水跃发生在斜坡段和坡底水平段衔接处。对于同一深度的消力池,不同坡度将对消力池消能效果产生显著影响。试验分析修改方案体型设计合理,水流水跃形成于坡底水平段结合处和斜坡段,在各个工况下都能满足整个水跃都在消力池中的要求,斜坡段坡度和消力池深度能满足设计要求。

图 2-2-20　Z7 工况($H = 2\ 636.5$ m,$Q = 305$ m³/s)下冲沙洞流态

试验量测 3 个工况下明流泄流段水深见表 2-2-16,洞身内水深随泄流量增大而增大,校核泄量下洞身内最大水深为 4.1 m,洞体尺寸满足规范要求。出隧洞后沿连接消力池抛物曲线水深沿程减小,至消力池坡底水平段后水深趋于平稳,消力池内最大水深为13.5 m。

图 2-2-21 Z8 工况($H = 2\,656.9$ m, $Q = 382$ m³/s)下冲沙洞流态

图 2-2-22 Z9 工况($H = 2\,660.6$ m, $Q = 394$ m³/s)下冲沙洞流态

表 2-2-16 各工况下明流段断面水深　　　　　（单位:m）

测点	桩号	Z7 工况			Z8 工况			Z9 工况		
		左	中	右	左	中	右	左	中	右
H1	0 + 297. 61	3.1	—	2.8	3.3	—	3.1	3.4	—	3.4
H2	0 + 329. 41	3.4	—	2.9	3.4	—	3.2	3.5	—	3.5
H3	0 + 419. 36	3.4	—	3.2	3.8	—	3.5	3.9	—	3.8
H4	0 + 484. 05	3.4	—	3.6	3.9	—	3.8	4.0	—	4.1
H5	0 + 494. 04	1.3	3.4	1.3	1.4	3.5	1.3	1.3	3.5	1.4
H6	0 + 504. 22	1.4	2.7	1.4	1.1	2.8	1.2	0.9	2.9	1.0
H7	0 + 514. 24	0.9	2.2	0.9	0.8	2.6	0.8	5.0	3.6	4.7
H8	0 + 524. 14	0.8	2.1	0.8	9.0	9.6	9.3	9.3	9.7	9.5
H9	0 + 534. 04	9.5	9.9	9.6	10.5	10.8	10.7	11.1	10.8	11.1
H10	0 + 547. 24	11.2	11.1	11.2	12.3	12.6	12.3	12.8	12.3	12.8
H11	0 + 556. 04	11.7	11.8	11.7	12.9	13.2	13.1	13.3	13.1	13.1
H12	0 + 568. 84	12.2	12.2	12.2	13.4	13.2	13.5	13.4	13.5	13.5
H13	0 + 584. 04	12.3	12.3	12.3	5.7	5.6	5.7	5.7	6.0	5.7
H14	0 + 600. 05	3.4	3.4	3.3	3.5	3.3	3.6	3.5	3.5	3.5

2.5.2　洞出口段流速分布

泄洪冲沙洞在出口段、消力池及海漫段布设6个测速断面,每条垂线量测底、中、表3个位置(水深较浅时量测底部1处或底部表面2处),表中断面平均流速是根据模型实测3条垂线流速通过断面平均计算得出的。沿程各断面平均流速见表2-2-17~表2-2-19,水

表2-2-17　Z7工况下明流段断面流速　　　　　　　　(单位:m/s)

编号	桩号	位置	左	中	右	断面平均
V1	0+494.04	底	10.84	10.81	11.37	12.21
		表	13.24	13.66	13.31	
V2	0+514.24	底	9.82	11.91	9.90	10.54
V3	0+534.04	底	8.44	10.77	8.99	5.47
		中	2.63	4.49	4.73	
		表	2.79	4.03	2.40	
V4	0+560.05	底	1.78	3.10	2.79	2.19
		中	1.39	3.72	3.41	
		表	1.08	1.16	1.24	
V5	0+584.05	底	0.77	0.77	1.08	1.58
		中	1.16	1.47	1.94	
		表	2.25	2.94	1.86	
V6	0+600.05	底	4.11	4.42	3.87	4.00
		表	3.95	4.03	3.64	

表2-2-18　Z8工况下明流段断面流速　　　　　　　　(单位:m/s)

编号	桩号	位置	左	中	右	断面平均
V1	0+494.04	底	11.11	11.13	11.20	12.72
		表	13.86	14.88	14.14	
V2	0+514.24	底	10.77	12.61	10.47	11.29
V3	0+534.04	底	9.30	15.34	9.14	6.23
		中	3.41	4.34	3.64	
		表	2.71	4.80	3.41	
V4	0+560.05	底	6.43	5.65	5.65	3.74
		中	4.57	1.70	3.80	
		表	2.09	1.86	1.86	
V5	0+584.05	底	1.78	1.01	1.01	1.89
		中	1.94	2.17	2.25	
		表	2.79	2.25	1.86	
V6	0+600.05	底	7.51	7.36	7.75	7.33
		表	7.13	7.51	6.74	

流出孔口后,流速随水深增大逐渐减小,在消力池水平段形成水跃,受顶部回流影响,V3 断面各工况下底部流速大于表面流速。在消力池末端 V5 断面,水流经消能调整后断面平均流速为最小值,水流出消力池后,海漫段流速逐渐增大,校核流量 Z9 工况时流速为 7.80 m/s。

表 2-2-19　Z9 工况下明流段断面流速　(单位:m/s)

编号	桩号	位置	左	中	右	断面平均
V1	0+494.04	底	12.57	12.74	15.13	13.83
		表	14.52	15.13	12.91	
V2	0+514.24	底	12.36	12.88	12.59	12.61
V3	0+534.04	底	8.68	16.58	8.99	6.79
		中	3.87	4.65	7.36	
		表	3.72	4.34	2.94	
V4	0+560.05	底	5.65	6.20	5.89	3.74
		中	4.11	1.86	4.34	
		表	1.78	1.78	2.01	
V5	0+584.05	底	0.85	0.93	1.32	1.80
		中	2.17	2.01	2.01	
		表	1.55	2.71	2.63	
V6	0+600.05	底	8.99	7.90	7.90	7.80
		表	7.67	7.36	6.97	

2.5.3　压力分布

试验测量了泄洪冲沙洞压力段顶板和沿程底板时均动水压力,试验数据如表 2-2-20 和表 2-2-21 所示。各工况下泄洪底孔顶板均未出现负压,各测点压力值随上游水位增大而增大。底板压力在进口及洞身段也均未出现负压,明流洞身段最大压力值出现在龙抬头末端反弧半径中心处,最大值为 15.02 m 水柱压力。水流在明洞段斜坡部位未出现泄洪冲沙洞原方案有负压出现情况。

表 2-2-20　泄洪底孔顶板时均动水压力　(单位:m 水柱)

测点	位置	桩号	高程	工况 Z7	工况 Z8	工况 Z9
DD1		0-023.58	2 601.21	28.59	43.83	47.91
DD2		0-023.28	2 600.96	24.28	37.36	41.02
DD3	闸井段	0-022.38	2 600.43	20.79	31.95	35.01
DD4		0-021.18	2 600.02	18.02	27.74	30.14
DD5		0-019.13	2 599.57	18.16	27.10	29.56
DD6		0-013.13	2 598.50	0.16	0.72	1.02

表 2-2-21　　泄洪底孔底板时均动水压力表　　　　　（单位:m 水柱）

测点	位置	桩号	高程	工况 Z7	工况 Z8	工况 Z9
D1	闸井段	0 – 024.00	2 595.00	34.86	50.40	54.48
D2		0 – 108.20	2 595.00	22.74	32.28	34.86
D3		0 – 013.13	2 595.00	12.60	13.92	14.52
D4		0 + 000.00	2 595.00	2.00	2.32	2.40
D5	龙抬头段	0 + 040.00	2 595.00	4.32	4.68	4.74
D6		0 + 059.50	2 593.73	0.20	0.72	1.02
D7		0 + 078.00	2 590.18	0.23	0.33	0.34
D8		0 + 096.00	2 584.54	1.22	1.44	1.52
D9		0 + 113.00	2 577.23	1.18	1.34	2.10
D10		0 + 126.36	2 570.14	3.26	3.68	3.92
D11		0 + 137.53	2 565.46	11.00	14.60	15.02
D12		0 + 149.50	2 563.6	5.90	6.80	7.16
P1	平洞段	0 + 239.46	2 560.69	3.52	4.06	4.36
P2		0 + 329.41	2 557.78	3.48	3.72	3.78
P3		0 + 419.36	2 554.87	4.05	4.29	4.35
P4		0 + 494.04	2 552.46	1.84	1.48	1.30
P5	消能段	0 + 504.22	2 551.81	2.25	2.01	1.71
P6		0 + 514.24	2 549.87	2.15	1.73	1.67
P7		0 + 524.14	2 547.40	4.08	3.96	3.96
P8		0 + 534.04	2 542.62	8.32	8.20	7.84
P9		0 + 556.04	2 542.62	10.36	11.26	11.56
P10		0 + 583.04	2 542.62	9.88	10.24	10.30
P11	海漫段	0 + 609.04	2 550.60	0.70	0.76	0.76

2.5.4　消力池流态

　　试验观测 Z7～Z9 工况消力池内流态,泄洪冲沙洞水流出洞后经明洞段斜坡扩散至消力池,各级工况均在消力池内形成完整水跃,且跃后水流衔接很平顺,跃后段水流波动不大,消能效果较原方案得到了很大改善,见图 2-2-23。

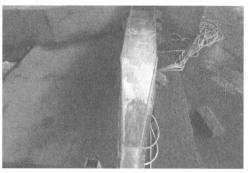

图 2-2-23　Z7 工况($H = 2\,636.5$ m，$Q = 305$ m³/s)下消力池流态

2.5.5　下游河道流速分布

试验观测了 Z9 工况下下游河道流态及流速分布，流态见图 2-2-24，水流经消力池末端海漫调整后进入下游河道，受对岸山体顶冲和河道弯道影响，河道靠左岸位置流速明显小于右岸。实测河道断面流速见表 2-2-22，各量测断面表面流速均大于底部流速，在 XV1 断面海漫末端位置，模型实测靠左岸位置底部流速仅为 0.44 m/s，右岸底部流速达到 9.73 m/s，在电站尾水处 XV2 断面和 XV3 断面也是同样分布规律，直至表孔出口处河道水流流速分布趋于平均。

图 2-2-24　Z9 工况($H = 2660.6$ m，$Q = 394$ m³/s)下下游河道流态

2.5.6　下游冲刷

试验模拟 Z9 工况下游河道冲刷情况，根据设计提供工程地质勘察报告河床坝基段下层为基岩(变质混合岩)，模型按照抗冲流速 $v = 6$ m/s 计算，模型模拟散粒体粒径为 12.2 ~ 24 mm，最终选用粒径约 18 mm 卵石模拟基岩。模型选用 $d_{50} = 0.6$ mm 砂子模拟表层卵砾石层，按照地质报告中表层厚度为 5 ~ 11 m，模型铺设 5 m 厚度，见图 2-2-25。

表 2-2-22　Z9 工况下游河道流速 （单位:m/s）

编号	桩号	位置	底	表	断面平均
XV1	0 + 634.05	左	0.44	1.11	4.76
		中	2.63	6.30	
		右	9.73	8.34	
XV2	0 + 679.65	左	3.07	3.46	4.72
		中	3.98	4.16	
		右	5.76	7.88	
XV3	0 + 723.45	左	2.40	1.86	3.73
		中	3.74	5.78	
		右	4.11	4.47	
XV4	0 + 887.25	左	2.63	2.69	2.75
		中	2.61	4.16	
		右	1.70	2.74	

图 2-2-25　冲刷前铺设地形

　　观测表层卵砾石层在模型时间 0.5 h 后即冲刷稳定,河道右岸河床冲刷严重,冲刷时间为 24 h(模型 3.5 h),冲刷坑基本趋于稳定,模拟基岩的 18 mm 卵石基本无冲刷,仅在格宾护坦下游右岸 20 m 范围内冲刷出 7.5 m 深冲坑,见图 2-2-26。

2.5.7　泄洪冲沙洞拉沙试验

　　校核水位 Z9 工况试验结果表明,泄洪冲沙洞闸门打开后,洞进口引渠内淤积泥沙瞬间被拉走。图 2-2-27 和图 2-2-28 为试验观测 108 min(原型)内泄洪冲沙洞拉砂约 30 240 m³ 时出洞水流流态与出洞泥沙分布情况。结果表明,淤泥泥沙大都堆积于河道左岸,淤积长度约为 90 m,最大淤积厚度 2.3 m,有少量堆积在电站尾水出口。

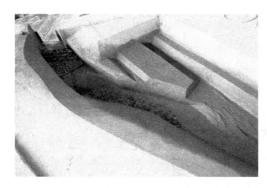

图 2-2-26　Z9 工况($H = 2\,660.6$ m,$Q = 394$ m³/s)下冲刷坑

图 2-2-27　Z9 工况($H = 2\,660.6$ m,$Q = 394$ m³/s)下拉沙试验

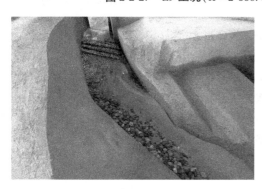

图 2-2-28　Z9 工况($H = 2\,660.6$ m,$Q = 394$ m³/s)下下游泥沙淤积形态

2.5.8　泄洪冲沙洞出口修改试验

为了进一步优化底孔泄洪冲沙下游河道流态,解决左右岸流速分布差异大的现象,设计将消力池末端出口处做进一步调整,左岸的直墙部分由桩号 0 + 571.55 处改为半径 60 m 圆弧,消力池末端桩号 0 + 596.55 维持不变。下游护坦处也做了相应修改,钢筋笼护坦长度改为 35 m,具体见图 2-2-29。电站尾水渠右边墙部分为改善泥沙回淤,也相应进行了加长,见图 2-2-30。

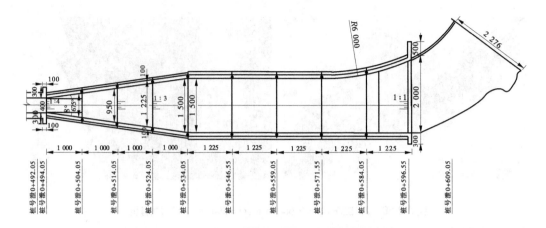

图 2-2-29　泄洪冲沙洞消力池出口修改体型

图 2-2-30　尾水渠修改形式

　　试验观测了出口调整后 Z9 工况下下游河道流态及流速分布,流态参见图 2-2-31,水流出消力池后,左岸弧形边墙和右岸山体形成弯形河势,将水流较为顺直的归顺下游河道。下游河道流速分布明显改善,消力池尾坎上测速断面 XV1 断面左右岸底部流速由修改前的 0.44 m/s 和 9.73 m/s 分别变为 6.66 m/s 和 6.04 m/s,在电站尾水处 XV2 和 XV3 断面流速分布也趋于平均,各断面平均流速略大于原设计,具体量测值见表 2-2-23。

图 2-2-31　Z9 工况($H = 2\,660.6$ m,$Q = 394$ m³/s)下下游河道流态

表 2-2-23　Z9 工况下游河道流速 （单位:m/s）

编号	桩号	位置	底	中	表	断面平均
XV1	0+634.05	左	6.66	—	6.52	6.31
		中	6.40	—	6.43	
		右	6.04	—	5.78	
XV2	0+679.65	左	2.63	—	2.32	4.43
		中	4.54	4.57	5.19	
		右	5.11	5.53	5.55	
XV3	0+723.45	左	3.28	—	3.07	3.70
		中	3.98	3.92	4.11	
		右	4.16	3.67	3.38	
XV4	0+887.25	左	3.87	—	3.82	3.89
		中	3.59	—	4.34	
		右	3.80	—	3.95	

修改后 Z9 工况试验,由于底孔出口调整后下游流速增大,河床表层卵砾石层很快被水流冲走,在模型时间约 0.2 h 后大部分表层覆盖增层已全部带入下游。由于下游基岩较好,且在护坦处水流形成类似跌水消能效果,试验观测模拟基岩的 18 mm 卵石在 2.5 h 后基本无冲刷,具体见图 2-2-32。

图 2-2-32　Z9 工况($H = 2\ 660.6$ m,$Q = 394$ m³/s)下下游冲刷情况

拉沙试验与原设计结果相似,泄洪冲沙洞进口引渠内淤积泥沙很快被水流拉走,出口淤积的泥沙也靠近左岸堆积,但淤积量有明显减少,实测淤积长度为 80 m,最大淤积厚度 0.9 m,拉沙试验下游流态及淤积形态见图 2-2-33。电站尾水渠末端堆积泥沙也仅剩下极少部分,此次整体模型未模拟电站尾水情况,试验分析实际情况运行调度时泥沙影响不大。

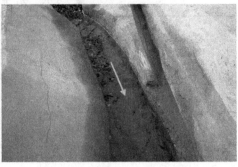

图 2-2-33　Z9 工况（$H = 2\,660.6$ m，$Q = 394$ m³/s）下下游泥沙淤积形态

2.6　表孔溢洪洞修改方案

由于原设计表孔溢洪洞出口采用的是连续式挑流鼻坎，高水头泄水建筑物连续式挑流鼻坎出射水流水股集中，下游所形成的冲坑可能威胁到河岸山体稳定性及相邻建筑物的安全，加上下游河道狭窄、天然水深浅，水流直接冲至对岸山体，对山体稳定不利，建议修改为斜鼻坎体型，调整出口转角，可解决下游河床狭窄的问题。将连续式鼻坎改为斜鼻坎，迫使出坎水舌在平面上转向沿竖向大幅拉开，最大限度分散水舌，既能够使水流平顺归河，也能有效降低水股对落点的冲刷。

另外，原设计方案表孔溢洪洞受收缩段影响，在设计水位和校核水位时，在斜井段末端形成水翅，水翅触击到城门洞顶部，也需进行调整。针对以上情况共将出口鼻坎处进行了 3 次修改，将斜井段进行了 2 次修改。

2.6.1　鼻坎修改试验

2.6.1.1　鼻坎修改方案一

根据修改设计原则，首先进行了修改方案一的试验，鼻坎修改方案 1 体型：①平洞段洞身缩短 5 m，溢洪道洞身末端桩号由原来的 426.72 m 改为 421.72 m；按照 1/10 比降，出口处高程由原来的 2 546.16 m 变为 2 546.66 m。②挑流鼻坎段改为斜鼻坎体型，维持反弧段总水平长度不变，右侧边墙改为圆弧至鼻坎底板中心线，边墙转弯半径为 50 m；左侧边墙仍保持直墙，长度为 13.5 m。③底板反弧半径和挑角未做修改，斜鼻坎左右底板高差为 0.8 m。具体尺寸参见图 2-2-34。

修改方案一水流流态见图 2-2-35 ～图 2-2-37，试验观测到在正常蓄水位 Z1 工况和设计水位 Z2 工况下在挑流段水股平顺转折，在挑坎处稳定出挑，水舌左侧射程比右侧略低，形成纵向拉长的入射区；基本实现了水舌入水后主流沿河道相对平顺传播。但在校核水位 Z3 工况下，出挑流鼻坎后射流水股仍直冲对岸山体，水舌跌落后引起水面剧烈波动，初步判定斜扭鼻坎体型起到方案优化效果，但体型需进一步优化。

2.6.1.2　鼻坎修改方案二

为进一步验证鼻坎挑射水流对右岸及下游的冲刷情况，并寻求更为合理可行的斜鼻

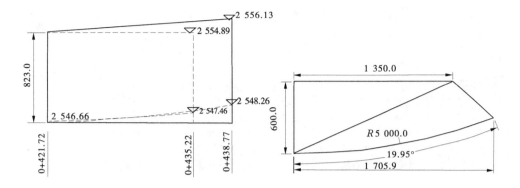

图 2-2-34　溢洪洞出口鼻坎修改方案一体型　（单位:尺寸,cm;高程,m）

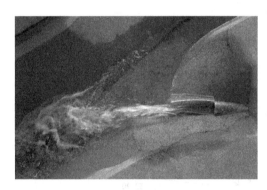

图 2-2-35　Z1 工况（$H = 2\,663$ m,$Q = 126.8$ m³/s）下表孔出口流态

图 2-2-36　Z2 工况（$H = 2\,667.3$ m,$Q = 443.6$ m³/s）下表孔出口流态

坎体型,修改方案二在修改方案 1 的基础上进行了两项主要调整:①右侧边墙转弯半径由修改方案 1 的 50 m 缩小至 35 m,左侧边墙长度由原来 13.5 m 缩短至 10 m,进一步调整出射水流转弯半径;②斜鼻坎左右底板高差增加 1 倍,由原来的 0.8 m 改为 1.6 m。具体修改方案见图 2-2-38。

　　由图 2-2-39 和图 2-2-40 可以看出,鼻坎修改调整后与修改方案一相比有明显改善,正常蓄水位 Z1 工况和设计水位 Z2 工况下出射水流受到边墙偏转影响,向左翻卷,水舌呈散水状落在河道中心线附近。校核水位 Z3 水流流态见图 2-2-41,由于受到斜鼻坎左右高

图 2-2-37　Z3 工况($H = 2\ 671.6$ m，$Q = 883.5$ m³/s)下表孔出口流态

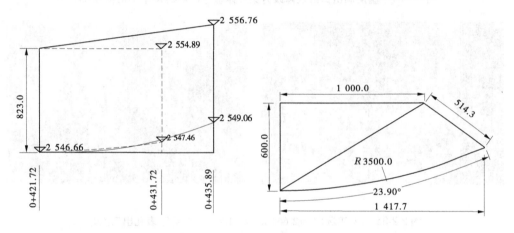

图 2-2-38　表孔溢洪洞出口鼻坎修改方案二体型　（单位：尺寸，cm；高程，m）

差增大的影响，出射水流横断面左右高差较大，水股连片较好，纵向大幅拉开。水舌下缘可落入下游河道内，水舌上缘冲击对岸山体。

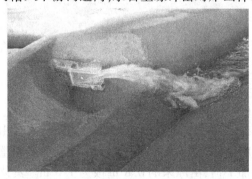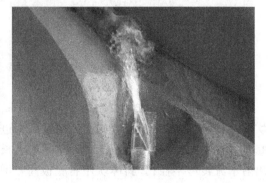

图 2-2-39　Z1 工况($H = 2\ 663$ m，$Q = 126.8$ m³/s)下表孔出口流态

2.6.1.3　鼻坎修改方案三

从试验观测来看，水舌纵向拉开距离受偏转角度影响不大，修改方案二相对于修改方

图 2-2-40　Z2 工况($H = 2\ 667.3$ m,$Q = 443.6$ m³/s)下表孔出口流态

图 2-2-41　Z3 工况($H = 2\ 671.6$ m,$Q = 883.5$ m³/s)下表孔出口流态

案一鼻坎底板尾部高度右边墙高出 0.8 m,水舌虽纵向距离增大但挑距改善不大,并未明显减小,修改方案三在修改方案二基础上将斜鼻坎左右底板高差仍改为 0.8 m,见图 2-2-42。

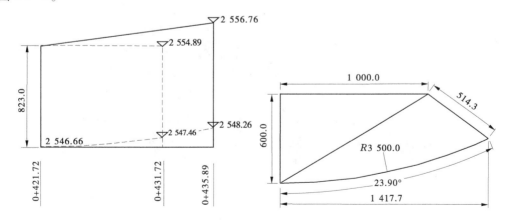

图 2-2-42　表孔溢洪洞出口鼻坎修改方案三体型　(单位:尺寸:cm;高程,m)

修改方案三各级工况下流态见图 2-2-43 ~ 图 2-2-45,可以看出在正常蓄水位 Z1 和设

计水位 Z2 工况下,出射水流呈散水状,主流稍集中于右侧落点,均能落入下游主河槽内,Z3 工况校核水位下,右侧出射水流受边墙偏转影响,向左翻卷,越过中部出射水流,呈散水状落于左岸山体近河床位置,水舌纵向拉开距离也小于修改方案二。

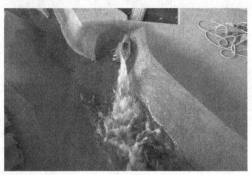

图 2-2-43　Z1 工况($H = 2\,663$ m,$Q = 126.8$ m³/s)下表孔出口流态

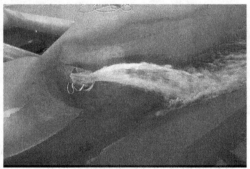

图 2-2-44　Z2 工况($H = 2\,667.3$ m,$Q = 443.6$ m³/s)下表孔出口流态

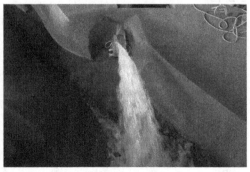

图 2-2-45　Z3 工况($H = 2\,671.6$ m,$Q = 883.5$ m³/s)下表孔出口流态

　　原设计方案连续式挑流鼻坎水舌直接顶冲对岸山坡坡脚和山体,模型试验模拟为定床部分未测量冲刷深度。修改方案三模型量测设计水位和校核水位下最大冲刷深度分别为 2.48 m 和 5.18 m,冲坑长度分别约为 48 m 和 62 m,建议在表孔鼻坎出口桩号 $0 + 440.88$ 下游 $0 + 464.88 \sim 0 + 614.88$ 约 150 m 范围内对右岸山体进行防护,试验将修

改方案三定为推荐方案。

2.6.2　斜井段修改方案成果

原设计方案表孔溢洪洞受收缩段影响,在设计水位和校核水位时,在斜井段末端形成水翅,水翅冲击到城门洞顶部,不符合设计规范要求,需进行调整。分析认为通过调整收缩段长度,使冲击水翅形成在斜井段,在进入反弧段后能平顺至下游平洞段。

2.6.2.1　斜井段修改方案一

模型经过几次修改调整后,最终修改体型平面图参见图 2-2-46,主要修改如下:斜井段收缩段长度由原来的 40 m 缩短至 23.2 m,对应收缩角由原来的 4°增大至 7°,底板坡度及形状保持不变。

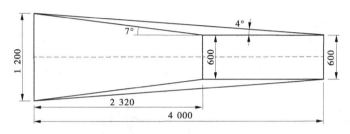

图 2-2-46　表孔溢洪洞斜井段修改方案一体型　(单位:cm)

各工况下模型实测水翅起末点桩号位置及水翅最高处特征值见表 2-2-24,各工况下水翅起末点位置在桩号 0 + 009.51 ~ 0 + 053.59,水翅最高点位置在 0 + 021.08 ~ 0 + 027.76,校核水位下水翅高度 6.90 m,此桩号范围下洞顶高为 8.23 m,满足设计规范要求。

表 2-2-24　水翅起末点及最高处特征值

工况		起点	末端	最高处	高度(m)
Z1	正常蓄水位	0 + 016.63	0 + 050.03	0 + 027.32	2.10
Z2	设计水位	0 + 014.41	0 + 049.14	0 + 027.76	3.84
Z3	校核水位	0 + 009.51	0 + 053.59	0 + 021.08	6.90

Z1、Z2 和 Z3 工况下水流经过堰面控制段后进入斜井段流速增大,受斜井段收缩影响,在 0 + 009.51 ~ 0 + 016.63 形成水翅,水翅在斜井段形成后在末端分散成断面 U 形分布,断面水深两侧大于中部,在桩号 0 + 053.59 后逐渐趋于平稳,经过圆弧末端进入平洞段后已调整归顺水流,水深较原方案也有减小。各工况下斜井段水流流态见图 2-2-47 ~图 2-2-49。

Z1 ~ Z3 工况下模型量测平洞段水深见表 2-2-25 ~ 表 2-2-27,各级工况下平洞段水深沿程减小,洞身左右边壁处水深受水面波动影响略有差异。校核水位下平洞段最大水深 4.80 m,洞顶高度富余较大。

图 2-2-47　Z1 工况($H = 2\,663$ m, $Q = 126.8$ m³/s)下表孔流态

图 2-2-48　Z2 工况($H = 2\,667.3$ m, $Q = 443.6$ m³/s)下表孔流态

图 2-2-49　Z3 工况($H = 2\,671.6$ m, $Q = 883.5$ m³/s)下表孔流态

表 2-2-25　Z1 工况($H = 2\,663$ m, $Q = 126.8$ m³/s)下平洞段水深　　　（单位:m）

位置	桩号	水深(左)	水深(右)
P3	0 + 128.21	1.02	1.08
P4	0 + 187.91	0.84	0.78
P5	0 + 247.61	0.78	0.78
P7	0 + 367.02	0.72	0.66

表 2-2-26　Z2 工况（$H = 2\,667.3$ m，$Q = 443.6$ m³/s）下平洞段水深　（单位：m）

位置	桩号	水深（左）	水深（右）
P3	0 + 128.21	2.46	2.40
P4	0 + 187.91	2.46	2.34
P5	0 + 247.61	2.34	2.40
P7	0 + 367.02	2.40	2.28

表 2-2-27　Z3 工况（$H = 2\,671.6$ m，$Q = 883.5$ m³/s）下平洞段水深　（单位：m）

位置	桩号	水深（左）	水深（右）
P3	0 + 128.21	4.68	4.80
P4	0 + 187.91	4.68	4.62
P5	0 + 247.61	4.56	4.50
P7	0 + 367.02	4.02	3.96

2.6.2.2　斜井段修改方案二

按照设计部门委托，在表孔溢洪洞斜井段修改方案一的基础上进一步进行体型优化，将底板由平洞底改为弦高为 40 cm 的下凹圆弧方案，见图 2-2-50。

修改方案二各级工况下模型实测水翅起末点桩号位置及水翅最高处特征值见表 2-2-28，各工况下水翅起末点位置在桩号 0 + 008.62 ~ 0 + 056.26，水翅最高点位置在 0 + 029.55 ~ 0 + 034.00，校核水位下水翅高度 8.10 m。对比表 2-2-27 结果，无论是水翅影响范围还是从最大水翅高度来看，修改方案二均大于修改方案一，模型试验表明底部圆弧方案并未明显改善水流流态，不同工况下水流流态见图 2-2-51 ~ 图 2-2-53，除水翅产生位置和最大高度外大体与修改方案一流态差异不大。比较后，推荐修改方案一为斜井段最终体型。

表 2-2-28　水翅起末点及最高处特征值

工况		起点	末端	最高处	高度（m）
Z1	正常蓄水位	0 + 016.19	0 + 047.80	0 + 034.00	3.30
Z2	设计水位	0 + 016.19	0 + 051.36	0 + 033.11	4.08
Z3	校核水位	0 + 008.62	0 + 056.26	0 + 029.55	8.10

2.6.3　小结

（1）设计修改将连续式鼻坎优化为斜鼻坎，迫使出坎水舌在平面上转向沿竖向大幅拉开，最大限度分散水舌，既能够使水流平顺归河，也能有效降低水股对落点的冲刷。

（2）鼻坎修改方案三（推荐方案）在正常蓄水位 Z1 和设计水位 Z2 工况下，出射水流呈散水状，主流稍集中于右侧落点，均能落入下游主河槽内，Z3 工况校核水位下，右侧出射水流受边墙偏转影响，向左翻卷，越过中部出射水流，呈散水状落于左岸山体近河床位置。

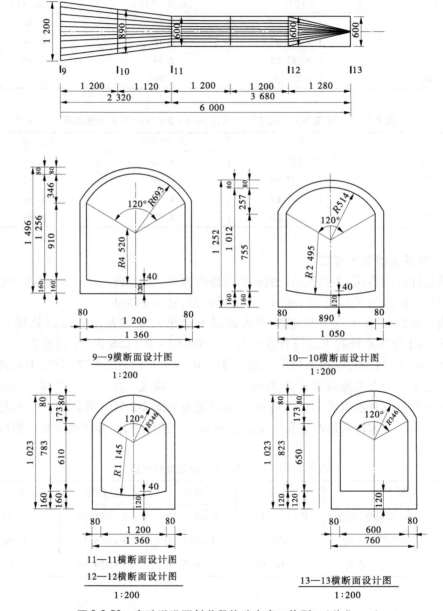

图 2-2-50　表孔溢洪洞斜井段修改方案二体型　（单位:cm）

（3）斜井段修改方案一各工况下水翅起末点位置在桩号 0 + 009.51 ~ 0 + 053.59,水翅最高点位置在 0 + 021.08 ~ 0 + 027.76,校核水位下水翅高度 6.90 m,设计可参考高度及位置确定洞顶净空高度。

（4）斜井段修改方案二各级工况下对比修改方案一结果,无论是从水翅影响范围还是从最大水翅高度来看,修改方案二均大于修改方案一,模型试验表明底部圆弧方案并未明显改善水流流态,推荐修改方案一作为斜井段最终体型。

图 2-2-51　Z1 工况($H = 2\ 663$ m,$Q = 126.8$ m³/s)下表孔出口流态

图 2-2-52　Z2 工况($H = 2\ 667.3$ m,$Q = 443.6$ m³/s)下表孔出口流态

图 2-2-53　Z3 工况($H = 2\ 671.6$ m,$Q = 883.5$ m³/s)下表孔出口流态

2.7　脉动压力特性

最终体型确定后,按照委托任务要求,试验对表孔溢洪洞和泄洪冲沙洞代表性测点脉动压力进行了量测。

2.7.1　表孔溢洪洞

试验对表孔斜井段、平洞段和鼻坎段部位选取代表性测点对脉动压力进行了量测,正常蓄水位、设计水位和校核洪水位工况下代表性测点脉动压力波形图基本相似,图 2-2-54

为 Z2 工况测点脉压波形图。

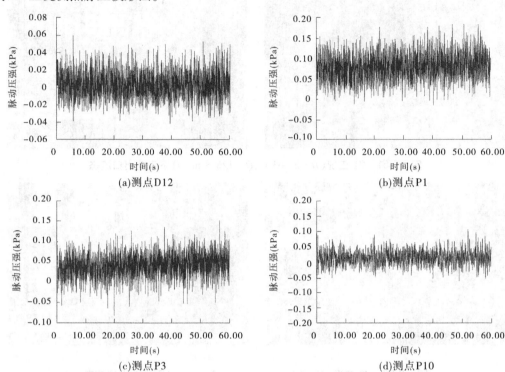

(a)测点D12　　　　　　　　　　　　(b)测点P1

(c)测点P3　　　　　　　　　　　　(d)测点P10

图 2-2-54　Z2 工况($H = 2\ 667.3$ m,$Q = 443.6$ m³/s)下各测点脉动压力波形

2.7.1.1　脉动压力幅值

表孔溢洪洞各测点位置及脉动压力特征值见表 2-2-29 ~ 表 2-2-31,脉动压力幅值特性多用脉动压力强度均方根 σ 描述,脉动压力均方根 σ 反映了水流紊动程度和水流平均紊动能量。试验结果表明,各测点脉动压力强度随着流量的增大而增大,斜井段脉动压力强度均方根 σ 为 $0.48 \sim 3.26$ kPa;平洞段脉动压力强度均方根 σ 为 $0.66 \sim 3.72$ kPa;鼻坎段脉动压力强度均方根 σ 为 $0.60 \sim 5.16$ kPa。

表 2-2-29　Z1 工况($H = 2\ 663$ m,$Q = 126.8$ m³/s)下脉动压力特征值　　　（单位:kPa）

测点位置	编号	桩号(m)	高程(m)	最大值	最小值	均方根值
斜井段	D11	0 + 012.49	2 633.27	1.44	− 0.66	0.60
	D12	0 + 024.99	2 617.66	3.18	− 1.08	0.60
	D13	0 + 044.34	2 593.47	10.56	− 4.32	3.60
平洞段	P1	0 + 054.77	2 585.17	8.64	− 10.20	2.64
	P2	0 + 067.76	2 582.06	13.86	− 14.04	3.72
	P3	0 + 128.21	2 576.01	2.82	− 2.34	0.66
鼻坎段	P9	0 + 432.75	2 546.08	21.06	− 15.72	5.16
	P10	0 + 438.72	2 546.99	8.88	− 7.56	2.76

表 2-2-30　Z2 工况($H = 2\ 667.3$ m，$Q = 443.6$ m³/s）下脉动压力特征值　（单位：kPa）

测点位置	编号	桩号（m）	高程（m）	最大值	最小值	均方根值
斜井段	D11	0 + 012.49	2 633.27	1.50	- 0.96	0.54
	D12	0 + 024.99	2 617.66	3.48	- 2.58	0.84
	D13	0 + 044.34	2 593.47	8.22	- 11.20	2.90
平洞段	P1	0 + 054.77	2 585.17	8.04	- 3.84	2.58
	P2	0 + 067.76	2 582.06	8.82	- 5.16	2.76
	P3	0 + 128.21	2 576.01	2.82	- 1.38	0.96
鼻坎段	P9	0 + 432.75	2 546.08	10.20	- 3.24	2.22
	P10	0 + 438.72	2 546.99	6.06	- 4.08	1.38

表 2-2-31　Z3 工况($H = 2\ 671.6$ m，$Q = 883.5$ m³/s）下脉动压力特征值　（单位：kPa）

测点位置	编号	桩号	高程（m）	最大值	最小值	均方根值
斜井段	D11	0 + 012.49	2 633.27	0.78	- 1.74	0.54
	D12	0 + 024.99	2 617.66	2.10	- 1.56	0.48
	D13	0 + 044.34	2 593.47	13.32	- 14.26	3.26
平洞段	P1	0 + 054.77	2 585.17	17.82	- 12.24	3.00
	P2	0 + 067.76	2 582.06	6.60	- 7.86	1.92
	P3	0 + 128.21	2 576.01	3.84	- 2.40	0.84
鼻坎段	P9	0 + 432.75	2 546.08	1.68	- 1.98	0.60
	P10	0 + 438.72	2 546.99	1.74	- 0.66	0.66

2.7.1.2　概率分布特性

　　水流脉动压力的最大可能振幅的取值，对泄水建筑物的水力设计和计算都具有重要的意义。由于脉动压力是随机的，测得的极值大小与记录时段长短有关，故实际上最大可能振幅的准确值是难以确定的，试验只能得到在某概率条件下出现的极值，即只能给出概率出现的期望值。而极值的取值，又与脉动压力概率密度函数分布规律有关。

　　图 2-2-55 为 Z2 工况下各测点概率密度函数分布图，结果表明，表孔溢洪洞水流脉动压力随机过程基本符合概率的正态分布，对称性较好但离散度较大，脉动压力最大可能单倍振幅可采用公式 $A_{\max}^{\min} = \pm 3\sigma$ 进行计算。

2.7.1.3　脉动压力频谱特性

　　脉动压力的频率特性通常用功率谱密度函数来表达，功率谱是脉动压力重要特征之

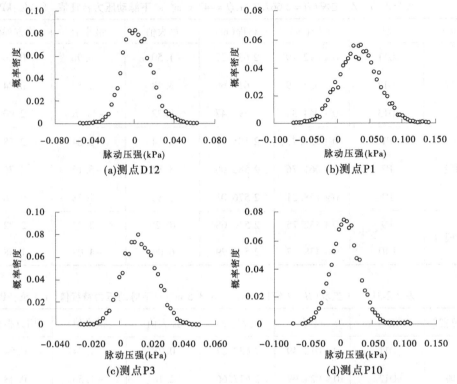

(a)测点D12   (b)测点P1

(c)测点P3   (d)测点P10

图 2-2-55 Z2 工况($H = 2\,667.3$ m,$Q = 443.6$ m³/s)下各测点概率密度分布

一,功率谱图反映了各测点水流脉动能量按频率的分布特性。分析功率谱图可以得到谱密度最大时对应的优势频率,图 2-2-56 为 Z2 工况下代表性测点不同工况下优势频率图,可以看出,各测点引起压力脉动的涡旋结构仍以低频为主,水流脉动压力优势频率为 $0.20 \sim 2.64$ Hz,能量相对集中的频率范围大都在 3 Hz 以下,各测点均属于低频脉动。

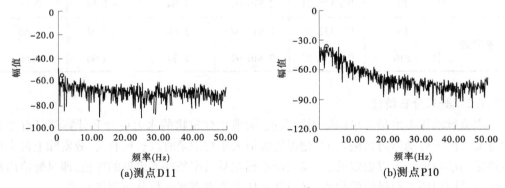

(a)测点D11   (b)测点P10

图 2-2-56 Z2 工况($H = 2\,667.3$ m,$Q = 443.6$ m³/s)下脉动压力优势频率

2.7.2 泄洪冲沙洞

试验对泄洪冲沙洞消力池选取代表性测点对脉动压力进行了量测,Z8 工况下测点脉动压力波形图见图 2-2-57。

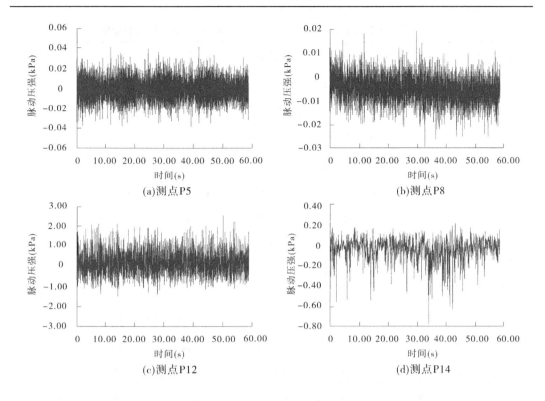

图 2-2-57 Z8 工况($H = 2\ 656.9$ m, $Q = 382$ m³/s)下各测点脉动压力波形

2.7.2.1 脉动压力幅值

泄洪冲沙洞消力池测点位置及脉动压力特征值见表 2-2-32 ~ 表 2-2-34, 各测点脉动压力强度随流量的增大而增大, 消能段脉动压力强度均方根 σ 为 0.24 ~ 37.38 kPa; 海漫段脉动压力强度均方根 σ 为 0.96 ~ 9.36 kPa。

表 2-2-32 Z7 工况($H = 2\ 636.5$ m, $Q = 305$ m³/s)下脉动压力特征值 （单位:kPa)

测点位置	编号	桩号	高程(m)	最大值	最小值	均方根值
消能段	P5	0 + 504.22	2 551.66	2.40	− 1.80	0.60
	P8	0 + 534.04	2 544.93	1.08	− 0.90	0.24
	P10	0 + 556.04	2 541.82	0.42	− 0.60	0.24
	P11	0 + 575.04	2 541.82	124.44	− 79.80	27.72
	P12	0 + 578.04	2 541.82	84.12	− 75.54	25.14
	P13	0 + 580.54	2 541.82	56.64	− 54.42	10.62
海漫段	P14	0 + 583.04	2 549.80	2.94	− 4.02	0.96
	P15	0 + 609.04	2 549.80	9.84	− 21.66	4.20

表 2-2-33　Z8 工况($H = 2\ 656.9$ m, $Q = 382$ m³/s)下脉动压力特征值　（单位:kPa)

测点位置	编号	桩号	高程(m)	最大值	最小值	均方根值
消能段	P5	0 + 504.22	2 551.66	2.46	− 2.34	0.66
	P8	0 + 534.04	2 544.93	1.14	− 1.8	0.42
	P10	0 + 556.04	2 541.82	0.24	− 1.14	0.54
	P11	0 + 575.04	2 541.82	90.9	− 24.3	13.02
	P12	0 + 578.04	2 541.82	141.48	− 98.94	35.64
	P13	0 + 580.54	2 541.82	99.66	− 72.66	21.18
海漫段	P14	0 + 583.04	2 549.80	19.38	− 1.68	9.36
	P15	0 + 609.04	2 549.80	14.58	− 46.56	6.78

表 2-2-34　Z9 工况($H = 2\ 660.6$ m, $Q = 394$ m³/s)下脉动压力特征值　（单位:kPa)

测点位置	编号	桩号	高程(m)	最大值	最小值	均方根值
消能段	P5	0 + 504.22	2 551.66	3.00	− 2.76	0.72
	P8	0 + 534.04	2 544.93	1.98	− 1.08	0.36
	P10	0 + 556.04	2 541.82	0.30	− 0.84	0.36
	P11	0 + 575.04	2 541.82	48.84	− 14.94	8.34
	P12	0 + 578.04	2 541.82	152.52	− 102.90	37.38
	P13	0 + 580.54	2 541.82	102.06	− 92.82	25.80
海漫段	P14	0 + 583.04	2 549.80	11.58	− 9.60	3.30
	P15	0 + 609.04	2549.80	23.04	− 59.22	7.38

2.7.2.2　概率分布特性

图 2-2-58 为泄洪冲沙洞 Z8 工况下各测点概率密度函数分布图,结果表明,水流脉动压力随机过程也基本符合概率的正态分布,对称性较好但离散度较大,脉动压力最大可能单倍振幅可采用公式 $A_{max}^{min} = \pm 3\sigma$ 进行计算。

2.7.2.3　脉动压力频谱特性

试验实测代表性测点不同工况下优势频率可以发现,各测点引起压力脉动的涡旋结构仍以低频为主,水流脉动压力优势频率为 $0.10 \sim 1.66$ Hz,能量相对集中的频率范围大都在 2 Hz 以下,各测点均属于低频脉动。

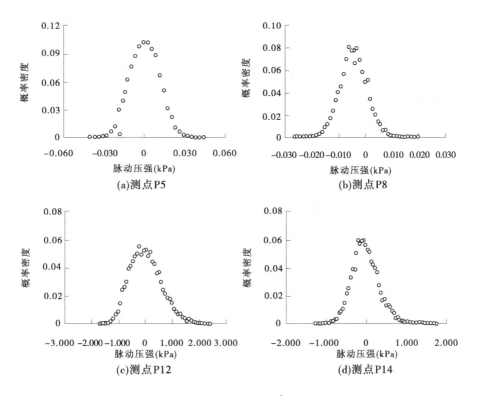

图 2-2-58 Z8 工况($H = 2\,656.9\mathrm{m}$, $Q = 382\ \mathrm{m^3/s}$)下各测点概率密度分布

2.8 总结及建议

2.8.1 表孔溢洪洞

（1）设计水位和校核水位下模型试验量测的表孔溢洪洞流量分别较设计值小 6.6% 和大 0.6%,满足设计泄流能力要求。

（2）原设计方案表孔水流平顺经过堰面曲线控制段后进入斜井段,由于泄槽陡坡段过流断面收缩,加之陡坡段末端反弧影响,设计水位和校核水位时,在斜井段末端形成水翅,水翅触击到城门洞顶部。

（3）表孔出口采用的是连续式挑流鼻坎,水流在设计水位下冲击对岸山坡坡脚,校核水位时直接冲击对岸山体,对山体稳定不利。

（4）设计和校核洪水时,表孔陡坡段洞身断面最大平均流速为 $30 \sim 35\ \mathrm{m/s}$,按照规范要求可以不设掺气槽,但需要采用抗磨蚀材料,并严格控制该段施工平整度,以防空蚀空化破坏。

（5）表孔出口连续式鼻坎修改为扭斜鼻坎,迫使出坎水舌在平面上转向沿竖向大幅拉开,最大限度分散水舌,既能够使水流平顺归河,也能有效降低水股对落点的冲刷。经过三个体型比较推荐鼻坎修改方案三体型。

(6)鼻坎推荐体型在正常蓄水位 Z1 和设计水位 Z2 工况下，出射均能落入下游主河槽内；校核水位下水舌呈散水状落于左岸山体近河床位置。设计水位和校核水位下最大冲刷深度分别为 2.48 m 和 5.18 m，建议桩号 0 + 464.88 ~ 0 + 614.88 约 150 m 范围内在右岸山体防护岸坡。

(7)斜井段修改方案一各工况下水翅起末点位置在桩号 0 + 009.51 ~ 0 + 053.59，水翅最高点位置在 0 + 021.08 ~ 0 + 027.76，校核水位下水翅最大高度为 6.90 m，此桩号范围洞顶高为 8.23 m，水翅不再触及洞顶，建议设计采用。

(8)斜井段修改方案二洞身改为底部圆弧方案，试验观测对改善水翅影响范围和水翅高度方面效果不明显。

(9)表孔各级工况下平洞段水深沿程减小，洞身左右边壁处水深受水面波动影响略有差异，校核水位下平洞段最大水深 4.80 m，洞内净空富余较大为 37.9%，满足规范要求。

(10)表孔各测点脉动压力强度随着流量的增大而增大，斜井段脉动压力强度均方根 σ 为 0.48 ~ 5.16 kPa；脉动压力随机过程基本符合概率的正态分布，对脉动压力最大可能单倍振幅可采用公式 $A_{\max}^{\min} = \pm 3\sigma$ 进行计算；水流脉动压力能量相对集中的频率范围大都在 3 Hz 以下，各测点引起压力脉动的涡旋结构仍以低频为主，属于低频脉动。

2.8.2 底孔泄洪冲沙洞

(1)试验量测底孔各级泄流量较设计值有较大富裕，原方案各级工况下洞内水深均大于城门洞直墙高度，校核水位下洞内最小净空为 11.5%，小于规范 15%，余幅不够。

(2)三级特征水位下底孔下游消力池均不能形成水跃，池内水流呈急流状态。明洞段连接消力池前部曲线出现负压，小流量时消力池水流满溢，边墙高度不足，建议对消力池体型进行优化。

(3)底孔修改方案体型在各个工况下消力池中均能形成完整水跃，斜坡段坡度和消力池深度均满足要求。校核泄量下洞身内最大水深为 4.1m，洞内净空富余为 29.7%，洞体尺寸满足规范要求。

(4)泄洪冲沙洞水流经消力池末端海漫调整后进入下游河道，受对岸山体顶冲和河道弯道影响，河道靠左岸位置流速明显小于右岸。

(5)试验表层卵砾石层在模型时间 0.5 h 后即冲刷稳定，河道右岸河床冲刷严重，基岩基本无冲刷，仅在格宾护坦下游 20 m 范围内冲刷约 7.5 m 深冲坑。

(6)底孔冲沙试验闸门打开后，洞进口引渠内淤积泥沙瞬间被拉走，淤泥泥沙大都堆积于河道左岸，淤积长度约为 90 m，最大淤积厚度 2.3 m，有少量堆积在电站尾水出口。

(7)底孔消力池出口调整后下游河道流速分布明显改善，Z9 工况消力池尾坎上测速断面 XV1 断面左右岸底部流速由修改前的 0.44 m/s 和 9.73 m/s 分别变为 6.66 m/s 和 6.04 m/s，断面流速分布趋于平均。

(8)底孔消力池出口调整后，试验与原试验结果相似，淤积的泥沙仍靠近左岸，但淤积量有明显减少，电站尾水渠末端堆积泥沙也仅剩下极少部分，修改后电站出口淤积改善，试验分析实际情况运行调度时泥沙不会造成影响。

(9)底孔消力池各测点脉动压力强度随流量的增大而增大,消能段脉动压力强度均方根 σ 为 0.24 ~ 37.38 kPa;海漫段脉动压力强度均方根 σ 为 0.66 ~ 3.72 kPa;水流脉动压力随机过程基本符合概率的正态分布,对称性较好但离散度较大;脉动压力优势频率为 0.10 ~ 1.66 Hz,各测点也均属于低频脉动。

第3章　新疆托帕水库整体水工模型试验

3.1　工程概况

拟建托帕水库位于新疆维吾尔自治区克孜勒苏柯尔克孜自治州乌恰县境内恰克玛克河干流上,是喀什噶尔河流域规划中推荐的恰克玛克河上控制性水利枢纽工程。水库总库容 6 098.93 万 m³,死库容 1 802.12 万 m³,调节库容 3 907.69 万 m³(考虑水库运行 30年泥沙淤积后,兴利库容 2 380.69 万 m³),具有不完全年调节性能。托帕水库工程具有灌溉、防洪等综合利用效益,工程建成后提高水资源利用效率,解决恰克玛克河流域灌区季节性缺水问题;可将下游河道的防洪标准从 5 年一遇提高到 10 年一遇。

托帕水库工程的主要任务是灌溉、防洪。在汛期 4 月初至 9 月底,水库水位维持在汛期限制水位。其中,来沙较大的 7 月、8 月在死水位冲沙运行,以减少泥沙在库内的淤积量,延长水库使用寿命。9 月末汛期结束,开始利用冬闲水逐步蓄至正常蓄水位,至第 2年 4 月河道天然来水不足,水库开始承担向下游供水任务,解决下游灌区春灌缺水问题。

主要建筑物有拦河坝、导流兼泄洪冲沙洞、表孔溢洪洞等,枢纽平面布置图见图 2-3-1。托帕水库坝型为沥青心墙坝,设计洪水标准为 100 年一遇洪水($P = 1\%$),设计下泄流量1 073.37 m³/s;校核洪水标准为 2 000 年一遇洪水($P = 0.05\%$),校核下泄流量 1 281.86 m³/s。

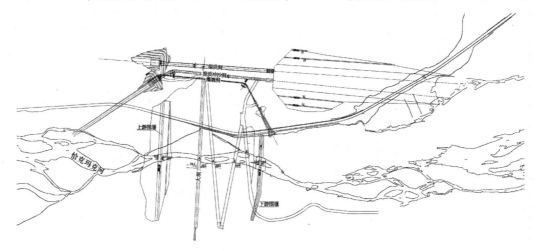

图 2-3-1　托帕水库枢纽平面布置图

(1)表孔溢洪洞。布置在左岸,由引渠段、控制段、渐变段、斜井段、反弧段、平洞段、挑坎段及护坦段组成,设计泄量 952.830 m³/s,校核泄量 1 161.080 m³/s。引渠进口底板高程为 2 379 m,引渠长 148.319 m,工作门孔口尺寸 $b \times h = 14.0$ m × 12.0 m,堰顶高程2 384 m,洞身尺寸 $b \times h = 8.5$ m × 11.0 m,表孔溢洪洞布置如图 2-3-2 ~ 图 2-3-4。

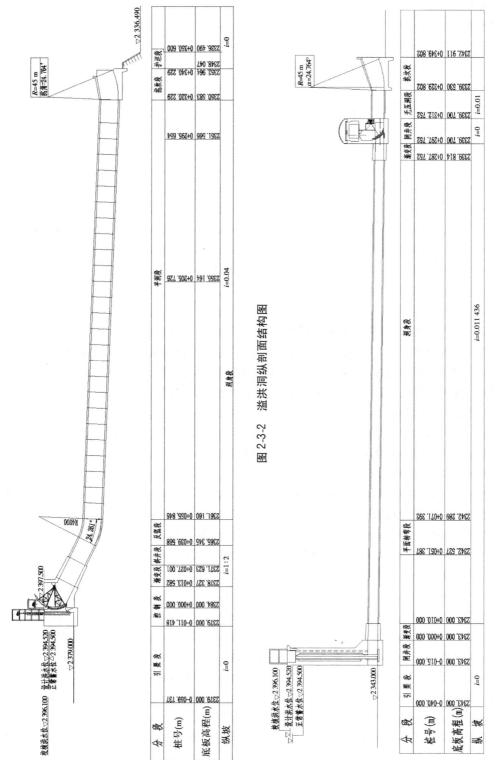

图 2-3-2　溢洪洞纵剖面结构图

图 2-3-3　泄洪冲沙洞纵剖面结构图

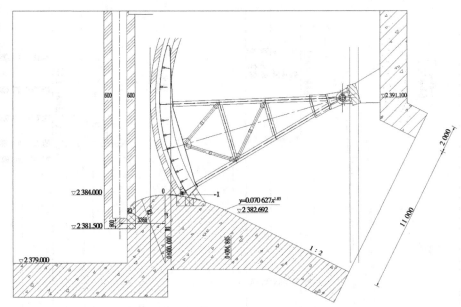

图 2-3-4　溢洪洞控制段纵剖面图　（单位:尺寸:mm;高程,m）

　　（2）泄洪冲沙洞。布置在左岸,表孔溢洪洞、灌溉放水洞中间,承担导流、泄洪冲沙的功能。由引渠段、进口闸井段、渐变段、平面转弯段、有压洞身段、渐变段、工作闸井段、无压洞身段、挑坎段组成。设计泄量 117.960 m³/s,校核泄量 444.580 m³/s。引渠进口底板高程为 2 343 m,引渠长 25 m,底宽 10 m,纵坡 $i=0$,梯形断面。进口事故闸井段,闸井宽 10.0 m,长 15.0 m,闸井底板高程为 2 343 m,顶部高程为 2 397.5 m,设一道平板事故检修门,闸门尺寸 $b \times h = 5.0$ m×6.0 m。有压洞身段长 297.752 m,为圆形 $D=5.4$ m 渐变为 4.0 m×5.13 矩形断面。工作闸井段为竖井型式,底板高程 2 339.7 m、宽 9.0 m、长 15 m,内设置一道弧形闸门,闸门尺寸（高×宽）4.0 m×5.0 m。无压力洞长 17 m,为城门洞型,纵坡 $i=0.01$,洞身底板宽 5.5 m,洞高 7.3 m,直墙高 5.712 m,拱顶中心角为 120°,半径 3.175 m,在侧墙与底板相接处设半径为 0.5 m 的圆弧。挑坎段:消能方式采用挑流消能,无压洞后接挑坎,挑流鼻坎反弧半径为 45 m,挑角为 24.764°,挑坎长 20 m,前 15 m 为洞内式,泄洪冲沙洞布置如图 2-3-5、图 2-3-6 所示。

　　（3）灌溉放水洞:进口位于左坝肩坝轴线上游约 190 m,与导流洞平行布置,间距约 10 m,出口位于坝轴线下游约 200 m,洞长约 419 m,桩号 0-031.2～0+103.4 段轴线方向 148°,0+103.4～0+318.3 段轴线方向 193°,0+318.3 至出口段轴线方向 256°,由引渠段、进口闸井段、洞身段、出口闸井段、消力池等组成。引渠底板高程 2 358.0 m,洞径 2 m。鉴于本次整体水工模型的目的和任务,灌溉放水洞暂不考虑。

　　该工程分两个阶段:导流期和正常运行期。导流建筑物由泄洪冲沙洞、上游围堰、下游围堰组成,导流洞与泄洪冲沙洞完全结合。托帕水库工程为Ⅲ等中型工程,沥青混凝土心墙坝为 3 级建筑物,导流临时建筑物为 5 级,相应的导流建筑物设计洪水标准为 5～10 年一遇洪水。未完建坝体挡水高程时拦蓄库容 >0.1 亿 m³,坝体度汛设计洪水标准为 50～100 年一遇洪水。

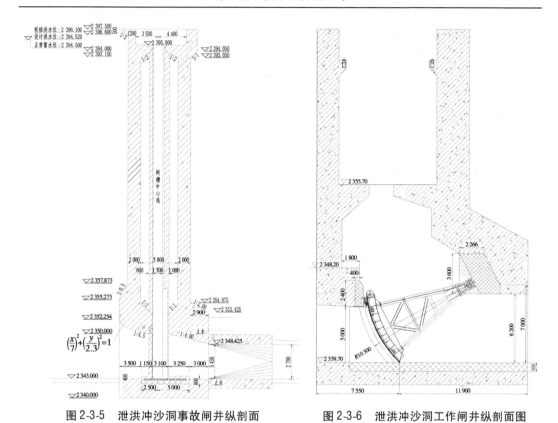

图 2-3-5　泄洪冲沙洞事故闸井纵剖面　　　　图 2-3-6　泄洪冲沙洞工作闸井纵剖面图
　　（单位:尺寸:mm;高程,m）　　　　　　　　　（单位:尺寸:mm;高程,m）

（1）初期导流标准。大坝为 3 级建筑物,上游围堰与大坝结合,且上游围堰填筑强度不大,因此本工程导流标准提高至全年 10 年一遇洪水,相应洪峰流量 286.1 m³/s。

（2）后期导流标准。根据 50 年一遇洪水对应的库容为 0.11 亿 m³（>0.1 亿 m³）,本工程后期未完建坝体度汛标准提高到全年 50 年一遇洪水,相应洪峰流量 815.9 m³/s。

3.2　试验目的和任务

通过整体水工模型试验对大坝枢纽各泄水建筑物布置合理性、泄洪冲沙洞和溢洪洞体型优劣及下游消能情况做出评价,提出修改建议,具体内容如下:

（1）观测导流期泄洪冲沙洞水位流量关系、流态、沿程压力分布、洞身段流速分布、下游冲刷。

（2）观测正常运用期特征水位下泄洪冲沙洞和溢洪洞流态及流量。绘制水位流量关系曲线,分析泄流规模是否满足设计要求。

（3）观测正常运用期设计水位下泄洪冲沙洞局部开启时的流态、压力分布、明洞段水面线、流速分布等,分析泄水建筑物体型是否满足设计要求,并提出改进意见。

（4）观测正常运用期特征水位下泄洪冲沙洞和溢洪洞沿程压力分布、特征部位(如泄洪冲沙洞洞出口段顶板和消力池底板、溢洪洞溢流堰及挑流鼻坎段)压力和明洞段水面线,分析泄水建筑物体型是否满足设计要求,并提出改进意见。

(5)观测正常运用期特征水位下泄洪冲沙洞和溢洪洞进口前库区流速、洞身段流速分布,分析泄水建筑物沿程水流空化数,判别发生空蚀的可能性,并提出改进意见。

(6)观测正常运用期特征水位下泄洪冲沙洞和溢洪洞出口消能冲刷情况,对消能效果进行评价,提出改进意见和措施。

3.3　模型比尺及模型沙

根据试验任务要求和水工(常规)模型试验规程,模型设计为正态模型,几何比尺为1:60。按照重力相似、阻力相似准则及水流连续性,可以得到模型主要比尺见表2-3-1。

表2-3-1　模型比尺汇总

比尺名称	比尺	依据
水平比尺 λ_L	60	试验任务要求及《水工(常规)
垂直比尺 λ_H	60	模型试验规程》(SL 155—2012)
流速比尺 λ_v	7.75	$\lambda_v = \lambda_L^{\frac{1}{2}}$
流量比尺 λ_Q	27 885	$\lambda_Q = \lambda_L^{\frac{5}{2}}$
水流运动时间比尺 λ_{t_1}	7.75	$\lambda_{t_1} = \lambda_L^{\frac{1}{2}}$
糙率比尺 λ_n	1.98	$\lambda_n = \lambda_L^{\frac{1}{6}}$
起动流速比尺 λ_{v_0}	7.75	$\lambda_{v_0} = \lambda_v$

根据设计部门提供的资料,托帕水库左岸泄水建筑物出口地质情况:上部为坡洪积物(Q_{3-4}^{pld}),埋深在12~25.5 m以下,岩性为碎石土层,含少量大块石,结构密实,局部呈泥质弱胶结,岩芯多呈短柱状,手可掰开,钻孔内未见有架空结构,碎石粒径以2~5 cm为主,个别块石达2~5 m,碎石土抗冲流速为1.0 m/s左右。下部为基岩,岩性为泥盆系中统(D_2gv)灰岩,以块状、厚层状为主,基岩(灰岩)抗冲流速为5.0~6.0 m/s。

根据《水工(常规)模型试验规程》(SL 155—2012),当模型采用散粒体模拟时,可采用依兹巴什公式计算散粒体粒径,模拟碎石土散粒料粒径 $D_{50} = 0.5$ mm,模拟基岩散粒料粒径 $D_{50} = 15$ mm。

3.4　模型范围

3.4.1　坝上游模拟范围

溢洪洞进口位于坝上游约120 m处,溢洪洞进口上游附近约300 m范围内两岸地形复杂,导流期低水位运行,库区流速大,两岸山体扰流对溢洪洞进口流态有影响,同时模型进流稳流需要 3 m,相当于原型长度 180 m。因此,上游库区模拟长度为 500 m。

3.4.2　坝下游模拟范围

坝下 200 m 为溢洪洞挑流鼻坎,泄洪冲沙洞消力池范围为 300 m。包括模型退水,因此坝下模拟长度至少需要 700 m。

模型范围包括大坝上游库区 500 m,坝体、泄洪冲沙洞和溢洪洞及大坝下游河道 700 m。模型长 20 m、宽约 8 m、高 1.2 m。模型布置如图 2-3-7。

图 2-3-7　模型布置

3.5　施工导流期模型试验

3.5.1　原设计方案试验

本工程导流是利用水库永久建筑物泄洪冲沙洞进行导流的。试验观测了导流期 10 年一遇洪水和 50 年一遇洪水两种工况下,导流期泄洪冲沙洞流态。结果表明,在导流洞原设计出口体型下,由于出口挑流鼻坎坎顶高程高,10 年一遇以下洪水工况时,在工作闸门下游明流挑坎段形成壅水,导流洞出口不能形成完整的挑射水流;50 年一遇洪水工况时,水流经挑流鼻坎比较平顺挑入下游河道。泄洪冲沙洞出口水流流态见图 2-3-8。

10年一遇洪水　　　　　　　　　　　　　50年一遇洪水

图 2-3-8　导流期泄洪冲沙洞出口水流流态

3.5.2　修改方案一试验

鉴于原设计方案 10 年一遇洪水工况时,水流在工作闸门下游明流挑坎段形成壅水,导流洞出口不能形成完整的挑射水流,将导流期泄洪冲沙洞挑坎段由挑流鼻坎型式调整为平底出流,洞长仍为 20 m,底坡 $i = 0.01$,导流洞出口高程由 2 342.911 m 降低至 2 339.330 m,出口下游平段护坦高程为 2 337.00 m,详见图 2-3-9。试验对该出口体型进行了观测。

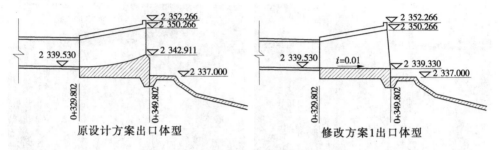

图 2-3-9　泄洪冲沙洞导流期出口体型

3.5.2.1　水位流量关系

一期导流标准为 10 年一遇洪水,利用上游围堰挡水,设计 10 年一遇泄量为 173.50 m³/s;二期导流标准为 50 年一遇洪水,利用部分坝体挡水,设计 50 年一遇泄量为 279.54 m³/s,施工导流度汛参数见表 2-3-2。

表 2-3-2　施工导流度汛参数

| 导流标准 P | 洪峰流量 | 挡水建筑物 | | 泄水建筑物 | |
(%)	(m³/s)	型式	水位(m)	型式	下泄流量(m³/s)
10	286.1	上游围堰	2 352.45	泄洪冲沙洞	173.50
2	815.9	未完建坝体挡水	2 366.88	泄洪冲沙洞	279.54

试验观测了泄洪冲沙洞导流期间的水位流量关系,如图 2-3-10 所示,试验结果表明,10 年一遇洪水工况下,试验量测导流洞泄量为 178.5 m³/s,较设计值大 2.9%。50 年一遇洪水工况下,导流洞泄量为 306.5 m³/s,较设计值大 9.6%,满足设计要求。

3.5.2.2　上游围堰高程复核

试验量测导流期 10 年一遇设计洪水时,上游围堰附近水位为 2 352.30 m,低于围堰设计顶部高程 0.15 m,建议设计按照规范风浪壅高、波浪在堰坡上的爬高以及安全超高等因素,对上游围堰高程进行复核。导流期 50 年一遇设计洪水工况下,上游围堰附近水位为 2 364.10 m,较设计未完建坝体挡水高程 2 366.88 m 低 2.78 m。

3.5.2.3　库区及泄洪冲沙洞进口流态

10 年一遇洪水和 50 年一遇洪水工况下,库区水面平静。水流经引渠进入泄洪冲沙洞,10 年一遇洪水工况下,导流洞进口前有表面漩涡,但不贯通,时有时无;50 年一遇洪水工况下,进口前出现不贯通的表面漩涡群,强度比 10 年一遇时强,尺寸也比 10 年一遇时

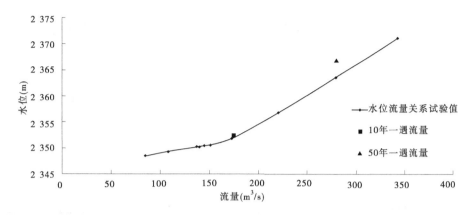

图 2-3-10 泄洪冲沙洞导流期水位流量关系

大,最大漩涡直径约 0.9 m,见图 2-3-11。

10年一遇洪水   50年一遇洪水

图 2-3-11 导流期泄洪冲沙洞进口水流流态

流量在 139.43～151.05 m³/s 时为明满流过渡区,流量大于 151.05 m³/s 时为满流。在明满流过渡区,受洞顶气囊影响,水位流量关系曲线波动明显,导致量测同一水位下,流量有不同程度的变化。但从导流洞过渡区流态来看,洞顶气囊进出流畅,没有卡顿和长时间聚集在某处的现象,也没有水跃现象出现。

3.5.2.4 流速分布

为了解泄洪冲沙洞引渠段、出口明流段、下游河段以及上游围堰附近流速分布情况,在泄洪冲沙洞引渠段布置了 3 个测速断面(桩号分别为 0－062.00、0－040.00、0－014.00),在出口明流段布置了 5 个测速断面,在下游河段布置了 3 个测速断面。

泄洪冲沙洞引渠段各断面流速分布见图 2-3-12。10 年一遇洪水工况下,0－062.00 断面平均流速为 1.25 m/s,0－040.00 断面平均流速为 1.90 m/s,0－014.00 断面平均流速为 3.19 m/s,越靠近洞口平均流速越大;0－014.00 断面位于洞口附近,流速分布略有不均,表面、中间流速大于底部流速。

50 年一遇洪水工况下,0－040.00 断面平均流速为 2.26 m/s,0－014.00 断面平均流速为 3.40 m/s,也是越靠近洞口平均流速越大;水位高于洞口,0－014.00 断面在洞口附近最大流速为 3.90 m/s。

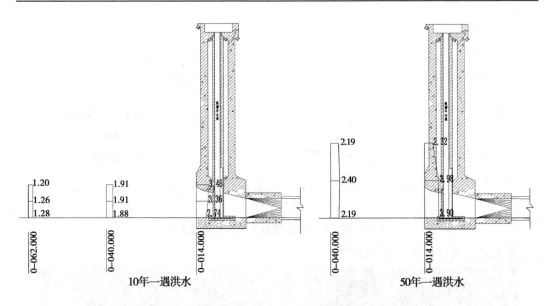

图 2-3-12　导流期泄洪冲沙洞引渠段流速分布　（单位:m/s）

　　泄洪冲沙洞出口明流段流速分布见图 2-3-13。10 年一遇洪水工况下,0 + 312.752 断面平均流速为 8.96 m/s,0 + 329.802 断面平均流速为 10.34 m/s,出口 0 + 349.802 断面平均流速明显增大为 11.36 m/s,即各断面流速依次递增,出口水流跌落导致泄洪冲沙洞出口流速迅速增大。

　　50 年一遇洪水工况下,0 + 312.752 断面平均流速为 13.23 m/s,0 + 329.802 断面平均流速为 13.34 m/s,出口 0 + 349.802 断面平均流速明显增大为 14.25 m/s,各断面流速分布规律和 10 年一遇时相同,流速值比 10 年一遇时明显增大。

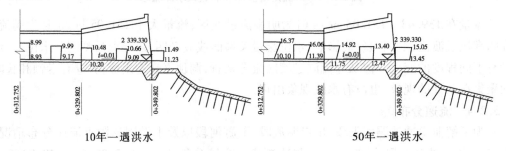

图 2-3-13　导流期泄洪冲沙洞出口段流速分布　（单位:m/s）

　　泄洪冲沙洞出口下游河段沿程各断面流速分布见图 2-3-14。两种工况下,下游各断面流速分布不均匀,由于出口位于下游河段右岸,故下游河段右岸流速大于左岸,越靠近下游流速分布越均匀。

　　试验还量测了 10 年一遇洪水时上游围堰坡脚附近的流速,围堰前出现逆时针横向流,流速值为 1.5 ~ 2.0 m/s,建议施工时加强对上游围堰边坡的护砌。

3.5.2.5　压力分布

　　为了解导流洞(泄洪冲沙洞)洞身压力变化,在导流洞中心线进口段洞顶和洞身底板

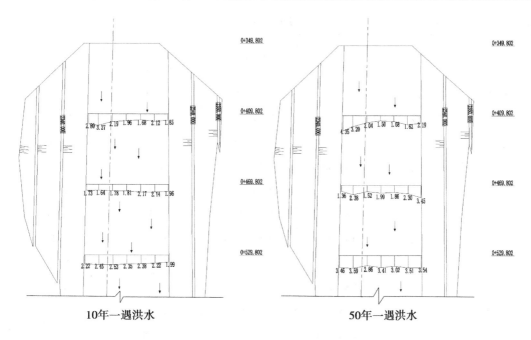

10年一遇洪水　　　　　　　50年一遇洪水

图2-3-14　导流期泄洪冲沙洞出口下游河段流速分布　（单位：m/s）

共安装了26个测压点。

试验选取了10年一遇和50年一遇洪水水位两种工况进行了观测,结果见表2-3-3。可以看出,两种工况下,泄洪冲沙洞进口段洞顶压力分布平顺,表明洞顶体型设计合理。两种工况下,泄洪冲沙洞底板中心线沿程压力分布符合一般规律,压力由进口到出口沿程逐渐减小,在平面转弯段附近,受离心力影响,压力值略有波动;因导流洞出口无压段和挑坎段为自由出流,出口水流跌落使得导流洞出口附近压力迅速减小。

表2-3-3　导流洞压力分布

测点编号	部位	桩号	高程（m）	压力（m 水柱）	
				$Q = 173.5 \ m^3/s$	$Q = 279.54 \ m^3/s$
顶1		0 − 014.000	2 352.254	7.15	18.03
顶2		0 − 012.388	2 350.785	7.09	17.87
顶3		0 − 010.776	2 350.317	6.98	17.28
顶4		0 − 009.350	2 350.000	6.80	17.16
顶5	顶板	0 − 006.250	2 350.000	6.76	16.88
顶6		0 − 003.125	2 349.219	6.5	16.52
顶7		0 + 000.000	2 348.438	6.44	16.22
顶8		0 + 010.000	2 348.400	6.20	15.72
底1		0 − 014.000	2 343	9.96	18.84
底2	闸井段	0 − 008.000	2 343	9.24	17.19
底3		0 + 000.000	2 343	8.28	16.02

续表 2-3-3

测点编号	部位	桩号	高程（m）	压力（m 水柱）	
				$Q = 173.5$ m³/s	$Q = 279.54$ m³/s
底 4	渐变段	0 + 005.000	2 343	8.28	15.00
底 5	洞身段	0 + 030.693	2 342.818	7.70	13.39
底 6	转弯段	0 + 051.387	2 342.52	7.02	11.46
底 7		0 + 061.389	2 342.404	6.96	10.72
底 8		0 + 071.392	2 342.288	6.90	10.07
底 9	洞身段	0 + 131.392	2 341.592	6.52	9.64
底 10		0 + 191.392	2 340.896	6.31	9.21
底 11		0 + 251.392	2 340.201	6.15	8.43
底 12	渐变段	0 + 283.752	2 339.816	6.02	8.19
底 13		0 + 293.752	2 340	5.52	5.73
底 14	无压洞段	0 + 312.752	2 339.7	4.48	4.55
底 15		0 + 321.277	2 339.615	4.11	4.44
底 16	挑坎段	0 + 329.802	2 339.53	3.35	4.10
底 17		0 + 339.802	2 339.43	3.09	3.66
底 18		0 + 349.802	2 339.33	0.55	1.18

3.5.2.6 出口挑坎水力特性

导流期泄洪洞出口修改后采用的是平洞底坎泄流，后接护坦，出口处坎底高程为 2 339.33 m。试验量测 10 年一遇和 50 年一遇两个工况下挑流水舌参数见表 2-3-4，水面线轨迹及流态如图 2-3-15、图 2-3-16 所示。10 年一遇工况下，水舌直接砸在平段护坦末端，沿着斜段护坦汇入下游河道，在斜段护坦末端形成水跃；50 年一遇工况下，水舌直接砸在斜段护坦上，然后沿着斜段护坦汇入下游河道，在斜段护坦末端也形成水跃。各级工况下挑流水舌均冲击下游护坦。

表 2-3-4　导流期挑流水舌特征

特征洪水	库水位（m）	水舌挑距（m）		水舌最大入水宽度（m）
		外缘	内缘	
10 年一遇	2 352.30	22.2	6.0	11.1
50 年一遇	2 364.10	27.0	16.8	7.2

3.5.2.7 下游冲刷

根据设计要求泄洪冲沙洞出口地形需要开挖，模型中两岸开挖山体用水泥砂浆粉制，河床部分覆盖层和灰岩按抗冲流速采用相应粒径的散粒体模拟。泄洪冲沙洞出口后接护

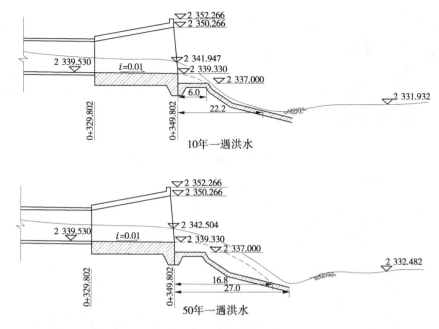

图 2-3-15　各级工况下导流期泄洪冲沙洞出口水舌曲线　（单位:m）

10年一遇洪水　　　　　　　　　　　　　50年一遇洪水

图 2-3-16　各级工况下导流期泄洪冲沙洞出口流态

坦,平段护坦高程为 2 337.00 m,平段后接斜段护坦;两岸边坡为 1:3,基岩高程范围为 2 303.81~2 330.00 m,下游河道开挖高程 2 330.00 m。冲刷试验的下游水位按设计提供的水位流量关系控制,每组试验冲刷约 24 h(模型时间 3 h),模型共进行了 2 种工况试验。

随着泄流量的增加,冲刷坑逐渐加深,但因导流洞出流集中,形成的冲刷坑范围相对较小,冲刷出的岩块在冲坑后形成堆积体,如图 2-3-17、图 2-3-18 所示。10 年一遇工况下,冲刷坑内最低点高程为 2 342.28 m,位于桩号 0+381.802 处,最大冲刷深度为 5.72 m,最深点位于泄洪洞出口向下约 32 m 处。

50 年一遇工况下,冲刷坑内最低点高程为 2 323.38 m、位于桩号 0+384.802 处,冲刷坑内最大冲刷深度为 6.62 m,最深点位于泄洪洞出口向下约 35 m 处。

从冲刷结果可知,冲刷坑最深点距离斜段护坦末端较近,水流长时间会对护坦末端淘

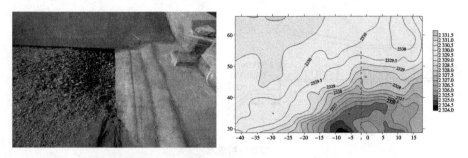

图 2-3-17　下游河道冲刷地形（10 年一遇洪水）

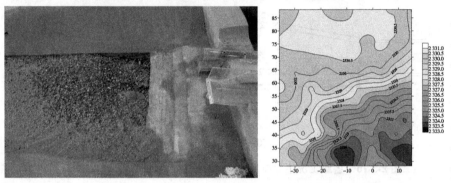

图 2-3-18　下游河道冲刷地形（50 年一遇洪水）

刷，建议设计部门根据冲刷坑深度、最深点位置和基岩情况对泄洪冲沙洞出口附近做必要的防护，如设置混凝土齿墙，齿墙深度根据冲刷坑最大冲刷深度而定。

3.5.3　修改方案二试验

3.5.3.1　出口小挑坎体型

鉴于泄洪冲沙洞出口平底洞时，导流洞在各级洪水工况下，出口水流冲砸下游护坦，通过抬高出口坎顶高程，试图使挑射水流落入下游河道，以减轻对护坦的冲击，又不至于在洞内形成壅水，将泄洪冲沙洞出口改为小挑坎体型。试验分别进行了两种体型下的量测——坎顶抬高 0.6 m 和 1.2 m，洞出口高程分别为 2 339.93 m 和 2 340.53 m，即在泄洪冲沙洞挑坎段平洞内加一个 1∶20 的倒坡和 1∶10 的倒坡，如图 2-3-19 和图 2-3-20 所示。

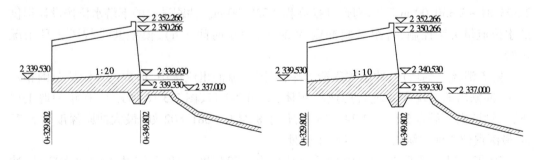

图 2-3-19　泄洪冲沙洞出口修改（加高 0.6 m）　　图 2-3-20　泄洪冲沙洞出口修改（加高 1.2 m）

试验结果表明，两种挑坎体型下 10 年一遇洪水工况，水舌仍直接砸在平段护坦末端，然后沿着斜段护坦汇入下游河道,在斜段护坦末端形成水跃,与未加高前相比,水流流态未发生明显变化,见图 2-3-21 ~ 图 2-3-22。

图 2-3-21　泄洪冲沙洞出口流态(加高 0.6 m)　　图 2-3-22　泄洪冲沙洞出口流态(加高 1.2 m)

3.5.3.2　曲线型护坦体型

鉴于导流洞出口体型采用高挑坎,可导致洞内产生壅水,小挑坎和平底出流挑流水舌均冲砸护坦,考虑改变出口下游护坦体型,使泄洪冲沙洞出流沿护坦平顺进入下游河道。洞出口底板与抛物线护坦衔接,抛物线方程为:$Y = -0.024X^2 + 3.1$,在桩号 0 + 349.802 处,抛物线后接反弧,在桩号 0 + 368.392 处与原护坦相接,详见图 2-3-23。在该体型下共进行两种工况的试验,分别对下游水舌情况、水舌入水点流速以及下游冲刷情况进行了量测,下游水流流态及水舌情况见图 2-3-24。

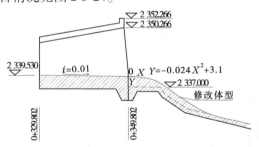

图 2-3-23　护坦修改体型

10 年一遇洪水　　　　　　　　　　　　　　50 年一遇洪水

图 2-3-24　护坦修改后泄洪冲沙洞出口水舌及下游水流流态

10 年一遇洪水工况下,水流沿着曲面护坦平顺地汇入下游河段,中轴线最远入水点距洞出口约 32 m,中轴线水流入水流速约为 4.0 m/s,左右两侧水流入水流速约为 3.0~4.0 m/s;水流入水后形成水跃,左右两侧形成大回流,右岸回流流速为 2.0~3.5 m/s,水流淘刷右岸边坡,建议施工时对右岸边坡加强护砌。

50 年一遇洪水工况下,水流也沿着曲面护坦平顺地汇入下游河段,中轴线最远入水点距洞出口靠下游约 35 m,中轴线水流入水流速约为 4.5 m/s,左右两侧水流入水流速约为 5.0~6.0 m/s,与 10 年一遇工况相比,流速均有所增大;水流入水后形成水跃,左右两侧形成大回流,右岸回流流速大约为 3.0 m/s,水流淘刷右岸边坡,建议施工时对右岸边坡加强护砌。

在该体型下进行了两种工况的冲刷试验,每组试验冲刷约 24 h(模型时间 3 h),冲刷后的地形见图 2-3-25、图 2-3-26。试验结果表明,10 年一遇工况下,冲刷坑内最低点高程为 2 324.69 m,位于桩号 0+385.802 处,最大冲刷深度为 5.31 m,较修改前冲刷坑浅了 0.40 m,最深点位于泄洪洞出口向下约 36 m 处。

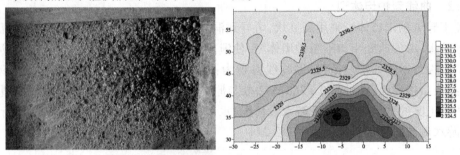

图 2-3-25　护坦修改后冲刷地形(10 年一遇洪水)

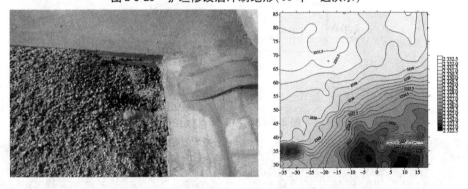

图 2-3-26　护坦修改后冲刷地形(50 年一遇洪水)

50 年一遇工况下,冲刷坑内最低点高程为 2 322.65 m,位于桩号 0+389.802 处,最大冲刷深度为 7.35 m,较修改前冲刷坑深了 0.70 m,最深点位于泄洪洞出口向下约 40 m 处。

综上所述,泄洪冲沙洞出口护坦曲线修改后,出口水流流态得到了改善,避免了水流直接冲击护坦,下游冲刷地形与修改前相比,变化不大,从水力学角度建议采用此体型,如果采用原护坦体型,建议对护坦结构进行复核计算等。

3.5.4　修改方案三试验

根据前述修改试验结果,设计单位对下游开挖形式进行了调整,即泄洪冲沙洞出口取消护坦,在泄洪冲沙洞出口直接开挖,其末端开挖地形高程为 2 339.33 m,渠道开挖坡降为 1∶100,两岸边坡由 1∶3 改为 1∶2,详见图 2-3-27、图 2-3-28。

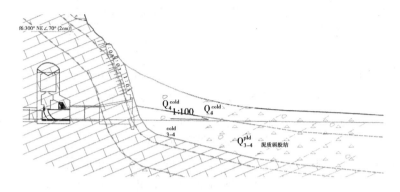

图 2-3-27　泄洪冲沙洞出口下游纵剖面

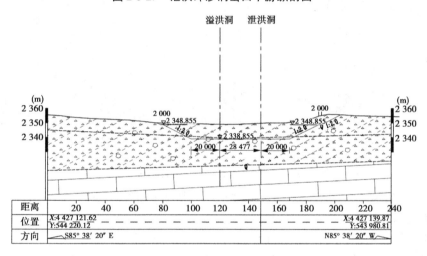

图 2-3-28　泄洪冲沙洞出口下游横剖面

模型按实际地质情况铺设模型沙,下层的基岩按实际高程铺设中值粒径为 1.5 cm 的小石子,上层的碎石土层按实际高程铺设中值粒径为 0.5 mm 的黄沙,两岸 1∶2 边坡用黄沙密实铺设。

3.5.4.1　出口挑坎水力特性

试验量测 10 年一遇和 50 年一遇两个工况下挑流水舌水面线轨迹如图 2-3-29 所示,试验结果表明:两种工况下,水流均直接跌入下游开挖的泄水渠中,在末端形成水跃,10 年一遇工况下,水舌挑距为 10.5 m;50 年一遇工况下,水舌挑距为 18 m。

3.5.4.2　下游河道流态及冲刷

10 年一遇洪水工况是在初始地形上冲刷约 24 h(模型时间 3 h),下游河道的水流流态见图 2-3-30,水流出泄洪冲沙洞出口后,跌入下游开挖的泄水渠中,然后沿着设计开挖渠道流向下游,逐渐在出口下游 10 m 附近形成冲坑,坑内形成水跃,水流淘刷右岸开挖边

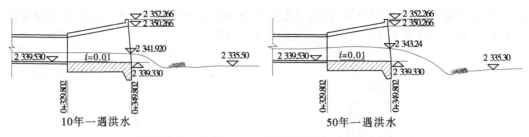

图 2-3-29　不同工况下泄洪冲沙洞出口水舌曲线

坡,造成局部岸坡坍塌。随着泄流时间的加长,冲坑加深,冲积物逐渐堆积在冲坑下游,主流摆向左岸,冲击左岸岸坡,造成左岸岸坡局部坍塌,而后主流摆向右岸,冲击右岸岸坡,即主流在开挖的泄水槽内左右摆动。由于下游开挖渠道两岸边坡模拟材料胶结力无法模拟,岸坡坍塌程度较严重,可能与原型实际情况有一定出入,结果仅供参考。

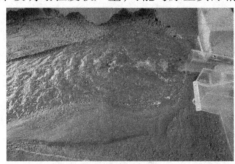
12 h后水流流态

24 h稳定后水流流态

图 2-3-30　泄洪冲沙洞出口下游水流流态(10 年一遇洪水)

50 年一遇洪水工况是在 10 年一遇洪水地形基础上继续冲刷约 24 h(模型时间 3 h),下游河道的水流流态见图 2-3-31,50 年一遇洪水工况下,水流流态与 10 年一遇时相似,只是由于水流挑距增加,水舌长度由 10.5 m 增加至 18 m,冲坑位置下移,在出口下游 18 m 附近形成冲坑,坑内形成水跃,主流在开挖的泄水槽内左右摆,冲击两岸岸坡,岸坡坍塌范围较 10 年一遇时增大。

图 2-3-31　泄洪冲沙洞出口下游水流流态(50 年一遇)

两组工况冲刷后地形见图 2-3-32、图 2-3-33。结果表明,10 年一遇工况下,冲刷坑内最低点高程为 2 327.70 m,位于桩号 0 + 366.802 处,最大冲刷深度为 11.46 m,最深点位于泄洪洞出口向下约 17 m 处,与修改方案一(有护坦方案)相比,最大冲刷深度深了 5.74 m,因为该修改方案开挖地形高程抬高,覆盖层较厚,冲刷深度更深。

50 年一遇工况时,冲刷坑最低点高程为 2 323.14 m,桩号为 0 + 372.802,最大冲刷深度为 15.96 m,最深点位于泄洪洞出口向下约 23 m 处。与修改方案一方案相比,最大冲刷深度深了 9.34 m。

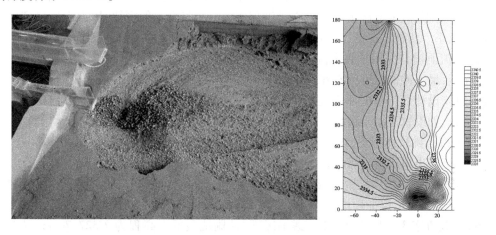

图 2-3-32　修改方案三冲刷地形(10 年一遇洪水)

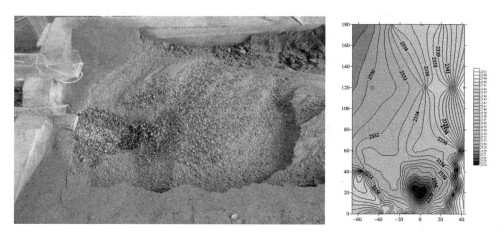

图 2-3-33　修改方案三冲刷地形(50 年一遇洪水)

3.5.5　小结

(1)原设计方案体型下,导流期 10 年一遇洪水工况下,在出口明流段形成壅水;50 年一遇洪水工况下,水流经挑流鼻坎比较平顺地流入下游河道。

(2)10 年一遇洪水下,试验量测导流洞泄量较设计值大 2.9%;50 年一遇洪水下,导流洞泄量较设计值大 9.6%,满足设计要求。

（3）导流洞平底出流体型下，导流期 10 年一遇设计洪水工况下，上游围堰附近水位为 2 352.30 m，仅低于设计值 0.15 m，建议设计按照规范风浪壅高、波浪在堰坡上的爬高以及安全超高等因素，对上游围堰高程进行复核。50 年一遇设计洪水工况下，上游围堰附近水位为 2 364.10 m，较设计值 2 366.88 m 低 2.78 m。

（4）导流洞平底出流体型下，10 年一遇洪水和 50 年一遇洪水工况下，库区水面平静，但进口前有不贯通的表面漩涡。

（5）导流洞平底出流体型下，两种工况时，泄洪冲沙洞进口段洞顶压力分布平顺，洞顶体型设计合理；泄洪冲沙洞底板中心线沿程压力分布符合一般规律，压力由进口到出口沿程逐渐减小。两种工况下，导流洞出口挑流水舌均冲砸下游护坦。

（6）导流洞出口采用平底出流，10 年一遇工况下，下游最大冲刷深度为 5.72 m；50 年一遇工况下，最大冲刷深度为 6.62 m，且冲刷坑最深点距离斜段护坦末端较近，有可能淘刷护坦，建议设计部门根据冲刷坑深度、最深点位置和基岩情况对泄洪冲沙洞出口附近做必要的防护，如设置混凝土齿墙，齿墙深度根据冲刷坑最大冲刷深度而定。

（7）出口小挑坎体型下，坎顶抬高 0.6 m 和 1.2 m，出口水流流态与平底出流相比，变化不大，导流洞出口挑流水舌均冲砸下游护坦。

（8）几种出口防护体型中，曲线型护坦体型相对较优，即出口与曲线护坦衔接，洞出口水流均沿着曲面护坦平顺地汇入下游河段，避免了水舌冲砸下游护坦。

（9）修改方案 3 体型下，10 年一遇工况下，冲刷坑最低点高程为 2 327.70 m，最大冲刷深度 11.46 m，50 年一遇工况下，冲刷坑最低点高程为 2 323.14 m，最大冲刷坑深度为 15.96 m，且冲刷坑最深点距离泄洪冲沙洞出口末端较近，水流长时间会对出口末端淘刷，建议设计部门根据冲刷坑深度、最深点位置和基岩情况在泄洪冲沙洞出口设置混凝土齿墙，齿墙深度根据冲刷坑最低点高程而定。由于下游开挖渠道两岸边坡模拟材料胶结力无法模拟，岸坡坍塌程度较严重，仅作为参考。

3.6 正常运行期模型试验

3.6.1 溢洪洞试验

3.6.1.1 泄流能力

1. 闸门全开时

试验量测溢洪洞闸门全开时水位流量关系如图 2-3-34，将设计值一并汇入图中。结果表明，设计洪水位时，试验量测溢洪洞泄量为 933 m³/s，较设计值小 2.0%；校核洪水位时，试验量测溢洪洞泄量为 1 180 m³/s，较设计值大 1.6%，其差值均在 ±2.0% 以内，基本满足设计要求。特征库水位下溢洪洞流量统计表见图 2-3-34。根据试验量测结果，反求流量系数，计算结果也列入表 2-3-5 中。

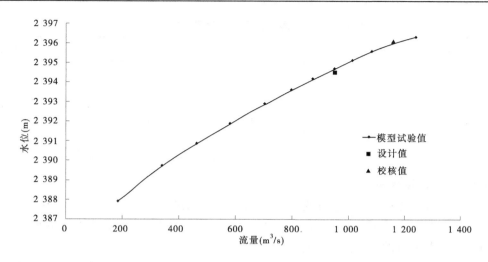

图 2-3-34　溢洪洞闸门全开时水位流量关系曲线

表 2-3-5　特征库水位下溢洪洞闸门全开时流量对比

库水位（m）	泄量（m³/s）		根据试验值推求综合流量系数	差值（%）
	设计值	试验值		
2 388		193		
2 390		370		
2 392		595		
2 394.5	952.8	933	0.44	2.0
2 396.1	1 161.1	1 180	0.45	−1.6

2. 闸门局部开启时

试验量测溢洪洞闸门局部开启时开度与泄量的关系如图 2-3-35 和表 2-3-6。已知溢洪洞不同库水位下闸门开度时，可查得相应的泄量。

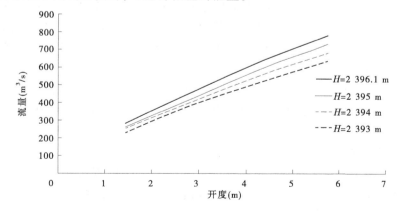

图 2-3-35　溢洪洞闸门局开时开度与泄量关系曲线

表2-3-6　不同库水位下溢洪洞闸门局开时流量　　　　（单位：m³/s）

开度（m）	H = 2 393 m	H = 2 394 m	H = 2 395 m	H = 2 396.1 m
1.44	232	253	265	281
2.88	392	407	427	460
4.32	520	558	593	635
5.76	638	683	733	782

3.6.1.2　流态及水深

根据设计单位提供的试验工况：30年一遇洪水，溢洪洞单独运用，库水位 H = 2 394.5 m，泄量为629.52 m³/s，闸门局部开启，开度为5.08 m。试验分别对该工况下水库库区、溢洪洞进口及洞身的水流流态进行了观测。

试验结果表明，该工况下，库区水面比较平静，见图2-3-36。溢洪洞进口前出现不贯通的表面漩涡，时有时无，最大漩涡直径约0.9 m，见图2-3-37，该漩涡对溢洪洞的进流影响不大。

图2-3-36　溢洪洞局开时库区流态

图2-3-37　溢洪洞局开时进口前水流流态

水流进入溢洪洞时在进口闸墩附近产生绕流，特别是右侧墩头绕流严重，使得进流不均匀，加之进口段坡度较陡，且在陡坡段洞身宽度由14 m收缩至8.5 m，洞内产生冲击波，进流的不对称性导致洞内冲击波左右摆动，洞内水面不仅沿纵向起伏变化，而且在横断面上的水深发生局部壅高，如桩号0 + 115.846处左侧水面局部凸起，凸起高度约为3.0 m，见图2-3-38。直至影响到出口鼻坎，挑流水舌厚薄不均。

模型实测各断面在该工况下的水深见表2-3-7。溢洪洞各断面水深变化较大，在同一断面不同位置水深相差较大，水面波动起伏较大，如挑坎段中部水深较两边壁小，则挑流水舌厚度不均。

3.6.1.3　流速分布

该工况下，溢洪洞各断面的流速分布见表2-3-8。引渠内流速分布比较均匀，越靠近进口，流速越大；堰顶断面流速分布不均，底部流速大于表面流速，垂线平均流速为4.67 m/s；洞身段各断面流速沿程增加。

图 2-3-38　溢洪洞局部开启时洞身段流态

表 2-3-7　溢洪洞开度 5.08 m 时不同断面水深　　　　（单位：m）

桩号	位置	$H = 2\ 394.5$ m		
		左	中	右
0 + 000.000	闸室	9.72	9.90	9.66
0 + 027.001	渐变段	3.72	—	3.84
0 + 055.846	反弧段	4.50	—	4.38
0 + 115.846	洞身段	3.90	—	3.24
0 + 235.846		3.06	—	4.32
0 + 320.229	挑坎段	3.60	3.50	4.32
0 + 340.229		4.38	3.85	4.26

表 2-3-8　溢洪洞开度 5.08 m 时不同断面流速　　　　（单位：m/s）

桩号	位置		$H = 2\ 394.5$ m			
			左	中	右	平均
0 - 035.418	引渠段	底		1.24		
		中		1.16		
		表		1.21		
0 - 017.418		底		1.81		
		中		1.78		
		表		1.65		
0 - 008.818		底	2.09	2.14	2.17	
		中	3.46	2.92	3.82	
		表	2.69	2.53	2.4	
0 + 000.000	堰顶	底	8.57	8.60	9.14	
		中	4.30	4.00	4.05	4.67
		表	0.90	1.37	1.14	

续表 2-3-8

桩号	位置		H = 2 394.5 m			
			左	中	右	平均
0 + 027.001	渐变段	底	18.82	19.31	15.78	18.44
		表	19.49	19.31	17.92	
0 + 055.846	反弧段	底	20.17	22.64	19.34	21.88
		表	24.12	22.72	22.31	
0 + 115.846	洞身段	底	21.02	23.44	20.58	22.06
		表	22.72	24.81	19.80	
0 + 235.846		底	20.19	21.64	18.33	21.38
		表	22.23	25.20	20.71	
0 + 320.229	挑坎段	底	19.93	20.04	19.13	21.13
		表	21.15	25.87	20.63	
0 + 340.229		底	19.60	20.60	16.86	19.77
		表	18.54	25.02	18.00	

3.6.1.4　压力分布

为了解溢洪洞洞身压力变化,在溢洪洞洞身底板共安装了20个测压点。溢洪洞局部开启时底板中心线沿程压力分布见表2-3-9。该工况下堰面未出现负压;洞身段由于水流波动,压力略有波动;挑流鼻坎段受离心力影响,压力较大,最大压力达到9.0 m水柱。

表 2-3-9　溢洪洞局开时底板中心线沿程压力

测点编号	位置	桩号	高程(m)	压力(m 水柱)
1	控制段	0 − 007.114	2 379	15.00
2		0 − 002.760	2 382.848	8.21
3		0 − 001.750	2 383.684	5.64
4		0 + 000.000	2 384	2.68
5		0 + 002.284	2 383.675	0.72
6		0 + 004.845	2 382.692	1.53
7		0 + 009.213	2 380.509	2.93
8		0 + 013.582	2 378.327	3.49
9	渐变段	0 + 020.284	2 374.975	1.80
10		0 + 027.001	2 371.623	2.82
11	反弧段	0 + 039.568	2 365.345	4.12
12		0 + 047.485	2 362.388	4.37
13		0 + 055.846	2 361.16	6.14

续表 2-3-9

测点编号	位置	桩号	高程(m)	压力(m 水柱)
14		0 + 115.846	2 358.761	2.48
15	平洞段	0 + 175.846	2 356.363	3.20
16		0 + 235.846	2 353.964	3.50
17		0 + 295.846	2 351.566	3.31
18		0 + 320.229	2 350.583	7.18
19	挑坎段	0 + 330.229	2 351.093	8.89
20		0 + 340.229	2 353.964	0.92

3.6.1.5　水流空蚀空化分析

根据模型实测流速和压强值,推求溢洪洞各部位的水流空化数 σ ,表 2-3-10 为溢洪洞各断面测点水流空化数 σ 计算值。可以看出,溢洪洞洞身段各部位水流空化数为 0.48 ~ 0.72,由于洞身各断面平均流速均小于 30 m/s,按照相关规范要求,洞身段可以不设掺气槽。

表 2-3-10　溢洪洞开度 5.08 m 时不同断面水流空化数

位置	桩号	平均流速(m/s)	水流空化数
渐变段	0 + 027.001	18.44	0.71
反弧段	0 + 055.846	21.88	0.63
平洞段	0 + 115.846	22.06	0.48
	0 + 235.846	21.38	0.55
挑坎段	0 + 320.229	21.13	0.72
	0 + 340.229	19.77	0.52

3.6.1.6　出口挑坎水力特性

试验对该工况下挑流水舌的水力特性进行了观测,挑流水舌中心水面线轨迹如图 2-3-39 所示。试验结果表明,该工况下挑流水舌挑距为 64 m,水舌最大入水宽度 16.8 m。

3.6.1.7　下游水流流态与冲刷

溢洪洞出口下游渠道开挖型式与尺寸同导流期修改方案 3,即泄洪洞出口下游不设护坦,在泄洪冲沙洞出口末端开挖地形高程为 2 339.33 m,渠道开挖坡降为 1:100,两岸边坡为 1:2。

该工况是在初始地形上冲刷约 24 h(模型时间 3 h),水流出溢洪洞挑坎后,挑入下游开挖的泄水渠中,在出口下游 70 m 附近形成冲坑,坑内形成水跃,水流首先淘刷左岸开挖边坡,造成左岸局部岸坡坍塌。随着泄流时间加长,冲坑加深,冲积物逐渐堆积在冲坑下游,主流摆向右岸,造成右岸岸坡局部坍塌,而后主流摆向左岸,即主流在开挖的泄水槽内

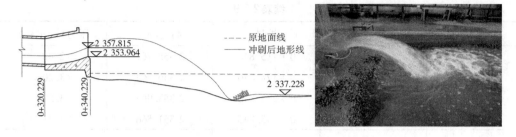

图 2-3-39　溢洪洞出口水舌情况（溢洪洞开度 5.08 m）

左右摆动。由于下游开挖渠道两岸边坡模拟材料胶结力无法模拟，岸坡坍塌程度较严重，仅作为参考。

　　该工况下游河道冲刷地形见图 2-3-40，冲刷坑内最低点高程为 2 316.47 m，位于桩号 0+406.229 处；最大冲刷深度为 22.2 m，最深点位于溢洪洞出口向下约 66 m 处。

图 2-3-40　下游冲刷地形（溢洪洞开度 5.08 m）

3.6.2　泄洪冲沙洞试验

　　正常运行期泄洪冲沙洞由导流期平底出流型式调整为连续式挑流鼻坎型式，挑流鼻坎段洞长仍为 20 m，出口挑流鼻坎高程为 2 342.811 m，工作闸门段下游的无压段加长 10 m，现长度为 27 m，桩号为 0+312.752～0+339.802，其剖面图见图 2-3-41。试验对该出口体型进行了观测。

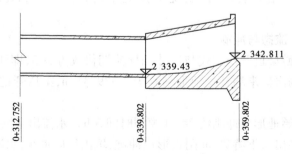

图 2-3-41　泄洪冲沙洞出口挑坎剖面图

3.6.2.1　泄流能力

1. 闸门全开时

试验量测泄洪冲沙洞闸门全开时水位流量关系见图 2-3-42 和表 2-3-11,将设计值一并汇入图中。试验量测设计洪水位 $H = 2\,394.52$ m 时,泄洪冲沙洞泄量为 501 $\mathrm{m^3/s}$;校核洪水位 $H = 2\,396.1$ m 时,泄洪冲沙洞泄量为 511 $\mathrm{m^3/s}$,比设计计算值大 13%,满足设计要求。

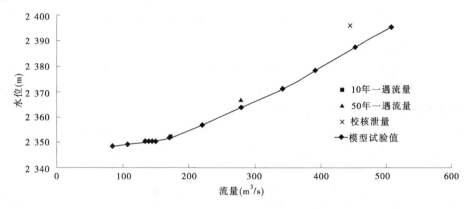

图 2-3-42　泄洪冲沙洞闸门全开时水位流量关系

表 2-3-11　泄洪冲沙洞闸门全开时水位流量

库水位(m)	2 355	2 365	2 375	2 385	2 395
泄量($\mathrm{m^3/s}$)	203	287	368	433	500

2. 闸门局部开启时

试验量测各级水位下,泄洪冲沙洞闸门局部开启时开度与泄量的关系如图 2-3-43。已知库水位及泄洪排沙洞泄量时,由图 2-3-43 和表 2-3-12 可查得相应闸门的开度。在死水位 $H = 2\,373$ m 下,泄量大于等于 90 $\mathrm{m^3/s}$ 时,泄洪冲沙洞出口挑坎不壅水。

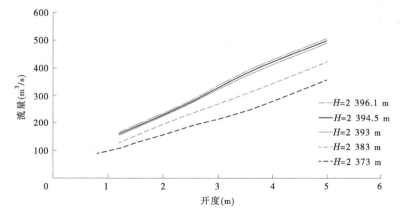

图 2-3-43　泄洪冲沙洞闸门局部开启时开度与泄量的关系

表 2-3-12　不同库水位下泄洪冲沙洞闸门局开时流量　　　　（单位：m³/s）

开度（m）	$H = 2396.1$ m	$H = 2394.5$ m	$H = 2393$ m	$H = 2383$ m	$H = 2373$ m
0.8	—	—	—	—	90.32
1.2	165	159.2	154.5	128	107.7
2.4	270.3	265	260	225	180
3.6	395	388	378	312.5	248
5	507	500	490	422	356

3.6.2.2　水流流态及水深

根据设计单位提供的试验工况，30 年一遇洪水，泄洪排沙洞单独运用，库水位 $H = 2395$ m，泄量为 439.62 m³/s，工作闸门局部开启 4.30 m。试验分别对该工况下水库库区、泄洪排沙洞进口及洞身的水流流态进行了观测。

该工况下，库区水面比较平静，泄洪排沙洞洞身为有压流，工作闸门后为明流，模型实测明流段的水深见表 2-3-13，出口明流段最大水深为 4.50 m，该断面洞内余幅为 28.1%，满足规范要求。

表 2-3-13　泄洪排沙洞开度 4.30 m 时不同断面水深　　　　（单位：m）

桩号	位置	$H = 2395$ m		
		左	中	右
0+312.752	明流段	3.90	4.50	3.48
0+326.277		3.72	4.20	3.42
0+339.802	挑坎段	3.72	3.90	3.36
0+349.802		3.78	3.90	3.48
0+359.802		3.48	3.90	3.30

3.6.2.3　流速分布

试验量测了局部开启 4.30 m 工况下泄洪冲沙洞明流段、出口挑坎段等各断面的流速，流速分布见图 2-3-44。试验结果表明，0+312.752 断面平均流速为 23.54 m/s，0+339.802 断面平均流速为 23.36 m/s，出口 0+359.802 断面平均流速为 22.58 m/s。

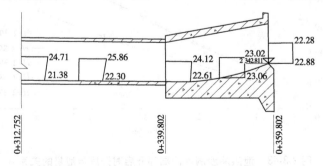

图 2-3-44　泄洪冲沙洞开度 4.30 m 时不同断面流速分布　（单位：m/s）

3.6.2.4　压力分布

局部开启 4.30 m 工况下,泄洪冲沙洞进口段洞顶压力和泄洪冲沙洞底板中心线沿程压力分布见图 2-3-45、图 2-3-46。该工况下,泄洪冲沙洞进口段洞顶压力分布平顺,泄洪冲沙洞工作闸门以前压力沿程逐渐减小。泄洪冲沙洞底板中心线沿程压力分布符合一般规律,表明洞子体型设计合理。

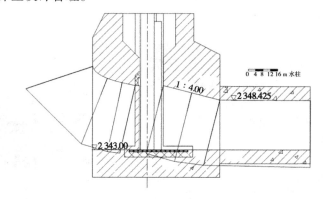

图 2-3-45　泄洪冲沙洞进口段顶部压力分布

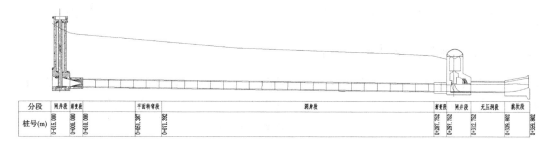

图 2-3-46　泄洪冲沙洞底板中心线压力分布

3.6.2.5　出口挑坎水力特性

试验对该工况下挑流水舌的特性进行了观测,挑流水舌中心水面线轨迹如图 2-3-47 所示。该工况下挑流水舌挑距为 57 m,水舌最大入水宽度 9.0 m。

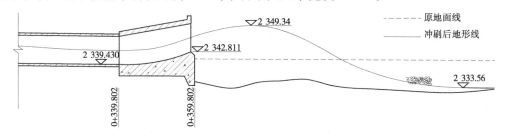

图 2-3-47　泄洪冲沙洞水舌情况(泄洪冲沙洞工作门开度 4.30 m)

3.6.2.6　下游水流流态与冲刷

下游开挖方式同溢洪洞单独开启方案,即泄洪洞出口下游不设护坦,在泄洪冲沙洞出口末端开挖地形高程为 2 339.33 m,渠道开挖坡降为 1∶100,两岸边坡为 1∶2。

该工况是在初始地形上冲刷约 24 h(模型时间 3 h),下游河道的水流流态见图 2-3-48,水流流态同溢洪洞单独开启方案。由于下游开挖渠道两岸边坡模拟材料胶结力无法模拟,岸坡坍塌程度较严重,结果仅作为参考。下游河道冲刷地形见图 2-3-49,冲刷坑内最低点高程为 2 319.75 m,位于桩号 0 + 407.802 处,最大冲刷深度为 19.0 m,最深点位于泄洪冲沙洞出口向下约 48 m 处。

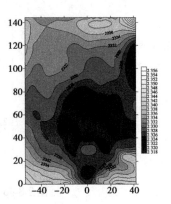

图 2-3-48　泄洪冲沙洞出口下游水流流态　　　　图 2-3-49　下游河道冲刷地形

3.6.3　溢洪洞和泄洪冲沙洞联合运用

根据设计单位提供的溢洪洞和泄洪冲沙洞联合运用的试验工况见表 2-3-14,对以下两种水位运行工况下的水流流态、洞身流速、洞底板压力分布、水舌、出口流态等进行了试验。

表 2-3-14　正常运行期各运行工况特征

序号	工况	运行建筑物	库水位(m)	泄量(m³/s)	备注
1	设计洪水 (100 年一遇)	溢洪洞 + 泄洪冲沙洞	2 394.5	1 070.8	溢洪洞全开, 泄洪冲沙洞工作 闸门开度 1.3 m
2	校核洪水 (2 000 年一遇)	溢洪洞 + 泄洪冲沙洞	2 396.1	1 605.7	溢洪洞、泄洪 冲沙洞均全开

3.6.3.1　水流流态及水深

两种工况下,库区水面均比较平稳。

工况 1:设计洪水(100 年一遇),库水位 $H = 2$ 394.5 m,溢洪洞全开、泄洪冲沙洞工作闸门局部开启,闸门开度为 1.3 m,溢洪洞和泄洪冲沙洞进口均未出现漩涡;泄洪冲沙洞洞内为有压流,由于工作闸门为局部开启,出闸后水流流速较大,见图 2-3-50。溢洪洞洞身流态同其单独开启时类似,洞内产生冲击波,水面起伏较大。

工况 2:校核洪水(2 000 年一遇),库水位 $H = 2$ 396.1 m,溢洪洞、泄洪冲沙洞均全开时,溢洪洞和泄洪冲沙洞进口均未出现漩涡;泄洪冲沙洞洞内有压流,水流出工作闸门后为明流,见图 2-3-51。溢洪洞洞身流态与设计洪水类似,只是洞内冲击波现象更突出,水面波动更加剧烈。

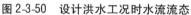

图 2-3-50　设计洪水工况时水流流态　　　　图 2-3-51　校核洪水工况时水流流态

模型实测各断面在两种工况下的水深见表 2-3-15、表 2-3-16,两种工况下,由于右岸墩头绕流造成溢洪洞进流不均匀,加之进口陡坡段和收缩段影响,洞内冲击波左右摆动,洞内水面起伏较大,溢洪洞各断面水深变化较大,在同一断面不同位置水深相差较大,水面波动起伏较大。

表 2-3-15　设计洪水工况时不同断面水深　　　　　　（单位:m）

类别	桩号	位置	$H = 2\ 394.5$ m		
			左	中	右
溢洪洞	0 + 000.000	堰顶	7.80	7.80	8.40
	0 + 027.001	渐变段	5.58		5.28
	0 + 055.846	反弧段	5.64		6.12
	0 + 115.846	洞身段	5.40		4.98
	0 + 235.846		4.68		4.56
	0 + 320.229	挑坎段	4.82	4.72	5.10
	0 + 340.229		4.90	5.00	5.12
泄洪冲沙洞	0 + 312.752	明流段	1.60	1.68	1.56
	0 + 326.277		1.25	1.50	1.20
	0 + 339.802		1.50	1.68	1.58
	0 + 349.802	挑坎段	1.50	1.32	1.56
	0 + 359.805		1.45	1.50	1.42

设计洪水工况下,泄洪冲沙洞明流段水深较浅,出口明流段左右两侧水深差别不大;校核洪水工况下,泄洪冲沙洞明流段水深变化与设计工况变化规律一致。

表 2-3-16　校核洪水工况时不同断面水深　　　　　（单位:m）

类别	桩号	位置	H = 2 396.1 m		
			左	中	右
溢洪洞	0 + 000.000	堰顶	9.00	8.70	9.60
	0 + 027.001	渐变段	6.60		6.30
	0 + 055.846	反弧段	6.60		6.30
	0 + 115.846	洞身段	7.50		5.70
	0 + 235.846		5.58		6.00
	0 + 320.229	挑坎段	6.90	6.30	6.60
	0 + 340.229		6.60	6.60	6.84
泄洪冲沙洞	0 + 312.752	明流段	5.34	5.34	5.28
	0 + 326.277		5.34	4.74	4.98
	0 + 339.802	挑坎段	4.59	4.23	4.53
	0 + 349.802		3.92	3.62	3.84
	0 + 359.805		4.09	3.61	3.91

3.6.3.2　流速分布

两种工况下,溢洪洞各断面的流速见表 2-3-17,泄洪冲沙洞出口挑坎段各断面的流速分布见表 2-3-18。

表 2-3-17　特征水位下溢洪洞不同断面流速　　　　　（单位:m/s）

桩号	位置		设计水位			校核水位		
			左	中	右	左	中	右
0 - 035.418	引渠段	底		1.47			1.73	
		中		1.47			1.73	
		表		1.42			1.60	
0 - 017.418		底		2.30			2.48	
		中		2.32			2.56	
		表		2.19			2.19	
0 - 008.818		底	3.30	2.89	3.64	4.00	3.43	4.16
		中	4.39	4.80	5.01	5.14	5.06	6.09
		表	5.19	4.88	5.06	4.93	5.06	4.57
0 + 000.000	堰顶	底	9.97	11.57	12.11	12.21	12.86	12.42
		中	8.06	8.62	8.44	8.39	8.75	9.19
		表	7.59	6.95	5.99	7.54	6.84	4.88

续表 2-3-17

桩号	位置		设计水位			校核水位		
			左	中	右	左	中	右
0 + 027.001	渐变段	底	18.13	17.79	15.83	19.06	18.67	19.11
		中	17.94	17.20	18.33	18.05	19.29	19.11
		表	17.92	16.03	17.07	18.33	18.38	16.65
0 + 055.846	反弧段	底	21.51	21.87	18.82	18.64	20.71	20.86
		中	17.12	21.84	20.89	20.45	21.53	17.92
		表	19.62	21.07	19.08	18.93	21.61	21.40
0 + 115.846	洞身段	底	21.02	23.16	19.60	20.32	21.04	18.75
		中	22.26	23.68	22.36	21.28	22.82	18.77
		表	18.41	23.39	21.35	23.21	22.59	16.32
0 + 235.846		底	21.02	21.66	17.02	18.20	22.36	22.00
		中	23.29	22.02	18.56	21.53	22.72	21.56
		表	20.81	23.21	19.55	19.29	23.42	22.90
0 + 320.229	挑坎段	底	20.22	19.42	15.67	14.18	19.96	17.87
		中	22.28	23.96	20.89	19.57	23.63	22.31
		表	21.09	23.99	19.21	20.32	24.12	24.71
0 + 340.229		底	20.94	21.09	17.89	18.77	21.82	19.13
		中	22.80	22.41	18.54	19.31	23.11	20.97
		表	19.93	17.84	15.36	15.83	23.21	21.04

表 2-3-18　特征水位下泄洪冲沙洞不同断面流速　　　　　　　　（单位:m/s）

桩号	位置		左	中	右	平均	备注
0 + 312.752	无压洞段	底	14.22	13.87	13.90	14.00	
0 + 326.277		底	13.14	16.83	14.34	14.77	
0 + 339.802		底	17.44	15.61	20.68	17.91	$H = 2\ 394.5$ m
0 + 349.802	挑坎段	底	20.53	15.07	19.17	18.26	
0 + 359.802		底	20.88	15.19	12.74	16.27	
0 + 312.752	无压洞段	底	19.67	22.11	17.70		
		中	22.77	25.91	25.41	22.64	
		表	23.59	24.90	21.73		$H = 2\ 396.1$ m
0 + 326.277		底	19.95	19.52	23.35		
		中	24.55	26.03	26.38	23.44	
		表	23.47	23.35	24.40		

桩号	位置		左	中	右	平均	备注
0 + 339.802		底	20.45	21.62	22.84	22.74	
		中	22.50	23.59	24.10		
		表	22.32	23.32	23.94		
0 + 349.802	挑坎段	底	17.35	21.57	22.00	21.65	$H = 2\,396.1$ m
		中	22.77	23.97	22.85		
		表	19.64	23.39	21.34		
0 + 359.802		底	20.72	23.97	20.57	22.24	
		中	23.59	24.67	22.50		
		表	21.07	22.62	20.49		

两种工况下,溢洪洞进口前 17 m 处垂线平均流速均小于 2.5 m/s,进口前 35 m 处垂线平均流速均小于 1.7 m/s,即引渠内流速较小,且流速分布较均匀,越靠近进口流速越大;堰顶 0 + 000.000 断面垂线平均流速分别为 9.0 m/s、9.5 m/s;洞身段各断面沿程垂线流速值沿程增大。

设计洪水工况下,泄洪冲沙洞工作闸门局开,明流段平均流速为 16.24 m/s;校核洪水工况下,泄洪冲沙洞工作闸门全开,明流段平均流速为 22.54 m/s。

3.6.3.3　压力分布

两种工况下,泄洪冲沙洞进口段洞顶压力和泄洪冲沙洞底板中心线沿程压力分布见图 2-3-52、图 2-3-53。可以看出,由于设计工况下泄洪冲沙洞工作闸门局部开启(闸门开度 1.3 m),过流流量小,洞内相应断面损失较校核工况较小,因此压力值大。两种工况下,泄洪冲沙洞进口段洞顶压力分布平顺,表明洞子体型设计合理。溢洪洞底板中心线压力见图 2-3-54,在设计和校核水位下堰面均未出现负压,洞内各断面压力随着库水位的增加而增加。

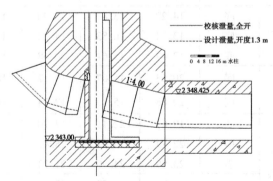

图 2-3-52　泄洪冲沙洞进口段顶部压力分布

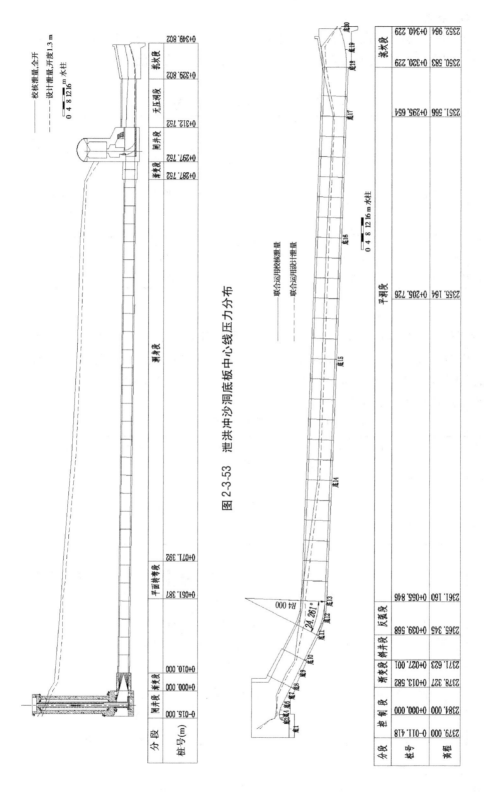

图 2-3-53　泄洪冲沙洞底板中心线压力分布

图 2-3-54　溢洪洞底板中心线沿程压力分布

3.6.3.4　水流空化数

表2-3-19为溢洪洞各断面测点水流空化数 σ 计算值。溢洪洞各部位水流空化数为0.54~1.06,由于洞身各断面平均流速均小于30 m/s,按照相关规范要求,洞身段可以不设掺气槽。

表2-3-19　各工况下不同断面水流空化数

位置	桩号	设计洪水		校核洪水	
		平均流速(m/s)	水流空化数	平均流速(m/s)	水流空化数
渐变段	0+027.001	17.36	0.90	18.51	0.84
反弧段	0+055.846	20.2	0.96	20.23	1.06
平洞段	0+115.846	21.69	0.63	22.57	0.62
	0+235.846	20.79	0.69	21.55	0.70
挑坎段	0+320.229	20.74	0.92	20.74	0.91
	0+340.229	19.64	0.57	20.35	0.54

3.6.3.5　出口挑坎水力特性

试验对两种工况下挑流水舌的特性进行了观测,挑流水舌的特征见表2-3-20。挑流水舌中心水面线轨迹见图2-3-55、图2-3-56。两种工况下两股挑流水舌厚薄不均,设计水位工况下,溢洪洞水舌挑距大于泄洪冲沙洞水舌挑距,校核水位时,溢洪洞和泄洪冲沙洞水舌最远入水点几乎在一条直线上。

表2-3-20　正常运行期挑流水舌特征

特征水位	库水位(m)	部位	水舌挑距(m)	水舌最大入水宽度(m)
设计水位	2 394.5 m	泄洪冲沙洞	47.2	5.5
		溢洪洞	68.8	20.0
校核水位	2 396.1 m	泄洪冲沙洞	60.0	13.5
		溢洪洞	70.0	23.4

图2-3-55　设计工况水舌　　　　　　图2-3-56　校核工况水舌

3.6.3.6　下游水流流态与冲刷

下游开挖方式同泄洪冲沙洞和溢洪洞单独开启方案,即下游不布设护坦,在泄洪冲沙洞出口末端 2 339.33 m 高程处直接开挖地形,下游开挖地形坡降为 1:100,两岸边坡为 1:2。

试验进行两种工况:联合运用设计水位和联合运用校核水位,两种工况均是在初始地形上冲刷约 24 h(模型时间 3 h),两洞联合运行时,两股水流挑入下游开挖的泄水渠中,在出口下游形成冲坑,坑内形成水跃,水流淘刷左右岸开挖边坡,造成左右岸局部均产生岸坡坍塌。随着泄流时间的加长,形成大范围的冲坑,主流沿开挖的泄水槽内流向下游。由于下游开挖渠道两岸边坡模拟材料胶结力无法模拟,岸坡坍塌程度较严重,仅作为参考。

两种工况下游河道冲刷地形见图 2-3-57、图 2-3-58,联合运用设计水位工况下,冲刷坑内最低点高程为 2 309.85 m,位于桩号 0 + 418.229 处,冲刷坑内最大冲刷深度为 28.7 m,最深点位于溢洪洞出口向下约 78 m 处。

联合运用校核水位工况下,冲刷坑内最低点高程为 2 308.66 m、位于桩号 0 + 427.229 处,冲刷坑内最大冲刷深度为 29.8 m,最深点位于溢洪洞出口向下约 87 m 处。

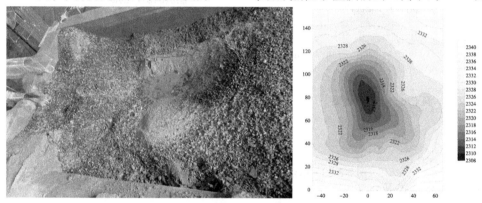

图 2-3-57　设计洪水工况下下游河道冲刷地形

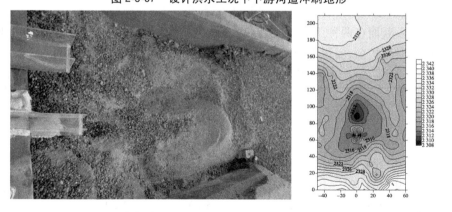

图 2-3-58　校核洪水工况下下游河道冲刷地形

3.6.4　溢洪洞和泄洪冲沙洞出口体型修改

为了提高溢洪洞和泄洪冲沙洞消能效果,减轻水流对下游冲刷和对开挖渠道两岸的淘刷,将溢洪洞出口改为单边扩散鼻坎,溢洪洞出口宽度由 8.5 m 增加至 10.5 m,右岸挑坎扩散方程为 $\dfrac{x^2}{2^2} + \dfrac{y^2}{20^2} = 1$,连续式挑流鼻坎型式不变,见图 2-3-59。泄洪冲沙洞出口挑坎采用差动式挑流鼻坎,在5.5 m宽的挑流鼻坎段设置了2个高坎,坎宽1.1 m,高坎坎顶高程为2 342.81 m,低坎坎顶高程为2 339.430 m,高、低坎相差3.381 m。

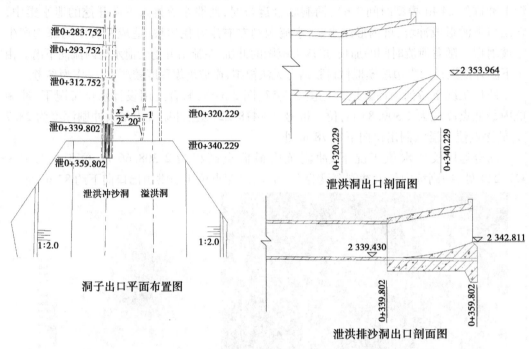

洞子出口平面布置图

泄洪洞出口剖面图

泄洪排沙洞出口剖面图

图2-3-59 泄洪冲沙洞和溢洪洞出口修改布置

3.6.4.1 水流流态及水深

由于只修改了泄洪冲沙洞、溢洪洞出口体型,仅对两种工况下挑坎段水深、流速进行了量测。

模型实测各断面在两种工况下的水深见表2-3-21、表2-3-22,两种工况下,由于溢洪洞出口采用不对称扩散,溢洪洞挑坎鼻坎右侧水深明显小于左侧。

表2-3-21 不同工况下溢洪洞不同断面水深　　　　　　　　　　（单位:m）

部位	桩号	水深(m)			备注
		右	中	左	
溢洪洞	0 + 320. 229	5. 24	4. 76	5. 66	$H = 2\ 394.5$ m
	0 + 326. 229	5. 68	4. 72	5. 86	
	0 + 332. 229	5. 31	5. 43	5. 61	
	0 + 338. 229	4. 12	5. 50	5. 20	
	0 + 340. 229	2. 88	5. 46	5. 04	
	0 + 320. 229	6. 68	6. 02	7. 34	$H = 2\ 396.1$ m
	0 + 326. 229	6. 88	6. 22	7. 12	
	0 + 332. 229	6. 33	6. 63	7. 11	
	0 + 338. 229	5. 14	5. 98	5. 98	
	0 + 340. 229	3. 96	6. 54	5. 88	

表 2-3-22　不同工况下泄洪冲沙洞不同断面水深

部位	桩号	水深（m）					备注
		左槽	左坎	中槽	右坎	右槽	
泄洪冲沙洞	0+339.802	1.56		1.44		1.38	$H=2\,394.5$ m
	0+349.802	1.68	1.14	1.38	0.84	1.38	
	0+359.802	2.58	0.18	2.70	0.18	2.70	
	0+339.802	4.62		4.44		4.08	$H=2\,396.1$ m
	0+349.802	4.92	4.44	4.98	4.32	4.50	
	0+359.802	5.70	3.12	5.82	3.12	5.04	

两种工况下，修改后泄洪冲沙洞挑坎段左、中、右槽水深相差不大，左坎、右坎水深一样，随着流量增大而增大。

3.6.4.2　流速分布

模型实测各断面在两种工况下的流速分布见表 2-3-23、表 2-3-24。设计洪水工况下，溢洪洞出口断面最大平均流速为 21.05 m/s，校核洪水工况下，溢洪洞出口断面最大平均流速为 21.09 m/s。泄洪冲沙洞挑坎采用差动式后，挑坎段流速为 20.68~24.83 m/s。

表 2-3-23　不同工况下溢洪洞不同断面流速　　　　　　　　（单位：m/s）

桩号	部位		左	中	右	平均	备注
0+320.229		底	19.71	20.84	15.51		
		中	22.47	24.14	20.24	20.85	
		表	21.96	23.48	19.34		
0+330.229	挑坎段	底	18.63	20.22	17.27		$H=2\,394.5$ m
		中	22.58	23.97	22.15	21.05	
		表	22.62	20.84	21.19		
0+340.229		底	20.49	21.42	17.97		
		中	20.76	23.32	21.96	20.80	
		表	18.40	23.32	19.56		
0+320.229		底	18.20	20.88	17.54		
		中	21.73	23.47	20.26	20.65	
		表	22.81	22.00	18.94		
0+330.229	挑坎段	底	17.35	18.28	17.00		$H=2\,396.1$ m
		中	20.68	24.28	22.58	20.44	
		表	19.67	23.78	20.29		
0+340.229		底	19.79	20.72	19.09		
		中	20.02	22.93	21.73	21.09	
		表	20.41	23.82	21.26		

表2-3-24 校核洪水工况下泄洪冲沙洞不同断面流速 （单位:m/s）

桩号	部位	流速(m/s)					备注
		左槽	左坎	中槽	右坎	右槽	
0+339.802	底	20.68		21.73		23.70	
	表	21.88		23.66		24.13	
0+349.802	底	22.93	24.83	22.73	21.69	20.10	$H = 2\,396.1$ m
	表	23.59	24.48	23.74	23.51	21.42	
0+359.802	底	21.92	23.94	22.73	22.19	20.26	
	表	21.88	23.63	22.42	20.06	20.64	

3.6.4.3 出口挑坎水力特性

试验对两种工况下挑流水舌的特性进行了观测,水舌特征值见表2-3-25、表2-3-26,挑流水舌水面线轨迹见图2-3-60、图2-3-61。试验结果表明:设计工况下,溢洪洞水舌最大入水宽度为31.8 m,比修改前增加了11.8 m;校核工况下,溢洪洞挑流水舌与泄洪洞水舌交汇碰撞,增加了空间消能,可见溢洪洞单边扩散鼻坎消能效果显著。

表2-3-25 溢洪洞出口体型修改后挑流水舌特征

特征水位	库水位(m)	水舌挑距(m)		水舌最大入水宽度(m)	
		修改前	修改后	修改前	修改后
设计水位	2 394.5	68	58	20	31.8
校核水位	2 396.1	70	70	23.4	35.5

表2-3-26 泄洪洞出口体型修改后挑流水舌特征

特征水位	库水位(m)	水舌挑距(m)		水舌入水纵向长度(m)	
		修改前	修改后	修改前	修改后
设计水位	2 394.5	47	37	4.2	12
校核水位	2 396.1	60	43	6.0	23

图2-3-60 设计洪水水舌

图2-3-61 校核洪水水舌

修改后,由于泄洪冲沙洞出口采用了差动式挑坎,水舌总挑距减小,但是水舌纵向拉长。

3.6.4.4 下游水流流态与冲刷

下游开挖方式不变,同泄洪冲沙洞、溢洪洞联合运用试验。试验进行两种工况:联合运用设计水位和联合运用校核水位。

设计水位工况是在初始地形上冲刷约 24 h(模型时间 3 h),校核水位工况是在设计工况地形上接着冲刷约 24 h(模型时间 3 h),两洞联合运行时,由于溢洪洞采用了右边侧扩散,两股水流相互交汇碰撞,入下游开挖的泄水渠中形成水跃,水流淘刷左右岸开挖边坡,造成左右岸局部均产生岸坡坍塌。随着泄流时间加长,形成大范围的冲坑,主流沿开挖的泄水槽内流向下游。

两种工况下游河道冲刷地形见图 2-3-62、图 2-3-63,联合运用设计水位工况下,冲刷坑内最低点高程为 2 313.06 m,位于桩号 0+407.229 处,冲刷坑内最大冲刷深度为 25.6 m,最深点位于溢洪洞挑坎向下约 67 m 处;联合运用校核水位工况下,冲刷坑内最低点高程为 2 312.11 m,位于桩号 0+412.229 处,冲刷坑内最大冲刷深度为 26.5 m,最深点位于

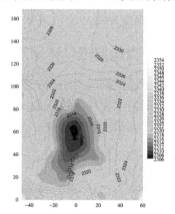

图 2-3-62 设计洪水冲刷地形

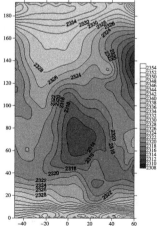

图 2-3-63 校核洪水冲刷地形

溢洪洞挑坎向下约 72 m 处。冲坑特征见表 2-3-27,从表中可以看出,相同工况下,修改后最大冲刷深度变浅,最深点更靠近溢洪洞挑坎,消能效果明显。

表 2-3-27   出口修改下游冲刷坑特征

特征水位	库水位(m)	方案	最深点距溢洪洞挑坎距离(m)	最大冲刷深度(m)
设计水位	2 394.5	修改前	78	28.7
		修改后	67	25.6
校核水位	2 396.1	修改前	87	29.8
		修改后	72	26.5

不同工况下,泄洪冲沙洞和溢洪洞出口河床处均有淘刷,设计工况下,泄洪冲沙洞出口挑坎下部淘刷范围约 5 m,挑坎下部淘刷深度为 3.0 m,溢洪洞出口处未有明显坍塌;校核工况下,泄洪冲沙洞出口挑坎下部淘刷范围约 7 m,挑坎下部淘刷深度 5.0 m,溢洪洞出口处出口挑坎下部淘刷范围约 4 m,挑坎下部深度 4.5 m,建议设计部门根据冲刷坑深度、最深点位置和基岩情况对泄洪冲沙洞和溢洪洞出口附近做必要的防护,如设置混凝土齿墙,齿墙深度根据冲刷坑最大冲刷深度而定。

3.6.5   溢洪洞进口体型修改试验

由于溢洪洞进口引渠右侧导墙绕流作用,各级洪水时闸室进流不均匀,在经过渐变收缩段后洞内水流冲击波先偏向洞的一侧,而后再转向另一侧,洞内水面波动较大,同一断面左右水深最大相差 3.0 m 左右。因此,对溢洪洞进口渠道体型进行修改,将溢洪洞进口渠道裹头曲线方程调整为 $\dfrac{x^2}{10^2} + \dfrac{y^2}{6^2} = 1$,引渠渠道宽度和底部高程不变,见图 2-3-64。试

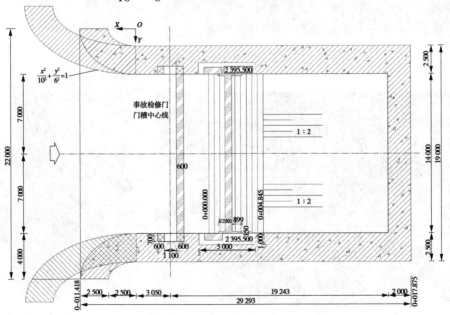

图 2-3-64   溢洪洞进口修改布置   (单位:mm)

续图 2-3-64

验结果表明,两种工况下,溢洪道进流比较均匀,但由于收缩段的收缩角度过大,分别在洞内产生两段水翅,第一处从渐变段末端下游 5 m 处开始至反弧段末端下游 3 m;另一处从反弧末端 36 m 处开始,与原方案相比,洞内冲击波不再左右摆动,出现最大水翅位于洞的中部,水流流态见图 2-3-65。

图 2-3-65　溢洪洞进口和洞身水流流态

试验量测该体型下溢洪洞畅泄,设计洪水位和校核洪水位两种工况下溢洪洞洞身不同断面的水深,见表 2-3-28。与修改前相比,洞身各断面左右两侧水深差值减小。

表 2-3-28　溢洪洞洞身各断面水深

桩号	位置	$H = 2\ 394.5$ m		$H = 2\ 396.1$ m	
		左	右	左	右
0 − 006.418	引渠段	13.50	13.56	14.28	14.22
0 + 000.000	堰顶	8.10	8.16	9.30	9.66
0 + 013.582	渐变段	6.00	6.06	6.84	7.14
0 + 027.001		7.20	6.90	8.52	8.22
0 + 039.568	反弧段	5.22	5.58	6.72	6.78
0 + 055.846		5.46	6.12	6.90	7.20

续表 2-3-28

桩号	位置	$H = 2\ 394.5$ m		$H = 2\ 396.1$ m	
		左	右	左	右
0 + 115.846	洞身段	5.52	5.58	6.24	6.54
0 + 175.846		5.34	4.92	6.00	6.24
0 + 235.846		4.98	4.80	6.06	5.94
0 + 320.229	挑坎段	5.58	5.46	6.72	6.60
0 + 330.229		5.76	5.70	6.90	6.72
0 + 340.229		4.68	3.48	5.88	4.98

计算校核水位下溢洪洞洞身各断面净空面积所占总断面面积的比例,见表 2-3-29,根据《水工隧洞设计规范》(SL 279—2002)要求,净空面积一般不要小于隧洞断面面积的15%,由表 2-3-29 可知,溢洪洞内净空面积均满足规范要求。

表 2-3-29　校核水位下溢洪洞洞身各断面净空面积比例

桩号	位置	平均水深(m)	净空面积所占比例(%)
0 + 013.582	渐变段	6.99	32.0
0 + 027.001		8.37	18.6
0 + 039.568	反弧段	6.75	34.4
0 + 055.846		7.05	31.5
0 + 115.846	洞身段	6.39	37.9
0 + 175.846		6.12	40.5
0 + 235.846		6.00	41.7

3.6.6　溢洪洞和泄洪冲沙洞联合运用补充试验

根据设计要求,增加设计洪水条件下,溢洪洞和泄洪冲沙洞联合运用,泄洪冲沙洞工作门全开,溢洪洞闸门开度 3.42 m 的补充试验。试验是在溢洪洞进口引渠渠道裹头体型修改后进行的。

表 2-3-30、表 2-3-31 分别为该工况下溢洪洞沿程不同断面水深以及泄洪冲沙洞明流段水深。该工况下溢洪洞洞身段左右两侧水深相差不大,泄洪冲沙洞无压段左右两侧水深也相差不大。

该工况下溢洪洞沿程不同断面流速与修改裹头前相同条件下的测量结果一致。因为溢洪洞局部开启,其出口水舌挑距相对近一些,泄洪冲沙洞水舌挑距变化不大,见图 2-3-66。

表 2-3-30　$H = 2\ 394.5$ m、溢洪洞局部开启(开度 3.42 m)时不同断面水深　（单位：m）

桩号	位置	设计水位 $H = 2\ 394.5$ m		
		左	中	右
0 − 036.418	引渠段		15.66	
0 − 006.418		15.48	15.66	15.66
0 + 000.000	堰顶	10.62	10.68	10.68
0 + 041.424	反弧段	2.58		2.58
0 + 055.846		3.12		3.24
0 + 115.846	洞身段	3.18		3.48
0 + 175.846		3.24		3.18
0 + 235.846		3.12		3.12
0 + 320.229	挑坎段	2.82		3.18
0 + 330.229		3.24		3.48
0 + 340.229		3.30		2.86

表 2-3-31　$H = 2\ 394.5$ m、泄洪排沙洞全开时不同断面水深　　（单位：m）

桩号	位置	$H = 2\ 394.5$ m	
		左	右
0 + 312.752	无压洞段	4.62	4.98
0 + 326.277		4.32	4.56
0 + 339.802	挑坎段	4.14	4.02
0 + 349.802		4.50	4.02
0 + 359.802		5.58	4.92

图 2-3-66　$H = 2\ 394.5$ m，泄洪冲沙洞和溢洪洞出口水舌

　　根据设计要求,将下游河道右岸动床范围加大。经过 24 h(模型时间 3 h)的冲刷,下游河道冲刷情况见图 2-3-67。与原设计工况相比,由于溢洪洞过流流量减小,泄洪冲沙洞过流流量增加,溢洪洞下游冲坑深度略有减小,而泄洪洞下游冲坑深度明显增加,且右岸岸坡淘刷范围明显增大。由于右侧覆盖层范围加大,泄洪冲沙洞右岸岸坡淘刷比较严重,经量测淘刷最远范围距离泄洪冲沙洞中心线约 86 m 处,下游水流不会影响到灌溉放水洞出口。

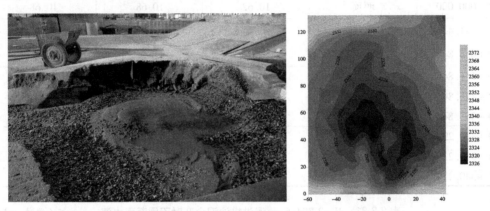

图 2-3-67　下游河道冲刷地形(泄洪冲沙洞全开、溢洪洞开度 3.42 m)

3.6.7　泄洪冲沙洞连续式挑坎小流量冲刷补充试验

　　根据设计部门要求,试验对泄洪冲沙洞单独运用,库水位为死水位 2 373 m、流量 107.2 m³/s、闸门开度 1.00 m 工况下出口明流洞水深流速以及下游冲刷进行补充试验量测。表 2-3-32 为明流段水深,表 2-3-33 为明流段流速分布。图 2-3-68 为下游冲刷地形,冲坑内最深点高程为 2 334.5 m,位于距挑坎坎顶下游 16.5 m 的位置。

表 2-3-32　泄洪排沙洞 $Q=107.2$ m³/s 时不同断面水深　　　　(单位:m)

桩号	位置	$H = 2\ 373$ m		
		左	中	右
0 + 312.752	无压洞段	1.20	1.80	1.60
0 + 326.277		1.50	1.50	1.50
0 + 339.802	挑坎段	1.50	1.50	1.20
0 + 349.802		1.50	1.62	1.20
0 + 359.802		1.38	1.50	1.32

表2-3-33　泄洪排沙洞 $Q = 107.2$ m³/s 时不同断面流速　　（单位:m/s）

桩号	位置		$H = 2\,373$ m			
			左	中	右	平均
0 + 312.752	无压洞段	底	14.47	14.71	14.69	15.10
		表	16.69	15.05	15.01	
0 + 326.277		底	12.55	14.99	16.34	14.63
0 + 339.802	挑坎段	底	14.56	17.16	13.44	15.05
0 + 349.802		底	13.40	13.71	15.57	14.23
0 + 359.802		底	13.05	17.39	12.90	14.45

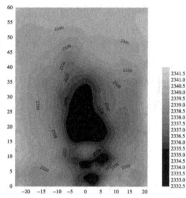

图2-3-68　$Q = 107.2$ m³/s 时下游河道冲刷地形

3.6.8　泄洪冲沙洞出口体型比较分析

托帕水库设计 2 年一遇洪峰流量 $Q = 45$ m³/s,设计泄洪冲沙洞下泄安全泄量为 107.2 m³/s,由于泄洪冲沙洞在小流量时运用概率大,泄洪冲沙洞出口挑流鼻坎的起挑流量是影响泄洪洞泄流的关键指标,试验分别比较了连续式挑流鼻坎和差动式挑流鼻坎出流情况。

当泄洪洞处采用连续式挑流鼻坎(反弧半径为45 m,挑角为24.764°)时,试验观测了水库水位 $H = 2\,373$ m、泄洪冲沙洞下泄45 m³/s 的水流流态。结果表明,该流量下在工作闸门下游明流挑坎段形成壅水,泄洪冲沙洞出口不能形成完整的挑射水流,如图2-3-69。当流量加大至 90 m³/s 时,才可以形成完整的挑流水舌。当泄洪冲沙洞出口采用差动式挑流鼻坎时,库水位 2 373 m、泄洪冲沙洞下泄45 m³/s 的水流流态如图2-3-70,泄洪洞出口可形成稳定的挑射水流,且几股水流能纵向拉开。

两种体型相比,差动式挑流鼻坎起挑流量小,但结构复杂;连续式挑流鼻坎起挑流量为 90 m³/s,大于差动式挑流鼻坎,结构简单。

图 2-3-69　$Q = 45\ \mathrm{m^3/s}$ 连续鼻坎水流流态　　　　图 2-3-70　$Q = 45\ \mathrm{m^3/s}$ 差动鼻坎水流流态

3.6.9　溢洪洞体型修改试验

本阶段修改内容包括两部分,一是为了减小溢洪洞渐变段下游出现的水翅高度和洞身段水面波动,将渐变段加长,渐变段的长度由原设计的 15 m 加长到 29 m,即如图 2-3-71 中 BB 断面与 CC 断面长度加长为 29 m,BB 断面与 CC 断面尺寸与原设计一致。

修改的第二部分是根据设计要求将溢洪洞出口连续式挑坎挑角加大,出口不再向单侧扩散,目的是增加水舌挑距。试验将溢洪洞出口连续式挑流鼻坎的挑角由原设计的 22.473°加大到 30°,挑坎反弧半径仍为 45 m,挑坎出口高程由 2 353.964 m 抬高至 2 356.576 m,溢洪道出口断面桩号由 0 + 340.229 下移至 0 + 345.528,溢洪洞出口宽度与洞身一致,仍然为 8.5 m,如图 2-3-71 所示。试验对该修改体型进行了观测,试验工况见表 2-3-34。

表 2-3-34　溢洪道修改试验工况

工况	水位	运行方式	备注
工况 1	设计洪水 $H = 2\ 394.5$ m	泄洪冲沙洞全开,溢洪洞局开、 开度 3.42 m	泄洪冲沙洞为差动式 溢洪洞为连续式
工况 2	校核洪水 $H = 2\ 396.1$ m	泄洪冲沙洞和溢洪洞全开	泄洪冲沙洞为差动式 溢洪洞为连续式

3.6.9.1　溢洪道洞身水流流态及水深

图 2-3-72 为校核工况下溢洪洞进口段渐变段加长后洞内流态,与溢洪洞进口段渐变段修改前洞内流态(见图 2-3-73)相比,溢洪洞进口段渐变段加长以后,溢洪洞洞内水流相对平顺,校核水位工况下,渐变段下游水面上水翅高度和产生水翅的位置明显不同,洞内水面水翅高度明显减小,洞内出现第二股水翅的位置位于反弧段下游 52 m,即桩号 0 + 107.8 断面位置,洞内水面波动也明显减小,洞内余幅满足规范要求。

模型实测溢洪洞各断面在两种工况下的水深见表 2-3-35,两种工况下,渐变段左右两侧水深相差不大,水流流态得到了较大改善。

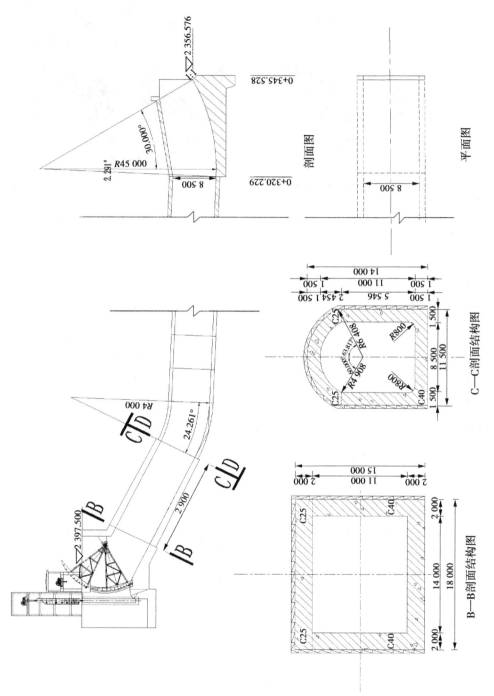

图 2-3-71　溢洪洞进口段及连续式挑流鼻坎流量坎修改体型（单位：mm）

图 2-3-72　溢洪洞渐变段修改后
流态（校核工况）

图 2-3-73　溢洪洞渐变段修改前
流态（校核工况）

表 2-3-35　不同工况下溢洪洞不同断面水深　　　　　（单位：m）

桩号	位置	设计水位 2 394.5 m			校核水位 2 396.1 m		
		左	中	右	左	中	右
0 + 000.000	堰顶	10.20	10.20	10.20	9.00	8.70	9.18
0 + 013.582	渐变段	2.28	2.10	2.40	6.24	5.70	6.18
0 + 039.568		2.76		2.70	6.30	6.60	6.36
0 + 055.846	反弧段	2.70		2.78	6.84		6.90
0 + 115.846	洞身段	2.80		2.88	6.00		5.88
0 + 175.846		2.70		2.94	6.00		6.02
0 + 235.846		2.88		3.06	6.12		6.42
0 + 320.229	挑坎段	2.70	2.70	2.70	7.72	6.98	6.98
0 + 332.379		3.30	2.70	3.42	7.56	6.84	7.62
0 + 344.529		3.60	3.18	3.48	7.50	6.90	7.80

3.6.9.2　溢洪洞洞身流速分布

模型实测各断面在设计工况下的流速分布见表 2-3-36。进口上段各断面流速沿程增加，至反弧末端断面流速达到最大。在平洞段洞内流速沿程减小。

表 2-3-36　设计水位时不同断面流速　　　　　（单位：m/s）

桩号	位置		流速			
			左	中	右	平均
0 + 000.000	堰顶	底	7.01	7.09	7.24	6.70
		闸门下缘	5.89	6.31	6.66	
0 + 013.582	渐变段	底	15.10	15.38	14.52	14.97
		表	15.03	15.10	14.68	
0 + 039.568		底	19.22	19.88	19.60	20.19
		表	20.80	20.99	20.65	

续表 2-3-36

桩号	位置		流速			
			左	中	右	平均
0 + 055.846	反弧段	底	20.08	20.49	20.19	20.83
		表	21.04	22.13	21.06	
0 + 115.846	洞身段	底	17.16	19.17	18.28	19.73
		表	20.72	23.16	19.91	
0 + 175.846		底	17.43	19.98	17.78	19.66
		表	20.60	23.43	18.71	
0 + 235.846		底	18.40	19.56	17.27	19.31
		表	18.01	23.74	18.86	
0 + 320.229	挑坎段	底	18.47	18.40	17.62	19.33
		表	18.78	23.78	18.94	
0 + 332.379		底	16.62	17.51	15.41	17.63
		表	17.04	22.35	16.85	
0 + 344.529		底	15.72	16.19	14.14	16.07
		表	15.84	19.48	15.03	

3.6.9.3　出口挑坎水力特性

试验对两种工况下溢洪洞挑流水舌的特性进行了观测,水舌的特征见表 2-3-37,挑流水舌中心水面线轨迹如图 2-3-74 所示。设计洪水时,溢洪道挑流鼻坎挑距为 61.5 m,校核洪水时,水舌挑距为 77.7 m。

表 2-3-37　挑流水舌特征

特征水位	库水位(m)	部位	水舌挑距(m)	水舌最大入水宽度(m)
设计水位	2 395 m	溢洪洞	61.5	15
校核水位	2 396.1 m	溢洪洞	77.7	27

图 2-3-74　设计洪水工况下溢洪洞出口水舌状态

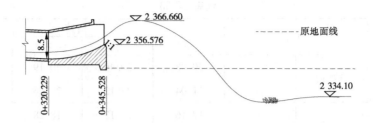

续图 2-3-74 （单位:m）

3.6.9.4 下游水流流态与冲刷

对两种工况进行冲刷试验:设计水位工况是在初始地形上冲刷约 24 h(模型时间 3 h),校核水位工况是在设计工况地形上接着冲刷约 24 h(模型时间 3 h)。下游河道的水流流态见图 2-3-75。

设计工况

校核工况

图 2-3-75 下游河道冲刷稳定时水流流态

两洞联合运行,两股水流挑入下游开挖的泄水渠中,在出口下游形成冲坑,坑内形成水跃,水流淘刷左右岸开挖边坡,造成左右岸局部均产生岸坡坍塌。随着泄流时间的加长,形成大范围的冲坑,主流沿开挖的泄水槽内流向下游。试验对下游河道各断面在两种工况下的流速进行观测。

设计工况下,断面 0 +415.529 处最大流速为 9.06 m/s,位于水舌冲击区,由于设计工况是在初始地形上进行的,水深较浅,流速较大;校核工况是在设计工况基础上进行,故校核工况时,冲刷坑较深,水深也较深,相应的流速减小,即校核工况时,断面 0 +445.529 处最大流速只有 4.4 m/s。

越靠近下游,流速分布越均匀,如校核工况下,断面 0 +505.529 处最大流速为 6.08 m/s,平均流速为 5.37 m/s。

两种工况下游河道冲刷地形见图 2-3-76,联合运用设计水位工况下,冲刷坑内最低点高程为 2 318.0 m,最大冲刷深度为 20.8 m,最深点位于溢洪洞出口向下约 48 m 处。

联合运用校核水位工况下,冲刷坑内最低点高程为 2 309.68 m,最大冲刷深度为 28.8 m,最深点位于溢洪洞出口向下约 78 m 处。

3.6.9.5 补充试验

根据设计要求,进行补充试验,试验是在溢洪洞进口引渠渠道裹头体型修改后、渐变段加长到 29 m 以及原设计出口连续式挑流鼻坎挑角 24.764°体型下进行的。试验对该

设计工况　　　　　　　　　　　　　　　　　　　校核工况

图 2-3-76　下游河道冲刷地形

体型下溢洪洞不同断面的水深进行了量测。

　　模型实测溢洪洞各断面在两种工况下的水深见表 2-3-38,水面线分布见图 2-3-77。
该方案中,溢洪洞进口水流平顺,洞内有两处水翅现象,校核工况下,第一处水翅凸起高度为
1.5 m,位于桩号 0+047.708 处;第二处水翅凸起高度为 2.7 m,位于桩号 0+109.846 处。

表 2-3-38　溢洪洞(挑角 24.764°、连续式)不同断面水深　　　　　　　　(单位:m)

桩号	位置	设计水位 2 394.5 m(开度 3.42 m)			校核水位 2 396.1 m(全开)		
		左	中	右	左	中	右
0+013.582	渐变段	2.28	2.28	2.28	6.30	6.00	6.60
0+020.079		2.70	2.40	3.00	6.30	6.00	6.60
0+026.575		3.00	2.40	3.00	6.18	6.00	6.18
0+033.072		3.00	2.70	3.00	6.60	6.00	6.60
0+039.568		3.00	2.70	2.70	6.60	7.20	6.30
0+043.638	反弧段	3.00	3.00	2.40	6.60	7.80	6.30
0+047.708		3.00	3.30	2.40	6.60	7.80	6.30
0+051.778		3.00	3.60	2.70	6.60	7.20	6.42
0+055.846		2.70	2.70	3.00	6.48	7.20	6.60
0+073.846	洞身段	2.88	1.80	3.48	6.48	6.00	7.38
0+091.846		2.28	3.60	2.64	5.70	6.90	6.36
0+109.846		2.64	2.88	2.10	6.90	8.58	5.82
0+127.846		2.88	2.28	3.00	6.30	6.60	6.42
0+145.846		2.76		2.88	6.00		6.09
0+175.846		2.64		2.70	6.00		6.12
0+205.846		2.88		2.86	5.94		6.00
0+235.846		2.82		2.70	5.98		6.13
0+265.846		2.84		2.74	6.22		6.28

续表 2-3-38

桩号	位置	设计水位 2 394.5 m(开度 3.42 m)			校核水位 2 396.1 m(全开)		
		左	中	右	左	中	右
0 + 320.229		2.64	2.70	2.82	6.98	7.08	7.08
0 + 325.229		3.00	2.88	3.06	7.32	6.90	7.02
0 + 330.229	挑坎段	3.24	3.00	3.42	7.50	7.08	7.50
0 + 335.229		3.24	2.88	3.42	7.56	7.20	7.62
0 + 340.229		3.42	2.70	3.48	7.50	7.20	7.68

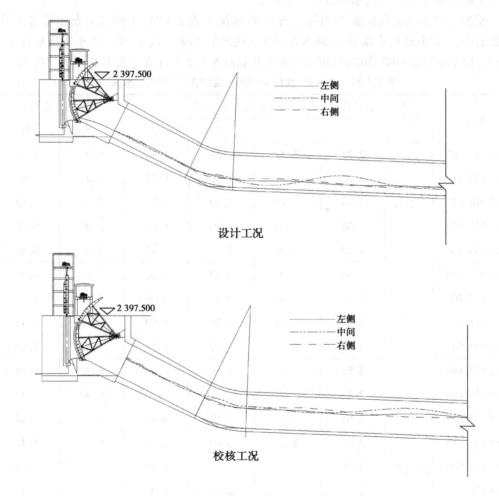

图 2-3-77　溢洪洞沿程水面线

校核工况下,渐变段水深范围为 6.0 ~ 7.2 m,反弧段水深范围为 6.3 ~ 7.8 m,洞身段水深范围为 6.0 ~ 7.4 m,挑坎段水深范围为 7.0 ~ 7.7 m,最大水深约为 7.70 m,按照设计断面,溢洪洞内净空面积为 24.7%,满足相关规范要求。

3.6.9.6　方案比较

1. 溢洪洞出口水舌特征及下游冲刷

将不同方案溢洪洞出口水舌特征和下游冲刷坑特征值列于表 2-3-39、表 2-3-40。可以看出,挑角增大,挑距相应也增加。原设计方案试验条件为下游开挖渠道两岸坡为定床,认为是不可冲动的,后两者方案试验条件为下游开挖渠道两岸坡为动床,认为是可冲动的,因此试验结果冲坑形态存在差异,原设计方案冲刷坑宽度受两岸坡约束,冲坑形态相对窄深一些,水流相对集中,冲坑深度相对深一些。后两种对两岸坡淘刷的范围要大一些,水垫塘消能效果较原设计相对好一些,最大冲坑深度相对浅一些。

表 2-3-39　不同方案溢洪洞水舌特征比较

特征水位	库水位（m）	方案	水舌挑距（m）	水舌挑距桩号	水舌最大入水宽度(m)
校核水位	2 396.1	挑角 24.764°、连续式	70	0 + 410.229	23.4
		挑角 24.764°、单边扩散式	70	0 + 410.229	35.5
		挑角 32.291°、连续式	77.7	0 + 422.229	27.0

表 2-3-40　不同方案下游冲刷地形比较

特征水位	库水位（m）	方案	最深点高程	最深点桩号	最深点距溢洪洞挑坎距离(m)	最大冲刷深度(m)
校核水位	2 396.1	挑角 24.764°、连续式	2 308.66	0 + 427.229	87	29.8
		挑角 24.764°、单边扩散式	2 312.14	0 + 412.229	72	26.5
		挑角 32.291°、连续式	2 309.28	0 + 422.529	78	28.8

2. 溢洪洞起挑流量

将不同方案溢洪洞的起挑流量列于表 2-3-41,可以看出,挑角增大,起挑水位增高,起挑流量相应也增大。

表 2-3-41　不同方案溢洪洞起挑流量

方案	起挑流量（m³/s）	起挑水位（m）
挑角 32.291°、连续式	420	2 390.46
挑角 24.764°、连续式	170	2 387.70

3.6.10　小结

（1）设计洪水位时,试验量测溢洪洞和泄洪冲沙洞总泄量为 1 434 m³/s,校核洪水位时,试验量测溢洪洞和泄洪冲沙洞总泄量为 1 691 m³/s,满足设计要求。

（2）库水位 2 394.5 m、溢洪洞闸门单独运行、开度为 5.08 m 时,库区水面比较平静,溢洪洞进口前出现不贯通的表面漩涡,时有时无,最大漩涡直径约 0.9 m,漩涡对溢洪洞的进流影响不大。

（3）库水位 2 394.5 m、溢洪洞闸门单独运行、开度为 5.08 m 时,底板中心线沿程压力分布符合一般规律;溢洪洞各部位水流空化数为 0.48 ~ 0.72,由于洞身各断面平均流速均小于 30 m/s,按照相关规范要求,洞身段可以不设掺气槽。

(4)该工况下挑流水舌挑距为 64 m,水舌最大入水宽度 16.8 m;该工况下最大冲刷深度为 22.2 m,最深点位于溢洪洞出口向下约 66 m 处。由于下游开挖渠道两岸边坡模拟材料胶结力无法准确模拟,岸坡坍塌程度较原型严重,仅供设计参考。

(5)库水位 2 395 m、泄洪冲沙洞闸门单独运行、开度为 4.30 m 时,库区水面比较平静,泄洪冲沙洞进口前无漩涡。

(6)库水位 2 395 m、泄洪冲沙洞闸门单独运行、开度为 4.30 m 时,顶板和底板中心线沿程压力分布符合一般规律;该工况下水舌挑距为 57 m,水舌最大入水宽度 9.0 m。该工况最大冲刷深度为 19.0 m,最深点位于泄洪冲沙洞出口向下约 48 m 处。

(7)溢洪洞和泄洪冲沙洞联合运用时,溢洪洞和泄洪冲沙洞进口均未出现漩涡,泄洪冲沙洞洞内为有压流,溢洪洞洞身流态同其单独开启时类似,洞内产生冲击波,水面起伏较大。

(8)溢洪洞和泄洪冲沙洞联合运用时,不同工况下,溢洪洞各部位水流空化数为 0.54 ~ 1.06,由于洞身各断面平均流速均小于 30 m/s,按照相关规范要求,洞身段可以不设掺气槽。

(9)溢洪洞和泄洪冲沙洞联合运用时,设计水位工况下,泄洪冲沙洞出口水舌挑距为 47.2 m,水舌最大入水宽度 5.5 m;溢洪洞出口水舌挑距为 68.8 m,水舌最大入水宽度 20.0 m。校核水位工况下,泄洪冲沙洞水舌挑距为 60.0 m,水舌最大入水宽度 13.5 m;溢洪洞出口水舌挑距为 70 m,水舌最大入水宽度 23.4 m。

(10)溢洪洞和泄洪冲沙洞联合运用时,设计水位工况下,冲刷坑内最大冲刷深度为 28.7 m,最深点位于溢洪洞出口向下约 78 m 处;校核水位工况下,冲刷坑内最大冲刷深度为 29.8 m,最深点位于溢洪洞出口向下约 87 m 处。

(11)溢洪洞出口采用连续式不对称扩散挑流鼻坎体型,泄洪冲沙洞出口采用差动式鼻坎体型,设计工况下,溢洪洞水舌最大入水宽度为 31.8 m,比修改前增加了 11.8 m,最大冲坑深度可以减小 3.1 m;校核工况下,溢洪洞挑流水舌与泄洪洞水舌交汇碰撞,增加了空间消能,溢洪洞下游最大冲坑深度可以减小 3.3 m。泄洪冲沙洞出口采用了差动式挑坎,水舌总挑距减小,但是水舌纵向拉长。

(12)溢洪洞和泄洪冲沙洞出口体型修改后,不同工况下,泄洪冲沙洞和溢洪洞出口河床处均有淘刷,设计工况下,泄洪冲沙洞出口挑坎下部淘刷范围约 5 m,挑坎下部冲刷深度为 3.0 m,溢洪洞出口处未有明显坍塌;校核工况下,泄洪冲沙洞出口挑坎下部淘刷范围约 7 m,挑坎下部冲刷深度 5.0 m,溢洪洞出口处出口挑坎下部淘刷范围约 4 m,挑坎下部冲刷深度 4.5 m,建议设计部门根据冲刷坑深度、最深点位置和基岩情况对泄洪冲沙洞和溢洪洞出口附近做必要的防护,如设置混凝土齿墙,齿墙深度根据冲刷坑最大冲刷深度而定。

(13)溢洪洞进口渠道裹头曲线方程调整为 $\dfrac{x^2}{10^2} + \dfrac{y^2}{6^2} = 1$,溢洪道进流平顺,洞内不再出现水击左右摆动冲击洞壁,建议设计采用,但是由于溢洪道进口段收缩段过短(收缩段长度 15 m),渐变段收缩角度过大的原因,分别在洞内中部产生水翅。渐变段长度由原设计 15 m 加长到 29 m,洞内水面水翅高度和水面波动均明显减小,水翅未冲击洞壁,洞身各断面净空面积均满足规范要求。

(14)泄洪冲沙洞出口挑流鼻坎两种体型相比,差动式挑流鼻坎起挑流量小,但结构复杂;连续式挑流鼻坎起挑流量为 90 m³/s,大于差动式挑流鼻坎,结构简单。

(15)泄洪冲沙洞单独运用,流量 107.2 m³/s,洞下游冲坑最深点高程为 2 334.5 m,位于挑坎坎顶较近,要加强防护。

(16)溢洪洞出口连续式挑流鼻坎挑角由 24.764°增加至 32.291°后,校核洪水时,水舌最远挑距增加 7.7 m。

3.7　结论与建议

3.7.1　施工导流期

(1)施工导流期导流洞泄量满足设计要求。

(2)导流洞平底出流体型下,10 年一遇设计洪水时,上游围堰附近水位仅低于设计值 0.15 m,建议设计按照规范风浪壅高、波浪在堰坡上的爬高以及安全超高等因素,对上游围堰高程进行复核。

(3)原设计方案导流洞出口挑流鼻坎体型,在导流期 10 年一遇洪水时,导致出口形不成完整挑流水舌,经过多种体型比较,建议采用平底出流。

(4)出口采用平底出流、下游不防护时,10 年一遇工况下,冲刷坑内最大冲刷深度为 11.46 m,50 年一遇工况下,最大冲刷深度为 15.96 m,且冲刷坑最深点距离泄洪冲沙洞出口末端较近,建议设计部门根据冲刷坑深度、最深点位置和基岩情况在泄洪冲沙洞出口设置混凝土齿墙,齿墙深度根据冲刷坑最低点高程而定。

3.7.2　正常运行期

(1)设计洪水位和校核洪水位时,溢洪洞和泄洪冲沙洞总泄量满足设计要求。

(2)30 年一遇洪水,溢洪洞单独运用,库水位 $H = 2$ 394.5 m 时,溢洪洞进口前出现不贯通的表面漩涡,该漩涡对溢洪洞的进流影响不大;其余各工况下,溢洪洞进口均未出现漩涡。

(3)溢洪洞进口原设计体型时,各工况下,洞内均产生冲击波,水面起伏较大,泄量越大,水面波动越剧烈。溢洪洞进口渠道裹头曲线方程调整为 $\dfrac{x^2}{10^2} + \dfrac{y^2}{6^2} = 1$ 后,进流比较平顺,洞内不再出现水击左右摆动冲击洞壁,建议设计采用。渐变段长度加长到 29 m 后,洞内水面水翅高度和水面波动均明显减小,水翅未冲击洞壁,洞身各断面净空面积均满足规范要求。

(4)校核洪水下,溢洪洞各部位水流空化数范围为 0.62 ~ 1.06,洞身各断面平均流速均小于 30 m/s,洞身段可以不设掺气槽。

(5)溢洪洞出口为连续式挑流鼻坎时,设计工况下,溢洪洞出口水舌挑距为 68.8 m,水舌最大入水宽度为 20.0 m,下游河道内冲刷坑最低点高程为 2 309.85 m;校核工况下,溢洪洞出口水舌挑距为 70 m,水舌最大入水宽度 23.4 m,下游河道内冲刷坑最低点高程为 2 308.66 m。当出口采用连续式不对称扩散挑流鼻坎时,设计工况下,溢洪洞水舌最大入水宽度为 31.8 m,比修改前增加了 11.8 m,最大冲坑深度可以减小 3.1 m;校核工况下,溢洪洞挑流水舌与泄洪洞水舌交汇碰撞,增加了空间消能,溢洪洞下游最大冲坑深度可以减小 3.3 m。

(6)溢洪洞出口连续式挑流鼻坎挑角由 24.764° 增加至 32.291° 后,校核洪水时,水舌最远挑距增加 7.7 m。

(7)各工况下,泄洪冲沙洞进口均未出现漩涡;顶板和底板中心线沿程压力分布符合一般规律。

(8)泄洪冲沙洞出口为连续式挑流鼻坎时,设计水位工况下,泄洪冲沙洞出口水舌挑距为 47.2 m,水舌最大入水宽度 5.5 m;校核水位工况下,泄洪冲沙洞水舌挑距为 60.0 m,水舌最大入水宽度 13.5 m。当出口采用差动式鼻坎时,水舌总挑距减小,但是水舌纵向拉长。

(9)泄洪冲沙洞出口挑流鼻坎两种体型相比,差动式挑流鼻坎起挑流量小,但结构复杂;连续式挑流鼻坎起挑流量为 90 m³/s,大于差动式挑流鼻坎,结构简单。

(10)泄洪冲沙洞出口为连续式挑流鼻坎体型下,30 年一遇洪水、泄洪冲沙洞单独运用、库水位 H = 2 395 m 时,下游河道内冲刷坑内最低点高程为 2 319.75 m、最大冲刷深度为 19.0 m,最深点位于泄洪冲沙洞出口向下约 48 m 处。泄洪冲沙洞单独运用,小流量 107.2 m³/s 时,泄洪冲沙洞下游冲坑最深点高程为 2 334.5 m,位于挑坎坎顶较近,建议加强防护。设计工况时,冲刷坑内最大冲刷深度为 28.7 m,最深点位于溢洪洞出口向下约 78 m 处。校核工况下,冲刷坑内最大冲刷深度为 29.8 m,最深点位于溢洪洞出口向下约 87 m 处。

(11)不同工况下,泄洪冲沙洞和溢洪洞出口河床处均有不同程度淘刷,建议设计部门根据冲刷坑深度、最深点位置和基岩情况对泄洪冲沙洞和溢洪洞出口附近做必要的防护,如设置混凝土齿墙,齿墙深度根据冲刷坑最大冲刷深度而定。

第4章　云南石门坎水库重力坝体型整体水工模型试验

4.1　概　述

4.1.1　工程设计方案概况

李仙江干流在云南境内河道长 473 km，天然落差 1 790 m。石门坎水电站位于云南省思茅地区普洱县（左岸）和墨江县（右岸）交界的把边江上，上游水位与相距 21 km 的崖羊山电站的尾水位衔接，下游尾水与相距 8.5 km 的新平寨水电站库水位相衔接，是李仙江干流 7 个梯级电站中的第 2 级。坝址以上径流面积 6 410 km^2，多年平均流量 144 m^3/s，年径流量 45.4 亿 m^3。

石门坎水电站总库容为 1.97 亿 m^3。正常蓄水位 756.0 m，相应水库库容 1.95 亿 m^3，调节库容 0.800 亿 m^3，装机容量 130 MW，水库等级为大（2）型，枢纽工程等别为 II 等。枢纽由碾压混凝土重力坝、引水发电系统、排沙洞、地面厂房及 GIS 开关站组成。主要建筑物挡水坝、引水发电建筑物、泄水及排沙建筑物级别为 2 级，次要建筑物为 3 级，临时水工建筑物为 4 级。工程区域地震基本烈度为 7 度，主要建筑物地震设防烈度为 7 度。石门坎水电站枢纽平面布置图及上游立视图见图 2-4-1 和图 2-4-2。

重力坝坝顶高程 758.00 m，坝基最低高程 655.00 m，最大坝高 103 m，坝顶长度 250 m，非溢流坝段坝顶宽度 8 m。坝体上游面垂直，下游面坝坡 1:0.75。溢流坝段下游设消力池消能。

溢流坝段包括 3 个表孔和在闸墩内布置的 2 个排沙底孔。表孔堰顶高程 743.00 m，孔口尺寸 8 m × 13 m（宽×高），堰面为 WES 曲线（曲线方程为 $y = 0.063\,7x^{1.85}$），下接 1:0.75 的直线陡坡，其后以半径为 25 m、转角为 53° 的反弧与消力池底板相连，堰顶设事故检修平板门，紧连其后为弧形工作门，洞身尺寸 4 m × 7 m（宽×高）。表孔闸墩尾部加楔型体成宽尾墩，楔形体宽 2 m，顺水流方向长 6 m。排沙底孔为有压泄水孔，进口底高程为 700.00 m，两孔中心间距 18 m，底孔进口顶部为 1/4 椭圆曲线，其后是事故检修平板门，出口顶板用 1:5 的斜坡下压，并设弧形工作门，底孔洞内底板水平，在弧形工作门后、桩号为下 0 +040.00 处，底板接方程 $y = 0.004x^2$ 的抛物曲线，底板末端高程为 699.60 m，同时，边墙在桩号为下 0 +040.00 处开始扩散，扩散角为 5.71°，底孔出口末端宽度为 6 m。表孔和排沙底孔共用 1 个消力池，消力池长 80.00 m、宽 44.00 m，池深 7.00 m。表孔和底孔具体布置见图 2-4-3 和图 2-4-4。

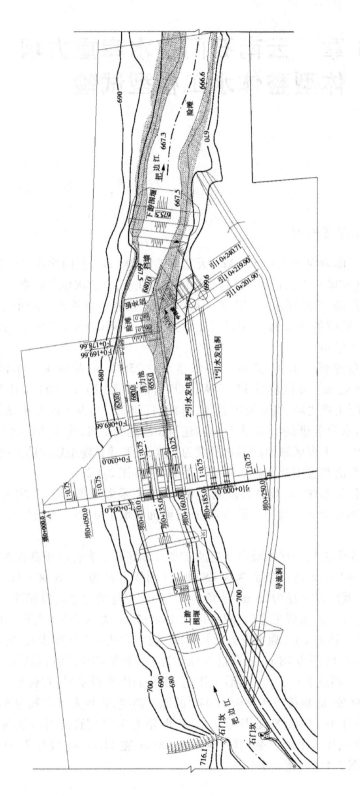

图 2-4-1　石门坎水电站枢纽平面布置

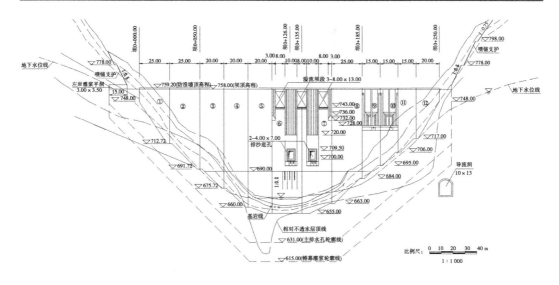

图 2-4-2　石门坎水电站上游立视图

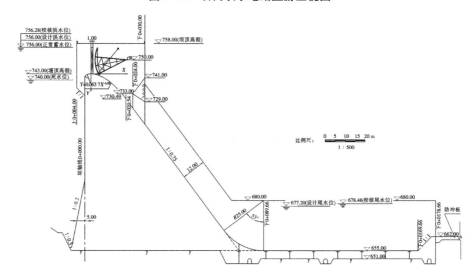

图 2-4-3　溢流坝表孔体型布置

　　电站厂房布置在河床右岸坝下 280 m 处,为岸边引水式厂房,厂内安装 2 台单机容量为 65 MW 的混流式水轮发电机组,总装机容量 130 MW。引水发电系统设计引用流量 210 m³/s,单机引用流量 105 m³/s,引水管进水口底板高程为 728.00 m,引水管直径为 5.4 m,在进入机组蜗壳前渐变为 4.2 m,电站出水口底板高程为 658.00 m,并以 1∶5 的反坡与下游河床相接,具体布置见图 2-4-5。

　　施工导流期在大坝上下游设土石围堰,上游围堰顶高程 698.5 m,堰面坡度上游为 1∶2.0,下游为 1∶1.8,堰体采用黏土心墙防渗,并以块石护坡及钢筋笼护坡。下游围堰堰顶高程 675.5 m,迎水面坡度 1∶2.0,背水面坡度 1∶2.0,堰体采用混凝土心墙防渗,并以块石护坡。

　　右岸布置 1 条导流洞,洞身为城门洞型,宽×高为 10 m×12.9 m,进口底板高程为 670.00 m,底坡 0.5%,出口高程 667.7 m,隧洞长度 460 m。出口设半径为 40 m、挑角为

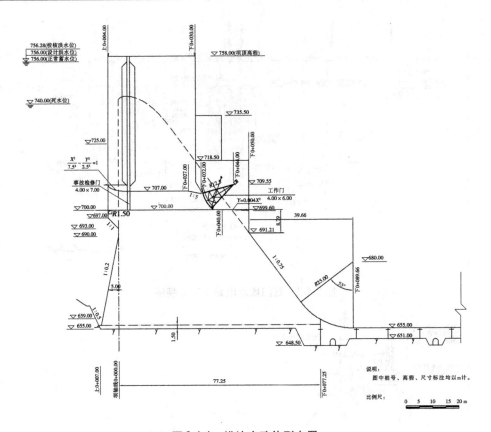

图 2-4-4　排沙底孔体型布置

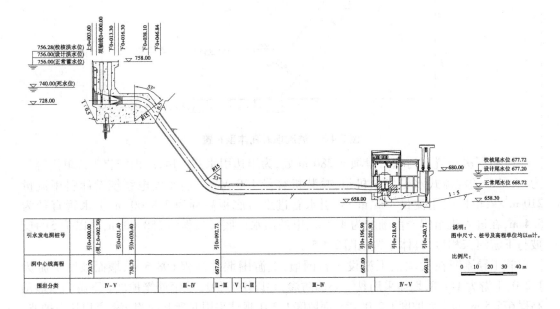

图 2-4-5　引水发电洞纵剖面图

25°的连续挑流鼻坎,鼻坎后设厚度为 1~1.5 m、长度约 47 m 的防冲板。导流洞体型布置见图 2-4-6。

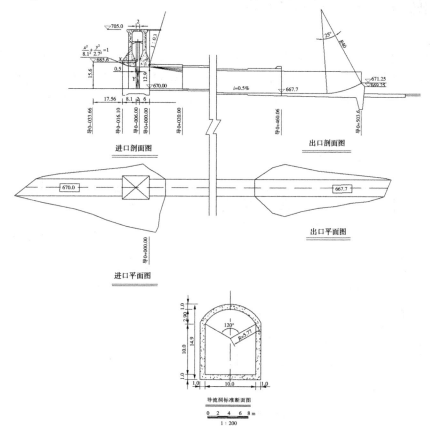

图 2-4-6　导流洞原方案体型布置

4.1.2　试验任务

根据合同要求,试验内容如下:

(1)测量泄水建筑物(包括溢流表孔、排沙底孔、导流洞)在特征水位的水面线、泄流能力、流速、动水压力,并观测各泄水建筑物的流态及下游消力池、护坦的流态、流速、脉动压力、冲刷情况;同时观测引水发电洞在特征水位时的压力分布。

(2)泄水建筑物下游消能防冲验证:验证泄水建筑物下游护坦底流消能冲刷的适合性。

(3)不同水位时溢流表孔的泄流能力、流速分布、压力分布、水面线。

(4)不同水位情况下,泄水建筑物进口流态、流速分布及吸气漩涡情况,据此确定排沙底孔、导流洞和引水发电洞进口布置。

(5)验证宽尾墩−底流消能设计流速分布情况与河道衔接及冲刷情况。

(6)不同泄量情况下,消力池隔墙及两岸冲刷。

4.2　模型比尺及模型范围

　　根据任务要求,模型设计应满足几何形态、水流运动等相似条件。依据试验任务要求和场地、供水等条件,试验采用几何比尺为 $\lambda_L = \lambda_H = 80$ 的正态整体模型。模型范围取坝轴线以上 400 m,坝轴线以下 600 m,总计模拟原形长 1 km、宽 350 m,模型布置见图 2-4-7。

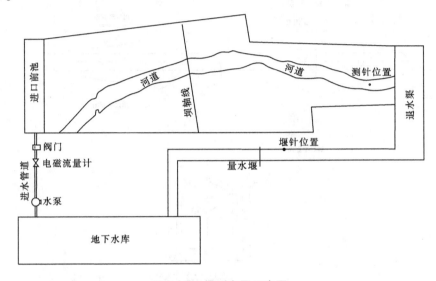

图 2-4-7　模型布置示意图

4.3　导流洞试验结果

4.3.1　导流洞原设计方案

4.3.1.1　导流洞流态及泄流能力

　　试验观察到库水位低于 686.7 m 时,整个洞身为明流流态。当库水位继续升高时,导流洞进口水面开始触顶,洞内出现明满流过渡流态,至库水位为 688.35 m 时,导流洞呈满流流态。虽然在明满流过渡段洞顶有气囊存在和移动,但都被水流较平顺的带出洞外,加之洞内压力较小,无恶劣流态出现。在满流状态时,导流洞进口门井塔架前有 1~2 个游移的水面直径为 2~3 m 的贯通式漏斗漩涡,可以把空气吸入洞内,但进一步观测发现该漏斗漩涡对导流洞泄量、压力分布等影响很小,吸入洞内的空气形成小的气囊,并能平顺地带出洞外,分析认为不需要采取工程措施进行消除。

　　模型实测导流洞泄量关系见图 2-4-8。可以看出试验值接近设计值。在 20 年一遇洪水位为 700.55 m 时,试验实测泄量为 1 805 m³/s,大于设计值 3.68%,满足设计要求。

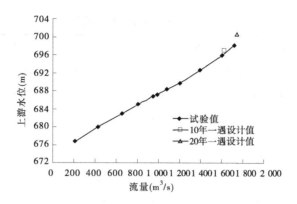

图 2-4-8　导流洞原方案水位流量关系

4.3.1.2　导流洞压力及流速分布

为了观测导流洞沿程压力分布,在导流洞进出口顶板及底板、洞身顶板及底板中心线上分别设置了 14 个和 17 个测压点。按设计提供的 4 种工况进行试验观测,模型实测压力见表 2-4-1 和表 2-4-2。

表 2-4-1　导流洞原方案底板压力　　　　　　　　　　　　　　（单位：m 水柱）

编号	桩号	测点高程 （m）	$H_上 = 680.74$ m $Q = 496.9$ m³/s	$H_上 = 691.48$ m $Q = 1\,324$ m³/s	$H_上 = 696.16$ m $Q = 1\,608.5$ m³/s	$H_上 = 698.88$ m $Q = 1\,743.6$ m³/s
1	0 − 016.10	670.00	10.02	18.90	22.58	24.50
2	0 − 007.18	670.00	9.14	16.18	18.58	19.86
3	0 − 000.09	670.00	8.74	15.94	17.78	18.90
4	0 + 153.35	669.23	9.75	13.91	14.87	15.51
5	0 + 306.71	668.47	10.35	13.31	13.71	13.95
6	0 + 341.58	668.29	10.37	13.49	13.49	13.15
7	0 + 367.50	668.16	10.50	13.78	14.02	14.42
8	0 + 393.42	668.03	9.19	11.75	13.27	13.19
9	0 + 460.06	667.70	10.80	11.36	10.56	10.00
10	0 + 486.71	667.57	10.45	14.45	16.13	16.05
11	0 + 495.29	668.50	10.08	14.32	14.88	15.36
12	0 + 502.87	670.98	5.04	7.92	7.44	6.96
13	0 + 504.26	670.46	3.00	5.72	4.71	4.04
14	0 + 504.77	669.95	3.35	6.07	5.21	4.39

表 2-4-2　导流洞原方案顶板压力　　　　　　　（单位：m 水柱）

编号	桩号	测点高程 （m）	$H_上=680.74$ m $Q=496.9$ m³/s	$H_上=691.48$ m $Q=1\,324$ m³/s	$H_上=696.16$ m $Q=1\,608.5$ m³/s	$H_上=698.88$ m $Q=1\,743.6$ m³/s
1	0－016.10	685.60		3.78	1.86	2.26
2	0－015.64	684.84		2.78	2.78	3.42
3	0－012.56	682.38		3.08	4.12	4.52
4	0－009.02	682.92		2.06	3.90	4.38
5	0－005.72	682.90		2.08	3.44	4.24
6	0－003.04	682.90		2.56	4.40	5.36
7	0－000.32	682.90		2.48	4.40	5.36
8	0＋010.64	682.85	明流流态	2.37	4.29	5.25
9	0＋015.44	682.82		2.32	4.08	5.20
10	0＋024.00	682.77		1.82	3.65	4.53
11	0＋028.08	682.76		1.74	3.42	4.38
12	0＋341.58	681.19		0.99	0.91	1.71
13	0＋367.50	681.06		1.12	1.52	2.00
14	0＋393.42	680.93		0.21	0.29	－0.11
15	0＋452.06	680.64		0.02	－0.14	－0.22
16	0＋456.06	680.62		－0.12	－0.26	－0.18
17	0＋460.06	680.60		－0.18	－0.36	－0.36

　　导流洞进口段、洞身段及挑流鼻坎压力分布正常。当导流洞为压力状态时，受洞出口水流扩散影响，洞出口段顶板有负压出现，但绝对值较小，初步判断该负压不会对洞身安全产生影响。

　　试验在导流洞进口前、洞内及出口共布置了 7 个测速断面，量测了 4 种工况下各断面中垂线流速。测量断面导流洞桩号分别为 0－016.1、0＋040、0＋124.29、0＋219.18、0＋336.38、0＋399.42、0＋460.06。模型实测各断面流速见图 2-4-9，除进出口断面受边界变化影响外，洞内各断面流速分布正常。

4.3.1.3　导流洞出口消能

　　试验观测发现，由于导流洞出口水深较大，而挑流鼻坎高度较低，未形成挑流消能流态，水流仍以急流状态越过鼻坎冲向防冲板，并在防冲板后河道内形成波状水跃。由于消能不充分，水流对对岸山体冲刷较严重，而且顶冲到对岸的水流一部分折回上游，在下游围堰后形成一个回流区，当下泄流量较大（超过 10 年一遇洪水）时，回流将对围堰下游坝脚处（靠近左岸）河床造成冲刷，可能对围堰左侧坝脚的稳定造成一定影响。而且当下泄流量超过 5 年一遇洪水时，因水面波动较大，下游围堰处水位已接近围堰顶高程，表明围堰高度应增加，当下泄 20 年一遇洪水时，围堰处水位可达 675.36 m。各级水位导流洞出口鼻坎前后水面线见图 2-4-10，下游流态及回流流速见图 2-4-11，同时还在图中标出了关

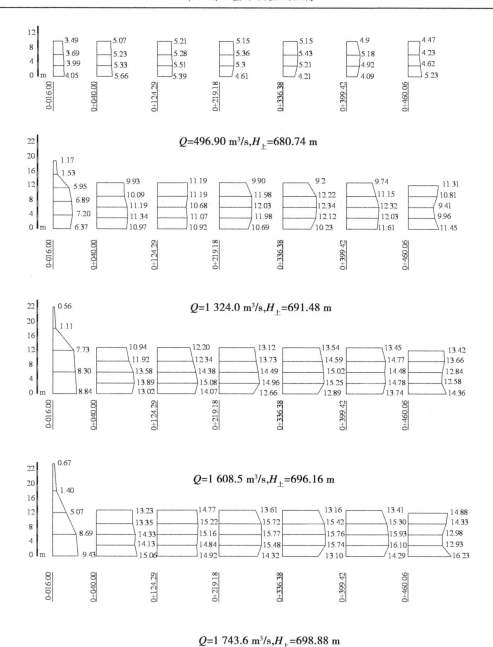

$Q=496.90 \text{ m}^3/\text{s}, H_\pm=680.74 \text{ m}$

$Q=1\,324.0 \text{ m}^3/\text{s}, H_\pm=691.48 \text{ m}$

$Q=1\,608.5 \text{ m}^3/\text{s}, H_\pm=696.16 \text{ m}$

$Q=1\,743.6 \text{ m}^3/\text{s}, H_\pm=698.88 \text{ m}$

图 2-4-9　导流洞原方案进出口及洞内流速分布　（单位:m/s）

键点的实测流速,供设计参考。

　　如前所述,导流洞出口水深较大,挑流鼻坎高度较小,水流出鼻坎后未能形成挑流消能特有的流态,同时受鼻坎后防冲板的顶托,带有大量余能的水流对河道对岸造成了严重冲刷,同时对防冲板末端的河床也产生了较强的冲刷。20 年一遇洪水时最大冲深点在距防冲板末端约 18.95 m 处,最大冲深处高程为 655.16 m。

　　防冲板下游冲刷地形见图 2-4-12。由图 2-4-12 可知,不同库水位下,冲刷坑地形虽然

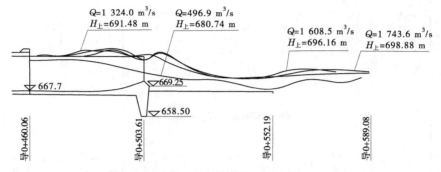

图 2-4-10　导流洞原方案出口水面线

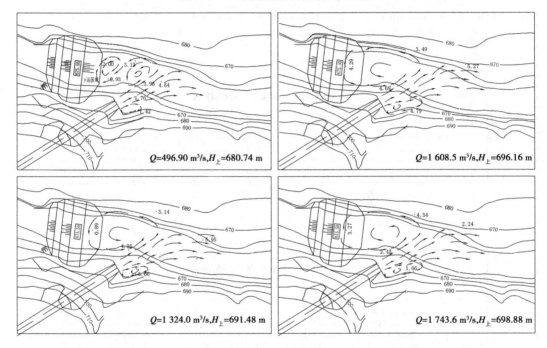

图 2-4-11　导流洞原方案下游流态及回流流速　（单位：m/s）

各异，但冲刷坑最深点位置基本相同。同时，冲刷坑内反向水流淘刷防冲板下的岩石，使防冲板末端有近 10 m 长的一段形成悬空。因模型对防冲板强度模拟不相似，模型防冲板未坍塌。分析认为，对于原型工程，出现这么长的悬空段肯定会产生坍塌现象，而且坍塌会随着冲刷逐渐向上游发展，结果可能对鼻坎及两侧山体造成破坏，因此有必要对导流洞出口挑流消能情况进行修改优化。

4.3.2　导流洞出口体型修改方案

　　根据导流洞出口原方案消能试验出现的问题，需要做两方面的修改。一是挑流鼻坎的体型需要修改，使之能产生水跃漩滚，增大效能率；二是因导流洞出口轴线与河道走向的夹角约有47°，而且此处河宽较窄，过长的防护板将水流直接送向对岸，造成对岸山体根部淘刷严重，且防冲板本身也不稳定，也需要调整。分析认为，去掉防冲板，同时适当增

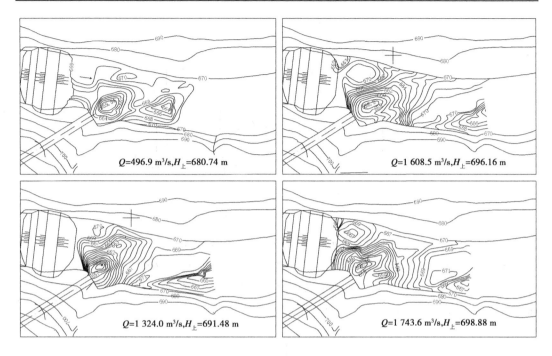

$Q=496.9 \mathrm{~m^3/s}, H_上=680.74 \mathrm{~m}$

$Q=1\,608.5 \mathrm{~m^3/s}, H_上=696.16 \mathrm{~m}$

$Q=1\,324.0 \mathrm{~m^3/s}, H_上=691.48 \mathrm{~m}$

$Q=1\,743.6 \mathrm{~m^3/s}, H_上=698.88 \mathrm{~m}$

图 2-4-12　导流洞原方案出口下游冲刷地形　（单位：m/s）

加鼻坎处齿墙深度可以减少工程量且能保证鼻坎安全。

　　设计部门首先提出将原设计鼻坎去掉，边墙从洞出口开始以 7°角扩散至导 0 + 529.31，底板末端做齿墙，不设防冲板。试验结果表明，水流出导流洞口以后，未经消能就迅速冲向对岸，虽然齿墙后冲刷坑最大深度略有减小，但冲刷坑范围非常大且对对岸山体冲刷严重。这说明必须在出口段设消能工消除水流的能量后才能减轻对河床的冲刷，因此进一步的修改主要是确定消能体型的问题。

　　与设计部门商讨后对导流洞出口体型进行几次修改，各修改方案出口的平面尺寸是相同的，即洞出口两边导墙均以 7°角扩散至导 0 + 529.31。扩散段末端宽 27 m，下设齿墙，下游不设防冲板。不同之处是扩散段内设置辅助消能工，各修改方案辅助消能工体型及试验结果简述如下：

4.3.2.1　修改方案一

　　试验在扩散段内共加了 4 排消力墩，每排间隔 6.4 m，消力墩体型尺寸见图 2-4-13。结果表明，由于洞出口水深较大，消力墩尺寸较小，且数量又少，对水流形态影响不大，水流虽有部分消能，但河道和对岸山体的冲刷依然十分严重，需进一步修改。

4.3.2.2　修改方案二

　　分析认为如果使水流进入下游河道前，在扩散段内产生水跃漩滚，增大消能效果，将会减轻下游的冲刷。所以，在桩号为导 0 + 503.61 处加差动式挑流鼻坎（设差动式挑流鼻坎是保证小流量时水流能从低坎顺利下泄，不对导流洞内流态造成大的影响），具体布置形式见图 2-4-14。试验观测到当流量小于 1 100 m³/s 时，扩散段不能产生水跃，对下游河道冲刷影响不大。当流量大于 1 100 m³/s 时，鼻坎前产生水跃，消能效果显现，具体表现

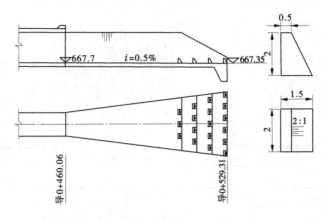

图 2-4-13　导流洞出口修改方案一体型　（单位：m）

为水流对河道对岸的冲刷明显减小。但在 20 年一遇洪水流量 1 680 m³/s 时水流经过鼻坎挑流后，水舌正好落在底板末端，对齿墙后河床冲刷较严重，冲坑最深点距齿墙较近，且深度与修改方案一相比并未减小，因此需继续修改。

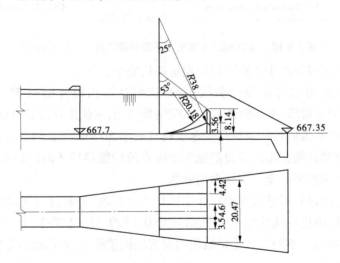

图 2-4-14　导流洞出口修改方案二体型　（单位：m）

4.3.2.3　修改方案三

修改方案三体型布置见图 2-4-15，主要改动是将挑流鼻坎位置向上移到距导流洞出口 30 m 处（桩号为导 0+490.06），目的是让挑流水舌不直接冲刷河床。试验结果表明，水流产生水跃的起始流量与修改方案二接近，但在接近 20 年一遇洪水时，水跃被水流推出鼻坎，扩散段不能形成稳定水跃，整体消能率反而减小，齿墙后河床冲深增大。

4.3.3　导流洞推荐方案试验

4.3.3.1　推荐方案概况

对修改试验结果分析认为，如果扩散段能形成稳定的水跃并且让水舌落点远离鼻坎，

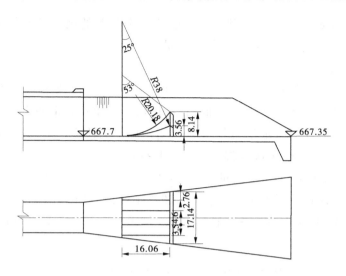

图 2-4-15 导流洞出口修改方案三体型 （单位:m）

就可以使鼻坎齿墙和对岸山体冲刷减轻。按此思路,给出了导流洞出口推荐方案,体型见图 2-4-16。该方案是保持导流洞出口扩散段平面尺寸与前几次修改方案相同,不同的是在扩散段末端设差动式挑流鼻坎。其中有 3 个高坎(两侧高坎末端宽度为 7.7 m,中间高坎宽度为 4.6 m)和 2 个低坎(2 个低坎宽度均为 3.5 m),高坎和低坎的反弧起点桩号相同。高坎反弧半径为 38 m,挑角为 25°,坎高 8.14 m;低坎反弧半径为 20.18 m,挑角为 53°,坎高 3.56 m。

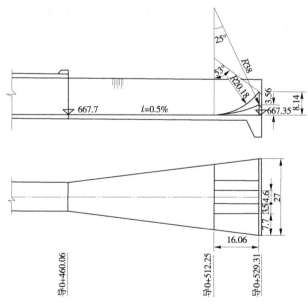

图 2-4-16 导流洞出口推荐方案体型 （单位:m）

推荐方案的低坎宽度较窄,主要保证小流量可以从低坎上下泄,不至于对坎后河床产生较大冲刷;而较宽的高坎起到在大流量时阻水的效果,使水流在扩散段先产生一个水跃,消除一部分能量,然后经鼻坎挑流入河道,形成较完整的挑流消能流态,即在水舌入水前后形成 2 个漩滚,进一步消除下泄水流能量。

4.3.3.2　推荐方案流态与泄量

从试验观测结果可以看出,当下泄流量小于 600 m³/s 时,挑流鼻坎前的扩散段内未形成水跃;当下泄流量大于 900 m³/s 时,扩散段可形成比较稳定的水跃。由于推荐方案挑流鼻坎较高,挑流水舌入水角加大,水流对对岸山体的冲刷强度降低,下游围堰处虽有回流产生,但回流强度小,围堰坝脚处没有产生冲刷。试验发现,推荐方案条件下围堰高度仍不能满足设计要求,当下泄流量大于 1 130 m³/s 时,水位已达到围堰顶高程,当下泄 20 年一遇洪水时,围堰处水位达 677.22 m,超过围堰顶高程 1.72 m,故应引起设计重视并加以修改。出口段水面线及各级泄量时下游河道流态见图 2-4-17 和图 2-4-18,供设计参考。

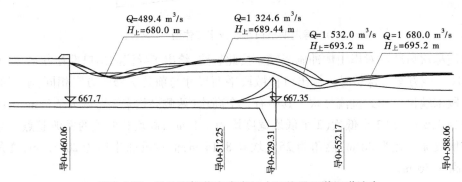

图 2-4-17　导流洞推荐方案出口水面线及下游河道流态

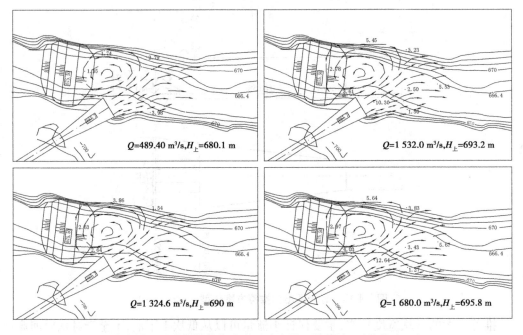

图 2-4-18　导流洞推荐方案出口流态及回流流速　(单位:m/s)

因出口处边墙扩散,水流出洞口后,水面线降落较快,导流洞出口段洞顶部出现一定的负压区,使得导流洞有效水头增加,实际泄流能力增大,在 20 年一遇洪水时泄量为 1 890 m³/s。较原方案试验值大 4.71%,较原方案设计值大 8.4%,满足设计要求,结果见图 2-4-19。

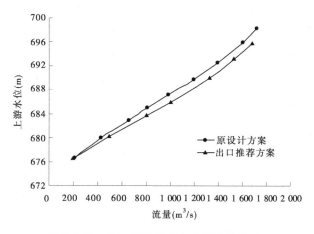

图 2-4-19　导流洞推荐方案水位流量关系

4.3.3.3　导流洞压力及流速分布

推荐方案导流洞底板、顶板及挑流鼻坎段实测压力见表 2-4-3 ~ 表 2-4-5。可以看出,导流洞推荐方案洞身压力除出口顶部负压略有增大外,其他部位变化不大。

需要说明的是,差动挑动鼻坎后未能形成连通的空腔,中间高坎后出现负压,考虑到工程安全,建议在中间高坎后设通气孔,孔径参考已建工程选用 0.3 m 即可。

推荐方案导流洞流速实测结果见图 2-4-20,与原设计相比差别不大,供设计参考。

表 2-4-3　导流洞推荐方案底板压力　　　　　　　（单位:m 水柱）

编号	桩号	测点高程（m）	$H_上 = 680.1$ m $Q = 489.4$ m³/s	$H_上 = 690$ m $Q = 1 324.6$ m³/s	$H_上 = 693.2$ m $Q = 1 532.0$ m³/s	$H_上 = 695.8$ m $Q = 1 680.0$ m³/s
1	0 − 016.10	670.00	9.20	17.12	19.60	21.20
2	0 − 007.18	670.00	8.00	14.48	15.92	17.84
3	0 − 000.09	670.00	7.68	14.00	15.36	16.24
4	0 + 153.35	669.23	8.37	12.13	12.61	12.77
5	0 + 306.71	668.47	9.13	11.77	11.53	11.61
6	0 + 341.58	668.29	9.15	11.23	11.47	11.47
7	0 + 367.50	668.16	9.44	11.76	11.92	11.84
8	0 + 393.42	668.03	9.57	11.49	11.57	11.33

表 2-4-4　导流洞推荐方案顶板压力　　　　　（单位：m 水柱）

编号	桩号	测点高程（m）	$H_上=680.1$ m $Q=489.4$ m³/s	$H_上=690$ m $Q=1324.6$ m³/s	$H_上=693.2$ m $Q=1532.0$ m³/s	$H_上=695.8$ m $Q=1680.0$ m³/s
1	0-016.10	685.60		1.12	2.32	0.24
2	0-015.64	684.84		0.04	1.48	0.92
3	0-012.56	682.38		1.06	2.34	2.74
4	0-009.02	682.92		0.36	1.64	2.36
5	0-005.72	682.90		0.46	1.82	2.30
6	0-003.04	682.90		0.86	2.30	3.02
7	0-000.32	682.90		0.70	2.22	2.94
8	0+010.64	682.85		0.75	2.11	2.91
9	0+015.44	682.82	明流流态	0.54	1.90	2.62
10	0+019.68	682.80		0.00	0.72	1.20
11	0+024.00	682.77		0.43	1.32	1.96
12	0+028.08	682.76		0.28	1.00	1.64
13	0+341.58	681.19		0.97	-0.95	-0.55
14	0+367.50	681.06		2.22	-0.50	-0.34
15	0+393.42	680.93		-1.49	-1.81	-1.97
16	0+448.06	680.66		2.38	-2.26	-2.02
17	0+452.06	680.64		2.32	-1.92	-2.00
18	0+456.06	680.62		3.22	-1.82	-1.90
19	0+460.06	680.60		0.12	-0.20	-0.28

表 2-4-5　导流洞推荐方案出口挑坎压力　　　　　（单位：m 水柱）

编号	桩号	测点高程（m）	$H_上=680.1$ m $Q=489.4$ m³/s	$H_上=690$ m $Q=1324.6$ m³/s	$H_上=693.2$ m $Q=1532.0$ m³/s	$H_上=695.8$ m $Q=1680.0$ m³/s
9	0+520.86	667.98	8.58	12.66	13.38	14.26
10	0+524.80	668.88	7.60	11.04	11.76	12.32
11	0+529.71	670.65	3.27	5.91	6.23	6.63
12	0+530.95	670.35	1.01	3.41	3.49	3.89
13	0+520.56	668.46	8.18	12.50	13.22	13.54
14	0+524.20	670.08	6.40	10.96	11.76	12.16
15	0+529.62	674.62	1.46	4.50	5.14	5.46
16	0+530.96	674.78	-5.50	-1.74	-1.34	-0.70

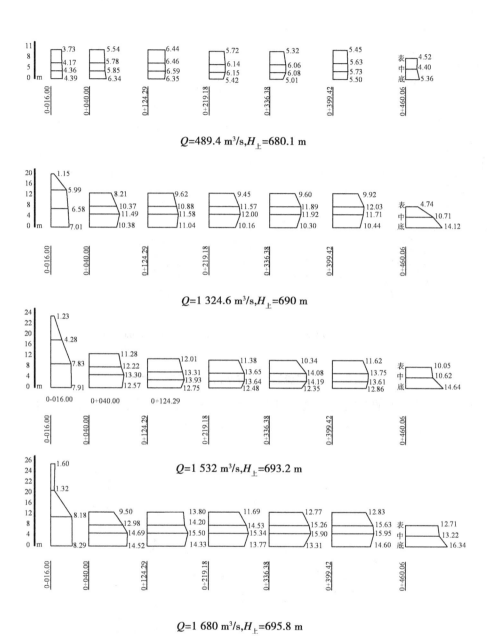

Q=489.4 m³/s,$H_上$=680.1 m

Q=1 324.6 m³/s,$H_上$=690 m

Q=1 532 m³/s,$H_上$=693.2 m

Q=1 680 m³/s,$H_上$=695.8 m

图 2-4-20　导流洞推荐方案进出口及洞内流速分布　（单位:m/s）

4.3.3.4　导流洞泄流下游流态及相应冲刷

模型选取了四级下泄流量进行极限冲刷试验(在固定流量条件下,冲刷坑尺寸不再变化时停止放水试验),下游冲刷结果见图 2-4-21。可以看出,冲刷坑深度比原设计有所减小,20 年一遇洪水时最大冲深点在距防冲板末端约 29 m 处,最大冲深处高程为 656 m。对岸山体冲刷也减轻,围堰坝脚处没有产生冲刷,这表明试验推荐的导流洞出口消能工体型是合适的。

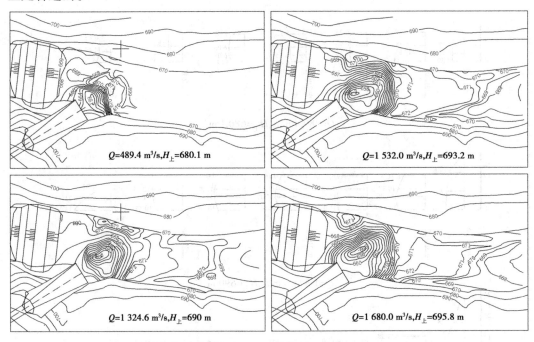

图 2-4-21　导流洞推荐方案出口下游冲刷地形

　　四级泄量条件下的冲刷坑纵剖面见图 2-4-22,各级泄量下纵剖面位置均平行导流洞中线且通过冲刷坑最深点,延伸至对岸山体,供设计参考。

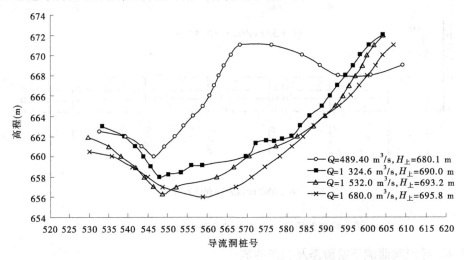

图 2-4-22　导流洞推荐方案出口冲刷坑纵剖面

4.4　排沙底孔单独运用试验

4.4.1　排沙底孔进口前流态及流速分布

试验观测结果表明,排沙底孔明满流分界库水位约为 708.64 m,当库水位低于 715 m 时,进口前水面有较小的凹陷漩涡存在。随着库水位的升高,微弱的凹陷漩涡时隐时现,库水位至 740 m 时,漩涡消失,水面平稳。排沙底孔体型布置见图 2-4-23。

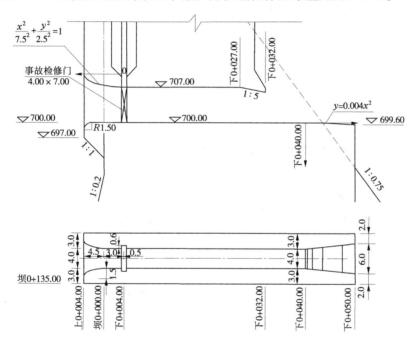

图 2-4-23　排沙底孔体型布置　（单位:m）

试验还对库水位为 742.08 m 和 755.92 m 时排沙底孔进口前的流速进行了观测,结果见图 2-4-24(728 m 高程)。可以看出,随着测速断面距进口前缘渐远,流速值迅速减小,库水位为 755.92 m 时距进口前缘 19 m 处流速仅有 0.5 m/s 左右(排沙底孔中心线)。这表明排沙底孔的拉沙效果有限,门前清的范围不会太大。

4.4.2　排沙底孔泄流能力

试验对排沙底孔泄流能力进行了详细观测,结果见图 2-4-25,同时将设计值也绘入该图。由图 2-4-25 可知,在死水位以上,模型实测值比设计值大 9% 左右,考虑到排沙底孔是枢纽重要的排沙泄洪建筑物,较大的泄量对顺畅排沙和保持较大的库容有好处,建议维持现有孔口尺寸不变。

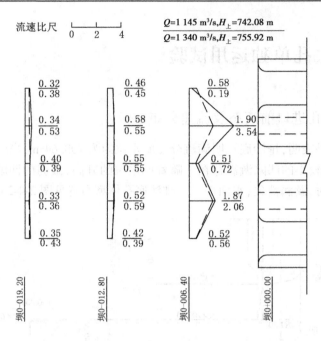

图 2-4-24　排沙底孔单独运用进口前底部流速分布

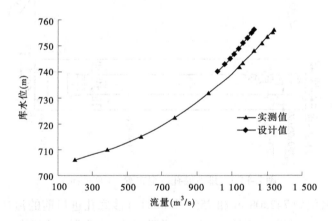

图 2-4-25　排沙底孔水位流量关系

4.4.3　排沙底孔压力及出口流速分布

为了判断排沙底孔体型优劣,试验在模型洞顶、检修门槽侧墙及底板安装了 23 个测压点。试验对库水位为 742.08 m 和 755.92 m 时排沙底孔的压力进行了观测,结果见表 2-4-6 ~ 表 2-4-8 及图 2-4-26,可以看出,排沙底孔顶板和侧墙压力分布正常,无负压;底板除 8 号测点受两侧边墙扩散影响在库水位为 755.92 m 时有 0.96 m 水柱的负压外,其他各点压力值均为正压,且分布正常。

表 2-4-6　排沙底孔单独运用底板压力　　　　　　　（单位:m 水柱）

编号	桩号	测点高程(m)	$H=742.08$ m $Q=1\,145$ m³/s	$H=755.92$ m $Q=1\,340$ m³/s
1	坝上 0 + 003.84	699.17	39.42	51.58
2	坝上 0 + 003.36	699.73	29.00	37.40
3	坝上 0 + 001.92	700.00	20.16	25.68
4	坝下 0 + 004.56	700.00	19.20	24.24
5	坝下 0 + 015.92	700.00	18.80	23.76
6	坝下 0 + 026.80	700.00	14.16	17.44
7	坝下 0 + 031.76	700.00	10.24	11.84
8	坝下 0 + 040.40	700.00	0.96	- 0.72
9	坝下 0 + 044.64	699.91	2.91	2.43
10	坝下 0 + 049.44	699.64	0.29	0.05

表 2-4-7　排沙底孔单独运用顶板压力　　　　　　　（单位:m 水柱）

编号	桩号	测点高程(m)	$H=742.08$ m $Q=1\,145$ m³/s	$H=755.92$ m $Q=1\,340$ m³/s
1	坝上 0 + 003.84	708.99	28.13	40.05
2	坝上 0 + 002.64	708.07	20.81	29.61
3	坝上 0 + 000.32	707.35	12.81	18.33
4	坝下 0 + 003.28	707.00	12.20	17.24
5	坝下 0 + 006.80	707.00	11.96	17.00
6	坝下 0 + 016.16	707.00	11.00	15.64
7	坝下 0 + 027.12	706.98	13.98	19.90
8	坝下 0 + 028.40	706.72	7.84	10.96
9	坝下 0 + 030.00	706.40	4.56	5.28
10	坝下 0 + 031.60	706.08	0.64	0.84

表 2-4-8　排沙底孔单独运用侧墙压力　　　　　　　（单位:m 水柱）

编号	桩号	测点高程(m)	$H_上=742.08$ m $Q=1\,145$ m³/s	$H_上=755.92$ m $Q=1\,340$ m³/s
1	坝下 0 + 003.50	703.50	16.10	21.30
2	坝下 0 + 004.00	703.50	14.82	19.62
3	坝下 0 + 004.50	703.50	15.70	20.74

　　由于排沙底孔处于坝体中部,测量洞内流速非常困难,试验仅在洞出口断面及扩散段始端和末端布置 3 个测速断面,观测了断面中心线垂线流速分布,结果见图 2-4-27。在设计水位时,出口扩散段中垂线平均流速已达 25 ~ 36 m/s,鉴于排沙底孔出口底板压力较

小以及泥沙对过水边界的磨蚀有可能
引起空蚀发生,因此建议在设计该段
采用合适的抗磨材料和提高施工平整
度要求,确保工程安全。

4.4.4　排沙底孔消能冲刷

试验观测了排沙底孔单独运用、
两孔全开状态时下游消能情况。当库
水位高于703.2 m时,出流水舌都能挑
入消力池内,水舌落点在0 + 118.05 ~
0 + 130.26。

试验在消力池底板上沿排沙底孔

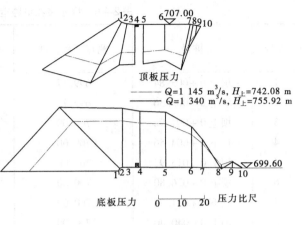

图 2-4-26　排沙底孔单独运用压力分布

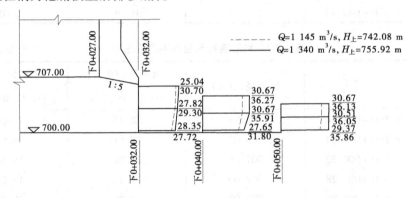

图 2-4-27　排沙底孔单独运用出口中垂线平均流速分布　(单位:m/s)

中心线和中间表孔中心线安装了两排测压点,位置从距离溢流坝底部反弧末端向下8.95
m 处每隔4 m 布置一个,每排20 个,总共40 个,具体布置见图2-4-28。

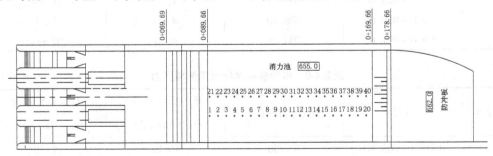

图 2-4-28　消力池底板测压点布置

对库水位为742.08 m 和755.92 m 时消力池底板压力、下游河道流速分布及防冲板
后冲刷进行了观测,结果见图2-4-29 ~ 图2-4-31,供设计参考。根据下游冲刷结果看,消
力池内消能比较充分,下游冲刷轻微,设计水位时,防冲板后冲刷坑最深点高程为661.48
m,仅比防冲板顶低0.5 m。防冲板后右侧隔墙处冲刷也非常小。

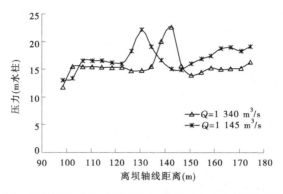

图 2-4-29 排沙底孔单独运用消力池底板压力分布（排沙底孔中线）

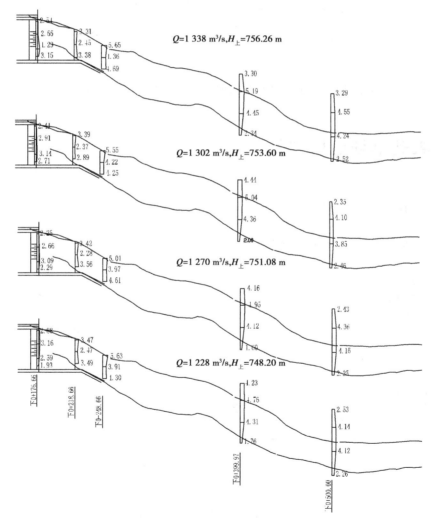

图 2-4-30 排沙底孔单独运用下游河道流速分布 （单位:m/s）

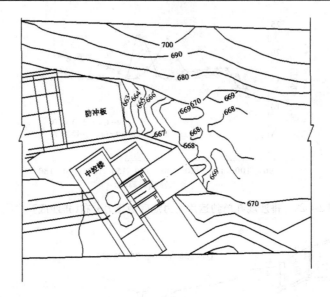

图 2-4-31　排沙底孔单独运用防冲板后冲刷地形（$Q = 1\ 340\ \mathrm{m^3/s}$，$H_{上} = 755.92\ \mathrm{m}$）

4.5　表孔单独运用试验

4.5.1　表孔原方案试验

表孔原方案体型布置见图 2-4-32。

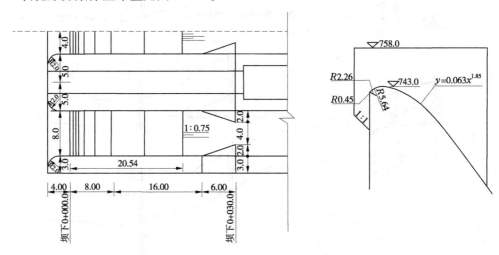

图 2-4-32　表孔原方案体型布置

4.5.1.1　表孔流态及泄流能力

试验观测到水流在闸室收缩开始以前平顺下泄，流态与一般溢流坝无二。当水流进入闸室收缩段后，受闸墩尾部加宽楔形体的影响，水面产生冲击波并在闸室中心线交汇，交汇后的冲击波沿竖向扩展形成一股高而窄的水冠下泄。水墙形成的高度与堰顶水头有关,堰顶水头越大,水墙越高越窄,稳定性越差,即左右摆动的幅度越大。试验发现当堰顶水头大于 10 m 以后,水墙高度已超出两侧边墙高度,当水墙向两侧摆动时可砸在边墙及墙外开挖的山体上。表孔单独泄水时,各级水位下消力池均出现淹没水跃。各级库水位时表孔水面线见图 2-4-33。

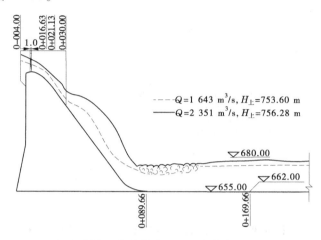

图 2-4-33　表孔单独运用原方案水面线

模型实测表孔水位流量关系见图 2-4-34。可以看出库水位在 752.50 m 以下,试验值略大于设计值;库水位为 752.50～756.25 时,二者接近,基本满足设计要求。

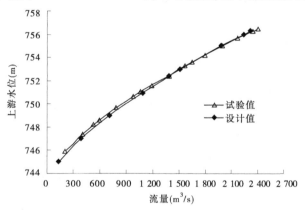

图 2-4-34　表孔单独运用原方案水位流量关系

4.5.1.2　表孔堰面压力及流速分布

试验在表孔堰面中心线安装了 15 个测压点。不同库水位时的实测压力结果见图 2-4-35。可以看出在库水位较高时,堰顶下游附近堰面有负压出现,但负压绝对值最大为 1.45 m 水柱,满足溢流坝设计规范要求。受宽尾墩对水流竖向拉开的影响,在溢流坝面陡坡段也有负压出现,负压绝对值最大仅为 0.57 m 水柱,表明溢流坝面设计是合理的。

由于宽尾墩的存在,溢流坝面水深变化较大,流速测量比较困难,有些垂线只能测 1

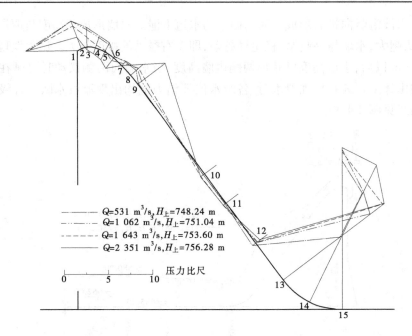

图 2-4-35　表孔单独运用原方案溢流坝坝面压力分布

个点。试验实测中间表孔中心线流速分布(垂直坝面)见图 2-4-36。流速沿程逐渐加大,至坝脚反弧起点,设计水位时底部流速可达 40 m/s,已进入高速水流范畴,建议对过流坝面的施工质量进行严格控制,防止空蚀现象发生。

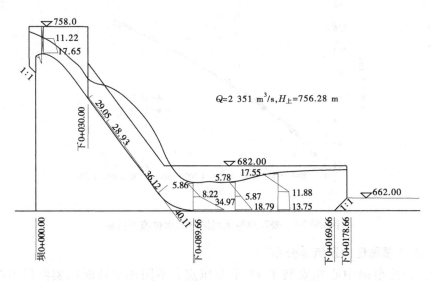

图 2-4-36　表孔单独运用原方案溢流坝坝面流速分布　(单位:m/s)

4.5.1.3　消力池底板压力及下游河床冲刷

通过观察可知,各级库水位条件下消力池内均出现淹没水跃,消能比较充分,底板压力分布正常,由于防冲板末端过水断面较小,水流较集中,防冲板末端河床仍产生了一定冲刷,设计水位时冲刷坑最深点高程为 660.4 m,比防冲板顶高程低 1.5 m,防冲板末端的齿墙应设一定深度才可保证防冲板稳定,隔墙处冲刷也较轻微。试验给出了设计水位时消力池底板压力分布及冲刷坑地形,见图 2-4-37 和图 2-4-38。

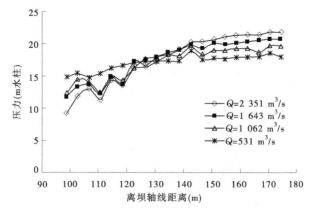

图 2-4-37 表孔单独运用原方案消力池底板压力分布(表孔中线)

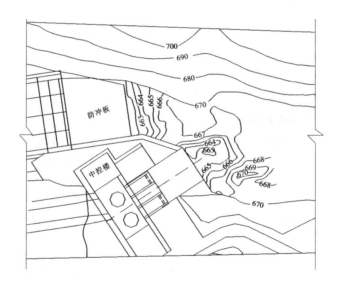

图 2-4-38 表孔单独运用原方案防护板后冲刷坑地形(设计水位)

4.5.2 表孔宽尾墩修改方案

4.5.2.1 表孔修改方案概况

如前所述,原方案宽尾墩后水流形成高而窄的水冠,且极不稳定,有时会偏出边墙砸在边墙和紧邻的山体上,这是设计不允许的。分析认为,由于闸墩尾部楔形体宽度太大,墩尾处过水宽度减小太多,才使水流竖向拉开后形成的水墙过窄且高,因此调整墩尾楔形体的宽度即可解决该问题。

对楔形体宽度进行了几次修改试验后,最终将中间孔楔形体宽度由原设计的 2 m 改为 1.5 m;右边孔右侧楔形体宽度改为 1.5 m,左侧楔形体改为 1.25 m;左边孔左侧楔形体宽度改为 1.5 m,右侧楔形体宽度改为 1.25 m,其他尺寸不变,具体模型布置见图 2-4-39。

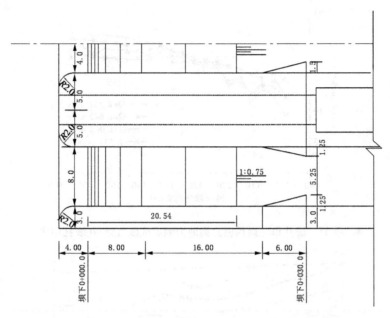

图 2-4-39　表孔宽尾墩修改体型 （单位:m）

4.5.2.2　表孔修改方案试验结果

试验结果表明,体型修改后,水流竖向拉开后形成的水冠比较稳定,消除了砸边墙和山体的现象,溢流坝泄量不受影响,只是溢流坝水面线有所变化,见图 2-4-40。同时,堰面压力也有相应的改变,负压值仍满足设计规范要求,见图 2-4-41。

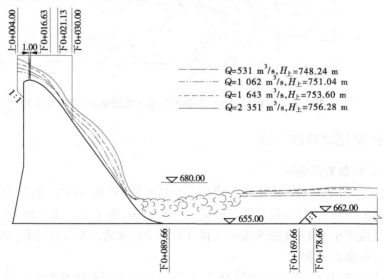

$Q=531$ m³/s,$H_上=748.24$ m
$Q=1\,062$ m³/s,$H_上=751.04$ m
$Q=1\,643$ m³/s,$H_上=753.60$ m
$Q=2\,351$ m³/s,$H_上=756.28$ m

图 2-4-40　表孔单独运用修改方案水面线

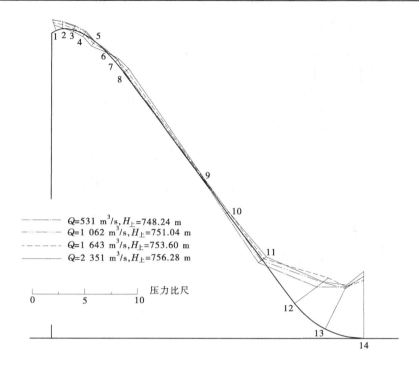

图 2-4-41   表孔单独运用修改方案溢流坝坝面压力分布

表孔体型修改后,溢流坝坝面流速分布、消力池底板压力和消力池流态改变不大,防冲板后冲刷坑深度和范围基本未变,设计水位时防冲板后冲刷坑最深点高程为 659.7 m。模型实测消力池底板压力、坝面流速分布、下游河道流速分布和防冲板后冲刷坑地形见图 2-4-42 ~ 图 2-4-45。

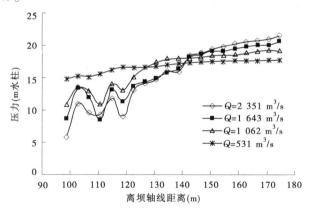

图 2-4-42   表孔单独运用修改方案消力池底板压力分布(表孔中线)

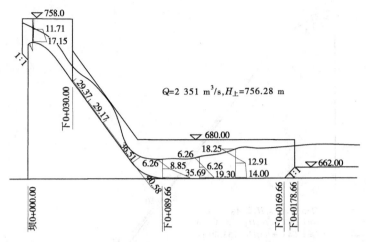

图 2-4-43　表孔单独运用修改方案溢流坝坝面流速分布　（单位：m/s）

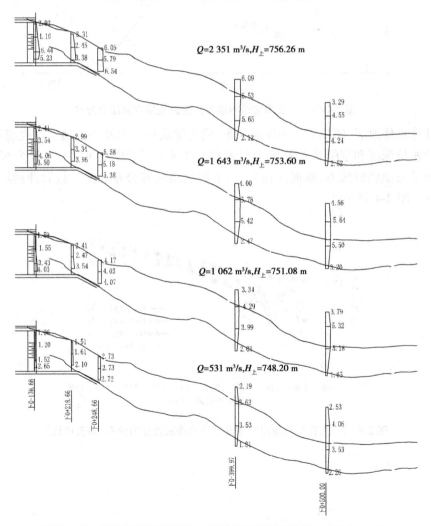

图 2-4-44　表孔单独运用修改方案下游河道流速分布　（单位：m/s）

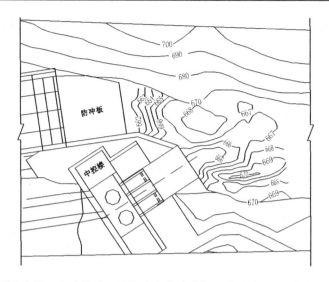

图 2-4-45　表孔单独运用修改方案防冲板后冲刷地形(设计水位)

4.6　机组单独发电试验

试验在死水位和设计水位条件下(引水流量为 2×10^5 m^3/s)对进出口流态、引水发电洞压力及出口处流速进行了观测。在死水位时进水口前水面有两个小的凹陷漩涡产生,漩涡没有贯通,也没有吸气现象,随着水位的升高漩涡逐渐消失,到达设计水位时进水口前水面平稳。出水口上部靠胸墙处总是有一水平轴漩滚存在,水流沿反坡比较平顺进入下游河道,反坡底板下游河床冲刷不明显。引水发电洞压力变化不大,实测两级水位下的洞身压力见表 2-4-9。

表 2-4-9　电站引水发电洞单独运用压力测量结果　　　　(单位:m 水柱)

编号	桩号	测点高程 (m)	$H_上 = 740$ m $Q = 210$ m^3/s	$H_上 = 756$ m $Q = 210$ m^3/s
1	0 + 004. 50	736. 76	11. 32	19. 40
2	0 + 005. 90	735. 55	12. 21	20. 29
3	0 + 007. 30	735. 18	12. 43	20. 59
4	0 + 008. 60	735. 17	12. 67	20. 67
5	0 + 010. 95	735. 17	12. 43	20. 59
6	0 + 013. 30	734. 00	13. 44	21. 52
7	0 + 023. 50	733. 40	13. 56	21. 88
8	0 + 037. 66	726. 32	20. 00	28. 40
9	0 + 073. 83	675. 22	71. 10	79. 18
10	0 + 085. 83	670. 30	75. 78	83. 86
11	0 + 139. 20	670. 30	75. 62	83. 54
12	0 + 192. 58	670. 30	75. 30	83. 30

电站出水口流速分布见图 2-4-46。可以看出,出口流速基本对称,水流出两侧导墙后迅速减小。

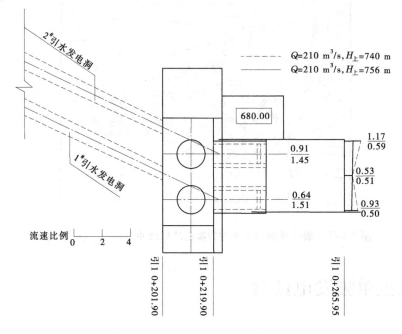

图 2-4-46　电站单独运用出口流速分布

4.7　表孔排沙底孔联合运用试验

4.7.1　表孔排沙底孔联合运用泄流能力及压力

联合运用时坝前水流流态与表孔单独泄流时基本一致,而且二者泄流能力互不影响,即某水位的联合泄量等于该水位时二者单独泄量之和。溢流坝面和排沙底孔压力及流速也互不影响,不同的是坝下游消力池和下游河道的水力学参数有较大变化。联合运用时各泄水建筑物的压力可参考各自单独运用时的压力。

4.7.2　联合运用消力池水面线及底板压力

联合运用时,在各级水位条件下消力池内都出现淹没水跃,消能效果较好,实测消力池水面线见图 2-4-47,在设计水位时消力池内水面已超出边墙高程 680 m,建议增加消力池边墙高度。底板压力分布见图 2-4-48 和图 2-4-49。

表孔和排沙底孔共同泄流时,消力池内水流掺气翻滚剧烈,流向变化较快,流速测量非常困难。因此,试验只对消力池出口及下游河道进行了流速测量,结果见图 2-4-50。可以看出,在消力池末端流速横向分布还是比较均匀的,校核水位时消力池末端平均流速约为 4.15 m/s。由于消力池后河道向右侧偏转,水流进入河道后因惯性作用集中沿左岸下

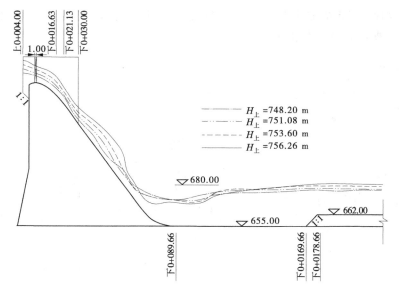

图 2-4-47　联合运用消力池水面线

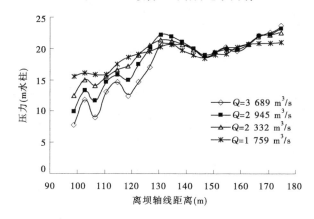

图 2-4-48　联合运用消力池底板压力分布（排沙底孔中线）

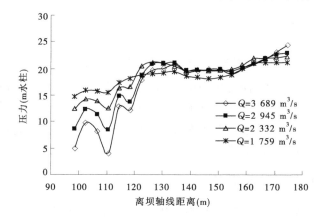

图 2-4-49　联合运用消力池底板压力分布（表孔中线）

泄,校核水位时左岸水流流速最大可达 7.77 m/s,因此应加强水流对左岸山体冲刷的观测,采取适当措施,防止山体滑坡。

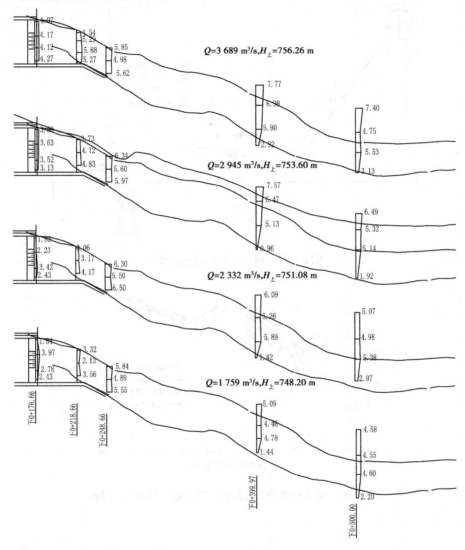

图 2-4-50 联合运用下游河道流速分布 （单位:m/s）

表孔和排沙底孔联合泄流时,防冲板下游河床冲刷较严重,设计水位时冲刷坑最深点高程已达 655.28 m,冲刷坑地形见图 2-4-51。建议对防冲板后河床采用铅丝石笼防护,顺水流长度应达到 30 m,靠左侧山体防护距离应更长一些,建议防护 60 m。考虑到此处山体坡度较陡,为防止山体滑坡造成泄流不畅,建议对该处山体采取适当的喷锚支护保护。

4.7.3 消力池脉动压力量测

根据表孔、排沙底孔单独运用和联合运用时消力池底板压力情况,排沙底孔出流水舌在消力池内的落点应该在 9# ~ 12# 测压点附近(对应桩号 0 + 130.62 ~ 0 + 142.62),该点

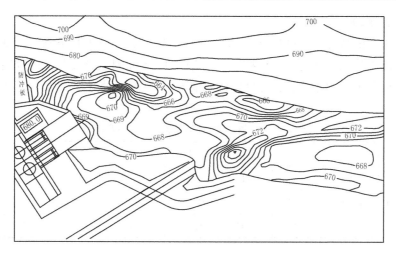

图 2-4-51　联合运用防护板后冲刷地形（设计水位）

附近底板受排沙底孔水流冲击较大；而表孔下泄水舌落点在 2# 测压点附近（桩号 0 +
102.62）。因此，在 9#、10#、11#、12# 和 22#、23#、24#、25# 测点安装压力传感器进行脉动压力
测量。脉动压力量测仪器及信号处理采用 CYG06 型压力传感器、DPM – 8H 动态应变仪
和 IBM 计算机进行。

　　根据经验，水流压力脉动频率一般为 1 ~ 50 Hz，取 f_m = 50 Hz，根据采样定理，采样间
隔 Δ_t = 1/2f_m（f_m 为最大分析频率），则采样间隔 Δ_t = 0.01 s，采样总数取 N = 1 024，试验样
本长度 T = $N\Delta_t$ = 10.24 s。试验将对联合运用时各测点脉动压力参数进行测量和计算。

　　根据模型实测结果，水流脉动压力概率分布接近正态。库水位 756.1 m 时 9# 测点和
23# 测点脉压特征见图 2-4-52、图 2-4-53。

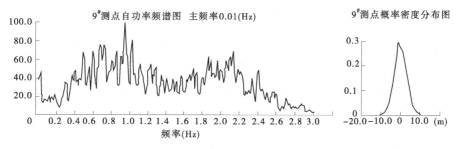

图 2-4-52　联合运用 9# 测点脉压特征（$H_{上}$ = 756.1 m）

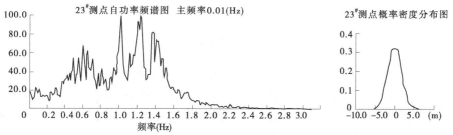

图 2-4-53　联合运用 23# 测点脉压特征（$H_{上}$ = 756.1 m）

4.7.3.1 脉压幅值

脉动压力幅值特性多用脉压强度均方根 σ 描述。脉动压力均方根 σ 反映了水流紊动程度和水流平均紊动能量,表2-4-10是两级水位下各测点脉动压力均方根。可以看出,各测点脉压均方根随着库水位的升高而增大。23#测点处脉压较大,最大脉压强度达3.4 m水柱。

表2-4-10　消力池各测点脉动压力均方根

测点编号	均方根 σ(m)							
	9	10	11	12	22	23	24	25
库水位748 m	1.13	1.18	0.82	0.85	1.12	1.08	0.9	0.83
库水位756 m	2.71	3.23	2.71	1.71	2.56	3.4	2.87	1.68

由表2-4-9可知,低水位时,测点均方根小,在1.0 m左右,高水位时测点均方根为1.7~3.4 m。可以看出,消力池水流冲击区的脉压强度和上游水位有关,水位越高,均方根越大。

4.7.3.2 脉压频谱特性

功率谱是脉动压力的重要特征之一,功率谱图反映了脉动能量在频域上的分布。应用谱分析可求得功率谱密度随频率的变化及优势频率的数值特征,表2-4-10为各测点水流脉动压力优势频率。由表2-4-11可知,优势频率一般为0.5~1 Hz,说明消力池水流紊动特性属低频大脉动。

表2-4-11　各测点水流脉动压力优势频率

测点编号	优势频率(f)							
	9	10	11	12	22	23	24	25
库水位748 m	1	1	1.01	1	1.01	1.01	1.01	1.01
库水位756 m	0.94	0.6	1.04	1.02	0.62	0.62	0.44	0.7

4.8　补充试验

4.8.1　导流洞按洪水过程下泄时出口冲刷

当试验全部结束以后,设计单位又要求按20年一遇洪水过程线对导流洞出口再进行冲刷试验,对比观察不同试验条件下冲刷坑尺寸。根据设计提供的入库洪水过程线及导流洞20年一遇洪水时的泄量1 680 m³/s,试验按同比例削减的办法对出库流量进行概化,为了试验放水控制方便,对模型不同流量下的放水时段也进行了调整。概化后的试验放水过程见表2-4-12。

表 2-4-12　导流洞下泄洪水过程

原形时段(h)	入库流量(m³/s)	出库流量(m³/s)	模型时段(min)
2	884		
2	888	879	40
2	1 000		
2	1 194		
2	1 381	1 330	40
2	1 557		
2	1 639		
2	1 674	1 618	40
2	1 717		
2	1 741	1 680	27
2	1 740		
2	1 726		
2	1 711	1 652	40
2	1 697		
2	1 685		
2	1 663	1 599	40
2	1 620		
2	1 590		
2	1 483	1 438	40
2	1 393		
2	1 318		
2	1 271		
2	1 252	1 201	80
2	1 230		
2	1 207		
2	1 186		

　　试验结果表明,冲刷坑最深点高程为 655.7 m,与恒定流泄量 1 680 m³/s 冲刷试验相比,冲刷坑深度变化不大,但冲刷坑范围比恒定流试验结果小,导流洞出口冲刷坑地形见

图 2-4-54。

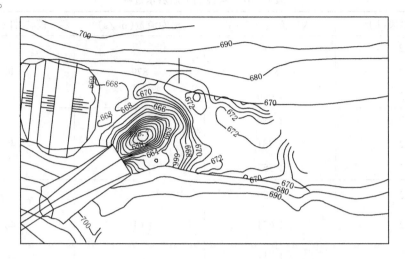

图 2-4-54　导流洞按洪水过程线下泄出口冲刷地形

根据对比可知,冲刷坑的最大深度和最大泄量有关,而冲刷坑范围不但和最大泄量有关,还和泄流过程有关。

一般而言,冲刷坑最深点对泄水建筑物的影响最大,因此在冲刷试验中,为安全计大都采用恒定的最大泄量进行放水试验,直至冲刷坑稳定,此种条件下得到的冲刷坑结果偏于安全。

4.8.2　消力池深度修改试验

减小消力池深度可以减小工程量,设计部门提出将消力池底板抬高可行性进行试验,希望降低工程造价。

首先将消力池底板抬高 2 m 进行试验,泄流规模采用表孔和排沙底孔联合泄流。从流态看,消力池仍产生淹没水跃。模型实测消力池水面线及下游流速分布见图 2-4-55 及图 2-4-56。可以看出,因底板抬高,消力池水面随之升高,下游流速与底板不抬高结果相比有所增加,消力池出口处流速可达 6 m/s 左右,而且横断面分布不均匀,防冲板后河床冲刷深度比底板不抬高结果深 4.68 m,最深点高程可达 650.6 m,冲刷地形见图 2-4-57。对结果分析后认为,底板抬高可以减小消力池开挖工程量,但防冲板后冲刷加重,需要的防护费用相应增加,设计应权衡二者投资增减的综合结果。

为了检验消力池抬高 2 m 后消力池消能安全性,再次将底板抬高 2 m 放水试验。结果发现,此时消力池已不能产生淹没水跃,水跃跃头位置已推至消力池的后半部,大约在桩号 0 + 134 处。因为消力池发生了远驱水跃,流态恶劣,试验没有进行更多的数据测量,流态及防冲板后冲刷地形(冲刷未达到稳定)见图 2-4-58 和图 2-4-59。这表明消力池底板抬高为 4 m 已不能满足设计要求。为安全起见,消力池底板抬高不宜超过 2 m。

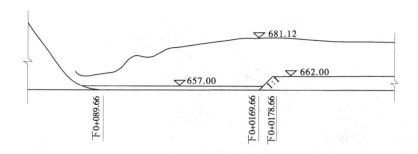

图 2-4-55　消力池底板抬高 2 m 联合运用水面线（设计水位）

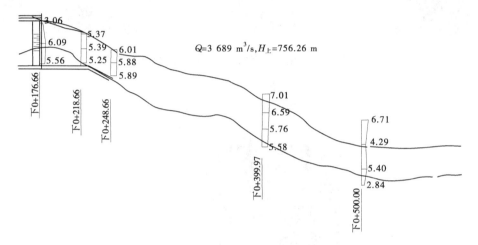

图 2-4-56　消力池底板抬高 2 m 联合运用下游河道流速分布　（单位：m/s）

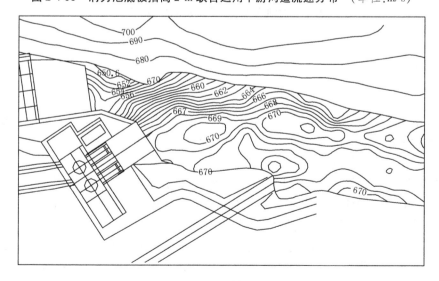

图 2-4-57　消力池底板抬高 2 m 联合运用防冲板后冲刷地形（设计水位）

图 2-4-58　消力池底板抬高 4 m 后消力池流态

图 2-4-59　消力池底板抬高 4 m 后防冲板后冲刷地形

4.9　结　论

（1）导流洞原设计洞身压力分布和流速分布正常，洞身体型、泄量满足设计要求，但出口消能工体型欠佳，消能不充分，下游冲刷较严重，而且回流对下游围堰坝脚产生冲刷。

（2）经多次修改，将导流洞出口两侧边墙扩散并在出口段末端设差动式挑流鼻坎，使得水流在扩散段产生水跃消能后再挑入下游河道，增加了消能率，下游冲刷坑深度比原设计减小 2.5 m，对岸山体冲刷状况明显好转，围堰坝脚冲刷现象消除。泄流量比原设计略有增大，洞身压力、流速和流态与原设计差别不大。

（3）排沙底孔泄量满足设计要求，进口前流速随着距洞口前缘距离增大迅速减小，在距洞口前 19 m 处，流速仅为 0.35 m/s。洞身压力分布正常，洞出口因侧墙扩散底板有 1 m 的负压出现，考虑到洞出口流速较高且排沙，建议设计选用适当的抗磨材料和提高施工平整度要求。

（4）排沙底孔单独泄流时，出口水舌落点在桩号 0 + 118.05 ～ 0 + 130.26，水舌冲击点压力高程可达 677 m 左右,消力池消能比较充分,但因消力池出口宽度较窄,防冲板下游河床仍产生一定冲刷,建议对防冲板后河床铺设铅丝石笼防护,下游河道冲刷不严重。

(5)表孔泄量满足设计要求,堰面虽有负压出现,但绝对值满足规范要求,由于闸墩末端楔形体宽度过大,水流在竖向扩展太大,形成的水冠左右摆动并高出两侧边墙,对边墙和紧邻的山体造成冲砸。

(6)通过调整楔形体宽度消除了水冠冲砸两侧边墙和山体现象,闸墩末端楔形体修改对泄量基本无影响,坝面压力及消力池流态与原设计相比变化不大。在设计水位时堰面反弧起点流速已达 40 m/s,应加强施工质量控制,防止空化空蚀。

(7)电站进水口前,在死水位时水面有凹陷漩涡出现,但不贯通,没有发现吸气现象,随水位升高,漩涡消失,在正常发电状态下,引水洞内压力变化不大,出口上部靠胸墙处总有一水平轴漩滚存在,斜坡底板下游河床基本未产生冲刷。

(8)表孔和排沙底孔联合运用时,二者之间泄流量互不影响,溢流坝堰面水面和排沙底孔水舌之间也互不影响,消力池内仍产生淹没水跃,在设计水位时消力池内水面已超出边墙高程 680 m,防冲板后冲刷较严重,冲刷坑最深点高程已达 659.7 m,建议防冲板后河床采用铅丝石笼防护,防护范围顺水流长度应达到 40~60 m,同时加强下游河道左侧山体冲刷观测,防止山体大面积滑坡。

(9)水流对消力池底板冲击区脉动压力量测结果表明,脉动压力概率分布接近正态,脉动压力均方根 σ 为 1~3.4 m,23# 测点处脉压较大,最大脉压强度达 3.4 m 水柱。水流脉动压力优势频率为 0.94~2 Hz,水流紊动特性属低频大脉动。

(10)导流洞按洪水过程线放水进行冲刷试验时,冲刷坑深度与恒定流最大泄量试验结果差别不大,只是冲刷坑范围略小。

(11)消力池底板抬高 2 m 后,消力池内仍产生淹没水跃,消能满足设计要求,但从下游流速分布及冲刷坑深度看消能率有所降低;若底板抬高 4 m,则消力池内产生远驱水跃,消能不满足要求。为安全起见,建议消力池底板抬高不应超过 2 m。

第 5 章　云南石门坎水库拱坝体型整体水工模型试验

5.1　概　述

石门坎水电站挡水坝初始设计为碾压混凝土重力坝,曾进行过详细研究。随着设计的深入,重力坝方案改为拱坝方案,进行进一步试验研究。

5.1.1　拱坝设计方案概况

石门坎水电站坝顶高程 758.00 m,坝基最低高程 650.00 m,最大坝高 108 m,溢流坝段包括 3 个表孔和闸墩内布置的 2 个中孔,枢纽平面布置见图 2-5-1。表孔堰顶高程 745.00 m,孔口尺寸 10 m×11 m(宽×高),堰面前部为椭圆曲线,后部为抛物线,抛物线后接一斜坡,斜坡后接一反弧挑坎,为了将挑射水舌分散入消力池,3 个表孔反弧半径和挑角各不相同。中孔为有压泄水孔,进口底高程为 700.00 m,两孔中心间距为 21 m,中孔进口顶部为 1/4 椭圆曲线,其后是事故检修门,出口顶板用 1:5 的斜坡下压,并设弧形工作门,中孔洞内底板水平。表孔和中孔共用 1 个消力池,消力池长 155.00 m、宽 56.00 m、池深 19.00 m,消力池左边坡 1:1,右边坡 1:0.7。上游立视图见图 2-5-2。

水库设计死水位为 740.0 m,正常蓄水位 756.0 m,校核水位为 756.58 m,校核洪水位设计表孔中孔联合泄量 3 494 m³/s。

5.1.2　试验任务

试验内容如下:

(1)验证各泄水建筑物的泄流能力。

(2)观测不同库水位下各泄水建筑物进口流态、流速分布,论证进水口布置的合理性。

(3)量测不同水位时,表孔和中孔的水面线、压力分布与流速分布。

(4)观测下游消力池的流态、流速、脉动压力,论证体型的合理性,验证泄水建筑物下游消能防冲设施安全性。

(5)验证挑流 - 水垫塘联合消能后,下游河道水流衔接情况和冲刷情况。

(6)分析坝后雾化对电站的影响。

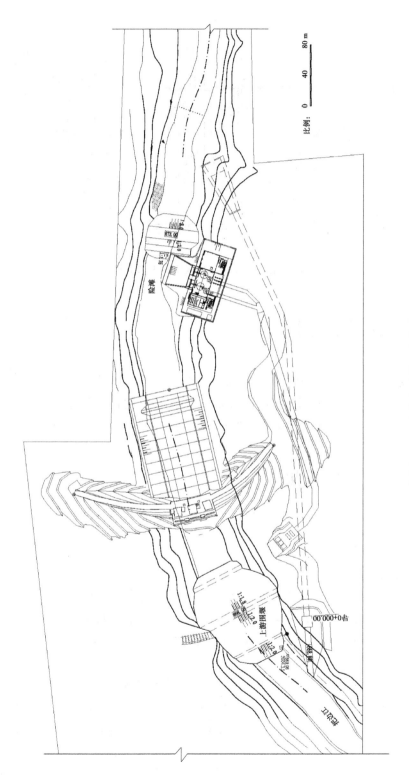

图 2-5-1　石门坎水电站拱坝方案平面布置

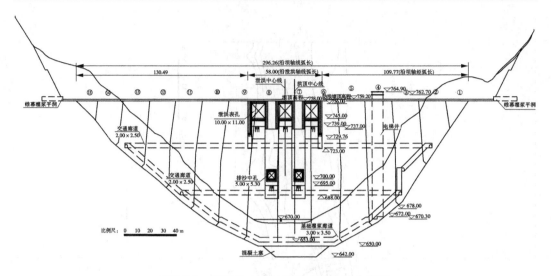

图 2-5-2　石门坎水电站拱坝方案上游立视图

5.2　模型比尺和范围

根据任务要求,模型设计应满足几何形态、水流运动等相似条件。依据试验任务要求和场地、供水等条件,试验采用几何比尺为 $\lambda_L = \lambda_H = 80$ 的正态整体模型。模型范围取坝轴线以上 400 m,坝轴线以下 600 m,总计原形模拟长度 1 km,宽度 350 m。

5.3　原方案试验结果

5.3.1　中孔单独运用试验

5.3.1.1　中孔泄流能力

试验对中孔单独运用水位流量关系进行了系统测量,结果见图 2-5-3。中孔在设计提供的各级特征水位时均为孔流,当体型一定时,堰上水头是影响孔流流量系数的主要因素。由模型试验结果并按孔流泄流计算公式,对各级特征水位下的流量系数进行计算,结果列入表 2-5-1 中,供设计参考。

表 2-5-1　中孔特征水位下的流量和流量系数

库水位		$H = 740$ m	$H = 756$ m	$H = 756.58$ m
试验值	流量($\mathrm{m^3/s}$)	1 032	1 250	1 263
	流量系数	0.857	0.877	0.882

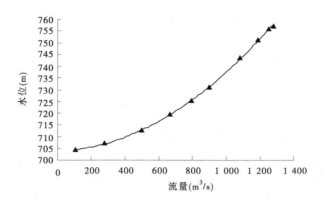

图 2-5-3　原方案排沙洞单独运用水位—流量关系

5.3.1.2　中孔压力及出口流速分布

试验分别对特征库水位 739.97 m、748.13 m 和 756.49 m 时中孔的压力进行了观测，实测中孔顶板及底板各测点压力分布见图 2-5-4。中孔顶板和底板压力分布正常，无负压出现，各点压力值均为正压，且分布正常。

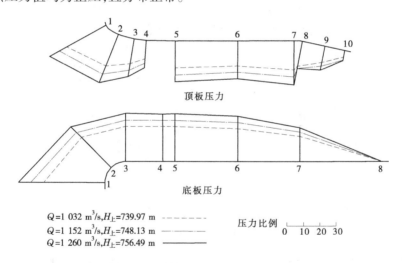

顶板压力

底板压力

$Q=1\,032\ \text{m}^3/\text{s}, H_{上}=739.97\ \text{m}$　- - - - -

$Q=1\,152\ \text{m}^3/\text{s}, H_{上}=748.13\ \text{m}$　————

$Q=1\,260\ \text{m}^3/\text{s}, H_{上}=756.49\ \text{m}$　————

压力比例　├──┼──┼──┤
　　　　　0　10　20　30

图 2-5-4　原方案中孔单独运用压力分布

5.3.1.3　中孔消能冲刷

模型分别在消力池底板沿中孔中心线和 2# 表孔中心线安装了 2 排测压点，位置从桩号 0+29 处向下游每隔 8 m 布置 1 个，编号分别对应 1#~8#，为量测水流挑射的入水点范围，从桩号 0+85 处开始每隔 4.8 m 布置 1 个，编号分别对应 9#~15#。每排 15 个，总共 30 个。具体布置位置见图 2-5-5。

试验观测中孔在校核水位单独运用时水流入水点约在桩号 0+97.98 处，校核水位时测量中孔出口处垂线平均流速为 32.07 m/s，水流由中孔出射后，形成一股集中水流，在空中纵向、横向均未扩散，直接落入消力池内。不同库水位时消力池底板压力试验测量结果见图 2-5-6 及图 2-5-7。在库水位为 748.13 m 和 756.49 m 时，中孔对应消力池底板出现负压，库水位为 756.49 时最大负压值为 7 m 水柱。中孔单独运用时流量较小，消力池

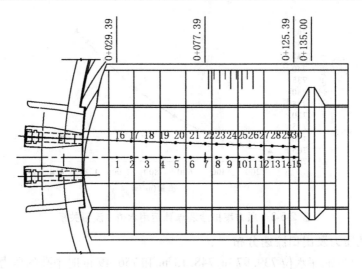

图 2-5-5　原方案消力池底板测压点布置

内水深过浅,测量仅为 5.4 m 左右,水舌落入水中对底板冲击很大,反弹后水跃最高点出现在下游桩号 0＋143 处,已越过消力池尾坎。水流未能在消力池内充分消能,尾坎后冲刷较严重,应考虑适当降低消力池底高程和延长消力池长度。

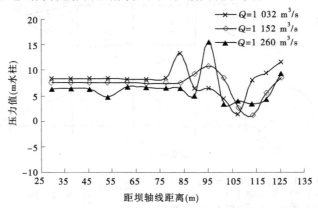

图 2-5-6　原方案中孔单独运用消力池底板压力分布(表孔中线)

5.3.2　表孔单独运用试验

5.3.2.1　表孔泄流能力

试验实测表孔水位流量关系见图 2-5-8,并按照堰流泄流计算公式计算特征水位下的流量和流量系数见表 2-5-2。

表 2-5-2　表孔特征水位下的流量和流量系数

库水位		$H_上 = 750$ m	$H_上 = 753$ m	$H_上 = 756.58$ m
试验值	流量(m³/s)	610	1 290	2 360
	流量系数	0.411	0.429	0.451

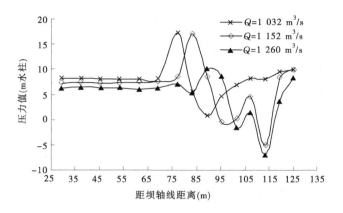

图 2-5-7　原方案中孔单独运用消力池底板压力分布（中孔中线）

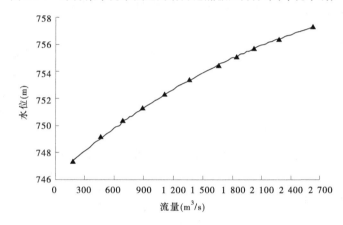

图 2-5-8　试验实测表孔水位流量关系

5.3.2.2　表孔堰面压力及流速分布

试验在校核水位时,对 1# ~ 3# 表孔堰顶和出口断面底部流速进行了测量,各孔流速见表 2-5-3,可以看出 3 个表孔在进口处流速分布基本一致,3# 表孔因出口处体型为向下负角度挑坎,流速稍大。

表 2-5-3　原方案表孔单独运用堰面底部流速分布　　　　　　（单位:m³/s）

位置	1#表孔	2#表孔	3#表孔
进口	7.58	7.62	7.65
出口	17.61	18.29	19.24

试验分别在 1# ~ 3# 溢流坝段中心线安装了 11 个测压点,3 个表孔堰面在前部分体型完全相同,对应布置测压点 1# ~ 8# 位置也相同,11# 测压点为出口末端,9# 和 10# 测压点布置在反弧段初始端与末端。不同库水位时的实测压力结果见图 2-5-9 ~ 图 2-5-11。可以看出,3 个表孔压力分布正常,2# 表孔 4# 测点在校核水位时出现负压,负压绝对值最大为0.31 m 水柱,满足溢流坝设计规范要求,表明溢流坝面设计是合理的。

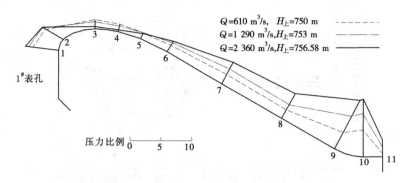

图 2-5-9　原方案表孔单独运用 1# 表孔压力分布

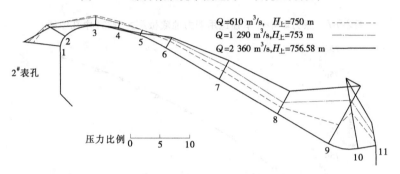

图 2-5-10　原方案表孔单独运用 2# 表孔压力分布

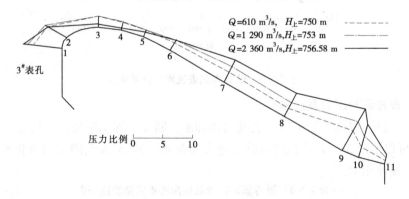

图 2-5-11　原方案表孔单独运用 3# 表孔压力分布

5.3.2.3　表孔消能冲刷

通过观察可知,表孔单独运用时各级库水位条件下消力池内均出现淹没水跃,消能比较充分,底板压力分布正常,结果见图 2-5-12 及图 2-5-13。2# 表孔因出口挑角大于 1# 和 3#,所以挑距较 1#、3# 表孔大,校核水位时入水点桩号为 0 +69.7 处,底板压力最大值出现在桩号为 0 +68 ~0 +75 处。表孔单独运用时,消力池原设计基本满足要求,在较小流量工况运用下,20# 与 21# 测压点出现负压,最大负压值为 3.88 m 水柱,在设计水位和校核水位时,消力池底板无负压出现。跃头在桩号为 0 +110 处趋于稳定,尾坎后下游冲刷也较轻微。

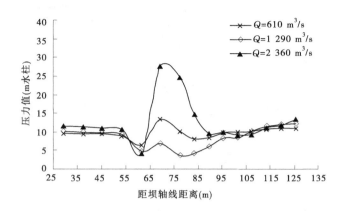

图 2-5-12　原方案表孔单独运用消力池底板压力分布（表孔中线）

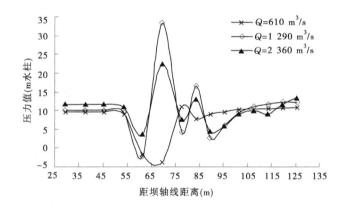

图 2-5-13　原方案表孔单独运用消力池底板压力分布（中孔中线）

5.3.3　表孔和中孔联合运用试验

5.3.3.1　表孔和中孔联合运用泄流能力及压力

试验观测联合运用时坝前水流流态与表孔和中孔单独泄流时基本一致,而且二者泄流能力互不影响,即某水位的联合泄量等于该水位时二者单独泄量之和。校核水位联合运用泄量为 3 650 m³/s,较设计值大 1.89%,满足设计要求。原方案联合运用时表孔和中孔压力测量结果,与单独运用时压力分布基本一致。

5.3.3.2　联合运用消力池压力分布

通过观察可知,联合运用时中孔出口水流与表孔水流在空中发生碰撞,产生雾化效果,增大了消能率,碰撞后水舌的挑距变小。又因联合运用泄量大,消力池内及下游水深较大,消力池内消能效果比表孔和中孔单独运用要好,底板无负压出现,结果见图 2-5-14 及图 2-5-15。

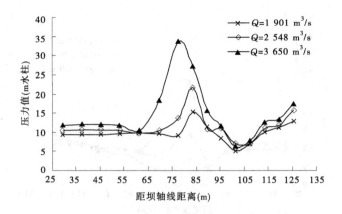

图 2-5-14　原方案联合运用消力池底板压力分布（表孔中线）

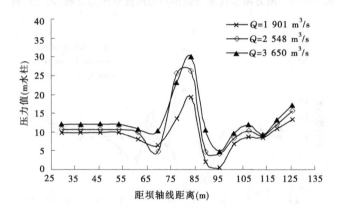

图 2-5-15　原方案联合运用消力池底板压力分布（中孔中线）

5.4　修改方案试验

5.4.1　修改方案一

根据原方案试验结果,原方案表孔设计较为合理,泄量和消能情况可满足要求,最大问题出现在中孔消能上,考虑缩窄中孔出口宽度,使出射水舌能在纵向和垂向拉开,成为窄缝消能形式,增大消能率,修改方案一分别对中孔出口宽度进行 3 次修改,具体布置见图 2-5-16,3 次修改均在中孔出口边墙末端延长 2 m,不同的是由边墙向内收缩尺度不同,分别为 0.5 m、0.8 m、0.7 m。

5.4.2　修改方案一试验

修改方案既要考虑出射水舌对消力池底板的动水压力,又要考虑水舌因纵向拉开挑距增大,是否可落入消力池内,还有水舌纵向拉开后雾化现象对下游电站的影响。在 3 次

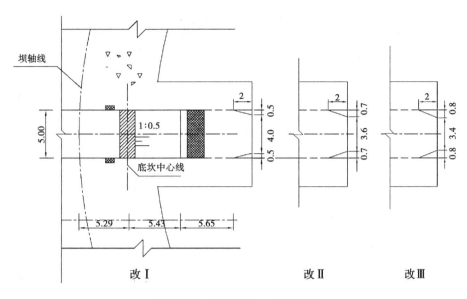

图 2-5-16　修改方案一体型布置

修改试验中,测量了校核水位时的水舌轨迹及消力池底板压力,结果见表 2-5-4、表 2-5-5 和图 2-5-17。

表 2-5-4　修改方案一校核水位消力池底板压力　　　　　（单位:m 水柱）

编号	桩号	改 I $\Delta B = 0.5$ m	改 II $\Delta B = 0.8$ m	改 III $\Delta B = 0.7$ m
1	0 + 029. 39	6. 20	7. 32	6. 20
2	0 + 037. 39	5. 96	7. 32	6. 20
3	0 + 045. 39	5. 80	7. 16	6. 20
4	0 + 053. 39	5. 32	6. 92	6. 20
5	0 + 061. 39	5. 16	6. 44	5. 48
6	0 + 069. 39	4. 84	6. 12	5. 32
7	0 + 077. 39	4. 92	5. 16	5. 08
8	0 + 83. 39	5. 00	3. 56	6. 20
9	0 + 89. 39	2. 76	5. 00	4. 68
10	0 + 95. 39	5. 00	5. 80	5. 40
11	0 + 101. 39	4. 12	4. 52	3. 16
12	0 + 107. 39	6. 04	5. 32	2. 36
13	0 + 113. 39	8. 84	5. 80	4. 84
14	0 + 119. 39	9. 32	8. 36	6. 20
15	0 + 125. 39	9. 32	12. 04	11. 40

表 2-5-5　修改方案一校核水位消力池底板压力　　（单位:m 水柱）

编号	桩号	改 I $\Delta B = 0.5$ m	改 II $\Delta B = 0.8$ m	改 III $\Delta B = 0.7$ m
16	0 + 029. 39	6. 28	7. 24	5. 64
17	0 + 037. 39	6. 12	7. 40	5. 72
18	0 + 045. 39	5. 56	7. 72	5. 08
19	0 + 053. 39	5. 72	8. 12	7. 00
20	0 + 061. 39	4. 36	6. 12	3. 24
21	0 + 069. 39	3. 16	5. 16	1. 56
22	0 + 077. 39	7. 96	8. 52	5. 00
23	0 + 83. 39	8. 28	5. 64	5. 16
24	0 + 89. 39	− 1. 48	4. 76	1. 08
25	0 + 95. 39	− 2. 20	4. 28	1. 16
26	0 + 101. 39	4. 36	6. 36	3. 48
27	0 + 107. 39	9. 56	6. 44	7. 00
28	0 + 113. 39	9. 56	2. 12	2. 84
29	0 + 119. 39	2. 12	6. 92	4. 68
30	0 + 125. 39	5. 56	10. 20	9. 96

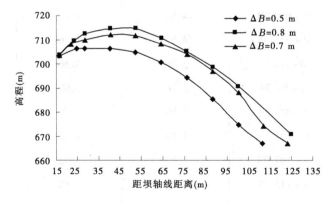

图 2-5-17　修改方案一在校核水位时三次修改试验中孔单独运用出口水舌轨迹

由图 2-5-17 看出,在出口边墙收缩为 0. 5 m 时,水舌挑距较近,从消力池底板压力值来看,在 24#和 25#测压点出现了最大值为 2.2 m 的负压。试验进一步测量了出口边墙为 0.8 m 和 0.7 m 时的水舌轨迹和消力池底板压力。综合比较出口边墙收缩 0.7 m 时,消力池底板全部不出现负压,挑距相对增加不大,可作为推荐比较方案。

5.4.3　修改方案二

根据以上试验结果,考虑到工程需要一定的安全系数,设计部门提供修改方案 2 设计体型。其中 1#表孔和 3#表孔体型完全相同,在出口处为水平抛射,出口高程为 734 m,2#表孔出口为上挑式,挑角由原来的 10°改为 15°,出口高程 734.81 m。中孔孔口尺寸不变,出口处改为边墙两边收缩 0.75 m。下游消力池深度加大 3 m,高程由原来的 661 m 减小为 658 m,消力池末端尾坎向下游加长 20 m,桩号为 0 + 155,尾坎顶部保持原来高程不变,具体体型图见图 2-5-18 ~ 图 2-5-20。

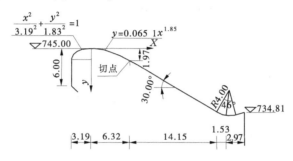

图 2-5-18　修改方案二中 2#表孔体型

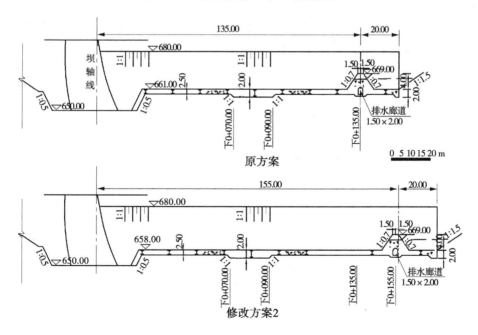

图 2-5-19　原方案及修改方案二消力池体型　(单位:m)

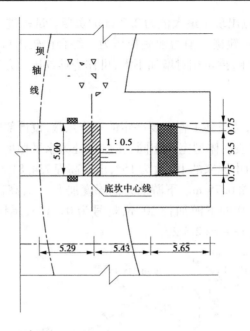

图 2-5-20　修改方案二中孔出口体型

5.4.4　修改方案二试验

按修改方案二体型修改后,测量结果见图 2-5-21～图 2-5-24。可以看出,消力池体型修改后,池体加深加长,下泄水流落入消力池内消能充分,压力分布正常。试验观测中孔单独运用时,因出口收缩,出射水舌在落入消力池前纵向和垂向拉开,空中消能效果好,但由此引发的雾化现象也较严重,另外水舌挑距较远,校核水位水舌落入消力池产生淹没水跃,翻滚涌起的波浪已推至消力池末端尾坎处。综合考虑,应将中孔出口处收缩减小为0.65 m,作为最终推荐方案。

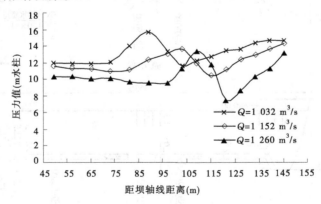

图 2-5-21　修改方案二中孔单独运用消力池底板压力分布(表孔中线)

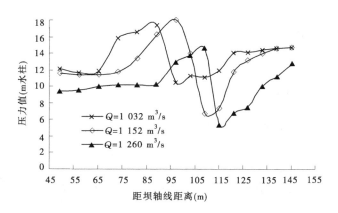

图 2-5-22　修改方案二中孔单独运用消力池底板压力分布（中孔中线）

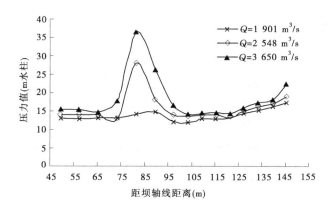

图 2-5-23　修改方案二联合运用消力池底板压力分布（表孔中线）

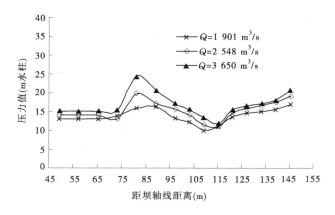

图 2-5-24　修改方案二联合运用消力池底板压力分布（中孔中线）

5.5 推荐方案

5.5.1 推荐方案体型

最终推荐方案是在修改方案二的基础上确定的,只修改中孔出口边墙收缩宽度,由 0.75 m 改为 0.65 m,其他尺寸未变,表孔及消力池体型同修改方案二,中孔确定具体体型见图 2-5-25。

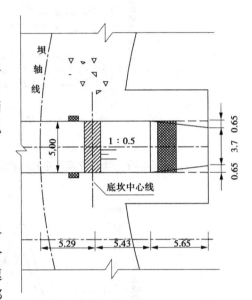

图 2-5-25 推荐方案中孔出口体型 (单位:m)

5.5.2 中孔单独运用试验

5.5.2.1 进口流态及流速分布

中孔在 3 种特征工况下均为孔流出流,各级水位下库区无漩涡出现,水面平稳。试验分别在进口断面向上游每隔 4 m 布置 1 个流速测量断面,测点高程分别位于中孔进口的底部和顶部高程,校核水位工况下中孔单独试验进口流速分布见图 2-5-26。随着测速断面距进口位置距离的增大,所测流速值也逐渐减少,距进口最远的 0+033.5 处测速断面流速最大值仅为 0.82 m/s。

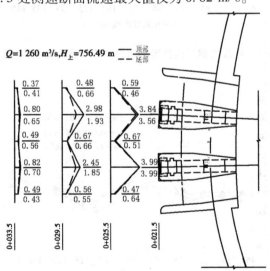

图 2-5-26 推荐方案中孔进口流速分布(库水位 756.49 m)

5.5.2.2 压力及出口流速分布

试验观测结果表明,中孔出口处的收缩未影响泄量,泄量与原方案相同,压力值也与原方案基本一致,压力分布及测量值见表 2-5-6、表 2-5-7 及图 2-5-27。各级水位下各点压力均为正压,且分布正常。试验在桩号 0 +016. 38 处测得最大流速为 31. 47 m/s。

表 2-5-6　推荐方案中孔单独运用中孔顶板压力　　　　　　　（单位:m 水柱）

编号	桩号	测点高程 (m)	$H_{上}$ = 739. 97 m Q = 1 032 m³/s	$H_{上}$ = 748. 13 m Q = 1 152 m³/s	$H_{上}$ = 756. 49 m Q = 1 260 m³/s
1	0 - 021. 42	706. 81	25. 41	31. 81	38. 53
2	0 - 020. 22	705. 92	20. 54	25. 66	30. 94
3	0 - 018. 70	705. 51	15. 11	18. 95	22. 79
4	0 - 017. 50	705. 35	10. 71	13. 27	15. 99
5	0 - 014. 70	705. 30	16. 34	20. 42	24. 26
6	0 - 008. 70	705. 30	14. 90	18. 66	22. 34
7	0 - 003. 28	705. 30	17. 38	21. 86	26. 02
8	0 - 002. 50	705. 25	13. 36	17. 04	20. 00
9	0 - 000. 28	704. 80	9. 56	12. 12	14. 12
10	0 + 002. 22	704. 30	3. 50	4. 38	5. 02

表 2-5-7　推荐方案中孔单独运用中孔底板压力　　　　　　　（单位:m 水柱）

编号	桩号	测点高程 (m)	$H_{上}$ = 739. 97 m Q = 1 032 m³/s	$H_{上}$ = 748. 13 m Q = 1 152 m³/s	$H_{上}$ = 756. 49 m Q = 1 260 m³/s
1	0 - 021. 50	698. 08	38. 84	46. 92	54. 04
2	0 - 020. 91	699. 41	24. 07	28. 63	33. 19
3	0 - 019. 50	700. 00	21. 08	25. 08	28. 84
4	0 - 015. 90	700. 00	20. 28	24. 20	27. 96
5	0 - 014. 70	700. 00	20. 52	24. 52	28. 28
6	0 - 008. 70	700. 00	19. 64	23. 48	26. 84
7	0 - 002. 74	700. 00	14. 76	17. 64	19. 80
8	0 + 005. 26	700. 00	1. 32	1. 56	1. 48

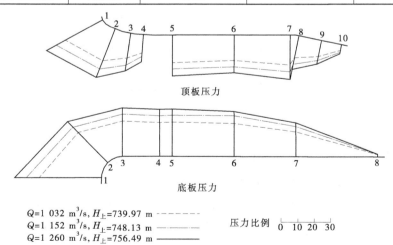

顶板压力

底板压力

Q=1 032　m³/s, $H_{上}$=739.97 m ----------
Q=1 152　m³/s, $H_{上}$=748.13 m ————
Q=1 260　m³/s, $H_{上}$=756.49 m ————

压力比例　|—|—|—|—|
　　　　　0　10　20　30

图 2-5-27　推荐方案中孔单独运用中孔压力分布

5.5.2.3　中孔消能冲刷

试验观测中孔单独运用、两孔全开时下游消能情况。图 2-5-28 ~ 图 2-5-30 为中孔出流后水舌水面线分布,随着流量的增大,水舌挑距也逐渐增大,各工况出流水舌都能落入消力池内,水舌落点分布在 0 + 082.8 ~ 0 + 101.15。在中孔弧形闸门的支铰处,实测校核水位下出流水舌上缘高程为704.4 m,距支铰横梁下部高程705.268 m 仅为 0.868 m,设计部门应考虑适当提高横梁下部高程,以防止水流冲击。

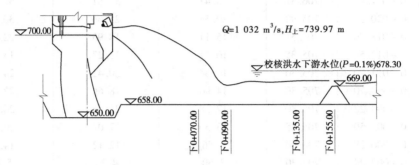

图 2-5-28　推荐方案中孔单独运用中孔水面线(一)

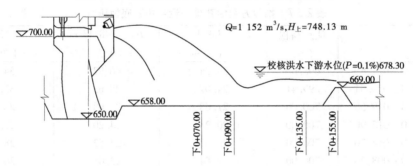

图 2-5-29　推荐方案中孔单独运用中孔水面线(二)

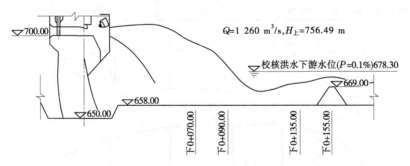

图 2-5-30　推荐方案中孔单独运用中孔水面线(三)

可以看出,随着中孔出射水流在出口处因边墙收缩,水舌纵向拉开后,消能率增大,校核水位水舌上下缘入水点之间的距离达54.7 m。消力池底板动水压力减小,较原方案效果要好,消力池内测压点布置同原设计。消力池底板压力测量值见图 2-5-31,压力均为正压。

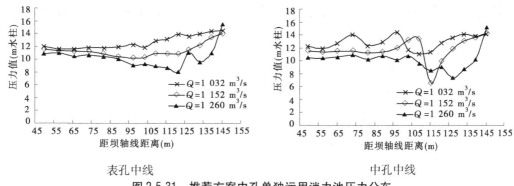

表孔中线　　　　　　　　　　　　　　　中孔中线

图 2-5-31　推荐方案中孔单独运用消力池压力分布

　　为研究消力池消能防冲效果,试验分别在消力池后防冲板末端及下游河道桩号 0 +
275.8、0 + 337.4、0 + 415.8、0 + 493.4、0 + 547.8 处,垂直河道方向布置了 6 个测速断面,
流速分布见图 2-5-32,供设计参考。图 2-5-33 为校核水位下下游河道冲刷情况,从冲刷结
果看,消力池内消能效果较好,下游冲刷轻微,冲刷坑最深点位于防冲板下游右侧靠近山

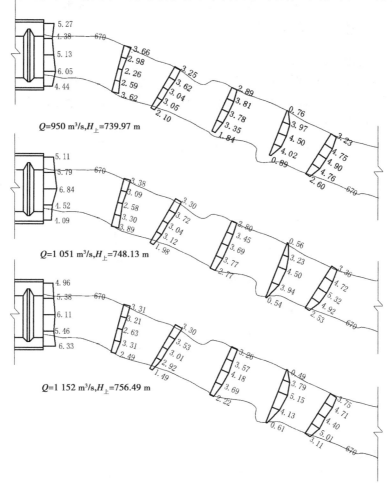

图 2-5-32　推荐方案中孔单独运用下游河道流速分布

体处,高程为 655.1 m,仅比防冲板高程低 2.9 m,左侧山体处也有冲刷,但冲刷深度较小。

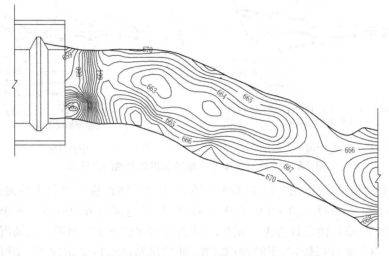

图 2-5-33　推荐方案中孔单独运用下游河道冲刷地形

5.5.3　表孔单独运用试验结果

5.5.3.1　进口流态及流速分布

表孔单独运用时试验同样测量了进口处流速,测速断面布置及测量值见图 2-5-34,试验观测结果表明上游水流能平顺进入闸室,水面比较平稳,两边孔测向进流对表孔进闸水面线影响很大,但未出现不利流态。

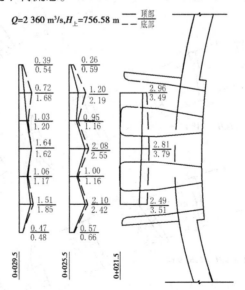

图 2-5-34　推荐方案表孔单独运用表孔进口流速分布

5.5.3.2　水面线

推荐方案 1# 表孔体型与 3# 表孔体型完全相同,试验只测量了 1# 及 2# 表孔水面线、压力分布以及流速分布,3# 表孔相应可参照 1# 表孔试验结果。图 2-5-35 为 1# 和 2# 表孔下泄水流水面线,2#表孔因出口挑坎为上挑 15°挑坎,水舌挑距较 1# 和 3# 表孔略大一些。1# 表孔入水位置在桩号 0 +060.1 ~0 +064.9,2# 表孔入水位置在 0 +064.3 ~0 +069.8 处。

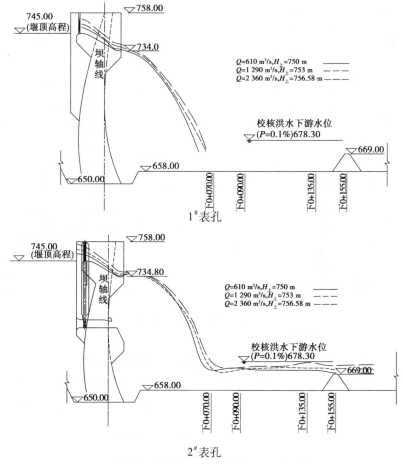

图 2-5-35 推荐方案表孔单独运用水面线

表孔两边孔由于受侧向进流影响,闸室内左右水位差相差较大,在表孔闸室内设置 5 个横断面量测水面横向分布,断面布置位置见图 2-5-36。试验观测结果见图 2-5-37,可以

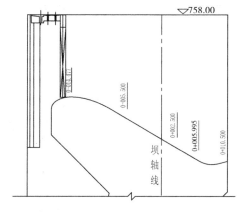

图 2-5-36 水面线测量断面布置位置

看出表孔闸室内各级水位下横向水面线沿程的横向分布和变化,供设计单位参考。中间
2#表孔侧向进流对称,闸室内横向水面线也是对称分布。1#边孔受侧向进流影响,闸室内
横向水面线不对称,而且左右侧水面高程差别也很大。

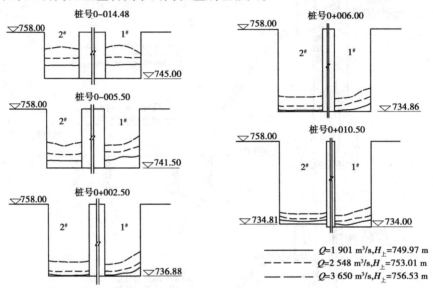

图 2-5-37　堰面水面线横向分布

5.5.3.3　堰面压力及流速分布

推荐方案表孔堰面压力分布见图 2-5-38,堰面压力分布正常,无负压出现,说明表孔
堰面设计是合理的。表 2-5-8、表 2-5-9 列出了表孔堰面沿程横向流速分布,测速断面位置

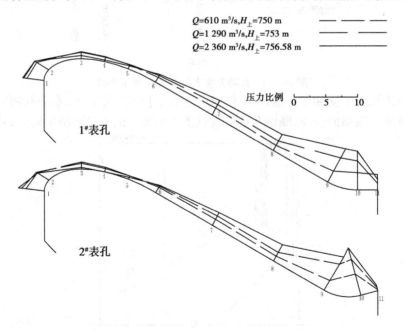

图 2-5-38　推荐方案表孔单独运用表孔压力分布

与水面线观测断面位置相同,由于闸室内堰面水深变化较大,低水位时水深很浅,流速测量比较困难,试验只测量了校核水位表孔闸室堰面底部与表面的沿程流速分布,可以看出桩号 0 - 014.48 处即堰顶位置表面流速明显小于底部,其他断面位置底表流速趋近一致。由 1# 表孔水面线可看出,左侧水流受进口侧向进流影响,水流流过堰顶后,左侧水深大于右侧,右侧水深较浅,右侧所测得流速略大于左侧。

表 2-5-8　推荐方案 1# 表孔堰面沿程横向流速分布

桩号(m)	测点部位	测点流速(m/s)		
		左	中	右
0 - 014.48	底部	12.85	13.54	12.34
	表面	7.51	7.10	7.57
0 - 005.5	底部	13.03	13.92	13.74
	表面	13.06	12.85	13.36
0 + 002.5	底部	13.95	16.22	16.28
	表面	15.74	16.31	16.46
0 + 005.99	底部	12.46	14.97	15.89
	表面	17.05	17.02	17.86
0 + 010.5	底部	16.61	19.44	19.08
	表面	16.82	17.17	19.23

表 2-5-9　推荐方案 2# 表孔堰面沿程横向流速分布

桩号(m)	测点部位	测点流速(m/s)		
		左	中	右
0 - 014.48	底部	11.90	13.00	11.84
	表面	7.33	6.80	7.96
0 - 005.5	底部	13.54	14.16	13.48
	表面	12.46	13.65	13.33
0 + 002.5	底部	16.19	16.52	16.46
	表面	16.16	16.85	17.17
0 + 005.99	底部	11.75	13.36	14.67
	表面	17.38	16.99	16.13
0 + 010.5	底部	17.47	17.74	17.20
	表面	18.81	18.48	18.96

5.5.3.4　表孔消能冲刷

通过试验观察,由于消力池底板高程降低,水深增加,表孔单独运用各级库水位条件下消力池内均为淹没水跃,消能比较充分。由图 2-5-39 可看出,消力池底板压力分布正常,未出现原方案消力池内水面波动较大、底板有负压出现的情况。

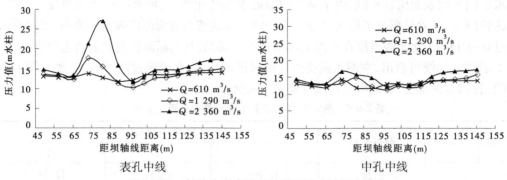

表孔中线　　　　　　　　　　　　　　　中孔中线

图 2-5-39　推荐方案表孔单独运用消力池压力分布

表孔单独运用库水位 756.58 m 时,下游河道在桩号 0 + 275.8 处断面,岸坡流速偏大,流速达 6.00 m/s 以上,接近岩石抗冲流速,应注意岸坡的冲刷。表孔单独运用校核水位时,消力池防冲板后仍产生了一定的局部冲刷,与中孔单独运用时位置基本相同,冲刷坑最深点高程为 655.5 m,比防冲板高程低 2.5 m。

5.5.4　表孔和中孔联合运用试验结果

5.5.4.1　表孔和中孔联合运用泄流能力及压力分布

表孔和中孔联合运用时坝前水流流态与表孔单独泄流时一致,泄流能力二者互不影响,即某水位时的联合泄量基本等于该水位时表孔与中孔单独泄量之和。联合运用时表孔与中孔压力分布与单独运用时基本相同,可参考单独运用的实测数值。只是消力池和下游河道的水力学参数有较大变化。

5.5.4.2　联合运用表孔水舌及消力池水面线

试验量测水面线见图 2-5-40,联合运用时表孔闸室堰内水面线与单独运用时没有差异。校核水位时,在桩号 0 + 066.5 位置,2# 表孔下泄水流与中孔出射水流交汇,并使中孔水流压向下部消力池内,使消力池内水跃翻滚严重,水位超过设计值。表 2-5-10 中列出了消力池内左右边坡处水面爬升的最高水位,可以看出实测消力池内水面在库水位为753 m 时已超出消力池边墙高度,在校核水位时实测水面最大爬高为 686.8 m,超出消力池边墙设计高度 6.80 m,建议增加消力池边墙高度。

表 2-5-10　推荐方案联合运用消力池两岸边坡最高水位　　　　　（单位:m）

位置	$H = 749.97$ m $Q = 1\,901$ m³/s	$H = 753.01$ m $Q = 2\,548$ m³/s	$H = 756.53$ m $Q = 3\,650$ m³/s
消力池左岸	678.08	681.60	684.48
消力池右岸	678.32	681.12	686.80

5.5.4.3　联合运用消力池压力分布

联合运用时,各级水位条件下消力池内都出现淹没水跃,消能效果较好,图 2-5-41 为消力池底板压力分布,压力均为正值,分布正常,最大压力值位置出现在下泄水舌入水处。

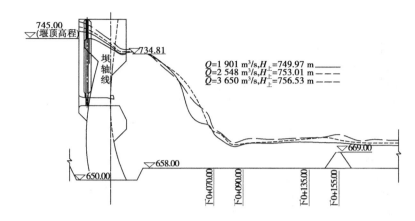

图 2-5-40　推荐方案联合运用 $2^{\#}$ 表孔水面线

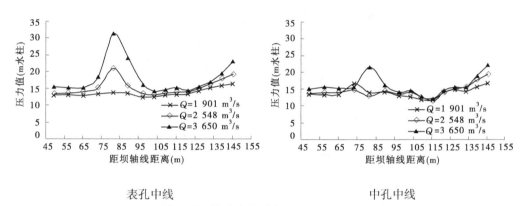

表孔中线　　　　　　　　　　　　　中孔中线

图 2-5-41　推荐方案联合运用消力池压力分布

5.5.4.4　联合运用下游河道流速分布及河道冲刷

表孔和中孔联合运用时,消力池内水流掺气翻滚剧烈,冲向下游河道,下游河道沿程流速分布见图 2-5-42。可以看出,各级库水位时防冲板末端流速横向分布规律不同,最大流速出现在桩号 0 + 275.8 处断面右侧岸坡,校核水位时最大流速达 7.20 m/s。防冲板下游河床冲刷较严重,校核水位时冲刷坑最深点高程为 651 m,冲刷坑地形见图 2-5-43,建议防冲板后采取适当防护措施。

5.5.5　$1^{\#}$、$3^{\#}$表孔开启运用方式下游消能试验

$1^{\#}$、$3^{\#}$ 表孔开启运用消力池底板压力分布见图 2-5-44,消力池压力分布正常,无负压出现。因 $1^{\#}$ 和 $3^{\#}$ 表孔下泄水舌没有直接跌落在模型布置的测点中线上,消力池底板模型布置测点所测压力较小,$1^{\#}$ 和 $3^{\#}$ 表孔水舌中线消力池压力也有可能出现 3 孔全开启时 $5^{\#}$ 测压点最大压力值 31.36 m 的情况。总泄量减小,消力池水深浅,水舌冲击的动水压力值还有可能超过 31.36 m。试验测得消力池末端尾坎处最大流速为 8.64 m/s,下游冲刷较 3 孔全开轻微。

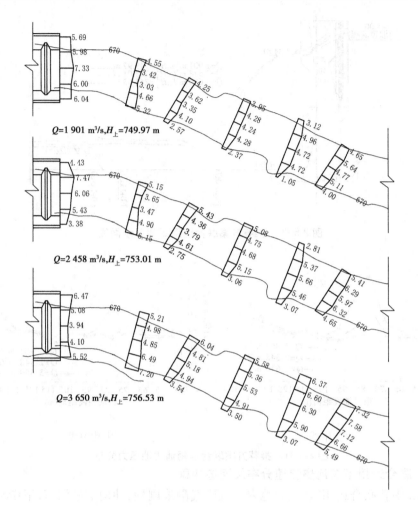

图 2-5-42　推荐方案联合运用下游河道沿程流速分布

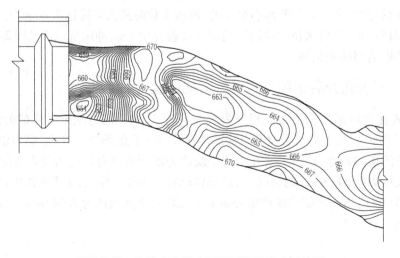

图 2-5-43　推荐方案联合运用下游河道冲刷地形

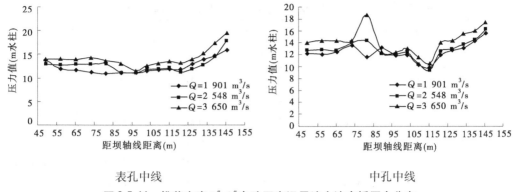

<table>
<tr><td>表孔中线</td><td>中孔中线</td></tr>
</table>

图 2-5-44　推荐方案 1#、3# 表孔开启运用消力池底板压力分布

5.6　消力池底板脉动压力和上举力

5.6.1　消力池底板脉动压力

　　水流脉动压力特性与水流内部结构有密切关系,根据表孔和中孔出口挑流水舌及消力池内水流流态,在消力池底板上每种工况选取了 8 个测点,选取的测点编号见表 2-5-11,测点所在位置与桩号与消力池底板压力测点序号一致。

表 2-5-11　脉动压力不同工况选取测点编号

工况	选取测点编号	
中孔单独运用	17,20,22,24	25,26,27,29
表孔单独运用	2,4,5,6	7,9,11,13
联合运用	2,5,9,14	18,19,20,25

　　脉动压力幅值特性多用脉压强度均方根 σ 描述,脉动压力均方根 σ 反映了水流紊动程度和水流平均紊动能量。表 2-5-12 ~ 表 2-5-14 为不同工况下各测点脉动压力均方根及频谱特性。表孔和中孔单独运用时,均方根值为 0.3 ~ 5.5 m 水柱,联合运用时,因中孔表孔水舌相互交错,流态复杂,其脉动压力无一定的规律。均方根最大值为 9.34 m 为校核水位 5# 测点测量值,据试验观测,校核水位时 5# 测点位置为水舌入水点位置,其测量时均压力值也最大。

　　校核水位时,表孔单独运用、中孔单独运用和联合运用时消力池底板测点的自功率频谱图和概率密度分布图图形类似,仅列出图 2-5-45 ~ 图 2-5-47,供设计参考。由图 2-5-45 ~ 图 2-5-47 可知,水流脉动压力概率分布接近正态。

表 2-5-12 中孔单独运用消力池底板各测点脉动压力幅值和频谱特性

测点编号	$H_上 = 739.97$ m $Q = 1\ 032$ m³/s		$H_上 = 748.13$ m $Q = 1\ 152$ m³/s		$H_上 = 756.49$ m $Q = 1\ 260$ m³/s	
	均方根 σ	优势频率 f	均方根 σ	优势频率 f	均方根 σ	优势频率 f
17	0.90	0.01	0.77	0.02	3.13	1.02
20	2.19	0.03	2.20	0.02	2.09	0.02
22	3.53	0.01	2.18	0.01	2.65	0.02
24	1.89	0.01	2.18	0.01	2.26	0.01
25	1.79	0.25	2.99	0.01	2.10	0.02
26	1.53	0.35	2.09	0.36	2.56	0.01
27	1.18	0.33	1.70	0.32	1.11	0.02
29	0.70	0.01	1.32	0.29	1.57	0.01

表 2-5-13 表孔单独运用消力池底板各测点脉动压力幅值和频谱特性

测点编号	$H_上 = 750$ m $Q = 610$ m³/s		$H_上 = 753$ m $Q = 1\ 290$ m³/s		$H_上 = 756.58$ m $Q = 2\ 360$ m³/s	
	均方根 σ	优势频率 f	均方根 σ	优势频率 f	均方根 σ	优势频率 f
2	0.73	0.36	0.86	0.32	1.13	0.35
4	2.09	0.28	4.83	0.32	5.51	0.02
5	4.41	0.01	3.94	0.20	3.97	0.01
6	1.27	0.24	1.35	0.26	3.62	0.01
7	1.30	0.23	1.28	0.26	1.91	0.28
9	1.11	0.27	1.87	0.32	3.43	0.25
11	0.51	0.39	1.97	0.38	3.02	0.35
13	0.30	0.01	1.20	0.23	1.67	0.28

表 2-5-14 联合运用消力池底板各测点脉动压力幅值和频谱特性

测点编号	$H_上 = 749.97$ m $Q = 1\ 901$ m³/s		$H_上 = 753.01$ m $Q = 2\ 548$ m³/s		$H_上 = 756.53$ m $Q = 3\ 650$ m³/s	
	均方根 σ	优势频率 f	均方根 σ	优势频率 f	均方根 σ	优势频率 f
2	4.41	0.01	8.70			
5	2.54	0.01	7.03	0.01	9.34	0.01
9	2.00	0.27	1.47	0.25	2.00	0.25
14	1.75	0.36	2.59	0.36	2.60	0.39
18	6.51	0.01	0.57	0.36	0.83	0.35
19	4.12	0.21	2.12	0.23	2.67	0.22
20	2.13	0.01	2.97	0.03	4.38	0.01
25	3.50	0.02	0.18	0.01	1.78	0.22

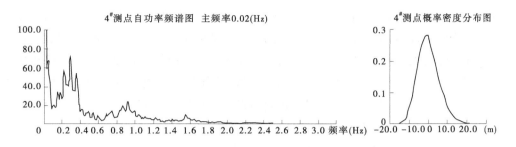

图 2-5-45　表孔单独运用校核水位 4# 测点脉动压力特征

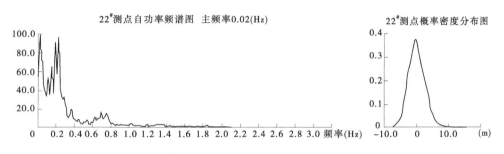

图 2-5-46　中孔单独运用校核水位 22# 测点脉动压力特征

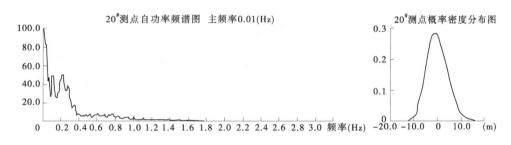

图 2-5-47　联合运用校核水位 20# 测点脉动压力特征

功率谱是脉动压力重要特征之一,功率谱图反映了脉动能量在频域上的分布。应用谱分析可求得功率谱密度随频率的变化及优势频率的数值特征,从功率谱表中可知,消力池底部脉动频率较低,频带窄,优势频率大都在 0.02 Hz 左右,在水舌冲击部位频带稍宽。根据频域特征,消力池脉动压力具有明显的大尺度涡流体紊动源特征。

5.6.2　消力池底板上举力

石门坎拱坝泄洪水流落入坝下消力池,在护坦上形成淹没冲击射流,由于射流的卷吸作用,射流流速沿程衰减,水垫起到消能作用,但是冲击射流达到边壁时,尚具有一定流速,故产生冲击压强。由于消力池底板衬砌块之间存在施工缝以及与基岩间有接触缝,止水失效后,在高速冲击射流作用下,动水压强不仅作用于底板上表面,也通过缝隙传到底板的下表面,消力池底板块受到上举力即上下表面压力之差,有可能导致底板块的失稳。

影响消力池动水压力因素很多,有入水流速、水舌厚度、水垫塘水深、水舌形态、掺气浓度、扩散程度等,同时实际工程中板块间的缝隙类型可能很复杂,有纵缝、横缝、盲缝、贯通缝,另外缝隙的大小也影响缝内动水压力,且动水压力传递情况较复杂。模型底板块仅按照原型分缝块大小(14 m × 14 m × 2.5 m)选取,块体位置布设在消力池动水压力最大的部位。假设块体四周缝和与基岩间接触面均贯通的情况下,量测块体上下表面不同测点水压力之差,其成果可供块体失稳计算设计参考。

块体前缘桩号 0 + 074.39 处,块体边缘与表孔中心线重合,块体模型尺寸 17.5 cm × 17.5 cm × 3.1 cm,缝隙 2 mm,块体上下表面对应各安装 5 个测压管,4 个角各安装 1 个,中心安装 1 个,测压点编号上游左、右分别为 1#、2#,中部为 3#,靠下游左、右分别为 4#、5#,具体布置见图 2-5-48。

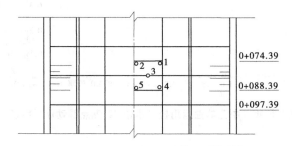

图 2-5-48　消力池底板分缝块体平面布置

试验分别量测了特征水位下,表孔、中孔单独泄流及联合泄流时消力池其中一个板块上下表面动水压力,结果见表 2-5-15 和图 2-5-49 ~ 图 2-5-51,消力池布设模型板块所承受的上举力大小与运用方式和水舌是否直接冲击模型板块关系密切,如果板块位于水舌冲击射流区,高速射流到达底板后流向改变,所余动能一部分转化为势能,即对底板产生的冲击压强。在水舌冲击区,上表面动水压力大于下表面,如表孔单独运用,在校核水位756.58 m 时,试验板块基本处于水舌冲击区,因此各测点的上表面动水压力大于下表面,上举力为负。当试验板块未受到水舌冲击,板块间的伸缩缝和板块与基岩间的接触缝相互贯通时,射流冲击区较大压强沿缝隙传到底部,造成板块下表面压强大于上表面,板块上举力较大。在中孔单独运用时,试验板块处于水舌冲击邻近,在各特征水位下,试验块体下表面压力均大于上表面,试验量测到试验块体上 3# 测点最大上举力约为 4.58 m水柱。

在实际工程中,板块间的缝隙类型很复杂,有纵缝、横缝、盲缝、贯通缝等,另外缝隙太小、止水破坏程度以及板块与基岩接触面的结合好坏都会影响消力池顶面动水压力的传递。板块失稳计算不仅决定上举力大小,还要考虑板块自重,缝隙间摩擦力等因素。试验观测结果仅供计算板块失稳情况时参考。

表 2-5-15　不同工况下消力池板块各测点上举力

（单位：m 水柱）

测点编号	表孔单独运用 下表面动水压力	表孔单独运用 上表面动水压力	表孔单独运用 上举力	中孔单独运用 下表面动水压力	中孔单独运用 上表面动水压力	中孔单独运用 上举力	表孔中孔联合运用 下表面动水压力	表孔中孔联合运用 上表面动水压力	表孔中孔联合运用 上举力
	$H_上=750$ m $Q=610$ m³/s			$H_上=739.97$ m $Q=1032$ m³/s			$H_上=749.97$ m $Q=1901$ m³/s		
1	15.78	16.56	-0.78	15.78	14.48	1.30	15.70	17.36	-1.66
2	15.06	17.12	-2.06	14.66	11.60	3.06	16.58	12.80	3.78
3	15.78	11.68	4.10	14.90	10.32	4.58	16.42	14.00	2.42
4	15.70	13.20	2.50	14.18	12.88	1.30	7.86	15.20	-7.34
5	15.94	13.28	2.66	14.74	12.56	2.18	13.62	14.64	-1.02
	$H_上=753$ m $Q=1290$ m³/s			$H_上=748.13$ m $Q=1152$ m³/s			$H_上=753.01$ m $Q=2548$ m³/s		
1	16.82	17.52	-0.70	15.38	12.64	2.74	16.34	17.12	-0.78
2	15.22	23.96	-8.74	14.90	11.28	3.62	18.10	17.20	0.90
3	16.82	17.36	-0.54	14.42	10.24	4.18	18.18	18.56	-0.38
4	16.82	16.32	0.50	14.18	11.20	2.98	6.82	19.76	-12.94
5	16.50	14.32	2.18	14.82	11.84	2.98	13.46	18.56	-5.10
	$H_上=756.58$ m $Q=2360$ m³/s			$H_上=756.49$ m $Q=1260$ m³/s			$H_上=756.53$ m $Q=3650$ m³/s		
1	18.42	21.36	-2.94	15.14	12.72	2.42	17.70	22.16	-4.46
2	16.02	35.76	-19.74	13.62	10.88	2.74	20.26	27.76	-7.50
3	18.42	22.16	-3.74	13.46	10.32	3.14	20.50	20.40	0.10
4	18.82	18.80	0.02	13.46	11.04	2.42	21.46	20.56	0.90
5	17.86	20.96	-3.10	14.82	11.20	3.62	14.90	24.16	-9.26

注：上举力为负，表示上表面动水压力大于下表面动水压力。

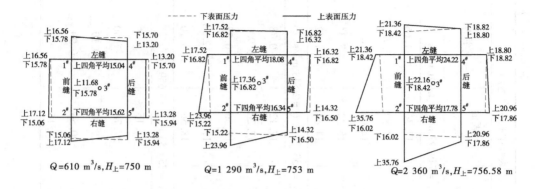

图 2-5-49　消力池板块上下表面动水压力分布图（表孔单独运用）

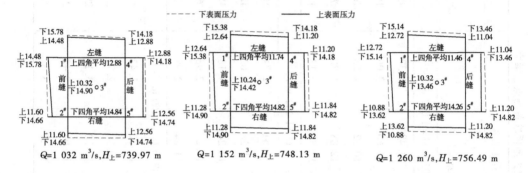

图 2-5-50　消力池板块上下表面动水压力分布图（中孔单独运用）

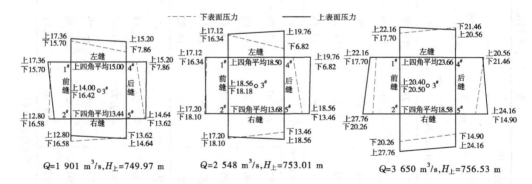

图 2-5-51　消力池板块上下表面动水压力分布图（联合运用）

5.7　泄洪雾化分析

石门坎水电站最大坝高为 108 m，最大泄量为 3 650 m³/s，泄水建筑物有 3 个表孔和 2 个中孔，表孔采用挑流消能，中孔采用窄缝消能，建筑物泄流时水舌在空中撞击掺气扩散以及水舌入水时形成雾流，产生雾化。泄洪水流雾化是一个复杂的物理现象，影响因素较多。目前对雾化问题的研究主要分为物理模型模拟、原型观测以及理论计算分析三种方法。

根据陈惠玲和吴树海的研究,雾化模拟仅考虑重力相似,其成果与原型及实际现象可能相差很大,雾化模拟必须考虑反映水流表面张力的韦伯数,当模型水流表面韦伯数大于 500 时水流失稳,激溅水体分布具有自模性,抛洒溅雨区与原体可以按重力相似考虑,雨强也有一定的相应固定关系。

当前水力学物理模型试验观测经验认为要较好观测雾化效果,模型几何比尺至少要在 1∶30 左右,国内此方面较为权威的南京水利科学研究院在安康、乌江渡雾化模型试验中采用几何比尺 1∶35,二滩系列模型中模型几何比尺采用 1∶25。石门坎水电站整体水工模型试验重点研究建筑物常规的水力学问题,模型比尺为 1∶80。试验观测水力学参数,已知泄洪孔口出口底高程、出射角度、泄流量、上游水位、下游水位、出口断面水深、出口流速分别为 H_0、α、Q、H_1、H_2、h_0、u_0,根据刚体抛射理论可得到忽略空气阻力条件下水舌挑距 L_b 与入水角度 θ

$$L_b = \frac{u_0 \cos\alpha}{g}\left[u_0 \sin\alpha + \sqrt{u_0^2 \sin^2\alpha + 2g\left(H_0 - H_2 + \frac{h_0}{2}\cos\alpha\right)} \right] \quad (2\text{-}5\text{-}1)$$

$$\tan\theta = -\sqrt{\tan^2\alpha + \frac{2g}{u_0^2 \cos^2\alpha}\left[H_0 - H_2 + \frac{h_0}{2}\cos\alpha \right]} \quad (2\text{-}5\text{-}2)$$

按照式(2-5-1)与式(2-5-2)计算结果,水舌挑距 $L_b = 65.22$ m,入水角度 $\theta = 63.91°$ 与试验量测值 $L_b = 63.05$ m、$\theta = 64°$ 十分接近。

根据模型试验量测挑流水舌参数,采用式(2-5-3)计算校核水位时表孔模型水流韦伯数为 220,小于经验临界值,用该模型来观测研究雾化现象模型成果及原型及实际现象可能相差很大,试验观测数据仅供设计参考。石门坎电站厂房位于坝下桩号 0+310 处,试验观测校核水位表孔和中孔联合运用时,水舌溅水水滴溅抛最远位置在桩号 0+283 处。

$$W_e = (\rho l v^2 / \sigma)^{0.5} \quad (2\text{-}5\text{-}3)$$

式中:σ 为水、气界面张力系数;v 为考察水体的流速,m/s;ρ 为水的密度,kg/m³;l 为表示张力作用的特征长度,m,此处选取水流纵向流动轨迹的曲率半径。

考虑到高坝挑流水舌在空中的运动轨迹较长,在计算入水速度 v_c 时应考虑空气阻力的影响,本书按照刘宣烈等提供的方法计算入水流速 v_c,其计算公式如下:

$$v_c = \varphi_a \sqrt{u_0^2 + 2g\left[H_0 - H_2 + \frac{h_0}{2}\cos\alpha \right]} \quad (2\text{-}5\text{-}4)$$

式中,φ_a 为空中流速系数,与水舌抛射运动的弧长 s 有关,计算公式如下:

$$\varphi_a = 1 - 0.0021\frac{s}{h_0} \quad (2\text{-}5\text{-}5)$$

试验量测校核水位水舌抛射弧长 $s = 95.17$ m,出口断面水深 $h_0 = 3.84$ m,出口流速 $u_0 = 17.23$ m/s,代入式(2-5-5),可计算出空中流速系数 $\varphi_a = 0.948$,由此推算出水舌入水流速 $v_c = 35.87$ m/s。

按照孙双科等提供的估算泄洪雾化纵向边界的经验关系式

$$L = 10.267\left[\frac{v_c^2}{2g}\right]^{0.7651}\left[\frac{Q}{v_c}\right]^{0.11745}(\cos\theta)^{0.06217} \quad (2\text{-}5\text{-}6)$$

　　"雾化纵向边界" L 定义为:雾化降雨区的纵向边缘,即接近与零降雨强度的位置距水舌入水点的水平距离。

　　石门坎水电站水力学参数满足该公式适用范围: $6\ 856\ \mathrm{m^3/s} > Q > 100\ \mathrm{m^3/s}$, $50.0\ \mathrm{m/s} > v_c > 19.3\ \mathrm{m/s}, 71.0 > \theta > 31.5$。根据石门坎水电站在校核水位运用时水力参数,计算 $L = 390.19\ \mathrm{m}$,对应桩号 $0+465$,比模型观测水舌溅水水滴抛溅位置要大得多。

　　根据以上经验公式计算结果,电站厂房处于雾化区内。石门坎电站枢纽坝后泄洪雾化对电站厂房的影响,需要设计和泄洪运用时给予充分注意,如做大比尺模型和原型调研进行雾化专项研究。

5.8　结　论

　　(1)原设计中孔压力分布正常,无负压;表孔底板压力分布也属正常,仅 $2^\#$ 表孔堰顶附近在校核水位时有 $0.31\ \mathrm{m}$ 水柱的负压。校核水位时表孔和中孔联合泄流时泄量比设计值大 1.89%。原设计由于中孔泄流入水集中,而消力池水深较小且短,消能不充分,消力池底板出现较大负压。

　　(2)与设计部门密切协作,对中孔出口体型进行了多次修改,最终将闸墩末端中孔出口宽度由 $5\ \mathrm{m}$ 缩窄至 $3.7\ \mathrm{m}$,形成窄缝出流,使出口水流在竖向和纵向拉开,提高了消能效果;对表孔出口末端体型也进行了适当调整,将 $3^\#$ 表孔出口也改为平抛,与 $1^\#$ 表孔体型完全相同,出口高程为 $734\ \mathrm{m}$, $2^\#$ 表孔出口挑角由原来的 $10°$ 改为 $15°$,出口高程为 $734.81\ \mathrm{m}$;消力池深度加大 $3\ \mathrm{m}$,消力池向下游加长 $20\ \mathrm{m}$,尾坎顶部保持原高程不变。

　　(3)最终体型试验表明,中孔泄量和压力分布与原设计一致,出口体型修改对泄量和洞内压力无影响,只是出口水流表面距支铰横梁下部间距较小,约为 $0.9\ \mathrm{m}$,如果允许,可适当抬高支铰横梁,增大安全系数;表孔泄量与原设计也一致,压力分布正常,出流平顺。

　　(4)表孔、中孔及二者联合泄流情况下,消力池底板均无负压出现;在中孔和表孔单独泄流时,消力池后河道冲刷较轻,但在联合泄流时,因单宽流量较大,池后河道冲刷较严重,建议设计根据试验冲刷的程度对池后河道进行妥当防护,确保消力池和两岸山体的稳定。在校核水位联合泄流时实测消力池内水面最大爬高为 $686.8\ \mathrm{m}$,超出消力池边墙设计高度 $6.8\ \mathrm{m}$,建议增加消力池边墙高度。

　　(5)试验量测结果表明,消力池脉动压力具有明显的大尺度涡流体系动源特征。水流脉动压力概率分布接近正态。各工况下优势频率大都在 $0.02\ \mathrm{Hz}$ 左右。表孔和中孔单独运用时,池底脉压均方根为 $0.30\sim5.51\ \mathrm{m}$,联合运用校核水位时,均方根最大值为 $9.34\ \mathrm{m}$。

　　(6)消力池底板上举力测量受多种因素影响,如试块选取的位置、试块周边缝隙模拟相似程度等,甚至这种模拟方法都是一种新的尝试,因此结果仅供参考。

　　(7)受模型比尺限制,坝后雾化仅能根据以往经验公式进行计算分析,结果表明,电站厂房处于雾化区内。石门坎电站枢纽坝后雾化对电站厂房的影响,需要做大比尺模型和原型调研对比进行雾化专项研究。

第 6 章　津巴布韦尚嘎尼坝水工整体模型试验

6.1　工程概况

　　尚嘎尼水利工程(Shangani Dam)位于津巴布韦西北部的呱邑河(Gwayi River)上,坝址在呱邑河与尚嘎尼河(Shangani River)交汇处下游约 6 km 处,距第二大城市布拉瓦约市(Bulaway0 City)约 270 km,控制流域面积 38 740 km^2。该工程以供水为主、兼顾发电,水库总库容大于 10 亿 m^3,水库正常蓄水位 906.00 m,相应库容 6.91 亿 m^3。水库每日向布拉瓦约市供水 20 万 m^3。电站拟安装 2 台机组,总装机容量 10 MW。

　　根据设计部门提供的设计方案,方案一,挡水建筑物为混凝土重力坝,最大坝高 71 m。溢流坝坝宽 201 m,分 11 孔,孔宽不等,桥墩宽 1 m,墩长 8 m。堰型为 WES 实用堰,校核洪水位 917 m,对应泄量 14 940 m^3/s,水库正常蓄水位 906.00 m,堰顶高程 906.00 m,溢流坝堰顶上游曲线为三圆弧复合曲线,设计水头 8.25 m,$R_1 = 4.13$ m,$R_2 = 1.65$ m,$R_3 = 0.33$ m,溢流坝堰面曲线方程为 $x^{1.85} = 12.02y$,采用连续式挑流鼻坎消能,曲线下切点以 1:0.75 的坡度与反弧起点相接,反弧半径 $R = 20$ m,反弧底高程 867.52 m,挑坎宽度 118 m,挑角 30°,挑流鼻坎高程 870.20 m。溢流坝设计方案一平面布置见图 2-6-1,溢流坝剖面体型见图 2-6-2。方案二,中间 98 m 宽的溢流坝段坝顶高程以及体型尺寸与方案一相同,采用连续式挑流鼻坎消能。两侧溢流坝坝顶高程 910 m,溢流坝堰面曲线同方案一,采用阶梯式和宽尾墩联合消能,阶梯台阶高 1 m、宽 0.75 m,阶梯与山体自然衔接。方案二平面布置如图 2-6-3 所示,溢流坝阶梯坝段剖面体型见图 2-6-4。

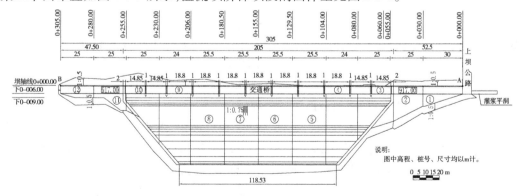

图 2-6-1　尚嘎尼水利工程方案一平面布置图

　　工程区内地势总体为东南高、西北低。坝址区所在的 Gwayi - Shangani 河段,水流总

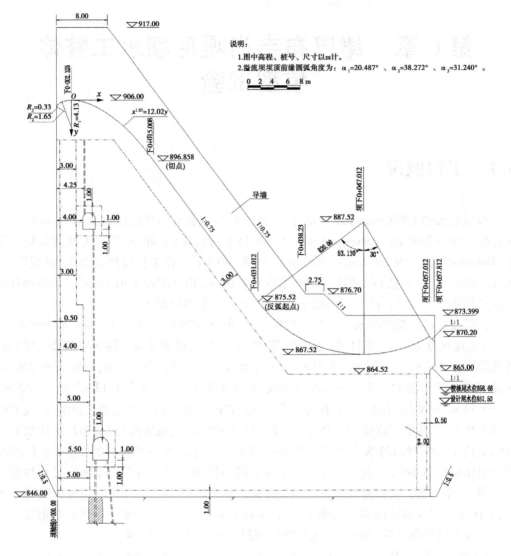

说明:
1. 图中高程、桩号、尺寸以m计。
2. 溢流坝坝顶前缘圆弧角度为: $\alpha_1=20.487°$ 、 $\alpha_2=38.272°$ 、 $\alpha_3=31.240°$ 。

图 2-6-2　方案一溢流坝剖面图

体由东南向西北流,蜿蜒曲折,河道平均比降小于1%,谷底宽100 m左右,两侧基本对应成U形谷。两岸地形完整,支沟不多,河谷与两岸山峰高差在70 m以上。两岸山坡坡度较缓,其中左岸为20°,右岸40°,堆积有坡积、崩积的石英岩大块石、碎石、土等,一般未胶结,厚度数十厘米到数米不等,部分地段基岩裸露。

坝址区地层为前寒武纪的变质岩系和第四系(Q)坡积、洪积、冲积、崩积等松散堆积物。变质岩为石英岩,局部夹石英云母片岩及云母薄层。石英岩呈厚层和极厚层状,由高度结晶的石英粒和再结晶的岩粒组成;同时伴生有少量的长石和云母等矿物,岩石多为灰白色和浅灰棕色。硅质胶结,块状结构,岩质坚硬,具有硬、脆、碎的特点。石英云母片岩,薄层状极易风化破碎,局部云母富积,风化后呈黄棕色。溢流坝下游河床内局部地段分布有冲积砂卵石层,厚度一般小于5 m;大部分地段基岩裸露。

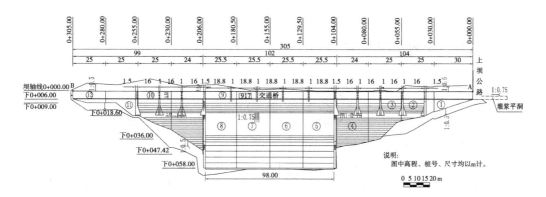

图 2-6-3　尚嘎尼水利工程方案二平面布置图

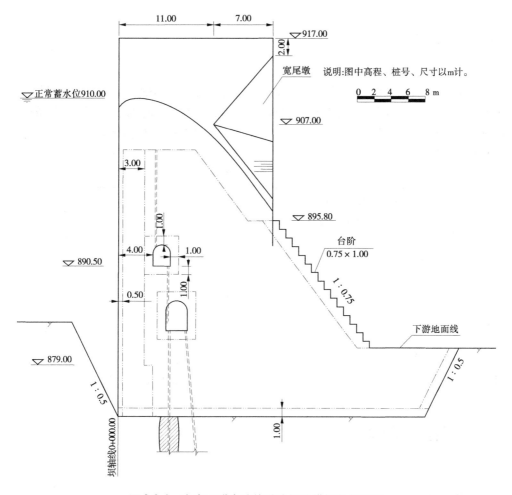

图 2-6-4　方案二联合消能溢流坝阶梯坝段剖面图

6.2　试验内容及要求

（1）验证不同设计方案的重力坝溢流坝的泄流能力。

（2）量测泄量为 3 000 m³/s、8 000 m³/s、14 940 m³/s 时，溢流坝堰面压力分布、水面线及溢流坝侧墙压力分布。

（3）观测上述各级泄量情况下，溢流坝下游流态、流速分布。

（4）量测各级泄量情况的溢流坝挑流水舌长度，下游冲坑深度及冲刷范围，并提出下游河岸相应防冲保护措施。

（5）优化泄水建筑物的布置及消能型式。

6.3　模型比尺

根据设计部门提出的试验任务和要求，模型设计为正态，按弗劳德相似定律设计，模型分别满足重力相似和阻力相似，根据试验要求及场地条件，模型设计范围坝上游取 0.5 km，坝下游取 0.5 km，模型为正态，几何比尺 1:120。根据模型相似条件计算模型主要比尺，结果见表 2-6-1。

表 2-6-1　模型主要比尺

相似条件	比尺名称	比尺	依据
几何相似	水平比尺 λ_L	120	试验任务要求及场地条件
	垂直比尺 λ_H	120	
水流重力相似	流速比尺 λ_V	10.95	
	流量比尺 λ_Q	157 744	
水流阻力相似	糙率比尺 λ_n	2.22	

大坝下游河床的岩体主要为石英岩，基岩冲刷模拟材料为散粒料，设计单位提出抗冲流速，按 $v = 10$ m/s 取值。模型砂粒径采用相关公式计算得模型沙平均粒径 3 cm。

6.4　方案一试验

6.4.1　泄流能力

设计方案一模型实测库水位与流量关系曲线见图 2-6-5，图中库水位为溢流坝上游200 m 处断面水位，特征流量对应的上游库水位见表 2-6-2，试验测得库水位 917 m 时，溢流坝过流 17 500 m³/s,较设计 14 940 m³/s 大 17%。

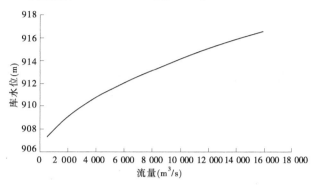

图 2-6-5　方案一水位流量关系曲线

表 2-6-2　模型水位流量实测值

序号	流量(m³/s)	库水位(m)	流量系数
1	3 000	909.96	0.448
2	8 000	913.10	0.498
3	14 940	916.24	0.536
4	17 500	917.00	0.564

根据模型实测流量由实用堰堰流计算公式反求各级流量系数,结果也列于表 2-6-2,可以看出,各级流量情况下的流量系数随着流量的增大而增大,在库水位为 917 m 时,综合流量系数达到 0.564。库水位 917 m 时,对应坝上水头 11 m,较溢流坝设计水头 $H_d = 8.25$ m 大,且坝高 $P = 60$ m,$P/H_d = 5.45 > 1.33$,属于高堰,因而流量系数偏大。

6.4.2　堰面及侧墙压力分布

为观测溢流坝堰面的压力分布,试验分别在溢流坝堰面中心线上布置了 12 个测压点,右侧边墙布置了 6 个测压点。各级流量情况下溢流堰堰面及右侧边墙压力分布见图 2-6-6。可以看出,当溢流坝下泄 3 000 m³/s 和 8 000 m³/s 流量时,溢流堰堰面无负压;当下泄 14 940 m³/s 流量时,库水位 916.25 m,溢流堰堰面上产生负压,最大负压为 2.82 m 水柱。各级泄量情况下,右侧边墙各测点压力均为正值,由于受到水流冲击,承受的动水压力较大,其压力是随着泄量的加大而增大,在库水位为 916.24 m 时,试验量测到边墙 4# 点的最大压力达到 29.69 m 水柱。

6.4.3　水流流态及水面线

溢流坝上游进流平顺,堰面下泄水流连续光滑,溢流坝两侧各孔下泄水流冲至两边墙后折向中部,使得挑流鼻坎两侧水流集中,两股水流在空中碰撞,在水舌上部溅起水花,见图 2-6-7。

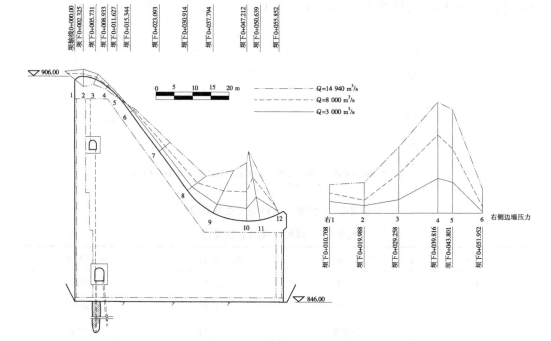

图 2-6-6　方案一溢流坝及边墙压力分布图

(a)泄量 3 000 m³/s　　　　　　　　(b)泄量 8 000 m³/s

(c)泄量 14 940 m³/s　　　　　　　　(d)泄量 14 940 m³/s

图 2-6-7　方案一溢流坝水流流态

　　各级流量时溢流坝面中部和右侧边墙水深见表 2-6-3,溢流坝水面线及水舌轨迹如图 2-6-8 所示。由于溢流坝两侧边墙向内收缩,两侧各孔下泄水流直冲边墙,沿边墙向上翻滚,溢流坝边墙水深随着溢流坝下泄流量的增大而增大,当溢流坝下泄流量为 14 940 m³/s 时,右侧边墙最大水深达到 17.28 m。

表 2-6-3　方案一溢流坝堰面水深

测压编号	测点桩号	测点高程（m）	水深（m）			备注
			$H=909.96$ m $Q=3\ 000$ m³/s	$H=913.10$ m $Q=8\ 000$ m³/s	$H=916.24$ m $Q=14\ 940$ m³/s	
1	0 + 000.000	905.18	—	—	—	溢流坝面
2	0 + 002.325	906.00	3.28	6.08	9.15	
3	0 + 005.731	905.18	2.35	4.56	6.60	
4	0 + 008.933	903.25	1.68	3.96	5.76	
5	0 + 011.627	900.84	1.56	3.24	5.52	
6	0 + 015.344	896.41	1.32	2.88	4.68	
7	0 + 023.093	886.08	0.96	2.16	3.72	
8	0 + 030.914	875.65	0.72	2.04	3.12	
9	0 + 037.794	869.77	0.72	1.68	2.88	
10	0 + 047.012	867.43	0.72	1.56	3.52	挑流鼻坎
11	0 + 050.639	867.85	0.60	1.56	3.00	
12	0 + 057.012	870.2	0.60	1.56	2.99	
右 1	0 + 010.708	904.07	4.32	6.00	12.96	右侧导墙
右 2	0 + 019.988	892.58	9.00	12.96	16.32	
右 3	0 + 029.258	880.00	7.32	12.72	17.28	
右 4	0 + 039.816	871.81	6.24	12.00	15.84	
右 5	0 + 043.801	870.25	5.28	10.32	14.16	
右 6	0 + 051.952	872.29	5.04	7.56	11.40	

6.4.4　流速分布

　　试验量测特征流量时溢流坝面沿程流速见表 2-6-4。

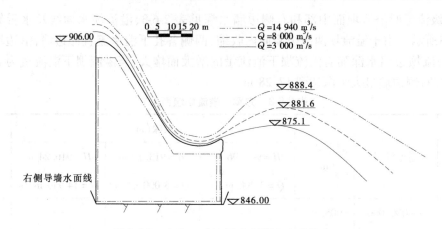

图 2-6-8　方案一溢流坝水面线及水舌轨迹

表 2-6-4　方案一溢流坝坝面沿程流速

测点编号	测点桩号	位置	流速(m/s)	
			$H = 913.10$ m $Q = 8\ 000$ m³/s	$H = 916.24$ m $Q = 14\ 940$ m³/s
1	0 + 002.325	堰顶	10.68	13.46
2	0 + 008.933	坝面	13.16	15.98
3	0 + 015.344		17.69	18.60
4	0 + 023.093		22.33	23.02
5	0 + 030.914		26.16	26.49
6	0 + 037.794		27.66	27.51
7	0 + 047.012		28.35	27.44
8	0 + 057.012	坎顶	27.59	28.06

6.4.5　挑坎水力特性

溢流坝下游采用挑流消能,挑流鼻坎宽 118 m,反弧半径 $R = 20$ m,挑角 30°,坎顶高程 870.2 m。溢流坝下泄各级泄量时,试验分别对溢流坝挑流鼻坎上中部的水深、挑流水舌最远入水点距挑坎距离以及水舌的入水宽度等水力参数进行了量测,结果见表 2-6-5。各级流量时,溢流坝挑流水舌外缘轨迹如图 2-6-8 所示。试验结果表明,在溢流坝下泄 3 000 m³/s 流量时,挑流鼻坎除了两侧 10 m 范围内受两侧边墙挤压,水流集中,其余水流分布均匀,水舌入水宽度 67.2 m,挑距 66.0 m。随着溢流坝下泄流量的增加,挑流鼻坎受两侧边墙挤压水流影响范围增大,在流量 8 000 m³/s 时,两侧水流向中间挤压水舌,因而入水宽度较 3 000 m³/s 时小。在流量 14 940 m³/s 时,两股水流在挑坎中相碰撞,挑流水舌更为集中,鼻坎挑流水舌最远挑距为 92.4 m,入水宽度 80.4 m。

表 2-6-5　方案一挑坎水力参数

序号	流量 （m³/s）	库水位 （m）	坎顶水深 （m）	坎顶流速 （m/s）	水舌入水宽度 （m）	水舌挑距 （m）
1	3 000	909.96	0.6		67.2	66.0
2	8 000	913.10	1.56	27.59	56.4	78.0
3	14 940	916.24	2.99	28.06	80.4	92.4

6.4.6　下游水流流态及冲刷

溢流坝下泄水流对下游河道冲刷情况，与库区上游来水洪峰大小、洪水持续时间等有关，模型是按照库区不同标准洪水流量进行冲刷试验。模型在放水前按照原始地形铺设完成后，先进行 3 000 m³/s 流量的冲刷，待冲刷稳定后（模型时间约 3.5 h，相当于原型 38 h），进行地形测量，接着进行下一级流量的冲刷，共进行了表 2-6-6 中 3 种工况试验，表中对应下游水位按照设计提供的坝下水位流量关系进行控制。

表 2-6-6　方案一冲刷试验工况

组次	流量（m³/s）	库水位（m）	下游水位（m）
1	3 000	909.96	855.4
2	8 000	913.10	860.9
3	14 940	916.24	866.7

6.4.6.1　下游流态与流速分布

溢流坝下泄各级流量时，挑流水舌跌入下游河道后，在水舌入水点前后形成 2 个大漩滚，漩滚区内水流紊动剧烈，水流冲刷河床形成冲刷坑，被冲出的岩块推向下游并堆积下来形成堆积体，随着冲坑的加深，在水垫塘两侧产生回流，淘刷河道两岸边坡。图 2-6-9 ~ 图 2-6-11 分别为三级特征流量时下游河道流态与流速分布，可见，在流量分别为 3 000 m³/s、8 000 m³/s、14 940 m³/s 时，水垫塘中最大回流流速分别为 1.75 m/s、3.94 m/s、5.89 m/s。坝下桩号 0 + 177.012 处断面最大流速分别为 8.47 m/s、13.32 m/s、16.35 m/s。

6.4.6.2　下游河床冲刷

分别对各级流量进行了冲刷坑量测，各级流量冲刷稳定后地形如图 2-6-12 ~ 图 2-6-14 所示。冲刷坑最深点高程和桩号见表 2-6-7。可以看出，在该试验条件下，溢流坝下泄 3 000 m³/s、8 000 m³/s、14 940 m³/s 时，下游河道冲坑最深点高程分别为 839.24 m、826.58 m 和 823.48 m，冲坑最深点距坝脚分别为 60 m、84 m、96 m。

表 2-6-7　方案一下游冲刷最深点高程

组次	流量 （m³/s）	库水位 （m）	下游水位 （m）	冲刷坑最深点	
				高程（m）	桩号（m）
1	3 000	909.96	855.4	839.24	0 + 118
2	8 000	913.10	860.9	826.58	0 + 142
3	14 940	916.24	866.7	823.48	0 + 154

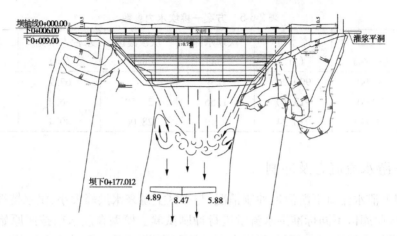

图 2-6-9　方案一 3 000 m³/s 下游流态及流速

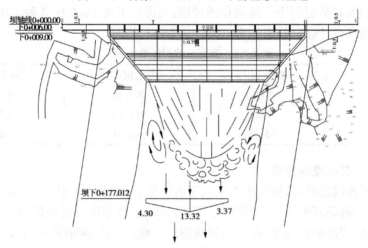

图 2-6-10　方案一 8 000 m³/s 下游流态及流速

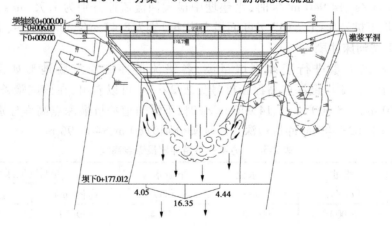

图 2-6-11　方案一 14 940 m³/s 下游流态及流速

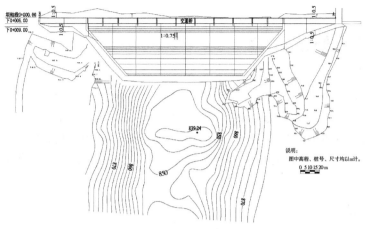

图 2-6-12　方案一流量 3 000 m³/s 时冲刷坑地形

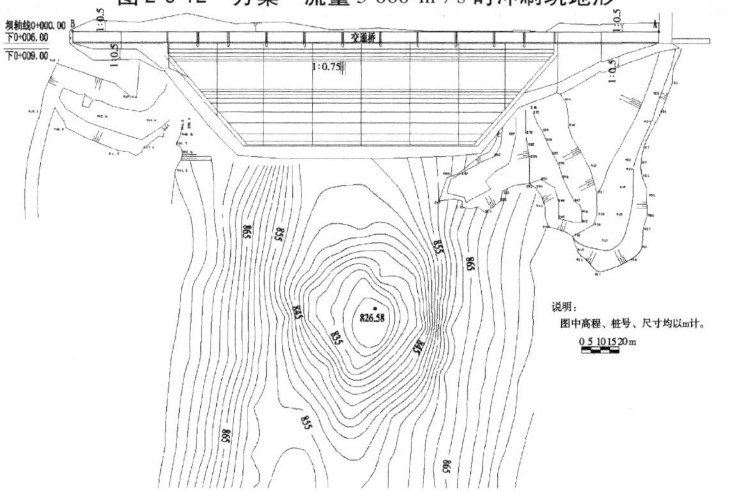

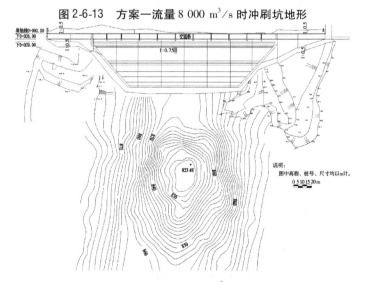

图 2-6-13　方案一流量 8 000 m³/s 时冲刷坑地形

图 2-6-14　方案一流量 14 940 m³/s 时冲刷坑地形

6.5　方案一修改试验

　　方案一试验结果表明:①泄量富余较大;②水流对两侧边墙冲击力较大,边墙处水深较深;③挑坎水流集中,单宽流量较大,冲刷较深。为此。对原设计方案进行了修改,即将溢流坝堰顶宽度由 201 m 缩窄至 180 m,并将两侧边墙收缩角减小,挑流鼻坎处两侧边墙各向外移动 10 m,挑流鼻坎宽度由 118 m 增加到 138 m,溢流堰和挑流鼻坎的体型尺寸与原方案相同。

6.5.1　泄流能力

　　试验对溢流坝修改方案水位流量关系进行了量测,结果见图 2-6-15 和表 2-6-8。溢流坝段缩窄后,库水位为 917 m 时,溢流坝泄量为 15 300 m³/s,试验值较设计值大 2.4%,泄量仍然满足设计要求。

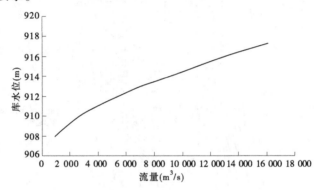

图 2-6-15　方案一修改布置水位流量关系曲线

表 2-6-8　方案一修改布置特征水位流量关系

序号	流量(m³/s)	库水位(m)	流量系数
1	3 000	910.22	0.452
2	8 000	913.49	0.510
3	14 940	916.84	0.547
4	15 300	917.00	0.548

6.5.2　堰面压力分布

　　溢流堰测压管位置同原方案。试验量测特征流量的溢流堰堰面及右侧边墙压力分布如图 2-6-16 所示。当溢流坝分别下泄 3 000 m³/s 和 8 000 m³/s 流量时,溢流堰堰面压力均为正压,在泄量 14 940 m³/s 时,溢流堰堰面产生负压,最大负压为 3.9 m 水柱,由于对应库水位为 916.84 m 较原设计高,因而负压较原设计略有增大。由于溢流坝两侧边墙收缩角减小,因而溢流坝两侧边墙动水压力也相应减小。

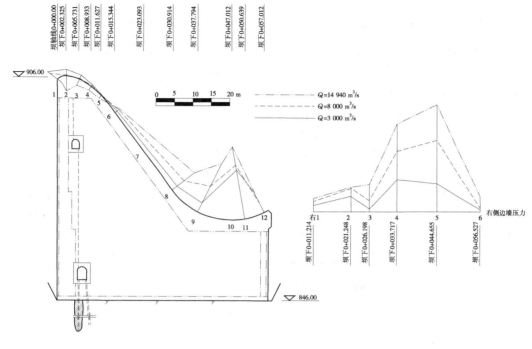

图 2-6-16 方案一修改布置溢流坝及边墙压力分布

6.5.3 溢流坝水流流态与水面线分布

修改后,由于溢流坝堰顶宽度的缩窄,同级泄量情况下上游库水位略有升高。溢流堰堰面水深略有增加。但由于溢流坝两侧边墙收缩角减小,因而溢流坝两侧边墙水深较原方案减小,试验量测各级流量溢流坝及右侧边墙水深沿程分布见表 2-6-9 和图 2-6-17。在 14 940 m³/s 流量时,右侧边墙最大水深由 17.28 m 减小为 12.72 m。各级流量时,溢流坝水流流态见图 2-6-18。

表 2-6-9 方案一修改布置堰面水深

测点编号	测点桩号	测点高程（m）	水深（m）			备注
			$H=910.22$ m $Q=3\,000$ m³/s	$H=913.49$ m $Q=8\,000$ m³/s	$H=916.84$ m $Q=14\,940$ m³/s	
1	0 + 000.000	905.18	—	—	—	
2	0 + 002.325	906.00	3.48	6.00	9.00	
3	0 + 005.731	905.18	2.52	4.32	7.32	
4	0 + 008.933	903.25	1.92	3.84	6.36	
5	0 + 011.627	900.84	1.80	3.36	5.76	溢流坝面
6	0 + 015.344	896.41	1.44	3.12	4.92	
7	0 + 023.093	886.08	0.96	2.40	4.08	
8	0 + 030.914	875.65	0.96	1.92	3.72	
9	0 + 037.794	869.77	0.84	1.92	3.48	

续表 2-6-9

测点编号	测点桩号	测点高程(m)	水深(m)			备注
			$H=910.22$ m $Q=3\,000$ m³/s	$H=913.49$ m $Q=8\,000$ m³/s	$H=916.84$ m $Q=14\,940$ m³/s	
10	0+047.012	867.43	0.84	1.80	3.48	挑流鼻坎
11	0+050.639	867.85	0.84	1.80	3.48	
12	0+057.012	870.2	0.84	2.04	3.36	
右1	0+011.214	901.86	2.40	5.64	6.72	右侧导墙
右2	0+021.248	889.14	4.80	8.16	11.16	
右3	0+026.198	882.54	4.56	7.92	12.72	
右4	0+033.717	873.18	3.48	6.96	11.40	
右5	0+044.655	868.26	3.48	6.12	9.72	
右6	0+056.527	871.02	2.64	5.28	7.56	

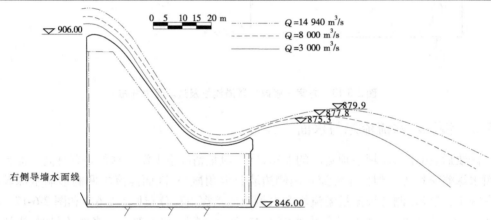

图 2-6-17　方案一修改布置溢流坝水面线及水舌轨迹

图 2-6-18　方案一修改布置泄量 14 940 m³/s 时溢流坝水流流态

6.5.4　流速分布

试验量测各级流量时溢流坝面沿程流速见表 2-6-10,各工况流速均小于 30 m/s。

表 2-6-10　方案一修改布置坝面沿程流速

测点编号	测点桩号	位置	流速（m/s）	
			$H = 913.49$ m $Q = 8\,000$ m³/s	$H = 916.84$ m $Q = 14\,940$ m³/s
1	0 + 002.325	堰顶	10.88	14.75
2	0 + 008.933	坝面	13.47	15.88
3	0 + 015.344		18.04	18.99
4	0 + 023.093		22.49	23.33
5	0 + 030.914		26.07	26.55
6	0 + 037.794		26.95	27.50
7	0 + 047.012		27.42	29.58
8	0 + 057.012	坎顶	28.12	28.48

6.5.5　挑坎水力特性

试验量测各级流量时，挑坎坎顶水深流速及水舌入水宽度和水舌挑距，见表 2-6-11。各级流量时，挑坎上水流分布较原设计均匀，水舌入水宽度增大，挑距略有增加。

表 2-6-11　方案一修改布置挑坎水力参数

序号	流量（m³/s）	库水位（m）	坎顶水深（m）	坎顶流速（m/s）	水舌入水宽度（m）	水舌挑距（m）
1	3 000	910.22	0.84		91.2	68.4
2	8 000	913.49	2.04	28.12	82.8	81.6
3	14 940	916.84	3.36	28.48	110.4	105

6.5.6　下游河道流态及流速

试验对不同泄量的下游河道流态和流速进行了量测，结果表明，下游河道流态与原方案略同，由于各级流量时水舌入水宽度较原设计值大，水舌冲击两岸山坡，各级流量时水垫塘中回流流速较原设计值增大。流量 14 940 m³/s 时，水垫塘中最大回流流速达到 6.57 m/s。试验量测泄量 3 000 m³/s、8 000 m³/s、14 940 m³/s 时，下游河道最大平均流速分别为 7.14 m/s、12.54 m/s、15.70 m/s。

6.5.7　下游河床冲刷

试验对各级流量进行了冲刷坑观测，不同工况下下游冲刷最深点高程统计于表 2-6-12。各级流量时，冲刷坑深度较原设计时浅，冲坑最深点距坝脚远，但水流淘刷两岸坡，冲刷范围增大。

表 2-6-12　方案一修改布置下游冲刷最深点高程

组次	流量(m³/s)	库水位(m)	下游水位(m)	冲刷坑最深点	
				高程(m)	桩号
1	3 000	910.22	855.4	841.4	0 + 130
2	8 000	913.49	860.9	836.48	0 + 154
3	14 940	916.84	866.7	831.59	0 + 178

6.6　方案二试验

该方案同方案一相比,溢流坝段宽度由 200 m 增加至 305 m,中间坝段(98 m)坝顶高程为 906 m,溢流净宽 94 m,采用连续式挑流鼻坎消能。两侧溢流坝坝顶高程 910 m,左岸溢流净宽 100 m,右岸溢流净宽 96 m,采用阶梯式和宽尾墩联合消能。

6.6.1　泄流能力

试验对溢流坝设计方案二库水位流量关系进行了量测,结果见图 2-6-19 和表 2-6-13,库水位 917 m,溢流坝过流 15 600 m³/s,满足设计要求。

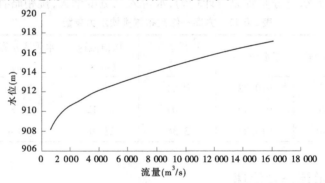

图 2-6-19　方案二水位流量关系曲线

表 2-6-13　方案二水位流量关系表

序号	流量(m³/s)	库水位(m)
1	3 000	911.4
2	8 000	914.2
3	14 940	916.8
4	15 600	917.0

6.6.2　水流流态观测

试验对溢流坝方案二各级泄量的水流流态进行了观测,见图 2-6-20,试验结果表明,泄量为 3 000 m³/s 时,溢流坝全宽度过水,中间坝段水流平顺,经过挑流鼻坎,均匀平顺挑入下游河道,加设宽尾墩和阶梯坝段,宽尾墩对水流进行约束,并沿阶梯顺流而下,阶梯有明显的掺气,左右两孔水流分别顺山坡漫流,左坝段水流沿山坡直冲中间坝段的左岸导墙。流量分别为 8 000 m³/s、14 940 m³/s 时,两侧水流顺山坡直冲而下,冲至中间坝段两侧导墙后顺导墙流入河道中,淘刷下游两岸坡脚。

（a）泄量 3 000 m³/s

（b）泄量 8 000 m³/s

（c）泄量 14 940 m³/s

图 2-6-20　方案二泄洪时水流流态

由于该方案流态恶劣,与设计部门商定后,对原设计方案二不再进行其他资料测量,将两侧溢流坝段缩窄后再进行试验。

6.7　方案二修改试验

该方案是将左右两侧边孔封堵,溢流坝段由 305 m 缩窄为 220 m,并进行试验量测,结果如下。

6.7.1　泄流能力

试验对该修改方案水位泄量关系进行了量测,结果见表 2-6-14 和图 2-6-21,表明库水位为 917 m 时,溢流坝泄量为 12 700 m³/s,较设计值小 18%。

表 2-6-14　方案二修改布置水位流量关系

序号	流量(m³/s)	库水位(m)
1	3 000	911.60
2	8 000	914.80
3	12 700	917.00
4	14 940	917.90

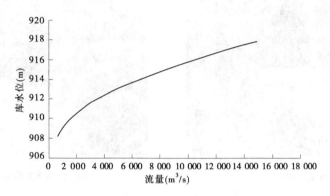

图 2-6-21　方案二修改布置水位流量关系曲线

6.7.2　溢流坝流态及下游冲刷

溢流坝两侧山坡流态较修改前有所改善,见图 2-6-22。左右两侧各孔下泄水流至宽尾墩时,孔口水深中间低于两侧,下泄水面形成上宽下窄半菱形状,至一定位置时两侧水面相交后顺山坡下泄。小流量时,阶梯上水流掺气,随着泄量的增大,掺气量减小。各级流量时,左岸顺山坡一股下泄水流直冲左导墙,泄量分别为 3 000 m³/s、8 000 m³/s、12 700 m³/s 时,隔墙处壅水高分别为 1 m、5 m、10 m。泄量分别为 8 000 m³/s、12 700 m³/s 时,左右两侧各孔下泄水流冲至山坡,形成一股股水冠再顺坡下泄,试验量测两岸山坡水流流速达到 20 ~ 25 m/s,远大于岩石的抗冲流速 10 m/s。

　　　(a)泄量 8 000 m³/s　　　　　　　　　　　(b)泄量 12 700 m³/s

图 2-6-22　方案二修改布置水流流态

溢流坝泄洪时,左右两岸山坡顺坡流速较大,为 20 ~ 25 m/s,水流顺两岸山坡入河道内,冲刷两岸坡脚。各级流量时下游河道水垫塘内产生不同程度的回流,淘刷两岸坡脚。泄量为 12 700 m³/s 时,水垫塘最大回流流速 8.1 m/s。各级流量时,试验量测下游河道流速分别为 7.94 m/s、12.78 m/s、15.32 m/s。在小流量时,溢流坝下游冲刷深度较浅,冲刷坑最深点距坝脚较远,随着溢流坝下泄流量的增加,左右两股水流强度增加,水流淘刷两岸坡脚,当流量为 8 000 m³/s ~ 12 700 m³/s 时,左右坝脚淘刷深度 10 ~ 20 m,且距坝脚非常近,为 30 ~ 50 m,可能危及坝的安全。从泄流能力和下游冲刷情况看,该修改方案仍不满足设计要求。

6.8　方案三试验

结合方案一和方案二试验结果,设计单位又提出第三种设计方案,如图 2-6-23 所示。该方案同方案二相比,去掉宽尾墩,连续式挑流鼻坎消能的中间坝段宽度由 98 m 增加至

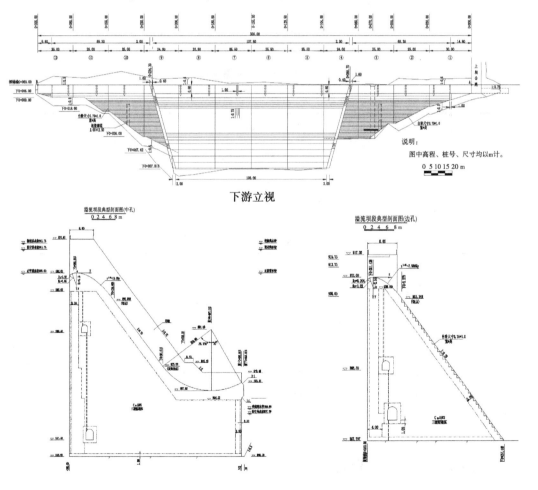

图 2-6-23　尚嘎尼水利工程方案三布置图

137.8 m,坝顶高程不变,仍为906 m。两侧溢流坝坝顶高程由910 m抬高至911 m,左右两岸溢流坝宽度均为69.3 m,采用阶梯式消能。两侧隔墙向坝中收缩,挑流鼻坎坎顶过流宽度为106 m。

6.8.1　泄流能力

试验对溢流坝设计方案三库水位流量关系进行了量测,结果见图2-6-24和表2-6-15,库水位917 m,溢流坝过流16 200 m³/s,较设计值大8.4%。

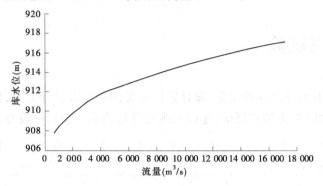

图2-6-24　方案三水位流量关系曲线

表2-6-15　方案三水位流量关系

序号	流量(m³/s)	库水位(m)
1	3 000	911.0
2	8 000	913.9
3	14 940	916.6
4	16 200	917.0

6.8.2　水流流态观测

试验对溢流坝方案三各级泄量的水流流态进行了观测,当泄量为3 000 m³/s时,溢流坝中间坝段过水,水流平顺,经过挑流鼻坎,均匀平顺挑入下游河道。流量分别为8 000 m³/s、14 940 m³/s时,两侧坝段水流沿阶梯顺流而下,冲至两岸山体分别沿山坡直冲至中间坝段两岸导墙,特别是右岸山坡陡峭,岩性较差,有可能威胁到坝体稳定,因此需进行修改。

6.9　方案三修改试验

考虑方案三在库水位917 m时,溢流坝泄量有富余,并尽可能减少右侧坝段过流量,故将右岸两孔 31.8 m 改为挡水坝段,然后进行试验。

6.9.1　泄流能力

溢流坝水位流量关系量测结果见图 2-6-25 和表 2-6-16,库水位 917 m,溢流坝过流 14 900 m³/s,中间曲线溢流坝段过流 11 330 m³/s,左、右阶梯溢流坝段分别过流 2 320 m³/s 和 1 250 m³/s,基本满足设计要求。

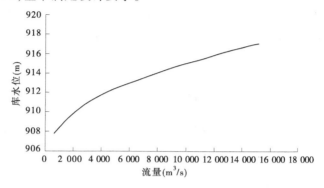

图 2-6-25　方案三修改布置水位流量关系曲线

表 2-6-16　方案三修改布置水位流量关系

序号	流量(m³/s)	库水位(m)
1	3 000	911.0
2	8 000	914.1
3	14 900	917.0

6.9.2　堰面及隔墙压力分布

中间段溢流堰测压管布置同原方案不变,右侧阶梯式溢流坝第 1 孔中线堰顶布置了 1 根测压管,在第 20 个台阶上布置了 1 根测压管,中间坝段左侧边墙末端两侧各布置了 1 根测压管。试验观测不同泄量的溢流堰堰面及各测点压力分布见表 2-6-17 和图 2-6-26。溢流坝下泄 3 000 m³/s 流量时,只有溢流坝中段过水,堰面压力均为正压。溢流坝左隔墙末端压力为 1.56 m 水柱。溢流坝下泄 8 000 m³/s 流量时,溢流坝全断面过水,堰面压力均为正压,溢流坝两隔墙除了中间坝段水流冲击外,在其末端分别受到两侧坝段水流冲击,外侧冲击力大于内侧。在 14 900 m³/s 流量时,中间坝段堰面最大负压较大,约为 4.14 m 水柱,右侧坝段堰面负压达到 0.98 m 水柱。在该流量时左隔墙末端右侧有负压,约为 0.72 m 水柱,而左侧又受到左坝段水流冲击,冲击力约为 7.68 m 水柱,供隔墙结构设计时参考。

表 2-6-17 方案三修改布置压力分布

测压点编号	测压点桩号	测压点高程(m)	压力(m 水柱)			备注
			$H=911.0$ m $Q=3\,000$ m³/s	$H=914.1$ m $Q=8\,000$ m³/s	$H=917.0$ m $Q=14\,900$ m³/s	
1	0 + 000	905.18	3.76	2.20	-1.64	
2	0 + 002.3	906.00	1.86	0.06	-4.14	
3	0 + 005.7	905.18	1.48	0.88	-0.92	
4	0 + 008.9	903.25	0.65	0.17	-1.15	
5	0 + 011.6	900.84	0.54	0.18	-0.42	溢流坝面中
6	0 + 015.3	896.41	0.89	1.37	1.61	
7	0 + 023.1	886.08				
8	0 + 030.9	875.65	1.97	4.37	7.37	
9	0 + 037.8	869.77	7.49	10.01	14.09	
10	0 + 047.0					
11	0 + 050.6	867.85	9.17	13.97	16.25	挑流鼻坎
12	0 + 055.8	869.58	2.04	3.84	6.84	
右1	0 + 001.44	911.00		1.06	-0.98	右侧坝顶
右2	0 + 025.16	885.35		2.47	4.15	阶梯上
隔墙右侧	0 + 057.0	870.90	1.56	4.08	-0.72	左隔墙
隔墙左侧	0 + 057.0	870.90		7.20	7.68	

6.9.3 水流流态及水面线

溢流坝下泄 3 000 m³/s 流量时,只有溢流坝中段过水,溢流坝上游进流平顺,堰面下泄水流连续光滑,由于溢流坝两侧隔墙向内收缩,溢流坝各孔下泄水流冲至两边墙后折向中部,使得挑流鼻坎两侧水流集中,在水舌上部溅起水花,见图 2-6-27。溢流坝下泄 8 000 m³/s 和 14 900 m³/s 流量时,溢流坝全断面过水,中间坝段水流连续光滑,左右坝段各孔下泄水流经过阶梯消能后冲至山坡,形成一股水冠再顺坡下泄。

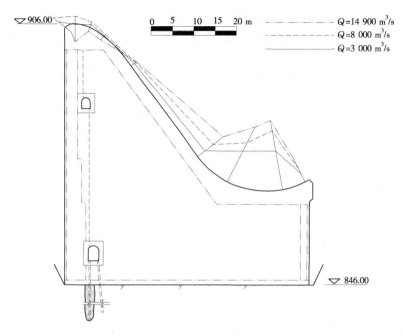

图 2-6-26 方案三修改布置溢流坝压力分布

(a)流量 3 000 m³/s

(b)流量 8 000 m³/s

(c)流量 14 900 m³/s

图 2-6-27 方案三修改布置溢流坝流态

试验量测各级流量时溢流坝面中部水深及左侧边墙水深,见表2-6-18,溢流坝水面线如图2-6-28所示。当溢流坝下泄流量下泄14 900 m³/s 流量时,左侧边墙最大水深达到8.28 m。

表2-6-18　方案三修改布置堰面及隔墙水深

测点编号	测点桩号	测点高程(m)	水深(m)			备注
			$H=911.0$ m $Q=3\,000$ m³/s	$H=914.1$ m $Q=8\,000$ m³/s	$H=917.0$ m $Q=14\,900$ m³/s	
1	0+000	905.18	—	—	—	
2	0+002.3	906.00	4.32	6.60	9.12	
3	0+005.7	905.18	3.00	5.16	7.20	
4	0+008.9	903.25	2.76	4.44	6.36	
5	0+011.6	900.84	2.16	3.96	5.64	溢流坝面中
6	0+015.3	896.41	1.68	3.24	5.04	
7	0+023.1	886.08	1.32	2.88	3.84	
8	0+030.9	875.65	1.08	2.52	3.60	
9	0+037.8	869.77	0.96	2.16	3.60	
10	0+047.0	867.43	0.96	2.16	3.60	
11	0+050.6	867.85	0.96	2.16	3.60	挑流鼻坎
12	0+057.0	870.2	0.96	2.04	3.48	
左1	0+008.0	903.92	3.84	5.88	8.28	
左2	0+015.6	896.12	3.60	6.00	7.80	
左3	0+023.1	886.05	3.36	6.00	7.92	
左4	0+030.7	875.97	3.24	5.64	7.92	左侧隔墙内侧
左5	0+038.2	869.55	3.12	5.40	8.04	
左6	0+044.3	867.70	2.76	7.80	8.16	
左7	0+057.0	870.20	2.28	6.36	8.28	

6.9.4　流速分布

试验分别对中间坝段中线、左侧阶梯坝段第1孔中线、右侧阶梯坝段第1孔中线断面沿程流速以及两岸山坡水流流速进行了量测,结果见表2-6-19。结果表明,最大流速均未超过30 m/s,可以不考虑布置掺气设施。但山坡流速可达10 m/s以上,应加强泄流观测和防护措施。

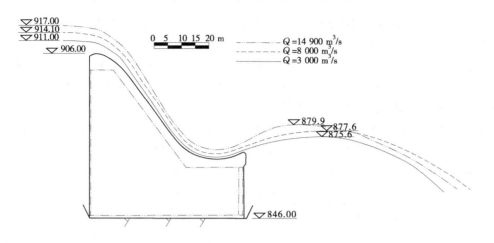

图 2-6-28 方案三修改布置溢流坝水面线及水舌轨迹

表 2-6-19 方案三修改布置溢流坝及两岸山坡流速

测点编号	测点桩号	位置	流速（m/s）			备注
			$H = 911.0$ m $Q = 3\ 000$ m³/s	$H = 914.1$ m $Q = 8\ 000$ m³/s	$H = 917.0$ m $Q = 14\ 900$ m³/s	
1	0 + 002.3	堰顶	7.2	11.7	15.7	
2	0 + 008.9		11.6	14.5	14.2	
3	0 + 015.3		17.1	18.3	17.2	
4	0 + 023.1	坝面	21.1	22.8	23.6	中间坝段中线
5	0 + 030.9		21.0	26.4	26.4	
6	0 + 037.8		17.9	28.5	27.5	
7	0 + 047.0		17.2	28.7	27.5	
8	0 + 057.0	坎顶	17.4	29.1	28.5	
右1	0 + 001.4	堰顶		6.9	10.7	右坝段
右2	0 + 023.11	阶梯坝面	—	11.8	22.6	第1孔
右3	0 + 036.0	与山坡交汇处		9.3	16.2	中线
左1	0 + 001.4	堰顶		6.9	10.6	左坝段
左2	0 + 023.1	阶梯坝面	—	12.2	21.3	第1孔
左3	0 + 037.5	与山坡交汇处		10.6	22.7	中线
坡1	右岸山坡上		—	10.6	16.2	
坡2	左岸山坡上			13.9	17.1	

6.9.5 挑坎水力特性

试验分别对中间溢流坝挑流鼻坎上水深、流速水舌最远入水点距挑坎距离等水力参数进行了量测,结果见表2-6-20。由于溢流坝两侧隔墙向内收缩,溢流坝中段下泄水流冲至两隔墙后折向中部,使得挑流鼻坎坎顶水流薄厚不均,使得水舌两侧厚,中间薄。溢流坝下泄3 000 m³/s 流量时,挑坎两侧约10.5 m范围内水流集中,水深较大,约2.64 m,中部水流均匀,水深约0.96 m,导致水舌中间薄,两侧厚。溢流坝下泄8 000 m³/s 流量时,挑坎两侧水舌叠加范围增大,挑坎左侧21.6 m范围内水深4.2 m;右侧13 m范围内水深增加至5.4 m。溢流坝下泄14 900 m³/s 流量时,挑坎水流紊乱,水舌薄厚不均,两侧水流挤压挑坎水流,因而挑距较8 000 m³/s 流量时小。当流量分别为3 000 m³/s 、8 000 m³/s、14 900 m³/s 时,水舌挑距分别为86.4 m、93.6 m、91.2 m。

表2-6-20　方案三修改布置挑坎水力参数

序号	流量 (m³/s)	库水位 (m)	坎顶中水深(m)			坎顶中流速 (m/s)	水舌挑距 (m)
			左	中	右		
1	3 000	911	2.64	0.96	2.64	17.38	86.4
2	8 000	914.1	4.2	2.04	5.4	29.10	93.6
3	14 900	917	8.28	3.48	9.48	28.48	91.2

试验量测溢流坝挑流鼻坎起挑流量为350 m³/s,当溢流坝下泄流量小于该流量时,挑坎出现贴壁流,有可能淘刷坝脚,建议加强防护。

6.9.6　下游河道流态及流速

试验对不同泄量的下游河道流态和流速分布进行了量测,结果如图2-6-29 所示。当溢流坝下泄流量大于8 000 m³/s 时,左右两岸阶梯坝段过流,虽然经过阶梯消除部分能量,但与山坡交汇处流速仍然较大,如14 900 m³/s 流量时坝肩处最大流速达22 m/s 以上,冲击坝肩,两岸山坡上流速也较大,要注意防护。

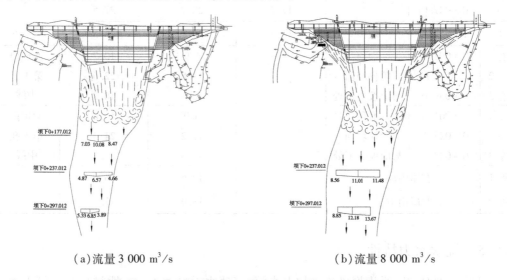

坝下0+177.012　7.03 10.08 8.47
坝下0+237.012　4.87 6.57 4.66
坝下0+297.012　5.33 6.85 3.89

坝下0+237.012　8.56 11.01 11.48
坝下0+297.012　8.85 12.18 13.67

（a）流量3 000 m³/s　　　　　　（b）流量8 000 m³/s

图2-6-29　方案三修改布置下游流态及流速　（流速单位:m/s）

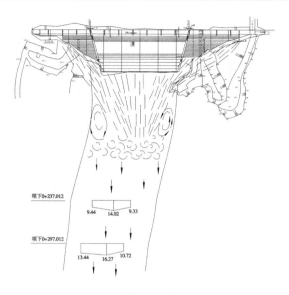

坝下0+237.012

9.44　14.02　9.33

坝下0+297.012

13.44　16.27　10.72

（c）流量 14 900 m³/s

续图 2-6-29

6.9.7　下游河床冲刷

　　试验对各级流量进行了冲刷坑观测,不同工况下下游冲刷坑地形,如图 2-6-30 所示,冲刷坑最深点高程统计于表 2-6-21。在小流量时,溢流坝下游冲刷坑深度较浅,冲刷坑最深点距坝脚较远。随着溢流坝下泄流量的增加,左右两股水流强度增加,水流淘刷两岸坡脚,要注意防护。当流量分别为 3 000 m³/s、8 000 m³/s、14 900 m³/s 时,下游河道最大冲刷深度分别为 5.0 m、8.7 m、16.9 m。

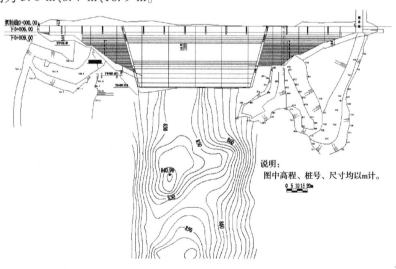

说明:
图中高程、桩号、尺寸均以m计。

0　5　10 15 20m

（a）流量 3 000 m³/s

图 2-6-30　方案三修改布置冲刷坑地形

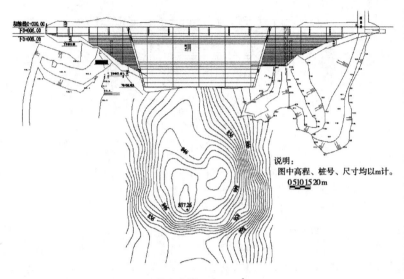

(b)流量 8 000 m³/s

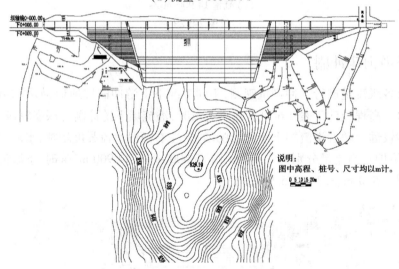

(c)流量 14 900 m³/s

续图 2-6-30

表 2-6-21　下游冲刷坑最深点高程

组次	流量 （m³/s）	库水位 （m）	下游水位 （m）	冲刷坑最深点		
				高程（m）	深度（m）	桩号
1	3 000	910.0	855.4	841.0	5.0	0 + 141.8
2	8 000	913.1	860.9	837.3	8.7	0 + 153.8
3	14 940	916.2	866.6	829.1	16.9	0 + 141.8

6.10　结　论

（1）方案一泄流能力满足设计要求，且有较大的富余。

（2）方案一在流量为 14 940 m³/s 时堰面上有负压，最大负压值 2.82 m 水柱。各级泄量情况下，两侧边墙均受到水流冲击，承受较大的动水压力，当流量为 14 940 m³/s 时，试验量测到右侧边墙上的最大压力值达到 29.69 m 水柱，最大水深 17.28 m。

（3）方案一由于受两侧边水流压缩，挑坎水流分布不均匀，水舌较集中，对下游冲刷较深，当流量为 14 940 m³/s 时，最大冲深 21.54 m，距坝脚 96 m。

（4）方案一修改后泄流能力仍然满足设计要求。

（5）方案一修改后，当流量为 14 940 m³/s 时，堰面上最大负压值 3.9 m 水柱。各级泄量情况下，两侧边墙均受到动水压力较修改前略有减少，边墙最大水深明显减少。当流量为 14 940 m³/s 时，试验量测到右侧边墙上的最大压力值达到 28.8 m 水柱，最大水深 12.72 m。

（6）方案一修改后，各级流量挑坎水流分布较修改前相对均匀，对下游冲刷深度明显减少，但由于水舌入水宽度增加，冲坑宽度范围增大。

（7）方案二溢流坝段 305 m 最长，其泄流能力满足设计要求。但在各级流量时，两侧坝段水流顺山坡直冲而下，流速较大，在 20～25 m/s 范围内，并直接冲击坝脚附近两岸坡脚。

（8）方案二将溢流坝段缩窄后，流态有所改善，但当库水位为 917 m 时，其泄量较设计值小 18%。

（9）方案二中宽尾墩主要用于挑流消能，在各级流量时，宽尾墩仅起到了约束水流，不可能将水流纵向拉开，失去宽尾墩的作用意义。

（10）方案二修改后，各级流量左右两侧坝段各孔下泄水流冲至山坡，形成一股水冠再顺坡下泄，作为底流辅助消能工的台阶，减小坝面流速作用是有限的，试验量测两岸山坡水流流速较大，达到 20～25 m/s，并冲击中间坝段隔墙，希望设计加以重视。另外，左右两侧坝段下泄水流冲击坝脚，且流态较为复杂，该处又是相对薄弱的地方，希望设计加以重视。

（11）方案二修改后，当流量为 8 000～14 940 m³/s 时，左右坝脚淘刷较深，为 10～20 m，且距坝脚为 30～50 m，危及坝的安全，希望设计加以重视。

（12）方案三溢流坝段长 280.4 m，其泄流能力满足设计要求，且有富余。右岸坝段下泄水流，冲击山坡。

（13）方案三修改是将方案三溢流坝段右侧两孔缩窄，库水位为 917 m 时，泄量 14 900 m³/s 较设计值小 0.27%，基本满足设计要求。

（14）方案三修改后，当流量小于 8 000 m³/s 时，堰面无负压。当流量为 14 900 m³/s 时，堰顶最大负压值为 4.14 m 水柱，左隔墙末端右侧有负压，约为 0.72 m 水柱，左侧又受到左坝段水流冲击，冲击力约为 7.68 m 水柱，供设计隔墙结构时参考。

（15）方案三修改后，溢流坝下泄流量为 14 900 m³/s 时，左侧边墙最大水深达到 8.28 m。

（16）方案三修改后，由于溢流坝两侧隔墙向内收缩，溢流坝中段下泄水流冲至两隔墙后折向中部，使得挑流鼻坎坎顶水流薄厚不均，水舌两侧厚中间薄。当流量为 3 000 m³/s、8 000 m³/s、14 900 m³/s 时，水舌挑距分别为 86.4 m、93.6 m、91.2 m。溢流坝挑流鼻坎起挑流量为 350 m³/s，当溢流坝下泄流量小于该流量时，挑坎出现贴壁流，有可能危及坝脚安全，希望引起设计单位重视。

（17）方案三修改后，各级流量时，左右两侧坝段各孔下泄水流冲至山坡，形成一股水冠再顺坡下泄，作为辅助消能工的台阶，减小坝面流速作用是有限的，试验量测两侧阶梯溢流坝面与山坡交汇处水流流速较大，达到 22.7 m/s，这进入高速水流范畴，根据台阶溢流坝水力学模型试验成果和原型工程运用实践，从台阶溢流面的空蚀和坝肩岩石抗冲能力来看，台阶溢流面和坝肩山体都是不安全的，希望设计加以重视。另外，左右两侧坝段下泄水流冲击坝肩坡脚，且流态较为复杂，坝肩开挖处又是相对薄弱的地方，设计单位也应引起重视。

（18）方案三修改后，当流量为 3 000 m³/s、8 000 m³/s、14 900 m³/s 时，下游河道最大冲刷深度分别为 5.0 m、8.7 m、16.9 m。

第 7 章　黄藏寺水利枢纽水工整体模型试验

7.1　工程概况

　　黄藏寺水利枢纽工程位于黑河上游东西两岔交汇处以下 11 km 的黑河干流上,上距青海省祁连县城约 19 km,控制流域面积 7 468 km²,多年平均径流量 12.5 亿 m³,枢纽控制黑河干流莺落峡以上 80% 的来水,在整个黑河水资源统一管理和管理工程体系中具有重要作用。

　　黄藏寺水库总库容 4.05 亿 m³,水库死水位 2 580 m,相应死库容 0.61 亿 m³,正常蓄水位 2 628 m,正常蓄水位以下库容 3.54 亿 m³,调节库容 2.95 亿 m³,汛期限制水位与正常蓄水位相同。电站装机容量 49 MW。水库防洪标准按 500 年一遇洪水设计,设计洪水位 2 628 m,2 000 年一遇洪水校核,校核洪水位 2 628.7 m。枢纽由拦河大坝、坝体底孔坝段和溢流坝段、电站厂房等建筑物组成,水库大坝坝高 122.0 m。上游立视图和枢纽平面布置见图 2-7-1。

　　溢流表孔净宽 15.0 m,堰顶高程 2 612.00 m,设弧形闸门,孔口尺寸 15.0 m×16.0 m。堰顶上游堰头采用双圆弧曲线,下游堰面采用 WES 堰型,幂曲线为 $y = 0.056\,876x^{1.836}$,堰

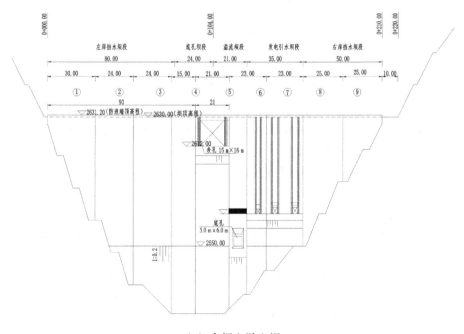

（a）大坝上游立视

图 2-7-1　上游立视图和枢纽平面布置

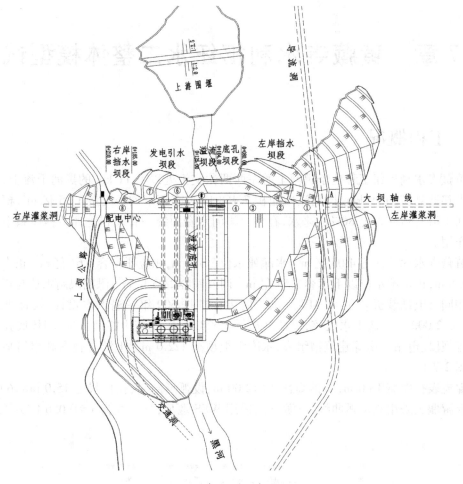

(b)枢纽平面布置

续图 2-7-1

面下接坡度为 1∶0.75 的陡槽。出口采用挑流消能方式将水流挑入下游河道,挑坎高程 2 536.00 m,挑角 26°。为防止小水情况下水流挑射不远而在坝脚跌落淘刷坝趾,在坝脚下游回填混凝土进行防冲保护。设计洪水位时最大泄量 1 988.5 m³/s,校核洪水位时最大泄量 2 127.4 m³/s,溢流表孔剖面布置如图 2-7-2 所示。

底孔为短有压进口明流洞形式,进口高程为 2 550.00 m,进口段上唇为 $x^2/7.5^2 + y^2/2.5^2 = 1$ 椭圆曲线,底面为 $R = 1.0$ m 的圆弧,压坡段坡比为 1∶4。设置事故检修闸门,孔口尺寸 5.0 m×7.5 m;弧形工作门,孔口尺寸大小为 5.0 m×6.0 m,闸门后为突跌,跌坎高 1 m,跌坎下接 1 m 平台。平台下接坡度为 1∶5 的泄槽,出口采用挑流消能方式,挑坎高程 2 536.00 m,反弧段半径 30 m,挑角 30°,溢流底孔剖面布置如图 2-7-3 所示。

电站厂房采用地下厂房,布置在右岸山体内。电站进口高程 2 570.0 m,布置两台大机组,如图 2-7-4 所示,单机引用流量 26.49 m³/s;一台小机组,如图 2-7-5 所示,单机引用流量 11.96 m³/s。

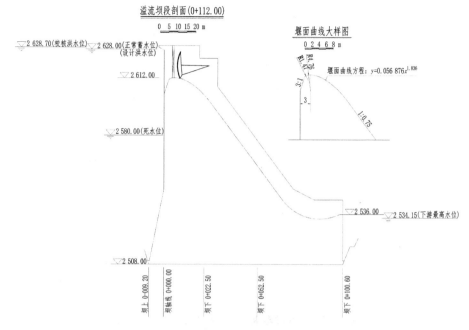

图 2-7-2　溢流表孔剖面布置　（单位：m）

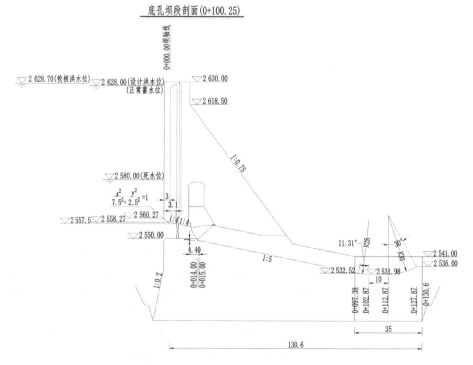

图 2-7-3　溢流底孔剖面布置　（单位：m）

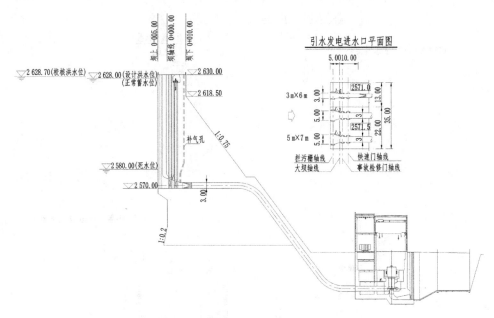

图 2-7-4　引水发电纵剖面(大机组) 　(单位:m)

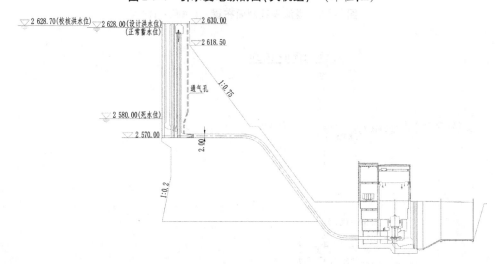

图 2-7-5　引水发电纵剖面(小机组) 　(单位:m)

　　施工导流采用 10 年一遇洪水标准,相应导流设计流量 664 m³/s。施工导流采用河床一次拦断,围堰挡水,隧洞导流的方式。上游围堰堰顶高程 2 560.2 m,最大堰高 32.2 m,堰顶宽 8 m,堰轴线长 130.0 m。围堰上游坡度为 1∶2.5,下游坡度为 1∶2。围堰迎水面采用块石护坡。围堰基础和下部采用高喷防渗,围堰上部采用土工膜为防渗体。下游围堰堰顶高程 2 529.0 m,最大堰高 7.0 m,堰顶宽 8.0 m,堰顶长 32.0 m。围堰迎水面为块石护坡,围堰上、下游坡均为 1∶2。堰体防渗采用土工膜,基础防渗采用高压旋喷墙。设计导流洞进口高程 2 532.0 m,出口高程 2 526.78 m,洞长 596.00 m,纵坡 0.876%,导流洞剖面见图 2-7-6。

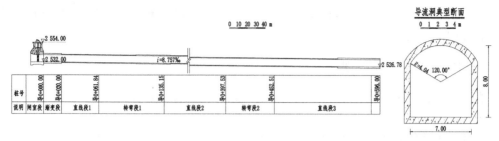

图 2-7-6　导流洞剖面图　（单位:m）

7.2　试验目的和任务

通过模型试验,验证工程泄洪、供水、发电等泄水建筑物布置方案合理性、泄流规模、建筑物体型的合理性、下游消能防冲设计的合理性等,为工程规划设计提供技术支撑,使设计方案更加合理。通过整体水工模型试验,研究导流期导流洞的水力学问题,以及水库正常运用时表孔和底孔的水力学问题、电站进口水力学问题等,验证枢纽泄水建筑物布置的合理性。具体内容如下。

7.2.1　导流泄洪洞试验

(1)观测导流洞导流期低水位运行情况下进口流态及洞内流态(有无发生水跃的可能)。

(2)量测导流洞的泄流能力。

(3)量测特征流量泄洪洞不同断面流速、沿程水面线、压力,验证泄洪洞体型的合理性。

(4)观测导流洞出口流态及下游冲刷,优化出口体型。

7.2.2　溢流表孔泄洪试验

(1)观测溢流坝泄洪,各特征水位下溢流坝进口流态与流速分布。

(2)量测溢流坝水位流量关系曲线。

(3)量测各特征水位下,溢流坝堰面和挑流鼻坎上的压力、沿程水面线和流速分布。量测挑流水舌长度和入水宽度。

(4)下游消能冲刷试验,观测各特征水位下下游河道流态、量测流速分布及下游河道冲刷坑形态和冲刷坑深度。

7.2.3　底孔泄洪洞单独运用试验

(1)观测特征水位下泄洪洞进口流态。

(2)量测泄洪洞的泄流能力。

(3)量测特征水位下泄洪洞压力、水面线和流速分布。

(4)下游消能冲刷试验,观测各特征水位下下游河道流态、量测流速分布及下游河道冲刷坑形态和冲刷坑深度。

7.2.4　溢流表孔和底孔联合泄洪试验

(1)量测联合泄洪时,各特征水位下大坝附近库区流态与流速分布。

（2）联合泄洪时，观测各特征水位下下游河道流态、量测流速分布及下游河道冲刷坑形态和冲刷坑深度。

7.2.5　电站引水口流态观测

观测正常蓄水位下电站正常引水发电时，电站进水口流态与流速分布。

7.3　模型比尺

根据模型的试验任务要求和水工（常规）模型试验规程，该模型设计为正态模型。遵守重力相似、阻力相似准则及水流连续性原理，几何比尺取 1∶60。模型主要比尺见表 2-7-1。根据设计部门提供坝址基岩抗冲流速为 10.0 m/s，模型沙粒径采用相关公式计算，可得基岩模拟散粒料石子粒径 $D=33\sim67$ mm。模型范围包括库区 800 m，坝址下游 800 m 以及所有建筑物（导流洞、表孔、底孔、电站引水洞进口段等），模型系统布置如图 2-7-7 所示。

表 2-7-1　模型比尺

比尺名称	比尺	依据
水平比尺 λ_L	60	试验任务要求及《水工（常规）模型试验规程》（SL 155—2012）
垂直比尺 λ_H	60	
流速比尺 λ_V	7.75	$\lambda_V=\lambda_L^{\frac{1}{2}}$
流量比尺 λ_Q	27 885	$\lambda_Q=\lambda_L^{\frac{5}{2}}$
水流运动时间比尺 λ_{t_1}	7.75	$\lambda_{t_1}=\lambda_L^{\frac{1}{2}}$
糙率比尺 λ_n	1.98	$\lambda_n=\lambda_L^{\frac{1}{6}}$
起动流速比尺 λ_{V_0}	7.75	$\lambda_{V_0}=\lambda_V$

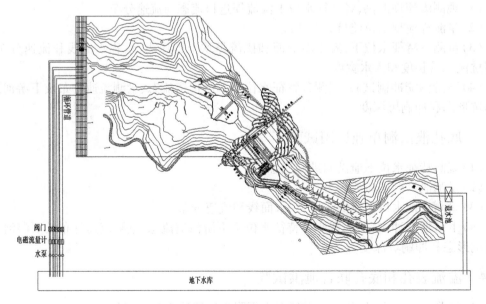

图 2-7-7　模型系统布置

7.4　原设计方案试验

7.4.1　导流洞试验

7.4.1.1　泄流能力

试验对导流洞的泄流能力进行了量测,结果见图 2-7-8 所示。在各级水位下,导流洞前河道来流平顺,上游围堰与导流洞进口之间水面平稳,流速很小。经过多组次不同流量级的放水试验,发现流量小于流量为 450 m³/s 时,导流洞内为明流,受弯道离心力影响,在弯道段横断面上左右水深略有差异,直线段水深基本一致。流量 450~550 m³/s 之间为明满流过渡区,流量大于 550 m³/s 时为满流。在明满流过渡区,受洞顶气囊影响,水位流量关系曲线波动明显,导致量测同一水位下,流量有不同程度的变化。但从导流洞过渡区流态来看,洞顶气囊进出流畅,没有卡顿和长时间聚集在某处的现象,没有水跃现象出现。在满流状态下,进口前偏左侧水面有不连续的串通漩涡产生,漩涡水面直径可达 2 m,会将少量气体带入洞内,随水流很快出洞,不会在洞顶聚集。在 10 年一遇洪水,库水位 2 557.6 m 时,试验量测导流洞泄量为 778 m³/s,比设计计算泄量 664 m³/s 大 17%,泄量满足要求。在 50 年一遇洪水,库水位 2 576.33 m 时,试验量测导流洞泄量为 1 025 m³/s,比设计计算泄量 887 m³/s 大 15.6%,泄量满足设计要求。

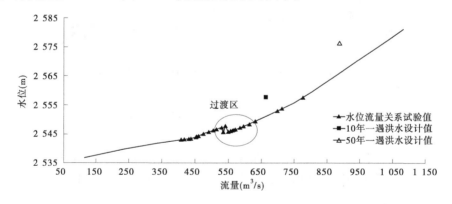

图 2-7-8　导流洞水位流量关系曲线

7.4.1.2　压力分布

为了解导流洞洞身压力变化,在导流洞中心线进口段洞顶和洞身底板共布置了 22 个测压点。试验选取了洞身明流状态、满流状态和 10 年一遇洪水水位三种特征工况对应的流量进行了观测,结果见图 2-7-9、图 2-7-10。可以看出,进口段洞顶压力分布平顺,表明洞顶体型设计合理;导流洞底板中心线沿程压力分布符合一般规律,压力由进口到出口沿程逐渐减小,在弯道末端附近,受离心力影响,压力值略有波动;因导流洞为自由出流,出口水流跌落使得导流洞出口附近压力迅速减小。

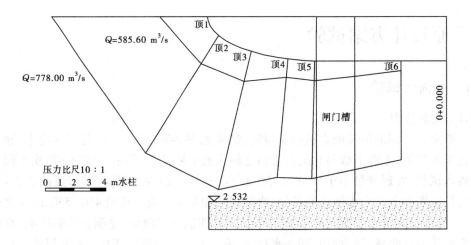

图 2-7-9　导流洞进口段顶部压力分布

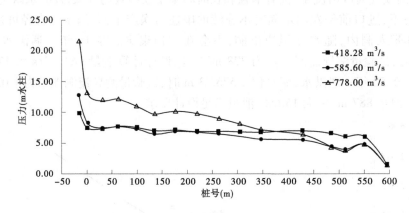

图 2-7-10　导流洞底部中心线沿程压力

7.4.1.3　流速

为了解导流洞前和洞内流速大小,在导流洞进口前 30 m 和 60 m 布置了两个测速断面,在洞身内布置了 7 个测速断面。流量级按明流状态、满流状态和 10 年一遇洪水水位对应流量状态考虑。

试验测量了三种工况下不同断面中心线垂线流速,结果见图 2-7-11。试验结果表明,导流洞前流速在高水位时较小,低水位时略大。三种工况下,进口前 30 m 处垂线平均流速均小于 1.4 m/s,进口前 60 m 处最大流速也仅在 1 m/s 左右。水流是否会对 H8 滑坡体下部松散堆积体造成严重冲刷,要看堆积体实际抗冲能力大小而定。导流洞沿程垂线流速分布符合一般规律,同样,受弯道和出口影响,满流状态时,洞内各断面垂线流速分布也不相同。

7.4.1.4　下游冲刷

试验放水前导流洞出口地形高程为原河床高程,每种工况试验冲刷时间为 23~31 h (模型时间为 3~4 h),模型共进行了三种工况试验。随着泄流量增加,冲刷坑逐渐加深,但因导流洞出流集中,形成的冲刷坑范围相对较小,冲刷出的大块岩块在冲刷坑后形成堆

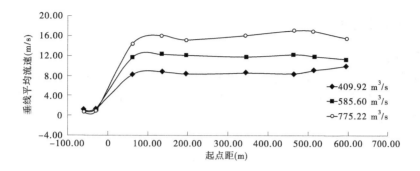

图 2-7-11　导流洞纵断面沿程中垂线平均流速

积体,如图 2-7-12 所示。泄量 429.44 m³/s 时,冲刷坑内最低点较原河床低了 5.928 m,堆积体高出原河床 6.03 m;泄量 663.67 m³/s 时,冲刷坑最低点较原河床低了 7.596 m,堆积体高出原河床 8.208 m;泄量 778.00 m³/s 时,冲刷坑最低点较原河床低了 9.36 m,堆积体高出原河床 9.360 m。

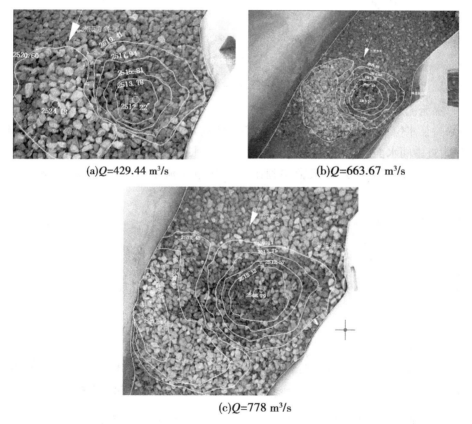

图 2-7-12　导流洞出口冲刷坑地形 （单位:m）

由于冲刷后岩石堆积体的保护,导流洞出口对岸冲刷轻微。冲刷坑最深点偏导流洞出口一侧,建议设计部门根据冲刷坑深度、最深点位置和基岩情况对导流洞出口附近做必要的防护,如设置混凝土齿墙。

7.4.2　表孔泄洪试验

7.4.2.1　泄流能力

试验量测表孔闸门全开时的水位流量关系曲线如图 2-7-13 所示,将设计值一并绘入图中。设计水位和校核水位,试验量测表孔泄量略小于设计计算值,其差值约为 2%,基本满足设计要求。

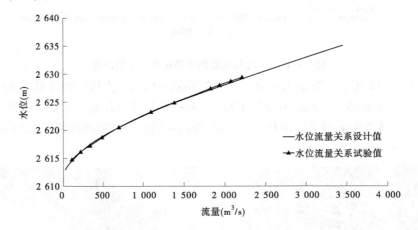

图 2-7-13　表孔水位流量关系曲线

7.4.2.2　水流流态及水面线

各级特征水位下,库区水面平顺,如图 2-7-14 所示,水流受两边墩的约束,产生侧向收缩,堰顶附近中间水面高于两侧,如图 2-7-15 所示。水流进入陡坡段后,受到菱形冲击波影响,溢流坝面水面起伏较大直至影响到出口鼻坎单宽流量分布,挑流水舌厚薄不均,如图 2-7-16所示。

图 2-7-14　校核洪水表孔进口库区流态

图 2-7-15　校核洪水表孔进口闸室流态

模型实测闸室段和泄槽段在各两级库水位下的水深见表 2-7-2。表孔沿程各断面水深变化较大,在同一断面不同位置水深相差较大。在校核洪水位时,陡坡段同一断面水深最大差值约 3 m,如在墩尾下游桩号 0+031.32 处断面两边壁水深较中部水深大 3.0 m,边壁最大水深达到 8.4 m,水面波动瞬间漫过边墙,建议将墩尾下游边墙加高,同时要考虑原型工程水流掺气等因素。又如在出口挑流鼻坎坎顶断面边壁最大水深为 5.7 m,中部水深为 3.6 m,水深相差 2.1 m。

图 2-7-16　设计洪水溢流坝面陡坡段流态

表 2-7-2　表孔沿程水深　　　　　　　　　　　　　　（单位:m）

测点位置	桩号	高程（m）	设计水位 2 628 m					校核水位 2 628.7 m				
			左	左中	中	右中	右	左	左中	中	右中	右
B3	0+006.18	2 612.00	9.96	11.52	12.96	12.06	10.02	10.62	12.06	13.08	11.76	10.08
B6	0+015.78	2 608.23	8.19	7.17	7.05	5.79	8.25	8.07	6.27	5.13	4.47	7.35
B8	0+025.32	2 598.93	8.16	6.36	5.10	5.10	8.16	8.34	5.04	4.68	4.44	8.34
B9	0+031.32	2 591.01	8.04	6.00	4.38	4.44	7.68	8.16	4.80	3.72	5.82	8.22
B10	0+043.49	2 574.79	5.70	4.50	3.60	3.96	4.44	6.06	4.38	3.18	4.68	6.18
B12	0+068.08	2 542.00	5.94	4.98	5.88	5.10	4.14	5.28	4.80	6.72	4.98	5.10
B13	0+076.88	2 535.64	4.06	3.70	4.48	4.12	4.06	4.60	3.70	4.36	3.70	4.06
B14	0+087.51	2 533.37	4.85	3.11	2.81	2.81	4.61	5.93	3.11	3.05	3.65	4.91
B16	0+098.95	2 536.00	5.78	3.74	3.98	4.22	5.36	6.08	4.82	4.04	4.10	5.78

7.4.2.3　压力分布

在表孔实用堰和陡坡段沿中心线共布置 16 个测压点。试验量测了库水位 2 628 m 和 2 628.7 m 时各测点的压力,如图 2-7-17 所示。在设计特征水位和校核特征水位下堰面出现负压,设计水位时最大负压值达到 1.08 m 水柱,校核水位时最大负压值达到 1.38 m 水柱,均未超出《混凝土重力坝设计规范》(SL 319—2005)堰面负压的允许值。溢流面压力沿程逐渐增大,挑流鼻坎段受离心力影响,压力较大,最大压力值达到 25.91 m 水柱。

7.4.2.4　流速分布

试验量测了表孔沿程 8 个断面的流速分布,特征水位下沿程各断面流速见表 2-7-3。陡坡段水流受冲击波的影响,流向有一定的变化,测量时流速方向不易把握,断面对应点流速有一些差别,但从断面平均流速沿程变化看是符合一般规律的。在设计洪水和校核洪水时,试验量测陡坡段桩号 0+068.08 以下断面平均流速已大于 35 m/s,底部易发生空蚀,施工时,应严格控制水流边界壁面的局部不平整度,建议采用抗蚀性好的材料。

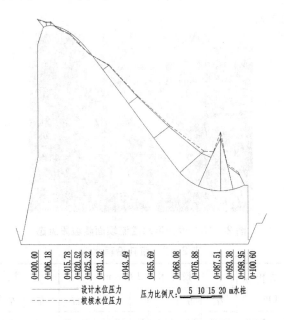

0+000.00　0+006.18　0+015.78　0+020.52　0+025.32　0+031.32　0+043.49　0+055.69　0+068.08　0+076.88　0+087.51　0+093.38　0+098.95　0+100.60

——————设计水位压力　　　　　压力比例尺：0　5　10　15　20　m水柱
- - - - - - - 校核水位压力

图 2-7-17　表孔底板沿程压力分布

表 2-7-3　特征水位下不同断面流速

测点编号	桩号	高程(m)	位置	设计水位 2 628.0 m 时断面流速(m/s)			校核水位 2 628.7 m 时断面流速(m/s)		
				左	中	右	左	中	右
B3	0+006.18	2 612.00	底	12.4	13.1	13.7	17.7	18.6	19.4
			中	10.8	12.4	11.9	15.1	12.6	12.4
			表	9.8	8.7	10.6	11.4	9.6	11.1
B10	0+043.49	2 574.79	底	28.2	29.3	29.5	27.0	27.4	26.5
			中	29.5	29.7	30.1	29.7	30.1	29.1
			表	30.1	30.1	30.3	30.2	30.7	29.8
B12	0+068.08	2 542.00	底	33.0	34.8	33.4	32.5	32.6	34.0
			中	35.1	36.6	37.2	35.1	37.3	38.1
			表	38.4	38.2	37.4	38.1	38.5	38.6
B14	0+087.51	2 533.37	底	33.2	35.4	35.1	33.6	36.5	35.4
			中	36.1	36.8	37.7	36.1	37.1	38.0
			表	37.8	38.6	38.9	39.0	39.3	40.1
B16	0+098.95	2 536.00	底	37.4	37.2	36.2	35.3	37.3	36.5
			中	38.6	38.3	37.2	37.5	38.8	37.1
			表	38.7	39.3	39.9	39.0	39.7	39.2

7.4.2.5　出口挑坎水力特性

表孔出口采用的是连续式挑流鼻坎,由于反弧段冲击波影响,挑坎水深不均匀,中部水深明显小于两边。水舌中间一股挑得高而远,两侧水舌明显低于中部,如图 2-7-18 所示。试验量测设计水位和校核水位两个工况下水舌挑流长度及入水宽度,见表 2-7-4。

图 2-7-18　设计水位挑流水舌

表 2-7-4　挑流水舌特征　　　　　　　　　　　　　　　（单位:m）

特征洪水	库水位	挑流水舌特征值						水舌最大入水宽度
		挑坎水深			水舌挑距			
		左	中	右	左	中	右	
设计	2 628.00	5.78	3.98	5.36	105.0	159.0	105.0	18.6
校核	2 628.70	6.08	4.04	5.78	117.0	162.0	117.0	22.2

7.4.2.6　下游水流流态与冲刷

下游基岩冲刷是一个比较复杂的问题,由于基岩模拟技术还不完善,考虑到黄藏寺坝址处河道坡陡狭窄,两岸山体用水泥砂浆粉制,假设山体不可冲,河床部分基岩按抗冲流速采用相应粒径的散粒体模拟。冲刷试验的下游水位是按照设计提供 4—4 断面的水位流量关系控制的(见表 2-7-5),每组试验冲刷约 20 h(模型时间 2.6 h)。下游河道初始地形模拟情况如图 2-7-19 所示。

表 2-7-5　黄藏寺坝址河段大断面水位流量关系

黄藏寺坝址		2—2 断面		3—3 断面		下游 4—4 断面	
水位（m）	流量（m³/s）	水位（m）	流量（m³/s）	水位（m）	流量（m³/s）	水位（m）	流量（m³/s）
2 524.01	10	2 522.07	10	2 521.47	10	2 520.59	10
2 524.21	20	2 522.19	20	2 521.59	20	2 520.73	20
2 524.60	50	2 522.58	50	2 521.98	50	2 521.02	50
2 525.58	100	2 523.09	100	2 522.49	100	2 521.50	100

续表 2-7-5

黄藏寺坝址		2—2 断面		3—3 断面		下游 4—4 断面	
水位（m）	流量（m³/s）	水位（m）	流量（m³/s）	水位（m）	流量（m³/s）	水位（m）	流量（m³/s）
2 527.00	210	2 524.00	210	2 523.40	210	2 522.30	210
2 528.84	574	2 525.79	574	2 525.19	574	2 524.36	574
2 529.78	866	2 526.70	866	2 526.10	866	2 525.43	866
2 530.65	1 190	2 527.53	1 190	2 526.93	1 190	2 526.36	1 190
2 530.92	1 300	2 527.79	1 300	2 527.19	1 300	2 526.64	1 300
2 531.15	1 400	2 528.02	1 400	2 527.42	1 400	2 526.85	1 400
2 531.73	1 660	2 528.58	1 660	2 527.98	1 660	2 527.36	1 660
2 532.49	2 030	2 529.36	2 030	2 528.76	2 030	2 528.05	2 030
2 533.18	2 410	2 530.06	2 410	2 529.46	2 410	2 528.72	2 410
2 534.03	2 930	2 530.95	2 930	2 530.35	2 930	2 529.57	2 930

图 2-7-19　下游河道初始地形

特征水位条件下,溢流坝表孔单独泄洪时,表孔挑流水舌均落在右岸边坡坡脚处,如图 2-7-20 所示,坡脚处水花四溅,水舌入水处河道下游约 150 m 范围内水花翻滚,主流靠右岸,下游河道中水流流速较大。校核洪水冲刷 20 h(模型时间 2.6 h)河道冲刷地形见图 2-7-21。由于水舌砸落在不可冲动的山坡上,消耗了部分能量,因此河道内最大冲刷深度相对较浅,但右岸坡脚处淘刷严重,校核水位时,河道冲刷最深处高程约 2 499.56 m,冲刷坑深度为 18.6 m,最深点位于右岸坡脚处,距表孔挑流鼻坎 174 m(桩号:0+274.0)。

（a）

（b）

图 2-7-20　校核水位下游河道流态与流速分布　（单位:m/s）

7.4.3　底孔泄洪试验

7.4.3.1　泄流能力

　　底孔泄流过程中,库区表面较为平静,底孔进口未见漩涡产生。试验量测底孔单独泄洪,闸门全开时水位流量关系如图 2-7-22 所示,将设计值一并绘入图中。特征库水位下底孔泄流量统计于表 2-7-6,按照孔流流量计算公式反求的流量系数也列于表中。

　　可以看出,水库死水位 2 580.0 m 时,试验量测底孔泄量较设计计算值大 1.2%。设计

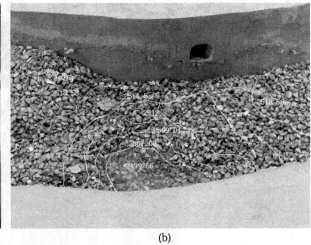

(a)　　　　　　　　　　　　　　　　　　　(b)

图 2-7-21　校核水位下游河道冲刷地形　（单位:m）

水位 2 628.0 m 时,底孔泄量较设计计算值大 2.7%,校核水位 2 628.7 m 时,底孔泄量较设计计算值大 2.6%,满足底孔设计泄量要求。模型实测流量系数与典型的短压力进水口流量系数一致,满足设计规范要求。从泄流量看,进口压力段体型的设计尺寸是合理的。

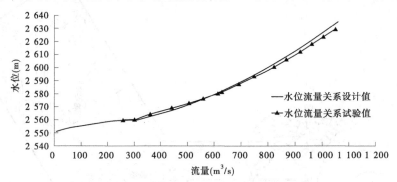

图 2-7-22　底孔水位流量关系曲线

表 2-7-6　特征库水位下底孔流量

库水位(m)		流量(m³/s)		根据试验值推求综合流量系数	试验值与设计值相对差值(%)
		设计值	试验值		
库水位	2 560	309	302		−2.3
水库死水位	2 580.0	607.62	615.0	0.78	1.2
设计洪水位	2 628.0	1 012.71	1 040.1	0.74	2.7
校核洪水位	2 628.7	1 017.42	1 044.0	0.75	2.6

7.4.3.2　水流流态与明流段水深

底孔为短有压进口明流洞形式,弧形工作门后为突跌,跌坎高 1 m,跌坎下接 1 m 平台。结果表明,高速水流出闸孔后形成射流,在跌坎下方形成底空腔,由于流体的紊动而发生水气交换,形成掺气,试验观测底部掺气水深厚度 2~3 m,如图 2-7-23 所示。两个特征水位下底空腔长度(从跌坎开始起算)和高度见表 2-7-7。

(a)设计水位　　　　　　　　　　　　　　　　　(b)校核水位

图 2-7-23　底孔工作门后掺气水流流态

表 2-7-7　工作门突跌空腔参数及通气孔运用情况　　　　　　　(单位:m)

项目	库水位	
	2 628.0	2 628.7
底空腔长度	37.8	39.6
底空腔最大高度	2.16	2.34
通气孔运用状况	通畅	通畅

试验量测底孔明流段沿程水深见表 2-7-8,明流段水面线如图 2-7-24 所示。可以看出,由于底空腔的存在,洞身桩号 0+25.0~0+35 范围内明流段水深增大。在鼻坎出口段约 7 m 范围内水面高出边墙,挑坎位置局部高出 2.16 m,建议在桩号 0+123.60~0+130.6 范围内抬高出口段边墙高度。

表 2-7-8　底孔明流段沿程水深

测点位置	桩号	高程(m)	设计水位 2 628 m 时沿程水深(m)			校核水位 2 628.7 m 时沿程水深(m)		
			左	中	右	左	中	右
D4	0+035.06	2 545.06	7.32	7.02	7.32	7.26	7.08	7.08
D5	0+056.48	2 540.86	5.36	5.12	5.18	5.12	5.00	5.06
D6	0+077.78	2 536.68	4.80	4.38	4.20	4.86	4.50	4.44
D7	0+104.78	2 531.98	6.24	5.94	6.00	6.24	6.06	6.24
D8	0+112.87	2 531.98	6.24	5.94	6.00	7.26	6.36	7.32
D10	0+127.87	2 536.00	7.04	6.92	7.04	7.16	7.00	7.10

注:位于空腔段测点 D4、D5 的水深为水面至底板的垂直距离。

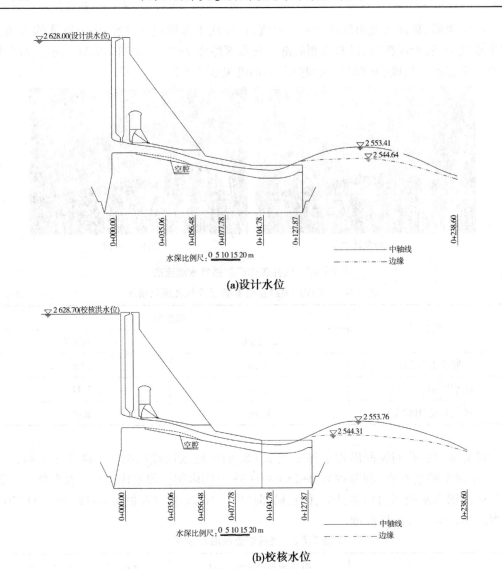

图 2-7-24　底孔明流段水面线　（单位：m）

7.4.3.3　压力分布

　　分别在底孔的进口压力段以及明流洞身段布置了 19 个测压点。量测了库水位 2 628 m 和 2 628.7 m 时各测点的压力,见表 2-7-9。底孔进口压力段各部位压力分布均匀,且均为正压。水流出闸室后,闸下底板压力均为正压,由于射流冲击底板,在跌坎下游水流冲击区(如 D5 点)压力明显大于 D6 和 D7 处的压力。另外,在挑流鼻坎段受离心力影响,压力较大,最大压力值达到 20.03 m 水柱。

7.4.3.4　流速分布

　　试验量测了底孔明流段沿程 3 个断面的流速分布,特征水位下沿程各断面流速分布见表 2-7-10。从表中可以看出,在设计洪水和校核洪水时,试验量测明流段断面流速较大。

表 2-7-9　底孔不同部位压力

测点编号	位置	桩号	高程（m）	设计水位时压力（m 水柱）	校核水位时压力（m 水柱）
DD1		0-002.98	2 560.1	45.82	45.94
DD2		0-002.45	2 559.33	45.81	46.17
DD3		0-001.39	2 558.73	38.55	38.61
DD4		0-000.17	2 558.32	34.88	35.3
DD5	进口顶部	0+001.4	2 557.92	31.26	31.5
DD6		0+002.66	2 557.61	28.39	28.63
DD7		0+005.06	2 557.39	32.15	32.81
DD8		0+007.45	2 556.79	21.47	21.99
DD9		0+009.92	2 557.79	10.69	11.53
D1		0-002.02	2 550.00	18.48	18.84
D2	进口底部	0+003.08	2 550.00	13.77	14.91
D3		0+010.67	2 550.00	15.21	15.63
D4		0+035.06	2 545.06	空腔	空腔
D5		0+056.48	2 540.86	9.65	9.77
D6		0+077.78	2 536.68	4.11	5.25
D7	洞身底部	0+104.78	2 531.98	5.57	5.93
D8		0+112.87	2 531.98	19.91	20.03
D9		0+120.63	2 533.00	9.24	9.73
D10		0+127.87	2 536.00	4.17	5.21

表 2-7-10　特征水位下不同断面流速

测点编号	桩号	高程（m）	位置	设计水位 2 628.0 m 时断面流速（m/s）			校核水位 2 628.7 m 时断面流速（m/s）		
				左	中	右	左	中	右
D6	0+077.78	2 536.68	底	29.28	30.37	28.42	30.13	31.63	30.56
			中	33.95	35.16	33.67	35.12	33.95	33.95
			表	33.53	35.70	35.79	35.25	35.79	35.19

续表 2-7-10

测点编号	桩号	高程（m）	位置	设计水位 2 628.0 m 时断面流速（m/s）			校核水位 2 628.7 m 时断面流速（m/s）		
				左	中	右	左	中	右
D7	0+104.78	2 531.98	底	28.04	29.20	28.21	30.65	30.01	30.20
			中	32.15	33.31	31.63	33.81	33.53	32.52
			表	32.22	33.67	31.72	33.88	34.02	32.66
D10	0+127.87	2 536.00	底	29.83	30.27	29.44	30.71	31.63	30.56
			中	31.64	32.15	31.81	32.37	32.01	32.00
			表	31.88	31.78	31.88	32.37	33.81	31.78

7.4.3.5　出口挑坎水力特性

底孔出口采用的是连续式挑流鼻坎,设计连续式挑流鼻坎段边墙高程 2 541 m,坎顶高程为 2 536 m。试验量测设计水位和校核水位两个工况下水舌挑流长度及入水宽度见表 2-7-11,各级工况下挑流水舌均冲击右岸边坡。

表 2-7-11　挑流水舌特征 （单位:m）

特征洪水	库水位	挑流水舌特征值						水舌最大入水宽度
		挑坎水深			水舌挑距			
		左	中	右	左	中	右	
设计	2 628.0	7.04	6.92	7.04	103.2	133.8	103.2	15.9
校核	2 628.7	7.16	7.00	7.10	105.6	135.4	105.6	19.8

7.4.3.6　下游水流流态与冲刷

试验表明,溢流坝底孔单独泄洪两个特征水位时,挑流水舌均落在右岸边坡上,右岸边坡上水花四溅,水舌入水处河道下游约 150 m 范围内水花翻滚,主流靠右岸如图 2-7-25 所示,下游河道中水流流速较大。由于水舌砸落在不可冲动的山坡上,消耗了部分能量,因此河道内最大冲刷深度较浅,但右岸坡脚处淘刷严重。校核洪水冲刷 20 h(模型时间 2.6 h)河道冲刷地形见图 2-7-26。冲坑最深点位于右岸坡脚处,高程为 2 512.27 m,最深点距底孔挑流鼻坎 175 m(桩号:0+305.6)。

7.4.4　溢流表孔和底孔联合泄洪试验

7.4.4.1　泄流能力

试验量测表孔和底孔联合泄洪,特征库水位泄流量统计于表 2-7-12,可以看出,校核洪水位和设计洪水位时,模型试验量测总泄量较设计值分别小 0.5% 和 0.3%,满足设计要求。

（a）

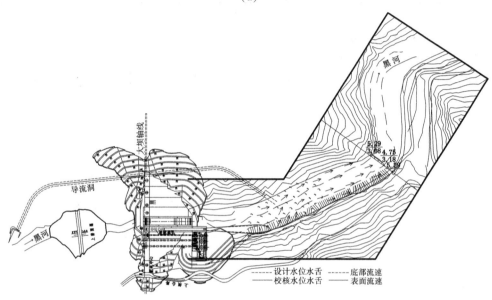

（b）

图 2-7-25　校核水位下游河道流态及流速

图 2-7-26　校核水位下游河道冲刷地形　（单位：m）

表 2-7-12　特征库水位下总流量

库水位(m)		泄水孔	流量(m³/s)		试验值与设计值相对差值(%)
			设计值	试验值	
设计洪水位	2 628.0	底孔	1 012.71	1 040.13	2.7
		表孔	1 988.46	1 951.98	−1.8
		合计	3 001.17	2 992.11	−0.3
校核洪水位	2 628.7	底孔	1 017.42	1 044.03	2.6
		表孔	2 127.40	2 085.83	−2.0
		合计	3 144.82	3 129.86	−0.5

7.4.4.2　联合运用库区流态

各级特征水位下,库区水面平顺,校核水位时库区流态与表面流速分布见图 2-7-27。坝前 300 m 范围内表面最大流速仅 0.63 m/s。试验量测滑坡体附近水面流速均小于 0.5 m/s。

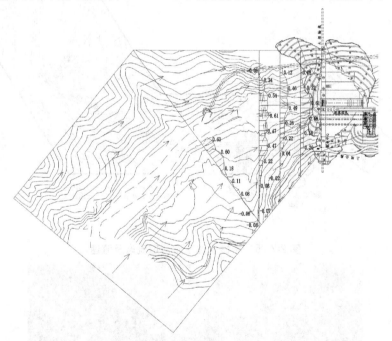

图 2-7-27　联合运用校核水位时库区流态与表面流速分布　(单位:m/s)

7.4.4.3　联合运用下游流态与冲刷

校核水位时下游河道流态如图 2-7-28 所示,流速分布也绘于图中。试验表明,联合运用时,底孔和表孔两股水流全部砸在右岸山坡和坡脚处,水流沿山坡冲入河道内,在河道内翻起白色浪花。校核洪水冲刷 20 h(模型时间 2.6 h)河道冲刷地形见图 2-7-29。冲坑最深点高程为 2 498.83 m,最深点位于右岸坡脚处,距底孔挑流鼻坎 132 m(桩号:0+262.60)。

（a）

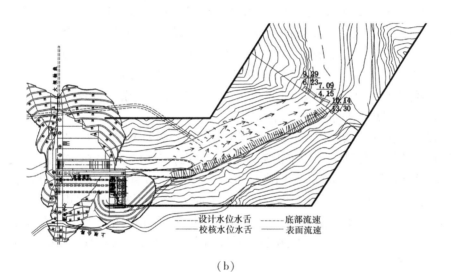

（b）

图 2-7-28　联合运用下游流态与流速分布　（单位：m/s）

图 2-7-29　校核洪水下游河道冲刷地形　（单位：m）

7.4.5　电站进口流态

　　试验观测了从水库死水位 2 580 m 到正常蓄水位 2 628 m，三台机组满负荷发电（两台大机组，单机流量 26.49 m³/s；一台小机组，单机流量 11.96 m³/s）进口流态。试验表明，各级库水位时电站进口水面平稳，无漏斗漩涡。

7.4.6　原设计试验小结

　　（1）导流洞泄量满足设计要求，体型设计合理；导流洞出流集中，形成的冲刷坑范围相对较小，冲刷坑最深点偏导流洞出口一侧，建议设计部门根据冲刷坑深度、最深点位置和基岩情况对导流洞出口附近做必要的防护，如设置混凝土齿墙。

　　（2）设计水位和校核水位，表孔泄量略小设计值，其差值小于 2%，基本满足设计要求；表孔桩号 0+031.32 处断面两边壁水深最大达到 8.4 m，水面波动瞬间漫过边墙，建议将该桩号附近边墙加高；表孔堰顶下游附近在设计水位和校核水位时有负压出现，但在规范要求值之内。设计洪水和校核洪水时，桩号 0+068.08 处以下断面平均流速已大于 35 m/s，过流边界易发生空蚀破坏，建议采用抗蚀性能好的材料并严格控制施工面平整度。水舌冲刷最深点桩号 0+274.0 处，距鼻坎约 174 m，冲刷坑上游坡度较缓。但右岸坡脚处淘刷严重，需加强防护，防止岸坡大量滑塌。

　　（3）设计水位和校核水位，底孔实测泄量分别较设计计算值大 1.2% 和 2.7%，满足设计要求；底孔各部位实测压力分布正常，无负压出现；工作门后底空腔稳定，掺气效果较好，出口段鼻坎前约 7 m 范围内水面高出边墙，挑坎位置局部高出 2.16 m，建议抬高出口段边墙高度；设计水位和校核水位时挑流水舌均冲击右岸边坡，对右岸山体稳定不利。

　　（4）设计洪水位和校核洪水位时，模型试验量测联合运用总泄量较设计值分别小 0.3% 和 0.5%，基本满足设计要求；挑流水舌冲击右岸坡脚和山坡，右岸坡脚淘刷严重，建议调整表孔与底孔位置。

　　（5）从水库死水位 2 580 m 到正常蓄水位 2 628 m，三台机组满负荷发电时，电站进口水面平稳，无漏斗漩涡。

　　（6）试验量测导流期三种工况下，滑坡体断面垂线平均流速均小于 1.4 m/s，底孔和表孔联合运用，校核洪水时，滑坡体断面流速均小于 0.5 m/s。

7.5　修改方案试验

7.5.1　修改方案概况

　　鉴于原设计表孔及底孔挑流水舌对右岸山体的冲刷非常强烈，对表孔和底孔及电站位置做了相应调整，其中表孔向左岸平移了 15.5 m，底孔向左岸平移了 14.5 m，小发电机组向左岸平移了 12.60 m，两台大发电机组向左岸分别平移 13 m、13.5 m。体型上也做了一定修改，并将下游河道左岸做了开挖和防护，修改后枢纽平面布置及上游立视图见图 2-7-30。

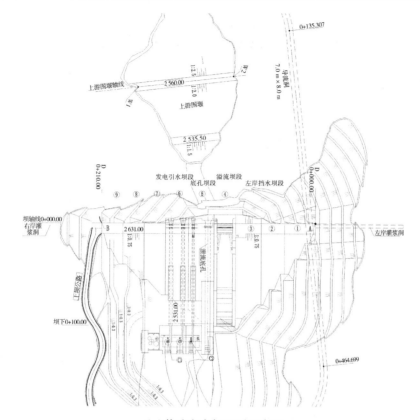

（a）修改方案枢纽平面布置

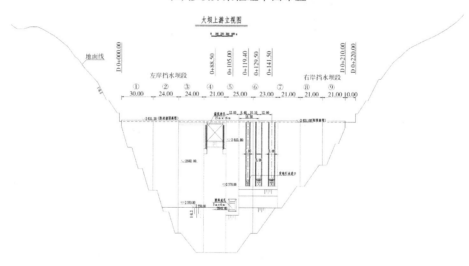

（b）大坝上游立视图

图 2-7-30　修改后枢纽平面布置及上游立视图　（单位：m）

　　为了改善溢流表孔的过流流态，溢流表孔边墩头部改为半径为 5.13 m 的圆弧，堰顶上游坡度由 3∶1 改为 3∶2，堰顶以下体型未变，溢流表孔剖面布置如图 2-7-31 所示。

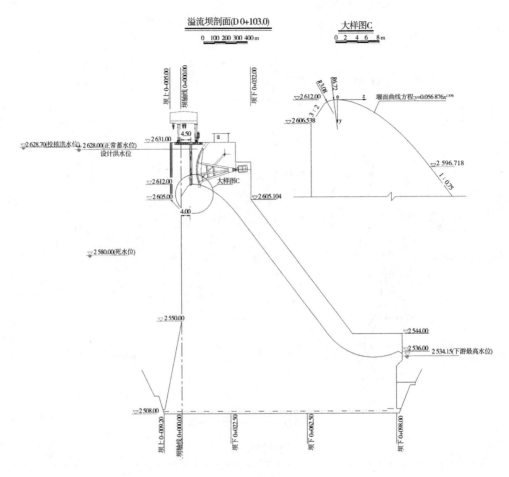

（a）溢流坝剖面

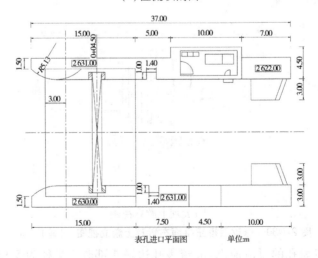

（b）堰顶平面

图 2-7-31　修改方案表孔布置

底孔由短有压进口形式改为长有压进口形式,进口高程为 2 548.00 m,比原设计低 2 m,进口段上唇为 $x^2/7.5^2+y^2/2.5^2=1$ 椭圆曲线,底面为 $R=1.0$ m 的圆弧。底孔进口设置事故检修闸门,孔口尺寸 5.0 m×7.0 m;事故检修门后设长约 50 m 的压力段,工作门前压坡段坡比为 1∶4,弧形工作门孔口尺寸大小为 5.0 m×6.0 m,闸门后底板为突跌,跌坎高 1 m,跌坎下接坡度为 1∶5 的泄槽,出口采用挑流消能方式,挑坎高程 2 537.69 m,反弧段半径 28 m,挑角 20°,底孔剖面布置如图 2-7-32 所示。

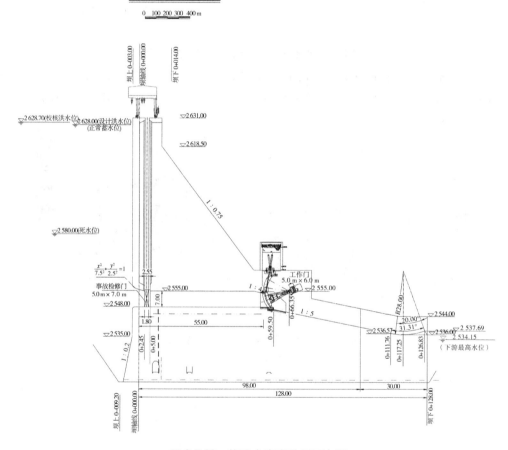

图 2-7-32   修改方案底孔剖面布置

小发电机组进水管道由直径 2 m 变为直径 3 m,位置向左岸平移了 12.60 m,两台大发电机组进水管道直径不变,向左岸分别平移 13 m、13.5 m,其进口高程、长度均不变。

7.5.2   修改方案表孔试验

7.5.2.1   泄流能力

试验量测表孔闸门全开时的水位流量关系如图 2-7-33 所示,将设计值一并绘入图中。设计水位和校核水位,试验泄量略小于设计值,其差值小于 0.5%,满足设计要求。

7.5.2.2   水流流态及水面线

各级特征水位下,库区水面平稳,水流受两边墩的约束,堰顶水流侧向收缩,受闸墩绕

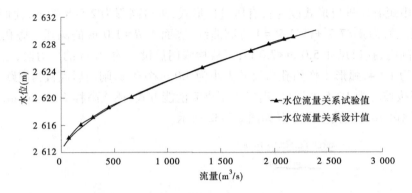

图 2-7-33　修改方案表孔水位流量关系曲线

流影响,堰面横断面水面起伏较大,如图 2-7-34 所示。水流进入陡坡段后,受菱形冲击波影响,溢流坝面水面起伏较大,如图 2-7-35 所示。与原设计相比,水流出闸室后的菱形冲击波有所改善。

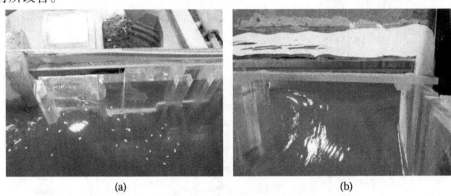

(a)　　　　　　　　　　　　　　　　(b)

图 2-7-34　修改方案校核洪水表孔进口流态

图 2-7-35　修改方案设计洪水表孔溢流坝面流态

　　模型实测特征库水位下表孔各断面的水深见表 2-7-13。表孔沿程各断面水深变化较大,在同一断面不同位置水深相差较大。在校核洪水位时,陡坡段同一断面水深最大差值约 1.8 m,如在桩号 0+025.32 处断面两边壁水深较中部水深大 1.8 m,较原设计水面波动剧烈程度减弱,水面波动未超过边墙。

表 2-7-13　表孔沿程水深

测点位置	桩号	高程(m)	设计水位 2 628 m 时沿程水深(m)			校核水位 2 628.7 m 时沿程水深(m)		
			左	中	右	左	中	右
B3	0+006.18	2 612.00	10.50	11.04	10.10	10.98	11.28	10.98
B6	0+015.78	2 608.23	7.30	7.60	8.70	7.50	7.80	9.00
B8	0+025.32	2 598.93	6.66	6.00	7.26	6.82	6.10	7.80
B9	0+031.32	2 591.01	5.34	5.04	6.36	6.06	5.24	6.36
B10	0+043.49	2 574.79	4.86	4.80	5.40	5.10	5.10	5.80
B12	0+068.08	2 542.00	4.20	4.50	4.20	4.92	4.08	4.60
B13	0+076.88	2 535.64	4.32	3.96	4.26	4.46	5.28	4.84
B14	0+087.51	2 533.37	3.50	3.20	3.90	3.74	3.90	4.80
B16	0+098.95	2 536.00	4.50	3.90	4.68	5.22	4.20	5.40

7.5.2.3　压力分布

　　表孔堰面和陡坡段测点位置及桩号与原设计相同。试验量测了库水位 2 628 m 和 2 628.7 m,各测点的压力,见表 2-7-14。在设计特征水位和校核特征水位堰顶下游堰面出现负压,设计水位时最大负压值达到 0.90 m 水柱,校核水位时最大负压值达到 1.99 m 水柱,均未超出《混凝土重力坝设计规范》(SL 319—2005)堰面负压的允许值,与原设计方案一致。其他部位压力分布正常,挑流鼻坎段受离心力影响,压力较大,最大压力值达到 25.70 m 水柱。

表 2-7-14　修改方案表孔底板压力

测点编号	桩号	高程(m)	设计水位 2 628 m 时底板压力(m 水柱)	校核水位 2 628.7 m 时底板压力(m 水柱)
1	0+002.82	2 611.22	7.24	7.66
2	0+004.20	2 611.83	1.89	1.65
3	0+006.18	2 612.00	1.84	1.36
4	0+008.58	2 611.71	-0.07	-0.65
5	0+011.01	2 610.91	-0.65	-1.99
6	0+015.78	2 608.23	-0.39	-1.05
7	0+020.52	2 604.3	-0.90	-1.32
8	0+025.32	2 598.93	0.09	-0.21
9	0+031.32	2 591.01	3.69	4.97

续表 2-7-14

测点编号	桩号	高程(m)	设计水位 2 628 m 时 底板压力(m 水柱)	校核水位 2 628.7 m 时 底板压力(m 水柱)
10	0+043.49	2 574.79	5.43	5.67
11	0+055.69	2 558.51	9.01	10.59
12	0+068.08	2 542.00	11.96	12.44
13	0+076.88	2 535.64	12.20	12.93
14	0+087.51	2 533.37	23.66	25.70
15	0+093.38	2 534.03	12.11	12.52
16	0+098.95	2 536	5.08	6.71

7.5.2.4　流速分布

试验量测了表孔沿程 5 个断面的垂线流速分布,如图 2-7-36、图 2-7-37 所示,与原设计方案结果基本一致。泄槽内受冲击波的影响,各断面水面起伏,导致流速分布不均匀,有的断面边壁流速大,有的断面中部流速大。在设计洪水和校核洪水时,试验量测泄槽桩号 0+068.08 以下断面平均流速均大于 35 m/s,过流边界易发生空蚀破坏,建议施工时严格控制过流边界不平整度,同时采用抗蚀性能好的材料。

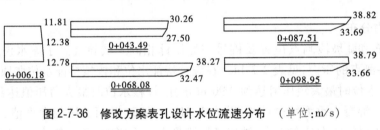

图 2-7-36　修改方案表孔设计水位流速分布　(单位:m/s)

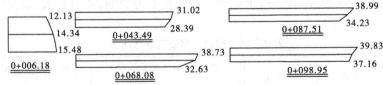

图 2-7-37　修改方案表孔校核水位流速分布　(单位:m/s)

7.5.2.5　出口挑坎水力特性

表孔出口采用的是连续式挑流鼻坎,由于反弧冲击波影响,挑坎水深不均匀,中部水深明显小于两边。水舌中间一股挑得高而远,两侧水舌挑距明显低于中部,如图 2-7-38 所示。试验量测设计水位和校核水位两种工况下水舌挑流长度及入水宽度,见表 2-7-15。

7.5.2.6　下游水流流态与冲刷

实测设计要求中的下游河道 2—2 断面、3—3 断面、4—4 断面的流速分布如表 2-7-16 及表 2-7-17 所示。右岸流速远大于左岸流速。下游冲刷试验的下游水位是按照设计提供 4—4 断面的水位流量关系控制的,每组试验冲刷约 20 h(模型时间 2.6 h)。

图 2-7-38　修改方案校核水位挑流水舌

表 2-7-15　修改方案表孔挑流水舌特征　　　　　　　　　　　（单位：m）

特征洪水	库水位	挑流水舌特征值						水舌最大入水宽度
		挑坎水深			水舌挑距			
		左	中	右	左	中	右	
设计	2 628.00	4.98	4.20	5.16	114.0	144.0	114.0	19.8
校核	2 628.70	5.28	4.38	5.58	123	147	123	21

表 2-7-16　修改方案设计水位时下游断面流速　　　　　　　　（单位：m/s）

断面	位置	左	左中	中	右中	右
2—2	底	1.33	1.04	0.24	1.20	4.40
	中	1.24	1.45	1.35	6.58	10.82
	表	1.78	6.26	8.06	11.66	11.18
3—3	底	7.38	2.28	5.39	2.63	4.55
	中	7.93	6.04	5.37	7.68	10.35
	表	7.66	7.70	7.02	10.65	9.95
4—4	底	2.01	1.24	2.33	4.95	3.36
	中	3.93	5.29	3.46	4.79	4.16
	表	2.06	5.97	4.48	5.66	4.23

　　试验表明，溢流坝表孔单独泄洪两个特征水位时，表孔挑流水舌均落入河道中，水舌偏向左岸边坡坡脚，水舌入水处河道下游约 150 m 范围内水花翻滚，主流靠中间，如图 2-7-39 所示，下游河道中水流流速较大。校核洪水冲刷 20 h（模型时间 2.6 h）河道冲刷地形见图 2-7-40。由于水舌砸落在河道中，因此河道内最大冲刷深度相对较深，最深点位于河道

表 2-7-17　修改方案校核水位时下游断面流速　　　　（单位:m/s）

断面	位置	左	左中	中	右中	右
2—2	底	1.37	0.36	0.35	0.64	6.84
	中	1.44	1.64	1.57	3.73	11.70
	表	2.30	6.98	10.41	5.00	12.03
3—3	底	11.99	2.21	3.90	1.73	4.93
	中	7.96	5.07	4.79	8.07	8.26
	表	8.53	6.38	8.92	11.78	11.99
4—4	底	2.12	1.03	2.73	3.79	6.24
	中	3.93	6.72	5.28	6.38	7.51
	表	2.06	9.16	6.75	8.09	9.74

中间,设计水位时,河道冲刷最深点高程 2 499.50 m,距表孔挑流鼻坎 172.8 m(桩号:0+272.8),校核水位时,河道冲刷最深点高程 2 499.00 m,距表孔挑流鼻坎 174 m(桩号:0+274.0),与原始方案冲刷坑最大深度及距离一致。

图 2-7-39　修改方案校核水位下游河道流态

7.5.3　修改方案底孔试验

7.5.3.1　泄流能力

试验量测底孔单独泄洪,闸门全开时水位流量关系,如图 2-7-41 所示,将设计计算一并绘入图中,特征库水位下底孔泄流量统计见表 2-7-18。

(a)   (b)

图 2-7-40 修改方案校核水位河道冲刷坑地形（单位:m）

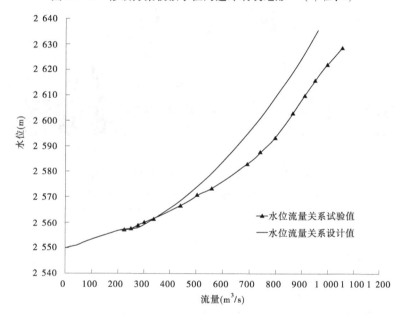

图 2-7-41 修改方案底孔水位流量关系曲线

表 2-7-18 修改方案特征库水位下底孔泄流量

库水位(m)	流量(m³/s)		根据试验值推求综合流量系数	试验值与设计值相对差值(%)
	设计值	试验值		
正常库水位	2 560	314.93	306		−2.80
水库死水位	2 580.0	565.32	653	0.84	15.51
设计洪水位	2 628.0	921.18	1 050	0.79	13.98
校核洪水位	2 628.7	925.35	1 058	0.80	14.33

根据试验泄量,计算的流量系数也列于表 2-7-18,由于底孔进口高程比原设计降低 2 m,水库死水位 2 580.0 m 时,试验底孔泄量较设计计算值大 15.51%。设计水位 2 628.0 m

时,试验底孔泄量较设计计算值大 13.98%,校核水位 2 628.7 m 时,试验底孔泄量较设计计算值大 14.33%,满足底孔设计泄量要求。模型实测流量系数与典型的长压力进水口流量系数一致,满足设计规范要求。

7.5.3.2 水流流态与明流段水深

底孔弧形工作门后底板突跌,跌坎高 1 m。结果表明,高速水流出闸孔后形成射流,在跌坎下方形成底空腔,在射流界面上,流体的紊动使空气掺于水流之中,如图 2-7-42 所示。两个特征水位下底空腔长度和高度见表 2-7-19,与原设计方案相比,底空腔长度与底空腔最大高度均有所减小。

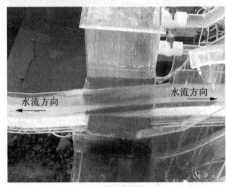

(a)设计水位   (b)校核水位

图 2-7-42 修改方案底孔工作门后水流流态

表 2-7-19 修改方案底孔工作门后底空腔参数 （单位:m）

项目	不同库水位底空腔参数	
	2 628.0	2 628.7
底空腔长度	33	34.8
底空腔最大高度	2.10	2.25
通气孔运用状况	通畅	通畅

试验量测底孔明流段水深见表 2-7-20。可以看出,由于底空腔的存在,洞身桩号 0+73.01~0+111.76 明流段水深增大,水面高出边墙,建议加高该段边墙高度。

表 2-7-20 修改方案底孔明流段沿程水深

测点位置	桩号	高程(m)	设计水位 2 628 m 时 沿程水深(m)			校核水位 2 628.7 m 时 沿程水深(m)		
			左	中	右	左	中	右
D5	0+058.00	2 546.88	5.76	5.46	5.88	5.88	6.06	6.06
D7	0+073.01	2 544.30	7.08	7.35	7.44	7.20	7.38	7.56
D9	0+111.76	2 536.57	5.64	5.76	5.70	5.82	5.88	5.82
D10	0+119.38	2 536.08	6.84	5.76	5.94	6.72	5.82	6.06
D11	0+126.83	2 537.69	6.96	5.16	6.78	6.78	6.00	7.08

7.5.3.3　压力分布

试验分别在洞的进口闸室段以及洞身段布置了 20 个测压点,在底孔出口跌坎后空腔段共布置了 35 个测压点。试验量测了库水位 2 628 m 和 2 628.7 m 时各测点的压力,如图 2-7-43 所示。试验表明,在底孔泄洪洞进口压力流段,泄洪洞压力分布均匀,且为正压。水流出闸室后,在底孔跌坎空腔段内压力分布较为均匀,在底孔桩号 0+60.07 及 0+64.78 处有较小的负压出现,其他部位均为正压,当接近空腔内水舌砸落位置时,压力逐渐增大,而后呈减小又增大的趋势,直至挑流鼻坎。另外,在挑流鼻坎段受离心力影响,压力较大,最大压力值达到 25.70 m 水柱。

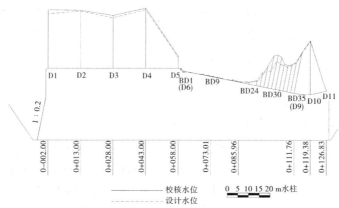

图 2-7-43　修改方案底孔底板压力分布

7.5.3.4　流速分布

试验量测了底孔明流段沿程 5 个断面的流速分布,特征水位下沿程各断面流速分布见表 2-7-21。可以看出,在设计洪水和校核洪水时,试验量测明流段断面流速较大,是易发生空蚀的部位,尽管设置了掺气设施,但还应严格控制水流边界壁面的局部不平整度。

表 2-7-21　修改方案特征水位下不同断面流速

测点编号	桩号	高程(m)	位置	设计水位 2 628.0 m 时不同断面流速(m/s)			校核水位 2 628.7 m 时不同断面流速(m/s)		
				左	中	右	左	中	右
D5	0+058.00	2 548.00	底	30.46	33.02	32.66	32.39	34.26	30.52
			中	33.81	33.91	33.88	32.98	36.29	35.72
			表	33.81	33.95	33.77	32.98	36.53	35.72
D7	0+073.01	2 544.30	底	20.58	25.91	21.22	23.00	24.39	23.73
			中	34.12	32.70	33.28	34.86	33.70	34.02
			表	34.26	33.28	33.26	34.09	32.93	34.56
D9	0+111.76	2 536.57	底	28.13	27.78	27.78	25.66	29.66	29.94
			中	30.27	29.08	31.71	31.62	32.17	32.17
			表	30.86	32.75	31.89	33.98	34.62	34.46

续表 2-7-21

测点编号	桩号	高程 (m)	位置	设计水位 2 628.0 m 时 不同断面流速(m/s)			校核水位 2 628.7 m 时 不同断面流速(m/s)		
				左	中	右	左	中	右
D10	0+119.38	2 536.08	底	28.47	27.92	29.28	30.38	28.98	31.34
			中	30.25	30.86	31.20	33.91	33.69	33.60
			表	32.53	34.45	31.13	34.46	35.47	35.01
D11	0+126.83	2 537.69	底	30.60	30.27	30.36	31.00	32.39	32.39
			中	31.26	31.22	31.56	34.60	33.07	33.21
			表	34.17	34.34	34.03	34.43	34.97	33.95

7.5.3.5　出口挑坎水力特性

坝身泄水孔出口采用的是连续式挑流鼻坎,设计连续式挑流鼻坎段边墙高程 2 544 m,坎顶高程为 2 537.69 m。试验量测设计水位和校核水位两种工况下水舌挑流长度及入水宽度,见表 2-7-22,挑流水舌水面线轨迹如图 2-7-44 所示。试验结果表明,各级工况时挑流水舌均冲击右岸坡脚,水舌入水处河道下游约 150 m 范围内水花翻滚,主流靠右岸。

表 2-7-22　修改方案挑流水舌特征值　　　　　　　　　　(单位:m)

特征洪水	库水位	水舌挑距		水舌最大入水宽度
		外缘	内缘	
设计(1%)	2 628.0	111.00	75.60	15.00
校核(0.05%)	2 628.7	114.00	87.00	16.80

图 2-7-44　修改方案校核水位底孔挑流水舌

7.5.3.6 下游水流流态与冲刷

底孔特征水位单独泄洪时,由于水舌边缘砸落坡脚,右岸坡脚处形成淘刷。校核洪水冲刷 20 h(模型时间 2.6 h)河道冲刷地形见图 2-7-45。冲刷坑长约 132 m,冲坑最深点位于河道中部,高程 2 504.96 m,冲刷坑最大冲深 13 m,最深点距底孔挑流鼻坎 144 m(桩号:0+272),较原设计方案坑深增加 7 m,更靠近河道中间。下游河道 2—2 断面、3—3 断面、4—4 断面的流速分布如表 2-7-23 所示。

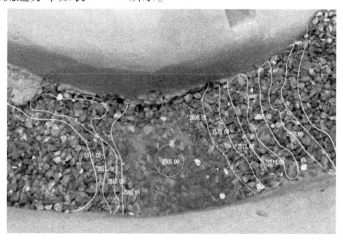

图 2-7-45 修改方案校核水位底孔泄流下游河道冲刷地形 (单位:m)

表 2-7-23 修改方案校核水位时下游断面流速 (单位:m/s)

断面	位置	左	左中	中	右中	右
	底	0.92	0.84	0.12	3.85	4.06
2—2	中	−1.32	1.50	3.23	8.32	12.25
	表	2.72	1.20	2.18	6.50	4.39
	底	2.34	4.95	2.15	2.25	7.06
3—3	中	7.19	6.08	3.45	4.78	0.00
	表	5.40	7.27	5.91	2.94	6.86
	底	2.34	4.95	2.15	2.25	7.06
4—4	中	7.19	6.08	3.45	4.78	—
	表	5.40	7.27	5.91	2.94	6.86

7.5.3.7 局部开启

1.开启高度

根据设计要求,试验补测了底孔小流量条件下,闸门局部开启高度,如表 2-7-24 所示。

表 2-7-24　底孔局部开启高度

流量(m³/s)	水位(m)	闸门开度(m)
300	2 580	3.35
500	2 580	5.34
300	2 628	2.15
500	2 628	3.43

2.出口挑坎水力特性

试验量测底孔局部开启(简称局开)条件下,挑流水舌水面线轨迹如图 2-7-46 所示,水舌挑流长度见表 2-7-25。当水位为 2 628 m 时,挑流水舌仍冲击岸边坡脚,水位 2 580 m 时,挑流水舌未冲击岸边坡脚,更靠近下游河道中间,如图 2-7-47 所示。

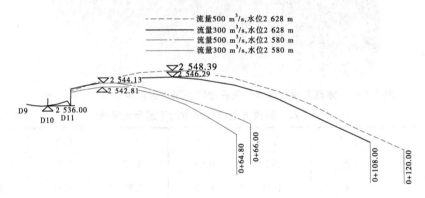

图 2-7-46　底孔局开水舌曲线　(单位:m)

表 2-7-25　底孔局开挑流水舌特征

流量(m³/s)	水位(m)	水舌外缘挑距(m)	水舌内缘挑距(m)
300	2 580	64.8	55.8
500	2 580	66.0	60.0
300	2 628	108.0	99.0
500	2 628	120.0	107.4

3.下游水流流速分布

下游河道2—2断面、3—3断面、4—4断面的流速分布如表2-7-26所示。随着库水位及流量的减小,下游流速亦呈减小趋势。

(a)流量300 m³/s，水位2 628 m　　　　　(b)流量500 m³/s，水位2 628 m

(c)流量300 m³/s，水位2 580 m　　　　　(d)流量500 m³/s，水位2 580 m

图 2-7-47　底孔局开挑流水舌入水流态

表 2-7-26　底孔局开水位 2 628 m,流量 500 m³/s 时下游断面流速　　　（单位:m/s）

断面	位置	左	左中	中	右中	右
2—2	底	0.90	0.00	3.41	3.49	1.01
	中	—	—	—	—	—
	表	0.90	1.16	3.87	3.46	1.32
3—3	底	4.98	3.12	1.73	1.11	0.46
	中	6.43	4.44	1.68	0.77	0.49
	表	6.27	5.01	2.38	0.49	0.67
4—4	底	1.19	2.81	3.25	3.72	3.77
	中	1.16	3.59	3.69	4.00	4.26
	表	0.96	2.69	3.43	4.08	3.98

4.下游水流冲刷

试验表明,底孔局部开启单独泄洪冲刷20 h(模型时间2.6 h)冲坑特征如表2-7-27所示。可以得出,相同水位时,流量越大,冲刷坑最深点越低;流量相同时,水位越高,冲刷坑最深点越低。

表2-7-27　底孔局部开启运用冲坑特征

流量(m³/s)	水位(m)	最深点距底孔出口(m)	最深点高程(m)	尾水高程(m)
300	2 580	45.6	2 510.5	2 522.65
500	2 580	72.0	2 509.9	2 526.25
300	2 628	118.8	2 511.1	2 521.93
500	2 628	138.0	2 507.8	2 524.03

7.5.4　溢流表孔和底孔联合泄洪试验

7.5.4.1　泄流能力

表孔和底孔联合泄洪,特征库水位泄流量见表2-7-28。校核洪水位时,模型试验量测总泄量较设计值大4.39%,设计洪水位时,模型试验量测总泄量较设计值大4.14%,满足设计要求。

表2-7-28　修改方案特征库水位下总流量

库水位(m)		泄水孔	流量(m³/s)		试验值与设计值相对差值(%)
			设计值	试验值	
设计洪水位	2 628.0	底孔	921.18	1 050.00	13.98
		表孔	1 988.46	1 980.00	−0.43
		合计	2 909.64	3 030.00	4.14
校核洪水位	2 628.7	底孔	925.35	1 058.00	14.33
		表孔	2 126.63	2 128.00	0.06
		合计	3 051.98	3 186.00	4.39

7.5.4.2　联合运用库区流态

各级特征水位下,库区水面平顺。平行坝轴线向上游50 m、100 m、150 m各取一断面量测库区表面流速,库区及滑坡体附近表面最大流速不超过0.5 m/s。试验量测滑坡体断面坡底流速均小于0.15 m/s。

7.5.4.3　联合运用下游流态与冲刷

校核水位时泄水建筑物下游流态如图2-7-48所示,下游2—2断面、3—3断面、4—4断面流速分布见表2-7-29。试验表明,联合运用时,水舌入水后,下游河道内翻起白色浪花。校核洪水冲刷20 h(模型时间2.6 h)河道冲刷地形见图2-7-49。冲坑最深点高程为2 500.02 m,最深点位于河道中间,距底孔挑流鼻坎148.3 m(桩号:0+276.30)。

图 2-7-48　修改方案联合运用校核洪水下游河道流态

表 2-7-29　修改方案校核水位时下游断面流速　　　　　　　　（单位:m/s）

断面	位置	左	左中	中	右中	右
	底	2.85	−0.36	0.05	−0.04	9.18
2—2	中	3.05	−0.41	3.07	2.80	15.17
	表	2.33	4.20	7.78	11.21	6.50
	底	4.16	−3.61	−0.05	1.73	0.81
3—3	中	5.52	3.34	6.01	0.00	10.43
	表	6.37	3.50	11.56	11.06	13.78
	底	6.50	10.00	5.27	4.83	11.18
4—4	中	6.63	7.61	4.53	6.22	
	表	2.19	0.74	6.51	6.12	7.82

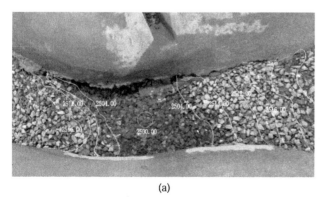

(a)　　　　　　　　　　　　　　　　　　　　　(b)

图 2-7-49　修改方案联合运用校核洪水下游河道冲刷地形　（单位:m）

7.5.4.4　溢流表孔和底孔脉动压力特性

　　试验对溢流表孔和底孔相应部位的脉动压力进行了量测,校核洪水时各测点脉动压力波形图见图 2-7-50,设计水位时各测点脉动压力波形图类似。

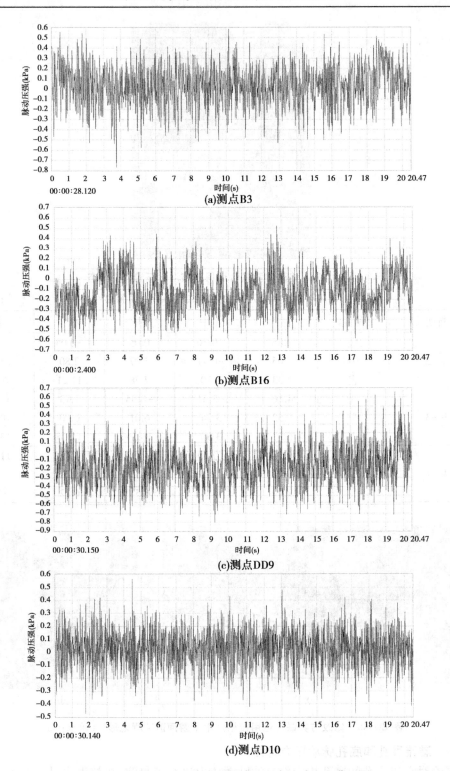

(a)测点B3

(b)测点B16

(c)测点DD9

(d)测点D10

图 2-7-50　校核水位溢流表孔和底孔测点脉动压力波形图

1.脉动压力幅值

脉动压力幅值特性多用脉动压力强度均方根 σ 描述,脉动压力均方根 σ 反映了水流紊动程度和水流平均紊动能量,脉动压力特征值见表 2-7-30。各测点脉动压力强度随着流量的增大而增大,脉动压力强度均方根 σ 值为 0.009~0.244 m 水柱。

表 2-7-30　不同测点脉动压力均方根 σ

位置	编号	桩号	高程(m)	校核水位时脉动压力均方根 σ(kPa)	设计水位时脉动压力均方根 σ(kPa)
溢流表孔	B3	0+006.18	2 612.00	0.059	0.051
	B5	0+011.01	2 610.91	0.023	0.017
	B7	0+020.52	2 604.3	0.011	0.009
	B12	0+068.08	2 542.00	0.089	0.076
	B14	0+087.51	2 533.37	0.244	0.202
	B16	0+098.95	2 536.00	0.094	0.072
底孔	DD9	0+053.00	2 554.50	0.226	0.215
	D6	0+060.07	2 546.88	0.042	0.039
	D9	0+111.76	2 536.57	0.208	0.162
	D10	0+119.38	2 536.08	0.241	0.151
	D11	0+126.83	2 537.69	0.235	0.136

2.脉动压力频谱特性

脉动压力的频率特性通常用自功率谱密度函数来表达,功率谱是脉动压力重要特征之一,功率谱图反映了各测点水流脉动能量按频率的分布特性。分析功率谱图可以得到谱密度最大时对应的优势频率,表 2-7-31 为试验实测不同测点脉动压力优势频率统计。各测点引起压力脉动的涡旋结构仍以低频为主,水流脉动压力优势频率在 50 Hz 以内,各测点均属于低频脉动,设计洪水时结果类似。

表 2-7-31　各测点水流脉动压力优势频率

位置	编号	桩号	高程(m)	校核水位时优势频率(Hz)	设计水位时优势频率(Hz)
溢流表孔	B3	0+006.18	2 612.00	0.075	0.146
	B5	0+011.01	2 610.91	0.051	0.066
	B7	0+020.52	2 604.3	0.048	0.040
	B12	0+068.08	2 542.00	0.184	0.194
	B14	0+087.51	2 533.37	0.367	0.295
	B16	0+098.95	2 536.00	0.625	0.568

续表 2-7-31

位置	编号	桩号	高程(m)	校核水位时优势频率(Hz)	设计水位时优势频率(Hz)
	DD9	0+053.00	2 554.50	0.390	0.284
	D6	0+060.07	2 546.88	0.161	0.163
底孔	D9	0+111.76	2 536.57	0.278	0.044
	D10	0+119.38	2 536.08	0.373	0.346
	D11	0+126.83	2 537.69	0.098	0.298

3.概率分布特性

水流脉动压力的最大可能振幅的取值,对泄水建筑物的水力设计和计算都具有重要的意义。由于脉动压力是随机的,测得的极值大小与记录时段长短有关,故实际上最大可能振幅的准确值是难以确定的,试验只能得到在某概率条件下出现的极值,即只能给出概率出现的期望值。而极值的取值,又与脉动压力概率密度函数分布规律有关。

图 2-7-51 为校核水位溢流表孔及底孔各测点概率密度函数分布图,溢洪道水流脉动压力随机过程基本符合概率的正态分布,对称性较好但离散度较大,脉动压力最大可能单倍振幅可采用公式 $A_{\min}^{\max} = \pm 3\sigma$ 进行计算。

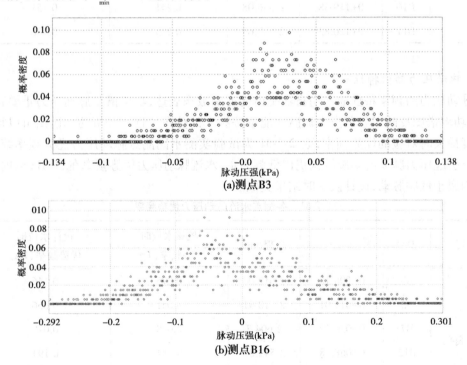

(a)测点B3

(b)测点B16

图 2-7-51　校核水位时脉动压力概率密度函数分布

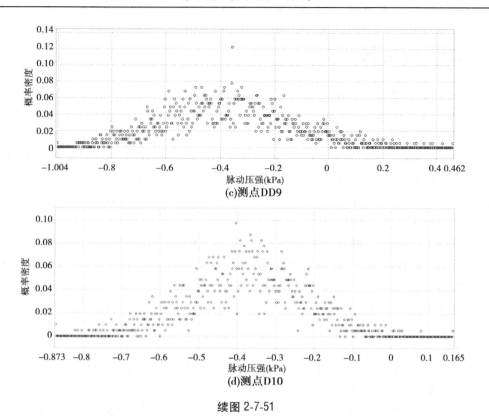

(c)测点DD9

(d)测点D10

续图 2-7-51

4.脉动压强系数

泄水建筑物特征位置脉动压强系数参见表 2-7-32,供设计参考。

表 2-7-32 不同测点脉动压强系数 K_p

编号	桩号	高程(m)	校核水位时压强系数 K_p	设计水位时压强系数 K_p
B3	0+006.18	2 612.00	0.000 8	0.000 9
B12	0+068.08	2 542.00	0.000 2	0.000 2
B14	0+087.51	2 533.37	0.000 5	0.000 4
B16	0+098.95	2 536.00	0.000 2	0.000 1
D9	0+111.76	2 536.57	0.000 5	0.000 5
D10	0+119.38	2 536.08	0.000 6	0.000 4
D11	0+126.83	2 537.69	0.000 5	0.000 3

7.5.5 电站进口流态

试验观测了从水库死水位 2 580 m 到正常蓄水位 2 628 m,三台机组满负荷发电(两台大机组,单机流量 26.49 m³/s,一台小机组,单机流量 11.96 m³/s)进口流态。试验表明,各级库水位时电站进口水面平顺,无漏斗漩涡。

7.6 结论与建议

(1)导流洞流量小于 450 m³/s 时,洞内为明流;流量大于 550 m³/s 时,洞内为有压流;流量为 450～550 m³/s 时,洞内为明满流过渡区。在明满流过渡区,洞顶气囊进出流畅,没有卡顿和长时间聚集在某处的现象,没有水跃现象出现。在有压流状态下,进口前偏左侧水面有不连续的串通漩涡产生,漩涡水面直径可达 2 m,会将少量气体带入洞内,随水流很快出洞,不会在洞顶聚集。冲刷坑最深点偏导流洞出口一侧,建议设计部门根据冲刷坑深度、最深点位置和基岩情况对导流洞出口附近做必要的防护,如设置混凝土齿墙。

(2)原设计方案各个建筑物泄量能力满足要求,体型设计合理。

(3)底孔、表孔单独运用及联合运用时,挑流水舌均砸落于右岸坡脚,对右岸山体的冲刷非常强烈。

(4)将底孔、表孔及电站均向左岸平移,底孔改为长有压进口明流洞形式,进口底板降低 2 m,并优化表孔进口段后,挑流水舌出流情况有所改善,但右岸坡脚处仍受一定冲击。

(5)表孔水面菱形波减弱,出流情况较好,原表孔设计方案桩号 0+031.32 断面水面波动瞬间可漫过边墙,修改方案未出现漫水现象。

(6)表孔边墩体型修改后,闸室和溢流坝面水面波动与原设计比有所减小,水面波动未超过边墙。在设计和校核洪水时,试验量测泄槽桩号 0+068.08 以下断面平均流速均大于 35 m/s,易发生空蚀,建议设置掺气坎,严格控制水流边界不平整度并采用抗蚀性能好的材料。

(7)底孔洞身桩号 0+73.01～0+111.76 明流段水深增大,水面高出边墙,建议加高该段边墙高度。

(8)从水库死水位 2 580 m 到正常蓄水位 2 628 m,三台机组满负荷发电时电站进口水面平顺,无漏斗漩涡。

(9)导流期三种工况下,滑坡体断面垂线平均流速均小于 0.5 m/s,底孔和表孔联合运用时校核洪水时,滑坡体断面坡底流速均小于 0.15 m/s。

第 3 篇　单体模型试验篇

第1章　蓄集峡水利枢纽溢洪道 水工模型试验

1.1　工程概况

　　蓄集峡水利枢纽工程位于青海省海西州德令哈市巴音郭勒河蓄集峡峡谷出口上游段6 km 河段,溢洪道是水库重要泄洪设施,运用概率高。溢洪道水头高,溢洪道与下游河道正交,其出口距下游河道100多 m,且山坡陡峭,下游河道狭窄,溢洪道泄洪消能问题较为复杂,蓄集峡水利枢纽整体布置如图3-1-1所示。水库特征水位及相应流量如表3-1-1所示。

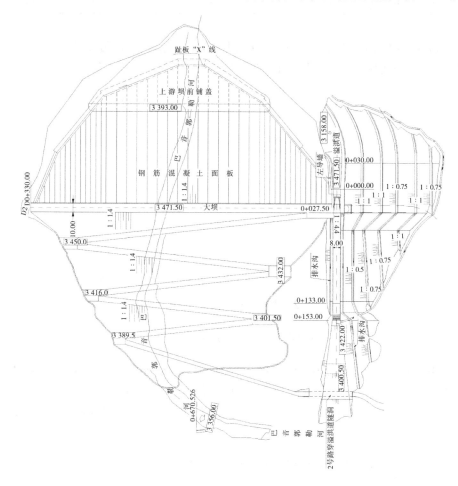

图 3-1-1　蓄集峡水利枢纽整体布置

表 3-1-1　水库特征水位及相应流量

特征水位	库水位 （m）	入库洪峰流量 （m³/s）	最大出库流量 （m³/s）
正常蓄水位	3 468.00	50	50
正常蓄水位	3 468.00	100	100
正常蓄水位	3 468.00	150	150
正常蓄水位	3 468.00	180	180
防洪高水位(2%)	3 469.50	550	180
设计洪水位(1%)	3 469.52	658	387
0.1%	3 470.71	1 024	445
校核洪水位(0.05%)	3 470.92	1 137	456.3

溢洪道建筑物由进水渠段、闸室控制段、泄槽段、挑流鼻坎段、混凝土护坡等五部分组成，溢洪道闸室剖面如图 3-1-2 所示，溢洪道挑流鼻坎剖面见图 3-1-3。

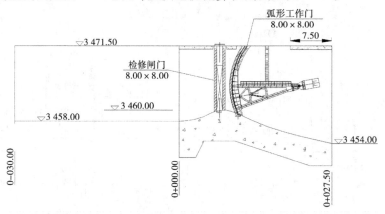

图 3-1-2　溢洪道闸室剖面　（单位：m）

1.1.1　进水渠段（桩号 0-60.00~0+000.00）

进水渠底板顶高程 3 458.00 m，平面布置呈喇叭口状，右侧连接闸室段边墙（桩号 0-30.00~0+0.00）采用直线，扩散角度为 3°，上接半径 15.0 m、圆心角 60°的圆弧曲线。左侧连接闸室段边墙（桩号 0-30.00~0+0.00）与右侧对称，也为直墙，扩散角度为 3°，上接半径 100.0 m、圆心角 40°的圆弧曲线。

1.1.2　闸室控制段（桩号 0+000.00~0+027.50）

闸室段采用开敞式闸室结构，堰型为 a 型驼峰堰，堰高 2.0 m，堰顶高程 3 460.00 m。单孔，净宽 8.0 m。闸室控制段闸室长度 27.5 m，闸顶高程 3 471.5 m。闸室设 8 m×8 m 的

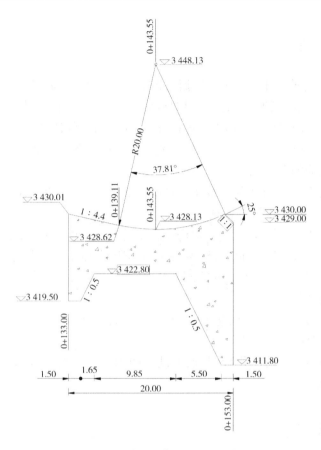

图 3-1-3　溢洪道挑流鼻坎剖面　（单位:m）

弧形工作门,由闸顶液压启闭机启闭。

1.1.3　泄槽段(桩号 0+027.50~0+133.00)

泄槽段采用直线布置,矩形断面,宽度为 8 m,纵向底坡比为 1∶4.4,长度 105.5 m。

1.1.4　挑流鼻坎(桩号 0+133.00~0+153.00)

挑流段采用与泄槽等宽的连续式鼻坎,其反弧半径为 20.0 m,挑射角为 25.0°,鼻坎顶高程为 3 430.00 m。

1.1.5　混凝土护坡(桩号 0+153.00~0+272.65)

混凝土护坡仍采用混凝土浇筑,混凝土护坡分为三部分,鼻坎后接高 0.48 m、长 1 m 的台阶,总长为 51 m,其后设一 10 m 长的平台,平台后再接高 0.98 m、长 1 m 的台阶,总长为 30 m,紧接着设高 0.46 m、长 1 m 的台阶至入水。

1.2　试验任务

溢洪道作为水库唯一泄洪设施,挑流消能时会影响山体边坡稳定,以及影响混凝土护坡的稳定安全性。为此,需要通过水工模型试验,研究溢洪道内的流态、压力、流速、冲刷对山体影响情况等水力学问题,提出改进措施,优化建筑物的体型,为设计提供参考依据。

依据工程设计需要,溢洪道模型试验研究主要包括以下4个部分:

(1)验证溢流堰的泄流能力。

通过试验观察溢洪道在上游特征水位情况下流态,量测各特征水位下溢洪道泄量。

(2)验证溢洪道体型设计的合理性。

观测各特征水位下坝前水库流态和溢洪道入流状态,观测各特征水位下溢洪道流态、闸室段和泄槽的流速分布、水面线。量测特征水位下溢洪道控制段、泄槽段的压力分布、脉动压力(泄槽末端、挑坎部位)。

(3)验证下游消能。

量测特征水位下溢洪道挑流消能的特征数据和冲坑形状及范围,验证挑流消能体型的合理性,尽量减少对下游山体的淘刷。

(4)提供泄槽沿程水流空化数,并根据试验明确是否需要设置掺气槽,若需要,提出掺气槽形式及位置。

1.3　模型设计

1.3.1　模型比尺

根据设计部门提出的试验任务和要求,模型设计为正态,按弗劳德相似定律设计,模型分别满足重力相似和阻力相似,模型几何比尺选定30,模型主要比尺见表3-1-2。下游河道岩石抗冲流速 v 为5~6 m/s。由相关公式可计算模型冲刷坑散粒料粒径为2.3~3.3 cm。

表 3-1-2　模型主要比尺

相似条件	比尺名称	比尺	依据
几何相似	几何比尺 λ_L	30	
水流重力相似	流速比尺 λ_V	5.48	试验任务要求及场地条件
	流量比尺 λ_Q	4 930	
	时间比尺 λ_t	5.48	
	脉动压力幅值比尺 $\lambda_{P'}$	30	
	脉动频率比尺 λ_f	0.18	
水流阻力相似	糙率比尺 λ_n	1.76	

1.3.2　测点布置及试验工况

（1）上下游水位测针布设于溢洪道右侧 100 m 的大坝上游坝面，下游河道水位测针布设于距离溢洪道中轴线混凝土护坡末端与河道中心线交点下游的 100.00 m 位置处。

（2）溢洪道中轴线上共布置了 28 个测压孔，水面线测点位置与压力测点位置相同。

（3）上游引渠流速测量布置 4 个断面，每个断面分别量测左、中、右位置底部及表面流速，位置见图 3-1-4。

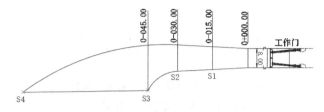

图 3-1-4　上游引渠段流速测点位置

（4）溢洪道流速测量断面布设 8 个，每断面分别量测左、中、右位置的底部、中部及表面流速。

（5）根据试验任务要求，结合特征流量，设计具有代表性的典型工况，模型试验一共分为 7 组工况，如表 3-1-3 所示。下游水位按照设计部门提供溢洪道挑坎下游 200 m 处水位资料控制。

表 3-1-3　模型试验工况

工况	水位状态	库水位 （m）	流量 （m³/s）	闸门开度
Z1	正常	3 468.00	50	局开
Z2	正常	3 468.00	100	局开
Z3	正常	3 468.00	150	局开
Z4	正常	3 468.00	180	局开
Z5	防洪	3 469.50	180	局开
Z6	设计	3 469.52	387	全开
Z7	校核	3 470.92	456.3	全开

注：闸门开度指闸门开启时堰顶与闸门底缘之间的垂直距离。

1.4　溢洪道原设计试验

1.4.1　泄流能力

闸门全开，对溢洪道的库水位及流量关系进行了量测，结果见图 3-1-5 及表 3-1-4。根据试验量测结果，用堰流公式反求流量系数，计算结果也列入表 3-1-4 中。

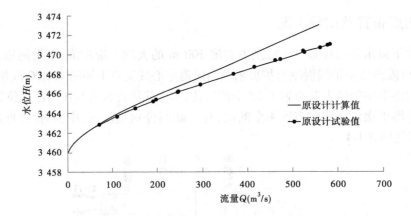

图 3-1-5　溢洪道库水位流量关系曲线

表 3-1-4　特征水位时流量系数

库水位(m)	流量(m³/s)		模型实测流量系数	流量偏差(±%)
	设计值	试验值		
3 462.83	68.00	71.72	0.425	5.47
3 463.7	101.50	109.93	0.436	8.31
3 464.51	136.20	150.35	0.443	10.39
3 466.19	215.80	245.74	0.451	13.87
3 468.05	314.50	369.71	0.457	17.55
3 469.52	387	473.62	0.455	22.38
3 470.92	456.3	578.73	0.453	26.83

注:流量偏差(%)=(试验值-设计值)÷设计值×100%。

　　闸门全开时,不同水位下试验流量均大于设计值,设计洪水位模型实测值较设计值大22.38%,校核洪水位模型实测值较设计值大26.83%。

　　库水位 3 468 m,溢洪道下泄流量 50 m³/s 时,模型实测闸门开度为 0.19 m;库水位 3 468 m,溢洪道下泄流量 100 m³/s 时,模型实测闸门开度为 1.07 m;库水位 3 468 m,溢洪道下泄流量 150 m³/s 时,模型实测闸门开度为 1.91 m;库水位 3 468 m,溢洪道下泄流量 180 m³/s 时,模型实测闸门开度为 2.45 m;库水位 3 469.50 m,溢洪道下泄流量 180 m³/s 时,模型实测闸门开度为 2.14 m。

1.4.2　溢洪道流态

　　溢洪道在工况 Z6 设计水位和工况 Z7 校核水位全开泄流时,受引水渠进口导墙布置形态的影响,进口右侧水流在墩头处产生绕流,水面急剧降落造成水面波动,见图 3-1-6,对水面和流速的影响随流程增加而减小,但影响仍可传递至挑坎,致使水舌右侧挑距比左侧略近。

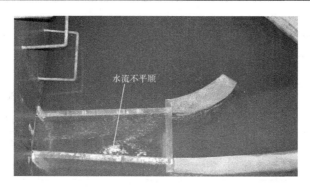

图 3-1-6　工况 Z7(库水位 3 470.92 m)时进口流态

设计水位和校核水位闸门全开时,水流入闸室后水面降落较快,闸室内过流基本平顺,事故门槽内有竖轴漩涡产生,左、右两侧对称,如图 3-1-7 所示。

图 3-1-7　工况 Z7(库水位 3 470.92 m)时闸门出口流态

1.4.3　溢洪道流速分布

采用毕托管对沿程 12 个断面的流速分布进行了量测,每个断面量测左、中心线、右三条垂线,左、右两侧垂线距两侧边壁 0.27 m,每条垂线量测底、中、表水流流速,量测结果见表 3-1-5。

表 3-1-5　各特征库水位溢洪道水流流速　　　　　　　　　　(单位:m/s)

断面位置	桩号	位置	工况 Z6				工况 Z7			
			左	中	右	均值	左	中	右	均值
S4		底	2.09	1.99	2.89		1.74	2.29	3.32	
		中	2.21	1.94	3.65	2.38	1.87	2.22	3.69	2.55
		表	2.06	2.04	2.56		1.92	2.31	3.60	
S3	0-45.00	底	3.09	3.48	3.63		3.09	3.67	3.31	
		中	3.09	3.53	3.06	3.34	3.24	3.41	3.17	3.34
		表	3.10	3.50	3.54		3.35	3.82	2.95	

续表 3-1-5

断面位置	桩号	位置	工况 Z6				工况 Z7			
			左	中	右	均值	左	中	右	均值
S2	0−30.00	底	3.70	3.95	3.55	3.78	4.39	4.30	4.11	4.15
		中	3.72	4.06	3.08		4.22	4.12	3.35	
		表	3.65	4.03	4.28		4.12	4.43	4.30	
S1	0−15.00	底	4.41	4.52	3.99	4.43	5.02	5.13	5.04	5.29
		中	4.69	4.83	4.01		5.32	5.33	5.20	
		表	4.55	4.42	4.44		5.24	5.61	5.71	
SZ1	0+0.00	底	5.40	5.61	5.06	5.82	6.02	6.08	5.64	6.70
		中	6.38	5.91	5.82		7.50	7.07	7.07	
		表	5.81	6.26	6.11		7.18	6.68	7.01	
SZ6	0+8.00	底	10.20	11.06	10.57	9.85	13.34	12.90	13.11	10.55
		中	9.96	9.98	9.93		9.42	9.79	9.18	
		表	9.15	8.87	8.94		9.27	9.24	8.69	
SZ12	0+17.19	底	9.12	11.26	10.34	11.38	9.62	10.78	9.27	11.54
		中	10.64	11.83	11.50		11.85	11.90	12.06	
		表	12.15	12.17	12.44		12.73	12.79	12.83	
SY2	0+57.87	底	16.29	15.90	15.81	17.57	18.52	19.45	17.12	19.23
		中	18.33	18.40	17.97		19.58	19.96	19.01	
		表	18.25	18.67	18.51		19.68	20.08	19.66	
SY5	0+102.80	底	18.12	20.15	17.34	20.64	19.10	20.91	18.96	21.73
		中	21.39	21.83	21.57		22.83	22.25	22.15	
		表	21.24	22.41	21.73		22.31	23.32	23.73	
SY7	0+132.46	底	16.55	16.79	16.51	22.25	17.50	20.70	18.21	22.65
		中	24.80	24.66	25.10		24.08	25.54	24.31	
		表	24.75	25.68	25.34		23.42	25.93	24.19	
SB2	0+143.55	底	15.32	15.80	15.10	21.16	16.34	21.20	15.93	21.71
		中	23.61	23.88	22.74		22.56	24.60	23.38	
		表	24.29	25.72	24.03		22.80	25.92	22.66	
SB6	0+151.78	底	20.15	22.44	21.87	22.95	20.37	23.28	21.20	23.27
		中	23.48	24.40	24.60		24.30	25.40	22.84	
		表	21.37	25.52	22.79		23.02	25.90	23.15	

Z6 工况设计水位时,流速分布符合一般规律,泄槽末端即桩号 0+132.46 处平均流速为 22.25 m/s,挑流鼻坎末端实测平均流速为 22.95 m/s。

Z7 工况校核水位时,闸室段堰顶即桩号 0+8.00 处平均流速为 10.55 m/s,泄槽末端即桩号 0+132.46 处平均流速为 22.65 m/s,挑流鼻坎末端实测平均流速为 23.27 m/s,均未超过规范要求,可以不设掺气设施。

1.4.4　溢洪道水面线

各级特征库水位下,挑坎坎顶水深均小于边墙高度 6.6 m。表 3-1-6 为各工况下溢洪道泄槽段水深统计,在泄槽段各断面水深相对均匀,水深沿程逐渐减小,水深随着库水位的增加而增大。

表 3-1-6　各特征库水位溢洪道水深　（单位:m）

断面位置	桩号	工况 Z6				工况 Z7			
		左	中	右	均值	左	中	右	均值
HZ1	0+0.00	9.51	9.42	9.51	9.48	10.68	10.44	10.38	10.5
HZ4	0+5.67	7.06	7.15	7.03	7.08	7.93	7.93	7.93	7.93
HZ12	0+17.19	5.95	5.41	5.50	5.62	6.52	6.16	6.52	6.4
HZ15	0+27.50	4.30	4.06	4.24	4.20	4.99	4.78	5.08	4.95
HY2	0+57.87	3.27	3.24	3.21	3.24	3.99	3.87	3.96	3.94
HY4	0+88.11	2.85	2.85	2.67	2.79	3.69	3.3	3.36	3.45
HY6	0+118.25	2.79	2.64	2.73	2.72	3.15	3.09	3.21	3.15
HY7	0+132.46	2.73	2.58	3.00	2.77	3.00	3.00	3.24	3.08
HB2	0+143.55	2.88	2.58	2.85	2.77	3.45	3.12	3.45	3.34
HB6	0+151.78	左 3.75、左中 2.85	2.40	右中 2.70、右 3.30	2.51	左 4.50、左中 3.60	3.00	右中 3.09、右 4.20	3.14

挑流鼻坎出口处水深,模型量测此段横断面水深分布较均匀,由于鼻坎段两边壁冲击波导致坎顶断面两边壁处水深略大于中部。

桩号 0+0.00~0+27.50 的水深为垂向水深,陡坡段沿程水深为垂直底板方向水深。

1.4.5　溢洪道压力分布

试验测量了 Z6 设计水位及 Z7 校核水位 2 种工况下溢洪道沿程时均压力,各测点压力值随下泄流量的增大而增大。不同工况下堰面压力分布规律基本相同,上游堰面呈下降曲线,下游堰面呈上升曲线,最小值位于堰顶偏下游部位。

在闸室进口处即桩号 0+0.00 处压力达到闸室段压力最大值,特征库水位即工况 Z6、

Z7 时峰值分别为 9.98 m 水柱和 10.97 m 水柱,而闸室底板最高点即桩号 0+8.00 附近有负压产生,工况 Z7 时最大负压值为 0.28 m 水柱(虽然有负压出现,但是仍符合《溢洪道设计规范》(SL 253—2005)中规定的负压允许值,即 3 m 水柱),工况 Z6 时此处为正压。

溢洪道泄槽段底部压力沿程分布,分布规律较好,压力值随泄量增大而增大,各级工况均未出现负压。

溢洪道鼻坎段时均压力受反弧离心力影响,在泄槽与挑流鼻坎反弧段相切处即桩号 0+143.55 急剧增加,直到在反弧段中间达到峰值,挑流鼻坎末端即桩号 0+151.78 处压力急剧减小。

1.4.6 挑流水舌

试验量测溢洪道挑流鼻坎水舌及挑距如表 3-1-7 所示,校核水位时水舌入水位置如图 3-1-8 所示。根据模型实测挑距与设计值相比可知,模型挑距近了 28 m,原设计方案设计水位和校核水位条件下的水舌会冲砸鼻坎后混凝土护坡,无法按照设计要求全部挑入河道主槽,水流对混凝土护坡的冲击强度非常大,可能对其造成损毁。

表 3-1-7 挑流鼻坎处挑距及桩号

工况	工况 Z6	工况 Z7
水舌挑距(m)	115.94	118.35
水舌入水点桩号	0+268.94	0+271.35

(a)　　　　　　　　　　　　　(b)

图 3-1-8 工况 Z7(校核水位 3 470.92 m)时水舌挑流情况

1.4.7 原设计方案小结

(1)设计洪水位模型实测值较设计值大 22.38%,校核洪水位模型实测值较设计值大 26.83%,满足设计泄流能力要求。

(2)溢洪道在设计水位和校核水位全开泄流时,坝前水面平稳,流速较小,溢洪道前进流平顺,进口右侧导墙较短,水流在墩头处产生绕流,水面急剧降落造成水面波动,但闸室和泄槽段过流基本平顺。

（3）各工况流速随着流程增加逐渐增大,在泄槽末端断面,设计水位和校核水位时断面平均流速为 23~24 m/s,底部流速为 20~21 m/s,根据要求,可不设掺气设施。

（4）闸室段、泄槽段、挑流鼻坎段时均压力分布规律较好,设计水位未出现负压,校核水位时闸室段虽有负压出现,仅为 0.28 m 水柱,但仍符合《溢洪道设计规范》(SL 253—2010)中规定的最大负压允许值 3 m 水柱。

（5）设计水位水舌入水点位置在桩号 0+268.94 处,校核水位水舌入水点在桩号 0+271.35,水流未被全部挑入下游河道中,水舌部分砸落在了混凝土护坡上,建议鼻坎向下游移动合适的距离,以保证水舌全部挑入河中。

1.5　溢洪道修改方案试验

1.5.1　修改方案一

1.5.1.1　方案介绍

根据原设计方案的试验成果及建议,溢洪道设计有所调整,上游引水渠、闸室段、1∶4.4 的泄槽的尺寸均不变,从泄槽末端即桩号 0+133.00~0+146.97 接一抛物线,方程为 $y=x^2/141$,其中,y 方向为垂直原泄槽底板。抛物线末端接 1∶2.17 斜坡段,即 0+146.97~0+162.16,并与挑流鼻坎段即桩号 0+162.16~0+179.99 相切。鼻坎顶高程为 3 418.3 m,较原设计坎顶高程降低 11.7 m,鼻坎圆弧段角度由 37.81° 调整为 49.78°,挑角仍为 25°。

1.5.1.2　测点布置

由于上游引水渠、闸室段、泄槽段的设计均未发生变化,因此延用在原设计方案中的引水渠、闸室、泄槽的测点布置。

抛物线段及挑流鼻坎段的测点则需要重新布置,抛物线段布置了 7 个测点,1∶2.17 泄槽段布置了 3 个测点,挑流鼻坎段布置 5 个测点加上闸室段及 1∶4.4 泄槽段的 22 个测点,修改方案一溢洪道试验压力测点共计 37 个。

1.5.1.3　溢洪道流速分布

修改方案一闸室体型与原设计相比未发生变化,泄流量与原设计试验值一致。选取工况 Z5 防洪高水位 3 469.50 m、工况 Z6 设计洪水位 3 469.52 m、工况 Z7 校核洪水位 3 470.92 m 三个特征水位进行溢洪道流速分布的量测,主要量测了泄槽段、抛物线段、挑流鼻坎段。

流速沿程增加至挑流鼻坎段与泄槽切点连接处,挑流鼻坎内的流速先减小再增大,随着流量的增加,流速亦随之增加,如表 3-1-8 所示。由于溢洪道被加长,挑流鼻坎下移,挑流鼻坎出流平均速度增大,设计洪水位 3 469.52 m(工况 Z6)挑流鼻坎出流平均速度由原设计方案中的 22.95 m/s,增大至修改方案一的 27.38 m/s,校核洪水位 3 470.92 m(工况 Z7)挑流鼻坎出流平均速度由原设计方案中的 23.27 m/s,增大至修改方案一的 27.09 m/s,较大的出流速度使水舌挑得更远,远离混凝土护坡。

表 3-1-8　修改方案一溢洪道流速　　　　　　　（单位：m/s）

桩号	位置	工况 Z5				工况 Z6				工况 Z7			
		左	中	右	均值	左	中	右	均值	左	中	右	均值
0+57.87	底	14.6	15.6	15.5		16.3	17.9	16.8		18.5	19.5	17.1	
	中	18.4	18.8	18.8	17.7	19.3	19.4	20.0	18.8	19.6	20.0	19.0	19.2
	表	19.1	19.5	19.3		19.3	19.7	20.5		19.7	20.1	19.7	
0+102.80	底	16.1	16.9	15.6		18.1	18.9	17.0		18.1	20.2	17.3	
	中	22.4	22.4	22.5	20.7	22.8	22.3	22.2	21.0	22.4	22.8	22.6	21.2
	表	23.6	23.9	22.8		22.3	23.3	21.7		22.2	22.4	22.7	
0+132.46	底	17.2	17.9	16.9		16.5	16.9	16.8		16.6	17.4	16.2	
	中	23.7	23.9	23.0	21.9	25.3	24.5	25.5	22.3	25.6	25.7	24.2	22.4
	表	24.4	26.0	23.8		25.0	26.1	24.1		25.1	26.4	24.8	
0+144.48	底	18.6	20.0	17.0		16.4	17.9	16.5		19.1	20.5	18.7	
	中				22.2	26.4	27.5	26.3	23.6	26.2	261	25.9	24.2
	表	26.2	26.4	24.8		26.6	28.4	26.0		27.4	27.4	26.9	
0+158.37	底	17.4	17.8	17.6		16.7	18.1	16.6		17.0	17.1	16.8	
	中				22.4	27.5	29.1	27.6	24.7	28.0	28.1	28.0	24.7
	表	27.5	27.9	26.0		28.8	29.8	27.7		29.4	29.4	28.9	
0+170.59	底	19.2	19.9	19.5		16.8	18.1	16.6		19.0	17.9	17.1	
	中				23.5	27.7	28.4	27.4	25.0	28.3	28.9	27.4	25.4
	表	26.6	29.5	26.4		29.9	30.8	29.1		30.1	30.5	29.3	
0+179.00	底	23.8	24.7	23.2		23.5	23.0	23.0		24.6	24.5	23.3	
	中				24.3	28.4	28.0	27.5	27.1	28.4	28.1	27.6	27.4
	表	23.6	27.4	23.4		30.2	30.7	29.2		30.4	30.7	29.4	

1.5.1.4　溢洪道水面线

试验表明，不同工况下，溢洪道各个量测段水面波动不大，水流平顺地由挑流鼻坎下泄，挑流鼻坎段两边壁冲击波导致坎顶断面两边壁处水深略大于中部。

1.5.1.5　溢洪道压力分布

各特征库水位的闸室及泄槽段压力分布与原设计方案的压力分布规律基本一致。1∶4.4泄槽段后连接的抛物曲线段上有负压产生，工况7（校核库水位为 3 470.92 m）时抛物线段上的负压最大，最大负压值达到 0.45 m 水柱，符合《溢洪道设计规范》（SL 253—2010）中规定的溢洪道负压允许值。

1.5.1.6　挑流水舌

不同工况条件下修改方案一的试验结果表明：由于鼻坎末端高程降低，位置下移，鼻坎末端流速增大,使得水舌入水点比原设计远。工况 Z1~Z5 水舌均冲砸混凝土护坡,挑坎坎顶水深均小于边墙高度 6.6 m,挑距如表 3-1-9 及图 3-1-9 所示。

表 3-1-9　溢洪道修改方案一水舌挑距

| 工况 | 库水位（m） | 泄流量（m³/s） | | 闸门开度（m） | 水舌内缘 | | 水舌外缘 | | 水舌宽度（m） |
		设计	模型		挑距（m）	桩号	挑距（m）	桩号	
Z1	3 468.00	50	50	0.19	30.6	0+209.59	67.5	0+246.49	
Z2	3 468.00	100	100	1.07	67.5	0+246.49	103.5	0+282.49	
Z3	3 468.00	150	150	1.91	79.5	0+258.49	114	0+292.99	
Z4	3 468.00	180	180	2.45	85.2	0+264.19	115.4	0+294.39	
Z5	3 469.50	180	180	2.14	85.2	0+264.19	116.3	0+295.29	15.6
Z6	3 469.52	387	473.62	全开	96.99	0+275.98	133.59	0+312.58	19.5
Z7	3 470.92	456.3	578.73	全开	111.69	0+290.68	135.99	0+314.98	27

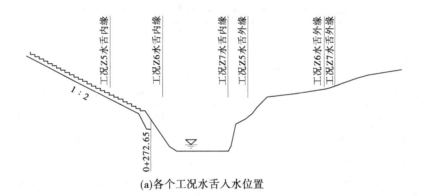

(a)各个工况水舌入水位置

(b)工况Z7校核水位　　　　　　　　　(c)工况Z5防洪水位

图 3-1-9　溢洪道修改方案一水舌入水情况

　　设计要求挑流水舌在工况 Z5(防洪高水位)、工况 Z6(设计洪水位)、工况 Z7(校核洪水位)三种工况下,挑流水舌均进入下游河道,不能砸落于混凝土护坡上。试验表明:工况 Z1~工况 Z4 条件下,水舌入水点都砸落于混凝土护坡上;工况 Z5(防洪高水位)条件下,水舌内缘冲砸在混凝土护坡上;工况 Z6(设计洪水位)、工况 Z7(校核洪水位)条件下,水舌挑距较远,不会对混凝土护坡造成冲击。

1.5.1.7　不同挑角的挑流水舌

根据试验结果,设计部门要求通过改变鼻坎挑角角度,观测水舌挑距变化,希望找出既能使 Z5 工况水舌不冲砸混凝土护坡,又能使 Z6、Z7 工况水舌挑距不致过远,冲击对面山体。为此,试验又对挑流鼻坎的挑角做局部调整,量测工况 Z5~工况 Z7 条件下的水舌出流情况是否冲击混凝土护坡,溢洪道其余部位不变,挑角由原来的 25°分别调整为 35°(鼻坎末端高程 3 420.04 m,桩号 0+182.01)、20°(鼻坎末端高程 3 417.63 m,桩号 0+177.38)、15°(鼻坎末端高程 3 417.11 m,桩号 0+175.71),如图 3-1-10 所示,相应的挑距见表 3-1-10~表 3-1-12。

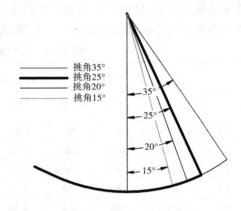

图 3-1-10　鼻坎不同挑角设计

挑角35°
挑角25°
挑角20°
挑角15°

表 3-1-10　溢洪道修改方案一挑角为 35°时水舌挑距

工况	库水位（m）	泄流量（m³/s）		闸门开度（m）	水舌内缘		水舌外缘		水舌宽度（m）
		设计	模型		挑距（m）	桩号	挑距（m）	桩号	
Z1	3 468.00	50	50	0.19	27.49	0+209.50	55.99	0+238.00	9.0
Z2	3 468.00	100	100	1.07	65.47	0+247.48	91.27	0+273.28	13.5
Z3	3 468.00	150	150	1.91	77.47	0+259.48	109.87	0+291.88	16.5
Z4	3 468.00	180	180	2.45	84.97	0+266.98	114.67	0+296.68	16.5
Z5	3 469.50	180	180	2.14	90.07	0+272.08	116.47	0+298.48	16.5
Z6	3 469.52	387	473.62	全开	97.27	0+279.28	134.47	0+316.48	22.5
Z7	3 470.92	456.3	578.73	全开	105.97	0+287.98	137.47	0+319.48	27.0

表 3-1-11　溢洪道修改方案一挑角为 20°时水舌挑距

工况	库水位（m）	泄流量（m³/s）		闸门开度（m）	水舌内缘		水舌外缘		水舌宽度（m）
		设计	模型		挑距（m）	桩号	挑距（m）	桩号	
Z1	3 468.00	50	50	0.19	29.72	0+207.10	65.12	0+242.5	8.7
Z2	3 468.00	100	100	1.07	66.62	0+244.00	101.6	0+278.98	11.7
Z3	3 468.00	150	150	1.91	83.6	0+260.98	114.8	0+292.18	14.4
Z4	3 468.00	180	180	2.45	86.6	0+263.98	119	0+296.38	14.7
Z5	3 469.50	180	180	2.14	88.1	0+265.48	121.1	0+298.48	15
Z6	3 469.52	387	473.62	全开	94.1	0+271.48	131.9	0+309.28	17.7
Z7	3 470.92	456.3	578.73	全开	95.6	0+272.98	135.2	0+312.58	19.2

表 3-1-12　溢洪道修改方案一挑角为 15°时水舌挑距

| 工况 | 库水位（m） | 泄流量（m³/s） | | 闸门开度（m） | 水舌内缘 | | 水舌外缘 | | 水舌宽度（m） |
		设计	模型		挑距（m）	桩号	挑距（m）	桩号	
Z1	3 468.00	50	50	0.19	29.89	0+205.6	64.57	0+240.28	7.5
Z2	3 468.00	100	100	1.07	70.57	0+246.28	92.77	0+268.48	10.2
Z3	3 468.00	150	150	1.91	82.27	0+257.98	110.47	0+286.18	12.6
Z4	3 468.00	180	180	2.45	89.77	0+265.48	115.12	0+290.83	12.6
Z5	3469.50	180	180	2.14	91.57	0+267.28	117.37	0+293.08	12.9
Z6	3 469.52	387	473.62	全开	94.57	0+270.28	123.37	0+299.08	18.9
Z7	3 470.92	456.3	578.73	全开	97.87	0+273.58	124.57	0+300.28	20.4

　　由图 3-1-11 可以看出，挑角 35°时，工况 Z6（设计洪水位）、工况 Z7（校核洪水位）条件下水舌外缘入水砸落于右岸山体，水舌内缘入水则落于下游河道，而工况 Z5（防洪高水位）条件下水舌外缘基本落于下游河道，而内缘仍砸落于混凝土护坡上。

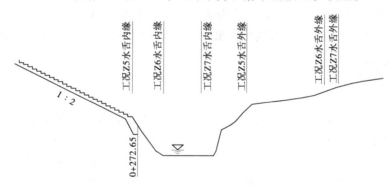

图 3-1-11　溢洪道修改方案一挑角 35°时水舌入水位置

　　由图 3-1-12、图 3-1-13 可以看出，挑角 20°、挑角 15°时，工况 Z5（防洪高水位）、工况 Z6（设计洪水位）、工况 Z7（校核洪水位）条件下水舌内缘都砸落于混凝土护坡上。

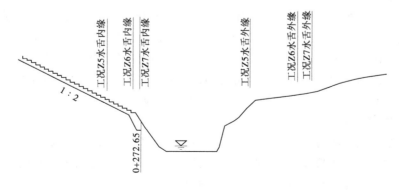

图 3-1-12　溢洪道修改方案一挑角 20°时水舌入水位置

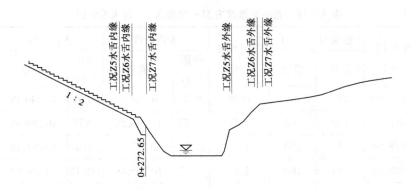

图 3-1-13　溢洪道修改方案一挑角 15°时水舌入水位置

1.5.1.8　修改方案一小结

（1）由于溢洪道挑流鼻坎下移，经挑流鼻坎出流的水流速度增大，使水舌挑得更远，Z6、Z7 工况下水舌都远离混凝土护坡，但 Z1～Z5 工况下，水舌仍冲砸混凝土护坡。

（2）溢洪道水面波动不大，水流能够平顺地由挑流鼻坎下泄，挑流鼻坎段两边壁冲击波导致坎顶断面两边壁处水深略大于中部。

（3）溢洪道各部分压力分布与原设计方案的压力分布规律一致，抛物曲线处有负压出现，但负压值仍满足设计规范要求，各断面平均流速未超过 30 m/s。

（4）挑流鼻坎挑角 15°～35°，试验结果表明工况 Z5 条件下仍冲砸混凝土护坡。

1.5.2　修改方案二

1.5.2.1　方案介绍

根据原设计及修改方案一的试验结果，设计部门对溢洪道泄槽段进行了较大规模的设计变动。闸底板后桩号 0+27.87 处开始接泄槽段，比降由 1∶4.4 改为 1∶10。从桩号 0+96.00 处开始接一抛物线，方程为 $y = 0.125x + x^2/120$，抛物线曲线延伸到桩号 0+120.00 开始下接 1∶2 的斜坡段，斜坡段与挑流鼻坎段相切。鼻坎挑角仍为 25°，反弧半径仍维持原设计半径 20 m，鼻坎圆弧段角度由 39.78°调整为 51°，鼻坎顶高程为 3 413.00 m，鼻坎末端桩号为 0+192.00。

1.5.2.2　泄流能力

溢洪道修改方案二引渠和闸室段体型与原设计相比没有变化，因此上游流态与原设计基本相同。泄槽段前缓后陡，中间以抛物曲线过渡，水流平顺，与修改方案一类似，无恶劣流态出现。修改方案二水位流量关系如图 3-1-14 所示，将原设计方案计算与试验的水位流量关系均绘制在图中进行对比分析可知，在不同特征水位下模型试验量测的溢洪道闸门全开时的流量均大于相应的设计值，满足设计泄流能力要求。

1.5.2.3　溢洪道流速分布

修改方案二仍选取防洪高水位 3 469.50 m（工况 Z5）、设计洪水位 3 469.52 m（工况 Z6）、校核洪水位 3 470.92 m（工况 Z7）三个特征水位进行溢洪道流速分布的量测，主要量测了引水渠段、泄槽段、抛物线段、挑流鼻坎段，如表 3-1-13 所示。

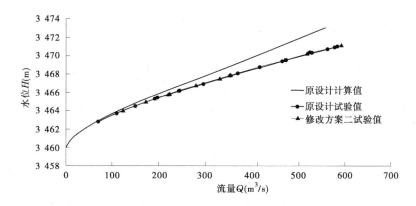

图 3-1-14 修改方案二水位流量关系

表 3-1-13 修改方案二水流流速 （单位:m/s）

编号	桩号	垂线	工况 Z5				工况 Z6				工况 Z7			
			左	中	右	均值	左	中	右	均值	左	中	右	均值
SⅡ4	0-60.00	底	0.3	0.6	1.2	0.7	0.8	1.3	3.4	1.8	0.9	1.2	3.0	1.7
		中	0.4	0.6	1.3		0.9	1.3	2.9		1.0	1.4	2.8	
		表	0.3	0.6	1.2		0.8	1.3	3.3		0.9	1.4	2.7	
SⅡ2	0-30.00	底	1.3	1.4	1.4	1.3	3.5	4.1	3.6	3.9	4.6	4.8	4.8	4.5
		中	1.4	1.4	1.4		4.0	4.2	4.2		4.5	4.7	4.6	
		表	1.3	1.3	1.2		3.9	3.9	4.0		4.3	4.3	4.2	
SZⅡ1	0+0.00	底	2.6	3.1	2.6	5.9	5.6	5.9	5.5	5.7	6.6	6.6	6.0	6.5
		中	7.0	7.9	7.1		5.9	5.9	5.9		6.7	6.8	6.9	
		表	7.7	8.3	7.1		5.8	5.4	5.3		6.3	6.5	6.2	
SXⅡ1	0+27.87	底	11.9	11.6	11.5	13.2	13.7	13.6	13.4	14.1	14.4	14.9	14.6	15.8
		中	13.6	13.7	13.1		14.2	14.1	13.7		16.4	16.1	15.4	
		表	14.4	14.2	14.3		14.6	14.8	14.7		16.5	16.7	16.7	
SXⅡ3	0+57.87	底	12.7	13.5	12.7	15.2	13.2	13.0	12.8	15.3	16.1	15.2	15.6	17.0
		中	16.0	16.4	16.3		15.3	16.2	16.6		17.7	17.7	17.7	
		表	16.4	16.8	15.8		16.8	16.8	16.6		17.7	17.9	17.4	
SPⅡ1	0+96.47	底	16.0	15.2	14.1	17.1	15.8	16.3	16.5	18.1	17.2	17.4	18.3	18.5
		中	17.1	18.8	18.8		19.4	19.6	18.9		18.9	19.3	18.6	
		表	17.5	18.6	18.0		19.0	19.4	18.0		18.6	19.5	18.4	
SDⅡ1	0+144.62	底	17.2	19.6	19.9	22.1	18.0	16.6	16.4	21.6	19.1	17.8	17.8	22.5
		中	22.6	23.2	23.2		23.3	23.7	23.4		24.6	24.6	24.0	
		表	24.3	24.7	24.3		24.7	24.5	23.9		25.1	24.9	24.7	
SBⅡ1	0+174.29	底	20.0	24.6	21.8	25.6	27.7	26.5	25.4	29.3	28.0	26.7	26.1	29.8
		中					31.2	29.6	28.0		30.8	30.5	30.1	
		表	28.7	29.9	28.4		31.9	32.0	31.6		32.1	31.9	31.8	

续表 3-1-13

编号	桩号	垂线	工况 Z5				工况 Z6				工况 Z7			
			左	中	右	均值	左	中	右	均值	左	中	右	均值
SBⅡ3	0+183.21	底	25.0	25.6	26.5	27.4	25.6	23.5	24.5	28.9	24.5	23.8	25.0	28.7
		中					31.0	30.3	29.4		29.1	28.1	30.4	
		表	29.1	29.3	28.9		32.0	32.3	31.3		32.6	32.6	32.2	
SBⅡ5	0+191.28	底	25.6	26.1	26.0	26.6	29.7	28.5	28.7	29.9	28.5	27.3	28.1	30.0
		中					31.2	29.1	30.2		31.2	29.7	28.9	
		表	26.9	27.8	26.8		29.2	31.2	31.1		32.1	32.7	31.9	

由于溢洪道被加长,挑流鼻坎下移,挑流鼻坎出流平均速度增大,防洪高水位 3 469.50 m(工况 Z5)下挑流鼻坎出流平均速度由修改方案一的 24.3 m/s 增大至 26.6 m/s,设计洪水位 3 469.52 m(工况 Z6)下挑流鼻坎出流平均速度由修改方案一的 27.4 m/s 增大至 29.9 m/s,校核洪水位 3 470.92 m(工况 Z7)下挑流鼻坎出流平均速度由修改方案一的 27.1 m/s 增大至 30.0 m/s。

1.5.2.4 溢洪道水面线

试验表明,不同工况下,溢洪道各个量测段水面基本平顺,挑流鼻坎段两边壁冲击波导致坎顶断面两边壁处水深略大于中部。与原设计方案相比,鼻坎末端水深略有减小。

1.5.2.5 溢洪道压力分布

1∶10 泄槽段、抛物曲线段、1∶2 泄槽段沿程压力变化平缓,无负压出现,说明体型设计合理。

工况 Z6 和工况 Z7 在反弧段中部即桩号 0+183.21 处的压力值为挑流鼻坎段压力的最大值,分别为 14.62 m 水柱和 11.80 m 水柱。

1.5.2.6 挑流水舌

试验量测溢洪道挑流鼻坎水深及挑距数据见表 3-1-14 和图 3-1-15 所示。试验结果表明,工况 Z5(防洪高水位)、工况 Z6(设计洪水位)、工况 Z7(校核洪水位)条件下的水舌均远离混凝土护坡,其中工况 Z5(防洪高水位)条件下水舌入水点内缘远离混凝土护坡即桩号 0+272.65 位置处 12 m,入水点外缘远离混凝土护坡 40 m,远远满足下泄水流不冲击混凝土护坡的设计要求,水流可以挑入巴音郭勒河内。但是水流对右岸山体冲击较严重,对山体稳定可能有一定影响。

表 3-1-14　溢洪道修改方案二水舌挑距

工况	库水位（m）	泄流量（m³/s）		闸门开度（m）	水舌内缘		水舌外缘		水舌宽度（m）
		设计	模型		挑距（m）	桩号	挑距（m）	桩号	
Z1	3 468.00	50	50	0.19	28.3	0+219.58	77.5	0+268.78	9
Z2	3 468.00	100	100	1.07	68.2	0+259.48	104.5	0+295.78	11.7
Z3	3 468.00	150	150	1.91	85.3	0+276.58	116.5	0+307.78	12.9

续表 3-1-14

| 工况 | 库水位（m） | 泄流量（m³/s） | | 闸门开度（m） | 水舌内缘 | | 水舌外缘 | | 水舌宽度（m） |
		设计	模型		挑距（m）	桩号	挑距（m）	桩号	
Z4	3 468.00	180	180	2.45	93.1	0+284.38	122.2	0+313.48	12.6
Z5	3 469.50	180	180	2.14	93.4	0+284.68	121	0+312.28	13.2
Z6	3 469.52	387	473.62	全开	95.5	0+286.78	132.7	0+323.98	21
Z7	3 470.92	456.3	578.73	全开	100	0+291.28	134.8	0+326.08	21.9

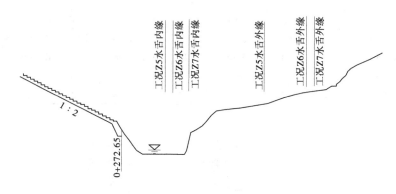

图 3-1-15　溢洪道修改方案二水舌入水位置

1.5.2.7　修改方案二小结

（1）溢洪道修改方案二引渠和闸室段体型与原设计相比没有变化，因此流态与原设计相同，泄流能力满足要求。

（2）不同工况下，溢洪道各个量测段水面基本平顺，与原设计方案相比，鼻坎末端水深略有减小。

（3）流速随着流程增加逐渐增大，在泄槽末端断面，设计水位和校核水位时断面平均流速为 29~30 m/s，底部平均流速为 29~32 m/s，根据《混凝土重力坝设计规范》（SL 319—2005）要求，可不设掺气设施。

（4）闸室段、泄槽段、挑流鼻坎段时均压力分布规律较好，各个特征水位条件下均未出现负压，表明堰型设计合理。

（5）工况 Z5（防洪高水位）条件下水舌入水点内缘远离混凝土护坡即桩号 0+272.65 位置处 12 m，入水点外缘远离混凝土护坡 40 m，水流可以挑入巴音郭勒河内。但是水流对右岸山体冲击较严重，对山体稳定可能有一定影响，建议挑流鼻坎上移一定距离。

1.5.3　修改方案三

1.5.3.1　方案介绍

为使水舌不过分冲击右岸山体，该修改方案将挑流鼻坎上移 6 m，即挑流鼻坎桩号为 0+186.00，鼻坎顶高程为 3 416.00 m，闸底板后接泄槽段、抛物线段均与修改方案二保持一致,该方案仅对水舌挑距和冲刷进行了观测。

1.5.3.2 挑流水舌

试验量测溢洪道挑流鼻坎挑距数据见表 3-1-15 及图 3-1-16 所示。根据模型实测挑距可知,防洪高水位下水舌入水点内缘远离混凝土护坡桩号 0+272.65 位置处 6.6 m,入水点外缘远离混凝土护坡 33 m,仍然满足下泄水流不冲混凝土护坡的设计要求,水流可以挑入巴音郭勒河内。同时,水流对对面山体造成的冲击力也可得到有效控制,安全性较高。

表 3-1-15　溢洪道修改方案三水舌挑距

工况	库水位（m）	泄流量（m³/s）		闸门开度（m）	水舌内缘		水舌外缘		水舌宽度（m）
		设计	模型		挑距（m）	桩号	挑距（m）	桩号	
Z3	3 468.00	150	150	1.91	84.1	0+269.38	117.4	0+302.68	12
Z4	3 468.00	180	180	2.45	92.2	0+277.48	119.2	0+304.48	12
Z5	3 469.50	180	180	2.14	94	0+279.28	121	0+306.28	12
Z6	3 469.52	387	473.62	全开	94.9	0+280.18	129.1	0+314.38	18
Z7	3 470.92	456.3	578.73	全开	97.9	0+283.18	131.8	0+317.08	21

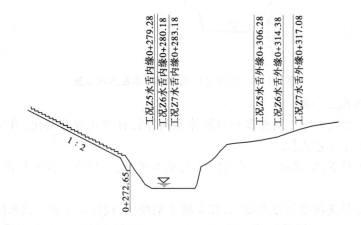

（a）各工况水舌入水位置

（b）工况 Z7 校核水位

（c）工况 Z6 设计水位

图 3-1-16　溢洪道修改方案三水舌入水情况

1.5.3.3　下游河道冲刷

共进行了如表 3-1-16 所示两组冲刷试验,模型初始地形是按照设计提供河床地形铺设,如图 3-1-17 和图 3-1-18 所示,每组试验冲刷约 16 h(模型 3 h)。各组试验下游水位(坝下 200 m 处)是根据设计提供的下游水位流量关系查出的,冲刷坑地形见图 3-1-19 和图 3-1-20。

表 3-1-16　冲刷试验组次及水舌挑距和冲坑最深点高程

工况	库水位 (m)	下游水位 (m)	下泄流量 (m³/s)	水舌挑距 (m)	冲坑最深点		
					高程 (m)	最大冲深 (m)	距挑坎出口 (m)
Z5	3 469.50	3 355.8	180.00	121.00	3 353.34	3.34	86.54
Z6	3 469.52	3 357.8	463.00	129.10	3 352.83	2.83	86.31

图 3-1-17　冲刷前原始河床地形

图 3-1-18　库水位 3 469.52 m 下游流态

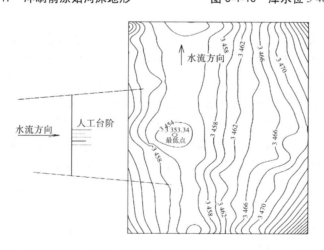

图 3-1-19　工况 Z5(库水位 3 469.50 m 下游水位 3 355.8 m)下下游河道冲刷坑地形

试验结果表明,工况 Z6 设计水位闸门全开时,流量较大,水舌对右岸山体冲刷较严重,山体滑塌范围较大,冲刷坑最深点仍在原河道中,高程为 3 352.83 m。工况 Z5 闸门局开泄水时,泄量较小,对右岸山体冲刷较轻,冲刷坑最深点位置与工况 Z6 接近,最深点高程为 3 353.34 m。

1.5.3.4　修改方案三小结

(1)溢洪道各个量测段水面基本平顺,防洪高水位下满足下泄水流不冲混凝土护坡

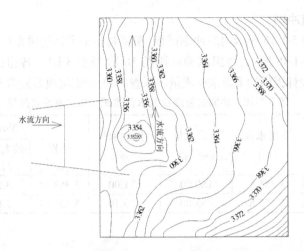

图 3-1-20　工况 Z6(库水位 3 469.52 m 下游水位 3 357.8 m)下下游河道冲刷坑地形

的设计要求,水流可以挑入巴音郭勒河内,对对面山体造成的冲击力也可得到有效控制,安全性较高。

(2)工况 Z6 设计水位闸门全开时,流量较大,水舌对右岸山体冲刷较严重,山体滑塌范围较大,冲刷坑最深点仍在原河道中。

(3)工况 Z5 闸门局开泄水时,泄量较小,对右岸山体冲刷较轻。

1.5.4　修改方案四

1.5.4.1　方案介绍

根据规划设计要求,继续对方案进行调整。该修改方案引渠部分仍与原设计一致,将闸室段边墙延长至桩号 0+34.00 处,泄槽段比降不变仍为 1∶10 直至桩号 0+98.50 处,长度较修改方案二、修改方案三长了 2.5 m,后接一抛物线,方程为 $y=0.1x+x^2/120$,抛物线曲线延伸到桩号 0+122.50 处,抛物曲线段长度不变,后接的 1∶2 泄槽段及挑流鼻坎段长度和形状均不变,仅向下游平移 2.5 m,鼻坎顶高程为 3 416.14 m,鼻坎末端桩号为 0+188.50。

对溢洪道的控泄流量及库水位进行调整,防洪高水位的库水位 3 469.50 m 调整为3 470.04 m,下泄流量由 180 m³/s 调整为 231 m³/s,设计洪水位的库水位 3 469.52 m 调整为 3 470.06 m,下泄流量由 387 m³/s 调整为 486 m³/s,校核洪水位的库水位 3 470.92 m 调整为 3 471.02 m,下泄流量由 456.3 m³/s 调整为 558 m³/s。由于设计特征水位发生了变动,因此将防洪高水位、设计水位和校核水位对应的试验工况记为 Z8、Z9、Z10,以区别前述的特征水位工况,如表 3-1-17 所示。

表 3-1-17　模型试验工况

工况	水位状态	库水位 （m）	流量 （m³/s）	闸门开度
Z8	防洪高水位	3 470.04	231	局开
Z9	设计洪水位	3 470.06	486	全开
Z10	校核洪水位	3 471.02	558	全开

1.5.4.2 溢洪道流态及泄量

由于体型修改都在闸室下游,因此溢洪道引渠和闸室段流态与修改方案基本一致,不再赘述。抛物曲线与修改方案二差别不大,因此泄槽段及鼻坎段流态也与修改方案二相似。模型实测闸门全开,设计水位和校核水位时的泄量分别为 511 m^3/s 和 580 m^3/s,比设计值略大,满足设计要求,防洪高水位设计泄量为 231 m^3/s 时,对应的闸门局部开启高度为 2.41 m。

1.5.4.3 溢洪道水面线

各级水位下,除闸室进口段受右侧墩头绕流影响水面不平外,溢洪道其他断面水面波动不大,水深随着库水位的增加而增大,同一库水位下沿程水深逐渐减小。

1.5.4.4 溢洪道压力分布

不同工况时,沿程底板压力符合一般压力分布规律,除堰顶下游附近出现较小负压外,其他部位均无负压出现,表明泄槽段和鼻坎段体型设计合理。

1.5.4.5 溢洪道沿程流速

试验采用毕托管对闸前后沿程 12 个断面的流速进行了量测,每个断面量测左、中心线、右三条垂线,左、右两侧垂线距两侧边壁 0.27 m,每条垂线量测底、中、表 3 点,量测结果见表 3-1-18,表中流速均值是根据模型实测三条垂线算术平均计算得出的。可以看出,受右侧墩头影响,断面流速分布左侧略大于右侧,高水位时差别更明显。同一库水位时,各断面平均流速沿程逐渐增加,各断面平均流速均小于 30 m/s。

表 3-1-18　修改方案四水流流速　　　　　　　　　(单位:m/s)

桩号	位置	工况 Z5				工况 Z6				工况 Z7			
		左	中	右	平均	左	中	右	平均	左	中	右	平均
S4-S3	底	0.4	0.8	1.4		0.9	1.3	2.5		1.0	1.5	3.0	
	中	0.4	0.8	1.4	0.9	1.1	1.4	3.7	1.8	1.0	1.6	3.2	1.9
	表	0.4	0.7	1.4		1.0	1.5	3.8		1.2	1.6	3.5	
0-30.00	底	1.8	1.9	1.9		4.3	4.6	3.7		4.8	4.8	4.6	
	中	1.8	1.9	1.4	1.8	4.2	4.2	4.4	4.3	4.8	4.7	4.3	4.7
	表	1.8	1.9	1.7		4.4	4.4	4.0		4.7	4.9	5.0	
0+0.00	底	2.4	2.5	2.2		6.0	5.9	5.3		6.7	6.8	6.2	
	中	2.5	2.6	2.4	2.4	6.4	6.3	6.0	6.0	7.0	6.9	6.4	6.7
	表	2.4	2.4	2.3		6.2	6.1	5.8		6.7	6.6	6.6	
0+30.37	底	9.3	8.6	8.6		14.8	14.5	15.1		15.3	14.2	13.5	
	中	10.3	9.7	9.9	9.6	14.2	14.2	14.1	14.5	14.4	14.3	14.0	14.5
	表	10.3	10.2	9.2		14.5	14.6	14.5		14.8	14.9	14.9	

续表 3-1-18

桩号	位置	工况 Z5				工况 Z6				工况 Z7			
		左	中	右	平均	左	中	右	平均	左	中	右	平均
0+58.82	底	11.0	10.9	11.3		13.7	14.0	12.5		14.5	14.4	13.7	
	中	12.1	11.6	11.4	11.5	16.7	16.6	15.8	15.5	16.8	16.9	16.5	16.0
	表	11.3	11.8	12.1		16.8	16.9	15.9		17.0	17.2	16.6	
0+98.97	底	11.6	12.3	12.8		15.6	15.4	14.5		17.0	17.2	17.4	
	中	13.0	13.2	13.8	12.9	18.0	18.9	18.3	17.2	18.7	19.4	19.4	18.6
	表	12.5	13.4	13.5		17.9	18.4	16.8		19.4	19.4	19.0	
0+115.28	底	11.6	12.3	12.8		18.4	18.3	17.8		15.9	16.2	15.7	
	中	15.1	15.1	15.0	14.4	20.0	20.4	18.4	19.5	21.6	21.4	20.0	19.6
	表	15.6	16.0	16.0		20.3	20.6	21.0		21.7	21.9	21.5	
0+132.50	底	16.8	16.9	16.7		22.5	22.2	21.4		22.3	22.5	22.4	
	中	17.8	18.3	18.1	17.9	24.7	25.0	24.9	23.9	24.6	24.7	24.4	24.1
	表	18.3	18.6	19.1		24.9	25.0	23.9		25.2	25.3	25.0	
0+152.68	底	22.0	22.0	22.0		20.6	19.8	19.3		23.2	21.6	21.8	
	中	23.8	24.0	24.0	23.5	27.0	27.9	27.7	25.5	28.1	28.4	28.4	26.5
	表	24.4	24.5	24.4		28.9	29.2	29.1		29.1	29.2	28.6	
0+170.35	底	23.9	23.8	23.8		20.6	19.6	20.3		25.6	23.5	22.8	
	中	26.2	26.5	26.2	25.8	29.5	29.5	29.0	26.9	29.5	29.3	29.2	28.1
	表	26.1	27.6	27.8		31.4	31.2	31.0		30.8	31.1	30.9	
0+175.16	底	26.7	26.7	26.7		25.8	22.3	21.8		25.2	23.5	24.9	
	中	27.4	27.3	27.7	27.3	29.4	28.8	27.4	27.5	29.3	29.1	29.2	28.4
	表	27.6	28.2	27.3		30.3	31.7	30.1		31.8	31.7	31.6	
0+187.78	底	28.8	27.2	27.0		27.3	27.0	27.8		28.4	26.4	27.3	
	中	27.7	27.9	26.3	27.2	30.4	29.9	29.7	28.8	30.5	30.0	30.0	29.0
	表	24.1	27.6	26.9		27.7	30.8	27.0		29.1	29.9	30.4	

注:表中第一断面为左侧导墙最前端与右侧导墙最前端之间的连线断面。

1.5.4.6 挑流水舌

试验量测溢洪道挑流鼻坎水深及挑距数据见表 3-1-19,挑流水舌位置见图 3-1-21。由模型实测挑距可知,防洪高水位局部开启条件下水舌入水点内缘远离混凝土护坡即桩号 0+272.65 入水处 20 m,入水点外缘远离混凝土护坡 34 m,满足下泄水流不冲混凝土护坡的设计要求。由于该方案防洪高水位局部开启时的水位和流量都有所增加,因此挑距增大,水舌已越过主河槽,建议设计将挑坎位置适当向上游移动。

表 3-1-19　溢洪道修改方案四水舌挑距

工况	库水位（m）	泄流量（m³/s）		闸门开度（m）	水舌内缘		水舌外缘		水舌宽度（m）
		设计	模型		挑距（m）	桩号	挑距（m）	桩号	
Z8	3 470.04	231	231	2.41	107.4	0+292.68	121.5	0+306.78	13.5
Z9	3 470.06	486	511	全开	114	0+299.28	132	0+317.28	19.5
Z10	3 471.02	558	580	全开	116.1	0+301.38	135	0+320.28	20.4

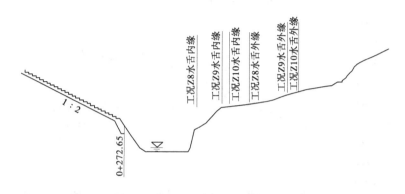

图 3-1-21　溢洪道修改方案四水舌入水位置

1.5.4.7　修改方案四小结

该方案在校核洪水位、设计洪水位、防洪高水位的下泄流量均满足设计要求,溢洪道水面线基本平顺,各断面平均流速小于 30 m/s,沿程压力分布符合一般分布规律,无负压出现。水舌不会冲击到混凝土护坡,但是挑距过大,水流冲击对面山体情况严重,因此考虑将挑流鼻坎上移一定距离,使水舌入水点既满足混凝土护坡的安全要求,又不至于对对面山体造成不利影响。

1.5.5　修改方案五

1.5.5.1　方案介绍

随着设计进一步开展,设计对闸前引渠段又进行了调整,如图 3-1-22 所示,引渠段由 3°的侧收缩改为 0°无收缩,另外溢洪道段从闸底板桩号 0+32.00 开始接泄槽段,比降仍为 1:10。在桩号 0+96.00 处接一抛物线,方程为 $y = 0.1x + x^2/120$,抛物线曲线延伸到桩号 0+120.00 开始下接 1:2 的斜坡段,后接挑流鼻坎段。鼻坎挑角为 25°,反弧半径为 20 m,鼻坎顶高程为 3 421.86 m,较原方案降低 8.14 m,鼻坎末端桩号为 0+174.50。

1.5.5.2　水位流量关系

将原设计方案与修改方案五的水位流量关系均绘制在图 3-1-23 中,特征水位时流量见表 3-1-20。

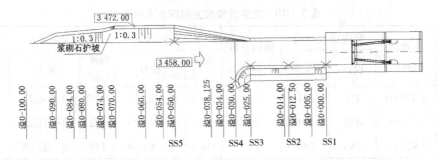

图 3-1-22　进水口平面布置

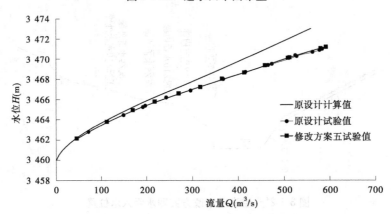

图 3-1-23　溢洪道修改方案五水位流量关系

表 3-1-20　特征水位时流量

库水位（m）	闸门开度（m）	流量（m³/s）	
		设计值	试验值
3 468.00	2.98	231	231
3 470.04	2.41	231	231
3 470.06	全开	486	511
3 471.02	全开	558	580

可以看出,溢洪道进口引渠段体型修改对泄量影响很小,泄量与修改前基本一致。设计水位时,试验值比设计值大 5.14%,校核水位时,试验值比设计值大 3.94%,满足设计泄量要求,表明溢洪道堰型和尺寸设计合理。

1.5.5.3　溢洪道上游引水渠进口及闸室流态

各级特征水位下,由于过流断面急剧缩窄,闸室前进口段有不对称的弱水跃产生,如图 3-1-24 所示。设计水位和校核水位闸门全开时,闸室段过流基本平顺,如图 3-1-25 所示。当闸门局部开启泄流时,闸前水面平稳,闸门前未产生漩涡,如图 3-1-26 所示。闸室后泄槽段水面较平顺。

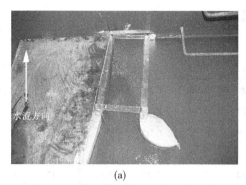
(a)

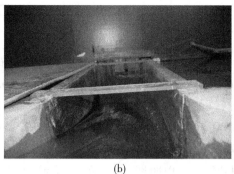
(b)

图 3-1-24　工况 Z10(校核水位 3 471.02 m)时闸门全开时进口流态

图 3-1-25　工况 Z10 下闸门全开流态

图 3-1-26　工况 Z8 下闸门局开流态

1.5.5.4　溢洪道水面线

各级水位条件下,除闸室进口段水面波动略大外,溢洪道其他断面水面波动不大,水深随着库水位的增加而增大,同一库水位下沿程水深逐渐减小,模型实测结果见表 3-2-21。

表 3-1-21　溢洪道修改方案五水深　　　　　　　　　　　　(单位:m)

断面编号	桩号	工况 Z5				工况 Z8			
		左	中	右	均值	左	中	右	均值
HZV6	0+8.00	8.43	8.4	8.4	8.41	10.5	10.5	10.5	10.5
HZV12	0+17.19	2.28	2.19	2.13	2.2	2.16	2.04	2.1	2.1
HXV1	0+27.87	2.01	1.98	2.07	2.02	1.95	1.89	1.89	1.91
HXV3	0+56.32	1.89	1.8	1.92	1.87	1.74	1.74	1.68	1.72
HXV5	0+86.89	1.74	1.74	1.71	1.73	1.77	1.65	1.71	1.71
HPV3	0+112.78	1.56	1.41	1.47	1.48	1.35	1.41	1.32	1.36
HDV1	0+128.48	1.59	1.35	1.44	1.46	1.53	1.32	1.47	1.44
HDV4	0+154.91	1.32	1.14	1.14	1.2	1.26	1.05	1.14	1.15
HBV2	0+165.46	1.71	1.32	1.44	1.49	1.59	1.2	1.41	1.4
HBV4	0+173.78	1.5	1.14	1.41	1.35	1.5	1.17	1.47	1.38

续表 3-1-21

断面编号	桩号	工况 Z9				工况 Z10			
		左	中	右	均值	左	中	右	均值
HZV6	0+8.00	6.66	6.72	6.6	6.66	8.28	8.43	8.13	8.28
HZV12	0+17.19	6.42	6.48	6.75	6.55	8.07	8.43	8.07	8.19
HXV1	0+27.87	5.27	5.03	5.09	5.13	6.05	5.9	6.11	6.02
HXV3	0+56.32	4.02	3.9	4.11	4.01	4.68	4.56	4.77	4.67
HXV5	0+86.89	3.6	3.63	3.54	3.59	4.23	4.32	4.17	4.24
HPV3	0+112.78	2.97	3.18	3.03	3.06	3.66	3.78	3.42	3.62
HDV1	0+128.48	2.91	2.85	2.79	2.85	3.42	3.3	3.21	3.31
HDV4	0+154.91	2.7	2.37	2.43	2.5	3.03	2.91	2.91	2.95
HBV2	0+165.46	2.76	2.55	2.67	2.66	3.36	2.91	3.06	3.11
HBV4	0+173.78	2.94	2.37	3	2.77	3.42	2.7	3	3.04

1.5.5.5　溢洪道压力分布

不同工况时,沿程底板压力符合一般压力分布规律,无负压出现,表明泄槽段和鼻坎段体型设计合理。

1.5.5.6　溢洪道沿程流速

试验采用旋桨流速仪和直径为 2.5 mm 的毕托管对沿程的流速进行了量测,每个断面量测左、中心线、右三条垂线,左、右两侧垂线距两侧边壁 0.27 m,每条垂线量测底、中、表。引水进口段受右侧墩头影响,断面流速分布左侧略大于右侧,高水位时差别更明显。同一库水位时,各断面平均流速沿程逐渐增加,各断面平均流速均小于 30 m/s。

1.5.5.7　挑流水舌

溢洪道挑流鼻坎水深及挑距数据如表 3-1-22 所示,特征水位水舌入水点位置如图 3-1-27~图 3-1-30 所示。可以看出,防洪高水位及正常蓄水位局部开启条件下水舌入水点内缘砸落于混凝土护坡上,入水点外缘分别远离混凝土护坡(桩号 0+272.65)4.15 m、1.45 m,不满足下泄水流不冲混凝土护坡的设计要求,为了满足混凝土护坡的安全性要求,建议设计将挑坎位置适当向下游移动。

表 3-1-22　溢洪道修改方案五水舌挑距

工况	库水位 (m)	泄流量（m³/s）		闸门开度 (m)	水舌内缘		水舌外缘		水舌宽度 (m)
		设计	模型		挑距 (m)	桩号	挑距 (m)	桩号	
Z5	3 468.00	231	231	3.91	89.4	0+259.9	99.6	0+274.1	13.95
Z8	3 470.04	231	231	3.33	90.6	0+264.1	102.3	0+276.8	16.8
Z9	3 470.06	486	505	全开	115.8	0+264.93	120.6	0+295.1	19.5
Z10	3 471.02	558	600	全开	117	0+266.6	128.7	0+303.2	20.1

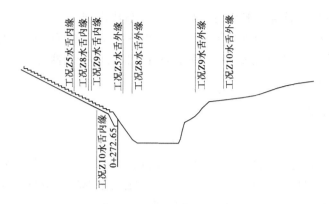

图 3-1-27　溢洪道修改方案五水舌入水点

图 3-1-28　修改方案五工况 Z8 下水舌入水点

图 3-1-29　修改方案五工况 Z9 下水舌入水点

图 3-1-30　修改方案五工况 Z10 下水舌入水点

1.5.5.8　修改方案五小结

（1）泄量与修改前基本一致。设计水位时,试验值比设计值大 5.14%,校核水位时,试验值比设计值大 3.94%,满足设计泄量要求。

（2）各级特征水位下,闸室前进口段有不对称的弱水跃产生,闸室段过流基本平顺,闸室后泄槽段水面较平顺。

（3）各断面平均流速均小于 30 m/s,根据《混凝土重力坝设计规范》(SL 319—2005)要求,可不设掺气设施。

(4)沿程底板压力符合一般压力分布规律,无负压出现。

(5)工况 Z5、Z8 局部开启条件下水舌入水点内缘砸落于混凝土护坡上,不满足下泄水流不冲混凝土护坡的设计要求,为了满足混凝土护坡的安全性要求,建议设计将挑坎位置适当向下游移动。

1.5.6　修改方案六

1.5.6.1　方案介绍

鉴于修改方案五的试验结果,水舌砸落于混凝土护坡上,对护坡稳定性造成影响,因此,设计要求鼻坎体型不变,将挑流鼻坎下移一定距离至鼻坎末端桩号为 0+182.00,鼻坎顶高程为 3 418.13 m,溢洪道其他部位体型不变,与方案五一致。

1.5.6.2　溢洪道水面线

试验表明,由于该修改方案仅对鼻坎段进行了下移,因此泄量、鼻坎段以前流态、断面水深与修改方案五一致。

1.5.6.3　溢洪道压力分布

不同工况时,沿程底板压力符合一般压力分布规律,无负压出现,表明泄槽段和鼻坎段体型设计合理。

1.5.6.4　溢洪道沿程流速

试验结果如表 3-1-23 所示。可以看出,引水进口段受右侧墩头影响,断面流速分布左侧略大于右侧,高水位时较低水位差别更明显。同一库水位时,各断面平均流速沿程逐渐增加。

表 3-1-23　溢洪道修改方案六水流流速　　　　　　　　　（单位:m/s）

断面编号	桩号	位置	工况 Z5				工况 Z8			
			左	中	右	均值	左	中	右	均值
SYVI1	0+27.87	底	13.1	11.2	11.4	13.4	14.0	12.3	13.5	14.1
		中	13.8	14.0	14.3		14.8	14.0	14.1	
		表	14.4	14.2	14.5		15.3	14.5	14.4	
SYVI3	0+56.32	底	14.5	13.0	13.2	14.3	15.7	14.6	14.5	15.8
		中	14.8	14.8	14.4		16.1	16.1	16.2	
		表	14.7	14.8	14.8		16.2	16.4	16.3	
SYVI5	0+86.89	底	14.8	13.6	13.8	15.4	14.7	15.0	14.8	17.3
		中	15.8	15.6	15.9		19.2	18.4	18.4	
		表	17.0	16.2	16.2		17.7	19.2	18.4	
SPVI3	0+112.78	底	14.0	13.6	12.8	16.1	15.9	15.1	15.2	17.9
		中	17.0	17.2	17.4		18.6	18.6	19.2	
		表	17.5	17.7	17.9		19.4	19.6	19.3	

续表 3-1-23

断面编号	桩号	位置	工况 Z5				工况 Z8			
			左	中	右	均值	左	中	右	均值
SDVI1	0+128.48	底	16.2	16.6	16.7	18.1	17.2	18.3	18.0	19.8
		中	18.1	18.0	17.8		20.3	19.3	21.0	
		表	18.8	20.1	20.5		21.8	20.3	21.7	
SDVI2	0+136.81	底	20.3	20.1	20.2	22.9	20.6	21.3	21.5	23.7
		中	22.6	23.7	23.3		23.1	24.3	24.4	
		表	25.4	25.3	25.4		26.2	26.1	26.2	
SDVI5	0+162.41	底	21.0	20.9	22.3	25.0	21.7	21.8	23.0	25.7
		中	25.7	24.6	27.1		26.3	25.7	27.2	
		表	27.8	28.0	27.6		28.2	28.5	28.6	
SBVI2	0+172.96	底	21.6	21.2	22.9	26.1	22.9	22.4	24.0	26.9
		中	27.7	26.8	27.2		28.5	28.4	28.1	
		表	28.7	29.2	29.3		28.9	29.5	29.5	
SBVI4	0+181.28	底	25.7	25.7	25.3	27.7	26.1	26.3	25.8	28.1
		中	27.4	27.6	27.7		28.5	28.4	26.7	
		表	29.9	30.0	29.9		30.1	30.5	30.5	

断面编号	桩号	位置	工况 Z9				工况 Z10			
			左	中	右	均值	左	中	右	均值
SYVI1	0+27.87	底	15.6	15.4	15.6	15.8	15.8	15.3	15.3	16.2
		中	15.8	15.6	15.7		16.1	16.0	16.0	
		表	16.1	16.0	16.1		17.0	17.0	17.0	
SYVI3	0+56.32	底	15.1	14.7	14.7	16.1	16.5	16.6	16.1	17.6
		中	16.8	16.9	16.2		17.2	18.5	18.5	
		表	17.0	17.2	16.7		18.6	18.7	17.7	
SYVI5	0+86.89	底	15.9	16.5	16.1	17.6	17.3	17.7	18.6	19.1
		中	18.0	18.3	18.4		19.0	19.7	20.1	
		表	18.6	18.6	18.2		19.3	20.2	20.0	
SPVI3	0+112.78	底	18.7	17.7	17.5	19.4	17.7	18.4	18.5	20.7
		中	19.2	19.3	20.1		20.4	20.8	21.3	
		表	20.7	21.1	20.7		23.0	23.0	23.3	

续表 3-1-23

断面编号	桩号	位置	工况 Z9				工况 Z10			
			左	中	右	均值	左	中	右	均值
SDVI1	0+128.48	底	17.6	17.2	17.7	19.9	19.1	19.9	18.8	22.5
		中	20.9	21.0	21.3		23.4	23.6	23.1	
		表	21.2	21.2	21.1		25.2	24.7	24.4	
SDVI2	0+136.81	底	21.7	20.4	21.6	24.2	22.9	22.5	23.5	25.3
		中	24.6	26.3	25.3		25.1	25.6	25.8	
		表	26.0	26.1	25.8		27.4	27.5	27.3	
SDVI5	0+162.41	底	22.4	22.9	22.4	26.2	23.0	23.4	23.0	26.9
		中	26.3	26.1	27.4		27.3	26.9	27.9	
		表	29.5	29.5	29.1		30.0	30.3	30.4	
SBVI2	0+172.96	底	23.6	24.2	24.5	27.7	23.9	24.6	25.6	28.3
		中	28.7	28.4	28.7		29.1	29.3	29.5	
		表	30.5	30.6	30.3		30.7	30.8	30.9	
SBVI4	0+181.28	底	28.1	26.3	27.1	29.1	28.5	26.5	29.4	29.7
		中	29.3	28.1	29.5		29.5	28.0	30.0	
		表	30.8	31.4	31.2		31.6	31.8	31.8	

1.5.6.5　挑流水舌及下游河道流态

试验量测溢洪道挑流鼻坎水深及挑距数据如表 3-1-24 所示,特征水位水舌入水点位置如图 3-1-31 和图 3-1-32 所示。试验结果表明,根据模型实测挑距可知,各特征水位条件下水舌入水点内缘未砸落于混凝土护坡上,满足下泄水流不冲混凝土护坡的设计要求。

挑流水舌入下游水垫塘后同样形成强烈漩滚,消耗大量的动能,经过调整后下游主河道水流流态逐渐平稳。

表 3-1-24　溢洪道修改方案六水舌挑距

工况	库水位（m）	泄流量（m³/s）		闸门开度（m）	水舌内缘		水舌外缘		水舌宽度（m）
		设计	模型		挑距（m）	桩号	挑距（m）	桩号	
Z5	3 468.00	231	231	3.91	99.38	0+281.38	114.00	0+296.00	12.30
Z8	3 470.04	231	231	3.33	102.98	0+284.98	115.50	0+297.50	12.30
Z9	3 470.06	486	505	全开	109.50	0+291.50	122.40	0+304.40	19.50
Z10	3 471.02	558	600	全开	111.90	0+293.90	124.50	0+306.50	22.20

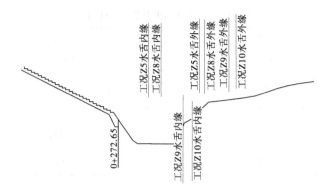

图 3-1-31　溢洪道修改方案六水舌入水点

(a)工况Z5下水舌入水点　　　　　　　　　(b)工况Z8下水舌入水点

(c)工况Z9下水舌入水点　　　　　　　　　(d)工况Z10下水舌入水点

图 3-1-32　溢洪道修改方案六各工况下水舌入水点

1.5.6.6　下游河道冲刷

Z5、Z8、Z9、Z10 工况下进行下游河道冲刷试验,各工况模型冲刷时间仍然为 3 h。各工况下的冲刷坑深度与位置见表 3-1-25,冲刷坑形态见图 3-1-33。对比河床高程 3 345 m,Z5、Z8、Z9、Z10 工况下的冲刷坑深度分别为 0.5 m、0.89 m、1.5 m、3.5 m。

表 3-1-25　河道冲刷坑深度与位置

工况	库水位 （m）	下游水位 （m）	下泄流量 （m³/s）	冲刷坑最深点高程 （m）
Z5	3 468.00	3 356.2	231	3 344.5
Z8	3 470.04	3 356.2	231	3 344.11
Z9	3 470.06	3 358.0	511	3 343.5
Z10	3 471.02	3 358.4	580	3 341.5

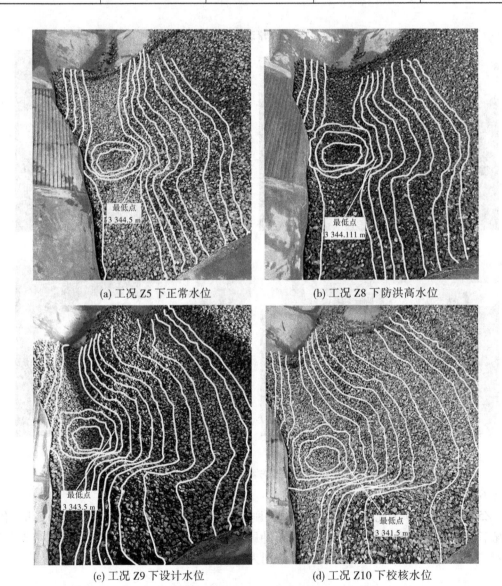

(a) 工况 Z5 下正常水位　　　　　　(b) 工况 Z8 下防洪高水位

(c) 工况 Z9 下设计水位　　　　　　(d) 工况 Z10 下校核水位

图 3-1-33　各工况下冲刷坑地形

1.5.6.7　下游河道水面线及流速

各特征水位下游断面流速及水深如表 3-1-26、表 3-1-27 所示,断面位置如图 3-1-34 所示,可知随着流量及库水位的增加,下游断面流速及水深呈增大趋势。

表 3-1-26　修改方案六下游断面流速　　　　　　　　　　（单位:m/s）

断面	位置	工况 Z5			工况 Z8			工况 Z9			工况 Z10		
		左	中	右	左	中	右	左	中	右	左	中	右
1—1	底	0.44	0.55	0.99	0.44	0.38	5.15	1.53	2.25		1.37	2.90	
	中	0.55	0.38	2.85	0.38	0.33	4.87	1.81	3.07	5.15	2.14		0
	表	0.71	1.42	3.94	0.55	0.66	4.55	1.81	4.66		2.14	5.15	6.63
2—2	底	0.55	1.26	2.52	0.33	0.66	3.67	2.25	0.82	0.55	2.08	2.19	4.00
	中	0.44	1.97	3.01	0.38	0.93	3.89	2.96	2.63	1.26	3.01	2.41	
	表	0.55	2.52	2.46	0.66	0.88	4.49	3.78	4.00	2.14	3.51	5.04	4.93
3—3	底	2.30	1.37	0.60	2.19	1.92	0.82	2.36	2.25	1.92	4.38	3.07	2.79
	中	2.14	1.20	0.49	2.08	1.37	0.66	1.92	2.08	2.14	4.00	3.67	2.08
	表	2.36	1.10	0.44	2.36	0.88	0.60	1.37	1.20	1.59	3.34	2.08	1.15

表 3-1-27　修改方案六下游断面水深　　　　　　　　　　（单位:m）

断面	工况 Z5			工况 Z8			工况 Z9			工况 Z10		
	左	中	右	左	中	右	左	中	右	左	中	右
1—1	4.20	8.40	4.50	5.40	9.00	3.60	7.50	8.40	1.20	7.50	3.60	1.50
2—2	3.90	9.30	5.40	4.50	9.00	4.80	4.80	9.60	8.10	6.60	9.90	3.30
3—3	5.10	9.00	7.80	4.20	9.00	8.10	7.50	10.80	10.20	5.10	10.20	10.50

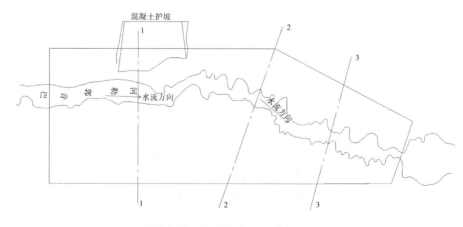

图 3-1-34　修改方案六下游断面位置

1.5.6.8　脉动压力特性

对溢洪道闸室段、泄槽段、抛物段和挑坎部位的脉动压力进行了多个部位量测,下面仅给出了 Z9 工况下部分测点脉动压力波形图,见图 3-1-35,其他测点压力波形图与其相似。

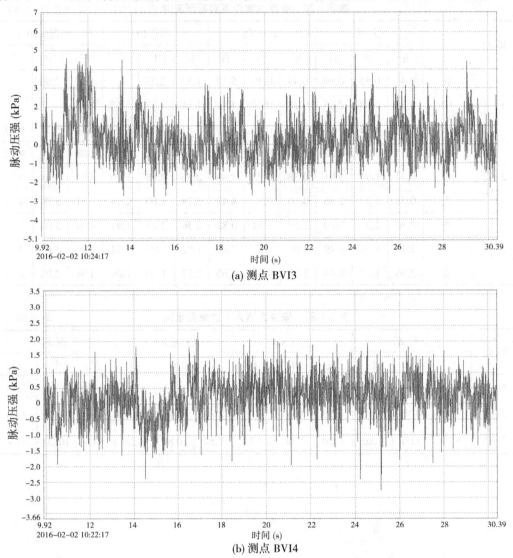

(a) 测点 BVI3

(b) 测点 BVI4

图 3-1-35　Z9 工况下脉动压力波形图

1.脉动压力幅值

测点脉动压力特征值见表 3-1-28。试验结果表明,各测点脉动压力强度随着流量的增大而增大,泄槽段脉动压力强度均方根为 0.03~0.74 m 水柱;鼻坎段脉动压力受反弧离心力影响,与冲击脉压类似,均方根为 0.14~0.71 m 水柱,略大于泄槽段。

表 3-1-28　不同测点脉动压强均方根

测点位置	编号	桩号	高程(m)	脉动压强均方根(m 水柱)			
				工况 Z5	工况 Z8	工况 Z9	工况 Z10
闸室段	ZVI7	0+9.19	3 459.86	0.04	0.09	0.10	0.26
抛物线段	PVI2	0+105.12	3 446.01	0.03	0.06	0.06	0.14
	PVI3	0+112.78	3 443.59	0.04	0.09	0.08	0.17
挑流鼻坎段	BVI2	0+172.96	3 416.32	0.21	0.21	0.34	0.53
	BVI3	0+177.21	3 416.78	0.31	0.35	0.37	0.71
	BVI4	0+181.28	3 418.13	0.16	0.14	0.22	0.26

2.脉动压力频谱特性

脉动压力的频率特性通常用功率谱密度函数来表达,功率谱是脉动压力重要特征之一,功率谱图反映了各测点水流脉动能量按频率的分布特性。分析功率谱图可以得到谱密度最大时对应的优势频率,表 3-1-29 为试验实测不同测点脉动压力优势频率统计,可以看出,各测点引起压力脉动的涡旋结构仍以低频为主,水流脉动压力优势频率在 50 Hz 以内,各测点均属于低频脉动,图 3-1-36 为 Z9 工况下脉动压力优势频率图。

表 3-1-29　各测点水流脉动压力优势频率

测点位置	编号	桩号	高程(m)	脉动压力优势频率(Hz)			
				工况 Z5	工况 Z8	工况 Z9	工况 Z10
闸室段	ZVI7	0+9.19	3 459.86	3.52	0.39	0.34	3.17
抛物线段	PVI2	0+105.12	3 446.01	7.23	1.39	0.15	0.24
	PVI3	0+112.78	3 443.59	9.57	7.05	4.76	7.20
挑流鼻坎段	BVI2	0+172.96	3 416.32	1.62	1.25	0.15	0.20
	BVI3	0+177.21	3 416.78	6.66	2.31	0.29	0.10
	BVI4	0+181.28	3 418.13	6.56	3.68	0.24	0.44

3.概率分布特性

图 3-1-37 为 Z9 工况下各测点脉动压力概率密度函数分布图,结果表明,溢洪道水流脉动压力随机过程基本符合概率的正态分布,对称性较好但离散度较大,脉动压力最大可能单倍振幅可采用 3 倍均方根进行计算。

1.5.6.9　水流空蚀空化分析

根据模型实测流速和压强值,按照规范公式推求溢洪道各部位的水流空化数。表 3-1-30 为溢洪道测点水流空化数计算值,图 3-1-38 为水流空化数分布图。可以看出,各级工况下溢洪道泄槽缓坡段和抛物线曲线段值较大,鼻坎段末端,水流空化数略小于规范要求 0.3,各个断面平均流速小于 30 m/s,可以不设掺气槽。

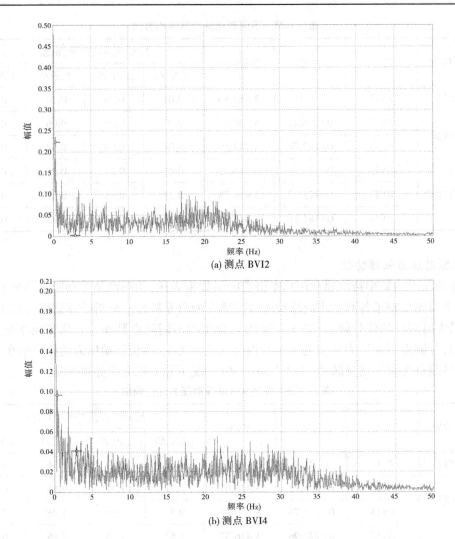

(a) 测点 BVI2

(b) 测点 BVI4

图 3-1-36　Z9 工况下脉动压力优势频率

表 3-1-30　溢洪道测点水流空化数计算

测点部位	测点桩号	工况 Z5	工况 Z8	工况 Z9	工况 Z10
泄槽段	0+27.87	1.376	1.250	1.244	1.249
	0+56.32	1.103	0.915	1.029	0.907
	0+86.89	0.965	0.767	0.856	0.757
抛物段	0+112.78	0.820	0.664	0.588	0.518
1:2 泄槽段	0+128.48	0.678	0.567	0.609	0.494
	0+136.81	0.395	0.367	0.401	0.380
	0+162.41	0.413	0.393	0.479	0.501
鼻坎段	0+172.96	0.519	0.494	0.620	0.621
	0+181.28	0.280	0.282	0.278	0.269

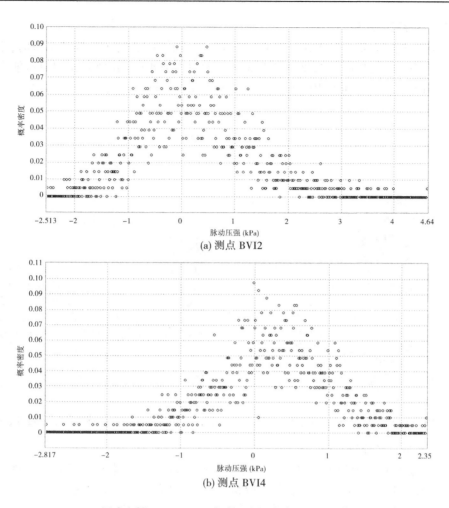

(a) 测点 BVI2

(b) 测点 BVI4

图 3-1-37　Z9 工况下脉动压力概率密度函数分布

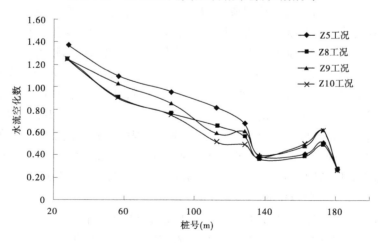

图 3-1-38　水流空化数分布

1.5.6.10 下游定床河道

下游河道按照地形资料做定床处理,如图 3-1-39 所示,工况 Z10 校核水位时,水舌砸落于河道右岸,水花溅起严重,见图 3-1-40。预测原型泄水时,此处雾化现象可能会较严重,同时,山体受到冲刷而崩塌的石头可能会堆积在入水点河道内,从而壅高坝下水位。

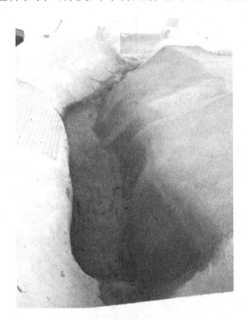

图 3-1-39 下游河道定床模拟

图 3-1-40 工况 Z10 校核水位下水舌冲击岸坡

1.5.6.11 泄洪雾化分析

蓄集峡溢洪道下游消能采用连续式挑流鼻坎,挑坎反弧半径为 20.0 m,挑射角为 25.0°。校核洪水位 3 471.02 m,最大泄量 580 m³/s,对应鼻坎上水头为 52.89 m。溢洪道泄流时挑流水舌在空中撞击掺气扩散以及水舌入水时形成雾流,产生雾化。泄洪雾化是一个非常复杂的水、气两相流物理现象,涉及水舌的破碎、碰撞、激溅、扩散等众多物理过程,其影响因素大体上可归结为水力学因素、地形因素以及气象因素三大类。其中,水力学因素包括上下游水位差、泄洪流量、入水流速大小与入水角度、挑坎形式、下游水垫深度、水舌空中流程以及水舌掺气特性等;地形因素包括下游河道的河势、岸坡坡度、岸坡高度、冲沟发育情况等;气象因素主要指坝区自然气候特征如风力、风向、气温、日照、日平均蒸发量等。目前,对雾化问题的研究主要分为物理模型模拟、原型观测以及理论计算分析三种方法,由于雾化现象比较复杂,影响因素较多,因此各种方法都有一定的局限性。

李渭新等根据所收集到的泄洪雾化原型观测资料以及部分模型试验资料,得出了鼻坎水头与雾流降雨区范围之间的关系,$L = 5.6H + (130 \sim 330)$,$H$ 为鼻坎水头,校核洪水时,$H = 3\ 470.06 - 3\ 418.13 = 51.93(\text{m})$,$L = 420.81 \sim 620.81$ m。

孙双科等对部分已建工程的泄洪雾化原型观测资料进行收集、归纳、总结的基础上,发现泄洪雾化纵向边界与泄流流量、水舌平均入水流速及入水角之间存在良好的相关关系,并基于量纲分析方法建立了估算泄洪雾化降雨纵向边界的经验关系式。根据泄洪雾化降雨纵向边界的经验关系式对该工程进行估算。

根据刚体抛射理论可得到忽略空气阻力条件下水舌挑距 L_b 与入水角度 θ：

$$L_b = \frac{u_0\cos\alpha}{g}\left[u_0\sin\alpha + \sqrt{u_0^2\sin^2\alpha + 2g\left(H_0 - H_2 + \frac{h_0}{2}\cos\alpha\right)}\right]$$

$$\tan\theta = -\sqrt{\tan^2\alpha + \frac{2g}{u_0^2\cos^2\alpha}\left(H_0 - H_2 + \frac{h_0}{2}\cos\alpha\right)}$$

式中：H_0 为挑坎坎顶高程，m；α 为出射角度，(°)；Q 为泄流量，m^3/s；H_1 为上游水位，m；H_2 为下游水位，m；h_0 为出口断面水深，m；u_0 为出口流速，m/s。

计算结果水舌挑距 $L_b = 119.35$ m，入水角度 $\theta = 56.1°$，试验量测水舌挑距内缘长度 111.90 m，外缘长度 124.5 m，外缘水舌入水角度 54.8°与计算值十分接近。

按照孙双科等提供的方法计算入水流速 v_c，其计算公式如下：

$$v_c = \varphi_a\sqrt{u_0^2 + 2g\left(H_0 - H_2 + \frac{h_0}{2}\cos\alpha\right)}$$

式中：φ_a 为空中流速系数，与水舌抛射运动的弧长 s 有关，计算公式如下：

$$\varphi_a = 1 - 0.002\,1\frac{s}{h_0}$$

试验量测校核水位水舌抛射弧长 $s = 148$ m，出口断面水深 $h_0 = 3.19$ m，出口流速 $u_0 = 26.97$ m/s，$H_0 = 3\,418.13$ m，$H_2 = 3\,358.4$ m，$\alpha = 25°$代入上式，可计算出空中流速系数 $\varphi_a = 0.90$，水舌入水流速 $v_c = 39.50$ m/s。

按照孙双科等提供的估算泄洪雾化纵向边界的经验关系式：

$$L = 10.267\left[\frac{v_c^2}{2g}\right]^{0.765\,1}\left[\frac{Q}{v_c}\right]^{0.117\,45}(\cos\theta)^{0.062\,17}$$

"雾化纵向边界" L 定义为：雾化降雨区的纵向边缘，即接近与零降雨强度的位置距水舌入水点的水平距离。

蓄集峡溢洪道水力学参数满足该公式适用范围：$6\,856\ m^3/s > Q = 580\ m^3/s > 100\ m^3/s$，$50.0\ m/s > v_c > 19.3\ m/s$，$71.0° > \theta > 31.5°$。根据蓄集峡溢洪道在校核水位运用时水力参数，计算蓄集峡溢洪道泄洪雾化降雨区边缘距水舌入水点的水平距离 $L = 488.95$ m。

根据四川大学和中国水利水电科学研究院两家经验公式计算结果可知，蓄集峡溢洪道泄洪雾化降雨区边缘距水舌入水点的最远水平距离有可能达到 620 m。

根据蓄集峡溢洪道单体模型试验可知，在校核洪水时，溢洪道挑流水舌入水点周围模型上约 2 m 范围内明显感觉到有水雾飘散，换算至原型上，溢洪道挑流水舌入水点周围约 60 m 范围有可能产生雾雨，另外，由于原型溢洪道下游处于山谷中，模型下游未模拟山体是一个空旷空间，原型中出现的雾雨将会比模型更加严重。

1.5.6.12　修改方案六小结

（1）流速较修改方案五略大，各特征水位条件下水舌入水点内缘未砸落于混凝土护坡上，满足下泄水流不冲混凝土护坡的设计要求。

（2）溢洪道水流脉动压力随机过程基本符合概率的正态分布，各测点引起压力脉动的涡旋结构仍以低频为主。

（3）各级工况下溢洪道泄槽缓坡段和抛物线曲线段水流空化数值较大，鼻坎段末端的水流空化数略小于规范要求 0.3，各个断面平均流速小于 30 m/s，可以不设掺气槽。

1.6　结论与建议

在原设计方案的基础上，根据设计要求进行了六次相应的修改方案，分别验证了溢洪道泄流能力、引水渠进口流态、沿程流速、压力、脉动压力、水舌挑距、下游河道冲刷等水力学特性指标是否符合设计要求，结论如下：

（1）溢洪道泄流能力，满足设计泄量要求，溢洪道堰型和尺寸设计合理。

（2）各级水位条件下，除闸室进口段外，溢洪道其他断面水面波动不大，水深随着库水位的增加而增大，同一库水位下沿程水深逐渐减小。

（3）闸室段、泄槽段、挑流鼻坎段时均压力分布规律较好，沿程压力最大值出现在挑流鼻坎处。

（4）各断面平均流速沿程逐渐增加，各级工况下溢洪道泄槽段和抛物曲线段水流空化数较大，此段发生空化空蚀的可能性小，鼻坎末端水流空化数略小于规范要求 0.3，断面平均流速小于 30 m/s，可以不设掺气槽。

（5）溢洪道水流脉动压力随机过程基本符合概率的正态分布，对称性较好；各测点脉动压力强度随着流量的增大而增大，泄槽段和鼻坎段脉动压力强度均方根为 0.03 ~ 0.74 m 水柱；各测点引起压力脉动的涡旋结构仍以低频为主，水流脉动压力优势频率均属于低频脉动。

（6）各级工况下挑流水舌入下游水垫塘后同样形成强烈漩滚，消耗大量的动能，经过调整后下游主河道水流流态逐渐平稳。

（7）各工况的冲刷坑深度分别为 0.5~3.5 m，对河床影响不大。

（8）通过六个修改方案试验对比，修改方案六的泄槽及挑流鼻坎体型相对较优，符合设计要求，建议采用。引水渠进口建议采用原设计方案的布置形式。

（9）根据四川大学和中国水利水电科学研究院两家经验公式计算结果可知，蓄集峡溢洪道泄洪雾化降雨区边缘距水舌入水点的最远水平距离有可能达到 620 m。

（10）根据蓄集峡溢洪道单体模型试验，在校核洪水时，溢洪道挑流水舌入水点周围模型上约 60 m 范围有可能产生雾雨。另外，由于原型溢洪道下游处于山谷中，模型下游未模拟山体是一个空旷空间，原型中出现的雾雨将会比模型更加严重。

（11）根据经验公式计算的雾化降雨区边缘范围和模型试验量测的数据仅供设计参考，为了解蓄集峡溢洪道挑流产生雾化影响，建议做大比尺模型开展雾化专项研究。

第 2 章 盘县出水洞水库溢洪道 水工模型试验

2.1 工程概述

  盘县出水洞水库位于珠江流域南盘江水系马别河支流猪场河中上游河段上,坝址位于贵州盘县老厂镇岩牛村大卡木组与新民乡白鱼村落喜河组之间的河段上,坝址距离下游主河流交汇处约 8.90 km,坝址以上集雨面积 196 km²。工程区距离盘县政府所在地红果镇约 100 km,距离新民乡 12 km,工程地理位置见图 3-2-1。

图 3-2-1 盘县出水洞水库工程地理位置图

  盘县出水洞水库工程水库正常蓄水位 1 446.00 m,总库容 6 884.2 万 m³,出水洞水库死水位 1 390.00 m,汛期限制水位 1 446.00 m,设计洪水位 1 446.23 m,校核洪水位 1 448.21 m,水库枢纽工程为Ⅲ等工程,工程规模为中型。供水工程线路总长 50.406 km,其中库区至民主镇方向(1 号线)由左岸库区开始引水,长 24.775 km,最大引水流量 1.14 m³/s,设有四级加压泵站,两个清水池;大坝至保田镇方向(2 号线)由坝后右岸开始引水,长 25.631 km,最大引水流量 2.841 m³/s,设有两级加压泵站,两个清水池。

  水库枢纽永久性主要建筑物:挡水大坝按 2 级设计,溢洪道、引水洞、取水口建筑物级别按 3 级设计。土石坝部分按 100 年一遇洪水设计,2 000 年一遇洪水校核;重力坝部分按 100 年一遇洪水设计,1 000 年一遇洪水校核;尾水渠防护段洪水标准采用 30 年一遇。

混凝土面板堆石坝坝顶高程 1 449.50 m,坝顶长度 300.00 m,坝顶宽度 10.00 m,最大坝高 109.50 m。为满足工业供水、灌溉、人畜饮水及泄放生态基流需求,在河床左岸布置一引水洞,进口高程 1 386.00 m。溢洪道为水库唯一泄洪设施,运用概率高,溢洪道位于左岸山缘台地上,溢洪道建筑物由进水渠、控制闸、泄槽、挑流鼻坎和尾水渠防护段等五部分组成。

2.1.1　进水渠段(桩号 0-134.55~0+000.00)

进水渠位于左岸山缘台地上,底板顶高程 1 436.00 m,平面布置呈喇叭口状,左侧边线前段采用直线,后接半径 120.0 m 的圆弧曲线,右侧采用半径 50.0 m 的圆弧曲线,进口宽度约 80.0 m。为保证溢洪道过堰水流平顺,靠近闸室段上游设 20.0 m 长闸室连接段,连接段两侧采用混凝土直立导墙布置。

进水渠段两侧开挖边坡 1∶0.5,采用挂网喷混凝土防护,边坡上布设排水孔。

2.1.2　控制闸段(桩号 0+000.00~0+030.00)

控制闸采用开敞式闸室结构,a 型驼峰堰,堰高 3.0 m,堰顶高程 1 439.00 m。三孔,单孔净宽 7.0 m,边墩厚 2.5 m,缝墩厚 1.75 m,底板厚 2.5 m。控制闸段闸室长度 30.0 m,宽 33 m,高 16.0 m,闸顶高程 1 449.5 m。闸室设弧形工作门,由闸顶液压启闭机启闭。

2.1.3　泄槽段(桩号 0+030.00~0+280.71)

泄槽段采用直线布置,泄槽轴线与坝轴线夹角 81.16°。泄槽采用矩形断面,宽度由 28 m 渐变为 16 m,渐变段长度 35 m。泄槽纵向底坡采用缓坡、陡坡结合的方式,闸室后泄槽底坡 $i = 0.05$,长约 110 m;缓坡后接一段抛物线,抛物线方程为:$y = 0.05x + x^2/120$,长约 27 m;抛物线后接陡坡段,底坡 $i = 0.5$,长约 114 m。泄槽段为矩形横断面,泄槽段总长度约 250.71 m。

2.1.4　挑流鼻坎(桩号 0+280.71~0+310.71)

挑流段采用与泄槽等宽的连续式鼻坎,其反弧半径为 35.0 m,挑射角为 22.42°,鼻坎顶高程为 1 365.00 m,水流直接挑入猪场河。

2.1.5　尾水渠段(桩号 0+310.71~0+405.71)

挑坎后设尾水渠,以便小流量下泄水流能够平稳入河。为降低挑流冲坑对挑流鼻坎的影响,对尾水渠底板进行防护,防护共分三段:高程 1 360.00 m 平台,长 10.0 m;紧接着是 1∶0.5 的斜坡,至 1 350.00 m 高程,直至猪场河。底板采用钢筋混凝土衬护,底板厚 0.3 m,两侧开挖边坡 1∶0.5,采用挂网喷锚支护,边坡上布设排水孔。

盘县出水洞水库工程溢洪道布置如图 3-2-2 所示,溢洪道细部图见图 3-2-3、图 3-2-4。

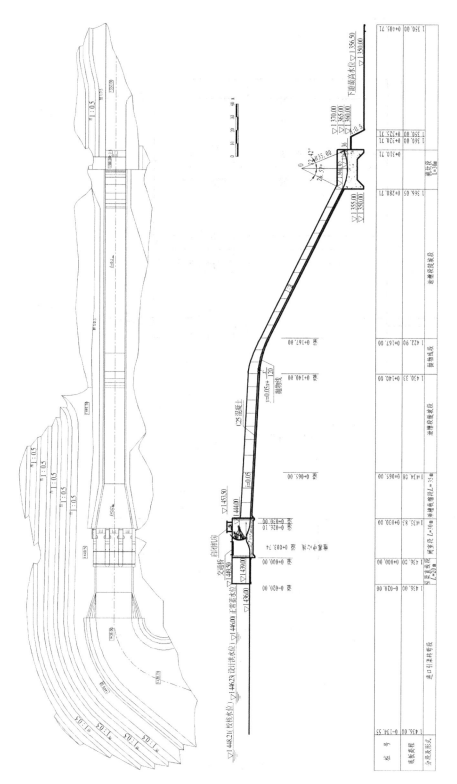

图 3-2-2　盘县出水洞水库工程溢洪道布置　（单位：m）

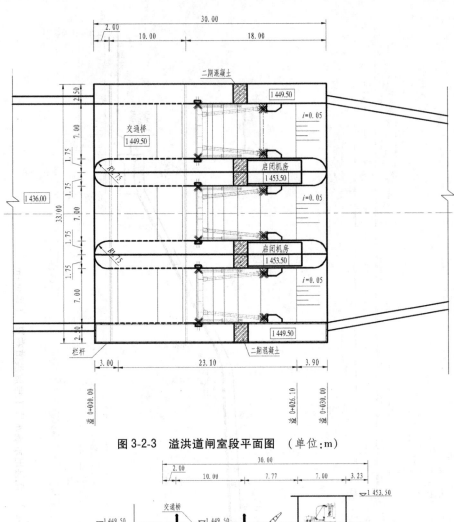

图 3-2-3　溢洪道闸室段平面图　（单位:m）

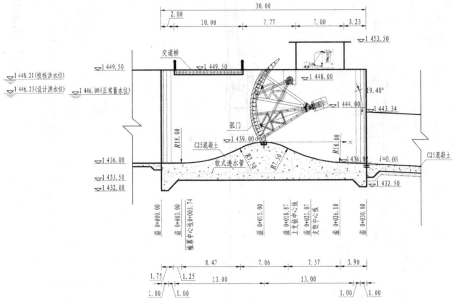

图 3-2-4　溢洪道闸室段纵剖面图　（单位:m）

2.2 研究目的和内容

溢洪道为水库唯一泄洪设施,运用概率高。溢洪道水头落差约 83 m。溢洪道校核洪水时泄量 1 083 m³/s,设计计算最大流速 38.18 m/s;溢洪道出口河段狭窄,挑流消能时可能会影响两岸山体边坡稳定。为此,需要通过水工模型试验研究,弄清溢洪道是否需要设置掺气设施、冲坑对山体影响情况等问题,为设计提供参考依据。根据工程设计需要,溢洪道模型试验研究目的主要包括以下部分:

(1)验证溢洪道的泄流能力,优化溢洪道体型。

(2)观测泄洪消能时各部位流态,并提出改进措施建议。

(3)研究溢洪道是否需要设置掺气设施。

(4)观测泄洪消能时,水流对下游河岸和河床的冲刷情况,并提出改进措施。

具体研究内容如下:

(1)基本水力学试验。进行溢洪道常规水力学试验,通过试验观察溢洪道在上游不同水位情况下流态,量测各特征水位下溢洪道泄量,泄槽不同断面流速,沿程水面线、压力、脉动压力(泄槽末端、挑坎部位)。

(2)验证合理体型。验证闸室段堰型、进口引渠边墙体型、渐变段体型(渐变段长度、收缩角)、泄槽缓坡变陡坡连接段体型的合理性;选择挑流鼻坎体型尽量减少对下游山体的淘刷(连续和窄缝消能工两种比较);提供泄槽沿程水流空化数,并根据试验明确是否需要设置掺气槽,若需要,提出掺气槽形式及位置。

(3)验证下游消能。建立下游局部动床模型,观测挑流水舌的特征数据和下游河道冲坑形状,验证消能工体型的合理性,尽量减少对下游山体的淘刷。(下游消能需试验 5年一遇泄 288 m³/s、20 年一遇泄 528 m³/s、30 年一遇泄 606 m³/s、设计洪水百年一遇泄741 m³/s、校核洪水 2 000 年一遇泄 1 083 m³/s)

2.3 模型设计

盘县出水洞水库工程溢洪道水工模型设计为正态,遵循重力相似、阻力相似准则及水流连续性,根据试验任务要求和《水工(常规)模型试验规程》(SL 155—2012),几何比尺取 40。根据模型试验相似准则,模型主要比尺计算见表 3-2-1。溢洪道模拟主要包括溢洪道闸室、泄槽、挑流鼻坎等建筑物及上下游河道部分,模拟范围上游库区 200 m,坝址下游 600 m,下游河道模拟宽度约 100 m,模型布置见图 3-2-5。

表 3-2-1 模型比尺汇总

比尺名称	比尺	依据
几何比尺 λ_L	40	试验任务要求《水工(常规)模型试验规程》(SL 155—2012)
流速比尺 λ_V	6.32	$\lambda_v = \lambda_L^{\frac{1}{2}}$

续表 3-2-1

比尺名称	比尺	依据
流量比尺 λ_Q	10 119	$\lambda_Q = \lambda_L^{\frac{5}{2}}$
水流运动时间比尺 λ_{t_1}	6.32	$\lambda_{t_1} = \lambda_L^{\frac{1}{2}}$
糙率比尺 λ_n	1.849	$\lambda_n = \lambda_L^{\frac{1}{6}}$
起动流速比尺 λ_{V0}	6.32	$\lambda_{V0} = \lambda_V$

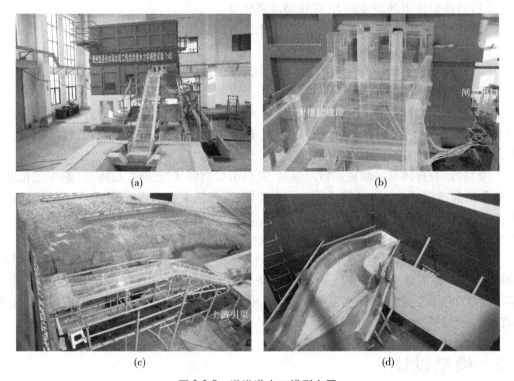

(a)　　　　　　　　　　　(b)

(c)　　　　　　　　　　　(d)

图 3-2-5　溢洪道水工模型布置

　　溢洪道闸室、渡槽及挑流鼻坎选用有机玻璃制作。有机玻璃的糙率系数 $n_m = 0.007 \sim 0.008$，由模型比尺计算出原型的糙率系数 $n_p = 0.013 \sim 0.015$，基本满足混凝土表面糙率 0.014 的要求。

　　溢洪道出口下游河道河床覆盖层成分为砂质黏土夹少量碎石，结构松散，覆盖层厚度为 1.5 m 左右，覆盖层下伏基岩均为薄至中厚层钙质、泥质砂岩与粉砂质、钙质泥岩、泥岩互层，为软质岩，基岩抗冲刷系数为 1.75，抗冲流速为 2.98 m/s，根据相关公式计算得散粒料的粒径为 4.5 ~ 8.9 mm，试验采用经过筛分的粒径在 5 ~ 10 mm 间的散粒体石料模拟下游动床并严格控制粒径的级配。模型设计动床模拟的范围为坝下 0+405.71 ~ 0+504.00，沿河道主槽方向预留 3.37 m×1.0 m（长×宽）大小的冲坑。

2.4　原方案试验

2.4.1　泄流能力

试验量测溢洪道 3 孔闸门全开时的水位流量关系数据如表 3-2-2 所示,上游库水位测针位于闸前桩号 0-078 位置,综合流量系数 m 用实测流量、库水位值按相关公式计算。根据试验数据绘制的溢洪道全开库水位泄洪流量关系曲线如图 3-2-6 所示。在不同特征水位下模型试验量测的溢洪道闸门全开时的流量均大于相应的设计值,设计洪水位模型实测值较设计值大 5.7%,校核洪水位模型实测值较设计值大 6.5%,满足设计泄流能力要求。

表 3-2-2　溢洪道泄流能力

库水位(m)	模型实测流量 (m³/s)	综合流量系数 m	设计流量 (m³/s)	流量偏差 (±%)
1 443.00	302	0.406	301.95	0
1 444.00	435	0.418	423.94	2.6
1 445.00	575	0.421	558.3	3.0
1 446.00	734	0.426	703.47	4.3
1 446.23	783	0.433	741	5.7
1 447.00	931	0.443	866.99	7.4
1 448.00	1 112	0.443	1 042.5	6.7
1 448.21	1 153	0.444	1 083	6.5
1 449.00	1 285	0.437	1 229.41	4.5

注:流量偏差(%)=(试验值-设计值)÷设计值×100%。

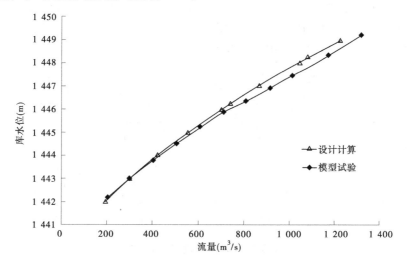

图 3-2-6　溢洪道闸门全开水位流量关系

2.4.2　试验工况分组

根据试验任务的要求,结合给定的特征流量,选取具有代表性的几组典型工况,模型试验一共分为 5 组工况,如表 3-2-3 所示。下游水位按照设计部门提供溢洪道挑坎下游 180 m 处水位资料控制。

工况 Z1、Z2、Z3 为闸门局开,按照设计部门提供上游水位和流量,模型实测了三种工况下的闸门开度(堰顶与闸门底缘之间垂直距离),库水位 1 446 m,溢洪道下泄流量 288 m³/s 时,模型实测闸门开度为 1.72 m,库水位 1 446 m,溢洪道下泄流量 528 m³/s 时,模型实测闸门开度为 3.68 m,库水位 1 446 m,溢洪道下泄流量 606 m³/s 时,模型实测闸门开度为 4.34 m。工况 4 和工况 5 按照设计流量控制放水。

表 3-2-3　模型试验工况

工况	频率 (%)	库水位 (m)	溢洪道泄量 (m³/s)	下游水位(m)	溢洪道闸门
Z1	20	1 446	288	1 352.60	3 孔局开
Z2	5	1 446	528	1 354.05	3 孔局开
Z3	3.33	1 446	606	1 354.45	3 孔局开
Z4	1	1 446.23	741	1 355.08	全开
Z5	0.05	1 448.21	1 083	1 356.55	全开

2.4.3　溢洪道上游引水渠流态及流速分布

各试验工况下溢洪道上游引水渠水流相对平顺(见图 3-2-7)。表 3-2-4 为上游引渠部分各断面流速,各断面流速随流量增大而增大,距离闸墩位置越近流速越大,校核洪水时,墩头上游 2 m 断面靠近左孔中心垂线流速最大。

(a)Z2 工况　(Q=528 m³/s)　　　　　(b)Z4 工况　(Q=741 m³/s)

图 3-2-7　溢洪道进口水流流态

表 3-2-4　溢洪道上游引渠断面流速　　　　（单位：m/s）

测点及断面编号	桩号	工况 Z1	工况 Z2	工况 Z3	工况 Z4	工况 Z5	说明
LS1	0-002	1.14	1.94	2.23	2.88	3.56	垂线平均流速
LS2	0-002	1.00	1.74	2.08	2.49	3.09	
LS3	0-002	1.13	2.01	2.23	2.73	3.54	
LS4	0-020	1.04	1.90	2.17	2.59	3.34	断面平均流速
LS5	0-048	0.78	1.43	1.58	1.95	2.34	
LS6	0-078	0.49	0.87	0.94	1.12	1.39	

2.4.4　溢洪道闸室流态

工况 Z1、Z2、Z3 为闸孔过流，三孔闸室进流均匀平顺。工况 Z4、Z5 为堰流，闸墩墩头为半圆头型，受进口半圆头墩的绕流影响，进闸水流侧收缩（见图 3-2-8）。由于受闸墩和两边墩的约束，水流入闸室水面降落较快。三孔闸室中，中间一孔进流对称均匀，两边孔受边墩影响，闸室过流不均匀，两边孔水流在闸室内靠边墩位置水面明显低于靠近中墩位置。各工况下闸室段堰顶和门铰处断面水深统计见表 3-2-5，模型实测校核水位工况下门铰处铅垂线方向水深为 5.60 m，水面距门铰牛腿底缘 1.0 m。

(a)Z4 工况下设计洪水　（Q=741 m³/s）　　　　(b)Z5 工况下校核洪水　（Q=1 083 m³/s）

图 3-2-8　溢洪道进口墩头处水流扰流流态

表 3-2-5　各工况下溢洪道闸室段水深　　　　（单位：m）

位置	桩号	测点部位	工况 Z1	工况 Z2	工况 Z3	工况 Z4	工况 Z5
闸室	0+015.00	堰顶	1.36	2.96	3.92	4.92	5.80
	0+021.07	门铰处	1.16	2.64	3.4	4.24	5.60

2.4.5　溢洪道泄槽流态及流速分布

试验结果表明，各级工况下，水流出闸室后，在墩尾处均产生较高的水冠，水流进入泄槽后受两侧边墙收缩影响，槽内产生菱形冲击波，水面起伏较大。为减小和削弱闸墩尾部产生水冠高度,建议设计部门墩尾修改为半椭圆曲线或流线型曲线。

Z1 工况下溢洪道水流流态见图 3-2-9,水流出闸室后在两闸墩墩尾产生水冠,两水冠在墩尾下游 32 m 处交汇叠加,形成一个长约 16 m、高 2.4 m 水冠。随后此股水流向两边扩散,至桩号 0+086.6~0+108.6 冲击至两侧边墙,造成两侧边墙水深局部增加,最大水深约 3.7 m,泄槽内冲击波经过调整在进入陡槽段前逐渐消减,陡槽段水流相对均匀平顺。

(a)   (b)

图 3-2-9 Z1 工况($Q=288$ m^3/s,$H=1$ 446 m)下溢洪道水流流态

试验量测 Z1 工况下溢洪道各断面流速,如表 3-2-6 所示,表中流速为垂线中部流速,闸室段桩号 0+023 处断面平均水深为 1.08 m,流速为 11.62~12.24 m/s,闸室出口断面平均水深为 1.04 m,断面流速为 10.02~11.07 m/s,在泄槽缓坡段由于冲击波影响,断面水深不均匀,导致流速分布不规律,该工况下泄槽缓坡段流速为 10.36~11.97 m/s。陡坡段流速沿程逐渐增大,挑流鼻坎段实测流速最大值为 29.52 m/s。

表 3-2-6 Z1 工况下溢洪道各断面流速 （单位:m/s）

断面位置	测点部位	桩号	左	中	右
LB1	驼峰堰闸室段	0+023.00	11.84	12.20	12.24
			11.83	11.96	11.86
			11.62	11.82	11.78
LB2	驼峰堰闸室段	0+030.00	10.69	11.07	10.22
			10.94	10.92	10.02
			10.89	10.94	10.70
LB3	泄槽缓坡段	0+046.81	11.31	10.36	10.67
LB4		0+064.45	11.97	10.65	11.60
LB5		0+089.69	10.57	10.98	11.61
LB6		0+114.72	11.56	11.01	11.56
LB7	抛物线曲线段	0+140.17	15.13	15.27	15.42
LB8		0+149.37	15.68	15.77	15.59
LB9		0+160.50	16.83	16.96	16.66

续表 3-2-6

断面位置	测点部位	桩号	左	中	右
LB10		0+194.70	22.11	21.09	22.04
LB11	泄槽陡坡段	0+223.28	24.58	23.51	24.58
LB12		0+251.94	28.45	28.5	28.31
LB13		0+281.23	28.92	29.37	28.96
LB14	挑流鼻坎	0+295.08	28.97	29.05	28.49
LB15		0+309.29	29.40	29.52	29.40

　　Z2 工况下溢洪道水流流态见图 3-2-10,溢洪道泄槽水流流态与 Z1 工况相似,只是墩尾水冠高度和槽内水面起伏较 Z1 工况略大。该工况下两闸墩墩尾水冠在墩尾下游 24 m 处交汇叠加,形成一个长约 24 m、高 2.6 m 的水冠。随后此股水流向两边扩散,在桩号 0+077.0~0+105.0 冲击至两侧壁,造成两侧墙局部水深增加,最大水深约 5.6 m,槽内冲击波经过调整在进入陡槽段前逐渐消减,陡槽段水流相对均匀平顺。

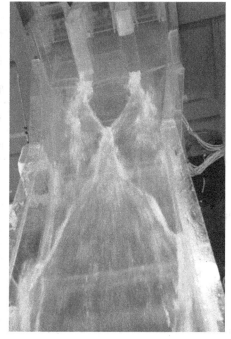

图 3-2-10　Z2 工况($Q=528$ m³/s, $H=1\,446$ m) 下溢洪道水流流态

　　试验量测 Z2 工况下溢洪道各断面流速如表 3-2-7,闸室段桩号 0+023 处断面平均水深为 2.6 m,断面流速为 9.89~11.23 m/s。闸室出口断面平均水深 2.16 m,流速为 11.13~12.07 m/s,在泄槽缓坡段由于冲击波影响,断面水深不均匀,导致流速分布不规律,该工况下泄槽缓坡段流速为 10.35~14.22 m/s。陡坡段流速沿程逐渐增大,挑流鼻坎段实测水流表面流速最大值为 34.44 m/s。

表 3-2-7　Z2 工况下溢洪道水流流速　　　　　　　（单位：m/s）

断面位置	测点部位	桩号	测点位置	左	中	右
LB1	驼峰堰闸室段	0+023.00	左孔底部	10.37	10.37	9.89
			左孔表面	10.61	10.84	10.67
			中孔底部	10.47	10.06	10.52
			中孔表面	10.87	11.19	10.76
			右孔底部	10.42	10.69	10.53
			右孔表面	10.85	11.23	10.81
LB2	驼峰堰闸室段	0+030.00	左孔底部	11.14	11.74	11.68
			左孔表面	11.53	11.97	11.95
			中孔底部	11.72	12.00	12.02
			中孔表面	11.83	11.85	12.28
			右孔底部	12.07	11.83	11.13
			右孔表面	12.02	11.93	11.76
LB3		0+046.81	底部	11.33	13.39	10.46
			表面	12.43	11.77	10.98
LB4	泄槽缓坡段	0+064.45	底部	12.24	10.35	10.83
			表面	12.18	11.54	10.89
LB5		0+089.69	底部	10.47	11.72	11.77
			表面	12.90	13.65	12.40
LB6		0+114.72	底部	11.72	11.53	11.10
			表面	14.22	13.00	12.93
LB7		0+140.17	底部	11.53	13.19	11.84
			表面	12.94	13.91	13.79
LB8	抛物线曲线段	0+149.37	底部	12.54	13.83	13.51
			表面	15.60	15.88	15.64
LB9		0+160.50	底部	17.59	16.60	16.55
			表面	17.41	17.36	17.36

续表 3-2-7

断面位置	测点部位	桩号	测点位置	左	中	右
LB10	泄槽陡坡段	0+194.70	底部	22.82	22.90	22.85
			表面	24.05	23.71	23.49
LB11		0+223.28	底部	25.80	26.40	24.09
			表面	27.88	27.84	27.24
LB12		0+251.94	底部	28.05	27.55	27.88
			表面	32.94	32.24	31.96
LB13	挑流鼻坎	0+281.23	底部	30.42	30.83	31.38
			表面	34.44	33.58	33.75
LB14		0+295.08	底部	31.31	30.46	31.41
			表面	33.69	33.28	33.88
LB15		0+309.29	底部	31.38	31.74	32.10
			表面	32.39	32.82	31.72

Z3 工况下溢洪道水流流态见图 3-2-11,溢洪道泄槽水流流态与 Z2 工况相似,出闸室后在两闸墩墩尾产生水冠,此后此股水流向两边扩散,在桩号 0+073.0～0+097.0 范围内冲击两侧壁,造成两侧边墙水深局部增加,最大水深约 6.4 m,槽内冲击波经过调整在进入陡槽段前逐渐消减,陡槽段水流相对均匀平顺。

图 3-2-11　Z3 工况($Q=606$ m³/s, $H=1\,446$ m)下溢洪道水流流态

试验量测 Z3 工况下溢洪道各断面流速如表 3-2-8 所示,闸室段桩号 0+023 处断面平均水深为 3.48 m,断面流速为 9.36～10.85 m/s。闸室出口断面平均水深为 2.68 m,流速为

11.28~11.93 m/s,在泄槽缓坡段由于冲击波影响,断面水深不均匀,导致流速分布不规律,该工况下泄槽缓坡段流速为 10.06~13.94 m/s。陡坡段流速沿程逐渐增大,挑流鼻坎段实测水流表面流速最大值为 36.35 m/s。

表 3-2-8 Z3 工况下溢洪道各断面流速 （单位:m/s）

断面位置	测点部位	桩号	测点位置	左	中	右
LB1	驼峰堰闸室段	0+023.00	左孔底部	9.36	9.77	9.68
			左孔表面	10.41	10.51	10.32
			中孔底部	9.45	9.44	9.38
			中孔表面	10.28	10.85	10.06
			右孔底部	9.74	9.60	9.58
			右孔表面	9.85	10.17	9.91
LB2	驼峰堰闸室段	0+030.00	左孔底部	11.64	11.59	11.93
			左孔表面	11.54	11.74	11.50
			中孔底部	11.69	11.69	11.56
			中孔表面	11.63	11.63	11.44
			右孔底部	11.49	11.79	11.28
			右孔表面	11.67	11.90	11.55
LB3	泄槽缓坡段	0+046.81	底部	12.23	12.23	12.41
			表面	13.08	13.21	13.55
LB4		0+064.45	底部	12.18	12.06	12.27
			表面	12.69	12.75	13.28
LB5		0+089.69	底部	12.69	12.16	12.59
			表面	13.00	12.97	13.28
LB6		0+114.72	底部	11.34	11.91	11.26
			表面	13.73	13.42	13.94
LB7		0+140.17	底部	12.95	13.90	12.29
			表面	13.44	13.96	13.15
LB8	抛物线曲线段	0+149.37	底部	13.38	13.05	13.35
			表面	15.51	15.42	15.32
LB9		0+160.50	底部	17.13	16.12	15.83
			表面	18.45	17.85	18.39

续表 3-2-8

断面位置	测点部位	桩号	测点位置	左	中	右
LB10	泄槽陡坡段	0+194.70	底部	21.81	21.63	21.31
			表面	25.20	24.80	25.04
LB11		0+223.28	底部	23.67	25.99	27.03
			表面	27.94	28.11	27.87
LB12		0+251.94	底部	28.12	26.99	28.68
			表面	32.18	32.36	31.90
LB13	挑流鼻坎	0+281.23	底部	30.46	29.81	30.52
			表面	35.56	33.40	33.81
LB14		0+295.08	底部	31.08	30.52	31.13
			表面	35.65	36.35	36.08
LB15		0+309.29	底部	31.75	32.44	31.82
			表面	31.98	33.77	31.49

　　Z4 工况下溢洪道水流流态见图 3-2-12,Z4 工况下水流出闸室后在墩尾形成两个水翅,水翅在泄槽中部汇合后随即分开流向两侧边壁。在桩号 0+070.2~0+096.8 范围内冲击两侧墙,侧墙局部水深增加,最大水深约 7.68 m,槽内冲击波经过调整在进入陡槽段前逐渐消减,陡槽段水流相对均匀平顺,水流进入出口挑流鼻坎段,在鼻坎段两边壁产生冲击波,造成挑坎坎顶断面两边壁水深略有增加。

图 3-2-12　Z4 工况下设计洪水($Q=741\ \mathrm{m^3/s}$)溢洪道水流流态

　　试验量测 Z4 工况下溢洪道各断面流速如表 3-2-9 所示,闸室段桩号 0+023 处断面平均水深为 4.36 m,断面流速为 9.02~10.47 m/s。闸室出口断面平均水深为 3.2 m,流速为 9.48~11.94 m/s,在泄槽缓坡段由于冲击波影响,断面水深不均匀,导致流速分布不规律,该工况下泄槽缓坡段流速为 10.0~13.67 m/s。泄槽陡坡段流速沿程逐渐增大,模型实测陡坡段底部流速为 21.24~28.31 m/s,表面流速为 25.29 ~34.35 m/s,挑流鼻坎段模型实测水流底部流速为 30.94~34.12 m/s,表面流速为 32.29 ~37.86 m/s。鼻坎段两边壁冲击波导致坎顶两边壁表面流速减小,且小于底部,其他部位均是表面流速大于底部。

表 3-2-9　Z4 工况下溢洪道各断面流速　　　　　　（单位:m/s）

断面位置	测点部位	桩号	测点位置	左	中	右
LB1	驼峰堰闸室段	0+023.00	左孔底部	9.80	9.99	9.78
			左孔表面	10.27	10.41	10.44
			中孔底部	9.27	9.45	9.55
			中孔表面	9.92	10.42	10.43
			右孔底部	9.02	9.45	9.32
			右孔表面	10.20	10.47	10.22
LB2	驼峰堰闸室段	0+030.00	左孔底部	9.48	11.17	10.36
			左孔表面	10.69	11.20	11.64
			中孔底部	11.06	11.94	10.74
			中孔表面	11.76	11.67	11.62
			右孔底部	11.73	11.26	10.93
			右孔表面	11.46	11.41	11.71
LB3	泄槽缓坡段	0+046.81	底部	11.71	11.88	11.50
			表面	11.74	12.27	11.79
LB4		0+064.45	底部	11.71	11.44	11.69
			表面	12.39	11.42	10.00
LB5		0+089.69	底部	10.38	11.64	10.88
			表面	12.71	12.70	11.83
LB6		0+114.72	底部	11.54	12.54	11.33
			表面	13.60	13.67	12.37
LB7		0+140.17	底部	12.17	13.28	10.32
			表面	13.80	14.41	14.15
LB8	抛物线曲线段	0+149.37	底部	13.90	14.41	12.34
			表面	15.84	15.22	15.30
LB9		0+160.50	底部	15.68	16.17	14.46
			表面	18.81	18.87	18.85

续表3-2-9

断面位置	测点部位	桩号	测点位置	左	中	右
LB10	泄槽陡坡段	0+194.70	底部	22.26	21.24	21.29
			表面	25.40	25.41	25.29
LB11		0+223.28	底部	27.39	24.46	26.41
			表面	30.46	30.48	30.33
LB12		0+251.94	底部	27.14	26.68	28.31
			表面	34.35	34.08	34.20
LB13	挑流鼻坎	0+281.23	底部	30.94	31.20	31.48
			表面	36.18	35.73	35.38
LB14		0+295.08	底部	32.50	32.85	32.98
			表面	37.76	37.83	37.86
LB15		0+309.29	底部	33.99	32.67	34.12
			表面	32.29	34.98	32.96

图 3-2-13 为 Z5 工况(校核水位)时泄槽段水流流态,水流出闸室后在墩尾处形成两个长约 20 m 的水冠后汇合形成 3 股水流,中部形成不稳定水冠,在桩号 0+059.8~0+092.2 范围内冲击两侧墙,侧墙局部水深增加,试验观测时有水花溅出,瞬时局部最大水深约 8.6 m,建议将此范围段的边墙高度加高。槽内冲击波经过调整在进入陡槽段前逐渐消减,陡槽段水流相对均匀平顺。

图 3-2-13　Z5 工况校核洪水($Q=1\ 083\ \mathrm{m}^3/\mathrm{s}$)溢洪道水流流态

试验量测 Z5 工况下溢洪道各断面流速如表 3-2-10 所示,闸室段桩号 0+023 处断面平均水深为 5.36 m,断面流速为 8.93~10.88 m/s。闸室出口断面平均水深为 5.2 m,流速为 9.08~12.4 m/s,在泄槽缓坡段由于冲击波影响,断面水深不均匀,导致流速分布不规律,该工况下泄槽缓坡段流速为 10.76~14.23 m/s。陡坡段流速沿程逐渐增大,模型实测陡坡段底部流速为 21.96~31.91 m/s,表面流速为 24.9~35.46m/s,挑流鼻坎段模型实测水流底部流速为 31.82~34.55 m/s,表面流速为 32.83~37.89 m/s。该工况与工况 4 一样,挑流鼻坎坎顶两边壁表面流速小于底部。

表 3-2-10　Z5 工况下溢洪道各断面流速　　　（单位:m/s）

断面位置	测点部位	桩号	测点位置	左	中	右
LB1	驼峰堰闸室段	0+023.00	左孔底部	8.99	8.93	8.98
			左孔表面	10.43	10.90	10.80
			中孔底部	9.01	9.36	8.84
			中孔表面	10.73	10.69	10.88
			右孔底部	9.30	9.08	8.73
			右孔表面	10.30	10.68	9.39
LB2	驼峰堰闸室段	0+030.00	左孔底部	10.63	11.31	12.22
			左孔表面	11.36	12.14	12.29
			中孔底部	9.08	11.91	10.50
			中孔表面	12.21	12.40	12.07
			右孔底部	10.91	10.95	10.63
			右孔表面	11.94	11.76	11.26
LB3		0+046.81	底部	12.63	12.06	12.17
			表面	12.97	12.60	12.33
LB4	泄槽缓坡段	0+064.45	底部	12.00	10.76	11.90
			表面	12.27	11.17	11.31
LB5		0+089.69	底部	12.30	12.13	11.50
			表面	12.94	12.58	12.69
LB6		0+114.72	底部	11.09	13.41	12.19
			表面	13.64	14.23	13.73
LB7		0+140.17	底部	11.53	14.63	13.56
			表面	14.74	14.73	15.13
LB8	抛物线曲线段	0+149.37	底部	13.59	16.15	16.34
			表面	15.88	15.43	16.29
LB9		0+160.50	底部	17.18	18.30	18.09
			表面	18.24	15.40	18.18

续表 3-2-10

断面位置	测点部位	桩号	测点位置	左	中	右
LB10	泄槽陡坡段	0+194.70	底部	23.53	21.96	23.44
			表面	24.92	24.90	24.95
LB11		0+223.28	底部	27.50	26.90	25.72
			表面	30.74	31.28	29.68
LB12		0+251.94	底部	28.98	31.91	30.68
			表面	35.46	35.21	34.89
LB13	挑流鼻坎	0+281.23	底部	32.18	32.05	31.82
			表面	35.49	36.35	36.23
LB14		0+295.08	底部	32.77	32.13	32.88
			表面	36.96	37.34	37.89
LB15		0+309.29	底部	33.95	33.37	34.55
			表面	32.83	35.00	32.39

2.4.6　溢洪道水面线

表 3-2-11 为各工况下溢洪道泄槽段水深统计,表中水深是垂直槽底量测,在泄槽缓坡段由于冲击波的存在,水面起伏较大,因而在同一断面不同位置处水深差异较大,在泄槽陡坡段水深相对均匀。

表 3-2-11　各工况下溢洪道泄槽段水深　　　　　　　（单位:m）

断面位置	测点部位	桩号	测点位置	工况 Z1	工况 Z2	工况 Z3	工况 Z4	工况 Z5
HY1	泄槽缓坡段	0+046.81	左侧	1.88	2.40	2.52	3.08	3.88
			中部	0.68	1.00	1.20	1.64	3.08
			右侧	1.68	2.44	2.52	2.88	3.76
HY2		0+064.45	左侧	1.20	2.40	2.52	3.52	5.60
			中部	1.48	4.20	4.48	4.80	6.00
			右侧	1.52	2.44	2.60	3.72	5.68
HY3		0+089.69	左侧	1.16	2.53	3.08	3.88	5.28
			中部	1.00	2.08	2.64	3.64	5.60
			右侧	1.22	2.45	3.04	3.84	5.12
HY4		0+114.72	左侧	1.12	2.08	2.68	3.52	5.32
			中部	0.88	3.24	3.44	3.56	4.68
			右侧	0.96	2.08	2.64	3.68	5.28

续表 3-2-11

断面位置	测点部位	桩号	测点位置	工况 Z1	工况 Z2	工况 Z3	工况 Z4	工况 Z5
HY5	抛物线曲线段	0+140.17	左侧	1.12	2.40	3.04	3.08	4.28
			中部	1.80	1.92	2.40	3.28	4.76
			右侧	1.12	2.32	3.04	3.08	4.28
HY6		0+149.37	左侧	1.12	2.60	2.52	2.80	4.24
			中部	0.88	2.20	2.64	3.48	4.28
			右侧	1.16	2.48	2.48	2.68	4.08
HY7		0+160.50	左侧	1.12	1.92	2.00	2.60	4.20
			中部	0.96	2.32	2.88	2.92	3.72
			右侧	1.16	1.76	1.92	2.48	3.84
HY8		0+166.72	左侧	1.12	1.48	1.68	2.32	3.72
			中部	0.98	1.40	1.60	2.44	3.40
			右侧	1.12	1.40	1.68	2.40	3.60
HY9	泄槽陡坡段	0+194.70	左侧	0.83	1.36	1.52	2.08	2.88
			中部	0.72	1.36	1.44	1.88	2.64
			右侧	0.72	1.40	1.54	2.16	2.84
HY10		0+223.28	左侧	0.60	1.32	1.36	1.85	2.20
			中部	0.62	1.12	1.12	1.82	2.36
			右侧	0.56	1.20	1.44	1.86	2.24
HY11		0+251.94	左侧	0.48	1.04	1.08	1.40	2.16
			中部	0.52	1.02	1.08	1.68	2.04
			右侧	0.48	0.96	1.04	1.36	2.28

　　由表 3-2-11 可以看出,由于冲击波影响,在溢洪道泄槽缓坡段,断面水深不均匀,经过抛物线曲线段调整,在陡坡段各断面水深相对均匀,水深沿程逐渐减小。

　　表 3-2-12 为挑流鼻坎出口处水深,模型量测此段横断面水深分布较均匀,鼻坎段两边壁冲击波导致坎顶断面两边壁处水深略大于中部。

2.4.7　溢洪道压力分布

　　试验测量了 5 种工况下溢洪道沿程压力。闸室驼峰堰底板上共布置了 9 个测压点,各工况下堰面压力分布如图 3-2-14 所示。从图中可以看出,各工况下堰面压力均为正压,各测点压力值随下泄流量的增大而增大。不同工况下堰面压力分布规律基本相同,上游堰面呈下降曲线,下游堰面呈上升曲线,最小值位于堰顶偏下游部位。

表 3-2-12 各工况挑流出口段水深 （单位：m）

断面编号	测点部位	桩号	测点位置	工况 Z1	工况 Z2	工况 Z3	工况 Z4	工况 Z5
HY12	挑流鼻坎	0+281.23	左侧	0.72	1.04	1.18	1.48	2.24
			中部	0.62	1.02	1.10	1.28	1.92
			右侧	0.73	1.06	1.16	1.44	2.28
HY13		0+295.08	左侧	0.77	1.04	1.33	1.40	2.24
			中部	0.64	1.09	1.28	1.28	1.92
			右侧	0.76	1.05	1.38	1.56	2.24
HY14		0+309.29	左侧	0.76	1.30	1.37	1.48	2.24
			中部	0.60	1.18	1.26	1.32	2.00
			右侧	0.76	1.34	1.44	1.48	2.20

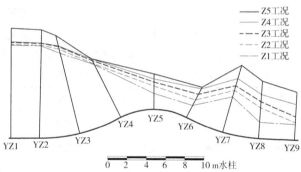

图 3-2-14 闸室段底板时均动水压力分布

图 3-2-15 为溢洪道泄槽段底部压力沿程分布，整体压力分布规律较好，压力值随泄量增大而增大，各级工况均未出现负压。图 3-2-16 为溢洪道鼻坎出口处时均压力分布，校核洪水时试验量测鼻坎底部最大压力为 10.55 m 水柱。

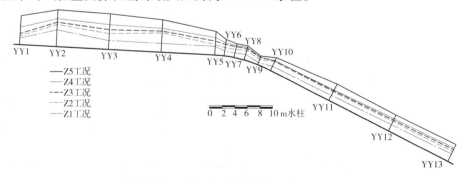

图 3-2-15 溢洪道泄槽段底部压力沿程分布

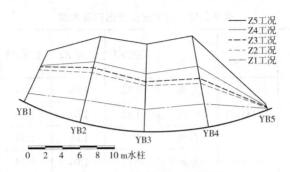

图 3-2-16　鼻坎出口底板时均压力分布

2.4.8　水流空蚀空化分析

表 3-2-13 为溢洪道泄槽段测点水流空化数计算值,图 3-2-17 为水流空化数分布图。可以看出,各级工况下溢洪道泄槽缓坡段和抛物线曲线段值较大,且相应泄槽段的流速均小于 20 m/s,此段发生空化空蚀的可能性小;而在溢洪道泄槽陡坡段,特别是陡坡段末端,水流空化数略小于规范要求 0.3,由于在校核洪水时,陡坡段末端断面平均流速小于规范要求 35 m/s,可以不设掺气槽。但在溢洪道陡槽末端、反弧段及挑流鼻坎处的流速相对较大,相应地发生空化的可能性最大。因此,为安全起见,在泄槽陡坡段末端反弧段及挑流鼻坎应采用高强度、耐磨抗蚀的混凝土,并在施工时应严格控制平整度。

表 3-2-13　溢洪道泄槽段测点水流空化数计算

测点部位	测点桩号	工况 Z1	工况 Z2	工况 Z3	工况 Z4	工况 Z5
泄槽缓坡段	0+046.81	2.022	1.624	1.409	1.790	1.837
	0+064.45	2.183	2.057	1.725	2.155	2.313
	0+089.69	1.857	1.654	1.572	1.994	2.001
	0+114.72	1.725	1.657	1.644	1.718	1.735
抛物线曲线段	0+140.17	0.957	1.381	1.353	1.473	1.356
	0+149.37	0.846	1.056	1.118	1.112	0.982
	0+160.50	0.708	0.726	0.735	0.751	0.728
泄槽陡坡段	0+194.70	0.479	0.415	0.421	0.421	0.440
	0+223.28	0.393	0.324	0.324	0.297	0.309
	0+251.94	0.274	0.255	0.262	0.255	0.236
挑流鼻坎	0+281.23	0.252	0.262	0.272	0.255	0.278
	0+295.08	0.295	0.286	0.274	0.261	0.320
	0+309.29	0.231	0.195	0.192	0.181	0.185

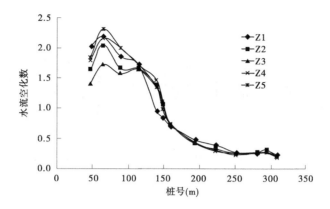

图 3-2-17　溢洪道水流空化数沿程变化

2.4.9　脉动压力特性

试验对泄槽末端陡槽段和挑坎部位的脉动压力进行了量测,测点位置及脉动压力特征值见表 3-2-14,Z5 工况下各测点脉动压力波形图见图 3-2-18。

表 3-2-14　不同测点脉动压力均方根 σ

测点位置	编号	测点桩号	高程(m)	脉动压力均方根 σ(m 水柱)		
				工况 Z3	工况 Z4	工况 Z5
泄槽陡坡段	YY11	0+194.70	1 409.05	0.312	0.332	0.393
	YY12	0+223.28	1 394.76	0.303	0.313	0.314
	YY13	0+251.94	1 380.43	0.326	0.388	0.429
挑流鼻坎中线	YB1	0+281.23	1 365.79	0.322	0.376	0.426
	YB2	0+287.70	1 363.44	0.365	0.730	0.749
	YB3	0+295.08	1 362.36	0.345	0.419	0.490
	YB4	0+302.49	1 362.90	0.436	0.442	0.616
	YB5	0+309.29	1 364.83	0.317	0.503	0.521

2.4.9.1　脉动压力幅值

各测点脉动压力强度随着流量的增大而增大,泄槽陡坡段脉动压力强度均方根为 0.303~0.429 m 水柱;挑流鼻坎中段脉动压力受反弧离心力影响,与冲击脉压类似,均方根为 0.317~0.749 m 水柱,略大于泄槽陡坡段。

2.4.9.2　脉动压力频谱特性

脉动压力的频率特性通常用自功率谱密度函数来表达,功率谱是脉动压力的重要特征之一,功率谱图反映了各测点水流脉动能量按频率的分布特性。分析功率谱图可以得到谱密度最大时对应的优势频率,表 3-2-15 为试验实测不同测点脉动压力优势频率统计,图 3-2-19 为 Z5 工况下脉动压力优势频率图,可以看出,各测点引起压力脉动的涡旋

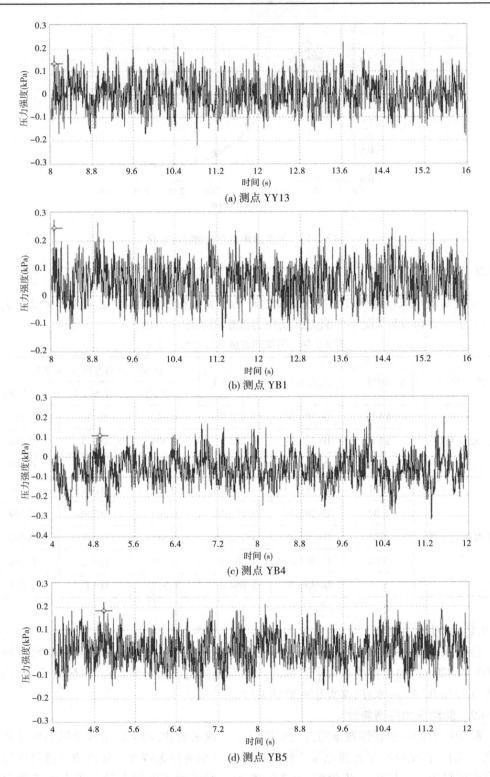

(a) 测点 YY13

(b) 测点 YB1

(c) 测点 YB4

(d) 测点 YB5

图 3-2-18　Z5 工况下各测点脉动压力波形图

结构仍以低频为主,水流脉动压力优势频率为 1.63~7.63 Hz,能量相对集中的频率范围均在 10 Hz 以下,各测点均属于低频脉动。

表 3-2-15　各测点水流脉动压力优势频率

测点位置	编号	桩号	高程(m)	优势频率(Hz)		
				工况 Z3	工况 Z4	工况 Z5
泄槽陡坡段	YY11	0+194.70	1 409.05	2.88	4.13	3.38
	YY12	0+223.28	1 394.76	6.63	3.38	4.50
	YY13	0+251.94	1 380.43	7.63	2.63	2.13
挑流鼻坎中线	YB1	0+281.23	1 365.79	4.00	2.50	2.88
	YB2	0+287.70	1 363.44	2.13	5.25	1.25
	YB3	0+295.08	1 362.36	2.38	2.25	1.25
	YB4	0+302.49	1 362.90	1.63	2.25	1.88
	YB5	0+309.29	1 364.83	3.88	2.88	2.00

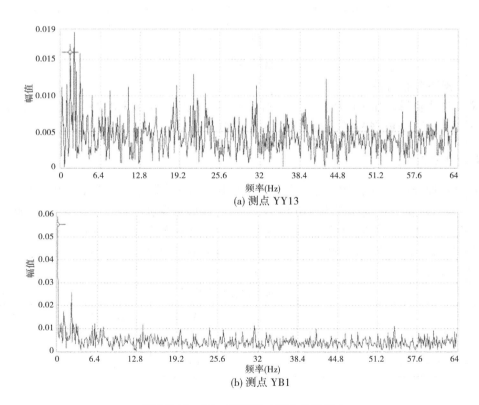

(a) 测点 YY13

(b) 测点 YB1

图 3-2-19　Z5 工况下脉动压力优势频率

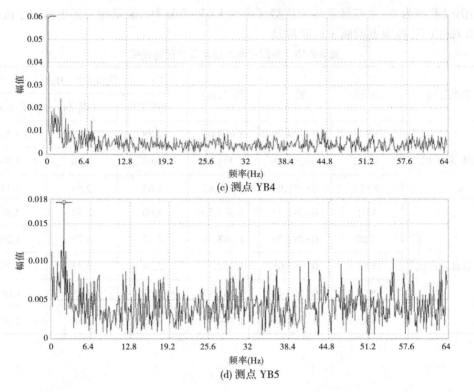

(c) 测点 YB4

(d) 测点 YB5

续图 3-2-19

2.4.9.3 概率分布特性

溢洪道水流脉动压力随机过程基本符合概率的正态分布,对称性较好但离散度较大,脉动压力最大可能单倍振幅可采用 3 倍的均方根计算。

2.4.10 挑流水舌

溢洪道原设计出口采用的是连续式挑流鼻坎,试验量测各工况下水舌挑流长度(水舌外缘)及入水位置宽度如表 3-2-16 所示,挑流水舌水面线轨迹如图 3-2-20 所示,挑流鼻坎出口处桩号为 0+310.71,从图中可以看出,各级工况下水舌入水点分布在桩号 0+390～0+435。试验结果表明,由于水舌出挑流鼻坎后存在横向扩散,且下游河道比较窄,各级工况时挑流水舌均冲击两岸边坡。

表 3-2-16　挑流水舌特征　　　　　　　　　（单位:m）

测量项目	工况 Z1	工况 Z2	工况 Z3	工况 Z4	工况 Z5
水舌入水宽度	16.4	22	22.4	23.8	24.4
距鼻坎出口距离	80	98.3	105	112	124

2.4.11 下游河道流态及流速分布

为了解下游河道流速变化情况,反映水流对河道及两岸山体冲刷情况,确定下游岸坡

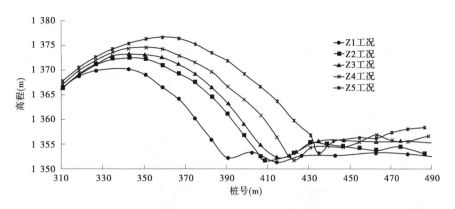

图 3-2-20　挑流水舌剖面轨迹

防护及影响范围。试验进行了录像和照片记录并在下游布置 6 个量测断面,量测断面垂直于水流主流方向。对每个断面靠近左右岸山体附近和主槽位置水流的垂线平均流速进行了测量,具体流速值见表 3-2-17。

表 3-2-17　下游河道垂线平均流速　　　　　　　　　　（单位:m/s）

测点断面编号	桩号	水流位置	工况 Z1	工况 Z2	工况 Z3	工况 Z4	工况 Z5
LX2	0+450.71	左	1.93	1.28	1.99	4.04	7.26
		中	2.40	4.96	4.80	7.03	6.68
		右	3.52	1.20	2.18	2.69	2.83
LX3	0+479.23	左	2.75	3.64	3.21	1.42	3.83
		中	4.02	2.53	4.26	4.06	6.20
		右	3.52	1.48	1.83	1.53	2.18
LX4	0+511.30	左	3.71	5.28	5.91	5.33	4.86
		中	3.53	2.38	3.20	3.99	4.43
		右	5.26	2.72	2.52	2.80	1.41
LX5	0+544.44	左	5.77	4.51	5.76	5.51	4.90
		中	4.94	4.30	3.78	3.97	3.53
		右	2.98	3.27	2.24	3.94	4.05
LX6	0+595.59	左	5.86	6.48	5.99	5.54	5.88
		中	4.25	3.47	3.82	4.83	4.60
		右	3.39	2.69	2.98	4.63	4.73

　　各工况下游水位按照设计部门提供水位资料内插得到,Z1~Z5 工况下下游水位分别为 1 352.60 m、1 354.05 m、1 354.45 m、1 355.08 m 和 1 356.55 m。各级工况下,溢洪道挑流水舌均落入下游河道水垫塘内,在水垫塘内形成强烈漩滚,产生强烈的紊动并消耗大量的动能,经过一定距离的调整后下游主河道水流流态逐渐平稳,Z1~Z4 工况下水流流态见图 3-2-21~图 3-2-24。但由于溢洪道下游河道狭窄和右转弯,各级工况下河道内各断面流速较大,且弯道段左岸流速明显大于右岸,如 LX6 断面(桩号 0+595.59)左岸坡脚处流速为 5.54~6.48 m/s。另外,受左岸山体局部地形的影响,在桩号 0+450 左岸附近产生局

部回流淘刷岸坡。

图 3-2-21　Z1 工况下下游河道水流流态

图 3-2-22　Z2 工况下下游河道水流流态

图 3-2-23　Z3 工况下下游河道水流流态

图 3-2-24　Z4 工况下下游河道水流流态

2.4.12　下游河道冲刷

本模型冲刷试验是在原始河床(河床高程 1 349.5 m)基础上开始工况 1 的冲刷,冲刷 3 h(相当于原型 19 h)后停水量测冲刷坑地形,而后在此冲刷地形的基础上进行下一个工况的冲刷试验,每个工况模型冲刷时间均为 3 h。各工况下的冲刷坑最深点高程及桩号如表 3-2-18 所示。各工况下冲刷坑最深点距鼻坎末端距离随着泄量的增大而增大,冲刷坑地形见图 3-2-25~图 3-2-28。当发生 Z3 工况 30 年一遇洪水时,下游最大冲刷坑深度为 10.27 m,最深点距挑流鼻坎 119.49 m,当发生设计洪水时,下游最大冲刷坑深度为 16.33 m,最深点距挑流鼻坎 129.99 m,校核洪水 Z5 工况下最大冲刷坑深度为 31.81 m,最深点距挑流鼻坎 159.99 m。

表 3-2-18　河道冲刷坑地形数据　　　　　　　　　（单位:m）

工 况	最深点高程	冲刷坑深度	最深点位置(桩号)	最深点距鼻坎末端距离
Z1	1 345.17	4.33	0+400.5	89.79
Z2	1 340.25	9.25	0+429.5	118.79
Z3	1 339.23	10.27	0+430.2	119.49
Z4	1 333.17	16.33	0+440.7	129.99
Z5	1 317.69	31.81	0+470.7	159.99

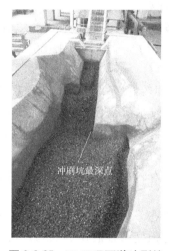

图 3-2-25　Z1 工况下游冲刷坑

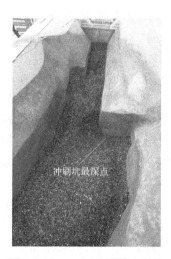

图 3-2-26　Z2 工况下游冲刷坑

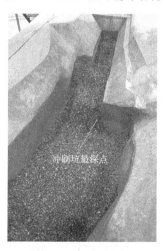

图 3-2-27　Z3 工况下游冲刷坑

图 3-2-28　Z4 工况下游冲刷坑

2.4.13 原设计方案小结

（1）试验量测不同特征水位下溢洪道泄流能力，设计洪水位模型实测值较设计值大5.7%，校核洪水位模型实测值较设计值大6.5%，满足设计泄流能力要求。

（2）各试验工况溢洪道上游引水渠水流相对平顺。

（3）各试验工况下在墩尾处均产生较大的水冠，同时受两侧边墙收缩影响，槽内水面起伏较大，但泄槽内冲击波经过调整在进入陡槽段前逐渐消减，陡槽段水流相对均匀平顺。

（4）各工况下闸室进口和出口半圆头墩的绕流条件较差，且在墩尾处均产生较大的水冠，为减小和削弱闸墩尾部产生水冠高度，建议将墩尾改为半椭圆曲线或流线型曲线。

（5）各试验工况下溢洪道在桩号0+059.0~0+108.6水流冲击波冲击两边墙，边墙局部水深增加，溢洪道过流流量越大，水流冲击两边墙位置越靠上游；校核洪水时水流冲击两边墙位置在桩号0+059.8~0+092.2，局部最大水深约8.6 m，超过溢洪道边墙设计高度，试验观测时有水花溅出，建议将此范围段的边墙高度加高。

（6）各级工况下溢洪道泄槽缓坡段和抛物线曲线段的流速均小于20 m/s，在溢洪道泄槽陡坡段，校核洪水时，陡坡段桩号0+251.94断面平均流速最大为32.86 m/s，挑流鼻坎桩号0+295.08断面平均约35.0 m/s。

（7）溢洪道驼峰堰及泄槽段底板时均压力分布规律较好，各级工况均未出现负压。

（8）各级工况下溢洪道泄槽缓坡段和抛物线曲线段水流空化数较大，此段发生空化空蚀的可能性小，而在溢洪道泄槽陡坡段，特别是陡坡段末端，水流空化数略小于规范要求0.3，但在校核洪水时，陡坡段末端断面平均流速也小于规范要求的35 m/s。综合比较，可以不设掺气槽。为安全起见，在陡槽末端反弧段及挑流鼻坎应采用高强度、耐磨抗蚀的混凝土，并在施工时应严格控制平整度。

（9）溢洪道水流脉动压力随机过程基本符合概率正态分布，对称性较好；各测点脉动压力强度随着流量增大而增大，泄槽段和鼻坎段脉动压力强度均方根σ为0.303~0.749 m水柱；各测点引起压力脉动的涡旋结构仍以低频为主，水流脉动压力优势频率为1.63~7.63 Hz。

（10）各级工况下水舌入水点分布在桩号0+390~0+435，由于水舌出挑流鼻坎后存在横向扩散，且下游河道比较窄，各级工况时挑流水舌均冲击两岸边坡。

（11）当发生30年一遇洪水（Z3工况）时，下游最大冲刷坑深度为10.27 m，最深点距挑流鼻坎119.49 m；当发生设计洪水（Z4工况）时，下游最大冲刷坑深度为16.33 m，最深点距挑流鼻坎129.99 m；校核洪水（Z5工况）时，最大冲刷坑深度为31.81 m，最深点距挑流鼻坎159.99 m。

2.5 窄缝消能方案试验成果

2.5.1 窄缝消能方案介绍

溢洪道原设计出口采用的是连续式挑流鼻坎，由于下游河道比较窄，水流出挑流鼻坎后横向扩散，各级工况时挑流水舌均冲击两岸边坡，且下游冲刷较为严重，可能会影响两岸山体边坡稳定。为了改善下游冲刷,将溢洪道出口改为窄缝消能工。

窄缝消能工一般适用于深山峡谷地区水利水电枢纽的泄洪消能问题。窄缝挑坎水流的主要特点是:挑离挑坎的射流水股横向宽度很小,而纵向拉开长度很大,水舌的外缘、内缘挑角相差大,水股在空气中的紊动掺气扩散作用强烈,使挑射水流在空间加强消能,减小了单位面积上进入下游河床的动能。

参照国内外已建工程的经验,结合地形条件及急流控制的要求,从原方案挑流鼻坎最低点,桩号 0+296.365 处断面连接窄缝消能工,窄缝消能工挑角为 0°,收缩比采用 0.25,收缩段长度为 24.4 m,收缩角为 13.82°,窄缝消能工出口宽度为 4.0 m,如图 3-2-29 所示。

为了进一步提高下游消能效果,试验将窄缝挑坎的收缩比改为 0.2 和 0.3,进行了两种对比试验,两种体型窄缝挑坎收缩角保持不变,仍然为 13.83°,见图 3-2-30。修改方案收缩段对应长度进行了相应调整,收缩段起始位置和水平挑角也均未改变。

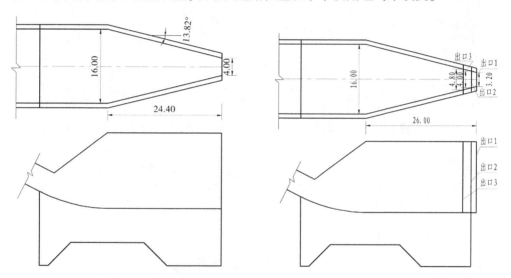

图 3-2-29　窄缝消能方案出口体型　(单位:m)　图 3-2-30　窄缝消能方案出口修改体型　(单位:m)

2.5.1.1　收缩比 0.2 窄缝挑坎体型

试验首先对出口方案收缩比为 0.2 的模型进行了放水观测,该体型窄缝挑坎出口宽度为 3.2 m,收缩段长度为 26.0 m。模型体型和 Z2 工况($Q=528$ m³/s,$H=1\ 446$ m)下挑坎流态见图 3-2-31,Z5 工况($Q=1\ 083$ m³/s,$H=1\ 448.21$ m)下挑坎流态见图 3-2-32。由于出口宽度较小,工况 Z1~Z4 在挑坎段形成的水流冲击波交汇位置由挑坎处上移至窄缝挑坎段内,形成较大的水翅,特别是 Z5 工况下出口处形成的水翅垂直地飞溅,部分溅落在出口附近,不利于建筑物的安全,体型需进一步优化。

2.5.1.2　收缩比 0.3 窄缝挑坎体型

该体型窄缝挑坎出口宽度为 4.8 m,收缩比为 0.3,收缩段长度约为 22.78 m。对此种体型进行了 Z3 工况(30 年一遇洪水)下放水量测,流态参见图 3-2-33。可以看出,水流进入收缩段后由于收缩角未变,水流在收缩段内流态与 0.25 收缩比时变化不大,冲击波在挑坎段出口下游 3.6 m 处交汇,试验观测该工况下水舌纵向拉开距离为 60.6 m,较 0.25 收缩比同工况下短 3 m。

图 3-2-31　Z2 工况($Q = 528\ \text{m}^3/\text{s}$)下挑坎流态　（单位：m）

图 3-2-32　Z5 工况($Q = 1\ 083\ \text{m}^3/\text{s}$)下挑坎流态　（单位：m）

(a)　　　　　　　　　　　　　　　　　(b)

(c)　　　　　　　　　　　　　　　　　(d)

图 3-2-33　Z3 工况($Q = 606\ \text{m}^3/\text{s}$)下水流流态

表 3-2-19 为收缩比 0.3 窄缝挑坎体型，Z3 工况下出口处底板及侧墙压力，可以看出压力分布规律与收缩比 0.25 窄缝挑坎体型相比变化不大。

表 3-2-19　Z3 工况下不同收缩比测点时均压力

断面编号	测点部位	测点桩号	测点高程（m）	时均压力（m 水柱）	
				工况 Z3 收缩比 0.3	工况 Z3 收缩比 0.25
YB1	出口底板中线	0+281.23	1 365.79	2.46	2.46
YB2		0+287.70	1 363.44	1.97	1.97
YB3		0+295.71	1 362.21	0.88	0.72
YB4		0+302.79	1 362.21	1.80	1.86
YB5		0+310.79	1 362.21	4.04	3.76
YB6		0+318.71	1 362.21	5.00	4.92
YB7		0+320.51	1 362.21	—	2.20
YC1	出口收缩段侧墙	0+294.95	1 363.01	1.20	1.04
YC2		0+296.19	1 363.01	12.92	12.60
YC3		0+301.75	1 363.01	4.44	4.56
YC4		0+307.15	1 363.01	3.80	3.68
YC5		0+312.77	1 363.01	2.98	2.84
YC6		0+317.97	1 363.01	3.54	3.64
YC7		0+317.97	1 363.81	3.26	3.34
YC8		0+317.97	1 364.61	1.16	1.64
YC9		0+317.97	1 365.41	0.36	0.40
YC10		0+317.97	1 366.21	0.03	0.04

经过 3 h 模型冲刷试验, Z3 工况收缩比为 0.3 时, 下冲坑最深点高程为 1 333.37 m, 冲坑深度为 16.13 m, 较 0.25 收缩比窄缝消能工深 1.24 m。

通过对三种不同收缩比的窄缝消能工的比较试验, 初步认为收缩比为 0.25 的窄缝消能工体型相对较优, 以下对收缩比为 0.25 的方案进行详尽水力学参数量测和分析。

2.5.2　窄缝消能工流态及流速分布

Z1~Z5 工况下窄缝消能工出口水流流态见图 3-2-34 ~ 图 3-2-38。各级工况下, 水流进入窄缝鼻坎后, 受边壁收缩影响, 靠近两边壁水流沿边壁向上爬高, 形成中间低、两侧高的 "凹" 面形状, 挑坎内冲击波交汇碰撞, 并形成水翅, 随着溢洪道下泄流量的增大, 水翅越高, 水舌掺气越充分, 水舌在空中裂散越剧烈, 水舌在空中沿纵向可以充分散开, 达到良好的消能效果。该窄缝挑坎体型在工况 Z1~Z4 时, 挑坎段击波交汇位置均位于挑坎段下游, 分别距挑坎出口 (桩号 0+322.365) 5.3 m、5.6 m、6.6 m 和 8.3 m。Z5 工况下由于单宽流量大, 冲击波交汇在挑坎段内, 表面水花飞溅, 水舌纵向拉开距离大。

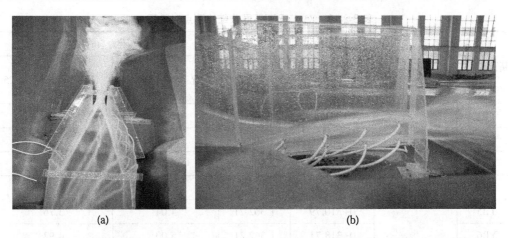

(a)　　　　　　　　　　　　　　　　　(b)

图 3-2-34　Z1 工况（$Q = 288\ \mathrm{m^3/s}$）下窄缝消能工出口水流流态

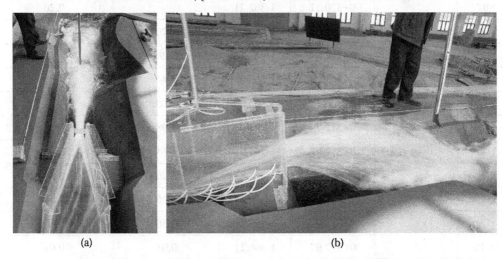

(a)　　　　　　　　　　　　　　　　　(b)

图 3-2-35　Z2 工况（$Q = 528\ \mathrm{m^3/s}$）下窄缝消能工出口水流流态

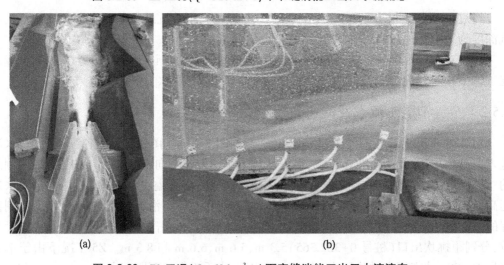

(a)　　　　　　　　　　　　　　　　　(b)

图 3-2-36　Z3 工况（$Q = 606\ \mathrm{m^3/s}$）下窄缝消能工出口水流流态

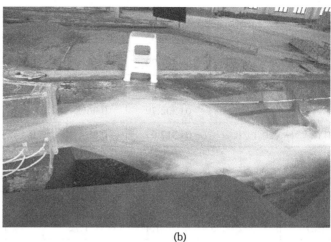

(a)　　　　　　　　　　　　　　　　　　(b)

图 3-2-37　Z4 工况设计洪水(Q = 741 m³/s)下窄缝消能工出口水流流态

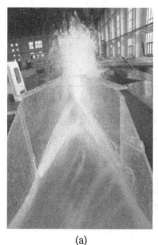
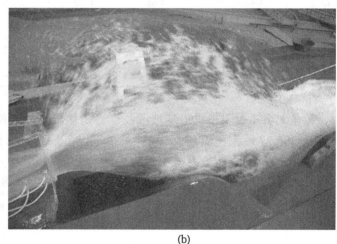

(a)　　　　　　　　　　　　　　　　　　(b)

图 3-2-38　Z5 工况校核洪水(Q = 1 083 m³/s)下窄缝消能工出口水流流态

　　试验量测 Z1~Z5 工况下溢洪道泄槽陡坡段及窄缝挑坎段不同断面中部水深见表 3-2-20,各工况下窄缝挑坎段边墙水深(包括水翅高度)见表 3-2-21。可以看出,窄缝挑坎段各断面水深中部与边墙部位差异较大,试验量测校核洪水时窄缝挑坎段附近边墙最大水深达到 15.04 m。

表 3-2-20　各工况下溢洪道泄槽及窄缝段水深　　　　　　　　　　（单位:m）

断面编号	测点部位	断面桩号	工况 Z1	工况 Z2	工况 Z3	工况 Z4	工况 Z5
HY1	泄槽陡坡段	0+194.70	0.76	1.34	1.48	1.98	2.84
HY2	泄槽陡坡段	0+223.28	0.62	1.16	1.16	1.84	2.44
HY3	泄槽陡坡段	0+251.94	0.56	0.96	1.08	1.76	2.18
HY4	鼻坎起点	0+281.23	0.60	1.00	1.11	1.44	2.12

续表 3-2-20

断面编号	测点部位	断面桩号	工况 Z1	工况 Z2	工况 Z3	工况 Z4	工况 Z5
HY5	反弧中间	0+287.70	0.68	1.36	1.24	1.44	2.04
HY6	收缩段起点	0+296.37	0.84	1.28	1.20	1.52	2.04
HY7	收缩段中部	0+302.79	0.96	1.08	1.28	2.56	2.56
HY8	收缩段末端	0+317.97	0.88	1.36	1.96	2.52	6.08

表 3-2-21　各工况下窄缝段边墙水深　　　　（单位：m）

位置编号	测点桩号	工况 Z1	工况 Z2	工况 Z3	工况 Z4	工况 Z5
HC1	0+294.95	1.44	1.72	2.16	2.52	3.48
HC2	0+296.19	1.88	2.60	4.00	4.68	5.44
HC3	0+301.75	3.68	4.40	5.56	6.20	7.16
HC4	0+307.15	4.24	6.40	7.12	7.92	8.60
HC5	0+312.77	4.60	7.80	8.52	8.92	9.68
HC6	0+317.97	4.88	9.00	9.24	9.62	15.04

试验量测各工况下溢洪道陡坡段及窄缝挑坎段不同断面水流表面流速见表 3-2-22，在桩号 0+296.37 段流速最大，Z5 校核洪水工况下最大表面流速为 38.12，在收缩段中部和末端由于水深增大，流速有减小趋势。

表 3-2-22　各工况下溢洪道水流流速　　　　（单位：m/s）

断面编号	测点部位	测点桩号	测点位置	工况 Z1	工况 Z2	工况 Z3	工况 Z4	工况 Z5
LB1	溢洪道	0+194.70	左	23.34	24.02	23.76	25.15	26.01
			中	21.23	25.14	25.29	25.43	26.04
			右	22.19	23.92	23.69	25.15	26.01
LB2	溢洪道	0+223.28	左	24.58	28.10	28.51	30.42	30.93
			中	24.73	29.76	29.34	30.29	30.90
			右	25.12	28.32	29.34	30.22	30.86
LB3	溢洪道	0+251.94	左	28.14	30.61	33.25	34.38	35.12
			中	28.50	31.12	32.02	33.15	35.22
			右	28.31	33.01	33.86	34.10	34.52
LB4	鼻坎起点	0+281.23	左	28.92	33.01	34.94	36.47	36.10
			中	30.00	34.30	35.76	35.69	36.66
			右	28.96	31.99	34.78	35.73	36.14

续表 3-2-22

断面编号	测点部位	测点桩号	测点位置	工况 Z1	工况 Z2	工况 Z3	工况 Z4	工况 Z5
LB5	收缩段起点	0+296.37	左	27.05	33.73	35.62	36.39	37.02
			中	29.87	34.94	35.72	35.05	38.12
			右	27.94	33.44	35.84	36.12	36.94
LB6	收缩短中间	0+302.79	左	27.86	31.09	32.10	32.65	37.42
			中	28.44	33.81	34.76	35.04	37.72
			右	27.78	31.58	32.55	33.94	37.08
LB7	收缩段末端	0+320.51	左	27.32	29.95	32.04	33.48	36.50
			中	28.01	31.83	33.67	33.17	36.41
			右	27.57	30.08	32.36	34.67	36.31

2.5.3 窄缝消能工压力分布

窄缝消能方案试验对陡槽段和出口处底板压力进行了量测,为分析出口收缩后对边壁的影响,模型在收缩段侧墙垂向及水流纵向布置了 10 个压力测点,具体位置参见图 3-2-39,各工况下测点时均压力见表 3-2-23。

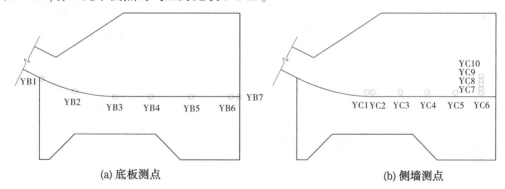

(a) 底板测点   (b) 侧墙测点

图 3-2-39 窄缝消能方案压力测点布置

表 3-2-23 各工况下测点时均压力 （单位:m 水柱)

断面编号	测点部位	测点桩号	测点高程（m）	时均压力(m 水柱)				
				工况 Z1	工况 Z2	工况 Z3	工况 Z4	工况 Z5
YY11		0+194.70	1 409.05	0.88	1.48	1.62	1.72	2.52
YY12	泄槽陡坡段	0+223.28	1 394.76	1.09	1.65	1.87	2.09	2.93
YY13		0+251.94	1 380.43	1.42	1.78	1.90	2.22	2.34

续表 3-2-23

断面编号	测点部位	测点桩号	测点高程（m）	时均压力（m 水柱）				
				工况 Z1	工况 Z2	工况 Z3	工况 Z4	工况 Z5
YB1	出口底板	0+281.23	1 365.79	1.62	1.92	2.46	3.22	5.70
YB2		0+287.70	1 363.44	1.25	1.45	1.97	3.61	8.69
YB3		0+295.71	1 362.21	0.46	0.64	0.72	1.88	6.72
YB4		0+302.79	1 362.21	0.76	1.44	1.46	2.16	3.44
YB5		0+310.79	1 362.21	1.92	2.72	2.80	3.76	6.00
YB6		0+318.71	1 362.21	1.40	2.84	2.92	5.08	8.24
YB7		0+320.51	1 362.21	0.92	1.84	1.90	2.68	4.00
YC1	出口收缩段侧墙	0+294.95	1 363.01	0.98	1.53	2.33	5.88	10.40
YC2		0+296.19	1 363.01	2.84	4.96	6.30	8.86	11.08
YC3		0+301.75	1 363.01	1.36	3.20	4.56	3.04	4.36
YC4		0+307.15	1 363.01	1.52	3.80	3.68	3.16	4.68
YC5		0+312.77	1 363.01	1.32	3.04	3.28	3.37	7.24
YC6		0+317.97	1 363.01	1.48	3.32	3.64	6.08	12.16
YC7		0+317.97	1 363.81			3.34	5.56	11.84
YC8		0+317.97	1 364.61			1.64	2.78	10.12
YC9		0+317.97	1 365.41			0.40	1.52	8.52
YC10		0+317.97	1 366.21			0.04	0.56	6.72

　　窄缝消能方案出口底板压力分布见图 3-2-40,各级工况下随着泄量增大各测点压力值也逐渐增大,出口底板上段压力大是离心力作用的结果,出口底板下段压力沿程增加是由边墙收缩使窄缝处水深增大所致,符合压力分布规律。

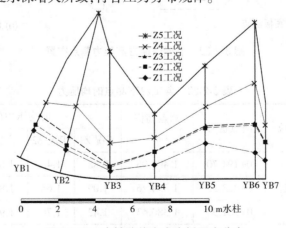

图 3-2-40　窄缝消能方案底板压力分布

侧墙压力分布见图 3-2-41,YC1~YC6 压力测点为沿程纵向布设,距离收缩段底板高度 0.8 m。由图 3-2-41 可知,水流经过收缩段起点后,各级工况下水流顶冲位置都在 YC2 号测压点桩号约 0+296.19 位置附近,此处侧墙压力值也最大;随后压力分布平稳,到收缩段末端逐渐增大。YC7~YC10 压力测点在桩号 0+317.97 处侧墙沿垂向分布,测压点间高差为 0.8 m,压力分布沿垂线基本按照水深分布,顶部压力小底部压力大,YC10 号测点在 Z3 工况和 Z4 工况下处于水翅部位,有空气掺入,压力值接近 0。

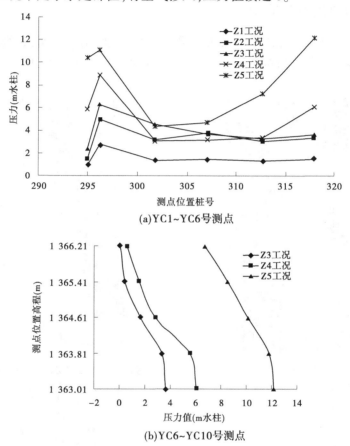

(a)YC1~YC6号测点

(b)YC6~YC10号测点

图 3-2-41　窄缝消能方案侧墙压力分布

2.5.4　挑流水舌

窄缝挑坎的水舌与原设计连续式挑流鼻坎不同,窄缝挑坎水舌以纵向拉开为主。试验量测 5 种工况下窄缝挑坎挑流水舌特征数据见表 3-2-24,水舌纵向扩散宽度随着流量增加而增大,5 种工况下水舌纵向扩散宽度分别为 38.8 m、59.2 m、63.6 m、67.7 m、89.6 m。各工况下水舌内缘入水点较连续式挑流鼻坎近。

表 3-2-24　窄缝挑坎挑流水舌特征数据　　　　　（单位：m）

测量项目	工况 Z1	工况 Z2	工况 Z3	工况 Z4	工况 Z5
水舌外缘挑距	62.8	85.6	90.4	96.1	119.6
水舌内缘挑距	24.0	26.4	26.8	28.4	30.0
内外挑距差	38.8	59.2	63.6	67.7	89.6

2.5.5　下游河道流态与冲刷

　　Z1~Z5 工况下水流流态见图 3-2-42~图 3-2-46。试验结果表明，各级工况下挑流水舌入下游水垫塘后同样形成强烈漩滚，消耗大量的动能，经过调整后下游主河道水流流态逐渐平稳。

图 3-2-42　Z1 工况下下游河道水流流态

图 3-2-43　Z2 工况下下游河道水流流态

图 3-2-44　Z3 工况下下游河道水流流态

图 3-2-45　Z4 工况下下游河道水流流态

图 3-2-46　Z5 工况校核洪水(Q=1 083 m³/s)下下游河道水流流态

　　窄缝消能方案试验下游河道冲刷试验,各工况模型冲刷时间仍然为 3 h。各工况下的冲坑深度与位置见表 3-2-25。对比原设计方案可以看出,Z1 工况由于窄缝出口处水舌下缘直接冲至河床,冲刷坑最深点位置为桩号 0+382.7,较原方案近了 17.79 m,冲刷坑深度变化不大;Z2~Z3 工况下冲刷坑深度较原方案分别增加了 4.68 m、4.62 m;Z4 工况下冲刷坑深度较原方案减小 0.48 m;校核洪水 Z5 工况,由于单宽大,冲击波在挑坎内交汇碰撞,形成水翅越高,水舌在空中纵向充分散开,裂散剧烈,掺气充分,达到了良好的消能效果,其冲刷坑最深点较原方案浅了 16.12 m。

表 3-2-25　河道冲刷坑深度与位置　　　　　　　　　　　　　　　（单位:m）

工况	最深点高程	冲刷坑深度	最深点位置(桩号)	最深点距鼻坎末端距离
Z1	1 340.77	4.37	0+382.7	61.93
Z2	1 335.57	13.93	0+416.7	95.93
Z3	1 334.61	14.89	0+418.7	97.93
Z4	1 333.65	15.85	0+422.3	101.53
Z5	1 333.81	15.69	0+476.7	155.93

2.5.6　窄缝消能方案小结

　　通过对三种不同收缩比的窄缝消能工的比较试验,初步认为收缩比为 0.25 的窄缝消能工体型相对较优。但该体型与原设计连续挑流鼻坎方案相比,只有在校核洪水时达到了良好的消能效果,最大冲坑深度减小了 50%,其余工况由于单宽流量小,窄缝消能优势没有体现出来,特别是 30 年一遇洪水时,冲坑深度不但没有减小,还增加了 4.62 m。

对比可以看出,Z1 工况下由于窄缝出口处水舌下沿直接冲至河床,冲刷坑最深点位置为 0+382.7,较原方案近了 17.79 m,冲坑深度变化不大;Z2~Z3 工况下冲坑深度较原方案分别增加了 4.68 m、4.62 m;Z4 工况下冲坑深度较原方案减小 0.48 m;校核洪水 Z5 工况下,由于单宽大,冲击波在挑坎内交汇碰撞,形成水翅较高,水舌在空中纵向充分散开,裂散剧烈,掺气充分,达到了良好的消能效果,其冲坑最深点较原方案浅了 16.12 m。

由于影响窄缝消能的因素较多,其消能效果与收缩比、收缩段长度、收缩角、水力条件和地形条件等有关,综合比较,暂不推荐窄缝消能方案。

2.6　补充试验

2.6.1　泄槽收缩段长度修改试验

原设计方案溢洪道出闸室后泄槽收缩段长度为 35 m,收缩角度为 9.73°,试验观测水流出闸室后闸墩后水冠与侧向收缩水流交汇形成水翅高度较高,槽内产生菱形冲击波,水面起伏较大,将泄槽收缩段长度修改至 60 m,收缩角度为 5.74°,底板坡度保持不变,体型见图 3-2-47。

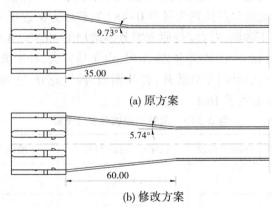

(a) 原方案

(b) 修改方案

图 3-2-47　泄槽收缩段修改体型平面图

试验观测在各级工况下,水流出闸室后由于收缩角变小,水流出闸室后闸墩后水冠高度明显减小,水面起伏波动明显减弱,边墙设计高度满足水深要求,但是槽内产生菱形冲击波传播距离长,影响到泄槽陡坡段,导致陡坡段水面起伏波动。流态见图 3-2-48～图 3-2-50,建议维持原设计收缩段长度为 35 m 不变。

2.6.2　溢洪道小流量运用工况试验

在设计洪水和校核洪水时闸门应全开放水,小流量时采用闸门局开或单孔敞泄方式。按照设计提供的试验组次共 7 组,见表 3-2-26。

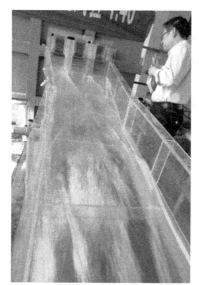

图 3-2-48　泄槽收缩段修改后 Z1 工况下流态

图 3-2-49　泄槽收缩段修改后 Z4 工况下流态　　图 3-2-50　泄槽收缩段修改后 Z5 工况下流态

表 3-2-26　溢洪道小流量闸门开启试验组次

工况	水位(m)	总泄量(m³/s)	工况试验编号	闸门控制
30 年一遇洪水	1 446	606	BZ1	两边孔全开中孔局开
			BZ2	中孔全开两边孔局开
			BZ3	三孔相同开度局开
单孔全开最大泄量		234	BZ4	中孔全开两边孔关闭
			BZ5	中孔关闭两边孔局开
小流量		100	BZ6	中孔局开两边孔关闭
			BZ7	中孔关闭两边孔局开

2.6.2.1　30 年一遇洪水

BZ1 工况:库水位 1 446 m,总泄量 606 m³/s 时,两边孔全开,中孔局开,流态见图 3-2-51,试验量测中孔局开高度为 3.16 m。

该工况下,两边孔过流较中孔多,水流出闸室后中部水深较两边浅,中间水深 1.24 m,边壁水深 3.6 m,两边孔水流出闸室后向中间汇拢。中墩尾部产生两个水冠,最大高度约 3.8 m,两个水冠距墩尾 18.4 m 处汇于中部,又形成高度 4.8 m 水翅,长度 18 m。水流随后向两边壁扩散,导致边壁局部水深增大,量测最大水深 5.2 m。泄槽缓坡段由于菱形冲击波的存在,水面起伏较大。泄槽内冲击波经过调整在进入陡槽段前逐渐消减,陡槽段水流相对均匀平顺。

BZ2 工况:水位 1 446 m,总泄量 606 m³/s 时,中孔全开,两边孔局开,流态见图 3-2-52,试验量测两边孔闸门局部开度为 3.80 m。

图 3-2-51　30 年一遇洪水(Q =606 m³/s, H =1 446 m)BZ1 工况下闸门局开流态

图 3-2-52　30 年一遇洪水(Q =606 m³/s, H =1 446 m)BZ2 工况下闸门局开流态

该工况下,两边孔过流较中孔少,水流出闸室后中部水深大,边孔水深浅,出闸室后中孔水流向两侧扩散,挤压边孔出流。闸室出口中墩尾部水冠最大高度 3.4 m,两个水冠交汇位置较上一个工况 BZ1 远,距墩尾 26.8 m。水流随后向两边壁扩散,导致墩尾下游 49.2 m 边壁局部水深增大,量测最大水深 6.8 m。

BZ3 工况:水位 1 446 m,总泄量 606 m³/s 时,三孔同步局开,流态见图 3-2-53。试验量测三孔闸门局部开度为 4.45 m。

水流出闸室后三孔过流相对均匀。闸室出口中墩尾部水冠最大高度 3.48 m,两个水冠交汇位置较工况 BZ1 远,较工况 BZ2 近,距墩尾 22 m。水流随后向两边壁扩散,导致墩尾下游 51.8 m 边壁局部水深增大,量测最大水深 6.4 m。泄槽缓坡段水面起伏相对小一些,陡槽段水流相对均匀平顺。

对比三组试验认为,工况 BZ3 流态相对好,工况 BZ1 次之,工况 BZ2 相对较差。因为工况 BZ3 水流出闸室后三孔过流相对均匀,泄槽缓坡

图 3-2-53　30 年一遇洪水(Q =606 m³/s, H =1 446 m)BZ3 工况下闸门局开流态

段水面起伏相对小一些,陡槽段水流相对均匀平顺,从水力学角度看,建议采用 BZ3 工况。三孔应同步启闭。

2.6.2.2　水位 1 446 m(溢洪道泄量 234 m³/s)调度运用

BZ4 工况:水位 1 446 m,总泄量 234 m³/s 时,中孔全开,两边孔关闭,流态见图 3-2-54。该工况下,由于两边孔关闭,水流出闸室后迅速向两边扩散,出闸后中间水深 2.24 m,随水流扩散水深迅速降低,在距墩尾 6.4 m 处水深降至 1.2 m,两边墙形成菱形水翅,水翅最高 2.92 m,水翅向中间靠拢交回与距墩尾 39.6 m 处,水深仅为 0.48 m 又形成水翅长 20.0 m,最大高度 2.88 m,然后向两边扩散,在两边壁形成水翅,距墩尾 65.2 m 处,长 18.4 m,最大高度 2.8 m,又向中部汇合形成水翅,距墩尾 95.2 m 处,最大高度 2.6 m,对应边壁水深 1.12 m,水翅末端位于边坡处。

BZ5 工况:水位 1 446 m,总泄量 234 m³/s 时,中孔关闭,两边孔局开,流态见图 3-2-55,试验量测两边孔闸门局部开度为 2.36 m。

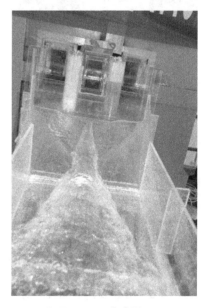

图 3-2-54　BZ4 工况下单孔开(Q=234 m³/s,　　图 3-2-55　BZ5 工况下两边孔局开(Q=234 m³/s,
　　　　　 H=1 446 m)流态　　　　　　　　　　　　　　 H=1 446 m)流态

由于中孔关闭,边孔水流出闸室后迅速向中部汇合,距墩尾 4.4 m 处汇合一处,墩尾中间水深 0.6 m,对应边壁水深 2.68 m,水流出闸室后形成两边高、中间低的流态。汇合水流在中部距墩尾 26.8 m 处形成菱形水翅,长 26.8 m,高 3.36 m,对应边壁水深 0.48 m,然后向两边扩散,在两边壁形成水翅,距墩尾 51.2 m 处,最大高度 2.36 m,又向中部汇合形成水翅,距墩尾 83.6 m 处,长 17.2 m,最大高度 2.16 m,对应边壁水深 1.28 m,水翅末端位于变坡处。

BZ4 和 BZ5 两组工况下,即无论是单孔开启还是两边孔开启,都将在溢洪道泄槽段产生较大的冲击波,致使泄槽过流不均匀,水面起伏大,冲击波传播距离长。

2.6.2.3　水位 1 446 m（溢洪道泄量 100 m³/s）调度运用

BZ6 工况：水位 1 446 m，总泄量 100 m³/s 时，中孔局开两边孔关闭。流态见图 3-2-56，试验量测中孔闸门局部开度为 2.16 m。

水流出中孔闸室后迅速向两边扩散，出闸后中间水深 1.4 m，随水流扩散水深迅速降低，扩散至边壁时距墩尾 17.6 m，边壁处水深仅为 0.28 m。随后水流向中间汇合，形成水翅，距墩尾 51.2 m 处，水翅长 20 m，最大高度 1.4 m。随后水流又向两边扩散，泄槽水流呈现时而聚拢时而扩散交替出现的流态。第二次扩散距墩尾 86.8 m，对应边壁水深 0.96 m，中间水深 0.68 m。因流量较小，水流出闸后相互碰撞形成的菱形波的强度也较小，水深变化不大。

BZ7 工况：水位 1 446 m，总泄量 100 m³/s 时，中孔关闭，两边孔局开。流态见图 3-2-57。试验量测边孔闸门局部开度为 0.92 m。

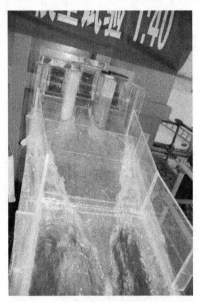

图 3-2-56　小流量（$Q = 100$ m³/s，　　　　　图 3-2-57　小流量（$Q = 100$ m³/s，

$H = 1\,446$ m）BZ6 工况下流态　　　　　　　　$H = 1\,446$ m）BZ7 工况下流态

两边孔水流出闸室后迅速向中部汇合，距墩尾 11.6 m 处汇合一处，墩尾中间水深 0.12 m，对应边壁水深 1.12 m，水流出闸室后形成两边高、中间低的流态。汇合水流在中部距墩尾 34.4 m 处形成菱形水翅，长 18 m，高 1.4 m，对应边壁水深 0.48 m，然后向两边扩散，在两边壁形成水翅，距墩尾 67.2 m 处，对应边壁水深 1.2 m，中间水深仅 0.6 m。

BZ6 和 BZ7 两组工况与 BZ4 和 BZ5 两组工况相比，水流流态相似，即无论是单孔开启还是两边孔开启，都将在溢洪道泄槽段产生较大的冲击波，致使泄槽过流不均匀，水面起伏大，冲击波传播距离长。只是由于流量小，水面波动相对小一些，从水力学角度看，建议采用三孔均匀开启。

2.6.3　溢洪道闸墩体型修改试验

原设计方案闸墩墩头采用半圆形,模型试验表明,进口半圆头墩的绕流条件差,进闸水流侧收缩大,进流不够匀顺,并在墩尾处均产生较大的水冠,因而将闸墩墩头由半圆形改为椭圆形,闸室的其他尺寸不变,闸室布置如图 3-2-58 所示。

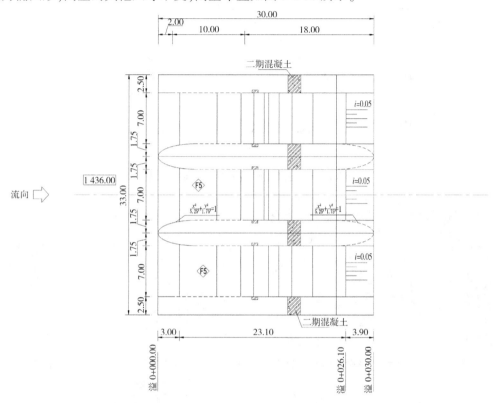

图 3-2-58　溢洪道闸室段修改平面布置图　（单位:m）

2.6.3.1　泄流能力

试验对该闸室体型溢洪道 3 孔闸门全开时的水位流量关系进行了量测,如图 3-2-59 所示,从图中可以看出,闸墩体型修改后,溢洪道泄流能力变化不大,但满足设计要求。

2.6.3.2　水流流态

试验分别观测了 Z1~Z5 五种工况下的溢洪道闸室进出口流态。图 3-2-60 是 Z5 工况时的溢洪道闸室进口流态,图 3-2-61 为闸墩修改前 Z5 工况下溢洪道进口流态,对比图 3-2-60 和图 3-2-61 可知,闸墩墩头改为椭圆形后,墩头扰流范围小了,进口流态得到改善。

图 3-2-62~图 3-2-66 分别为 Z1~Z5 五种工况下溢洪道闸室出口流态,从五种工况下闸室出口流态可以看出,闸墩尾部由半圆形改为椭圆形后各级水流在墩尾仍然产生较大水冠,由于闸室出口在平面上先扩散后收缩,底部是一个坡度为 0.05 的缓坡,导致闸室出口段流态复杂,闸墩尾部由半圆形改为椭圆形后,对溢洪道泄槽缓坡段流态没有明显改善。

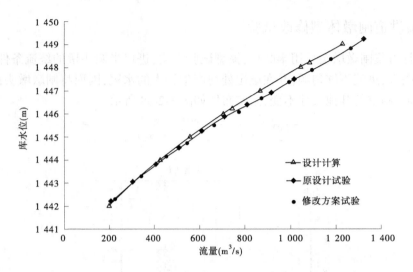

图 3-2-59　溢洪道闸门全开水位流量关系

图 3-2-60　Z5 工况下椭圆形墩头闸室进口流态

图 3-2-61　Z5 工况下半圆形墩头溢洪道进口流态

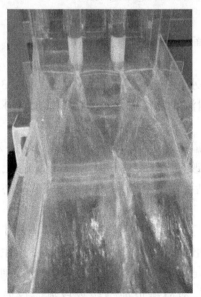

图 3-2-62　Z1 工况下椭圆形墩头闸室出口流态

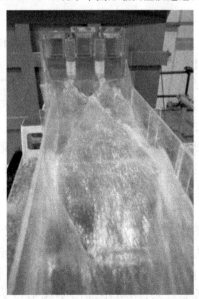

图 3-2-63　Z2 工况下椭圆形墩头闸室出口流态

图 3-2-64 Z3 工况下椭圆形墩头闸室出口流态

图 3-2-65 Z4 工况($Q=741$ m³/s)
下椭圆形墩头闸室出口流态

图 3-2-66 Z5 工况下椭圆形墩头闸室出口流态

2.7 结论与建议

（1）设计洪水位模型实测值较设计值大 5.7%，校核洪水位模型实测值较设计值大 6.5%，满足设计泄流能力要求。

（2）各试验工况下溢洪道上游引水渠水流相对平顺。

（3）闸墩墩头改为椭圆形后，墩头扰流范围小了，进闸水流侧收缩减小，进口流态得到改善，建议设计采用。由于闸室出口段体型复杂，闸墩尾部由半圆形改为椭圆形后，对溢洪道泄槽缓坡段流态有一定改善，但效果不太明显。

（4）各级工况下水流出闸室后，在墩尾处均产生较大的水冠，水流进入泄槽后槽内产生菱形冲击波，水面起伏较大，冲击波经过调整在进入陡槽段前逐渐消减，陡槽段水流相对均匀平顺。

（5）溢洪道在桩号 0+059.0~0+108.6 水流冲击两侧墙；校核洪水时局部瞬间最大水深约 8.6 m，超过溢洪道边墙设计高度，建议将 0+059.0~0+097.0 的边墙高度加高。

（6）各级工况下溢洪道泄槽缓坡段和抛物线曲线段的流速均小于 20 m/s，在溢洪道泄槽陡坡段,底部流速为 20~32 m/s,表面部流速为 22.0~35.5 m/s,校核洪水时,陡坡段断面平均流速最大为 33.8 m/s。

(7)溢洪道驼峰堰及泄槽段底板时均压力分布规律较好,各级工况下均未出现负压。

(8)各级工况下溢洪道泄槽缓坡段和抛物线曲线段水流空化数较大,此段发生空化空蚀的可能性小,而在溢洪道泄槽陡坡段,特别是陡坡段末端,水流空化数略小于 0.3,但由于在校核洪水时,陡坡段末端断面平均流速也小于规范要求 35 m/s,可以不设掺气槽。为安全起见,在陡槽末端反弧段及挑流鼻坎应采用高强度、耐磨抗蚀的混凝土,并在施工时应严格控制平整度。

(9)溢洪道水流脉动压力随机过程基本符合概率的正态分布,对称性较好;各测点脉动压力强度随着流量的增大而增大,泄槽段和鼻坎段脉动压力强度均方根 σ 为 0.303~0.749 m 水柱;各测点引起压力脉动的涡旋结构仍以低频为主,水流脉动压力优势频率为 1.63~7.63 Hz,均属于低频脉动。

(10)由于水舌出挑流鼻坎后存在横向扩散,且下游河道比较窄,各级工况时挑流水舌均冲击两岸边坡。

(11)当发生 30 年一遇洪水时,下游最大冲刷坑深度为 10.27 m,最深点距挑流鼻坎 119.49 m;当发生设计洪水时,下游最大冲刷坑深度为 16.33 m,最深点距挑流鼻坎 129.99 m;当发生校核洪水时,最大冲刷坑深度为 31.81 m,最深点距挑流鼻坎 159.99 m,冲刷坑平均坡度 1∶5.03,相对较陡,鼻坎齿墙应考虑一定埋深。

(12)通过对 3 种不同收缩比的窄缝消能工的比较试验,初步认为收缩比为 0.25 的窄缝消能工体型相对较优,但该体型与原设计连续挑流鼻坎方案相比,只有在校核洪水时达到了良好的消能冲刷效果,其余工况由于单宽流量小,窄缝消能优势没有体现出来,30 年一遇洪水时,冲坑深度增加了 4.62 m。

(13)窄缝消能方案在校核洪水 Z5 工况下,由于单宽大,冲击波在挑坎内交汇碰撞,形成水翅较高,水舌在空中纵向充分散开,裂散剧烈,掺气充分,达到了良好的消能效果,其冲坑最深点较原方案浅了 16.12 m。

(14)将泄槽收缩段长度由 35 m 修改至 60 m,收缩角度变为 5.74° 后,水流出闸室后闸墩后水冠高度明显减小,水面起伏波动明显减弱,边墙设计高度满足水深要求,但是槽内产生菱形冲击波传播距离长,影响到泄槽陡坡段,导致陡坡段水面起伏波动,建议维持原设计收缩段长度为 35 m 不变。

(15)溢洪道小流量运用 30 年一遇洪水试验观测流态:三孔局开水流出闸室后三孔过流相对均匀,泄槽缓坡段水面起伏相对小一些,陡坡段水流相对均匀平顺,流态相对好;中孔局开两边孔全开次之;中孔全开两边孔局开相对较差。建议采用三孔局开。

(16)在正常蓄水位时,单孔开启工况或者两边孔开启工况,均将在溢洪道泄槽段产生较大的冲击波,致使泄槽过流不均匀,水面起伏大,冲击波传播距离长。流量越大,水面波动就越大,建议最好采用三孔均匀开启工况。

(17)本试验仅对窄缝挑坎 3 种收缩比进行了对比试验,由于影响窄缝消能的因素较多,模型试验结果分析不推荐窄缝消能方案。

第 3 章　河口村水库泄洪洞水工模型试验

3.1　工程概况

河口村水库位于黄河一级支流沁河的最后一段峡谷出口处,距下游五龙口水文站约 9 km,属河南省济源市克井乡,是控制沁河洪水、径流的关键工程,也是黄河下游防洪工程体系的重要组成部分。枢纽由混凝土面板堆石坝、泄洪洞、溢洪道及引水发电系统等建筑物组成,混凝土面板堆石坝最大坝高 122.5 m,坝顶高程 288.5 m,坝顶长度 530.0 m,坝顶宽度 9.0 m,枢纽平面布置如图 3-3-1 所示。

河口村水库泄水建筑物包括一座溢洪道和两条泄洪洞,其中 1 号泄洪洞为低位洞,进口底板高程 195 m,进口闸室分为两孔,中墩长 60.20 m,中墩尾部采用流线型。闸孔每孔净宽 4.0 m,进口设事故检修门和偏心铰弧形工作门,工作门尺寸为 4.0 m×7.0 m,在工作闸门门座进行了突扩和突跌,每孔左右两侧各突扩 0.5 m,跌坎高度为 1.3 m,坎下设置 1∶10 的陡坡。洞身为城门洞型,洞身断面尺寸为 9.0 m×13.5 m。洞内为明流,洞身后接挑流鼻坎,水流直接挑入河道,具体布置如图 3-3-2 所示。

2 号泄洪洞为高位洞,进口底板高程 210 m,弧形工作门尺寸为 7.5 m×8.2 m。2 号泄洪洞有两个方案,一是在工作门后进行突跌突扩,跌坎高度为 1.8 m,左右两侧各突扩 0.75 m,坎下设置 1∶10 的陡坡,洞宽 9.0 m,陡坡与龙抬头衔接,龙抬头末端设一高度为 1.0 m 的跌坎,洞身为城门洞型,洞身断面尺寸为 9.0 m×13.5 m。另一个方案是在将突扩位置由工作门处移至龙抬头末端,即在龙抬头末端(桩号 0+150.28)左右两侧各突扩 0.75 m,桩号 0+150.28 以上洞宽为 7.5 m,龙抬头上端洞壁高 11 m,下段高 10 m。桩号 0+150.28 以下洞宽为 9.0 m,洞壁高均为 10 m。两个方案均在龙抬头段桩号 0+075.0 处设置一道 B 型掺气坎,即挑坎与跌坎组合型掺气坎,并分别在洞身桩号 0+270.28、0+370.28、0+470.28 处设置三道 C 型掺气坎,即挑坎与通气槽组合型掺气坎,2 号泄洪洞工作门突扩方案布置如图 3-3-3 所示,2 号泄洪洞龙抬头末端突扩方案布置如图 3-3-4 所示。

在高水头泄水建筑物中,由于过流建筑物体型设计不合理、表面不平整或脉动压力影响,水流可能产生空化,对建筑物造成空蚀破坏。我国的刘家峡水电站泄洪洞、丰满水电站、富春江水电站、磨子潭大坝隧洞、响洪甸、梅山水库泄洪底孔等均受到空蚀破坏。河口村水库两条泄洪洞水头高、泄量大,高速水流问题突出,过流表面极易发生空蚀破坏。其中,1 号泄洪洞最高运用水头 96 m,最大流速达到 35 m/s 以上;2 号泄洪洞由导流洞改建而成,龙抬头曲线连接段也是容易发生空蚀的敏感部位。需要通过大比尺单体水力学模型试验,针对泄洪洞的主要水力学问题进行试验研究,对泄洪隧洞体型进行优化选择,研究掺气减蚀设施形式、位置及其保护范围,为在设计中确定一个技术可行、安全可靠、经济合理的泄洪洞设计方案提供技术支持。

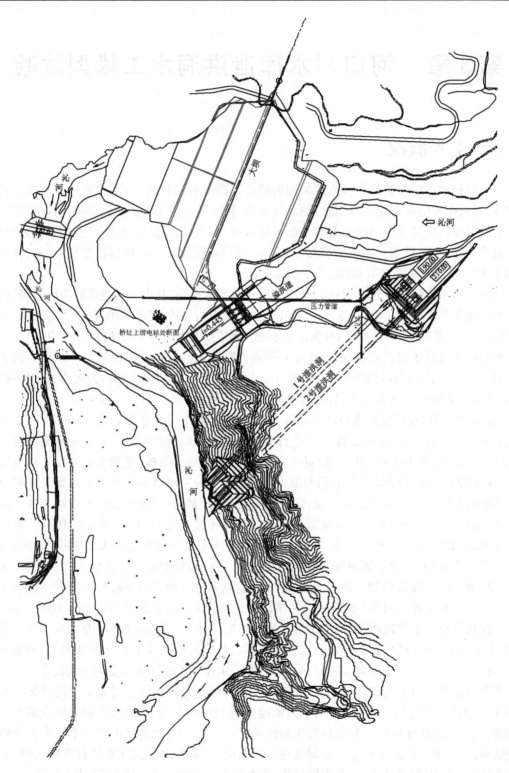

图 3-3-1　水库枢纽平面布置图

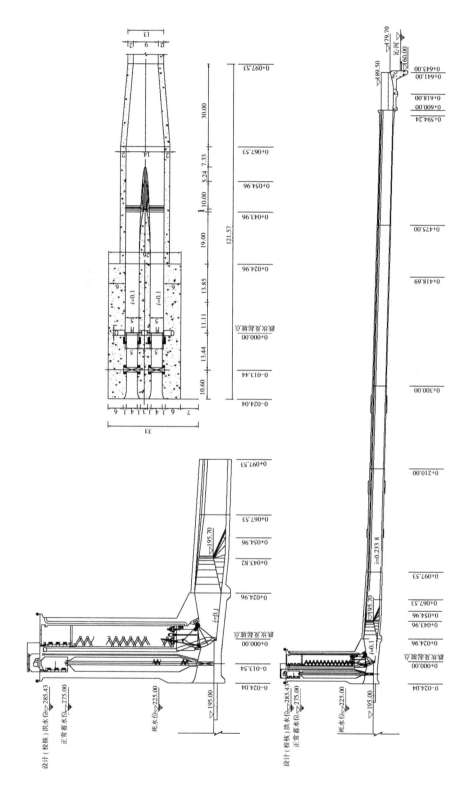

图3-3-2　1号泄洪洞布置图　（单位：m）

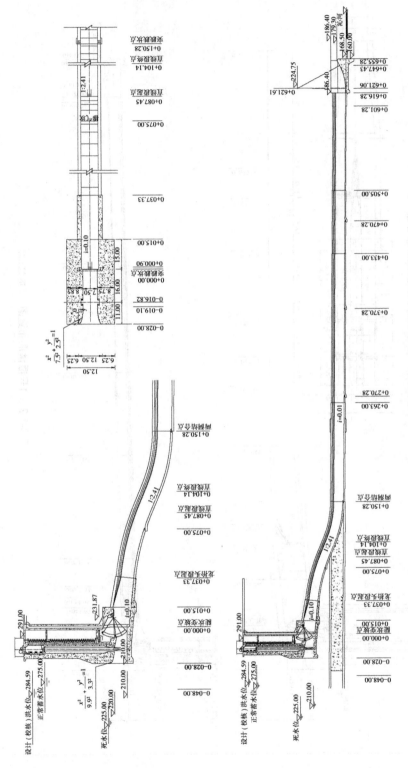

图 3-3-3 2 号泄洪洞工作门突扩方案布置图 （单位 :m）

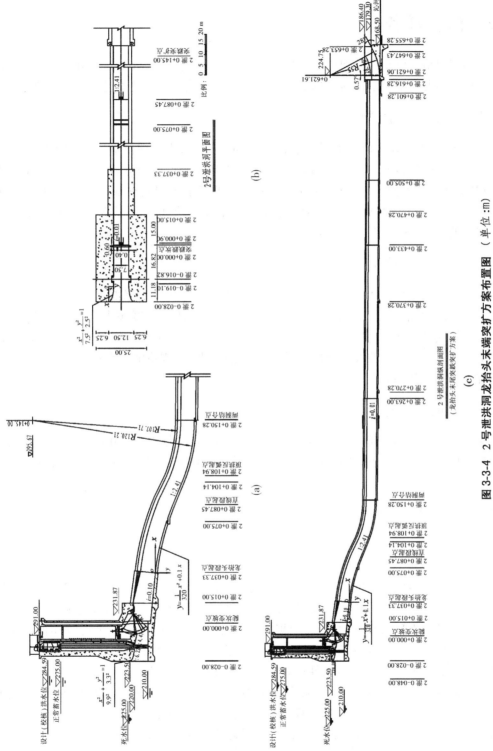

图 3-3-4 2 号泄洪洞龙抬头抬末端突扩方案布置图 （单位 :m）

3.2　试验任务

两条泄洪洞正常情况下泄流为无压流,其中 1 号洞有局开工况,2 号洞均为敞泄。试验研究的重点是解决泄洪洞流道内的流态、消能等水力学问题,优化建筑物的体型。

3.2.1　基本水力学试验

进行 1 号、2 号泄洪洞常规的水力学试验,通过试验,观察泄洪洞在上游不同水位情况下流态;量测各特征水位下泄洪洞的流量、不同断面流速、沿程水面线、压力、脉动压力(掺气坎后水流落水点附近底板、鼻坎部位);提供两条泄洪洞起挑水位、收挑水位。验证 1 号泄洪洞导流期(分修建鼻坎、不修建鼻坎两种情况)低水位运行情况下洞内流态(有无发生水跃的可能)及出口流态。

3.2.2　验证合理体型

验证泄洪洞进口段体型、闸墩尾部体型(包括闸墩在闸后的尾部长度等)、渐变段体型(渐变长度、收缩角)的合理性;验证泄洪洞进水塔弧门后突扩突跌掺气后的流态,提供合理的突扩突跌尺寸;提供泄洪洞沿程水流空化数,并根据试验确定掺气槽形式及位置;验证 2 号泄洪洞龙抬头曲线的合理性,提出最优体型曲线;提供泄洪洞进口吸气漩涡的分布情况,避免有害漩涡。

3.2.3　验证下游消能

建立下游局部动床模型,验证泄洪洞挑流消能体型的合理性。并推荐 1 号泄洪洞导流期低水位运行时出口下游防护措施及 2 号泄洪洞的能有效降低起挑水位的鼻坎体型。

3.3　模型设计

3.3.1　模型设计

根据设计部门提出的试验任务和要求,模型设计应满足《水工(常规)模型试验规程》(SL 155—95)、《掺气减蚀模型试验规程》(SL 157—95)、《水工建筑物水流压力脉动和流激振动模型试验规程》(SL 158—95)等规范要求,模型设计为正态,按弗劳德相似定律设计,模型分别满足重力相似和阻力相似。根据试验要求以及水工模型规范要求,模型几何比尺选定为 35。根据模型相似条件计算模型主要比尺见表 3-3-1。

泄洪洞模型进口压力段和洞身段分别采用 10 mm 和 8 mm 厚的有机玻璃制作,其糙率为 0.008,相当于原型糙率 0.014 47,考虑到沁河为多沙河流,运行后流道磨损,糙率可能略有变大,因此试验不再进行糙率校正,模型满足阻力相似要求。

表 3-3-1　模型主要比尺

相似条件	比尺名称	比尺	依据
几何相似	水平比尺 λ_L	35	试验任务要求及场地条件
水流重力相似	流速比尺 λ_V	5.92	$\lambda_V = \lambda_L^{1/2}$
	流量比尺 λ_Q	7 247	$\lambda_Q = \lambda_L^{5/2}$
	时间比尺 λ_t	5.92	$\lambda_t = \lambda_L^{1/2}$
	脉动压力幅值比尺 $\lambda_{P'}$	35	$\lambda_P = \lambda_L$
	脉动频率比尺 λ_f	0.169	$\lambda_f = \lambda_L^{1/2}$
水流阻力相似	糙率比尺 λ_n	1.81	$\lambda_n = \lambda_L^{1/6}$

3.3.2　模型沙选择

根据设计部门提供资料,河口村泄洪洞出口附近高程 160.45 m 以上为含细砂的中砾层;160.45 ~ 155.35 m 高程为含壤土的卵漂石层,密实;高程 155.35 m 以下进入基岩。工程修建后,泄水建筑物出口下游河床会受到较强冲刷。模型设计应满足泥沙起动相似和河床变形相似。

3.3.2.1　覆盖层模拟

泄洪洞出口对面河滩地层按颗粒的粗细自上而下划分为 3 层。第一层为含细砂的蛮石层,厚度 1 ~ 6 m,顶部分布有较多的特大蛮石,一般直径 1 ~ 3 m,局部夹有粉砂和沙壤土薄层;第二层为含细砂和蛮石的粗砾层,厚度 2 ~ 12 m,其顶面 1.5 ~ 3.0 m 大部分呈胶结或半胶结状,顶部高程一般为 174 ~ 177 m;第三层为含细砂的中砾层,顶面高程一般为 166 ~ 168 m,其顶面普遍沉积有壤土、沙壤土和粉砂层。覆盖层各层颗粒组成及级配见图 3-3-5。

覆盖层表层由于洪水冲击出现粗化现象,粒径相对较粗,中值粒径为 195 mm,第二层厚度相对较大,泥沙中值粒径为 69 mm,第三层厚度较薄,泥沙中值粒径为 50 mm。由于覆盖层第二层厚度相对较大,泥沙级配与第三层相近,具有代表性,模型按照第二层覆盖层级配进行模拟,模型沙选用天然沙进行模拟,模型沙粒径比尺 $\lambda_D = 35$。

3.3.2.2　基岩模拟

本模型泄洪洞出口河床基岩采用抗冲流速相似法进行模拟。模拟材料采用散粒料,散粒料选择是根据岩石抗冲流速,按重力相似准则的流速比尺换算至模型,进而确定模拟基岩的散粒料。

泄洪洞出口附近高程 155.35 ~ 149.15 m 为中元古界汝阳群石英砾岩(Pt_2y),抗冲刷系数 K 为 1.5,对应 1 m 水深时抗冲流速为 5 m/s;149.15 ~ 146.6 m 高程为花岗片麻岩(A_r^d),冲刷系数 K 为 1.4,抗冲流速 6 m/s;高程 146.6 ~ 137.95 m 也为花岗片麻岩(A_r^d),冲刷系数 K 为 1.2 ~ 1.0,抗冲流速 8 ~ 10 m/s;137.95 m 高程以下仍然是花岗片麻岩(A_r^d),冲刷系数 K 为 0.9 ~ 1.0,抗冲流速 15 m/s。

从安全考虑,基岩抗冲流速采用 5 m/s(相应 1 m 水深时抗冲流速),基岩位置较深,

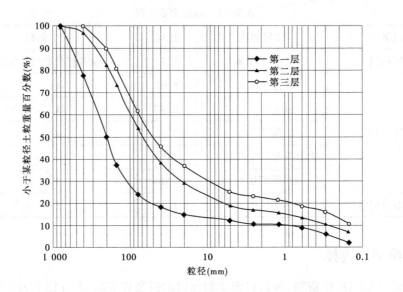

图 3-3-5　泄洪洞出口河床覆盖层原型颗粒级配曲线

基岩上部水深约 19 m，对应该水深条件下抗冲流速约为 10.44 m/s。模型沙粒径采用相关公式计算，可得基岩模拟散粒料平均粒径 $D = 98.5$ mm。

3.3.3　模型范围

　　根据试验任务要求，两条泄洪洞全部采用有机玻璃制作，由于模型水头较高，用特制的高钢板水箱模拟天然水库，水箱长 5 m、宽 5 m 和高 4 m，进口附近局部地形采用水泥砂浆粉制模拟。下游河道模拟长度 500 m、宽度 300 m，采用水泥砂浆粉制，覆盖层和基岩均采用天然砂模拟，模型局部动床范围 10 m×8 m，模型布置如图 3-3-6 所示。

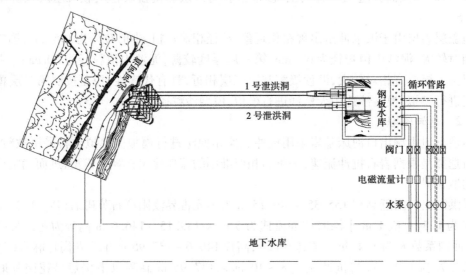

图 3-3-6　模型布置图

3.4　1 号泄洪洞试验

3.4.1　原设计闸门全开试验

3.4.1.1　泄流能力

试验对 1 号泄洪洞闸门全开时的水位流量关系进行了量测,结果见图 3-3-7。库水位为泄洪洞进口上游 52.5 m 处水位,未计入行近流速水头(238 m 水位以上,行近流速很小,仅 0.2 m/s 左右,行近流速水头小于 0.01 m)。同时,对事故门井水位进行了量测,结果一并绘入图 3-3-7 中。另外,将设计值也绘入图 3-3-7 中。

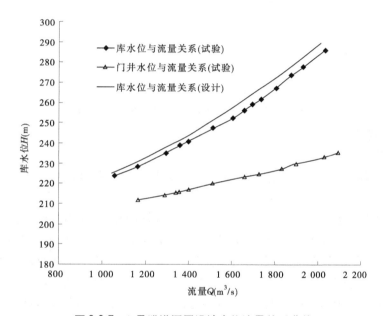

图 3-3-7　1 号泄洪洞原设计水位流量关系曲线

根据试验量测结果,用孔流泄流公式反求流量系数,将各特征水位时的计算结果列入表 3-3-2 中。同时,将对应的设计泄量一并列入做比较。

表 3-3-2　1 号泄洪洞闸门全开特征水位时流量

库水位(m)		门井水位(m)	流量(m³/s)		根据试验值推求综合流量系数	试验值与设计值相对差值(%)
			设计值	试验值		
汛期限制水位	238	215.5	1 299.35	1 345	0.904	3.51
设计洪水位	275	229.6	1 836.04	1 898	0.896	3.37
校核洪水位	285.43	233.1	1 961.60	2 030	0.896	3.49

可以看出,库水位 220 m 以上,试验值比设计值大 3.5% 左右,满足设计泄量要求,模

型实测流量系数与典型的短压力进水口流量系数一致,满足设计规范要求。从泄流量看,进口压力段体型的设计尺寸是合理的。

试验量测的门井水位与库水位的关系曲线及关系式见图3-3-8,供设计参考。

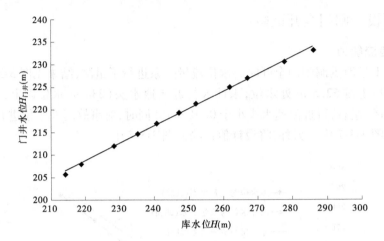

图3-3-8　1号泄洪洞库水位与门井水位关系曲线

3.4.1.2　水流流态

1.进口引渠段

1号泄洪洞进口引渠底部宽度为33 m,且不对称,泄洪洞进口中心线距左侧边墙底边13.2 m,距右侧边墙底边19.8 m,如图3-3-9所示。

从试验可以看出,该体型下泄洪洞左右孔出流形成的侧空腔不对称,造成中墩下游洞内水流波动较大。同设计部门沟通后,引渠底部宽度调整为26.4 m,且为对称分布(见图3-3-9),通过试验,发现泄洪洞出口流态得到改善,正式试验均是在对称体型下量测的。

试验表明,当闸门全开,库水位低于203.4 m时,过流特性与宽顶堰相同,左右孔出流平顺。当库水位高于203.4 m时,泄流水面先接触出口压板(高程202 m),随着库水位升高,压板段逐渐被水涌满,进口段转变为压力流,进口水面开始产生漏斗漩涡,漩涡直径2~3 m,且为间歇贯通式吸气漩涡,并带有“吱吱”响声,库水位达到258 m时,进口前漩涡消失,弧门出流处泄流平顺。本模型为泄洪洞单体试验,库区模拟范围较小,泄洪洞前漩涡流态观测结果仅供设计参考,泄洪洞进口漩涡应以整体模型上观测结果为准。

2.闸门出口及过渡段

1号泄洪洞在弧形工作闸门后进行了突扩和突跌,每孔两侧各突扩0.5 m,跌坎高度为1.3 m,坎下设置1:10的陡坡,陡坡水平投影长度44.96 m。当高速水流出闸孔后,受平面上突扩和立面突跌设施的影响,孔口喷射水流冲击侧边壁和底板,在射流冲击的两边墙处均形成侧空腔,并激起水翅,各级库水位下均出现不同程度水翅冲击闸门铰座现象,如图3-3-10~图3-3-12所示,库水位越高,冲击的频率和强度越大,建议在闸下两侧边墙上增设导流板,以便有效阻挡和消减水翅对门铰的影响。经过多次试验比较,选择导流板宽度为1 m,导流板位置:首端桩号为0 + 000.0,高程为202.5 m,导流板末端桩号为0 + 014.0,高程为200.0 m,供设计参考采用。

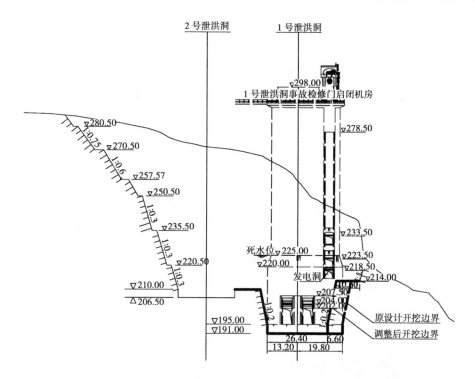

图 3-3-9　1 号泄洪洞进口引渠剖面图　（单位：m）

图 3-3-10　库水位 238 m 时流态

　　当库水位低于 253 m 时,底空腔中有积水,通气孔经常被回水淹没,底空腔主要由侧空腔供气。库水位高于 253 m 后,坎后回水量逐渐减小,通气孔开始通气。各级库水位时侧空腔长度较短,水舌挟气能力低,在库水位 238 m 时,水舌冲击底板产生反向水流,使底空腔充满水体,通气孔被水流淹没,无法通气。随着库水位升高,底空腔回水逐渐减少。库水位 275 m 以上时,通气孔畅通,虽然也能形成完整的底空腔,但水舌冲击底板产生反向水流,减小了底空腔的有效高度和长度,底空腔的有效长度只达到水舌长度的 44% ~ 58%,底空腔的有效长度随着库水位的升高而增大。试验量测的底空腔和侧空腔参数见

图 3-3-11 库水位 275 m 时流态

图 3-3-12 库水位 285.43 m 时流态

表 3-3-3,表中侧空腔长度是从突跌断面量起的。

表 3-3-3 特征水位下底空腔和侧空腔参数统计

项目	库水位(m)		
	238	275	285.43
底空腔长度(m)	空腔内充满水体	8~10.5	10.5~14.4
底空腔最大高度(m)	0.3	1.5	1.6
水舌长度(m)	9.8	18.2	20
侧空腔长度(m)	0.2~1.1	0.5~1.5	0.7~1.8
水翅是否冲击闸门铰座	偶尔	偶尔	偶尔
通气孔运用状况	淹没	畅通	畅通
中墩尾部水冠高度(m)	0.5~0.8	1.0~1.2	1.4~1.8

由于闸室段底坡坡度由 0.1 突变至 0.023 38,在平面上从桩号 0 + 024.96 起闸墩逐渐收缩,至桩号 0 + 067.53 时洞内两侧边墙又开始收缩,使得洞内流态非常复杂。左右两孔水流在闸墩末端相遇,形成水冠,再加之洞两侧边墙收缩,在收缩段末端洞内溅起水花,同时导致闸室下游明流段产生冲击波,冲击波的出现导致洞内水深沿边墙呈现巨大的起伏。在库水位 238 m 时,收缩段末端洞内溅起水花高度较小,水面波动也小,如图 3-3-13 所示;在库水位 275 m 时,闸墩末端形成的水冠高度增大,在渐变段末端溅起的水花不时触及洞顶。在桩号 0 + 098.0 ~ 0 + 140.0 范围内水面波动较大,如图 3-3-14 所示。库水位 285.43 m 时,在桩号 0 + 105.0 ~ 0 + 140.0 范围内水面波动较 275 m 水位剧烈,边壁水深偶尔接近洞壁直墙高度,洞内水花触及洞顶概率增大,水花四溅,如图 3-3-15 所示。

图 3-3-13　库水位 238 m 时中墩尾部流态

图 3-3-14　库水位 275 m 时中墩尾部流态

3.4.1.3　通气孔风速

试验结果表明,当库水位低于 253 m 时,底空腔中有积水,通气孔经常被回水淹没,底空腔主要由侧空腔供气。库水位高于 253 m 后,坎后回水量逐渐减小,通气孔开始通气。试验量测各特征水位不同闸门开度时通气孔风速见表 3-3-4。可以看出,闸门局部开度越小,通气孔风速越大,在同一闸门开度下,库水位越高,通气孔的进气量越大。主要原因是

图 3-3-15　库水位 285.43 m 时中墩尾部流态

在闸门局部开启过程中,出流横向扩散,把侧空腔几乎封闭,此时通气孔成为主要供气者,可见通气孔的设置是必不可少的。

表 3-3-4　不同工况下 1 号泄洪洞通气孔风速及通气量

闸门相对开度	库水位(m)					
	238		275		285.43	
	风速 (m/s)	单边进气量 (m³/s)	风速 (m/s)	单边进气量 (m³/s)	风速 (m/s)	单边进气量 (m³/s)
0.25	0.83	2.14	3.90	10.09	5.32	13.76
0.5	0.83	2.14	2.43	6.27	5.62	14.53
0.75	0.71	1.84	2.19	5.66	4.26	11.01
1	0.47	1.22	1.48	3.82	1.18	3.06

3.4.1.4　压力分布

试验分别在泄洪洞的进口段、闸室段以及洞身段布置测压点 98 个。试验量测各特征库水位时进口及闸室段侧墙压力,见图 3-3-16。试验结果表明,在泄洪洞进口压力流段,各部位压力沿程逐渐减小,符合短压力进口压力分布正常规律。水流出闸室后,闸下底板所测压力均为正压,由于出口突跌,水流冲击底板,压力起伏变化较大,在 $i = 0.1$ 的陡坡段压力有个明显的峰值,峰值位于跌坎下 14~21 m 范围内,三级特征库水位时峰值分别为 9.12 m 水柱、12.58 m 水柱和 16.22 m 水柱。另外,底板在桩号 0 +043.82 处坡度由陡坡变缓,闸孔水流冲击底板后反弹至边坡处产生第 2 个压力峰值,三级特征库水位时峰值分别为 10.86 m 水柱、15.86 m 水柱和 16.95 m 水柱。

水流出闸室后,先是闸墩末端逐渐收缩,至 0 +067.53 桩号时,左右两孔水流交汇,而后两侧边墙开始收缩,水流在收缩段末端两侧边墙产生脱流,导致收缩段末端(桩号 0 +97.53)局部范围内边墙上产生较大的负压,库水位 238 m 时,最大负压达到 0.63 m 水柱。

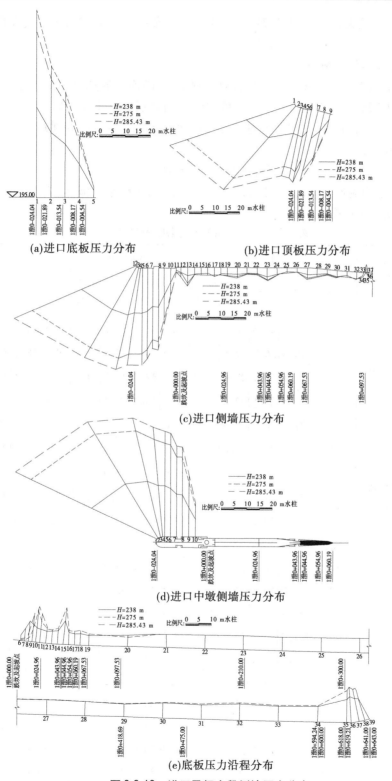

(a)进口底板压力分布   (b)进口顶板压力分布

(c)进口侧墙压力分布

(d)进口中墩侧墙压力分布

(e)底板压力沿程分布

图 3-3-16 进口及闸室段侧墙压力分布

库水位 275 m 时,最大负压达到 3.71 m 水柱。最高库水位 285.43 m 时,最大负压达到 4.87 m 水柱。

3.4.1.5　洞身流速沿程分布

试验采用直径为 2.5 mm 的小毕托管对沿程 13 个断面的流速分布进行了量测,每个断面量测左、中心线、右三条垂线,左右两侧垂线距两侧洞壁 0.7 m,每条垂线量测 5 点,量测结果见表 3-3-5,表中断面平均流速是根据模型实测三条垂线流速通过断面加权平均计算公式(3-3-1)得出。

$$\bar{v} = (v_L + v_R)/4 + v_M B_{LR}/2B \qquad (3\text{-}3\text{-}1)$$

式中:$\bar{v}$ 为断面平均流速;v_L、v_M、v_R 分别为断面左、中、右垂线平均流速;B 为断面总宽度;B_{LR} 为左右垂线之间宽度。

表 3-3-5　1 号泄洪洞洞身各断面流速　　　　　　　　（单位:m/s）

断面编号	断面桩号	测量位置	$H=238$ m				$H=275$ m				$H=285.43$ m			
			左	中	右	断面平均	左	中	右	断面平均	左	中	右	断面平均
1	0+24.96 左孔	底1	23.5	25.4	26.5		36.1	35.0	34.7		35.5	34.7	36.2	
		2	26.0	26.9	27.5		37.0	36.5	35.8		39.3	38.4	37.5	
		3	27.1	28.1	27.6	23.3	37.3	37.7	36.7	31.5	39.8	39.7	38.2	33.2
		4	27.5	28.1	27.8		37.5	38.4	37.4		40.1	40.4	38.8	
		表5	27.7	28.2	27.9		37.0	35.7	37.3		40.4	40.5	39.7	
1	0+24.96 右孔	底1	20.4	21.3	26.0		35.7	34.2	34.3		35.7	32.6	35.5	
		2	26.7	24.9	26.8		36.6	36.8	35.9		39.8	39.3	39.2	
		3	27.9	27.5	27.6	22.7	36.8	37.5	36.7	31.6	40.3	40.3	39.6	33.6
		4	27.9	28.1	27.4		37.7	38.3	37.1		41.7	41.0	38.8	
		表5	28.0	28.3	27.4		37.9	38.3	37.3		41.7	41.5	38.6	
2	0+067.53	底1	26.3	26.1	26.3		38.0	31.4	35.2		37.7	30.8	34.3	
		2	26.7	26.8	27.2		38.3	32.3	36.2		38.5	32.6	38.0	
		3	26.8	27.1	28.6	25.7	38.3	32.4	36.3	33.2	40.6	33.8	40.0	34.3
		4	27.0	27.2	28.3		38.3	32.7	36.5		40.7	33.7	40.5	
		表5	26.8	27.2	27.7		38.4	33.9	36.4		40.9	33.4	40.0	
3	0+097.53	底1	24.4	21.2	22.7		34.4	31.2	35.2		36.5	37.3	35.5	
		2	26.9	24.8	27.2		35.3	34.2	35.9		37.5	37.5	36.4	
		3	27.4	26.3	27.4	23.8	37.2	35.5	37.5	32.7	38.6	38.0	37.9	34.9
		4	26.4	26.6	27.2		37.4	35.9	37.3		39.1	38.4	38.5	
		表5	26.5	26.5	27.3		36.2	36.0	35.5		38.1	38.7	38.7	

续表 3-3-5

断面编号	断面桩号	测量位置	H = 238 m				H = 275 m				H = 285.43 m			
			左	中	右	断面平均	左	中	右	断面平均	左	中	右	断面平均
4	0+167.53	底1	19.1	24.2	22.7	23.1	29.8	31.0	29.7	31.3	32.0	33.2	32.5	33.7
		2	25.3	25.9	23.9		35.7	33.2	31.7		37.5	37.6	34.9	
		3	25.4	27.4	24.1		35.2	35.8	33.6		38.9	38.7	36.9	
		4	25.6	27.5	23.4		36.1	36.5	33.8		38.4	38.6	35.2	
		表5	25.8	27.1	23.5		35.2	36.4	33.2		37.7	38.4	34.4	
5	0+237.53	底1	20.0	20.6	23.3	22.7	29.6	28.6	30.7	31.1	29.6	30.6	31.9	31.6
		2	23.3	25.1	24.8		33.5	35.1	33.3		36.9	34.6	32.3	
		3	25.0	26.7	24.9		34.1	36.6	34.2		37.2	35.9	32.5	
		4	24.7	27.4	24.8		33.4	36.8	34.3		36.8	36.4	32.6	
		表5	24.4	27.1	24.6		30.9	36.7	33.4		35.7	36.9	32.8	
6	0+307.53	底1	18.9	23.4	24.8	22.8	30.7	28.2	29.4	29.4	30.2	32.4	31.0	31.8
		2	22.7	24.4	25.1		33.3	30.1	30.5		34.4	34.3	32.6	
		3	23.4	26.4	25.4		32.8	34.1	31.1		36.1	36.9	33.4	
		4	23.9	27.0	25.1		32.2	36.0	30.1		35.4	38.3	33.3	
		表5	24.2	27.1	25.4		31.6	35.9	28.9		33.5	38.3	32.1	
7	0+377.53	底1	18.8	22.0	21.4	22.4	24.5	25.3	23.2	27.1	28.3	29.4	28.4	30.3
		2	22.7	25.4	23.4		28.7	28.4	29.7		30.3	34.1	30.6	
		3	23.5	27.2	23.7		30.1	32.4	30.0		34.7	37.6	32.2	
		4	24.1	28.0	23.7		30.5	33.2	29.2		34.3	37.2	30.0	
		表5	23.9	27.4	23.3		30.1	33.3	28.8		32.6	36.0	29.4	
8	0+477.53	底1	23.4	20.3	19.0	21.6	24.9	27.7	26.6	28.0	29.7	29.0	28.4	30.1
		2	23.9	23.8	21.9		28.0	32.9	28.4		29.9	33.3	31.2	
		3	24.0	25.4	22.3		29.5	35.2	29.4		31.7	36.5	34.4	
		4	24.1	26.5	22.2		29.9	33.7	29.8		32.8	36.1	33.7	
		表5	24.2	26.4	20.1		29.7	33.2	29.3		31.5	34.9	31.8	
9	0+517.53	底1	20.1	20.8	21.6	21.4	27.1	27.8	25.1	27.7	26.7	29.4	29.2	29.7
		2	22.8	22.8	22.3		29.0	29.8	29.1		32.4	31.6	31.2	
		3	23.5	25.3	22.7		29.7	32.7	30.1		33.4	36.0	32.4	
		4	23.7	25.7	22.7		29.9	33.8	29.9		33.7	35.5	31.1	
		表5	23.7	25.6	21.7		29.1	33.2	28.9		31.4	34.3	31.2	

续表 3-3-5

断面编号	断面桩号	测量位置	H = 238 m				H = 275 m				H = 285.43 m			
			左	中	右	断面平均	左	中	右	断面平均	左	中	右	断面平均
10	0 + 600.00	底1	20.6	20.9	21.5		26.4	27.2	27.1		27.5	28.9	29.7	
		2	23.3	24.3	23.0		29.0	30.0	29.5		29.9	32.5	31.8	
		3	23.8	26.0	22.8	21.6	29.4	33.3	29.9	27.2	31.4	35.7	33.9	29.6
		4	24.1	25.6	23.2		29.2	32.4	29.4		32.0	35.0	32.7	
		表5	23.1	25.1	21.0		27.9	31.0	27.0		31.4	33.4	31.3	
11	0 + 618.00	底1	19.0	19.4	18.0		26.3	22.2	26.1		25.8	27.5	26.8	
		2	21.4	22.5	22.3		27.1	26.6	26.9		29.6	31.5	31.1	
		3	22.0	25.1	23.6	20.7	27.2	31.0	27.2	25.4	31.3	33.8	31.5	28.1
		4	22.8	25.4	23.8		27.5	31.4	27.2		30.4	33.3	29.7	
		表5	21.0	24.9	22.0		27.0	30.5	26.6		30.1	33.0	26.9	
12	0 + 630.00	底1	16.9	18.3	20.6		33.0	22.6	21.1		23.1	22.6	22.3	
		2	20.9	22.3	21.5		25.2	27.2	25.1		28.9	28.6	28.3	
		3	22.3	23.6	22.5	20.3	26.6	29.0	26.8	24.8	30.8	32.7	29.2	26.3
		4	22.4	24.9	23.2		27.5	29.8	26.9		28.6	33.6	27.5	
		表5	21.4	24.8	21.6		26.7	28.7	25.9		28.3	32.6	26.3	
13	0 + 641.00	底1	21.4	21.2	20.5		25.0	26.0	24.1		27.0	28.7	27.0	
		2	22.8	23.2	22.4		27.3	28.8	25.7		28.2	31.2	27.8	
		3	22.4	24.8	23.8	20.9	27.2	30.5	28.3	25.3	29.3	33.4	30.7	27.3
		4	21.5	24.5	23.3		26.5	29.8	28.2		28.6	32.9	28.6	
		表5	19.9	23.9	20.9		24.3	29.4	25.1		25.8	32.1	25.8	

　　根据模型实测流量和实测断面平均水深计算洞身各断面平均流速,见表 3-3-6。从表中可以看出,采用两种方法得出的断面平均流速数值相近,由于 0 + 067.53 断面受中墩尾部水冠影响,断面水深分布不均,实测断面水深可能偏大。

　　试验结果表明,水流出孔口后,断面流速分布均匀。至 0 + 060.20 断面后,由于两孔合二为一,受中墩影响,水流中部 0 + 067.53 断面产生水冠,实测水深偏大,利用水深计算平均流速偏小。在收缩段末端 0 + 097.53 断面,由于受两边壁收缩影响,该断面流速分布两边流速也较大,随着洞身调整,洞下游各断面流速分布趋于正常,洞身各断面流速分布均为中垂线流速略大于两侧,洞身各断面平均流速沿程减小。

表 3-3-6　1 号泄洪洞洞身不同断面平均流速　　　　　（单位：m/s）

断面编号	断面桩号	H = 238 m		H = 275 m		H = 285.43 m	
		采用毕托管实测垂线流速加权平均	根据断面平均水深计算断面平均流速	采用毕托管实测垂线流速加权平均	根据断面平均水深计算断面平均流速	采用毕托管实测垂线流速加权平均	根据断面平均水深计算断面平均流速
1	0 + 24.96 左	23.3	21.8	31.5	31.2	33.2	32.9
1	0 + 24.96 右	22.7	24.2	31.6	30.7	33.6	33.7
2	0 + 067.53	25.7	17.3	33.2	24.6	34.3	25.9
3	0 + 097.53	23.8	22.0	32.7	32.9	34.9	34.5
4	0 + 167.53	23.1	22.7	31.3	29.3	33.7	31.6
5	0 + 237.53	22.7	22.7	31.1	27.8	31.6	31.3
6	0 + 307.53	22.8	22.5	29.4	28.6	31.8	31.4
7	0 + 377.53	22.4	21.5	27.1	28.0	30.3	31.2
8	0 + 477.53	21.6	20.7	28.0	27.8	30.1	30.2
9	0 + 517.53	21.4	20.0	27.7	27.6	29.7	29.9
10	0 + 600.00	21.6	19.3	27.2	26.7	29.6	29.5
11	0 + 618.00	20.7	18.7	25.4	25.0	28.1	28.4
12	0 + 630.00	20.3	18.6	24.8	24.3	26.3	26.5
13	0 + 641.00	20.9	18.0	25.3	23.8	27.3	26.4

3.4.1.6　洞身水流空化数及工作门跌坎后水流掺气浓度

根据模型试验实测压力及断面平均流速,计算水流空化数,结果见表 3-3-7。可以看出,库水位 275 m 和 285.43 m 时,在收缩段末端两侧边墙桩号 0 + 097.3 断面水流空化数非常小,分别为 0.11 和 0.08,主要是由于该段边墙收缩角过大,水流在收缩段末端两侧边墙产生脱流,原型中很可能要发生空化和空蚀破坏。另外,根据对工作门后突扩、突跌下游掺气浓度量测结果见表 3-3-8 和图 3-3-17,库水位 285.43 m 工作门突扩、突跌水舌下游 66.5 m 以下近底掺气浓度均小于 3%,掺气保护作用较小,建议修改泄洪洞收缩段体型。

从表 3-3-7 中可以看出,库水位 285.43 m 时,桩号 0 + 068.7 ~ 0 + 173.6 隧洞洞身水流空化数均小于 0.3,隧洞断面流速较大,考虑到沁河为多泥沙河流,建议该段泄洪洞施工时,要选用抗冲耐磨性能好的材料,并严格控制平整度。

表 3-3-7　水流空化数

位置		断面桩号	断面平均流速(m/s)			水流空化数		
			238 m	275 m	285.43 m	238 m	275 m	285.43 m
	侧墙	0 + 97.3	23.8	32.7	34.9	0.32	0.11	0.08
洞身段	底板	0 + 024.5	23.3	31.5	33.2	0.60	0.38	0.38
		0 + 068.7	25.7	33.2	34.3	0.42	0.26	0.25
		0 + 103.7	23.8	32.7	35.6	0.51	0.25	0.21
		0 + 138.7	23.4	32.0	34.7	0.56	0.30	0.26
		0 + 173.6	23.1	31.3	33.7	0.58	0.32	0.27
		0 + 243.6	22.7	31.1	31.6	0.60	0.32	0.31
		0 + 313.6	22.8	29.4	31.8	0.61	0.37	0.32
		0 + 383.6	22.4	27.1	30.3	0.63	0.44	0.35
		0 + 488.6	21.6	28.0	30.1	0.68	0.41	0.35
		0 + 523.5	21.4	27.7	29.7	0.72	0.45	0.39
		0 + 593.5	21.6	27.2	29.6	0.70	0.45	0.39
挑坎段		0 + 620.4	20.7	25.4	28.1	0.93	0.72	0.60
		0 + 631.6	20.3	24.8	26.3	0.96	0.75	0.69
		0 + 640.8	20.9	25.3	27.3	0.54	0.40	0.35

表 3-3-8　工作门跌坎后近底掺气浓度沿程分布　　　　　　　　　　　　(%)

断面桩号	库水位(m)		
	238	275	285.43
0 + 045.5	1.4	3.9	7.8
0 + 066.5	0.3	1.7	3.3
0 + 084.0	0.6	1.3	1.5
0 + 098.0	0.4	0.7	0.6
0 + 122.5	0.5	0.6	0.6
0 + 168.0	0.3	0.2	1.0

3.4.1.7　水面线

　　试验结果表明,由于 1 号泄洪洞工作门下闸室段体型复杂,在各级水位时,两孔水流

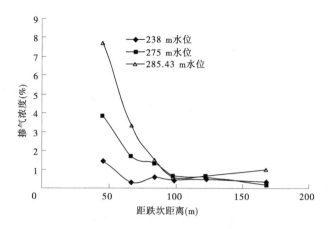

图 3-3-17　工作门跌坎下游近底掺气浓度沿程分布

在闸墩末端相遇,激起水冠,再加之洞两侧边墙收缩,在收缩段下游洞内溅起水花,水面呈现巨大的起伏,特别是高水位 285.43 m 时,桩号 0 + 97.53 ~ 0 + 140.0 洞内水面波动剧烈,如图 3-3-18 所示。试验量测该段最大水深及最小水深见图 3-3-19。在桩号 0 + 112 断面最大水深达到 10.85 m,水花不时触及洞顶。该段下游洞内水流波动相对较小,试验量测闸门全开,三级特征水位下洞内不同断面水深见表 3-3-9,表中左、右测点距两侧洞壁0.7 m。根据模型实测水深,计算 1 号泄洪洞净空面积约为隧洞断面面积的 39%,净空高度也较大,满足规范及设计要求。

图 3-3-18　库水位 285.43 m 时 0 + 97.53 ~ 0 + 140 段洞内流态

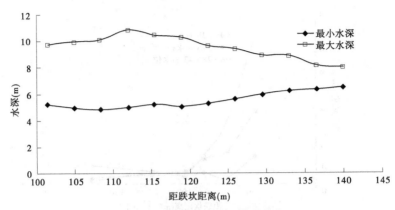

图 3-3-19 局部洞段水深沿程分布

表 3-3-9 1 号泄洪洞明流段水深沿程分布 　　　　　　　　　　（单位：m）

断面编号	断面桩号	$H = 238$ m				$H = 275$ m				$H = 285.43$ m			
		左	中	右	平均	左	中	右	平均	左	中	右	平均
1	0+24.96 左	5.4	5.5	5.6	5.5	6.1	5.5	6.1	5.9	6.3	6.2	6.1	6.2
1	0+24.96 右	5.6	5.2	5.5	5.4	6.0	5.4	6.1	5.8	6.3	5.6	6.2	6.0
2	0+067.53	4.1	4.8	4.1	4.4	5.2	5.8	5.3	5.4	5.7	5.6	5.5	5.6
3	0+097.53	5.5	5.8	5.7	5.7	5.7	6.6	5.9	6.1	6.4	6.8	6.4	6.5
4	0+167.53	6.5	6.4	6.9	6.6	7.2	6.5	7.1	6.9	7.6	6.6	7.2	7.1
5	0+237.53	6.3	6.5	6.1	6.3	7.3	6.5	7.4	7.0	7.4	6.6	7.6	7.2
6	0+307.53	6.4	6.5	6.3	6.4	6.9	6.7	7.2	7.0	7.5	6.7	7.4	7.2
7	0+377.53	6.6	6.6	6.4	6.6	7.1	7.0	7.3	7.1	7.2	7.0	7.5	7.2
8	0+477.53	6.8	6.5	6.7	6.7	7.3	7.4	7.4	7.4	7.6	7.2	7.6	7.5
9	0+517.53	6.9	6.8	6.9	6.8	7.2	7.3	7.4	7.3	7.5	7.5	7.6	7.6
10	0+600.00	6.8	6.8	7.1	6.9	7.6	7.6	7.3	7.5	7.3	7.7	7.9	7.6
11	0+618.00	7.4	7.1	7.3	7.3	7.8	8.1	7.6	7.8	7.4	8.0	8.4	7.9
12	0+630.00	8.0	7.4	7.8	7.7	8.4	8.3	8.4	8.4	8.8	8.0	8.7	8.5
13	0+641.00	8.1	7.7	8.0	7.9	8.3	8.1	8.6	8.4	8.4	8.3	8.9	8.5

3.4.1.8 挑流水舌

试验量测闸门全开泄洪洞挑流鼻坎坎顶水深及挑距见表 3-3-10。实测各级特征库水位下，挑坎坎顶水深均小于边墙高度 9.8 m。挑流鼻坎起挑水位是在闸门全开时，逐渐抬高库水位，直至水流从鼻坎上挑出对应的库水位和流量。泄洪洞的收挑水位是逐渐降低库水位至水舌挑不出去时读取库水位和流量。

表 3-3-10 挑流鼻坎坎顶水深及挑距

库水位（m）	238	275	285.43
挑坎水深（m）	7.94	8.37	8.54
水舌挑距（m）	56.7	77	99.75

试验量测 1 号泄洪洞挑流鼻坎起挑水位是 204.3 m，对应流量 320 m³/s；收挑水位是 201.6 m，对应流量 172 m³/s。

3.4.1.9　脉动压力特性

脉动压力传感器为宝鸡秦岭传感器厂生产的 CYB5508 型固态单晶硅片压阻式传感器。传感器输出信号通过成都泰斯特公司生产的 TST6300 型高速数据采集器接入计算机,由计算机自动控制采集、监测和数据处理。按照任务要求,分别对底板水舌冲击部位、洞身侧墙负压区及挑流鼻坎等部位的脉动压力进行了量测,测点位置与桩号见表 3-3-11。

表 3-3-11　不同测点脉动压力均方根及脉压系数

测点位置	编号	桩号	高程（m）	库水位（m）					
				238.00		275.00		285.43	
				均方根 σ(m)	脉动压力强度系数 N	均方根 σ(m)	脉动压力强度系数 N	均方根 σ(m)	脉动压力强度系数 N
底板	1	0 + 021.0	191.60	1.23	0.035	3.32	0.048	5.35	0.069
	2	0 + 050.8	189.07	0.62	0.016	0.94	0.015	0.93	0.013
侧墙	3	0 + 097.3	190.09	1.03	0.030	1.16	0.018	1.21	0.016
挑流鼻坎	4	0 + 620.4	175.75	0.58	0.023	0.52	0.014	0.70	0.015
	5	0 + 631.6	176.90	0.87	0.036	0.84	0.023	0.97	0.024
	6	0 + 640.8	179.64	0.62	0.024	0.68	0.018	1.41	0.033

1. 脉动压力幅值

脉动压力幅值特性多用脉动压力强度均方根 σ 或脉动压力强度系数 $N = \sigma/v_0^2/2g$（v_0 为断面平均流速）描述,脉动压力均方根 σ 反映了水流紊动程度和水流平均紊动能量。不同闸门开度下各测点脉动压力均方根及脉动压力强度系数也列于表 3-3-11。洞身不同部位脉动压力强度随着库水位的升高而增大,测点脉动压力强度在工作门跌坎下游水舌冲击区最大,库水位 285.43 m 时脉动压力均方根约为 5.35 m 水柱,脉动压力强度系数达到 0.069;其次在侧墙水流脱流区,库水位 285.43 m 时脉动压力均方根约为 1.21 m 水柱,脉动压力强度系数达到 0.016,侧墙 3 号测点在不考虑脉动压力时水流空化数仅为 0.08,如果考虑脉动压力,则其水流空化数就更小。水流脉动压力的最大可能振幅的取值,对泄水建筑物的水力设计和计算都具有重要的意义,脉动压力最大可能单倍振幅可采用公式 $A_{\min}^{\max} = \pm 3\sigma$ 进行计算。

2. 脉动压力频谱特性

功率谱图反映了各测点水流脉动能量按频率的分布特性。分析功率谱图可以得到谱密度最大时对应的优势频率,表 3-3-12 为试验实测不同测点脉动压力优势频率统计,结果表明,引起压力脉动的涡旋结构仍以低频为主,各测点水流脉动压力优势频率在 0.01 ~ 0.38 Hz(原型)之间,能量相对集中的频率范围均在 1 Hz 以下,即各测点均属于低频脉动。

表 3-3-12　各测点水流脉动压力优势频率

测点位置	编号	桩号	高程(m)	不同库水位(m)脉动压力优势频率(Hz)		
				238	275	285.43
底板	1	0+021.0	191.60	0.11	0.07	0.21
	2	0+045.5	189.20	0.07	0.10	0.14
侧墙	3	0+97.3	190.09	0.06	0.17	0.16
挑流鼻坎	4	0+620.4	175.75	0.26	0.24	0.38
	5	0+631.6	176.90	0.20	0.27	0.34
	6	0+640.8	179.64	0.07	0.32	0.18

3.4.1.10　下游冲刷试验

试验共进行了如表 3-3-13 所示的三组冲刷试验,模型初始地形是按照设计提供河床地形铺设,每组试验冲刷约 20 h(模型 3.5 h)。各组试验下游水位(泄洪洞出口下游 150 m 处)是根据下游水位流量关系查出的。

表 3-3-13　冲刷试验组次及水舌挑距和冲刷坑最深点高程

组次	库水位(m)	泄洪洞出口下游水位(m)	相应枢纽最大下泄流量(m³/s)	水舌挑距(m)	冲刷坑最深点高程(m)	最深点距挑坎距离(m)
1	225	171.55	1 000	50.75	156.05	56.0
2	285.43	180.13	10 800	98.00	149.47	122.5
3		173.53	2 030	99.75	147.52	110.0

库水位 225 m,下游河道水位 171.55 m 时,1 号泄洪洞挑流水舌挑距为 50.75 m,冲坑最深点高程为 156.05 m,冲刷坑范围相对较小,但冲坑距挑坎较近,冲刷坑最深点距挑坎 56 m,流态、冲刷坑形态及冲刷坑地形见图 3-3-20。

校核洪水位时,由于入水单宽较大,冲坑范围和深度明显较 225 m 库水位时大,当枢纽下泄流量为 10 800 m³/s 时,下游河道水位 180.13 m 较高,水舌挑距为 98.0 m,下游流态、冲刷坑形态及冲刷坑地形如图 3-3-21 所示,冲刷坑最深点高程为 149.47 m,冲刷坑最深点距挑坎 122.5 m。

校核洪水位时,当只有 1 号洞泄洪时(最不利工况)下游河道水位相对较低,水舌挑距为 99.75 m,下游流态、冲坑形态及冲刷坑地形如图 3-3-22 所示,下游冲坑最深点高程为 147.52 m,冲刷坑最深点距挑坎 110.0 m,模型模拟部分基岩块石冲至冲坑下游。

3.4.2　原设计闸门局部开启试验

3.4.2.1　泄流能力

由于 1 号泄洪洞在运用过程中,需要经常局部开启,试验对 1 号泄洪洞闸门不同开启度的水位流量关系进行了量测,结果如图 3-3-23 所示。图中库水位为泄洪洞进口上游 52.5 m 处断面水位,未计入行近流速水头(该断面流速很小)。

由图 3-3-23 可得特征库水位对应的不同闸门开启度时的泄流量,见表 3-3-14。模型实测闸门不同开启度时库水位与门井水位的关系见图 3-3-24,供设计参考。

(a) 出口流态

(b) 冲刷坑形态

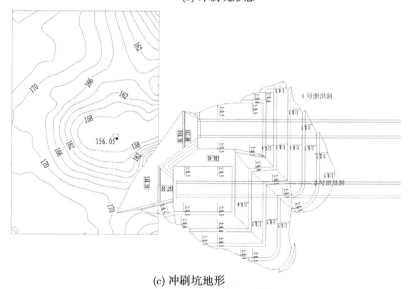

(c) 冲刷坑地形

图 3-3-20　1 号泄洪洞出口下游河道状况(库水位 225 m,下游水位 171.55 m)

(a) 出口流态

(b) 冲刷坑形态

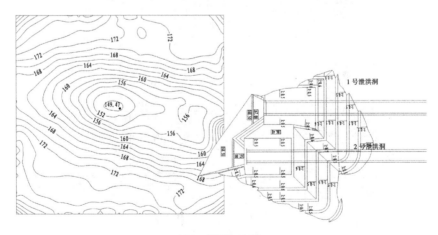

(c) 冲刷坑地形

图 3-3-21　1 号泄洪洞出口下游河道状况（库水位 285.43 m，下游水位 180.13 m）

(a) 出口流态

(b) 冲刷坑形态

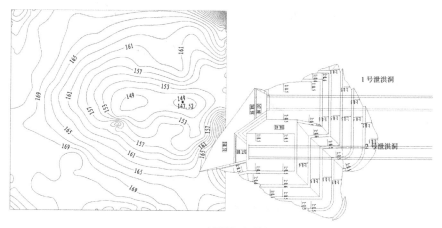

(c) 冲刷坑地形

图 3-3-22 1 号泄洪洞出口下游河道状况(库水位 285.43 m,下游水位 173.53 m)

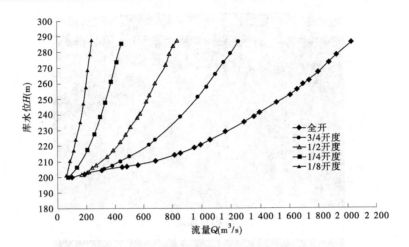

图 3-3-23　不同闸门开度水位流量关系

表 3-3-14　特征水位时不同闸门开度对应的泄流量

库水位(m)	流量(m³/s)				
	闸门全开	3/4 开度	1/2 开度	1/4 开度	1/8 开度
238	1 345	850	560	300	163
275	1 898	1 175	770	416	225
285.43	2 030	1 248	825	449	238

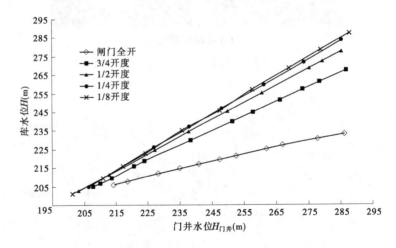

图 3-3-24　不同闸门开度库水位与门井水位关系曲线

根据模型实测资料,通过回归分析得出库水位与门井水位之间的关系式如下,供设计参考(建议在库水位 205 m 高程以上使用)。

闸门全开:

$$H_{门井} = 124.37 + 0.38H \qquad (3\text{-}3\text{-}2)$$

闸门 3/4 开度:

$$H_{门井} = 40.98 + 0.79H \qquad (3\text{-}3\text{-}3)$$

闸门 1/2 开度：

$$H_{门井} = 17.12 + 0.91H \tag{3-3-4}$$

闸门 1/4 开度：

$$H_{门井} = 0.39 + 0.99H \tag{3-3-5}$$

闸门 1/8 开度：

$$H_{门井} = -2.35 + 1.01H \tag{3-3-6}$$

3.4.2.2　流态和水深

试验结果表明，闸门局部开启时闸室流态与全开时相似，只是局开时，出流横向扩散，把侧空腔几乎封闭，两侧水翅高度降低，位置下移。闸室及下游明流段内水深沿程有较大起伏，图 3-3-25 为闸门出口下游附近各断面平均水深变化情况，图中桩号 0 为跌坎位置。

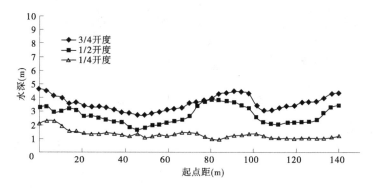

图 3-3-25　库水位 285.43 m 闸门不同开度闸室段水深沿程分布

随着流程增加，明流段水流得以调整，水面逐渐平顺，见表 3-3-15。库水位 285.43 m时，闸门 1/4 开度、1/2 开度、3/4 开度时洞内流态如图 3-3-26 ~ 图 3-3-28 所示。

表 3-3-15　1 号泄洪洞闸门局部开启时明流段水深沿程分布　　　　　（单位：m）

断面编号	断面桩号	$H = 238$ m				$H = 275$ m				$H = 285.43$ m			
		开度 1/2		开度 1/4		开度 1/8		开度 1/4		开度 1/8		开度 1/4	
		边	中	边	中	边	中	边	中	边	中	边	中
1	0 + 097.53	2.03	3.40	1.09	2.21	0.98	1.82	1.30	2.66	1.29	1.72	1.4	2.63
1	0 + 167.88	2.73	3.08	1.54	1.89	1.16	1.40	2.07	2.16	1.37	1.48	2.11	2.31
2	0 + 237.88	2.87	2.84	1.82	1.85	1.12	1.25	2.03	2.22	1.5	1.56	2.08	2.21
3	0 + 307.88	2.94	2.84	2.00	1.82	1.34	1.32	2.04	2.23	1.67	1.68	2.14	2.24
4	0 + 377.88	2.97	3.03	1.99	2.03	1.41	1.37	2.03	2.28	1.63	1.61	2.18	2.24
5	0 + 477.88	2.98	3.19	2.00	1.93	1.47	1.65	2.14	2.36	1.72	1.54	2.21	2.38
6	0 + 517.88	3.19	3.15	2.03	2.10	1.68	1.68	2.31	2.38	1.72	1.93	2.21	2.49
7	0 + 600.13	3.19	3.29	2.10	2.17	1.72	1.75	2.38	2.56	1.89	1.96	2.39	2.42
坎顶	0 + 641.00	4.13	3.75	3.26	2.77	2.87	2.28	3.40	3.01	2.87	2.45	3.40	3.22

3.4.2.3　压力分布

表 3-3-16 ~ 表 3-3-18 分别为三个特征库水位闸门局部开启时，泄洪洞进口段及闸室段不同部位压力值。试验表明，闸门局部开启对进口段压力分布有影响，闸门开度越小，

影响越大。在同一库水位条件下,泄洪洞进口压力流段各部位压力随着闸门开度的减小而增大,距工作门越近,库水位越高,压力差值越大,如库水位 285.43 m,闸墩 10 测点压力值,当闸门开度由 1/4 增大至 3/4 时,其压力值则由 81.96 m 水柱减小至 49.16 m 水柱,减小了约 40%。水流出闸室以后的明流段压力分布规律与压力段正好相反,在同一库水位时,压力随着闸门开度增大而增大。

(a) 闸室段　　　　　　　　　　　　　　(b) 洞身段

图 3-3-26　闸门 1/4 开度时流态

(a) 闸室段　　　　　　　　　　　　　　(b) 洞身段

图 3-3-27　闸门 1/2 开度时流态

(a) 闸室段　　　　　　　　　　　　　　(b) 洞身段

图 3-3-28　闸门 3/4 开度时流态

表 3-3-16　库水位 238 m 不同闸门开度时泄洪洞不同部位压力

测点位置	编号	桩号	高程（m）	压力（m 水柱）		
				1/4 开度	1/2 开度	3/4 开度
顶板	1	0－024.0	207.21	30.61	30.49	29.28
	2	0－023.4	206.40	31.18	30.32	28.05
	3	0－021.0	205.22	31.94	30.13	25.74
	4	0－019.6	204.90	32.30	30.46	26.10
	5	0－017.4	204.45	32.68	30.84	26.41
	6	0－015.7	204.10	32.92	31.26	26.77
	7	0－012.2	203.91	33.33	31.76	27.62
	8	0－008.8	203.07	34.02	32.04	27.01
	9	0－005.6	202.28	35.10	33.95	30.30
中墩	1	0－24.0	197.10	40.38	39.90	38.38
	2	0－23.6	197.10	40.20	39.13	36.80
	3	0－22.5	197.10	40.10	38.67	35.72
	4	0－21.5	197.10	39.99	38.29	34.74
	5	0－20.4	197.10	39.96	34.23	34.28
	6	0－17.6	197.10	39.89	37.94	33.97
	7	0－14.8	197.10	39.78	38.01	33.02
	8	0－12.0	197.10	39.75	37.31	32.71
	9	0－8.9	197.10	39.22	35.70	29.35
	10	0－5.7	197.10	37.72	31.04	22.77
左侧边墙	1	0－024.0	197.10	40.45	39.44	37.36
	2	0－023.6	197.10	40.20	38.60	35.26
	3	0－022.5	197.10	40.17	38.64	35.23
	4	0－021.5	197.10	40.06	38.36	34.60
	5	0－020.4	197.10	39.99	38.25	34.32
	6	0－017.6	197.10	39.99	38.18	33.93
	7	0－014.8	197.10	39.78	37.59	33.02
	8	0－012.0	197.10	39.71	37.41	32.78
	9	0－008.7	197.10	39.26	35.70	29.31
	10	0－005.7	197.10	37.93	31.29	26.13
	11	0－002.6	197.10	17.90	7.26	6.28

续表 3-3-16

测点位置	编号	桩号	高程(m)	压力(m 水柱)		
				1/4 开度	1/2 开度	3/4 开度
闸室出口陡坡底板	6	0 + 007.0	193.00	0.51	0.86	6.46
	7	0 + 010.5	192.65	2.61	2.71	4.29
	8	0 + 014.0	192.30	1.73	6.28	7.05
	9	0 + 017.5	191.95	1.66	2.75	4.08
	10	0 + 021.0	191.60	1.31	2.54	3.76
	11	0 + 024.5	191.25	1.56	2.75	3.80
	12	0 + 029.8	190.73	1.42	2.29	3.31
	13	0 + 035.0	190.20	1.73	2.40	3.38
	14	0 + 040.3	189.68	1.70	2.54	3.73
	15	0 + 045.5	189.20	5.64	7.08	8.58
	16	0 + 050.8	189.07	1.92	2.76	3.74
	17	0 + 056.0	188.95	1.52	2.25	3.20
	18	0 + 061.3	188.83	1.29	1.99	3.00

表 3-3-17 库水位 275 m 不同闸门开度时泄洪洞不同部位压力

测点位置	编号	桩号	高程(m)	压力(m 水柱)		
				1/4 开度	1/2 开度	3/4 开度
顶板	1	0 − 024.0	207.21	67.40	66.89	64.66
	2	0 − 023.4	206.40	67.86	65.84	60.40
	3	0 − 021.0	205.22	68.16	64.64	56.22
	4	0 − 019.6	204.90	68.53	64.93	56.51
	5	0 − 017.4	204.45	68.87	65.24	56.79
	6	0 − 015.7	204.10	69.04	66.57	57.26
	7	0 − 012.2	203.91	69.66	66.59	58.24
	8	0 − 008.8	203.07	70.32	66.23	56.20
	9	0 − 005.6	202.28	71.60	69.41	62.43
中墩	1	0 − 24.0	197.10	77.23	76.05	72.15
	2	0 − 23.6	197.10	76.88	74.62	69.18
	3	0 − 22.5	197.10	76.67	74.02	67.57
	4	0 − 21.5	197.10	76.50	73.29	65.89
	5	0 − 20.4	197.10	76.39	71.71	65.26
	6	0 − 17.6	197.10	76.32	72.76	64.91
	7	0 − 14.8	197.10	76.15	72.38	62.88
	8	0 − 12.0	197.10	75.97	71.50	62.21
	9	0 − 8.9	197.10	75.06	68.42	55.74
	10	0 − 5.7	197.10	72.26	59.85	43.35

续表 3-3-17

测点位置	编号	桩号	高程（m）	压力（m 水柱）		
				1/4 开度	1/2 开度	3/4 开度
左侧边墙	1	0 – 024.0	197.10	77.16	76.26	67.64
	2	0 – 023.6	197.10	76.67	74.48	62.77
	3	0 – 022.5	197.10	76.57	73.95	60.99
	4	0 – 021.5	197.10	76.36	73.32	59.03
	5	0 – 020.4	197.10	76.39	73.08	58.29
	6	0 – 017.6	197.10	76.22	72.73	57.31
	7	0 – 014.8	197.10	76.01	71.99	55.21
	8	0 – 012.0	197.10	75.90	71.78	54.83
	9	0 – 008.7	197.10	74.92	68.21	47.02
	10	0 – 005.7	197.10	72.30	59.53	32.15
	11	0 – 002.6	197.10	43.52	27.05	10.59
闸室出口陡坡底板	6	0 + 007.0	193.00	0.51	0.61	2.15
	7	0 + 010.5	192.65	0.82	6.56	8.24
	8	0 + 014.0	192.30	0.86	1.84	7.96
	9	0 + 017.5	191.95	4.08	2.99	5.16
	10	0 + 021.0	191.60	1.49	2.26	3.76
	11	0 + 024.5	191.25	1.91	2.92	3.90
	12	0 + 029.8	190.73	1.21	2.68	3.83
	13	0 + 035.0	190.20	1.98	3.24	4.08
	14	0 + 040.3	189.68	2.01	3.10	4.25
	15	0 + 045.5	189.20	8.06	10.02	12.12
	16	0 + 050.8	189.07	2.27	3.00	4.09
	17	0 + 056.0	188.95	2.01	2.74	3.65
	18	0 + 061.3	188.83	1.78	2.62	3.81

表 3-3-18　库水位 285.43 m 不同闸门开度时泄洪洞不同部位压力

测点位置	编号	桩号	高程(m)	压力(m 水柱)		
				1/4 开度	1/2 开度	3/4 开度
顶板	1	0 − 024.0	207.21	78.04	76.77	74.64
	2	0 − 023.4	206.40	78.43	77.34	71.42
	3	0 − 021.0	205.22	78.73	73.86	64.80
	4	0 − 019.6	204.90	79.10	74.22	65.19
	5	0 − 017.4	204.45	79.40	74.53	65.36
	6	0 − 015.7	204.10	79.47	75.69	66.63
	7	0 − 012.2	203.91	80.23	76.02	67.59
	8	0 − 008.8	203.07	80.68	75.49	64.71
	9	0 − 005.6	202.28	82.17	78.88	54.03
中墩	1	0 − 24.0	197.10	87.66	85.49	81.99
	2	0 − 23.6	197.10	87.24	84.02	78.45
	3	0 − 22.5	197.10	86.93	83.28	76.63
	4	0 − 21.5	197.10	86.79	82.55	74.71
	5	0 − 20.4	197.10	86.68	84.96	73.90
	6	0 − 17.6	197.10	86.54	81.95	73.55
	7	0 − 14.8	197.10	86.23	81.74	71.17
	8	0 − 12.0	197.10	86.09	80.48	70.58
	9	0 − 8.9	197.10	85.00	77.05	63.26
	10	0 − 5.7	197.10	81.96	67.22	49.16
左侧边墙	1	0 − 024.0	197.10	87.98	86.47	86.23
	2	0 − 023.6	197.10	87.38	84.30	84.37
	3	0 − 022.5	197.10	87.14	83.46	83.46
	4	0 − 021.5	197.10	86.89	82.65	81.74
	5	0 − 020.4	197.10	86.79	82.44	81.25
	6	0 − 017.6	197.10	86.65	81.99	80.38
	7	0 − 014.8	197.10	86.30	79.01	78.59
	8	0 − 012.0	197.10	86.23	80.80	78.45
	9	0 − 008.7	197.10	85.07	76.88	71.56
	10	0 − 005.7	197.10	82.03	66.97	58.33
	11	0 − 002.6	197.10	53.22	15.42	9.33

续表 3-3-18

测点位置	编号	桩号	高程(m)	压力(m 水柱)		
				1/4 开度	1/2 开度	3/4 开度
闸室出口陡坡底板	6	0 + 007.0	193.00	0.54	0.51	1.63
	7	0 + 010.5	192.65	0.68	7.51	8.73
	8	0 + 014.0	192.30	0.82	1.17	7.96
	9	0 + 017.5	191.95	4.50	3.76	5.27
	10	0 + 021.0	191.60	1.45	2.40	3.76
	11	0 + 024.5	191.25	2.05	3.13	4.18
	12	0 + 029.8	190.73	1.17	2.61	3.76
	13	0 + 035.0	190.20	1.84	3.06	4.25
	14	0 + 040.3	189.68	2.08	3.38	4.71
	15	0 + 045.5	189.20	8.72	10.86	13.80
	16	0 + 050.8	189.07	2.16	2.97	4.26
	17	0 + 056.0	188.95	2.04	2.67	4.04
	18	0 + 061.3	188.83	1.85	2.55	3.74

3.4.2.4　不同开度挑坎起挑水位

试验实测了闸门不同开度时挑坎的起挑水位,见表 3-3-19,供设计参考。闸门开启过程中,会在明流洞内产生水跃,鼻坎处水流贴鼻坎壁下泄,对鼻坎处河床有一定冲刷。当水位升高时,流速加大,水流将挑出鼻坎。受模型闸门启闭条件限制(固定开度,逐渐抬升水位,观测水流起挑情况),水跃在明流洞内存在的时间较长,而原型是在某特征水位时,逐步开启闸门至要求值,起始水头高,流速大,水跃在明流洞内的时间短,甚至不会出现水跃。因此,试验结果偏于安全。从试验看,闸门 1/8 开度、1/4 开度、1/2 开度时挑坎的起跳水位分别为 274.9 m、231.9 m、214.0 m,对应的收挑水位分别为 238.8 m、214.3 m、204.6 m。

表 3-3-19　不同闸门开度时挑坎起挑水位

项目	闸门开度		
	1/2 开度	1/4 开度	1/8 开度
起挑水位(m)	214.0	231.9	274.9
收挑水位(m)	204.6	214.3	238.8

3.4.2.5　闸门局部开启时水舌挑距

　　表 3-3-20 是几种工况下不同特征库水位下闸门局部开启时水舌挑距。试验表明,在同一闸门开度下,挑坎水舌挑距随着库水位的升高而增大,相同库水位时,水舌挑距随着闸门开度的增大而增大。

表 3-3-20　闸门局部开启时水舌挑距

闸门开度	挑距(m)		
	$H = 238$ m	$H = 275$ m	$H = 285.43$ m
开度 1/8		34.6	37.8
开度 1/4	36.7	52.5	56.0
开度 1/2	49.7		

3.4.3　泄洪洞中墩及渐变段体型修改试验

　　根据原设计方案试验成果,为改善出口段流态和消除边墙负压,对泄洪洞中墩及渐变段体型进行了局部修改试验,首先将 1 号泄洪洞渐变段上延 20 m,即两侧边墙收缩段由 30 m 加长至 50 m,在两侧边墙收缩段加长基础上,试验比较了包括原设计中墩体型在内的三种中墩体型。

　　如图 3-3-29 为在原设计体型的基础上将洞身渐变段长度由 30 m 加长至 50 m。试验表明,渐变段长度加长后中墩尾部流态得到明显改善,洞身桩号 0 + 97.53 ~ 0 + 140.0 段水面波动幅度减小,在库水位 238 m 时,仅在 0 + 97.53 ~ 0 + 115.0 范围靠近两侧边墙处产生水翅,水翅最大高度 9 ~ 11 m,水翅偶尔触及洞壁直墙顶部。在库水位 275 m 时,两侧边墙处产生的水翅高度明显减小, 0 + 97.53 断面水深分布是中部(水深 7.7 m)大于两侧(水深 5.8 m)。在库水位 285.43 m 时,两侧边墙处没有明显的水翅,如图 3-3-30 所示, 0 + 97.53 断面水深分布是中部(水深 7.85 m)大于两侧(水深 6.0 m)。

　　从表 3-3-21 可以看出,渐变段长度加长后收缩段末端侧墙压力分布有较大的改善,最大负压明显减小。库水位 285.43 m 时 0 + 97.3 断面水流空化数由原来的 0.08 提高到 0.13。考虑到水流流速较大,建议收缩段末端侧墙与洞身侧墙连接处用圆弧过渡,进一步提高水流空化数。

　　为了简化中墩体型,试验又比较了两种中墩体型,如图 3-3-31 和图 3-3-32 所示,图 3-3-31 为中墩体型修改 1,该体型与原设计中墩相比,结构简单,中墩长度缩短 11.24 m。图 3-3-32 为中墩体型修改 2,该体型与原设计中墩相比,结构简单,中墩长度加长 0.76 m。

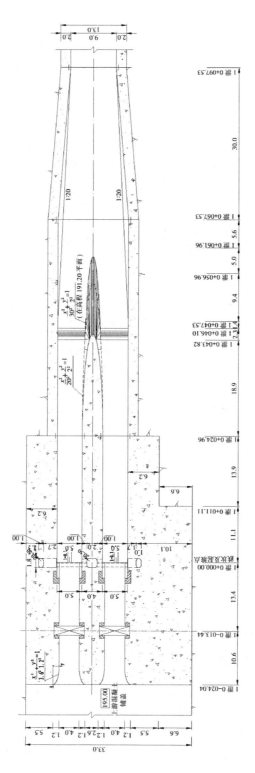

图 3-3-29　渐变段加长原设计中墩体型闸室布置图　（单位：m）

(a)　　　　　　　　　　　　　　　　　(b)

图 3-3-30　库水位 285.43 m 渐变段加长原设计中墩体型墩尾流态

表 3-3-21　收缩段末端侧墙压力

编号	桩号	高程(m)	库水位 275 m		库水位 285.43 m	
			原方案	修改方案	原方案	修改方案
34	0 + 97.2	190.08	− 0.48	0.54	− 1.35	0.19
35	0 + 97.9	190.07	− 3.71	− 1.12	− 4.87	− 1.68
36	0 + 98.6	190.06	− 3.00	− 0.10	− 2.37	− 0.62
37	0 + 99.6	190.03	− 0.57	1.18	− 1.34	0.97

　　试验表明,采用修改 1 中墩体型,各级特征水位时在墩的尾部产生的水冠均冲击洞顶,库水位 275 m 时墩尾部产生水冠如图 3-3-33 所示。采用修改 2 中墩体型,各级特征水位时在墩的尾部水面波动剧烈,局部水冠高度达到洞直墙顶部,库水位 285.43 m 时墩尾部流态如图 3-3-34 所示。三种中墩体型相比,中墩体型修改 1 流态最差,其次为中墩体型修改 2,原设计中墩体型最优,建议设计采用。

3.4.4　1 号泄洪洞试验结论与建议

　　(1)1 号泄洪洞泄流能力符合短压力进水口泄洪洞的泄流规律,模型实测特征水位泄量比设计值大 3.5% 左右,满足规范和设计要求。

　　(2)原设计 1 号泄洪洞进口前引渠底部宽度为 33 m,进口两侧开挖宽度不同,进流不对称,引起工作门出口流态不稳;将引渠底部宽度调整为 26.4 m,且进口两侧对称开挖后,工作门出口流态得到改善,建议设计采用进口调整方案。

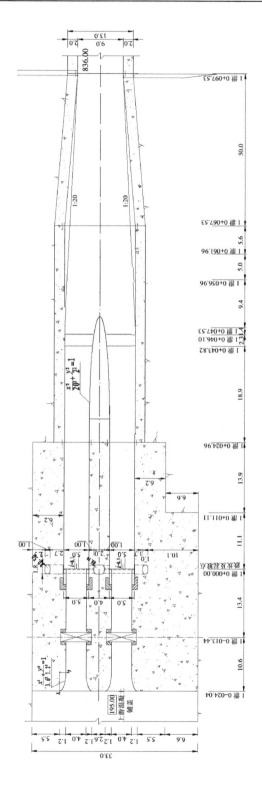

图 3-3-31　渐变段加长中墩体型修改 1 闸室布置图　（单位：m）

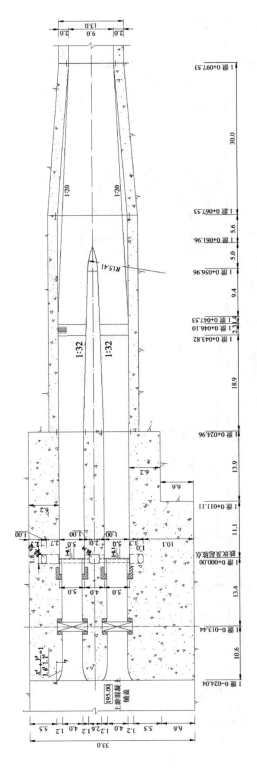

图 3-3-32　渐变段加长中墩体形修改 2 闸室布置图　（单位：m）

图 3-3-33　库水位 275 m 时中墩体型 1 流态

图 3-3-34　库水位 285.43 m 时中墩体型 2 流态

（3）在库水位 238 m 以上，弧形工作闸门后侧空腔激起水翅，水翅冲击闸门铰座，建议在闸下两侧边墙上增设导流板。经过多次试验比较，建议设置导流板宽度为 1 m，导流板首端桩号为 0+000.0，高程为 202.5 m，导流板末端桩号为 0+014.0，高程为 200.0 m。

（4）闸门全开时，当库水位低于 253 m 时，闸门处底坎空腔中有回水，通气孔经常被回水淹没，底空腔掺气量很小，通气孔风速也很小。库水位高于 253 m 后，坎后回水量逐渐减小，底空腔由通气孔和侧空腔供气，闸门局部开启时，侧空腔被两侧水翅封堵，跌坎后底空腔主要通过通气孔供气，闸门局部开度越小，通气孔风速越大，因此通气孔设置是必要的。

（5）闸门全开时，洞身桩号 0+97.53~0+140.0 段水面波动剧烈，在库水位 285.43 m 时，断面局部最大水深达到 10.85 m，接近洞壁直墙高度，溅起的水花不时触及洞顶。渐变段长度加长后，原设计中墩尾部流态得到明显改善，库水位 285.43 m 时 0+97.53 断面最大水深只有 7.8 m，洞内余幅满足设计规范，建议设计采用。

（6）在泄洪洞进口压力流段，泄洪洞各部位压力分布均匀，且为正压。水流出工作门后，底板压力起伏较大。原设计各特征水位时，收缩段末端 0+97.53 两侧边墙处产生较大的负压，渐变段长度加长后收缩段末端侧墙压力分布有较大的改善，最大负压明显减小。库水位 285.43 m 时 0+97.3 断面水流空化数由原来的 0.08 提高到 0.13。考虑到水流流速较大,建议收缩段末端侧墙与洞身侧墙连接处用圆弧过渡,进一步提高水流空化数。

(7)由于弧门出口边界复杂,较简单的中墩体型对水流的变化不适应,会在墩尾产生较高的水冠,流态较恶劣。相比而言,原设计中墩体型虽然复杂,但对水流的适应性较好,建议设计采用。

(8)库水位285.43 m时,桩号0+97.53以上隧洞洞断面平均流速接近35 m/s,考虑到沁河为多泥沙河流,建议该段泄洪洞施工时,要选用抗冲耐磨性能好的材料,并严格控制施工平整度。

(9)引起压力脉动的涡旋结构仍以低频为主,各测点水流脉动压力优势频率主要集中在1 Hz以下,水流脉动压力概率分布接近正态,脉动压力最大值出现在弧门出口水舌冲击底板处,校核水位时,此处脉压均方根可达5.35 m水柱,渐变段侧墙和挑流鼻坎处脉压均方根均小于1.5 m水柱。各测点脉动压力最大可能单倍振幅可按3倍均方根计算。

(10)1号泄洪洞挑流鼻坎起挑水位为204.3 m,对应流量320 m³/s,收挑水位是201.6m,对应流量172 m³/s。实测挑坎坎顶最大水深为8.54 m,较坎顶边墙高度低1.26 m。

(11)各级特征洪水时下游冲刷坑均较深,在库水位225 m时,虽然冲刷坑相对较浅,但冲坑距挑坎较近;在校核洪水位,且下游水位较低时冲刷坑较深,但冲刷坑最深点距挑坎较远,因此设计应根据不同水流边界条件下冲刷坑情况,对挑坎稳定性进行复核计算。

(12)模型实测不同闸门开启度的泄流能力可供设计和运行参考。

(13)局部开启过程中,两空开启保持同步,明流洞内产生水跃,水跃高度低于泄洪洞边墙高度,试验实测闸门1/8开度、1/4开度、1/2开度时挑坎的起挑水位分别为274.9 m、231.9 m、214.0 m,试验结果偏于安全,可供设计和运行参考。

3.5　2号泄洪洞工作门突扩突跌方案试验

2号泄洪洞设计有两个方案,其中第一个方案是在工作门后突扩突跌,第二个方案是工作门后只突跌,到龙抬头末端再突扩突跌。本节是第一个方案的试验成果。该方案跌坎高度为1.8 m,左右两侧各突扩0.75 m,坎下设置1:10的陡坡,陡坡的水平投影长度37.33 m,陡坡段洞宽9.0 m,陡坡与下游龙抬头衔接,龙抬头段为城门洞型,洞宽9.0 m,洞壁高10 m,龙抬头末端设一高度为1.0 m的跌坎。龙抬头段桩号0+075.0处设置一道B型掺气坎,即挑坎与跌坎组合型掺气坎,并在洞身桩号0+270.28、0+370.28、0+470.28处设置三道C型掺气坎,即挑坎与通气槽组合型掺气坎,三道C型掺气坎的尺寸相同,掺气坎尺寸如图3-3-35所示。

3.5.1　泄流能力

2号泄洪洞闸门全开时的水位流量关系量测结果如图3-3-36所示。图中库水位为泄洪洞进口上游52.5 m处断面水位,未计入行近流速水头(238 m水位以上,行近流速很小,仅0.2 m/s左右,行近流速水头小于1 cm)。同时,对事故门井水位进行了量测,结果

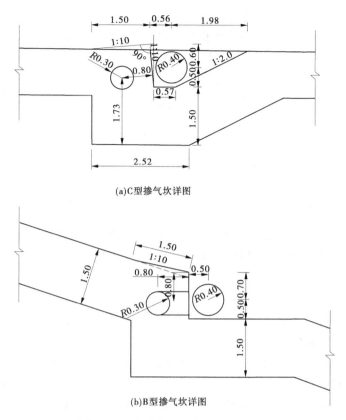

(a)C型掺气坎详图

(b)B型掺气坎详图

图 3-3-35　掺气坎体型细部尺寸　（单位:m）

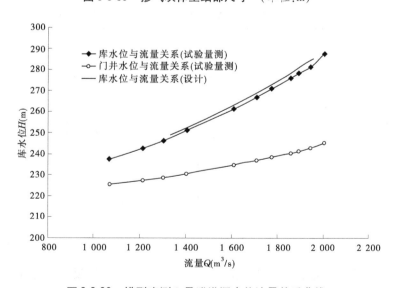

图 3-3-36　模型实测 2 号泄洪洞水位流量关系曲线

一并绘入图 3-3-36 中。另外,将设计值也绘入图 3-3-36 中。根据试验资料反求流量系数列于表 3-3-22,可以看出,设计水位时,试验值比设计值大 2.5% 左右,满足设计泄量要求,模型实测流量系数与典型的短压力进水口流量系数一致,满足设计规范要求。从泄流量看,进口压力段体型的设计尺寸是合理的。

表 3-3-22   特征水位下 2 号泄洪洞水位流量统计

库水位(m)		门井水位(m)	流量(m³/s)		试验流量系数	试验值与设计值相对差值(%)
			设计值	试验值		
汛期限制水位	238	225.5		1 085	0.896	
设计洪水位	275	240.1	1 800.49	1 845	0.899	2.5
校核洪水位	285.43	244.6	1 956.77	1 988	0.890	1.6

试验对不同库水位对应的门井水位一并进行了量测,根据试验量测数据得出门井水位与库水位的关系式为 $H_{门井} = 131.51 + 0.395H$,供设计参考。

3.5.2   水流流态

高速水流出闸孔后形成射流,在跌坎下方形成底空腔;同时,水流因边壁突扩而横向扩散与两侧边壁间形成侧空腔;突扩射流在门座不远处再次触壁后,冲击水流沿墙向上窜起形成水翅,向下在空腔内形成水帘,沿两侧壁落入底板。在射流界面上,由于流体的紊动而发生水气交换,形成掺气。试验量测三级特征库水位下侧空腔长度、底空腔长度、水舌长度以及通气孔运用状态等情况见表 3-3-23,表中侧空腔长度是从跌坎(桩号 0 + 000.0)量起的。

表 3-3-23   工作门突扩突跌空腔参数及通气孔运用情况

项目	库水位(m)		
	238	275	285.43
底空腔长度(m)	充满水体	10 ~ 11.5	10 ~ 15
水舌长度(m)	14.4	28	31.5
底空腔高度(m)	0	0.5 ~ 1.1	0.5 ~ 1.3
底空腔下积水深度(m)	2.1	1 ~ 1.5	1 ~ 1.5
侧空腔长度(m)	5.4	12.8	13.5
通气孔运用状况	淹没	淹没	3/4 淹没

由于射流水舌与底板夹角较大,水流冲击底板产生较大的反向上溯水流,汛限水位 238 m 时,回流可以达到跌坎处,即底空腔充满水体,无法掺气。库水位 275 m 时,底空腔也有回水存在,底空腔的有效长度只有水舌底缘长度的 30% ,通气孔被淹没,主要通过侧空腔供气。库水位 285.45 m 时,底空腔的有效长度只有水舌底缘长度的 32% ~ 47% ,通气孔处于淹没和半淹没交替状态,主要通过侧空腔供气。由于射流水舌和底板夹角较大,

不仅在水流冲击点产生较大的反向水流,同时观测到在水流冲击区有一股水流向上翻起,导致龙抬头上段(0+037~0+080)水面上下波动。实测龙抬头不同断面两边壁最大水深与最小水深见表3-3-24。库水位285.45 m时,桩号0+075.0断面边壁水深最大相差0.9 m左右。结果还发现,侧空腔位置在桩号0+010.0~0+030.0之间,位于闸门铰座下游,水翅不会冲击闸门铰座。在低水位运用时两侧水翅触及洞壁直墙顶部(见图3-3-37),在高水位时水翅位置下移,进入龙抬头段,水翅高度明显降低(见图3-3-38和图3-3-39),导致龙抬头段两边壁水深大于中部。

表3-3-24 库水位285.43 m时龙抬头段不同断面边壁水深

断面桩号	断面边壁水深(m)		
	最大	最小	差值
0+037.33	7.4	7.0	0.4
0+055.33	8.4	7.7	0.8
0+075.00	8.6	7.7	0.9
0+104.14	6.7	6.6	0.1

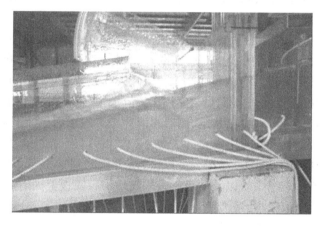

图3-3-37 库水位238 m时侧空腔水翅

图3-3-38 库水位275 m时侧空腔水翅

图 3-3-39　库水位 285.43 m 时侧空腔水翅

3.5.3　压力分布

试验分别在洞的进口段、闸室段以及洞身段布置测压点 93 个。试验量测各特征水位下,进口及闸室段顶板、侧墙和底板压力如图 3-3-40 所示。在泄洪洞进口压力流段,泄洪洞各部位压力分布均匀,且为正压。水流出闸室后,闸下底板陡坡段所测压力均为正压,由于射流冲击底板,压力起伏变化较大,在跌坎下游有明显的峰值,峰值位于跌坎下游 12~34 m 范围内,三级特征水位时峰值分别为 11.93 m 水柱、13.93 m 水柱、13.42 m 水柱。突扩跌坎后侧扩射流冲击侧墙,产生清水区,清水区内流线折射,导致局部压力降低,形成低压区。从图 3-3-40(c)可以看出,侧墙水流冲击点后压力急速下降,压力梯度较大,存在负压区,库水位 285.43 m 时,最大负压为 −1.92 m 水柱(断面桩号 0+024.8)。在龙抬头上段 0+044.0~0+095.0,存在一低压区,试验量测到最小压力为 −0.89 m 水柱。另外,在泄洪洞龙抬头末端跌坎以及洞身三级掺气坎坎后底板上因射流水舌的冲击,水舌下产生局部负压,负压值较小,最大值为 −0.37 m 水柱,水舌冲击区短距离内压力迅速增至最高,而后沿程衰减接近下游水深。

3.5.4　流速分布

试验采用直径为 2.5 mm 的小毕托管对沿程 13 个断面的流速分布进行了量测,每个断面量测左、中心线、右三条垂线,左、右垂线距两侧洞壁 0.7 m,每条垂线量测 5 点,量测结果见表 3-3-25,其中左、右两侧垂线距两侧洞壁 0.7 m,每条垂线量测 5 点。表中断面平均流速是根据模型实测三条垂线流速通过断面加权平均计算的。

结果表明,水流出孔口后,洞身各断面流速分布均为中垂线流速略大于两侧,在龙抬头段断面平均流速沿程增加,龙抬头段末端(桩号 0+150.28)以下,洞身各断面平均流速沿程减小。在最高库水位 285.43 m 时,洞身各断面平均流速大于 30 m/s,在桩号 0+279.28 以上洞身各断面平均流速均大于 35 m/s。

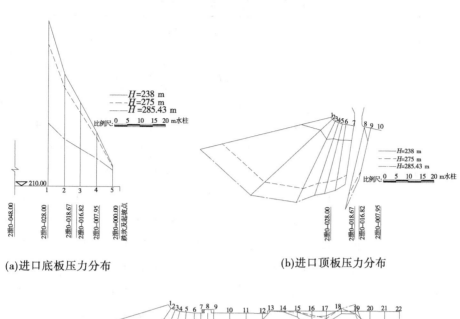

(a)进口底板压力分布　　　　　　　　　　　　(b)进口顶板压力分布

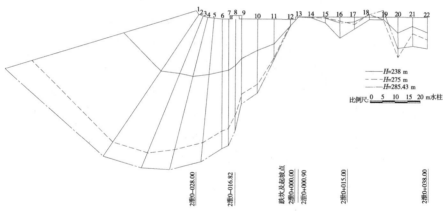

(c)进口侧墙压力分布

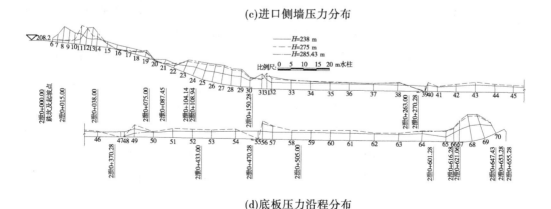

(d)底板压力沿程分布

图 3-3-40　各特征水位下进口及闸室段顶板、侧墙和底板压力

表 3-3-25　洞身断面沿程流速

断面编号	断面桩号	测量位置	流速（m/s）											
			H = 238 m				H = 275 m				H = 285.43 m			
			左	中	右	断面平均	左	中	右	断面平均	左	中	右	断面平均
1	0 + 037.33	底1	20.9	21.9	21.0		31.4	31.7	30.9		32.3	34.4	33.6	
		2	22.0	22.5	21.9		34.0	33.9	30.6		35.2	36.2	34.3	
		3	22.8	22.9	22.6	20.8	33.9	34.9	32.4	30.9	36.2	37.5	35.9	33.3
		4	23.1	23.2	23.1		34.0	35.1	33.4		36.7	38.1	36.4	
		表5	23.0	23.4	22.9		34.5	35.2	34.3		36.8	38.4	36.9	
2	0 + 075.00	底1	22.7	25.1	22.3		31.6	34.6	31.6		32.3	33.6	35.9	
		2	23.8	25.7	23.5		34.9	35.4	35.0		37.0	37.9	36.9	
		3	24.4	25.9	24.1	23.0	34.9	36.4	34.7	32.3	38.1	39.5	37.4	34.7
		4	25.0	26.2	24.8		29.3	37.3	36.0		38.7	40.3	37.6	
		表5	25.6	26.5	25.8		35.0	37.5	36.2		39.3	40.0	37.6	
3	0 + 104.14	底1	25.3	23.3	23.5		33.7	37.9	34.0		34.9	34.5	35.0	
		2	27.7	27.7	26.5		35.3	38.0	35.8		37.2	37.9	37.9	
		3	28.5	29.9	27.6	26.0	36.2	38.6	37.3	34.5	37.8	39.3	39.1	35.6
		4	30.3	30.6	29.3		37.5	39.0	37.6		40.2	40.7	40.2	
		表5	30.6	31.0	30.7		38.8	39.7	38.2		41.2	41.7	39.9	
4	0 + 150.25	底1	30.7	32.2	31.5		35.9	37.6	36.8		37.7	39.0	38.0	
		2	31.4	32.3	31.4		36.9	39.4	38.1		37.9	37.5	38.4	
		3	32.2	31.2	31.8	29.8	37.8	40.9	40.4	35.9	39.9	40.3	40.3	36.8
		4	33.4	32.9	33.2		37.8	41.2	40.4		40.0	41.5	39.7	
		表5	34.3	33.2	34.0		35.8	41.5	39.0		40.6	44.7	40.4	
5	0 + 200.28	底1	27.5	28.1	29.8		33.2	35.6	37.1		35.8	38.2	35.8	
		2	29.2	30.4	29.9		35.8	36.7	37.9		39.7	40.1	39.7	
		3	30.4	32.0	30.3	28.1	37.4	37.9	38.1	34.6	41.0	40.8	40.7	36.9
		4	30.8	32.6	30.2		38.1	40.4	36.6		40.8	42.2	40.9	
		表5	30.0	32.9	29.4		38.0	41.2	36.1		38.4	43.7	38.4	

续表 3-3-25

断面编号	断面桩号	测量位置	流速（m/s）											
			H=238 m				H=275 m				H=285.43 m			
			左	中	右	断面平均	左	中	右	断面平均	左	中	右	断面平均
6	0+265.28	底1	25.9	27.8	25.6		33.4	34.8	34.8		33.7	38.6	34.4	
		2	28.8	29.9	27.9		36.3	38.9	36.0		38.1	41.1	35.4	
		3	30.6	31.0	29.2	26.8	37.2	39.9	37.8	34.3	40.5	42.0	37.5	35.8
		4	30.4	31.1	29.9		37.5	40.8	37.6		40.2	41.8	37.2	
		表5	29.5	28.1	28.8		34.6	39.0	34.4		37.5	41.2	36.7	
7	0+279.28	底1	23.3	28.0	24.9		32.3	37.6	33.8		34.7	37.1	34.5	
		2	27.0	31.2	26.3		34.4	38.7	34.7		37.6	39.0	35.8	
		3	29.2	31.4	28.2	26.6	36.5	39.0	35.7	34.2	39.4	41.1	37.0	35.3
		4	30.2	30.7	28.6		37.4	39.6	37.2		39.8	41.5	36.9	
		表5	29.4	30.5	28.0		37.0	39.4	36.6		37.6	41.2	34.8	
8	0+320.28	底1	24.9	26.7	25.1		30.8	31.7	33.2		30.4	29.6	27.9	
		2	27.2	29.4	27.0		34.0	36.5	34.4		36.5	39.8	38.5	
		3	29.5	29.8	27.9	26.0	36.1	38.0	35.3	32.7	37.5	40.5	38.9	33.7
		4	29.7	29.8	28.2		36.5	39.0	34.9		36.9	38.9	39.0	
		表5	27.8	29.7	27.0		35.3	38.2	33.4		34.4	38.4	36.7	
9	0+365.28	底1	20.0	23.3	22.4		28.8	31.0	30.1		30.7	32.9	31.3	
		2	23.2	28.0	24.4		33.7	36.3	35.2		34.9	36.3	34.2	
		3	24.7	29.8	26.0	23.5	35.5	37.2	36.9	32.0	35.7	39.6	34.9	32.8
		4	24.0	29.9	24.3		35.1	36.8	36.6		35.3	39.2	35.7	
		表5	22.8	28.4	22.4		34.2	36.1	35.1		33.3	38.4	34.5	
10	0+379.28	底1	22.1	22.8	22.8		30.8	33.2	29.7		30.0	32.1	31.3	
		2	26.7	28.3	26.3		32.3	35.5	32.1		34.0	36.7	34.6	
		3	26.0	29.8	27.5	24.5	36.0	36.6	33.6	31.7	35.6	38.1	35.6	32.0
		4	25.0	29.9	27.6		34.0	37.1	35.9		34.6	36.8	34.7	
		表5	22.3	29.0	26.3		33.5	36.3	33.6		33.2	36.7	32.6	
11	0+420.28	底1	23.1	24.7	23.4		28.1	30.7	30.9		30.1	31.8	30.8	
		2	25.4	23.0	24.7		32.4	31.7	34.9		33.9	36.2	35.1	
		3	26.4	27.0	24.5	23.1	33.3	35.5	35.8	30.6	35.5	37.4	34.6	32.0
		4	26.6	29.4	20.5		33.0	35.5	33.9		35.4	36.7	35.0	
		表5	23.9	28.2	20.4		32.9	35.0	32.3		34.6	36.4	33.1	

续表 3-3-25

断面编号	断面桩号	测量位置	流速（m/s）											
			H = 238 m				H = 275 m				H = 285.43 m			
			左	中	右	断面平均	左	中	右	断面平均	左	中	右	断面平均
12	0 + 465.28	底1	22.4	23.5	22.8		29.5	31.7	30.6		30.8	30.6	31.2	
		2	23.5	25.7	23.7		32.4	33.0	31.5		32.9	35.1	34.0	
		3	24.6	27.7	24.2	23.2	33.1	35.0	33.4	30.5	34.0	37.2	34.4	31.2
		4	25.1	28.4	24.9		32.8	35.4	34.2		33.9	36.6	33.6	
		表5	24.1	28.3	23.6		32.0	34.5	33.5		32.0	35.5	31.5	
13	0 + 479.28	底1	22.8	22.1	22.5		28.0	30.7	29.5		28.7	29.0	29.3	
		2	23.3	26.5	23.6		31.9	32.9	30.8		32.6	36.6	31.2	
		3	24.2	28.0	25.3	23.1	32.6	35.8	30.8	29.7	32.8	38.4	35.1	31.0
		4	24.5	28.2	25.4		32.5	35.3	31.1		31.0	38.5	34.0	
		表5	22.9	27.8	23.8		31.0	34.3	31.0		30.3	36.7	31.9	
14	0 + 520.28	底1	22.0	23.3	21.6		29.6	29.2	28.0		28.9	29.7	26.5	
		2	24.0	26.4	23.7		30.8	32.5	31.2		31.6	34.0	31.1	
		3	23.9	27.9	24.9	22.8	31.7	35.8	32.6	29.6	32.9	37.8	33.6	30.5
		4	23.2	27.7	25.1		31.2	35.2	33.0		32.5	37.4	33.3	
		表5	21.9	27.0	22.4		30.0	34.2	32.5		32.1	36.0	32.1	
15	0 + 621.06	底1	19.3	20.9	20.5		24.9	26.2	25.2		24.2	27.5	26.8	
		2	21.8	23.1	22.5		28.9	30.4	28.7		30.0	31.2	29.2	
		3	22.9	24.7	23.1	21.0	30.6	32.9	31.8	27.6	32.7	34.6	32.0	28.7
		4	22.7	25.2	23.3		30.7	32.9	30.4		32.9	35.5	30.1	
		表5	21.9	24.8	21.6		28.5	32.5	30.2		31.7	34.1	29.9	
16	0 + 653.28	底1	19.4	19.4	19.4		26.9	27.0	27.5		26.9	31.3	30.3	
		2	20.5	21.5	19.9		27.8	28.7	30.2		29.2	33.0	32.0	
		3	20.9	21.6	20.5	18.5	29.9	31.0	29.9	26.4	31.2	33.2	32.4	28.4
		4	20.2	21.0	19.7		28.9	30.7	28.1		30.5	32.1	29.9	
		表5	17.6	19.0	18.4		24.9	29.8	26.2		27.3	30.3	28.1	

3.5.5 沿程水深

闸门全开，三级特征水位下洞内不同断面水深见表 3-3-26。在高水位时侧空腔水翅位置下移，进入龙抬头段，影响该段洞内水深分布，导致龙抬头段水流断面形状为凹型，即断面两边墙处水深明显大于中部水深，库水位 285.43 m 时，0 + 075.0 断面中部水深与边壁水深相差 2 m。龙抬头末端以下洞身,设置 3 道掺气坎,因掺气坎采用挑坎与通气槽组合型,突出的坎高只有 0.15 m,在掺气坎附近水面隆起不明显,由于沿程和局部阻力影响致使平均水深沿程增加。

表 3-3-26　三级特征水位沿程各断面平均水深

序号	断面桩号	断面平均水深(m)											
		$H = 238$ m				$H = 275$ m				$H = 285.43$ m			
		左	中	右	平均	左	中	右	平均	左	中	右	平均
1	0 + 037.33	5.8	5.0	5.9	5.6	7.1	6.4	6.4	6.6	7.2	6.4	7.0	6.9
2	0 + 055.33	4.9	4.8	4.9	4.9	7.2	6.2	6.9	6.7	8.1	5.9	8.3	7.4
3	0 + 075.00	4.9	4.1	4.9	4.6	6.9	6.1	6.9	6.6	8.2	5.6	8.2	7.3
4	0 + 104.14	4.3	4.2	4.1	4.2	6.3	6.1	6.7	6.4	6.7	6.0	6.7	6.5
5	0 + 124.6	4.4	4.3	4.5	4.4	6.3	5.7	6.0	6.0	6.4	6.1	6.3	6.3
6	0 + 150.25	5.1	4.9	5.2	5.0	5.9	6.0	5.8	5.9	6.9	5.7	6.5	6.4
7	0 + 200.28	4.3	4.6	4.4	4.5	5.9	6.0	6.2	6.1	6.0	6.7	6.2	6.3
8	0 + 265.28	4.5	4.6	4.4	4.5	6.3	6.2	6.4	6.3	6.7	6.4	6.4	6.5
9	0 + 320.28	4.5	4.8	4.6	4.6	6.4	6.5	6.2	6.4	6.5	6.7	6.5	6.6
10	0 + 365.28	5.0	4.5	5.0	4.8	6.5	6.6	6.6	6.6	6.8	7.1	6.4	6.8
11	0 + 420.28	5.0	4.8	5.1	5.0	6.6	6.7	6.6	6.6	7.1	6.7	6.8	6.8
12	0 + 465.28	5.1	5.1	5.1	5.1	6.6	6.7	6.5	6.6	6.8	7.0	6.8	6.9
13	0 + 520.28	4.9	5.1	5.0	5.0	6.8	6.5	6.7	6.6	7.2	7.0	6.7	7.0
14	0 + 621.06	5.6	5.4	5.7	5.6	6.9	6.9	6.7	6.8	7.1	7.4	7.3	7.3
15	0 + 636.06	6.2	6.1	6.3	6.2	8.2	8.0	8.2	8.2	8.6	8.5	8.6	8.6
16	0 + 653.28	7.0	6.7	6.8	6.8	8.4	8.2	8.3	8.3	9.1	9.0	9.1	9.1

3.5.6　挑流水舌

各级特征水位下,挑流鼻坎段水深较大,试验量测闸门全开泄洪洞挑流鼻坎水深(铅直方向)及挑距见表 3-3-27。设计挑坎坎顶(0 + 653.28)边墙高度为 7.1 m,可以看出,挑坎坎顶水深均大于边墙高度,在库水位 285.43 m 时,在出口 8 m 范围内,水面高出边墙,坎顶水深高于边墙 2.15 m,建议从距出口 10 m 范围开始逐渐加高边墙至出口末端,出口末端断面边墙增加 3 m。

表 3-3-27　挑流鼻坎水深及挑距

库水位(m)	238	275	285.43
挑坎水深(m)	7.35	9.24	9.25
水舌挑距(m)	52.5	95.6	110.3

模型中泄洪洞挑流鼻坎起挑水位是在闸门全部开启状态下,逐渐加大流量,抬高库水位直至水流挑出,此时读取库水位和流量。泄洪洞的收挑水位量测是逐渐减小流量降低

库水位至水舌挑不出去时读取库水位和流量,试验量测数值仅供设计参考。通过试验量测,2 号泄洪洞挑流鼻坎起挑水位为 241.68 m,对应流量 1 190 m³/s,收挑水位为 225.8 m,对应流量 690 m³/s。

3.5.7 水流空化数

根据模型试验实测压力及断面平均流速,计算水流空化数见表 3-3-28。由于龙抬头上段 0 + 51.6 ~ 0 + 79.3 位于水流冲击区下部的低压区,因而水流空化数较小。在龙抬头末端与洞身上段(0 + 150.0 ~ 206.3),断面平均流速大于 35 m/s,水流空化数小于规范规定的 0.3,原型中有可能发生空化和空蚀破坏,除采取设置掺气坎减蚀措施外,建议该段泄洪洞施工时,要选用抗冲耐磨性能好的材料,并严格控制平整度。

表 3-3-28 断面平均流速与水流空化数

位置	断面桩号	断面平均流速(m/s)			水流空化数		
		$H = 238$ m	H = 275 m	$H = 285.43$ m	$H = 238$ m	$H = 275$ m	$H = 285.43$ m
龙抬头段	0 + 51.6	21.9	31.6	34.0	0.54	0.20	0.16
	0 + 79.3	23.0	32.3	34.7	0.37	0.18	0.15
	0 + 107.0	26.0	34.5	35.6	0.48	0.33	0.33
	0 + 148.6	29.8	35.9	36.8	0.33	0.26	0.25
洞身段	0 + 157.3	28.1	34.6	36.9	0.52	0.27	0.25
	0 + 206.3	28.1	34.6	36.9	0.35	0.26	0.23
	0 + 326.7	26.0	32.7	33.7	0.42	0.29	0.28
	0 + 512.5	22.8	29.6	30.5	0.58	0.37	0.36
挑坎段	0 + 647.4	18.5	26.4	28.4	0.93	0.52	0.47

3.5.8 掺气坎掺气效果分析

3.5.8.1 掺气坎空腔特征及通气孔运用情况

试验分别对龙抬头段及下游洞身段上掺气坎的空腔特征参数及掺气坎通气孔的运用情况进行了观测,如表 3-3-29 所示,三级特征库水位下各级掺气坎通气孔风速及通气量见表 3-3-30。在高水位时,由于龙抬头段水流掺气充分,水体变成乳白色,无法目测到龙抬头段桩号 0 +075 掺气坎下空腔长度,该掺气坎通气孔风速最大,通气效果最好,水流掺气最充分,试验量测最高库水位 285.43 m 时通气孔最大风速达到 56.8 m/s,小于设计规范规定的 60 m/s。龙抬头末端跌坎下底坡相对较小,水流冲击点前产生较大的反向水流,反向水流达到跌坎处,即底空腔充满水体,通气孔风速最大达到 20 m/s。洞身三级掺气坎的体型与龙抬头段掺气坎一样,但洞身掺气坎的掺气效果却不如龙抬头段掺气坎,且洞身三级掺气坎的掺气效果随着掺气坎位置的下移而越来越差,通气孔的风速与通气量也越来越小,如库水位 285.43 m 时洞身第 1 级掺气坎通气孔风速为 15 m/s,而洞身第 3

级掺气坎通气孔风速只有 3 m/s。主要原因是洞身流速沿程减小。

表 3-3-29　空腔特征参数及通气孔运用情况

位置	项目	库水位(m)		
		238	275	285.43
龙抬头段掺气坎 (0+075.00)	底空腔长度(m)	7.9	无法目测	无法目测
	水舌长度(m)	7.9	无法目测	无法目测
	通气孔运用状况	畅通	畅通	畅通
龙抬头末端突跌 (0+150.28)	底空腔长度(m)	0	0	0
	水舌长度(m)	8.3	8.5	11.2
	通气孔运用状况	淹没	淹没	淹没2/3
1 级掺气坎 (0+270.28)	底空腔长度(m)	2.1	2.3	2.3
	水舌长度(m)	4.9	7.1	6.1
	通气孔运用状况	1/2 淹没	1/3 淹没	1/3 淹没
2 级掺气坎 (0+370.28)	底空腔长度(m)	1.6	2.2	2.7
	水舌长度(m)	3.9	4.2	4.9
	通气孔运用状况	2/3 淹没	1/2 淹没	1/2 淹没
3 级掺气坎 (0+470.28)	底空腔长度(m)	0	1.9	2.7
	水舌长度(m)	2.3	3.9	4.7
	通气孔运用状况	淹没	2/3 淹没	2/3 淹没

试验量测三级特征库水位时,泄洪洞工作门室补气孔风速分别为 21.3 m/s、17.7 m/s、11.24 m/s,从表 3-3-30 可以看出,泄洪洞的补气孔补气量明显大于各级掺气坎通气孔单边进气总量,满足洞身通气量要求。

表 3-3-30　各级掺气坎通气孔风速计通气量

掺气坎位置 与桩号	库水位 238 m		库水位 275 m		库水位 285.43 m	
	风速 (m/s)	单边进气量 (m³/s)	风速 (m/s)	单边进气量 (m³/s)	风速 (m/s)	单边进气量 (m³/s)
泄洪洞补气孔(0-007.9)	11.24	81.2	17.7	128.2	21.3	153.8
工作门突跌(0+000.0)	0	0	0	0	8.3	13.1
龙抬头掺气坎(0+075.0)	2.7	1.3	37.9	19.0	56.8	28.5
龙抬头末端跌坎(0+150.28)	9.5	7.4	15.4	12.1	20.1	15.8
洞身 1 号掺气坎(0+270.28)	3.8	1.9	14.2	7.1	14.8	7.4
洞身 2 号掺气坎(0+370.28)	3.1	1.5	7.7	3.9	5.0	2.5
洞身 3 号掺气坎(0+470.28)	2.4	1.2	3.8	1.9	3.0	1.5

3.5.8.2　掺气坎掺气浓度沿程分布

采用中国水利水电科学研究院研制的 848 型掺气浓度仪对泄洪洞沿程断面中线近底层掺气浓度进行了量测,结果见图 3-3-41。

试验结果表明,在库水位 275 m 以上,工作门突跌突扩掺气坎至龙抬头段掺气坎

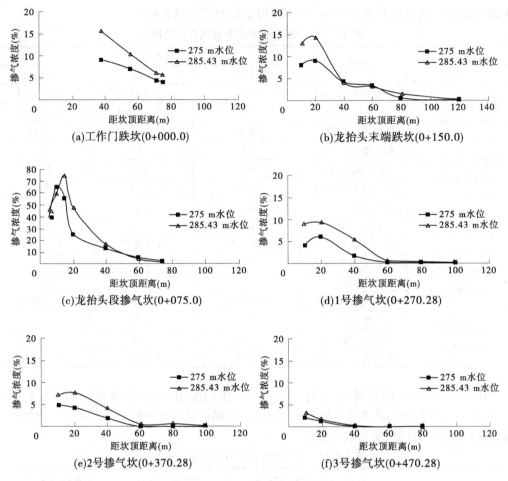

图 3-3-41　掺气坎后近底层掺气浓度沿程分布

（桩号 0 +075）之间近底层水流掺气浓度沿程逐渐减少，但其掺气浓度均大于 3%，龙抬头段掺气坎至龙抬头末端该段水流近底掺气浓度较其他部位都大，在库水位 275 m 时，坎下10 m断面近底层掺气浓度达到 65.8%，在库水位 285.43 m 时，坎下 15 m 断面近底层掺气浓度达到 75.3%，但掺气坎下游为一反弧段，反弧段由于离心力作用，气量的逸离加剧，掺气浓度沿程衰减幅度大，至龙抬头末端（桩号 0 +150），即坎下 75 m 断面掺气浓度迅速下降至 3% 以下。龙抬头末端跌坎下的近底层最大掺气浓度为 13.1%，至坎下 80 m 断面掺气浓度降至 3% 以下。洞身第 1 级掺气坎坎下的最大近底层掺气浓度为 9%，至坎下 60 m 断面掺气浓度降至 3% 以下。洞身第 2 级掺气坎坎下的最大近底层掺气浓度为 7.5%，至坎下 60 m 断面掺气浓度降至 3% 以下。洞身第 3 级掺气坎坎下 10 m 断面掺气浓度达到 3.3%，其余部位掺气浓度均在 3% 以下。从各掺气坎的掺气浓度分布来看，龙抬头末端（桩号 0 +150）及洞身三级掺气坎的保护长度相对较小，建议修改掺气坎体型以增加其保护长度。

　　对龙抬头段各断面掺气浓度沿水深分布情况也进行量测分析，见图 3-3-42。可以看出，由于洞内流速较大，一方面从水流表面进行掺气，水流底部主要靠掺气设施进行补气，各断面水流表面掺气浓度都比较大,而底部掺气浓度则随着与掺气坎距离远近发生较大的变化,距离掺气坎越远,断面底部掺气浓度衰减得越快。

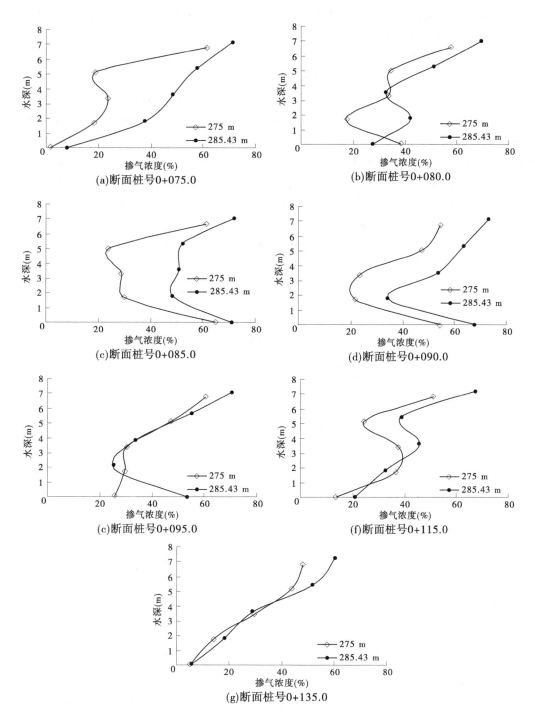

图 3-3-42　龙抬头段掺气坎下游不同断面掺气浓度沿垂线分布

3.5.9　脉动压力特性

　　分别对水舌冲击部位、洞身负压区及挑流鼻坎等部位的脉动压力进行了量测,测点编号与时均压力测点编号相同。

3.5.9.1　脉动压力幅值

　　表3-3-31为三级特征水位下各测点脉动压力均方根及脉动压力强度系数。洞身不同部位脉动压力强度随着库水位的升高而增大,比较几个部位的测点,脉动压力强度在水舌冲击区相对较大,8号测点位于库水位238 m时的水舌冲击区,因此该测点脉动强度在238 m水位时最大,最大脉动压力均方根约为1.83 m水柱,脉动压力强度系数达0.071。而12号测点位于库水位285.43 m时的水舌冲击区,该测点脉动强度在285.43 m水位时最大,最大脉动压力均方根约为3.32 m水柱,脉动压力强度系数达到0.05,其次在侧墙水流脱流区,如侧墙上18号测点,库水位285.43 m时脉动压力均方根约为2.36 m水柱,脉动压力强度系数达到0.036。

表3-3-31　不同测点脉动压力均方根及脉动压力强度系数

测点位置	编号	桩号	高程(m)	238 m 均方根 σ(m)	238 m 脉动压力强度系数 N	275 m 均方根 σ(m)	275 m 脉动压力强度系数 N	285.43 m 均方根 σ(m)	285.43 m 脉动压力强度系数 N
侧墙	18	0+020.7	211.03	0.77	0.030	2.36	0.042	2.36	0.036
	19	0+024.8	210.48	1.16	0.045	1.77	0.031	1.86	0.028
底板	8	0+012.8	206.92	1.83	0.071	0.87	0.015	1.15	0.017
	12	0+029.2	205.28	1.28	0.050	2.81	0.050	3.32	0.050
	19	0+072.4	197.12	1.00	0.032	1.36	0.022	1.88	0.026
	20	0+079.3	194.75	1.04	0.033	1.08	0.018	1.37	0.005
	26	0+120.9	179.1	0.76	0.019	0.96	0.014	1.74	0.023
	32	0+164.3	174.32	1.31	0.024	1.80	0.024	3.05	0.038
	41	0+284.7	173.12	1.14	0.028	1.56	0.023	1.60	0.016
	56	0+477.5	171.19	1.13	0.036	1.90	0.037	2.30	0.041
挑流鼻坎	68	0+629.9	170.38	0.70	0.027	0.83	0.018	1.69	0.035
	70	0+647.4	176.15	1.00	0.049	1.18	0.028	1.24	0.026

3.5.9.2　脉动压力频谱特性

　　表3-3-32为各测点水流脉动压力优势频率,表中优势频率数值已换算至原型,结果表明,引起压力脉动的涡旋结构仍以低频为主,各测点水流脉动压力优势频率范围均为0.01~1.70 Hz(原型),能量相对集中的频率范围均在2 Hz以下,即各测点均属于低频脉

动。泄洪洞水流脉动压力随机过程基本符合概率的正态分布(高斯分布),脉动压力最大可能单倍振幅可采用公式 $A_{\min}^{\max} = \pm 3\sigma$ 进行计算。

表 3-3-32　各测点水流脉动压力优势频率

测点位置	编号	桩号	高程(m)	不同库水位优势频率(Hz)		
				238 m	275 m	285.43 m
侧墙	18	0 + 020.7	211.03	0.80	0.13	0.73
	19	0 + 024.8	210.48	0.21	0.24	0.44
底板	8	0 + 012.8	206.92	0.40	0.67	0.15
	12	0 + 029.2	205.28	0.16	0.26	0.08
	19	0 + 072.4	197.12	1.35	0.40	0.19
	20	0 + 079.3	194.75	0.00	0.28	0.28
	26	0 + 120.9	179.1	0.56	0.74	0.01
	32	0 + 164.3	174.32	1.70	0.23	0.18
	41	0 + 284.7	173.12	0.24	0.41	0.39
	56	0 + 477.5	171.19	0.99	0.21	0.09
挑流鼻坎	68	0 + 629.9	170.38	0.28	0.42	0.32
	70	0 + 647.4	176.15	0.42	0.30	0.27

3.5.10　小结

(1)泄洪洞泄流能力符合短压力进水口泄洪洞一般的泄流规律。模型实测特征水位泄量比设计值大 2.5% 左右,满足规范和设计要求。

(2)闸门出口射流水舌底空腔内存有水体,淹没通气孔,减小底空腔的有效高度和长度。水舌底空腔不稳定,水舌冲击点向上翻起的一股水流,导致龙抬头上段(0 + 037 ~ 0 + 080)水面波动剧烈,实测该段边壁最大水深为 8.6 m。

(3)闸门侧空腔长度小于 30.0 m,激起的水翅没有冲击闸门铰座。在低水位运用时水翅触及洞壁直墙顶部,在高水位时水翅位置下移,进入龙抬头段,水翅高度明显降低,但导致龙抬头的上段水流波动剧烈。

(4)泄洪洞进口段各部位压力分布均匀,为正压。闸下底板陡坡段压力也均为正压,在龙抬头上段,存在一低压区,试验量测到最小压力为 -0.89 m 水柱。侧墙水流冲击点下游附近存在负压区,最大负压为 -1.92 m 水柱。

(5)模型实测龙抬头段最大洞壁水深为 8.6 m,下游明流段最大洞壁水深为 7.1 m。各级特征库水位下,挑坎坎顶水深均大于边墙高度,建议从距出口 10 m 的位置开始逐渐加高边墙至出口末端,出口末端断面边墙增加 3 m。

(6)从各掺气坎下游的掺气浓度分布来看,龙抬头末端(桩号 0 + 150)及洞身三级掺气坎的保护长度小,建议修改掺气坎体型以增加其保护长度。

（7）试验量测三级特征库水位时，泄洪洞的补气孔补气量明显大于各级掺气坎通气孔单边进气总量，满足洞身通气量要求。

（8）水流脉动压力强度在水舌冲击区相对较大，12号测点位于库水位285.43 m时的水舌冲击区，最大脉动压力均方根约为3.32 m水柱，脉动压力强度系数达到0.05，其次在侧墙水流脱流区，如侧墙上18号测点，库水位285.43 m时脉动压力均方根约为2.36 m水柱，脉动压力强度系数达到0.036。

（9）引起压力脉动的涡旋结构仍以低频为主，各测点水流脉动压力优势频率范围为0.01~1.7 Hz，水流脉动压力概率分布接近正态，脉动压力最大可能单倍振幅可采用公式 $A_{\max}^{\min} = \pm 3\sigma$ 进行计算。

（10）2号泄洪洞挑流鼻坎起挑水位为241.68 m，对应流量1 190 m³/s；收挑水位为225.8 m，对应流量690 m³/s。

3.6　2号泄洪洞工作门突跌方案试验

该方案与工作门突扩突跌方案相比，进口段体型、工作门尺寸、桩号0 + 150.28以下洞身体型尺寸、掺气坎的位置以及体型均一致，其差异就是将突扩位置由工作门后桩号0 + 000.0断面移至龙抬头末端桩号0 + 150.28断面，龙抬头段洞宽度由9.0 m调整为7.5 m，对洞高做了相应调整，试验对该方案水流流态、压力、流速、水面线以及掺气坎掺气浓度等水力参数进行了观测。

3.6.1　泄流能力和水流流态

因泄流孔口尺寸未变，而出口两侧体型变化对泄量的影响很小，模型实测泄量与工作门后突扩方案基本一致，设计仍可采用图3-3-36模型实测水位流量关系。

高速水流出闸孔后，受立面突跌的影响，孔口出射水流冲击底板，水流冲击点前产生较大的反向上溯水流，汛限水位238 m时，反向上溯水流达到跌坎处，底空腔充满水体，无法掺气。库水位275 m时，反向上溯水流波动较大，间歇性达到跌坎处，通气孔处于畅通与半淹没交替状态，底空腔的长度为0~9.5 m，试验量测通气孔的风速很小，只有7.7 m/s。库水位285.43 m时，孔口水流流态与库水位275 m时类似，底空腔不稳定，通气孔在畅通和半淹没状态不停转换，通气孔的风速为8.6 m/s。试验量测三级特征库水位下底空腔长度、水舌长度以及通气孔运用状态等情况，见表3-3-33。

由于龙抬头末端向两侧进行了突扩，受突扩和突跌影响，水流出龙抬头段后冲击两侧边壁和底板，分别形成侧空腔和底空腔，试验量测三级特征库水位下龙抬头末端形成的侧空腔长度、底空腔长度、水舌长度以及通气孔运用状态等情况也列于表3-3-33，表中侧空腔长度是从跌坎（桩号0 + 150.28）量起的。

试验对三级特征水位时侧空腔激起水翅的高度及范围进行了量测，见表3-3-34，库水位238 m时侧空腔在两侧激起水翅范围从桩号0 + 164.28开始，至桩号0 + 192.28结束，水翅最大高度7.7 m，如图3-3-43所示。库水位275 m和285.43 m时侧空腔在两侧激起水翅范围和高度明显增大，水翅不时地触及洞顶，水位越高，触顶的概率也越大，见

图 3-3-44、图 3-3-45。洞下游水面波动也较工作门突扩方案时大一些。

表 3-3-33　工作门后跌坎下的空腔参数及通气孔运用情况统计

项目		库水位		
		238 m	275 m	285.43 m
工作门处突跌	底空腔长度（m）	充满水体	0～9.5	0.5～12
	水舌长度（m）		22.4	29.1
	底空腔高度（m）	0	1.3～2.1	0.5～1.3
	底空腔下积水深度（m）		0～0.7	0～0.7
	通气孔运用状况	淹没	半淹没	半淹没
	通气孔风速（m/s）	0	8.3	8.9
龙抬头末端突扩	底空腔长度（m）	2～3.5	4.0～5.0	4.5～6.5
	水舌长度（m）	8.5	10.5	11.9
	底空腔高度（m）	0～0.35	0.6～0.9	0.7～1.1
	底空腔下积水深度（m）	0.6～0.9	0～0.7	0～0.2
	侧空腔长度（m）	7～10.3	9.6～13.8	10.3～15.6
	通气孔运用状况	3/4 淹没	1/3 淹没	畅通
	通气孔风速（m/s）	1.5	10.1	10.6

表 3-3-34　侧空腔激起水翅高度及范围

桩号	不同水位时水翅深度（m）		
	238 m	275 m	285.43 m
0+164.28	5.3	6.7	4.6
0+167.78	6.7	7.6	7.2
0+171.28	6.8	8.6	8.6
0+174.28	7.1	9.0	9.2
0+178.28	7.7	9.2	9.6
0+181.78	7.1	9.2	9.4
0+185.28	6.5	9.6	9.6
0+188.78	6.2	9.2	9.5
0+192.28	5.3	8.5	9.1
0+195.78		8.2	8.5
0+199.28		7.8	8.1
0+202.78			7.8
0+206.28			7.1
0+209.78			7.0

图 3-3-43　库水位 238 m 时龙抬头末端洞内流态

图 3-3-44　275 m 水位时龙抬头末端水翅

图 3-3-45　285.43 m 水位时龙抬头末端水翅

　　为减小水翅高度,在洞两侧加导流板,经过多次试验比较,选择导流板宽度为 0.7 m,导流板位置:首端桩号为 0 + 164.81,高程为 182.71 m;末端桩号为 0 + 177.41,高程为 180.21 m。图 3-3-46 为库水位 285.43 m 时加导流板后龙抬头末端水流流态,对比图 3-3-45,加导流板后水翅高度明显降低。

图 3-3-46　库水位 285.43 m 时加导流板后龙抬头末端流态

3.6.2　压力分布

　　该方案与工作门突扩方案相比,泄洪洞上游压力段体型以及工作门尺寸相同,泄洪洞的泄流关系不变,三个特征水位条件下压力段的流态与压力分布与工作门突扩方案相同,试验仅对泄洪洞明流段沿程压力分布进行量测,结果见图 3-3-47。由于该方案将突扩位置由工作门移至龙抬头末端,龙抬头段洞身宽度变窄,泄洪洞洞身底板沿程压力分布规律相同,只是龙抬头段底板沿程压力相应增大,特别是闸室出口陡坡底板上水舌最大冲击压力明显变大,275 m 库水位下最大压力由 13.93 m 水柱增大至 16.77 m 水柱,285.43 m 库水位下最大压力由 13.42 m 水柱增大至 18.03 m 水柱。在龙抬头上段 0 + 044.0 ~ 0 + 095.0,存在一低压区,试验量测到最小压力为 - 0.19 m 水柱。另外,洞身各级掺气坎下产生局部负压,负压值均小于 - 0.5 m 水柱。

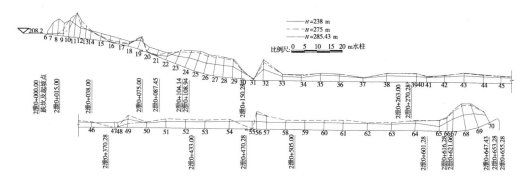

图 3-3-47　底板压力沿程分布

　　由于龙抬头末端突扩后侧扩射流冲击侧墙,产生清水区,清水区内流线折射,导致局部压力降低,形成低压区,见表 3-3-35。可以看出,侧墙水流冲击点后压力急速下降,压力梯度较大,存在低压区。

表 3-3-35　2 号泄洪洞局部侧墙沿程压力

测点位置	编号	桩号	高程(m)	不同库水位压力(m 水柱)		
				238.00 m	275.00 m	285.43 m
侧墙	1	0 + 161.5	175.40	4.74	4.57	3.24
	2	0 + 165.0	175.36	3.94	10.83	12.55
	3	0 + 172.0	175.29	2.36	4.43	4.92
	4	0 + 175.5	175.26	4.71	8.21	8.42
	5	0 + 179.0	175.22	4.39	7.79	7.16

在泄洪洞龙抬头末端跌坎以及洞身三级掺气坎坎后底板上因射流水舌的冲击,水舌下产生局部负压,负压值较小,最大值为 -0.44 m 水柱,水舌冲击区短距离内压力迅速增至最高,而后沿程衰减接近下游水深。

3.6.3　流速分布

用小毕托管量测沿程 13 个断面流速,其中左、右垂线距两侧洞壁 0.7 m,每条垂线量测 5 点,断面平均流速是根据模型实测三条垂线流速通过断面加权平均计算得出的,表 3-3-36 是根据模型实测流量和实测断面平均水深计算洞身各断面的平均流速。

可以看出,水流出孔口后,三级特征库水位下,洞身各断面流速分布规律相同,在龙抬头段断面平均流速沿程增加,龙抬头段末端(桩号 0 + 150.28)断面流速最大,而后洞身各断面平均流速又沿程减小。库水位 285.43 m 时,洞身在桩号 0 + 265.28 断面以上最大平均流速大于 35 m/s,按照设计规范在该段以上设置掺气坎是必要的。

表 3-3-36　洞身不同断面平均流速　　　　　　　　(单位:m/s)

序号	断面桩号	$H = 238$ m		$H = 275$ m		$H = 285.43$ m	
		模型实测	水深计算	模型实测	水深计算	模型实测	水深计算
1	0 + 037.33	19.8	21.1	29.5	31.6	32.9	32.8
2	0 + 055.33	20.4	23.1	30.6	32.8	33.8	33.3
3	0 + 075.00	22.6	23.9	31.4	34.6	33.8	33.3
4	0 + 104.14	25.6	26.5	32.6	33.9	34.1	33.5
5	0 + 124.6	26.7	28.2	33.1	34.0	35.0	34.4
6	0 + 150.25	28.2	29.2	35.3	35.8	36.1	36.5
7	0 + 200.28	27.9	26.7	33.9	33.0	36.3	35.5
8	0 + 265.28	26.4	27.0	33.1	32.7	35.1	34.3
10	0 + 320.28	25.8	26.6	32.0	32.2	33.8	33.7
11	0 + 365.28	24.5	26.6	31.0	31.9	33.1	32.8

续表 3-3-36

序号	断面桩号	H = 238 m		H = 275 m		H = 285.43 m	
		模型实测	水深计算	模型实测	水深计算	模型实测	水深计算
11	0 + 420.28	23.5	26.1	31.2	31.5	32.5	32.7
12	0 + 465.28	22.5	24.1	29.9	31.2	30.6	32.2
13	0 + 520.28	23.4	23.6	29.6	30.3	31.3	31.9
14	0 + 621.06	21.6	22.7	27.0	28.8	28.6	30.3
15	0 + 636.06	20.5	17.9	26.6	24.6	28.4	25.6
16	0 + 653.28	18.4	17.0	25.9	22.4	26.7	23.6

3.6.4　沿程水深

　　闸门全开时,三级特征水位下洞内不同断面水深见表 3-3-37。断面水深均为垂直测点切线方向水深。由于该方案将突扩位置由工作门移至龙抬头末端,龙抬头段洞身宽度不变,进入龙抬头段水流较工作门突扩方案相对稳定,对应三级特征水位时龙抬头段沿程各断面平均水深明显增大。在库水位 285.43 m 时,由于工作门跌坎下游水舌下反向漩滚水流波动较厉害,两侧通气孔又处于畅通与半淹没的交替状态,水舌末端水流掺气不均匀,导致龙抬头段水面间歇性波动,该段瞬间最大水深达到 10.5 m,水面溅起水花局部触顶。龙抬头末端以下桩号 0 + 164.28 ~ 0 + 209.78 范围两侧洞壁产生水翅,在高水位时水翅不时触及洞顶,水位越高,触顶的概率也越大。下游洞身断面平均水深分布规律与工作门突扩方案一致。

表 3-3-37　三级特征水位沿程各断面平均水深　　　　　（单位:m）

序号	断面桩号	H = 238 m				H = 275 m				H = 285.43 m			
		左	中	右	平均	左	中	右	平均	左	中	右	平均
1	0 + 037.33	7.0	6.7	6.8	6.9	7.8	7.8	7.8	7.8	8.2	8.1	8.0	8.1
2	0 + 055.33	6.3	6.3	6.2	6.3	7.5	7.7	7.3	7.5	8.1	8.1	7.7	8.0
3	0 + 075.00	6.0	6.2	6.0	6.1	6.9	7.5	6.9	7.1	8.0	8.2	7.7	8.0
4	0 + 104.14	5.5	5.2	5.7	5.5	7.6	7.2	7.0	7.3	8.0	8.1	7.7	7.9
5	0 + 124.6	5.5	4.9	5.1	5.1	7.4	7.2	7.2	7.2	7.8	7.4	8.0	7.7
6	0 + 150.25	5.2	4.7	5.0	5.0	6.8	6.9	7.0	6.9	7.4	7.3	7.1	7.3
7	0 + 200.28	4.7	4.2	4.6	4.5	6.3	6.0	6.3	6.2	6.4	6.0	6.3	6.2
8	0 + 265.28	4.4	4.4	4.6	4.5	6.4	6.3	6.3	6.3	6.6	6.5	6.3	6.4
9	0 + 320.28	4.7	4.2	4.7	4.5	6.4	6.4	6.4	6.4	6.6	6.6	6.5	6.6
10	0 + 365.28	4.6	4.3	4.6	4.5	6.6	6.3	6.4	6.4	7.0	6.6	6.7	6.7

续表 3-3-37

序号	断面桩号	H = 238 m				H = 275 m				H = 285.43 m			
		左	中	右	平均	左	中	右	平均	左	中	右	平均
11	0 + 420.28	4.6	4.8	4.5	4.6	6.5	6.6	6.4	6.5	6.8	6.8	6.6	6.8
12	0 + 465.28	4.9	5.2	4.9	5.0	6.4	6.7	6.6	6.6	6.8	6.9	6.9	6.9
13	0 + 520.28	5.1	5.2	5.0	5.1	6.6	6.9	6.8	6.8	7.0	7.1	6.7	6.9
14	0 + 621.06	5.3	5.3	5.4	5.3	7.2	7.1	7.1	7.1	7.4	7.1	7.4	7.3
15	0 + 636.06	6.9	6.5	6.8	6.7	8.4	8.3	8.3	8.3	8.5	8.6	8.8	8.6
16	0 + 653.28	7.1	7.2	7.0	7.1	9.2	9.2	9.1	9.2	9.2	9.7	9.1	9.3

三级特征水位 238 m、275 m、285.43 m 下,挑流鼻坎坎上铅垂线水深分别为 7.1 m、9.17 m、9.73 m,鼻坎坎顶断面边墙高度只有 7.1 m,坎顶最高水面高于边墙 2.63 m,库水位 285.43 m 时,从桩号 0 + 650 开始挑流鼻坎段水面高出边墙,建议挑坎边墙加高。

3.6.5 水流空化数

根据模型试验实测断面压力及断面平均流速(采用模型实测断面水深反求断面平均流速),计算水流空化数,见表 3-3-38。库水位 285.43 m 时,泄洪洞在桩号 0 + 206.3 以上,洞内平均流速大于 35 m/s,该段沿程水流空化数小于 0.3,按照《水工隧洞设计规范》(SL 279—2016),0 + 206.3 桩号以上泄洪洞需要设置掺气减蚀设施。

表 3-3-38　断面平均流速与水流空化数

位置	断面桩号	断面流速(m/s)			水流空化数		
		238 m	275 m	285.43 m	238 m	275 m	285.43 m
龙抬头段	0 + 37.1	19.8	29.5	32.9	0.69	0.30	0.29
	0 + 51.6	20.4	30.6	33.8	0.52	0.20	0.18
	0 + 107.0	25.6	32.6	34.1	0.50	0.38	0.41
	0 + 148.6	28.2	35.3	36.1	0.34	0.23	0.23
洞身段	0 + 206.3	27.9	33.9	36.3	0.40	0.28	0.25
	0 + 255.3	26.4	33.1	35.1	0.39	0.30	0.27
	0 + 326.7	25.8	32.0	33.8	0.41	0.30	0.27
	0 + 457.9	22.5	29.9	30.6	0.51	0.34	0.32
	0 + 526.5	23.4	29.6	31.3	0.54	0.34	0.33
出口挑流鼻坎	0 + 620.8	21.6	27.0	28.6	0.73	0.57	0.54
	0 + 639.0	20.5	26.6	28.4	1.24	0.86	0.85
	0 + 647.4	18.4	25.9	26.7	1.10	0.73	0.67

3.6.6　掺气坎掺气效果分析

3.6.6.1　掺气坎空腔特征及通气孔

试验分别对龙抬头段及下游洞身段掺气坎的空腔特征参数及通气孔的运用情况进行了观测,见表 3-3-39,三级特征水位下各级掺气坎通气孔风速及通气量见表 3-3-40。在高水位时,由于龙抬头掺气坎水流掺气充分,水体变成乳白色,无法目测到龙抬头段桩号 0+075 掺气坎下空腔长度,从表 3-3-40 可以看出,该掺气坎通气孔风速最大,通气效果最好,水流掺气最充分,最高库水位 285.43 m 时通气孔最大风速达到 44.4 m/s,较工作门突扩方案小。龙抬头末端由于增加了突扩,底空腔主要靠侧空腔补气,通气孔风速较小,只有 2.0 m/s。洞身三级掺气坎的体型与龙抬头段掺气坎一样,但洞身掺气坎的掺气效果却不如龙抬头段掺气坎,且洞身三级掺气坎的掺气效果随着掺气坎位置的下移而越来越差,通气孔的风速与通气量也越来越小。洞身 1 级掺气坎距龙抬头突扩位置较近,各级水位时,通气孔风速较工作门突扩方案时增大较多。

表 3-3-39　空腔特征参数及通气孔运用情况

位置	项目	库水位		
		238 m	275 m	285.43 m
龙抬头段掺气坎 (0+075.00)	底空腔长度(m)	无法目测	无法目测	无法目测
	水舌长度(m)	无法目测	无法目测	无法目测
	通气孔运用状况	畅通	畅通	畅通
1 级掺气坎 (0+270.28)	底空腔长度(m)	2.6	2.5	3.2
	水舌长度(m)	5.9	8.4	9.8
	通气孔运用状况	1/2 淹没	1/3 淹没	1/3 淹没
2 级掺气坎 (0+370.28)	底空腔长度(m)	2.3	2.5	2.9
	水舌长度(m)	4.1	7.2	7.3
	通气孔运用状况	2/3 淹没	1/2 淹没	1/2 淹没
3 级掺气坎 (0+470.28)	底空腔长度(m)	1.6	2.1	2.4
	水舌长度(m)	2.8	4.6	6.3
	通气孔运用状况	淹没	2/3 淹没	2/3 淹没

试验量测三级库水位时,泄洪洞工作门室补气孔风速分别为 21.3 m/s、17.7 m/s、11.24 m/s,从表 3-3-40 可以看出,各级掺气坎通气孔单边进气总量明显小于泄洪洞的补气孔补气量。

表 3-3-40　各级掺气坎通气孔风速及通气量

通气孔位置与桩号	库水位 285.43 m		库水位 275 m		库水位 238 m	
	风速 （m/s）	单边进气量 （m³/s）	风速 （m/s）	单边进气量 （m³/s）	风速 （m/s）	单边进气量 （m³/s）
泄洪洞补气孔 （0-007.9）	21.30	153.8	17.7	128.2	11.24	81.2
工作门突跌通气孔 （0+000.0）	8.3	13.1	5.9	9.4	0	0
龙抬头掺气坎通气孔 （0+075.0）	44.4	22.3	29.6	14.9	2.8	1.4
龙抬头末端跌坎通气孔 （0+150.28）	2.0	1.6	5.3	4.2	0.8	0.7
洞身 1 号掺气坎通气孔 （0+270.28）	21.9	11.0	14.8	7.4	7.1	3.6
洞身 2 号掺气坎通气孔 （0+370.28）	14.8	7.4	11.2	5.6	7.7	3.9
洞身 3 号掺气坎通气孔 （0+470.28）	9.5	4.8	6.5	3.3	3.5	1.8

3.6.6.2　掺气坎掺气浓度沿程分布

试验对该方案泄洪洞不同沿程断面中线近底层掺气浓度进行了量测,结果见图 3-3-48。在库水位 275 m 以上,工作门突跌突扩掺气,水流至龙抬头段掺气坎（0+075）,近底层水流掺气浓度沿程逐渐减少,但其掺气浓度均大于 3%,龙抬头段掺气坎的掺气效果最好,龙抬头水流近底层掺气浓度较其他部位都大,但与工作门突扩突跌方案相比,略有减小。在库水位 285.43 m 时,坎下 15 m 断面近底层掺气浓度达到 67%,但掺气坎下游为一反弧段,由于离心力作用使气量的逸离加剧,掺气浓度沿程衰减幅度大,至坎下 60 m 断面掺气浓度迅速下降至 1% 以下。龙抬头末端跌坎下游最大近底层掺气浓度为 17.9%,较工作门突扩突跌方案略有增加,主要是龙抬头末端增加突扩的缘故。坎下 80 m 断面掺气浓度降至 3% 以下。洞身 1 级掺气坎下游的近底层最大掺气浓度为 10%,至坎下 80 m 断面掺气浓度降至 3% 以下。洞身 2 级掺气坎下游最大近底层掺气浓度为 7.5%,至坎下 60 m 断面掺气浓度降至 3% 以下。洞身 3 级掺气坎坎下 10 m 断面掺气浓度达到 2.8%。按照《水工隧洞设计规范》（SL 279—2016）要求,水工隧洞及出口消能防冲建筑物水流空化数小于 0.3 时,应设置掺气减蚀设施,且近底层掺气浓度应大于 3%;从各掺气坎的掺气浓度分布来看,龙抬头末端（桩号 0+150）及洞身三级掺气坎的保护长度不满足设计规范要求,建议修改掺气坎体型或增加掺气坎设施。

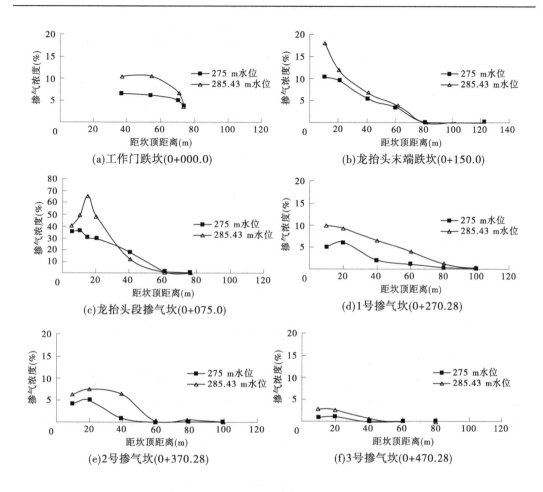

图 3-3-48　掺气坎后近底层掺气浓度沿程分布

3.6.7　脉动压力特性

分别对水舌冲击部位、洞身负压区及挑流鼻坎等部位的脉动压力进行了量测。

3.6.7.1　脉动压力幅值

表 3-3-41 为模型实测不同闸门开度下各测点脉动压力均方根及脉动压力强度系数。洞身不同部位脉动压力强度随着库水位的升高而增大,比较测点的几个部位,脉动压力强度在底板上水舌冲击区相对较大,如底板 11 号测点位于库水位 285.43 m 时的水舌冲击区,该测点最大脉动压力均方根约为 3.88 m 水柱,脉动压力强度系数达到 0.06,其次在龙抬头末端侧墙和底板水流冲击部位,如侧墙上 2 号测点和底板上 32 号测点,库水位 285.43 m 时龙抬头末端侧墙和底板水流冲击部位脉动压力均方根分别为 2.81 m 水柱和 2.94 m 水柱,脉动压力强度系数达到 0.04。

表 3-3-41　不同测点脉动压力均方根 σ 及脉动压力强度系数 N（单位：m 水柱）

测点位置	编号	桩号	高程（m）	$H = 238$ m		$H = 275$ m		$H = 285.43$ m	
				σ（m 水柱）	N	σ（m 水柱）	N	σ（m 水柱）	N
侧墙	2	0 + 165.0	177.78	2.56	0.06	1.81	0.03	2.81	0.04
底板	11	0 + 25.1	205.69	1.06	0.04	2.80	0.05	3.88	0.06
	20	0 + 79.3	194.75	0.79	0.03	1.53	0.03	1.07	0.02
	27	0 + 127.8	177.57	0.46	0.01	0.63	0.01	1.18	0.02
	32	0 + 164.3	174.32	1.50	0.03	2.15	0.03	2.94	0.04
	47	0 + 374.48	172.22	0.83	0.02	1.33	0.02	1.61	0.03
	55	0 + 474.48	171.22	0.58	0.02	0.76	0.01	1.86	0.03
	56	0 + 477.5	171.19	1.28	0.04	1.85	0.04	2.63	0.05
挑流鼻坎	68	0 + 629.9	170.38	1.00	0.04	1.20	0.03	1.96	0.04
	70	0 + 647.4	176.15	0.76	0.04	0.73	0.02	1.44	0.03

3.6.7.2　脉动压力频谱特性

表 3-3-42 为各测点水流脉动压力优势频率,结果表明,引起压力脉动的涡旋结构仍以低频为主,各测点水流脉动压力优势频率范围均为 0.01 ~ 0.79 Hz(原型),能量相对集中的频率范围均在 1 Hz 以下,即各测点均属于低频脉动。泄洪洞水流脉动压力随机过程基本符合概率的正态分布(高斯分布),脉动压力最大可能单倍振幅可采用公式 $A^{max}_{min} = \pm 3\sigma$ 进行计算。

表 3-3-42　各测点水流脉动压力优势频率　　　　　　（单位：Hz）

测点位置	编号	桩号	高程（m）	不同库水位优势频率（Hz）		
				238 m	275 m	285.43 m
侧墙	3	0 + 168.5	177.78	0.03	0.12	0.15
底板	11	0 + 25.1	205.69	0.79	0.09	0.15
	20	0 + 79.3	194.75	0.16	0.63	0.20
	27	0 + 127.8	177.57	0.17	0.24	0.33
	32	0 + 164.3	174.32	0.08	0.73	0.20
	47	0 + 374.48	172.22	0.42	0.40	0.35
	55	0 + 474.48	171.22	0.08	0.27	0.40
	56	0 + 477.5	171.19	0.21	0.22	0.41
挑流鼻坎	68	0 + 629.9	170.38	0.32	0.23	0.21
	70	0 + 647.4	176.15	0.12	0.13	0.19

3.6.8　小结

（1）低水位时，水流出工作门后，底空腔充满水体，无法掺气。库水位高于 275 m 时，底空腔不稳定，导致龙抬头段水面间歇性波动，水面溅起水花局部触及洞顶，该段瞬间最大水深达到 10.5 m。

（2）三级特征库水位时龙抬头末端两侧水翅触及洞顶，洞下游水面波动也较工作门突扩方案时大一些。洞两侧加导流板可以降低水翅高度，经过多次试验比较，选择导流板宽度为 0.7 m，导流板位置：首端桩号为 0 + 164.81，高程为 182.71 m；末端桩号为 0 + 177.41，高程为 180.21 m。供设计参考采用。

（3）该方案与工作门突扩方案相比，龙抬头段洞身底板沿程压力分布规律相同，只是龙抬头段底板沿程压力相应增大，特别是闸室出口陡坡底板上水舌最大冲击压力明显变大，库水位 285.43 m 最大压力达到 18.03 m 水柱，最小压力为 − 0.19 m 水柱。

（4）水流出孔口后，三级特征库水位下，洞身各断面流速分布规律相同，在龙抬头段断面平均流速沿程增加，而后洞身各断面平均流速又沿程减小。库水位 285.43 m 时，洞身在桩号 0 + 265.28 断面以上最大平均流速大于 35 m/s，根据设计规范在该段以上必须设置掺气坎。

（5）从各掺气坎的掺气浓度分布来看，龙抬头末端（桩号 0 + 150）及洞身三级掺气坎的保护长度小，建议修改掺气坎体型以增加其保护长度。

（6）试验量测三级特征库水位时，泄洪洞的补气孔补气量明显大于各级掺气坎通气孔单边进气总量，满足洞身通气量要求。

（7）实测各级特征库水位下，挑坎坎顶水深均大于边墙高度，建议从距出口 10 m 开始逐渐加高边墙至出口末端，出口末端断面边墙增加 3 m。

（8）水流脉动压力强度在底板上水舌冲击区相对较大，如底板 11 号测点位于库水位 285.43 m 时的水舌冲击区，该测点最大脉动压力均方根约为 3.88 m 水柱，脉动压力强度系数达到 0.06，其次在龙抬头末端侧墙和底板水流冲击部位，如侧墙上 2 号测点和底板上 32 号测点，库水位 285.43 m 时脉动压力均方根分别为 2.81 m 水柱和 2.96 m 水柱，脉动压力强度系数达到 0.04。

（9）引起压力脉动的涡旋结构仍以低频为主，各测点水流脉动压力优势频率范围为 0.01 ～ 1.7 Hz。水流脉动压力概率分布接近正态分布，脉动压力最大可能单倍振幅可用公式 $A_{\min}^{\max} = \pm 3\sigma$ 进行计算。

3.7　2 号泄洪洞工作门无突扩突跌方案试验

根据 2 号泄洪洞两个方案试验结果，分析认为，工作门后突扩突跌方案龙抬头段水流条件复杂，修改调整难度较大，而龙抬头末端突扩方案虽然也有不尽人意之处，但相对来说要修改会简单一些。因此，取消 2 号泄洪洞工作门处突扩突跌，以龙抬头末端突扩方案为基准进行修改。

由上述两方案试验结果可知，低水位时，2 号泄洪洞工作门后跌坎下底空腔充满水体,无法掺气。库水位高于 275 m 时,底空腔不稳定,导致龙抬头段水面间歇性剧烈波动,龙抬头段水流不稳定。另外,龙抬头末端突扩突跌掺气坎掺气效果不好。为此,取消工作门后跌坎,将龙抬头上段底板设计为一抛物曲线,泄洪洞进口段布置如图 3-3-49 所示。龙抬头段掺气坎体型与位置不变,洞内流速沿程减小,规范指出,洞内流速小于 35 m/s 时可不设掺气设施,因此参考模型实测流速结果,将原洞身段设置的三级掺气坎的后两级去掉。

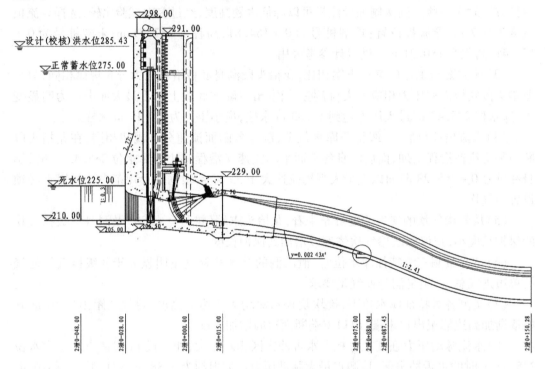

图 3-3-49　2 号泄洪洞进口龙抬头段布置图

3.7.1　泄流能力和水流流态

因泄流孔口尺寸未变,而出口两侧体型变化对泄量的影响很小,模型实测泄量与工作门后突扩方案基本一致,设计仍可采用图 3-3-36 模型实测水位流量关系。

由于工作门处取消了突跌和突扩,高速水流出闸孔后,水流平顺进入龙抬头段,龙抬头段水流波动较工作门后设置突扩和突跌方案明显减小。三级特征库水位下,龙抬头末端侧空腔激起的水翅不时地触及洞顶,水位越高触顶的概率也越大,如图 3-3-50 所示。为消除水翅,在洞两侧加导流板,经过多次试验比较,选择导流板宽度为 0.7 m,导流板首端桩号为 0+164.81,高程为 182.71 m;导流板末端桩号为 0+177.41,高程为 180.21 m。图 3-3-51 为库水位 285.43 m 时加导流板后龙抬头末端水流流态,加导流板后水翅明显降低。

3.7.2　压力分布

试验对该体型下泄洪洞明流段沿程压力进行了量测,结果如图 3-3-52 所示。龙抬头

图 3-3-50　无导流板龙抬头末端水流流态

图 3-3-51　加导流板后龙抬头末端水流流态

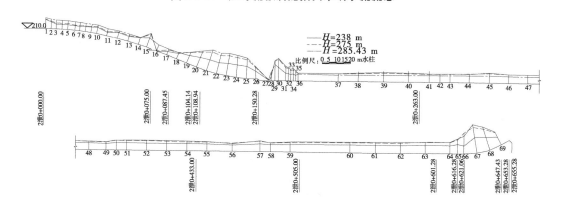

图 3-3-52　底板压力沿程分布

段底板沿程压力分布规律与工作门处设置突扩和突跌时相比明显不同,在龙抬头上段
0+000.0~0+075.0,底板压力沿程逐渐减小,且该段压力随着库水位的升高而减小,在
库水位285.43 m时,底板压力均为正压。在龙抬头段掺气坎附近底板压力变化剧烈,在
坎上部产生较大的冲击压力,坎下游水舌底部产生局部负压,试验量测到的最大负压值为

-0.26 m水柱。随后底板压力沿程增加,至龙抬头末端压力又略有降低,库水位285.43 m时,底板最大压力达到15.55 m水柱。由于龙抬头末端跌坎存在,在跌坎下方形成底空腔,底空腔段底板压力较小,接近零压,至水流冲击区短距离内压力迅速增至最高,而后沿程衰减接近下游水深,当至挑流鼻坎出口段时压力突增,库水位285.43 m时,出口段底板最大压力达到19.84 m水柱。

由于龙抬头末端突扩后侧扩射流冲击侧墙,侧墙压力全部为正压,最大压力位置在桩号0+165.0附近,不同三级特征库水位下侧墙局部压力如表3-3-43和图3-3-53所示。

表3-3-43　龙抬头末端附近侧墙压力

测点位置	编号	桩号	高程(m)	不同库水位侧墙压力(m水柱)		
				238 m	275 m	285.43 m
侧墙	1	0+161.5	175.4	3.13	0.86	0.00
	2	0+165.0	175.36	10.31	18.25	17.83
	3	0+168.5	175.33	5.76	11.78	13.04
	4	0+172.0	175.29	4.64	8.77	9.43
	5	0+175.5	175.26	4.18	7.09	7.68
	6	0+179.0	175.22	3.24	5.30	5.69

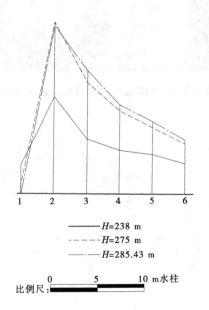

——— H=238 m
- - - - H=275 m
——— H=285.43 m

比例尺：0　　5　　10 m水柱

图3-3-53　桩号0+161.5~0+179.0段侧墙压力分布

3.7.3　流速分布

试验实测了沿程13个断面流速,其中左、右两侧垂线距两侧洞壁0.7 m,每条垂线量测5点,断面平均流速是根据模型实测三条垂线流速通过断面加权平均计算得出的。

表3-3-44是根据模型实测流断面平均水深计算洞身各断面的平均流速。

表3-3-44　洞身不同断面平均流速　　　　（单位：m/s）

序号	断面桩号	$H=238$ m		$H=275$ m		$H=285.43$ m	
		模型实测	水深计算	模型实测	水深计算	模型实测	水深计算
1	0+037.33	19.6	21.6	29.9	31.4	32.6	32.7
2	0+055.33	20.5	22.6	31.2	31.4	32.7	32.3
3	0+075.00	23.3	24.4	32.5	32.0	34.5	32.7
4	0+104.14	26.0	25.8	33.1	33.2	36.3	34.6
5	0+124.6	27.2	27.5	34.5	34.2	36.4	36.2
6	0+150.25	29.0	28.6	36.8	36.5	37.0	37.3
7	0+200.28	27.6	25.4	35.2	35.3	36.7	35.1
8	0+265.28	26.6	25.7	34.3	34.9	35.4	35.1
9	0+320.28	25.2	25.7	32.9	33.0	33.8	33.8
10	0+365.28	24.7	25.3	31.5	32.0	33.3	32.9
11	0+420.28	24.0	25.0	30.9	30.3	32.2	32.7
12	0+465.28	23.9	24.5	30.7	30.2	31.6	32.2
13	0+520.28	23.4	23.8	29.9	29.9	31.2	31.0
14	0+621.06	21.5	21.9	28.0	28.8	29.8	30.3
15	0+636.06	20.1	20.2	26.4	27.4	27.4	27.1
16	0+653.28	18.4	16.8	26.9	24.9	28.4	25.6

　　从试验结果可以看出，水流出闸室后，三级特征库水位下，洞身各断面流速分布在龙抬头段是沿程增加的，龙抬头段末端（桩号0+150.28）断面流速最大，而后洞身各断面流速又沿程减小。库水位285.43 m时，洞身在桩号0+265.28断面以上最大平均流速大于35 m/s，按照设计规范在该段以上应设置掺气坎。

3.7.4　沿程水深

　　闸门全开，三级特征库水位下洞内不同断面水深见表3-3-45，断面水深均为垂直测点切线方向水深。

表 3-3-45　三级特征库水位沿程各断面平均水深

序号	断面桩号	H = 238 m				H = 275 m				H = 285.43 m			
		左	中	右	平均	左	中	右	平均	左	中	右	平均
1	0 + 037.33	6.88	6.62	6.62	6.71	7.85	7.81	7.88	7.85	8.26	8.05	7.99	8.10
2	0 + 055.33	7.21	5.99	5.99	6.40	7.84	7.79	7.88	7.84	8.32	8.15	8.16	8.21
3	0 + 075.00	5.88	5.99	5.95	5.94	7.67	7.62	7.77	7.69	8.15	8.05	8.08	8.09
4	0 + 104.14	5.51	5.65	5.65	5.60	7.45	7.44	7.34	7.41	7.8	7.65	7.53	7.66
5	0 + 124.6	5.31	5.26	5.22	5.26	7.12	7.23	7.22	7.19	7.38	7.25	7.33	7.32
6	0 + 150.25	4.94	5.43	4.83	5.07	6.75	6.81	6.67	6.74	7.04	7.28	6.99	7.10
7	0 + 200.28	4.69	4.8	4.76	4.75	5.85	5.79	5.79	5.81	6.25	6.43	6.2	6.29
8	0 + 265.28	4.83	4.63	4.59	4.68	5.74	6.34	5.53	5.87	6.19	6.45	6.25	6.30
9	0 + 320.28	4.65	4.74	4.66	4.68	6.18	6.23	6.25	6.22	6.45	6.62	6.56	6.54
10	0 + 365.28	4.69	4.87	4.71	4.76	6.45	6.42	6.36	6.41	6.65	6.76	6.71	6.71
11	0 + 420.28	4.75	4.83	4.86	4.81	6.66	6.79	6.88	6.78	6.65	6.83	6.81	6.76
12	0 + 465.28	4.94	4.89	4.96	4.93	6.73	6.84	6.81	6.79	6.88	6.95	6.74	6.86
13	0 + 520.28	5.15	5.09	4.97	5.07	6.84	6.92	6.82	6.86	7.01	7.11	7.23	7.12
14	0 + 621.06	5.52	5.45	5.53	5.50	7.2	6.99	7.2	7.13	7.07	7.46	7.35	7.29
15	0 + 636.06	6.3	5.36	6.23	5.96	7.7	7.18	7.53	7.47	8.65	7.53	8.23	8.14
16	0 + 653.28	7	7.53	7	7.18	8.23	8.05	8.4	8.23	8.86	8.3	8.75	8.64

3.7.5　掺气坎掺气效果分析

3.7.5.1　掺气坎空腔特征及通气孔运用情况

试验对该方案龙抬头段及龙抬头末端跌坎下的空腔特征及掺气坎通气孔的运用情况进行了观测,如表 3-3-46 所示。三级特征库水位下各级掺气坎通气孔风速及通气量见表 3-3-47。在高水位时,由于龙抬头段水流掺气充分,水体变成乳白色,无法目测到龙抬头段桩号 0 + 075 掺气坎下空腔长度,该掺气坎通气孔风速最大,通气效果最好,水流掺气最充分,试验量测最高库水位 285.43 m 时通气孔最大风速达到 32.5 m/s,较工作门突扩方案略小。龙抬头末端由于增加了突扩,底空腔主要靠侧空腔补气,通气孔风速较小只有9.6 m/s。试验量测三级库水位时,泄洪洞工作门室补气孔风速分别为 8.87 m/s、13.1 m/s、13.61 m/s,各级掺气坎通气孔单边进气总量明显小于泄洪洞的补气孔补气量。

表 3-3-46　掺气坎空腔参数及通气孔运用情况

项目		库水位(m)		
		238	275	285.43
龙抬头段掺气坎 (0+075.00)	底空腔长度(m)	无法目测	无法目测	无法目测
	水舌长度(m)	无法目测	无法目测	无法目测
	通气孔运用状况	畅通	畅通	畅通
龙抬头末端	底空腔长度(m)	10.26	12.25	13.65
	侧空腔长度(m)	8.7~11.5	11.5~15.7	12.5~17.5
	通气孔运用状况	畅通	畅通	畅通

表 3-3-47　掺气坎通气孔风速及通气量

通气孔位置与桩号	库水位285.43 m		库水位275 m		库水位238 m	
	风速 (m/s)	单边进气量 (m³/s)	风速 (m/s)	单边进气量 (m³/s)	风速 (m/s)	单边进气量 (m³/s)
泄洪洞补气孔 (0-007.9)	13.61	98.3	13.1	94.9	8.87	64.1
龙抬头段掺气坎 通气孔(0+075.0)	32.5	16.3	13.3	6.7	3	1.5
龙抬头末端通气孔 (0+150.28)	9.6	7.6	9.5	7.4	5.6	4.4
洞身掺气坎 (0+270.28)	21.9	11	14.8	7.4	7.1	3.6

3.7.5.2　掺气浓度沿程分布

试验对龙抬头段掺气坎、龙抬头末端跌坎及洞身掺气坎下沿程断面中线近底层掺气浓度进行了量测,结果见图 3-3-54。试验结果表明,龙抬头工作门出口底板体型修改后,龙抬头段掺气坎最大掺气浓度略有减少,龙抬头末端与洞身段掺气坎掺气浓度变化不大。

3.7.5.3　掺气坎体型修改

为了提高掺气坎的掺气效果,对掺气坎的体型做了局部调整,将洞身 0+270.28 位置的 C 型掺气坎(挑坎与通气槽组合型掺气坎)的坎高抬高 0.1 m,掺气坎其他尺寸不变,对修改后掺气坎的空腔长度和通气孔的风速进行了量测,结果见表 3-3-48。从表中可以看出,掺气坎坎高由 0.15 m 增高至 0.25 m 后,掺气坎下的空腔长度明显增加,通气孔风速明显增大,掺气效果得到改善。同时试验观测到,掺气坎抬高 0.1 m 后,在掺气坎断面洞内水面没有明显突出变化,建议设计采用。

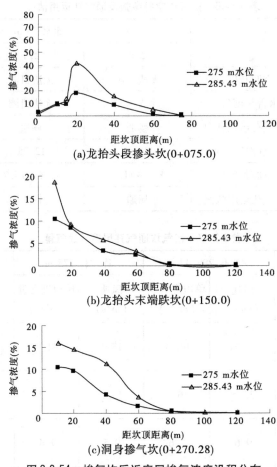

(a)龙抬头段掺头坎(0+075.0)

(b)龙抬头末端跌坎(0+150.0)

(c)洞身掺气坎(0+270.28)

图 3-3-54　掺气坎后近底层掺气浓度沿程分布

表 3-3-48　0+270.28 位置不同掺气坎空腔特征参数

方案	掺气坎坎高(m)	项目	库水位(m)		
			238	275	285.43
原设计	0.15	底空腔长度(m)	2.6	2.5	3.2
		通气孔风速(m/s)	7.1	14.8	21.9
修改	0.25	底空腔长度(m)	7.7	12.6	12.78
		通气孔风速(m/s)	10.65	32.54	39.05

3.7.6　泄洪洞下游冲刷试验

泄洪洞下游冲刷试验是在工作门处无突扩突跌,龙抬头底板为一抛物线,龙抬头末端突扩突跌体型下量测的。试验共进行了如表 3-3-49 所示五组冲刷试验,模型初始地形是按照设计提供河床地形铺设的,如图 3-3-55 所示,每组试验冲刷约 20 h(模型时间 3.5 h)。表中各组下游水位(泄洪洞出口下游 150 m 处)是根据表中下泄流量,由下游水位流量关系查出。实测水舌挑距、冲刷坑最深点高程及最深点距挑坎距离列于表 3-3-49。

表 3-3-49　冲刷试验组次及水舌挑距和冲刷坑最深点高程

组次	库水位(m)	下游水位(m)	对应枢纽下泄流量(m^3/s)	水舌挑距(m)	冲坑最深点高程(m)	最深点距挑坎距离(m)
1	255	175.36	3 339	71.75	152.32	87.5
2	275	173.26	1 845	94.5	151.6	105
3		177.37	5 324	89.5	152.78	105
4	285.43	173.45	1 988	110.95	151.5	122.5
5		180.13	10 800	103.25	155.45	122.5

图 3-3-55　冲刷前原始河床地形

　　试验结果表明,库水位 255 m 下游河道水位 175.36 m 时 2 号泄洪洞挑流水舌挑距为 71.75 m,下游流态、冲刷坑形态和冲刷坑地形见图 3-3-56。下游冲坑最深点高程为 152.32 m,距挑坎 87.5 m。

　　设计洪水位时,枢纽总下泄流量 5 324 m^3/s,其中 2 号泄洪洞下泄流量 1 845 m^3/s,下游河道水位 177.37 m 时,水舌挑距为 89.5 m,下游流态、冲刷坑形态和冲刷坑地形如图 3-3-57 所示。由于入水单宽流量增大,冲刷坑范围较库水位 255 m 时增大,冲刷坑最深点至基岩,最深点高程为 152.78 m。

　　设计洪水位时,当枢纽下泄流量 1 845 m^3/s,即只有 2 号洞泄洪时(最不利工况)下游河道水位 173.26 m,水舌挑距为 94.5 m,下游流态、冲刷坑形态和冲刷坑地形见图 3-3-58。下游冲刷坑加深,冲刷坑最深点高程为 151.6 m。

　　校核洪水位时,枢纽总下泄流量 10 800 m^3/s,当下游河道水位为 180.13 m 时,水舌挑距 103.25 m,下游流态、冲刷坑形态和冲刷坑地形见图 3-3-59,冲刷坑最深点高程为 155.45 m,接近基岩面。

　　校核洪水位时,只有 2 号泄洪洞泄洪时(最不利工况),下游河道水位较低(173.45 m),水舌挑距 110.95 m,下游流态、冲刷坑形态和冲刷坑地形见图 3-3-60,下游冲坑最深点至基岩,冲刷坑最深点高程为 151.5 m,模型模拟部分基岩块石冲至冲坑下游。

(a) 下游流态

(b) 冲刷坑形态

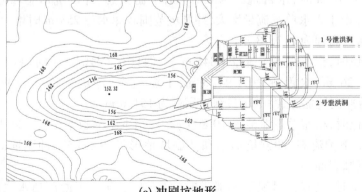

(c) 冲刷坑地形

图 3-3-56　库水位 255 m、下游水位 175.36 m 时挑流冲刷情况

(a) 下游流态

(b) 冲刷坑形态

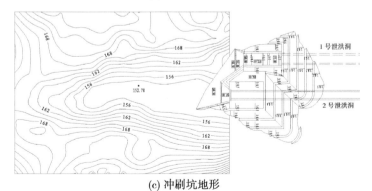

(c) 冲刷坑地形

图 3-3-57　库水位 275 m、下游水位 177.37 m 时挑流冲刷情况

(a) 下游流态

(b) 冲刷坑形态

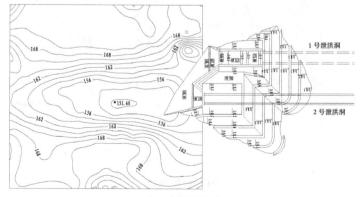

(c) 冲刷坑地形

图 3-3-58　库水位 275 m、下游水位 175.36 m 时挑流冲刷情况

(a) 下游流态

(b) 冲刷坑形态

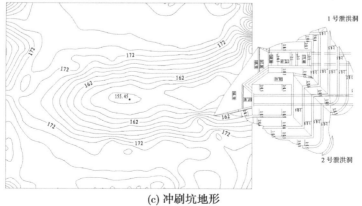

(c) 冲刷坑地形

图 3-3-59　库水位 285.43 m、下游水位 180.13 m 时挑流冲刷情况

(a) 下游流态

(b) 冲刷坑形态

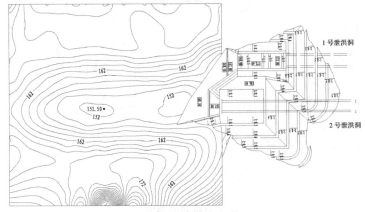

(c) 冲刷坑地形

图 3-3-60　库水位 285.43 m、下游水位 173.45 m 时挑流冲刷情况

3.7.7　泄洪洞三种挑流鼻坎体型比较

3.7.7.1　下游水位低于鼻坎高程闸门开启过程洞内流态

　　试验观测了三种挑流鼻坎在同一水流条件下(库水位 285.43 m,下游水位低于挑流鼻坎坎顶高程)闸门启闭过程中洞内流态,按设计提供的闸门开启速度进行开启试验。

　　三种挑流鼻坎在闸门启闭过程中洞内流态变化规律一致,挑流鼻坎坎顶高程不同,只是洞内形成水跃的位置,以及水跃被推出洞外,形成稳定挑流时对应工作闸门的开度不同。三种挑流鼻坎体型在闸门开启过程中流态变化过程为:闸门刚刚开启时,洞内泄流量小,水深浅,下泄水流至挑流鼻坎时动能太小,不能顺利挑出鼻坎,在洞内产生水跃,随着下泄流量的不断增加,洞内水深不断地加大,水跃向洞上游移动。随闸门逐步开启,下泄水流动能增加,洞内水跃向下游移动,并逐渐被推至洞出口,最后经过挑流鼻坎挑射出去,图 3-3-61 为闸门开启过程中洞内流态变化情况。试验还观测到,当洞内水跃被推至洞口时,洞出口段水面高于两侧边墙,水流从两侧边墙溢出,见图 3-3-61(b),溢出水量与闸门开启速度关系密切,建议从出口开始加高边墙 3 m 至鼻坎末端。

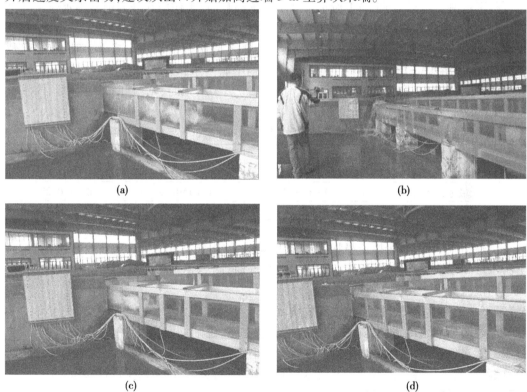

(a)　　　　　　　　　　　　　　　　　　(b)

(c)　　　　　　　　　　　　　　　　　　(d)

图 3-3-61　闸门开启过程中洞内流态

　　试验分别量测了对应各挑流鼻坎在库水位 285.43 m 时,工作门均匀开启过程中洞内形成水跃的最远位置,以及水跃被推出洞外,形成稳定挑流时对应工作闸门的相对开度,如表 3-3-50 所示。原设计挑流鼻坎坎顶高程相对较高,闸门开启过程中,洞内水跃最远达到桩号 0 + 357.58 断面,闸门开启 5.3 min(闸门相对开度 0.48)时,水跃被推出洞外。随着挑流鼻坎坎顶高程的降低,水跃在洞内停留的时间变短,当坎顶高程为 177 m 时,闸门开启 2.6 min(闸门相对开度 0.24)时,水跃被推出洞外;当坎顶高程为 175 m 时,闸门开启 1.1 min(闸门相对开度 0.1)时,水跃被推出洞外。

表 3-3-50　库水位 285.43 m 时工作门开启过程中洞内水跃位置与水跃推出洞时工作门开度

挑流鼻坎体型	原设计	修改一	修改二
挑流鼻坎坎顶高程(m)	179.30	177.00	175.00
水跃最远位置桩号	0 + 357.58	0 + 539.88	0 + 552.83
水跃推出时工作门相对开度	0.48	0.24	0.10

3.7.7.2　下游水位高于鼻坎高程闸门开启过程洞内流态

按照补充任务要求,试验对 2 号泄洪洞在上游库水位 285.43 m、下游水位(坝下 150 m 断面)为 180.0 m 条件下工作门均匀开启(开启时间为 10 ~ 12 min)过程中洞内流态进行了观测。结果表明,当下游水位高于坎顶高程时,工作门在开启前洞内水流倒灌至龙抬头末端,闸门开启后首先在龙抬头末端形成水跃,随着闸门逐步开启,泄流增大,洞内水跃逐渐向下游移动,直至洞出口,最后经过挑流鼻坎挑射出去。表 3-3-51 为库水位 285.43 m、下游水位 180.0 m 时工作门开启过程中洞内水跃位置与水跃推出洞时工作门开度,对比表 3-3-50 和表 3-3-51 可知,当下游水位高于坎顶时,闸门开启过程中洞内水跃推出时间略有增大。

表 3-3-51　下游水位 180 m 时工作门开启过程中洞内水跃位置与水跃推出洞时工作门开度

挑流鼻坎体型	原设计	修改一	修改二
挑流鼻坎坎顶高程(m)	179.30	177.00	175.00
水跃最远位置桩号	0 + 150.28	0 + 150.28	0 + 150.28
水跃推出时工作门相对开度	0.57	0.41	0.31

试验结果表明,对于挑流鼻坎挑坎修改体型二(坎顶高程 175 m),在校核洪水时,当下游水位高于坎顶高程,下游水位达到 180.0 m 时,闸门相对开度 0.31 后,2 号泄洪洞出流也为挑流,见图 3-3-62。

3.7.7.3　三种挑流鼻坎起挑水位和收挑水位

泄洪洞鼻坎起挑水位是在闸门全部开启状态下,逐渐加大流量,抬高库水位直至水流挑出时库水位。泄洪洞的收挑水位是逐渐减小流量降低库水位至水舌不起挑时的库水位,试验量测三种挑坎体型下的起挑水位和收挑水位,见表 3-3-52,供设计参考。

3.7.7.4　三种挑流鼻坎比较

三种挑流鼻坎相比较,挑流鼻坎坎顶高程越低,闸门开启过程中水流越容易起挑,起挑水位和流量越小,起挑过程中水跃在洞内停留时间越短。试验观测最低坎顶高程 175 m,在校核洪水时,当下游水位 180.0 m 高于坎顶高程时,闸门相对开度达 0.31 后,挑坎出流能够形成挑流,建议挑流鼻坎坎顶高程选用 175 m 比较合适。

图 3-3-62　库水位 285.43 m、下游水位 180.0 m 时挑流水舌

表 3-3-52　不同挑坎体型起挑水位和收挑水位

挑流鼻坎体型	原设计	修改一	修改二
挑流鼻坎坎顶高程(m)	179.30	177.00	175.00
起挑水位(m)	241.68	227.54	221.55
收挑水位(m)	225.82	220.71	218.79

3.7.8　小结

(1)由于工作门处取消了突跌和突扩,水流平顺进入龙抬头段,龙抬头段水流波动较工作门后设置突扩和突跌方案明显减小。

(2)三级特征库水位时龙抬头末端两侧激起水翅范围是桩号 0 + 164.28 ~ 0 + 210.00,库水位 275 m 以上时,水翅不时触及洞顶,水位越高触顶的概率也越大,洞下游水面波动也较工作门突扩方案时大一些。洞两侧加导流板可以降低水翅高度,试验推荐的导流板宽度为 0.7 m,导流板首端桩号为 0 + 164.81,高程为 182.71 m;导流板末端桩号为 0 + 177.41,高程为 180.21 m。

(3)闸室出口 0 +000 ~ 0 +037 段底板沿程压力分布均匀,龙抬头段洞身底板沿程压力分布规律变化不大。龙抬头末端侧墙压力全部为正压,库水位 285.34 m 时,冲击点最大压力为 17.83 m 水柱(断面桩号 0 +165.0)。

(4)水流出孔口后,三级特征水位下,洞身各断面流速分布规律相同,在龙抬头段断面平均流速沿程增加,而后洞身各断面平均流速又沿程减小。库水位 285.43 m 时,洞身在桩号 0 +265.28 断面以上最大平均流速大于 35 m/s,按照设计规范在该段以上需要设置掺气坎。

(5)龙抬头工作门出口底板体型修改后,龙抬头段掺气坎最大掺气浓度略有减少,龙抬头末端与洞身段掺气坎掺气浓度变化不大。

(6)洞身 0 +210.28 位置掺气坎坎高由 0.15 m 增高至 0.25 m 后,掺气效果得到改善,掺气坎断面洞内水面没有明显突出,建议设计采用。

(7)三级特征库水位时,泄洪洞的补气孔补气量明显大于各级掺气坎通气孔单边进气总量,满足洞身通气量要求。

(8)实测各级特征库水位下,挑坎坎顶水深均大于边墙高度,建议从距出口 10 m 开始逐渐加高边墙至出口末端,出口末端断面边墙增加 3 m。

(9)校核洪水,当枢纽下泄流量 10 800 m³/s 对应下游水位 180.13 m 时,下游冲刷坑最深点接近基岩面,其他工况均冲至基岩以下,冲刷坑最深点高程 151.45 m。

(10)三种挑流鼻坎在闸门启闭过程中洞内流态变化规律一致,挑流鼻坎坎顶高程不同,只是洞内形成水跃的最远位置,以及水跃被推出洞外,形成稳定挑流时对应工作闸门的相对开度不同。在闸门启闭过程中,当洞内水跃被推至洞口的瞬间,洞出口段水面高于两侧边墙,水流从两侧边墙溢出,溢出水量与闸门开启速度关系密切,建议洞出口边墙加高 3 m。

(11)对于挑流鼻坎挑坎修改体型二(坎顶高程 175 m),在校核洪水时,当下游水位高于坎顶高程,下游水位达到 180.0 m 时,闸门相对开度达 0.31 后,2 号泄洪洞出流为挑流。

(12)试验量测三种挑流鼻坎起挑水位和收挑水位供设计参考。三种挑流鼻坎相比较,建议挑流鼻坎坎顶高程选用 175 m 比较合适。

3.7.9　2 号泄洪洞试验结论与建议

(1)工作门处取消突扩和突跌后(工作门后无突扩和突跌方案),水流平顺进入龙抬头段,龙抬头段水流波动较工作门后设置突扩和突跌时明显减小,建议采用。

(2)泄洪洞泄流能力符合短压力进水口泄洪洞一般的泄流规律。模型实测特征水位泄量比设计值大 2.5% 左右,满足规范和设计要求。

(3)龙抬头末端突扩后在龙抬头末端下游两侧激起水翅,加导流板可以降低水翅高度,试验推荐的导流板尺寸和位置,建议采用。

(4)库水位 285.43 m 时,洞身在桩号 0 + 265.28 断面以上最大平均流速大于 35 m/s,按照设计规范在该段以上需要设置掺气坎。

(5)洞身 0 + 210.28 位置掺气坎坎高由 0.15 m 增高至 0.25 m 后,掺气效果得到改善,掺气坎断面洞内水面没有明显突出,建议设计采用。

(6)试验量测三级特征库水位时,泄洪洞的补气孔补气量明显大于各级掺气坎通气孔单边进气总量,满足洞身通气量要求。

(7)实测各级特征库水位下,挑坎坎顶水深均大于边墙高度,建议从距出口 10 m 开始逐渐加高边墙至出口末端,出口末端断面边墙增加 3 m。

(8)校核洪水,当枢纽下泄流量 10 800 m³/s 对应下游水位 180.13 m 时,下游冲刷坑最深点接近基岩面,其他工况均冲至基岩以下,冲刷坑最深点高程 151.45 m。

(9)试验量测三种挑流鼻坎起挑水位和收挑水位供设计参考。三种挑流鼻坎相比较,建议挑流鼻坎坎顶高程选用 175 m 比较合适。

第4章　苏阿皮蒂水电站底孔单体水工模型试验

4.1　工程概述

苏阿皮蒂(Souapiti)水电站位于几内亚的西部,距离首都科纳克里港口约135 km,枢纽位于孔库雷河(Konkouré River)流域中游河段,下游约6 km的凯乐塔(Kaleta)水电站于2011年开工建设,目前已建成投入使用。

苏阿皮蒂枢纽水库总库容63.17亿 m^3,装机容量450 MW,枢纽建筑物主要包括碾压混凝土重力坝、溢流坝、坝身泄洪底孔、坝身发电引水孔、发电厂房等工程。工程等别为Ⅰ等,工程规模为大(1)型,大坝为1级,发电厂房为2级。大坝按1 000年一遇洪水设计,5 000年一遇洪水校核,死水位185 m,正常蓄水位210 m,设计洪水位213.11 m,校核洪水位213.56 m,极端最高洪水位214.42 m,校核洪水位枢纽总下泄流量为4 370 m^3/s,溢流坝下泄流量为2 410 m^3/s,泄洪底孔泄量为1 956 m^3/s。

大坝坝轴线总长1 148 m,枢纽布置自左至右分别为左岸挡水坝段415.45 m、厂房坝段97 m、导流底孔坝段60 m、泄洪底孔坝段25 m、溢流坝段173.55 m 和右岸挡水坝段377 m,枢纽布置见图3-4-1和图3-4-2。

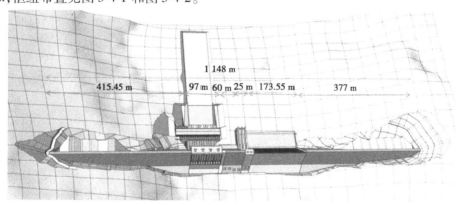

图3-4-1　枢纽布置图(上游)

设计对泄流底孔分别提出了长压力进口和短压力进口两种形式。长压力进口体型布置见图3-4-3、图3-4-4。泄洪底孔坝段长25.00 m,坝顶高程215.50 m,坝顶宽19.20 m,坝基最低开挖高程103.00 m。泄流底孔左侧为导流底孔坝段,右侧为溢流坝段。泄流底孔采用有压泄水孔,分为2孔,进口体型为椭圆曲线,进口段后设置2孔5.0 m×7.0 m(宽×高)事故检修门,出口端采用2孔5.0 m×6.0 m(宽×高)弧形闸门控制,压坡段位于弧形闸门上游,坡度为1:6,事故检修门与弧形闸门之间为有压平坡段,长44.55 m。事

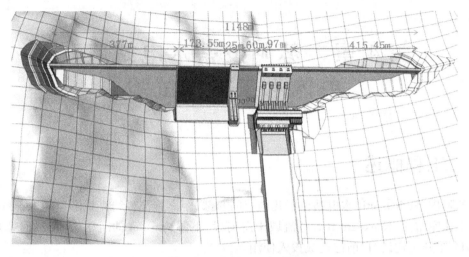

图 3-4-2 枢纽布置图(下游)

故检修门与弧形闸门之间及弧门出口后约 10 m 的范围内均布置钢衬。钢衬与混凝土之间的缝隙的渗水用型钢集水槽收集后通过排水管流向下部的廊道。出口设置了 0.8 m 的跌坎,跌坎下游设置底坡 1:10 泄槽,泄槽长 63.53 m,后接反弧段及挑流鼻坎,反弧半径 28 m,挑流鼻坎高程为 126.46 m,挑坎处宽度 9 m。

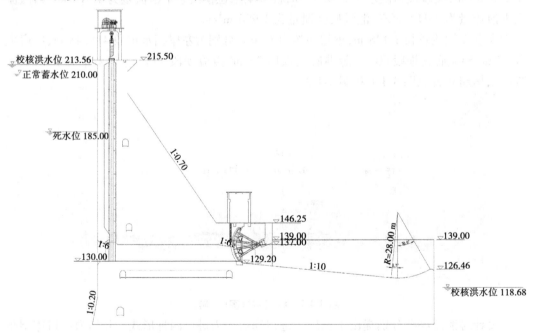

图 3-4-3 泄流底孔剖面图

短压力进水口方案剖面图和平面布置见图 3-4-5、图 3-4-6,孔口尺寸与长压力进水口方案相同,仍为 5.0 m×6.0 m(宽×高);工作门前压坡段坡度为 1:4.5;工作门后跌坎高度为 1.2 m;跌坎下游底坡为 1:10 泄槽,泄槽段总长度 65.19 m,泄槽后接反弧段及挑流鼻坎,反弧半径 28 m,挑流鼻坎高程为 125.925 m,较长进水口方案低 0.535 m,扩散段由

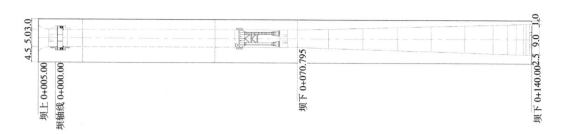

图 3-4-4　泄流底孔平面布置图

长进水口方案的 69.2 m 缩短至 18.5 m,边墙由直线改为椭圆曲线,挑坎出口宽度保持 9 m 不变。另外,为保证掺气效果,通气孔直径由长进水口方案的 0.6 m 增大为 0.8 m。

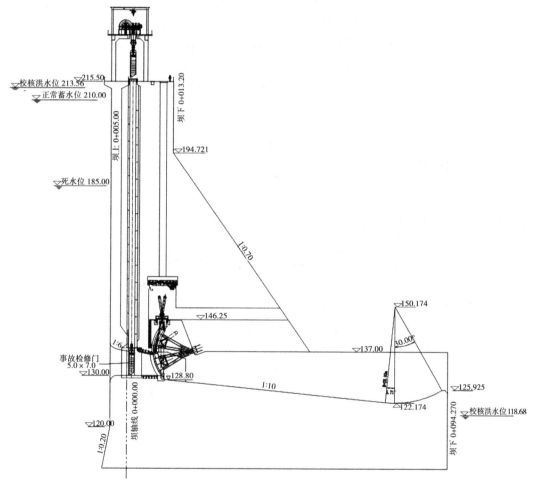

图 3-4-5　泄流底孔剖面图

坝下下游河道水位流量关系见表 3-4-1。

图 3-4-6　泄流底孔平面布置图 （单位:m）

表 3-4-1　下游河道控制断面水位流量关系

工况	水库最高水位（m）	总泄流量（m³/s）	坝址下游150 m水位（m）	坝址下游400 m水位（m）	坝址下游600 m水位（m）
$P = 1\%$	212.6	3 400	116.26	113.59	112.96
$P = 0.5\%$	212.71	3 500	116.31	113.66	113.03
$P = 0.1\%$（设计）	213.11	3 900	116.52	113.92	113.29
$P = 0.02\%$（校核）	213.56	4 370	116.76	114.17	113.53
极端情况（发生校核洪水时，一个底孔不参与泄洪）	214.42	4 350	116.75	114.16	113.52

4.2　研究目的和内容

试验主要是针对苏阿皮蒂（Souapiti）水电站泄流底孔的泄流能力、下游消能等水力学问题,验证设计方案的合理性,并确定进一步优化方案,主要研究方面包括:

（1）验证泄洪底孔体型的合理性。

（2）观测不同库水位、不同流量情况,泄洪底孔流道形式、流道压力分布、出口挑流流态、冲坑情况影响范围等。

（3）验证泄流底孔弧门后掺气后的流态,提供合理的跌坎尺寸。

（4）提供泄流底孔沿程水流空化数（应包括各重点部位）,并根据试验确定掺气槽形式及位置。

（5）验证泄流底孔挑流鼻坎体型的合理性。

4.3　模型设计

苏阿皮蒂（Souapiti）水电站底孔单体水工模型设计为正态模型,满足重力相似、阻力相似准则及水流连续性原理,过水建筑物下游局部冲刷研究应满足泥沙起动相似,几何比尺取 30。根据模型试验相关相似准则,模型主要比尺计算见表 3-4-2。

表 3-4-2　模型比尺汇总

比尺名称	比尺	依据
几何比尺 λ_L	30	
流速比尺 λ_V	5.48	
流量比尺 λ_Q	4 929.5	试验任务要求及《水工（常见）模型试验规程》（SL 155—2012）
水流运动时间比尺 λ_t	5.48	
糙率比尺 λ_n	1.76	
起动流速比尺 λ_{V_0}	5.48	

4.4　模型制作及量测仪器

4.4.1　模型范围

模型模拟主要包括上游部分库区、枢纽泄洪底孔及下游河道部分，模拟范围上游库区 90~180 m，坝址下游 450~600 m，模型布置见图 3-4-7。泄洪底孔洞身及出口采用有机玻璃制作，坝前库区为钢板水箱，由挑流尾坎处向下游采用动床模型，模拟下游基岩冲刷情况。

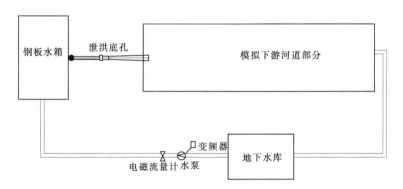

图 3-4-7　模型布置

4.4.2　模型制作及量测仪器

几内亚苏阿皮蒂（Souapiti）水电站进水口底孔单体模型依据以下相关资料制作：

（1）坝址区河道地形图。

（2）水电站进水口底孔平面布置图、底孔纵剖面图。

（3）底孔闸室段纵剖面图、底孔闸室段平面图。

（4）坝平面布置图、下游河道地形图。

底孔建筑物部分用有机玻璃制作。根据设计部门提供的下游河床基岩抗冲流速 $v=$

8 m/s,按相关公式计算,模型冲坑散粒料选用直径为 43~85 mm(平均粒径 60 mm)的天然石块模型基岩冲刷。

供水设备:电磁流量计(星空)及电子阀门(良工),见图 3-4-8。

图 3-4-8　电磁流量计及电子阀门

压力测量:高精度水力模型压力传感器(威斯特 CYB - 20S),见图 3-4-9。

图 3-4-9　高精度水力模型压力传感器

脉动压力采集:动态信号测试分析仪(东华 DH5902),见图 3-4-10。

掺气测量:水流掺气浓度量测仪(中国水科院 CQ6 - 2005),见图 3-4-11。

风速测量:智能热式风速仪(加野 6114),见图 3-4-12。

图 3-4-10　动态信号测试分析仪

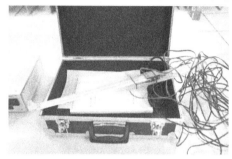

图 3-4-11　水流掺气浓度量测仪

图 3-4-12　智能热式风速仪

4.5　长压力进水口方案试验

4.5.1　泄流能力

通过泄流能力试验确定泄洪底孔与库水位流量关系曲线,并验证泄水建筑物是否满足设计泄流能力要求。试验量测泄洪底孔单孔全开时的水位流量关系,上游库水位按照连通管测针实测读数,流量系数 μ 根据实测流量和库水位按孔流流量公式计算。底孔特征水位下泄流能力试验数据如表 3-4-3 所示,根据试验数据绘制的底孔闸门全开库水位流量关系曲线如图 3-4-13 所示。

表 3-4-3　泄洪底孔泄流能力

库水位(m)	模型实测流量 (m³/s)	设计流量 (m³/s)	流量偏差 (±%)	流量系数 μ
185	787			0.847
210	997	955	4.4	0.873
213.11	1 018	975	4.4	0.873
213.56	1 021	978	4.4	0.873

注:流量偏差(%) = (试验值 − 设计值) ÷ 设计值 × 100%。

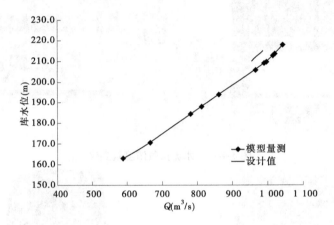

图 3-4-13　泄洪底孔闸门全开水位流量关系

　　在不同特征水位下,模型试验量测的底孔闸门全开时的流量均大于相应的设计值,正常蓄水位、设计洪水位和校核洪水位流量系数为 0.873,模型实测值均较设计值大 4.4%,满足设计泄流能力要求。

　　根据试验任务的要求,结合给定的特征流量,选取具有代表性的典型工况进行试验,模型试验分为 2 组工况,如表 3-4-4 所示。模型下游水位控制断面在坝下 505 m 处,下游水位按照设计部门提供坝下 400 m 和 600 m 处水位资料内插数据求得。各工况按照设计部门提供特征水位控制。

表 3-4-4　模型试验工况

工况	特征水位	库水位(m)	泄量(m³/s)	下游水位(m)
Z1	正常蓄水位	210	997	112.23
Z2	校核水位	213.56	1 021	113.85

4.5.2　底孔流态及明流段水深

　　底孔在弧形工作门前为有压流,工作门后为突跌,跌坎高 0.8 m,跌坎下接 1:10 的斜坡,试验观测表明,高速水流出闸孔在跌坎下均形成稳定而完整的空腔,射流冲击区下游靠近底部水流掺气明显。水流出闸孔进入明流泄流洞段后受跌坎及两侧边墙扩散影响，在明流泄流段内产生菱形冲击波，由于冲击波和射流影响，明流泄流段水面波动，且断面水深分布不均匀，如图 3-4-14 所示。

(a)Z1 工况 (Q=997 m³/s, H=210 m)

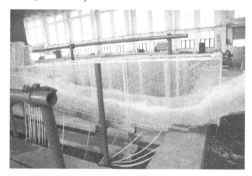

(b)Z2 工况 (Q=1 021 m³/s, H=213.56 m)

图 3-4-14　泄洪底孔流态

在校核洪水 Z2 工况时，洞内水流不稳，靠边壁处水面有瞬间触及工作门门铰牛腿现象，参见图 3-4-15，建议设计抬高工作门门铰位置。

(a)Z1 工况 (Q=997 m³/s, H=210 m)　　　　(b)Z2 工况 (Q=1 021 m³/s, H=213.56 m)

图 3-4-15　泄洪底孔门铰处流态

试验量测两个工况下明流泄流段水深如表 3-4-5 所示，由于冲击波影响，在明流泄流段各断面水深不均匀，在挑流鼻坎出口 H6 断面水深两侧大于中部。

表 3-4-5　各工况下明流段断面水深　　　　（单位:m）

编号	桩号	测点部位	正常蓄水位 Z1 工况	校核洪水位 Z2 工况
H1	0 + 057.50	左	5.79	5.79
		中	5.73	5.85
		右	5.76	5.82
H2	0 + 074.22	左	6.00	6.06
		中	6.30	6.32
		右	5.85	6.06
H3	0 + 086.16	左	4.56	4.65
		中	5.25	5.34
		右	4.56	4.65
H4	0 + 101.80	左	4.50	4.65
		中	4.41	4.50
		右	4.50	4.65
H5	0 + 123.82	左	3.75	3.92
		中	3.66	3.75
		右	3.75	3.99
H6	0 + 137.82	左	4.05	4.20
		中	3.81	3.75
		右	4.05	4.14

4.5.3　明流段水流流速分布

沿程布置 6 个断面测流速,其中左、右两侧垂线距两侧洞壁 0.5 m,每条垂线量测底、中、表 3 个位置,断面平均流速是根据模型实测三条垂线流速通过断面平均计算得出。洞身各断面平均流速沿程见表 3-4-6 和表 3-4-7。试验结果表明,水流出孔口后,洞身各断面流速沿程变化不大,同一断面均为中垂线流速略大于两侧,在正常蓄水位 Z1 工况和校核洪水位 Z2 工况时,洞身各断面平均流速大于 30 m/s,校核洪水下实测最大断面平均流速值为 34.22 m/s。

表 3-4-6　Z1 工况明流段断面流速　（单位:m/s）

编号	桩号	位置	底	中	表	断面平均
V1	0 + 057.50	左	29.94	33.30	33.50	32.87
		中	32.91	32.76	34.67	
		右	31.63	33.12	34.04	
V2	0 + 074.11	左	32.82	34.27	31.90	33.03
		中	32.70	34.49	33.80	
		右	29.25	34.39	33.63	
V3	0 + 086.16	左	30.98	33.87	32.82	33.05
		中	31.79	34.39	34.50	
		右	31.27	34.24	33.59	
V4	0 + 101.80	左	31.67	33.16	34.29	32.95
		中	31.46	34.17	34.82	
		右	29.71	33.52	33.74	
V5	0 + 123.82	左	32.11	32.09	32.11	32.87
		中	33.32	34.61	34.71	
		右	31.79	32.31	32.80	
V6	0 + 137.82	左	31.68	32.14	32.29	32.06
		中	32.35	32.92	33.72	
		右	30.16	30.61	32.67	

表 3-4-7　Z2 工况明流段断面流速　（单位:m/s）

编号	桩号	位置	底	中	表	断面平均
V1	0 + 057.50	左	33.59	32.93	32.58	33.47
		中	34.44	33.52	34.73	
		右	34.26	32.03	33.19	
V2	0 + 074.11	左	33.30	35.08	34.52	34.00
		中	32.87	35.34	35.41	
		右	30.14	34.70	34.64	
V3	0 + 086.16	左	33.20	34.74	34.75	34.22
		中	33.80	34.81	34.90	
		右	33.36	34.60	33.86	

续表 3-4-7

编号	桩号	位置	底	中	表	断面平均
V4	0 + 101.80	左	33.46	33.31	34.37	33.42
		中	34.18	34.64	34.93	
		右	30.87	33.24	31.82	
V5	0 + 123.82	左	31.91	33.09	34.68	33.19
		中	33.44	33.15	34.75	
		右	31.20	32.23	34.26	
V6	0 + 137.82	左	32.17	32.88	32.92	32.79
		中	33.20	33.59	34.28	
		右	30.70	32.14	33.22	

4.5.4　压力分布

泄洪建筑物压力测点用于量测关键部位的压力,试验在泄洪底孔模型中轴线顶部布置了 9 个测压孔,底板共布置了 23 个测压孔。试验测量了泄洪底孔时均动水压力,试验数据如表 3-4-8 和表 3-4-9 所示,各测点压力分布参见图 3-4-16、图 3-4-17。可以看出,各工况下底板斜坡段 P1 ~ P5 测点为空腔部位,压力值接近零压,P6 和 P7 测点位于空腔末端位置,出现较小负压值,最大负压为 0.42 m 水柱。P11 和 P14 测点位于底孔射流冲击区,底板压力出现一个峰值,而后压力值沿程减小,至挑流鼻坎反弧段由于离心力导致底板压力增大。校核洪水时射流最大冲击压力达到 14.2 m 水柱,反弧段最大压力达到 21.7 m。底孔压力段压力分布均匀,且符合正常分布规律,体型设计合理。

表 3-4-8　泄洪底孔顶板压力分布

测点编号	位置	桩号	高程(m)	压力(m 水柱)	
				工况 Z1	工况 Z2
Y1		0 − 004.96	138.90	55.49	57.74
Y2		0 − 004.82	138.66	56.32	59.78
Y3		0 − 004.46	138.32	49.85	51.54
Y4		0 − 003.47	137.81	42.98	46.05
Y5	底孔顶板	0 − 001.97	137.41	32.04	33.82
Y6		0 − 000.02	137.08	27.84	29.10
Y7		0 + 047.80	136.95	35.04	35.82
Y8		0 + 050.46	136.51	36.87	18.04
Y9		0 + 053.12	136.06	29.58	10.36

表3-4-9　泄洪底孔底板压力分布

测点编号	位置	桩号	高程(m)	压力(m 水柱)	
				工况 Z1	工况 Z2
D1	水平段	0 - 003.77	129.85	30.81	31.74
D2		0 + 001.95	130.00	26.43	27.06
D3		0 + 016.22	130.00	26.84	27.29
D4		0 + 031.28	130.00	29.56	30.10
D5		0 + 046.34	130.00	17.34	17.82
D6		0 + 056.48	130.00	6.63	7.03
P1	斜坡段	0 + 062.61	128.74	0	0
P2		0 + 064.16	128.58	0	0
P3		0 + 065.74	128.42	0	0
P4		0 + 067.23	128.27	0	0
P5		0 + 068.70	128.13	0	0
P6		0 + 070.19	127.98	- 0.26	- 0.42
P7		0 + 071.86	127.81	- 0.18	- 0.24
P8		0 + 073.38	127.66	0.33	0.12
P9		0 + 074.91	127.51	1.71	1.14
P10		0 + 076.43	127.36	6.72	3.69
P11		0 + 077.95	127.20	10.45	9.94
P12		0 + 079.44	127.05	10.57	11.08
P13		0 + 080.97	126.90	8.11	14.2
P14		0 + 082.49	126.75	8.56	10.96
P15		0 + 084.01	126.60	6.16	6.88
P16		0 + 090.04	125.99	6.65	6.81
P17		0 + 101.95	124.80	3.91	3.97
P18		0 + 113.92	123.61	3.96	4.05
P19	反弧段	0 + 121.48	122.85	12.91	13.42
P20		0 + 125.74	122.75	13.49	14.18
P21		0 + 130.01	123.30	20.65	21.07
P22		0 + 134.31	124.56	15.91	16.06
P23		0 + 138.29	126.46	5.13	7.20

4.5.5　掺气浓度和通气量分析

高速水流掺气可减轻对过水面的空蚀破坏。两组工况下掺气坎后均形成稳定而完整的空腔,底空腔长度及通气孔运用状况见表3-4-10。由表3-4-10可知,空腔长度随着流量的增大而增大,最大值为校核水位下的13.8 m。

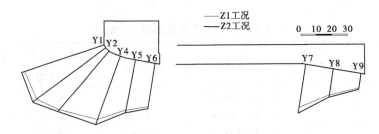

图 3-4-16　泄洪底孔顶板压力分布 （单位:m 水柱）

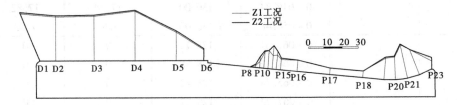

图 3-4-17　泄洪底孔底板压力分布 （单位:m 水柱）

表 3-4-10　底空腔长度及通气孔运用情况

项目	正常蓄水位 Z1 工况	校核水位 Z2 工况
底空腔长度(m)	11.7	13.8
通气孔运用状况	通畅	通畅

　　为了对掺气效果进行进一步的评估,采用中国水利水电科学研究院 CQ6 - 2005 型掺气仪对沿程掺气浓度进行量测。试验开始时,将掺气传感器置于模型未掺气水体中进行调零,每次测量前后进行调零复核。试验量测了由空腔末端沿程不同工况下各位置底部掺气浓度,各工况下掺气浓度参见表 3-4-11、图 3-4-18。由表 3-4-11 可知,射流冲击区下游靠近底部水流掺气明显,掺气浓度沿程衰减,距离跌坎下游 54 m 仍有超过 3% 的掺气浓度,表明掺气设施对泄槽斜坡段具有较好的掺气保护能力。

表 3-4-11　泄槽底部掺气浓度

桩号	距跌坎距离(m)	掺气浓度(%)	
		正常蓄水位 Z1 工况	校核水位 Z2 工况
0 + 075.98	18	24.0	22.7
0 + 078.98	21	18.6	21.2
0 + 081.98	24	15.0	16.8
0 + 087.98	30	5.0	5.5
0 + 093.98	36	4.8	6.9
0 + 099.98	42	4.9	9.8
0 + 105.98	48	3.50	5.4
0 + 111.98	54	4.0	5.2
0 + 117.98	60	1.6	1.3

　　试验采用 KANOMAX 加野 KA2014 型风速仪对通气孔风速进行量测,风速仪在与模型相同气温下调零,每次测量前后进行调零复核。设计通气孔为直径为 0.6 m 的圆形通气孔,在实际试验中,通气孔制作为面积相同的矩形通气孔,保证了通气量的一致性。

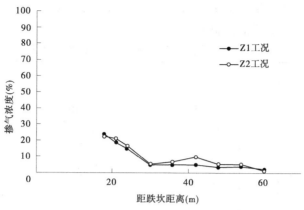

图 3-4-18　泄槽底部掺气浓度沿程分布

试验量测左右通气孔距底部 3 m 处的风速,正常蓄水位 Z1 工况下,左、右侧通气孔风速为 20.28 m/s 和 21.37 m/s,校核水位 Z2 工况对应原型风速为 24.82 m/s 和 28.17 m/s,满足"通气孔风速最大值不大于 60 m/s"的规范规定,通气孔面积满足要求。

根据水工水力学原型观测与模型试验的相关研究成果,计算通气量时当坎顶模型平均流速大于 6 m/s 时,模型中获得的掺气量可以直接按照重力相似定律引申,无须乘以修正系数。如果坎顶平均流速小于 6 m/s 时,原型、模型之间的相对掺气比可以由下式计算:

$$\frac{\beta_p}{\beta_m} = \frac{Q_{ap}}{Q_{am} L_r^{2.5}} \tag{3-4-1}$$

式中:β_p、β_m 分别为原型、模型掺气比;β_p/β_m 为原型、模型相对掺气比;Q_{ap}、Q_{am} 分别为原型、模型通气量,m³/s;L_r 为模型几何比尺。

本次试验两个工况下模型坎顶平均流速值分别为 5.92 m/s 和 6.03 m/s,均接近和超过 6 m/s 判定标准,因此此次计算模型通气量修正系数取值为 1,计算不同工况下原型通气量,结果见表 3-4-12。结果表明,通气孔通气量随流量增大而增大,校核水位下总通气量为 14.99 m³/s,掺气减蚀设施可形成稳定而完整的空腔,对底孔明流斜坡段具有较好的减蚀保护效果,体型设计较合理。

表 3-4-12　通气孔风速及通气量

项目	正常蓄水位 Z1 工况	校核水位 Z2 工况
左侧通气孔风速(m/s)	20.28	24.82
右侧通气孔风速(m/s)	21.37	28.17
左右平均通气量 Q_{ap}(m³/s)	5.88	7.49

4.5.6　空蚀空化分析

表 3-4-13 为底孔明流段测点水流空化数 σ 计算值,图 3-4-19 为水流空化数沿程分布图。可以看出,各级工况下在明流斜坡段水流空化数 σ 值虽然略小于规范要求 0.3,但由于该段水流掺气浓度大于设计规范的 3%,可以不再设置掺气槽。在出口挑流鼻坎反弧段断面平均流速小于 35 m/s,虽然水流掺气浓度略小于设计规范的 3%,但水流空化数大

于 0.3,也可不设置掺气槽。但为安全起见,在陡槽末端反弧段应采用高强度、耐磨抗蚀的混凝土,并在施工时应严格控制平整度。

表 3-4-13 底孔明流段测点水流空化数 σ 计算

测点部位	测点桩号	水流空化数 σ	
		正常蓄水位 Z1 工况	校核水位 Z2 工况
孔口断面	0 + 057.50	0.310	0.317
斜坡段	0 + 074.22	0.210	0.186
	0 + 086.16	0.297	0.282
	0 + 101.80	0.251	0.245
反弧段	0 + 123.82	0.436	0.518
	0 + 137.82	0.277	0.343

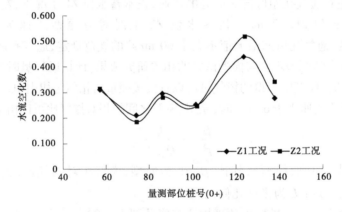

图 3-4-19 底孔明流段水流空化数沿程变化

4.5.7 挑流水舌及下游流态

泄洪底孔出口采用的是连续式挑流鼻坎,设计连续式挑流鼻坎段边墙高程为 139.00 m,坎顶高程为 126.46 m。库区正常蓄水位和校核水位 2 组工况下,水面线轨迹如图 3-4-20 所示,挑流水舌流态见图 3-4-21 和图 3-4-22。结果表明,Z1 工况和 Z2 工况下挑流水舌入水点分别为桩号 0 + 266 和 0 + 272 处,即水舌长度分别为 126 m 和 132 m。不同工况下,水舌纵向扩散宽度随着流量增大而增大,校核水位 Z2 工况下入水点水舌最大宽度为 29.1 m。

4.5.8 下游河道冲刷

进行下游河道冲刷试验时,模型初始地形是按照设计提供下游河道地形图高程铺设,按照《水工(常规)模型试验规程》(SL 155—2012),每组冲刷历时一般不小于 2 h,本次模型冲刷试验历时为 4 h(相当于原型时间 21.9 h)。下游河道水位控制断面为坝下 0 + 500 位置,下游水位由设计提供的坝下 400 m 和坝下 600 m 内插确定。

两组工况下冲刷坑深度与位置见表 3-4-14,表中最大冲刷深度按水舌入水点附近河

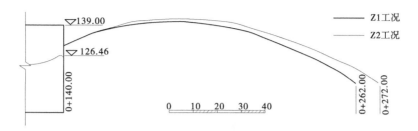

图 3-4-20　底孔挑流水舌水面线轨迹

图 3-4-21　Z1 工况($Q = 997$ m³/s,$H = 210$ m)下挑流水舌

图 3-4-22　Z2 工况($Q = 1\,021$ m³/s,$H = 213.56$ m)下挑流水舌

底高程 111.0 m 减去模型实测最深点高程计算得出的。两组工况下冲刷坑最深点高程分别为 96.85 m 和 96.43 m,最大冲刷坑深度分别为 16.15 m 和 16.57 m。最深点位置桩号分别为 0 + 275 和 0 + 278,最深点距挑流鼻坎(0 + 140)分别为 135 m 和 138 m。下游冲刷坑地形图绘于图 3-4-23,图中纵坐标轴为坝下桩号,横坐标 0 对应泄洪底孔中心线位置。校核洪水 Z2 工况下无水状态下下游冲刷坑形状见图 3-4-24。

表 3-4-14　冲刷坑深度与位置

特征水位	下游水位 (m)	对应枢纽 下泄流量 (m³/s)	冲刷坑最深点 高程(m)	最大冲刷坑 深度(m)	最深点位置 (桩号)	最深点距 鼻坎末端 距离(m)
正常蓄水位	112.23	1 911	96.85	16.15	0 + 275	135
校核洪水位	113.85	4 370	96.43	16.57	0 + 278	138

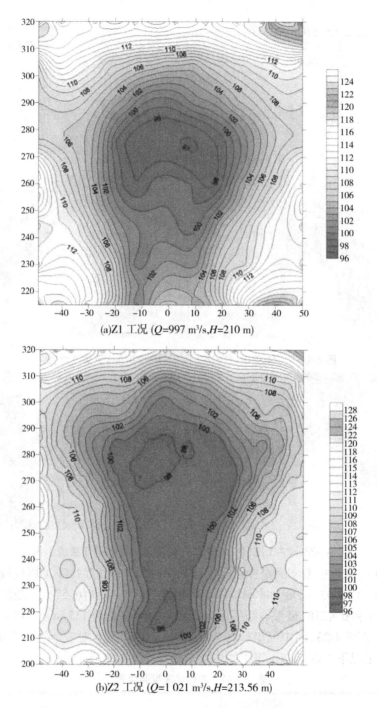

(a)Z1 工况 (*Q*=997 m³/s,*H*=210 m)

(b)Z2 工况 (*Q*=1 021 m³/s,*H*=213.56 m)

图 3-4-23　下游冲刷坑地形

　　根据设计提供下游河道表层约 3.5 m 岩石风化,抗冲能力低。试验不模拟表层岩石风化层,即模型初始地形是按照 106 m 进行铺设后又进行下游河道冲刷试验,模型冲刷试验时间仍然为 4 h。试验结果表明,校核水位 Z2 工况下冲坑最深点高程为 92.65 m,比按

图 3-4-24　Z2 工况($Q = 1\ 021\ \mathrm{m^3/s}, H = 213.56\ \mathrm{m}$)下下游冲刷坑形状

照设计提供下游河道地形图高程铺设冲刷最深点高程 96.43 m 低 3.78 m。冲刷坑深度为 18.35 m,最深点位置变化不大。

4.5.9　脉动压力特性

脉动压力传感器为威斯特中航科技生产的 CYB－20S 型高精度水力模型数字压力传感器,输出信号通过江苏东华 DH5902 型动态数据采集仪接入计算机,由计算机自动控制采集、监测和数据处理,测试系统框图如图 3-4-25 所示。试验量测之前,首先对压力传感器进行了标定,标定结果表明,压力传感器的压力水头与输出电压之间存在良好的线性关系。

| 测点 | → | 压力传感器 | → | 数据采集器 | → | 计算机 |

图 3-4-25　脉动压力测试系统

根据采样定理,采样间隔 $\Delta t = 1/2f_c$,f_c 为最大分析频率,水流脉动压力频率一般为 1~50 Hz,采用 100 Hz 的采样频率,采样时间 30 s,每个测点重复采样 3 次。经系统数据处理分析,计算得到最大压力 P_{max}、最小压力 P_{min},标准差 σ 及自功率谱密度函数 $S(f)$,据此对脉动压力的幅值变化、优势频率范围及概率分布规律等特性进行研究。

试验对底孔水平段、斜坡段和反弧挑坎部位选取代表性测点对脉动压力进行了量测,正常蓄水位工况和校核洪水位工况下各测点脉动压力波形图见图 3-4-26 和图 3-4-27。

4.5.9.1　脉动压力幅值

各测点位置及脉动压力特征值见表 3-4-15 和表 3-4-16,脉动压力幅值特性多用脉动压力强度均方根 σ 描述,脉动压力均方根 σ 反映了水流紊动程度和水流平均紊动能量。试验结果表明,各测点脉动压力强度随着流量的增大而增大,斜坡段脉动压力强度均方根 σ 为 1.557~6.812 kPa;鼻坎段脉动压力受反弧离心力影响,与冲击脉压类似,均方根 σ 为 5.399~9.698 kPa,略大于斜坡。

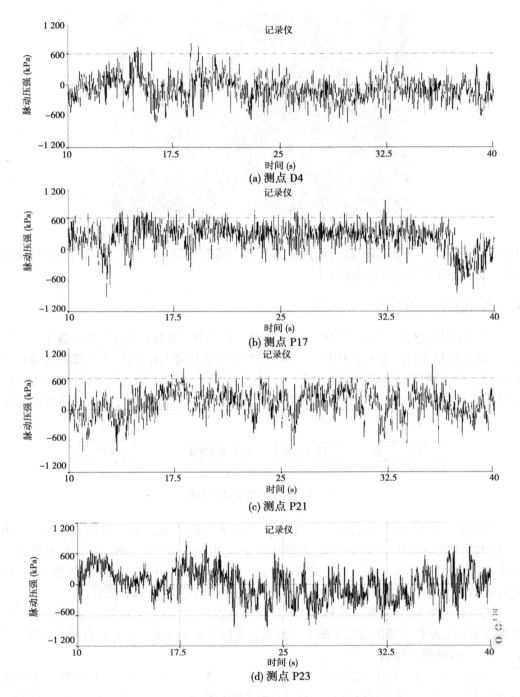

图 3-4-26　正常蓄水位工况下各测点脉动压力波形图

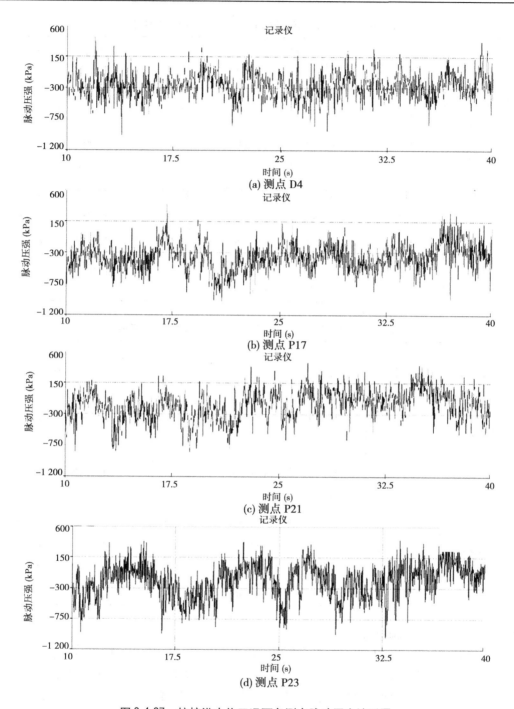

图 3-4-27　校核洪水位工况下各测点脉动压力波形图

表 3-4-15　正常蓄水位工况下不同测点脉动压力特征值

测点位置	编号	桩号	高程(m)	压力(kPa)		
				最大值	最小值	均方根值
水平段	D2	0 + 001.95	130.00	17.930	− 37.152	7.818
	D4	0 + 031.28	130.00	10.393	− 7.902	2.773
斜坡段	P11	0 + 077.95	127.20	23.178	− 16.730	6.812
	P13	0 + 080.97	126.90	8.821	− 11.200	3.514
	P17	0 + 101.95	124.80	6.219	− 12.187	2.750
反弧段	P20	0 + 125.74	122.75	21.605	− 15.091	8.487
	P21	0 + 130.01	123.30	15.367	− 12.892	5.399
	P23	0 + 138.29	126.46	26.747	− 25.470	8.740

表 3-4-16　校核洪水位工况下不同测点脉动压力特征值

测点位置	编号	桩号	高程(m)	压力(kPa)		
				最大值	最小值	均方根值
水平段	D2	0 + 001.95	130.00	22.032	− 39.709	6.135
	D4	0 + 031.28	130.00	11.992	− 11.619	3.143
斜坡段	P11	0 + 077.95	127.20	26.483	− 17.822	6.531
	P13	0 + 080.97	126.90	11.203	− 9.083	3.625
	P17	0 + 101.95	124.80	6.639	− 9.724	1.577
反弧段	P20	0 + 125.74	122.75	17.526	− 19.838	6.046
	P21	0 + 130.01	123.30	17.283	− 16.881	5.913
	P23	0 + 138.29	126.46	13.000	− 30.841	9.698

4.5.9.2　脉动压力频谱特性

脉动压力的频率特性通常用自功率谱密度函数来表达,功率谱是脉动压力重要特征之一,功率谱图反映了各测点水流脉动能量按频率的分布特性。分析功率谱图可以得到谱密度最大时对应的优势频率,图 3-4-28、图 3-4-29 为不同工况下优势频率图,表 3-4-17 为试验实测不同测点脉动压力优势频率统计,可以看出,各测点引起压力脉动的涡旋结构仍以低频为主,水流脉动压力优势频率为 0.293 ~ 1.27 Hz,能量相对集中的频率范围大都在 1 Hz 以下,各测点均属于低频脉动。

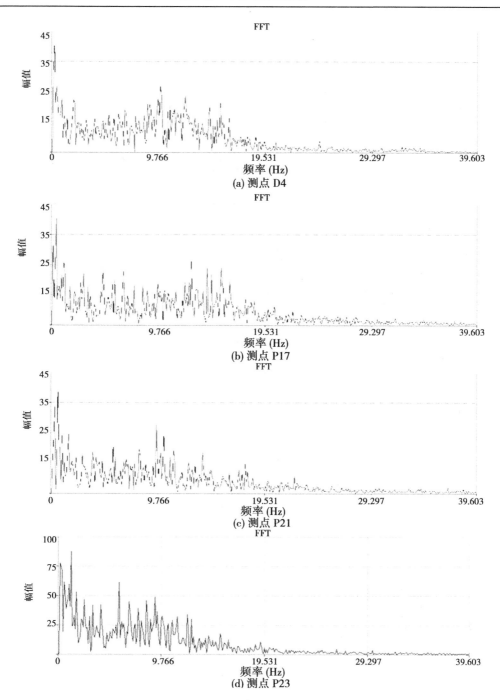

图 3-4-28　正常蓄水位工况下脉动压力优势频率图

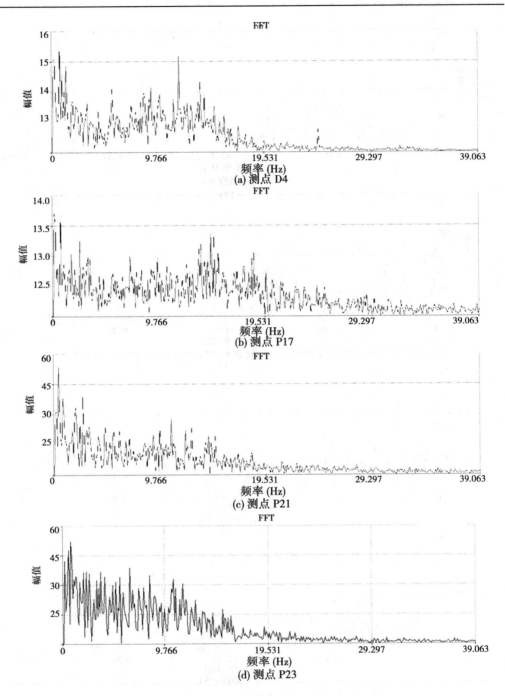

图 3-4-29　校核洪水位工况下脉动压力优势频率

表 3-4-17　各测点水流脉动压力优势频率　　　　　　（单位：Hz）

测点位置	编号	桩号	高程（m）	脉动压力优势频率（Hz）	
				正常蓄水位	校核洪水位
水平段	D2	0 + 001.95	130.00	0.781	0.684
	D4	0 + 031.28	130.00	0.293	0.781
斜坡段	P11	0 + 077.95	127.20	0.781	0.391
	P13	0 + 080.97	126.90	0.977	0.488
	P17	0 + 101.95	124.80	0.488	0.781
反弧段	P20	0 + 125.74	122.75	0.684	0.586
	P21	0 + 130.01	123.30	0.684	0.488
	P23	0 + 138.29	126.46	1.270	0.781

4.5.10　小结

（1）不同特征水位下模型试验量测的底孔流量较设计值大 4.4%，满足设计泄流能力要求。

（2）洞身各断面流速分布均为中垂线流速略大于两侧，Z1 工况和 Z2 工况时洞身各断面平均流速均大于 30 m/s，校核洪水下实测最大断面平均流速值为 34.22 m/s。

（3）在校核洪水时，洞内水流波动，靠边壁处水面瞬间触及工作门门铰牛腿现象，建议设计抬高工作门门铰位置。

（4）各测点在不同工况下压力分布符合正常分布规律，设计满足规范要求，体型设计合理。

（5）不同工况下水流出闸后在跌坎下均形成稳定而完整的空腔，射流冲击区下游靠近底部水流掺气明显，掺气浓度沿程衰减，距离跌坎下游 54 m 仍有超过 3% 的掺气浓度，表明掺气设施对泄槽斜坡段具有较好的掺气保护能力。

（6）校核水位时通气孔的风速为 24.82 m/s 和 28.17 m/s，满足"通气孔风速最大值不大于 60 m/s"的规范规定，通气孔面积满足要求。

（7）各级工况下在明流斜坡段水流空化数值虽然略小于规范要求 0.3，但该段水流掺气浓度大于设计规范的 3%，可以不设掺气槽。在出口挑流鼻坎反弧段虽然水流掺气浓度略小于设计规范的 3%，但水流空化数大于 0.3，可以不设置掺气槽。但为安全起见，建议在陡槽末端及反弧段应采用高强度、耐磨抗蚀的混凝土，并在施工时应严格控制平整度。

（8）校核洪水下挑流水舌长度为 132 m，水舌入水最大宽度为 29.1 m。

（9）试验量测校核洪水下下游冲刷坑最深点高程为 96.43 m，最大冲刷坑深度为 16.57 m，最深点距挑流鼻坎（0 + 140）为 138 m。两组工况下下游冲刷坑最深点位置桩号分别为 0 + 275 和 0 + 278，冲刷坑深度分别为 16.15 m 和 16.57 m。去掉表层 3.5 m 岩石风化层后,下游冲刷坑最深点高程为 92.65 m,最大冲刷深度增加 3.78 m。

（10）各测点脉动压力强度随着流量的增大而增大,斜坡段脉动压力强度均方根 σ 为 1.557 ~ 6.812 kPa;鼻坎段脉动压力强度均方根 σ 为 5.399 ~ 9.698 kPa,略大于斜坡。各测点能量相对集中的频率范围大都在 1 Hz 以下,各测点均属于低频脉动。

4.6　短压力进口试验

4.6.1　泄流能力复核

试验对短压力进口体型单孔全开时的水位流量关系进行了量测,特征水位下流量如表 3-4-18 所示,水位流量关系如图 3-4-30 所示。根据模型实测流量按照短压力洞出口流量公式计算特征水位下,底孔综合流量系数 μ 见表 3-4-18,正常蓄水位、设计洪水位和校核洪水位下底孔综合流量系数分别为 0.886、0.887 和 0.888,模型实测流量系数与典型的短压力进水口流量系数一致,满足设计规范要求。从泄流量看,进口压力段体型的设计尺寸是合理的。

表 3-4-18　短压力进口泄洪底孔泄流能力

库水位(m)	短压力进口方案流量(m³/s)	流量系数 μ	原设计方案流量(m³/s)	流量偏差(±%)
210	1 012	0.886	997	1.5
213.11	1 034	0.887	1 018	1.6
213.56	1 039	0.888	1 021	1.8

注:流量偏差(%) = (短压力进口方案 - 原设计方案) ÷ 原设计方案 × 100%。

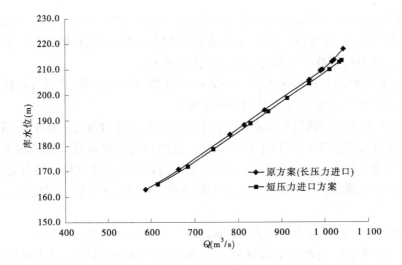

图 3-4-30　泄洪底孔闸门全开实测水位流量关系

可以看出,短压力进口方案与长压力进水口方案相比,虽然工作门尺寸未变,但由于压力洞缩短,损失减少,相同库水位下泄流略有增加,校核水位下短压力进口方案较原方案模型流量增大 1.8%,满足设计要求。

4.6.2　底孔流态及明流段水深

短压力进口方案模型试验量测组次如表 3-4-19 所示。模型下游水位控制断面在坝下 400 m 处,下游水位按照设计部门提供坝下 400 m 处水位资料控制。各工况按照设计部门提供特征水位控制,流量按照模型实测泄流能力结果。

表 3-4-19　模型试验工况

工况名	特征水位	库水位(m)	泄量(m³/s)	下游水位(m)
Z3	正常蓄水位	210	1 012	112.55
Z4	校核水位	213.56	1 039	114.17

试验观测了正常蓄水位 Z3 和校核水位 Z4 两种工况下底孔流态,见图 3-4-31、图 3-4-32,高速水流出闸孔在跌坎下均形成稳定而完整的空腔,射流冲击区下游靠近底部水流掺气明显。在明流出口扩散段两边壁产生两股水翅,导致两边壁水深明显高于中部,挑流水舌形成三股,左右两股水舌高于中间一股。另外,在正常蓄水位 Z3 工况下和校核水位 Z4 工况下,弧形门门铰处水面线均距离门铰位置较远,设计体型满足要求。

图 3-4-31　Z3 工况($Q=1\ 012\ \mathrm{m^3/s}$,$H=210\ \mathrm{m}$)下泄洪底孔流态

图 3-4-32　Z4 工况($Q=1\ 039\ \mathrm{m^3/s}$,$H=213.56\ \mathrm{m}$)下泄洪底孔流态

试验量测两种工况下明流泄流段水深如表 3-4-20 所示,由于冲击波影响,在明流泄流段各断面水深不均匀,各断面中部水深均略大于边壁处水深。

表 3-4-20　各工况下明流段断面水深　　　　　　　　（单位:m）

编号	桩号	测点部位	正常蓄水位 Z1 工况	校核洪水位 Z2 工况
H1	0 + 009.10	左	5.67	5.65
		中	5.67	5.73
		右	5.64	5.67
H2	0 + 039.39	左	5.49	5.80
		中	6.15	6.12
		右	5.76	5.70
H3	0 + 063.66	左	5.94	5.78
		中	6.30	6.68
		右	5.94	6.04
H4	0 + 075.63	左	5.82	6.10
		中	6.45	6.81
		右	5.91	6.38
H5	0 + 084.44	左	6.15	6.30
		中	6.27	6.67
		右	6.12	6.60
H6	0 + 092.55	左	4.11	4.43
		中	4.80	5.13
		右	4.44	4.80

4.6.3　底孔明流段水流流速分布

表 3-4-21 和表 3-4-22 为 Z3 工况和 Z4 工况下的沿程 6 个断面的实测流速,左右两侧垂线距两侧洞壁 0.5 m,每条垂线量测底、中、表 3 个位置,表中断面平均流速是根据模型实测三条垂线流速通过断面平均计算得出的。

表 3-4-21　Z3 工况下明流段断面流速　　　　　　　　（单位:m/s）

编号	桩号	位置	底	中	表	断面平均
V1	0 + 009.10	左	30.58	33.29	34.46	33.42
		中	33.77	34.12	34.46	
		右	32.08	33.07	34.97	
V2	0 + 039.39	左	32.05	34.39	35.39	34.42
		中	33.34	35.56	35.97	
		右	32.80	34.89	35.39	
V3	0 + 063.66	左	31.89	35.06	35.97	34.39
		中	33.25	35.31	35.97	
		右	31.99	34.72	35.39	

续表 3-4-21

编号	桩号	位置	底	中	表	断面平均
V4	0+075.63	左	30.86	34.97	35.47	33.88
		中	31.89	35.06	35.72	
		右	30.96	34.72	35.29	
V5	0+084.44	左	29.06	33.56	35.01	32.79
		中	30.29	34.12	35.33	
		右	29.30	33.58	34.89	
V6	0+092.55	左	32.70	34.80	35.29	34.65
		中	33.44	36.13	36.77	
		右	32.05	34.97	35.68	

表 3-4-22　Z4 工况下明流段断面流速　　　　　　　　　（单位:m/s）

编号	桩号	位置	底	中	表	断面平均
V1	0+009.10	左	34.51	34.10	35.81	35.03
		中	35.07	35.42	35.93	
		右	34.17	34.61	35.69	
V2	0+039.39	左	33.81	35.64	35.10	35.19
		中	34.68	35.79	35.78	
		右	33.90	35.33	36.65	
V3	0+063.66	左	32.41	34.28	35.09	34.46
		中	33.83	35.35	35.62	
		右	33.28	35.01	35.32	
V4	0+075.63	左	33.00	34.66	35.61	34.53
		中	33.54	34.84	35.87	
		右	33.35	34.71	35.20	
V5	0+084.44	左	32.51	33.65	35.11	33.87
		中	33.27	32.92	35.50	
		右	32.56	33.97	35.37	
V6	0+092.55	左	32.75	35.76	35.26	34.85
		中	34.68	35.79	36.96	
		右	32.13	35.08	35.26	

　　试验结果表明,两组工况下鼻坎末端 V6 测速断面平均流速值最大,同一断面均为中垂线流速略大于两侧,洞身各断面平均流速大于 32 m/s,校核洪水下实测最大断面平均流速值为 34.85 m/s。

4.6.4　压力分布

　　试验测量了泄洪底孔时均动水压力,进口处顶板、侧边和底板试验结果如表 3-4-23 ~ 表 3-4-25 所示,各测点压力分布图参见图 3-4-33 ~ 图 3-4-35。泄洪底孔顶板和侧边压力均为正值,压力分布均匀,且符合正常分布规律,体型设计合理。

　　各工况下底板斜坡段 P1 ~ P5 测点为空腔部位,压力值接近零压,P6 测点后各压力点也均未出现负压。P10 至 P15 测点位于底孔射流冲击区,底板压力出现峰值,而后压力值沿程减小,至挑流鼻坎反弧段由于离心力导致底板压力增大。校核洪水时射流最大冲击压力达到 15.2 m 水柱,反弧段最大压力达到 24.26 m。

表 3-4-23　泄洪底孔顶板时均动水压力

测点编号	位置	桩号	高程(m)	时均动水压力(m 水柱)	
				工况 Z3	工况 Z4
Y1		0 - 004.91	138.80	47.33	50.84
Y2		0 - 004.61	138.43	48.93	51.00
Y3		0 - 003.61	137.86	39.78	42.66
Y4		0 - 002.62	137.55	34.36	35.24
Y5	底孔顶板	0 - 001.64	137.35	34.01	35.21
Y6		0 + 000.01	137.07	34.04	37.09
Y7		0 + 003.34	136.86	31.54	36.07
Y8		0 + 005.16	136.46	38.33	15.21
Y9		0 + 006.98	136.05	44.71	7.53

表 3-4-24　泄洪底孔侧边时均动水压力

测点编号	位置	桩号	高程(m)	时均动水压力(m 水柱)	
				工况 Z3	工况 Z4
C1		0 - 004.90	133.50	40.60	43.21
C2		0 - 004.46	133.50	43.21	45.40
C3		0 - 003.49	133.50	42.16	45.07
C4		0 - 002.48	133.50	25.06	26.12
C5	左侧边墙	0 - 001.48	133.50	25.54	27.19
C6		0 - 000.47	133.50	31.30	32.17
C7		0 + 001.35	133.50	24.19	25.84
C8		0 + 004.60	133.50	15.10	15.94
C9		0 + 007.60	133.50	11.20	12.32

表 3-4-25　泄洪底孔底板时均动水压力

测点编号	位置	桩号	高程（m）	时均动水压力（m 水柱）	
				工况 Z3	工况 Z4
D1	水平段	0 - 004.42	129.42	63.56	66.59
D2		0 - 002.99	130.00	49.44	50.61
D3		0 + 001.35	130.00	29.88	31.26
D4		0 + 009.10	130.00	6.48	7.54
P1	斜坡段	0 + 017.01	128.19	0	0
P2		0 + 018.50	128.04	0	0
P3		0 + 019.99	127.89	0	0
P4		0 + 021.48	127.74	0	0
P5		0 + 022.98	127.59	0	0
P6		0 + 024.47	127.44	0.22	0.40
P7		0 + 025.96	127.29	1.03	0.55
P8		0 + 027.45	127.14	1.60	1.72
P9		0 + 028.95	127.00	2.58	2.16
P10		0 + 030.45	126.85	10.46	8.25
P11		0 + 031.95	126.70	14.19	13.16
P12		0 + 033.45	126.55	15.84	15.20
P13		0 + 034.95	126.40	12.15	12.72
P14		0 + 036.41	126.25	9.87	10.41
P15		0 + 037.93	126.10	9.48	10.35
P16		0 + 039.39	125.95	8.25	9.03
P17		0 + 045.66	125.32	6.87	7.05
P18		0 + 051.72	124.72	5.85	5.97
P19		0 + 063.66	123.52	4.86	5.89
P20	反弧段	0 + 075.63	122.33	19.10	20.50
P21		0 + 079.96	122.21	23.15	24.26
P22		0 + 084.44	122.80	18.15	22.53
P23		0 + 088.61	124.05	20.29	20.83
P24		0 + 092.55	125.93	10.49	10.91

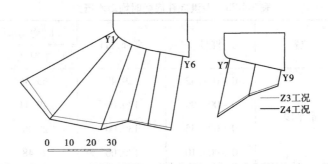

图 3-4-33 泄洪底孔顶板时均动水压力分布 （单位:m 水柱）

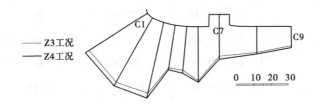

图 3-4-34 泄洪底孔侧边时均动水压力分布 （单位:m 水柱）

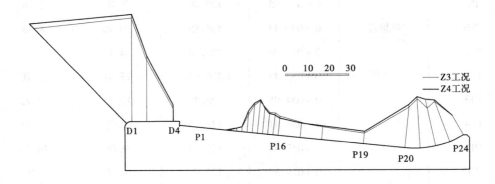

图 3-4-35 泄洪底孔底板时均动水压力分布 （单位:m 水柱）

4.6.5 掺气浓度及通气量分析

试验观测两组工况下均形成稳定而完整的空腔,底空腔长度及通气孔运用状况见表 3-4-26。由于跌坎高度由长压力进水口方案的 0.8 m 增加至 1.2 m,空腔长度明显增大,校核水位下空腔长度由长压力进水口方案的 13.8 m 增加至 19.5 m。

表 3-4-26　底空腔长度及通气孔运用情况

项目	正常蓄水位 Z3 工况	校核水位 Z4 工况
底空腔长度（m）	18.0	19.5
通气孔运用状况	通畅	通畅

试验同样量测了由空腔末端沿程不同工况下各位置底部掺气浓度，各工况下掺气浓度参见表 3-4-37，图 3-4-36 和图 3-4-27 分别为掺气浓度沿程和垂向沿水深分布。

表 3-4-27　底空腔掺气浓度统计（%）

桩号	距跌坎距离（m）	正常蓄水位 Z3 工况下掺气浓度（%）	桩号	距跌坎距离（m）	校核水位 Z4 工况下掺气浓度（%）
0+28.90	18	31	0+30.40	19.5	40
0+31.90	21	19	0+33.40	22.5	21
0+34.90	24	13	0+36.40	25.5	14
0+37.90	27	10.5	0+39.40	28.5	11
0+40.90	30	8	0+42.40	31.5	9
0+43.90	33	7.1	0+45.40	34.5	8
0+46.90	36	5	0+48.40	37.5	4.8
0+49.90	39	3	0+51.40	40.5	3.1
0+52.90	42	2.2	0+54.40	43.5	2.5
0+55.90	45	1.9	0+57.40	46.5	2
0+58.90	48	1.7	0+60.40	49.5	1.7
0+61.90	51	1.5	0+63.40	52.5	1.6
0+64.90	54	1.3	0+66.40	55.5	1.4
0+67.90	57	1.2	0+69.40	58.5	1.3
0+70.90	60	1.2	0+72.40	61.5	1.3
0+73.90	63	1.1	0+75.40	64.5	1.2
0+76.90	66	1.1	0+78.40	67.5	1.1
0+79.90	69	1.1	0+81.40	70.5	1
0+82.90	72	1.1	0+94.27	83.37	1
0+85.90	75	1			
0+94.27	83.37	1			

由图表可知，射流冲击区下游靠近底部水流受跌坎空腔掺气明显，明流段底部掺气浓度明显，掺气浓度随水深增加而减小，表面掺气浓度增大是由水流表层自然掺气形成的。射流冲击区下游底部水流掺气浓度较长压力进水口方案增加，沿程衰减，距离跌坎下游 40 m 以内掺气浓度超过 3%，表明掺气设施对泄槽斜坡段具有较好的掺气保护能力，40 m 以后掺气浓度小于 3%。

试验量测左右通气孔距底部 3 m 处的风速，正常蓄水位 Z3 工况下左右侧通气孔风速为 26.84 m/s 和 32.31 m/s，校核水位 Z4 工况下对应原型风速为 30.12 m/s 和 31.77 m/s，满足"通气孔风速最大值不大于 60 m/s"的规范规定，通气孔设计面积满足要求。

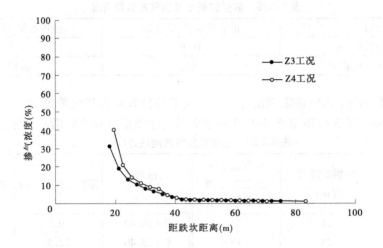

图 3-4-36 底空腔掺气浓度沿程分布

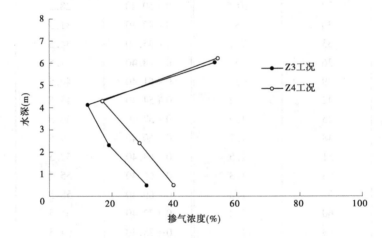

图 3-4-37 掺气浓度沿水深分布(桩号 0 +019.5 位置)

两种工况下模型坎顶平均流速值分别为 6.32 m/s 和 6.36 m/s,均已超过 6 m/s 判定标准,因此此次计算模型通气量修正系数取值为 1,计算不同工况下原型通气量,计算结果见表 3-4-28。结果表明,通气孔通气量随流量增大而增大,校核水位下总通气量为 31.11 m³/s,掺气减蚀设施可形成稳定而完整的空腔,对底孔明流斜坡段具有较好的减蚀保护效果,体型设计较合理。

表 3-4-28 通气孔风速及通气量

项目	正常蓄水位 Z3 工况	校核水位 Z4 工况
左侧通气孔风速(m/s)	26.84	30.12
右侧通气孔风速(m/s)	32.31	31.77
左右平均通气量 Q_{ap}(m³/s)	14.87	15.55

4.6.6　空蚀空化分析

表 3-4-29 为底孔明流段测点水流空化数 σ 计算值,图 3-4-38 为水流空化数分布图。可以看出,在量测位置桩号 0 + 009.10 和 0 + 063.66 处水流空化数 σ 值接近规范要求 0.3,掺气浓度小于设计规范的 3% ,但该段水流断面平均流速小于 35 m/s,可以不设置掺气槽。在出口挑流鼻坎反弧段水流掺气浓度小于设计规范的 3% ,但水流空化数大于 0.3,不需设置掺气槽。为安全起见,也应在明流段采用高强度、耐磨抗蚀的混凝土,并在施工时应严格控制平整度。

表 3-4-29　底孔明流段测点水流空化数 σ 计算值

测点部位	测点桩号	正常蓄水位 Z3 工况	校核水位 Z4 工况
孔口断面	0 + 009.10	0.289	0.280
斜坡段	0 + 039.39	0.302	0.301
	0 + 063.66	0.246	0.262
	0 + 075.63	0.497	0.502
反弧段	0 + 084.44	0.513	0.556
	0 + 092.55	0.334	0.337

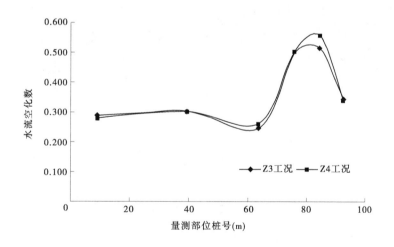

图 3-4-38　底孔明流段水流空化数沿程分布

4.6.7　挑流水舌及下游流态

短压力进水口方案泄洪底孔出口宽度为 9 m,扩散段由原来的 69.2 m 缩短至 18.5 m,边墙由直线改为椭圆曲线,坎顶高程降低为 125.925 m。库区正常蓄水位和校核水位 2 种工况下,水面中心线轨迹如图 3-4-39 所示,挑流水舌流态见图 3-4-40 和图 3-4-41。

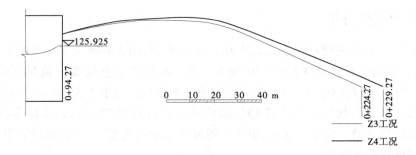

图 3-4-39　底孔挑流水舌水面中心线轨迹

图 3-4-40　Z3 工况($Q = 1\,012\ \mathrm{m}^3/\mathrm{s}, H = 210\ \mathrm{m}$)下挑流水舌

图 3-4-41　Z4 工况($Q = 1\,039\ \mathrm{m}^3/\mathrm{s}, H = 213.56\ \mathrm{m}$)下挑流水舌

试验结果表明:Z3 工况和 Z4 工况下挑流水舌入水点分别为桩号 0 + 224.27 和 0 + 229.27 处,即水舌长度分别为 126 m 和 135 m 与长压力进水口方案差别不大,但水舌横向扩散及水舌中心线和两边缘处高度差异较大,为更好地描述水舌剖面形状变化状况,试验选取 5 个典型断面对其水舌横剖面进行量测,各工况下典型断面水舌横剖面图见图 3-4-42 和图 3-4-43。不同工况下,水舌纵向扩散宽度随着流量增大而增大,校核水位 Z4 工况下入水点水舌最大宽度为 96 m,是原设计方案入水宽度的 3.3 倍,底孔挑流水舌平面轨迹见图 3-4-44。

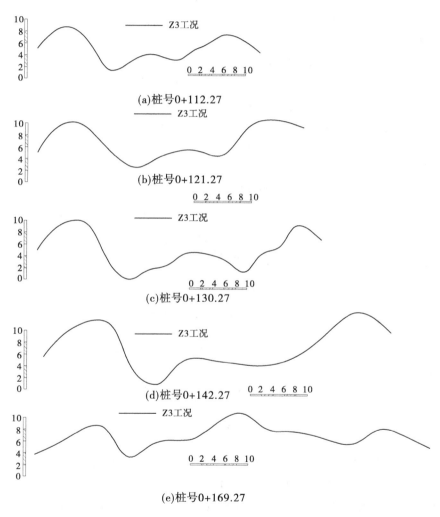

图 3-4-42　Z3 工况下水舌横剖面线轨迹 (单位:m)

4.6.8　下游河道冲刷

进行下游河道冲刷试验时,模型初始地形是按照设计提供下游河道地形图高程铺设,按照《水工(常规)模型试验规程》(SL 155—2012),每组冲刷历时一般不小于 2 h,本次模

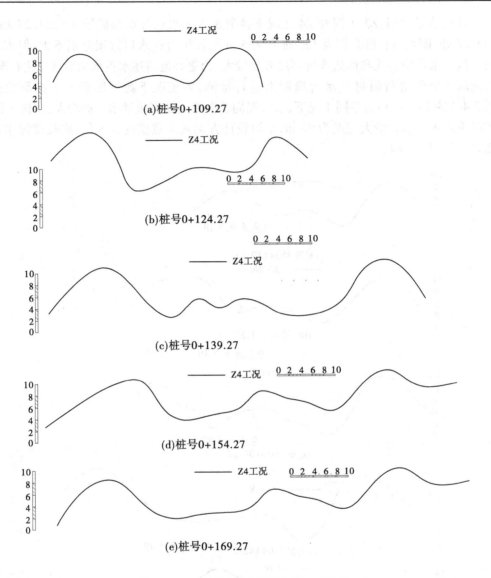

图 3-4-43 Z4 工况下水舌横剖面线轨迹 （单位:m）

型冲刷试验历时为 4 h(相当于原型时间 21.9 h)。下游水位由设计计算的坝下 400 m 位置水位流量关系确定,具体冲刷数据见表 3-4-30。

表 3-4-30 中最大冲刷深度是按水舌入水点附近河底高程 111.0 m 减去模型实测最深点高程计算得出的。两组工况下冲刷坑最深点高程分别为 101.84 m 和 100.07 m,最大冲刷坑深度分别为 9.16 m 和 10.93 m。虽然泄洪底孔出口宽度与长压力进口方案出口宽度一致,流量也相差不大,但由于水舌横向拉开,水流出鼻坎后流态差异较大。正常蓄水位下最大冲刷深度减小 4.99 m,校核洪水下最大冲刷深度减小 3.64 m。

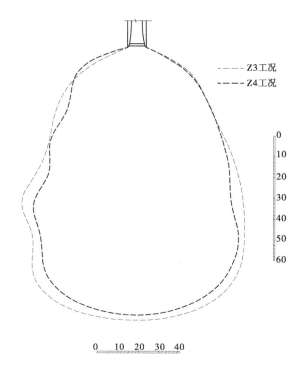

图 3-4-44　底孔挑流水舌平面轨迹　（单位：m）

表 3-4-30　冲刷坑深度与位置

特征水位	下游水位 （m）	对应枢纽 下泄流量 （m³/s）	冲坑最深点 高程（m）	最大冲刷坑 深度（m）	最深点位置 （桩号）	最深点距 鼻坎末端 距离（m）
正常蓄水位	112.23	1 911	101.84	9.16	0 + 154.27	60.0
校核洪水位	113.85	4 370	100.07	10.93	0 + 155.97	61.7

最深点位置桩号分别为 0 + 154.27 和 0 + 155.97，最深点距挑流鼻坎（0 + 94.27）分别为 60.0 m 和 61.7 m。下游冲刷坑地形绘于图 3-4-45、图 3-4-46，图中纵坐标轴为坝下桩号，横坐标 0 对应泄洪底孔中心线位置。

4.6.9　脉动压力特性

短压力进口方案试验同样对底孔水平段、斜坡段和反弧挑坎部位选取代表性测点对脉动压力进行了量测，正常蓄水位工况和校核洪水位工况下各测点脉动压力波形图见图 3-4-47 和图 3-4-48。

4.6.9.1　脉动压力幅值

各测点位置及脉动压力特征值见表 3-4-31 和表 3-4-32，试验结果表明，各测点脉动压

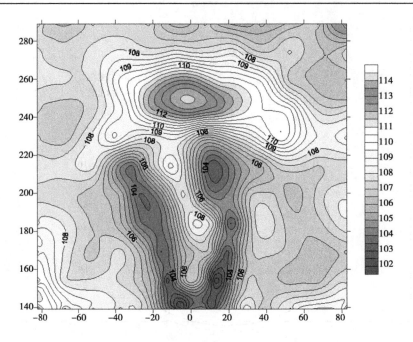

图 3-4-45　Z3 工况($Q = 1\ 012\ \mathrm{m^3/s}, H = 210\ \mathrm{m}$)下游冲刷坑地形

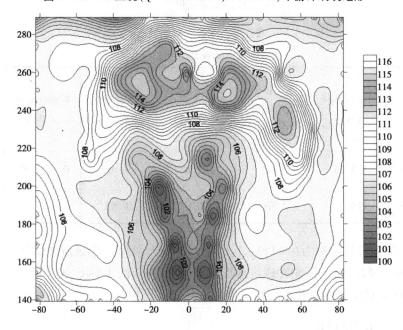

图 3-4-46　Z4 工况($Q = 1\ 039\ \mathrm{m^3/s}, H = 213.56\ \mathrm{m}$)下游冲刷坑地形

力强度随着流量的增大而增大,斜坡段脉动压力强度均方根 σ 为 4.270 ~ 34.858 kPa;鼻坎段脉动压力受反弧离心力影响,与冲击脉压类似,均方根 σ 为 1.557 ~ 10.711 kPa。

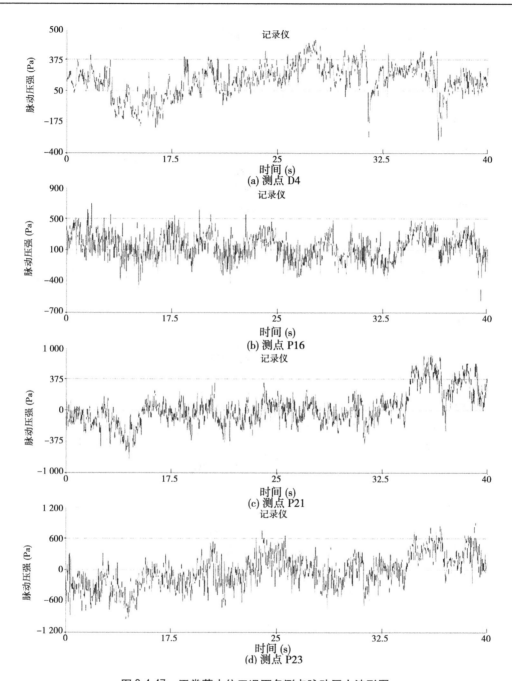

图 3-4-47　正常蓄水位工况下各测点脉动压力波形图

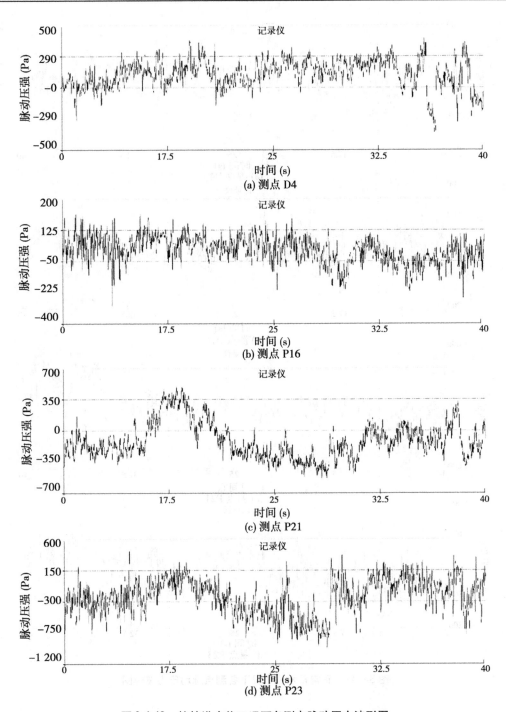

图 3-4-48　校核洪水位工况下各测点脉动压力波形图

表 3-4-31　正常蓄水位工况下不同测点脉动压力特征值

测点位置	编号	桩号	高程(m)	脉动压力(kPa)		
				最大值	最小值	均方根值
水平段	D3	0+001.348	130.000	4.618	-13.477	2.731
	D4	0+009.097	130.000	7.165	-9.900	2.749
斜坡段	P10	0+030.436	126.847	146.162	-42.249	30.434
	P12	0+033.421	126.547	103.042	-76.538	26.605
	P14	0+036.406	126.250	27.370	-36.198	12.665
	P16	0+039.391	125.950	10.667	-17.645	4.270
反弧段	P21	0+079.960	122.212	4.123	-4.861	1.557
	P23	0+088.612	124.048	22.880	-29.194	9.731

表 3-4-32　校核洪水位工况下不同测点脉动压力特征值

测点位置	编号	桩号	高程(m)	脉动压力(kPa)		
				最大值	最小值	均方根值
水平段	D3	0+001.348	130.000	4.603	-10.973	3.072
	D4	0+009.097	130.000	9.079	-11.294	3.344
斜坡段	P10	0+030.436	126.847	93.831	-44.581	19.857
	P12	0+033.421	126.547	145.728	-99.155	34.858
	P14	0+036.406	126.250	56.592	-25.751	16.978
	P16	0+039.391	125.950	23.193	-17.182	9.588
反弧段	P21	0+079.960	122.212	8.138	-4.079	2.535
	P23	0+088.612	124.048	30.048	-21.658	10.711

4.6.9.2　脉动压力频谱特性

图 3-4-49、图 3-4-50 为不同工况下优势频率图,表 3-4-33 为试验实测不同测点脉动压力优势频率统计,可以看出,各测点引起压力脉动的涡旋结构仍以低频为主,水流脉动压力优势频率为 0.195~1.074 Hz。

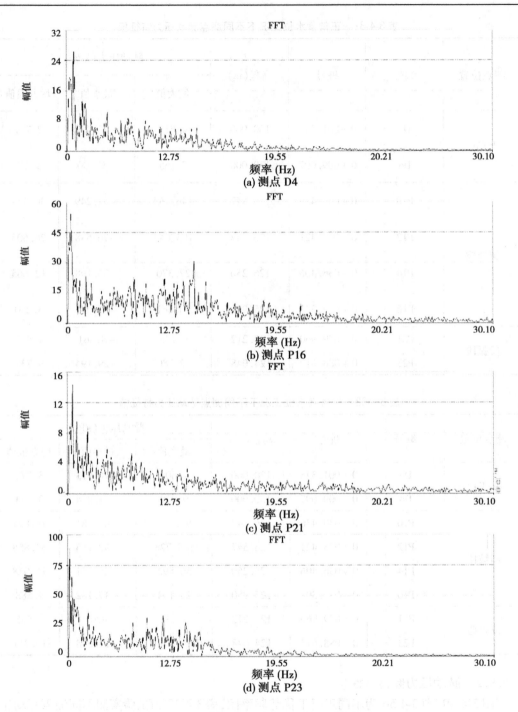

图 3-4-49　正常蓄水位工况下脉动压力优势频率图

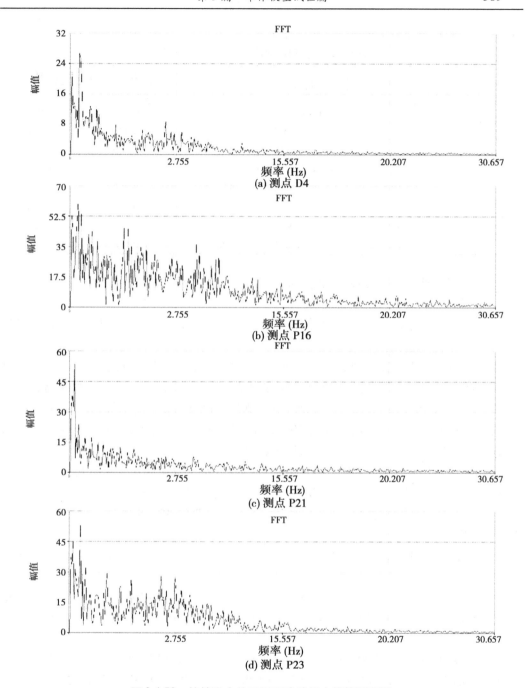

图 3-4-50　校核洪水位工况下脉动压力优势频率图

4.6.10　小结

（1）不同特征水位下模型试验量测的底孔流量满足设计泄流能力要求，校核水位下短压力进口方案较原方案模型实测值大 1.8%。

（2）洞身各断面平均流速大于 32 m/s，校核洪水下实测最大断面平均流速值为

34.85 m/s,较原方案最大值 34.22 m/s 略大。

表 3-4-33　各测点水流脉动压力优势频率

测点位置	编号	桩号	高程(m)	脉动压力优势频率(Hz)	
				正常蓄水位	校核洪水位
水平段	D3	0+001.348	130.000	0.293	0.977
	D4	0+009.097	130.000	0.684	0.879
斜坡段	P10	0+030.436	126.847	0.488	0.195
	P12	0+033.421	126.547	0.391	0.879
	P14	0+036.406	126.250	0.293	0.586
	P16	0+039.391	125.950	0.391	0.781
反弧段	P21	0+079.960	122.212	0.488	0.488
	P23	0+088.612	124.048	0.195	1.074

(3)在正常蓄水位和校核洪水时,弧形门门铰处水面线均距离门铰位置较远,设计体型满足要求。

(4)各测点在不同工况下压力分布符合正常分布规律,设计满足规范要求,体型设计合理。

(5)不同工况下水流出闸后在跌坎下均形成稳定而完整的空腔,射流冲击区下游靠近底部水流掺气明显,掺气浓度较原设计方案增加,距离跌坎下游 40 m 附近仍有超过 2.8% ~ 5.1% 的掺气浓度,表明掺气设施对泄槽斜坡段具有较好的掺气保护能力。

(6)校核水位时通气孔的风速为 30.12 m/s 和 31.77 m/s,满足"通气孔风速最大值不大于 60 m/s"的规范规定,通气孔面积满足要求。

(7)在量测位置桩号 0+009.10 和 0+063.66 处水流空化数 σ 值接近规范要求 0.3,掺气浓度小于设计规范的 3%,但该段水流断面平均流速小于 35 m/s,可以不设置掺气槽。在出口挑流鼻坎反弧段水流掺气浓度小于设计规范的 3%,但水流空化数大于 0.3,不需设置掺气槽。

(8)校核洪水下挑流水舌长度为 135 m;水舌入水最大宽度为 96 m,较原设计方案增大 3.3 倍。

(9)试验量测两组工况下游冲刷最深点位置桩号分别为 0+154.27 和 0+155.97,最深点距挑流鼻坎(0+94.27)分别为 60.0 m 和 61.7 m,最大冲刷坑深度较原设计方案减小 4.99 m 和 3.64 m。

(10)各测点脉动压力强度随着流量的增大而增大,斜坡段脉动压力强度均方根 σ 为 4.270 ~ 34.858 kPa;鼻坎段脉动压力受反弧离心力影响,均方根 σ 为 1.557 ~ 10.711 kPa。各测点引起压力脉动的涡旋结构仍以低频为主,水流脉动压力优势频率为 0.195 ~ 1.074 Hz。

4.7　短压力进水口修改试验

本书补充试验主要包括:以短压力进水口体型为基础,将掺气孔尺寸直径 80 cm 增大至 90 cm;补测下游流道两侧边壁处掺气浓度;增加库水位 143.20 m 试验工况;修改鼻坎出口处体型,以减小水翅向两侧扩散范围。为此,就上述项目进行了修改试验。

4.7.1　工作门出口掺气浓度

高速水流出闸孔后形成射流,在射流界面上,由于流体的紊动而发生水气交换,形成掺气。由于射流水舌与底板夹角较大,水流冲击底板产生反向上溯水流,导致跌坎下的底空腔内存有一部分水体。

试验量测两级特征库水位下底孔底部水流掺气浓度,位置包括左、右边壁和中线处,结果见表 3-4-34 和表 3-4-35,图 3-4-51 和图 3-4-52 分别为掺气浓度沿程分布图。试验结果表明,不同工况下底孔跌坎下游底部水流掺气浓度分布规律一致,同一断面左中右掺气浓度相近。

表 3-4-34　底空腔掺气浓度(Z3 工况正常蓄水位)

桩号	距跌坎 (m)	掺气浓度(%)								
		左			中			右		
		第 1 次	第 2 次	平均	第 1 次	第 2 次	平均	第 1 次	第 2 次	平均
0+028.9	18	—	42	42	—	50	50	—	40	40
0+031.9	21	11.8	18.3	15.1	16.0	22.0	19.0	19.0	16.0	17.5
0+034.9	24	7.7	10.1	8.9	22.0	11.8	16.9	25.2	5.5	15.4
0+037.9	27	13.0	3.8	8.4	18.0	4.5	11.3	19.0	12.5	15.8
0+040.9	30	15.6	4.7	10.2	17.0	4.5	10.8	17.5	9.5	13.5
0+043.9	33	20.0	10.5	15.3	22.0	9.5	15.8	17.0	7.6	12.3
0+046.9	36	10.4	8.5	9.5	18.5	9.1	13.8	14.0	9.0	11.5
0+049.9	39	8.7	5.5	7.1	11.0	7.9	9.5	12.0	5.5	8.8
0+052.9	42	4.2	6.8	5.5	11.5	6.3	8.9	9.0	5.5	7.3
0+055.9	45	4.7	4.5	4.6	7.5	3.9	5.7	4.3	4.2	4.3
0+058.9	48	2.4	6.8	4.6	5.6	3.8	4.7	3.8	3.6	3.7
0+061.9	51	2.4	2.8	2.6	3.8	3.7	3.8	3.2	5.6	4.4
0+064.9	54	2.2	1.5	1.9	4.5	2.6	3.6	2.7	1.9	2.3
0+067.9	57	1.7	2.5	2.1	3.9	4.2	4.1	5.5	1.8	3.7
0+070.9	60	2.3	2.5	2.4	7.9	1.2	4.6	3.3	2.2	2.8
0+073.9	63	2.1	2.3	2.2	2.9	1.6	2.3	2.2	1.8	2.0

表 3-4-35　底空腔掺气浓度（Z4 工况校核水位）

桩号	距跌坎（m）	掺气浓度（%）								
		左			中			右		
		第1次	第2次	平均	第1次	第2次	平均	第1次	第2次	平均
0+030.4	19.5	—	44.5	44.5	—	56.5	56.5	—	45.0	45.0
0+031.9	21	17.5	12.5	15.0	15.0	14.0	14.5	18.0	13.0	15.5
0+034.9	24	12	10.1	11.1	6.6	13.0	9.8	8.7	12.6	10.7
0+037.9	27	5.5	9.4	7.5	4.8	13.3	9.0	6.2	12.0	9.1
0+040.9	30	4.2	9.5	6.9	4.5	13.8	9.1	5.8	16.0	10.9
0+043.9	33	4.7	10.2	7.5	4.9	12.6	8.8	5.3	12.2	8.7
0+046.9	36	5.2	8.8	7.0	4.6	5.4	5.0	12.0	10.5	11.3
0+049.9	39	4.5	2.9	3.7	5.6	9.0	7.3	10.0	12.5	11.3
0+052.9	42	2.7	5.5	4.1	3.8	6.0	4.9	3.2	7.8	5.5
0+055.9	45	2.6	5.5	4.1	4.1	7.0	5.6	3.3	7.0	5.2
0+058.9	48	2.4	3.3	2.9	7.7	5.5	6.6	2.3	3.5	2.9
0+061.9	51	2.1	5.0	3.6	8.0	5.0	6.5	3.2	5.5	4.4
0+064.9	54	3.4	5.0	4.2	7.5	3.5	5.5	5.4	4.5	5.0
0+067.9	57	3.1	2.5	2.8	4.4	3.5	4.0	3.8	5.0	4.4
0+070.9	60	2.8	2.2	2.5	2.4	2.5	2.5	4.6	4.0	4.3
0+073.9	63	1.5	1.0	1.3	2.3	2.1	2.2	7.2	4.0	5.6

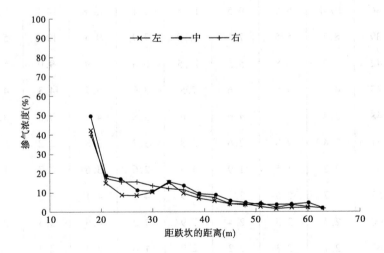

图 3-4-51　掺气浓度沿程分布（Z3 工况）

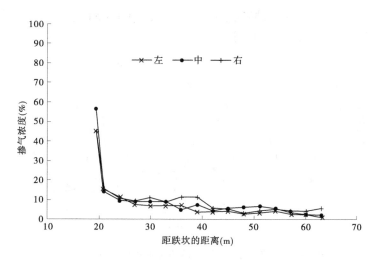

图 3-4-52　掺气浓度沿程分布（Z4 工况）

　　试验对掺气浓度最大的射流冲击区下游中线位置进行了掺气浓度沿水深分布的量测，见图 3-4-53。与原设计试验结果相似，水流底部掺气浓度明显，掺气浓度随水深增加而减小，垂向中部水流掺气较小，表面掺气浓度增大是由于水流表层自然掺气形成的。

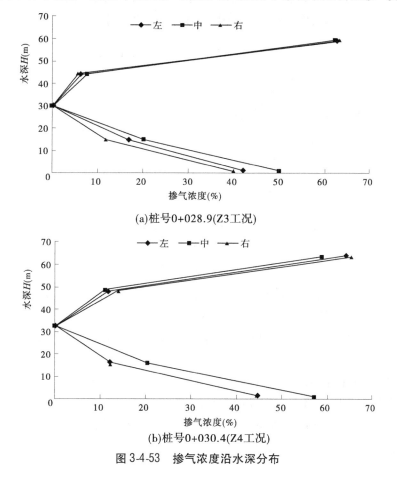

(a)桩号0+028.9(Z3工况)

(b)桩号0+030.4(Z4工况)

图 3-4-53　掺气浓度沿水深分布

由于水流处于冲击区位置,掺气浓度变化较大,图 3-4-54 为同一位置掺气浓度量测时间变化,试验取多次量测平均值供设计参考。

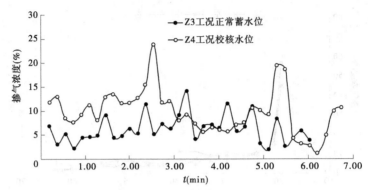

图 3-4-54　掺气浓度测量时间线(桩号 0 + 040.9 位置)

4.7.2　通气孔尺寸修改后试验

短压力进口方案设计通气孔为直径为 0.8 m 的圆形通气孔,修改后直径调整为 0.9 m。图 3-4-55 为底孔左侧掺气孔风速测量随时间变化曲线,可以看出通气孔内风速不稳定,各时间段变化较大,模型通气量采用时均平均值进行计算。

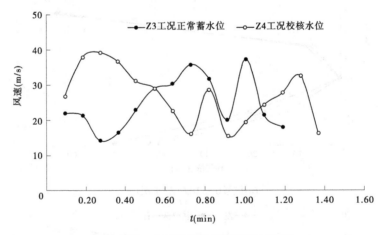

图 3-4-55　左侧掺气孔风速测量时间线

试验同样量测左、右通气孔距底部 3 m 处的风速,通气孔尺寸扩大后正常蓄水位 Z3 工况左、右侧通气孔风速为 24.71 m/s 和 25.51 m/s,校核水位 Z4 工况对应原型风速为 26.16 m/s 和 22.41 m/s,比原设计略微减小,也符合"通气孔风速最大值不大于 60 m/s"的规范规定,通气孔设计面积满足要求。

计算不同工况下原型通气量,计算结果见表 3-4-36。校核水位下单孔通气量为 15.44 m³/s,通气孔扩大后风速略小于原设计方案,但由于通气面积增加,实际通气量变化不大,通气孔直径 0.8 m 和 0.9 m 条件下,掺气减蚀设施都可形成稳定而完整的空腔,对底孔明流斜坡段具有较好的减蚀保护效果。

表 3-4-36　通气孔风速及通气量

项目	正常蓄水位 Z3 工况	校核水位 Z4 工况
左侧通气孔风速(m/s)	24.71	26.16
右侧通气孔风速(m/s)	25.51	22.41
左、右平均通气量 Q_{ap}(m³/s)	15.97	15.44

另外,试验量测原型水位 179.9 m 时,空腔内回水高度 1.05 cm,通气孔内水深 0.9 m。回水一直到跌坎,空腔长度 15 m。死水位 185 m 时,通气孔内有 0.6~0.9 m 深水流,无掺气。随水位增加逐渐消失,通气孔进气。跌坎下游出现空腔,通气孔变大后,空腔内回流没有修改前强度大,时有时无。

表 3-4-37 为底明流段中垂线底部掺气浓度沿程分布,绘于图 3-4-56,由于掺气孔通气量变化不大,修改尺寸后沿程掺气浓度也变幅很小。

表 3-4-37　底空腔掺气浓度

桩号	距跌坎距离(m)	掺气浓度(%) 正常蓄水位 Z3 工况	掺气浓度(%) 校核水位 Z4 工况
0+030.4	19.5	38.0	41.0
0+031.9	21	18.0	17.0
0+034.9	24	13.9	14.0
0+037.9	27	12.2	13.8
0+040.9	30	7.7	8.2
0+043.9	33	8.2	10.1
0+046.9	36	7.0	7.8
0+049.9	39	5.8	6.8
0+052.9	42	4.9	5.5
0+055.9	45	3.0	6.2
0+058.9	48	3.8	5.2
0+061.9	51	2.9	5.1
0+064.9	54	3.3	4.9
0+067.9	57	3.1	3.4
0+070.9	60	2.4	2.9
0+073.9	63	1.3	1.7

4.7.3　库水位 143.20 m 工况试验

该部分增补库水位 143.20 m 试验工况,模型试验量测组次如表 3-4-38 所示。模型下游水位按照设计部门提供坝下 400 m 处水位资料计算求得,Z5 工况按照设计部门提供特征水位控制,流量选取模型实测泄流能力结果。

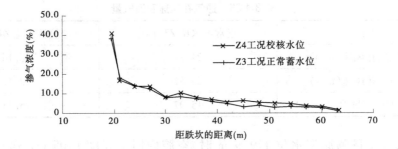

图 3-4-56　底空腔掺气浓度沿程分布

表 3-4-38　模型试验工况

工况	特征水位	库水位(m)	泄量(m³/s)	下游水位(m)
Z5	最低水位	143.20	380	111.50

4.7.3.1　底孔流态及明流段水深

试验观测了 Z5 工况下底孔流态,见图 3-4-57,水流出闸孔后在跌坎下形成跌水,未产生空腔,明流段水流底部无掺气现象,水面平顺,弧形门门铰处水面线均距离门铰位置较远,设计体型满足要求。

图 3-4-57　Z5 工况($Q = 380$ m³/s,$H = 143.20$ m)下泄洪底孔流态

试验量测工况 Z5 下明流泄流段水深如表 3-4-39 所示,库水位 143.20 m 工况下,水流出压力孔后流态均匀,各断面中部水深均略大于边壁处水深。

表 3-4-39　工况 Z5 下明流段断面水深　　　　　　　　　　(单位:m)

编号	桩号	测点部位	工况 Z5
H1	0+009.10	左	5.61
		中	5.67
		右	5.64
H2	0+039.39	左	4.32
		中	4.59
		右	4.26

续表 3-4-39

编号	桩号	测点部位	工况 Z5
H3	0 + 063.66	左	
		中	
		右	
H4	0 + 075.63	左	4.35
		中	4.44
		右	4.29
H5	0 + 084.44	左	4.26
		中	4.44
		右	4.35
H6	0 + 092.55	左	3.23
		中	3.60
		右	3.23

4.7.3.2　底孔明流段水流流速分布

表 3-4-40 为模型量测 Z5 工况下的沿程 6 个断面流速值,左、右两侧垂线距两侧洞壁 0.5 m,每条垂线量测底、中、表 3 个位置,表中断面平均流速是根据模型实测三条垂线流速通过断面平均计算得出。

表 3-4-40　Z5 工况下明流段断面流速　　　　　　　　　　（单位:m/s）

编号	桩号	位置	底	中	表	断面平均
V1	0 + 009.10	左	13.78	14.24	14.20	
		中	13.82	13.59	13.35	13.62
		右	13.15	13.24	13.21	
V2	0 + 039.39	左	15.77	16.68	16.82	
		中	16.27	17.08	17.60	16.48
		右	15.49	16.12	16.50	
V3	0 + 063.66	左	16.82	17.35	17.69	
		中	17.57	17.54	17.90	17.30
		右	16.69	16.97	17.15	
V4	0 + 075.63	左	15.16	16.57	16.55	
		中	16.32	16.76	16.89	16.40
		右	15.94	16.45	16.96	
V5	0 + 084.44	左	15.60	16.01	16.03	
		中	15.58	16.07	16.46	15.88
		右	15.34	15.73	16.12	
V6	0 + 092.55	左	15.22	15.53	15.64	
		中	15.16	15.43	15.39	14.83
		右	14.83	13.33	12.95	

结果表明,V3 测速断面平均流速值最大,同一断面均为中垂线流速略大于两侧,实测

最大断面平均流速值为 17.30 m/s。

4.7.3.3　压力分布

试验测量了泄洪底孔时均动水压力,进口处顶板、侧边和底板试验数据如表 3-4-41 ~ 表 3-4-43 所示,各测点压力分布参见图 3-4-58。泄洪底孔顶板和侧边压力均为正值,压力分布均匀,且符合正常分布规律,进口段体型设计合理。出口底板斜坡段未出现空腔,P1 测点后各压力点也均未出现负压,水流沿程压力分布接近水深静水压力,至挑流鼻坎反弧段离心力导致底板压力增大,反弧段最大压力达到 7.56 m。

表 3-4-41　泄洪底孔顶板时均动水压力

测点编号	位置	桩号	高程(m)	Z5 工况动水压力(m 水柱)
Y1		0 − 004.91	138.80	1.88
Y2		0 − 004.61	138.43	2.46
Y3		0 − 003.61	137.86	3.20
Y4		0 − 002.62	137.55	1.21
Y5	底孔顶板	0 − 001.64	137.35	0.81
Y6		0 + 000.01	137.07	3.71
Y7		0 + 003.34	136.86	2.88
Y8		0 + 005.16	136.46	0.19
Y9		0 + 006.98	136.05	0.08

表 3-4-42　泄洪底孔侧边时均动水压力

测点编号	位置	桩号	高程(m)	Z5 工况动水压力(m 水柱)
C1		0 − 004.90	133.50	5.37
C2		0 − 004.46	133.50	8.59
C3		0 − 003.49	133.50	7.83
C4		0 − 002.48	133.50	6.15
C5	左侧边墙	0 − 001.48	133.50	4.14
C6		0 − 000.47	133.50	4.50
C7		0 + 001.35	133.50	4.17
C8		0 + 004.60	133.50	3.06
C9		0 + 007.60	133.50	2.55

表 3-4-43　泄洪底孔底板时均动水压力

测点编号	位置	桩号	高程（m）	Z5 工况动水压力（m 水柱）
D1	水平段	0 - 004.42	129.42	11.85
D2		0 - 002.99	130.00	9.37
D3		0 + 001.35	130.00	7.77
D4		0 + 009.10	130.00	4.89
P1	斜坡段	0 + 017.01	128.19	7.27
P2		0 + 018.50	128.04	7.45
P3		0 + 019.99	127.89	6.73
P4		0 + 021.48	127.74	6.16
P5		0 + 022.98	127.59	5.77
P6		0 + 024.47	127.44	5.50
P7		0 + 025.96	127.29	5.26
P8		0 + 027.45	127.14	5.23
P9		0 + 028.95	127.00	5.07
P10		0 + 030.45	126.85	4.77
P11		0 + 031.95	126.70	4.80
P12		0 + 033.45	126.55	4.83
P13		0 + 034.95	126.40	4.71
P14		0 + 036.41	126.25	4.47
P15		0 + 037.93	126.10	4.62
P16		0 + 039.39	125.95	4.62
P17		0 + 045.66	125.32	4.53
P18		0 + 051.72	124.72	4.38
P19		0 + 063.66	123.52	3.81
P20	反弧段	0 + 075.63	122.33	5.99
P21		0 + 079.96	122.21	7.52
P22		0 + 084.44	122.80	7.56
P23		0 + 088.61	124.05	6.40
P24		0 + 092.55	125.93	1.52

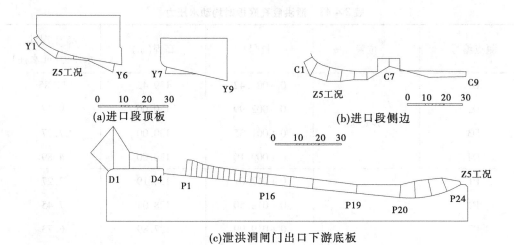

(a)进口段顶板　　　　　　　　　　　(b)进口段侧边

(c)泄洪洞闸门出口下游底板

图 3-4-58　泄洪底孔时均动水压力分布　（单位：m 水柱）

4.7.3.4　挑流水舌及下游流态

　　Z5 工况下,水面中心线轨迹与水舌水平轨迹见图 3-4-59,挑流水舌流态见图 3-4-60。试验结果表明,Z5 工况下挑流水舌入水点为桩号 0 + 130.03 处,即水舌长度为 35.76 m,入水点水舌最大宽度为 30.87 m。

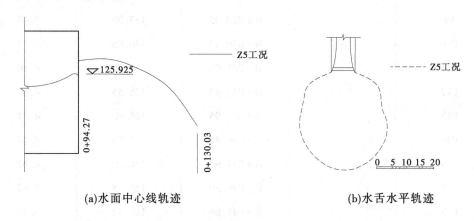

(a)水面中心线轨迹　　　　　　　　　(b)水舌水平轨迹

图 3-4-59　底孔水面中心线轨迹与挑流水舌水平轨迹　（单位：m）

4.7.3.5　下游河道冲刷

　　进行下游河道冲刷试验时,模型初始地形是按照设计提供下游河道地形图高程铺设,本次模型冲刷试验历时为 4 h(相当于原型时间 21.9 h)。

　　最大冲刷深度是按水舌入水点附近河底高程 111.0 m 减去模型实测最深点高程计算得出的。Z5 工况下冲坑最深点高程为 104.40 m,对应最大冲刷坑深度为 5.60 m。最深点位置桩号为 0 + 130.27,最深点距挑流鼻坎(0 + 94.27)距离为 36.0 m。下游冲刷坑地形绘于图 3-4-61,图中纵坐标轴为坝下桩号,横坐标 0 对应泄洪底孔中心线位置。

图 3-4-60　Z5 工况（$Q = 380 \ \mathrm{m^3/s}, H = 143.20 \ \mathrm{m}$）下挑流水舌形态

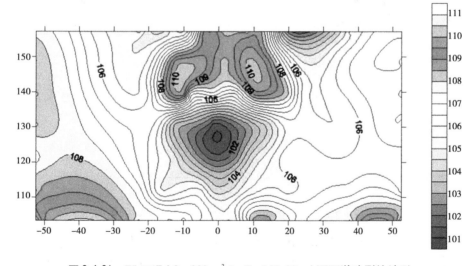

图 3-4-61　Z5 工况（$Q = 380 \ \mathrm{m^3/s}, H = 143.20 \ \mathrm{m}$）下下游冲刷坑地形

4.8　短压力进口工作门突扩方案

根据原设计两个方案和短压力进水口修改方案试验结果,设计部门又提出短压力进水口工作门突扩方案。底孔工作门出口突扩方案剖面图和平面布置见图 3-4-62、图 3-4-63,底孔孔口尺寸及压力段出口与原设计方案相同;工作门后边墙分别向两侧突扩1.0 m,明流段泄槽宽度增大至 7 m,跌坎下游底坡仍为 1:10 泄槽,泄槽段总长度、反弧段

及挑流鼻坎也与原方案相同,明流洞出口左孔左边墙改为直边墙,右边墙扩散段长度为35 m,边墙由椭圆曲线改为抛物线,出口宽度调整至8 m。另外,为进一步增加掺气效果,通气孔直径由原设计的0.8 m增大为0.9 m。

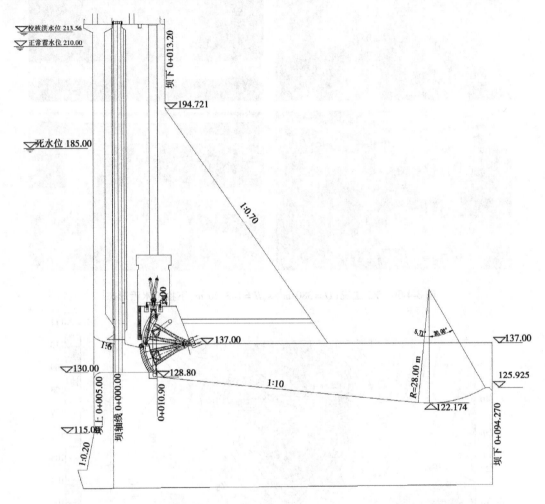

图3-4-62　泄流底孔典型剖面图　（单位:m）

底孔工作门出口突扩方案模型试验量测组次如表3-4-44所示,模型下游水位按照设计部门提供坝下400 m处水位资料计算求得,各工况按照设计部门提供特征水位控制,流量按照模型实测泄流能力结果。

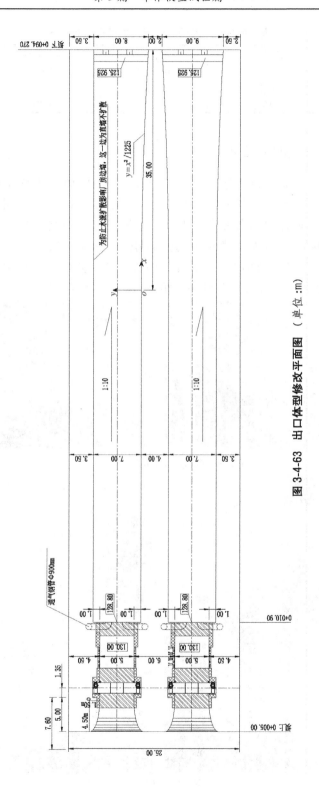

图 3-4-63　出口体型修改平面图（单位：m）

表 3-4-44　　工作门后边墙突扩模型试验工况

工况名	特征水位	库水位(m)	泄量(m³/s)	下游水位(m)
Z6	最低水位	143.20	380	111.50
Z7	正常蓄水位	210	1 012	112.55
Z8	校核水位	213.56	1 039	114.17

4.8.1　底孔流态及明流段水深

　　试验观测了 Z6 ~ Z8 工况下底孔流态,见图 3-4-64,因 Z6 工况库水位低,工作门出口流速小,底部未能形成空腔。各工况下水流出闸孔后均能在左、右两侧形成空腔,空腔范围随水位升高增大,两侧边墙水舌冲击处产生水翅,试验观测上游库水位 170 ~ 200 m 时,水翅上下波动范围最大,有水花溅出超过边墙高度,库水位逐渐增高至正常蓄水位和校核水位时水翅最大波动高度减小未冲击工作门门铰。试验量测了上游不同库水位下水翅波动范围及门铰处水面线离弧形门门轴中心距离,数据参见表 3-4-45。

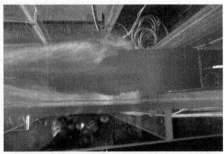

(a)Z6 工况 (*Q*=380 m³/s, *H*=143.20 m)

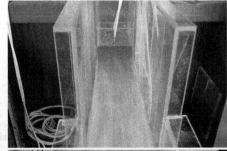

(b)Z7 工况 (*Q*=1 012 m³/s, *H*=210 m)

图 3-4-64　泄洪底孔流态

(c)Z8 工况 (*Q*=1 039 m³/s, *H*=213.56 m)

续图 3-4-64

表 3-4-45　不同库水位下水翅特征位置

上游水位 （m）	水翅起点 桩号	水翅末端 桩号	水翅最高点 桩号	水翅最高点 水深（m）	水面线距门铰 距离（m）
150	0＋020.65	0＋040.00	0＋024.85	7.20	4.38
160	0＋021.85	0＋050.35	0＋032.80	9.00	3.48
170	0＋025.75	0＋066.10	0＋042.55	8.85	3.03
180	0＋028.60	0＋070.75	0＋050.35	8.46	2.91
190	0＋035.35	0＋071.65	0＋059.95	8.10	2.91
200	0＋038.95	0＋078.85	0＋060.25	7.50	2.85
210	0＋041.95	0＋081.19	0＋062.65	7.80	2.73
213.56	0＋042.55	0＋081.67	0＋065.83	7.86	2.64

　　试验量测各种工况下明流泄流段水深如表 3-4-46 所示，在 Z6 工况下，水流各断面中部水深略大于两侧靠边壁处，Z7 工况和 Z8 工况下由于边墙突扩影响，水流在两边冲击下产生水翅，且水翅不稳定，水深量测左、右两侧结果略有差异。由于试验产生水花四溅，未量测中部水深，中部水深试验观测略小于两侧，边墙高度设计可参考两侧实测水深。

表3-4-46　各工况下明流段断面水深

编号	桩号	测点部位	Z6 工况（m）	Z7 工况正常蓄水位（m）	Z8 工况校核洪水位（m）
H1	0 + 039.288	左	3.15	4.80	4.47
		中	3.42	—	—
		右	3.12	5.40	5.49
H2	0 + 051.229	左	3.15	5.55	5.67
		中	3.24	—	—
		右	3.06	5.10	5.03
H3	0 + 063.498	左	3.21	6.23	5.75
		中	3.24	—	—
		右	3.39	5.62	5.63
H4	0 + 078.555	左	3.06	5.55	4.95
		中	3.24	—	—
		右	3.12	5.26	4.35
H5	0 + 088.132	左	3.75	5.04	5.04
		中	2.94	—	—
		右	3.66	4.68	4.74
H6	0 + 092.555	左	3.33	4.68	4.65
		中	2.91	—	—
		右	3.57	4.77	4.82

4.8.2　底孔明流段水流流速分布

表3-4-47～表3-4-49为模型实测沿程6个断面流速值,量测方法和以上章节一致,左、右两侧垂线距两侧洞壁0.5 m,每条垂线量测底、中、表3个位置,表中断面平均流速是根据模型实测三条垂线流速通过断面平均计算得出。

结果表明,同一断面流速分布大都为中垂线流速略大于两侧。Z6 工况下各断面平均流速为14.10～15.23 m/s,差异不大,最大断面平均流速出现在桩号0 + 078.555 的 V4 断面处;Z7 工况正常蓄水位下断面平均最大流速33.95 m/s,位置为 V3 断面;Z8 工况校核水位下断面平均最大流速36.79 m/s,也出现在 V3 量测断面,各测量断面平均流速均大于或接近35 m/s,与没有突扩方案相比略有增大。

表 3-4-47　Z6 工况下明流段断面流速　　　　　　　（单位:m/s）

编号	桩号	位置	底	中	表	断面平均
V1	0+039.288	左	14.59	14.21	14.72	14.29
		中	14.64	13.67	14.71	
		右	14.21	14.24	13.61	
V2	0+051.229	左	14.06	13.69	14.88	14.10
		中	13.63	14.72	14.00	
		右	13.44	14.34	14.13	
V3	0+063.498	左	14.87	15.60	14.34	14.90
		中	15.52	15.55	14.64	
		右	14.31	15.03	14.26	
V4	0+078.555	左	14.49	15.85	16.19	15.23
		中	13.87	15.60	15.80	
		右	14.67	15.57	14.98	
V5	0+088.132	左	14.82	15.29	14.72	14.82
		中	14.85	14.69	14.80	
		右	14.44	14.95	14.82	
V6	0+092.555	左	14.82	14.41	13.66	14.26
		中	14.23	14.21	15.19	
		右	14.03	14.03	13.79	

表 3-4-48　Z7 工况下明流段断面流速　　　　　　　（单位:m/s）

编号	桩号	位置	底	中	表	断面平均
V1	0+039.288	左	31.49	32.84	32.12	33.00
		中	33.36	33.24	34.40	
		右	32.65	33.35	33.58	
V2	0+051.229	左	32.78	33.55	33.90	33.69
		中	33.88	34.18	34.49	
		右	33.02	33.53	33.87	
V3	0+063.498	左	33.09	33.64	33.98	33.95
		中	34.14	34.53	34.86	
		右	32.93	34.02	34.40	

续表 3-4-48

编号	桩号	位置	底	中	表	断面平均
V4	0 + 078.555	左	31.48	32.32	32.56	32.84
		中	33.21	33.66	33.97	
		右	31.57	33.09	33.75	
V5	0 + 088.132	左	31.13	32.58	32.59	32.87
		中	32.47	33.43	34.07	
		右	32.10	33.29	34.17	
V6	0 + 092.555	左	33.11	34.08	33.58	33.91
		中	34.01	34.32	34.60	
		右	33.70	34.16	33.63	

表 3-4-49　Z8 工况下明流段断面流速　　　　　　　　（单位:m/s）

编号	桩号	位置	底	中	表	断面平均
V1	0 + 039.288	左	34.22	35.10	36.25	35.91
		中	35.79	36.58	37.19	
		右	35.42	36.04	36.57	
V2	0 + 051.229	左	36.19	35.84	36.81	36.55
		中	36.40	37.05	37.24	
		右	36.23	36.52	36.65	
V3	0 + 063.498	左	35.42	36.28	36.99	36.79
		中	36.18	37.13	38.02	
		右	36.73	37.23	37.16	
V4	0 + 078.555	左	33.46	33.28	34.88	34.80
		中	34.93	35.51	35.79	
		右	35.01	34.75	35.62	
V5	0 + 088.132	左	33.40	33.98	33.90	34.16
		中	34.68	35.12	35.65	
		右	33.53	34.01	33.19	
V6	0 + 092.555	左	34.91	35.31	35.01	35.18
		中	35.70	35.57	35.83	
		右	34.16	34.77	35.36	

4.8.3　压力分布

试验测量了泄洪底孔时均动水压力,由于底孔工作门出口突扩方案进口压力段体型未变,短压力进口压力段的压力与原体型一致,本次未再测量。跌坎下游底板压力量测数据如表 3-4-50 所示,各测点压力分布参见图 3-4-65,各测点压力均为正值,压力分布均匀,且符合正常分布规律,体型设计合理。与原设计相比,斜坡段最大压力冲击点压力减小,由原来的 15.2 m 水柱减小为 13.26 m 水柱,位置桩号偏向下游 5.84 m;最大压力值均出现在挑流鼻坎反弧段,均大约为 24 m 水柱压力。

表 3-4-50　泄洪底孔底板时均动水压力

测点编号	位置	桩号	高程(m)	动水压力(m 水柱)		
				Z6 工况	Z7 工况 正常蓄水位	Z8 工况 校核洪水位
P1		0 + 025.855	127.304	3.87	0.36	0.45
P2		0 + 027.348	127.155	2.45	0.44	0.55
P3		0 + 028.841	127.006	3.05	0.56	0.62
P4		0 + 030.333	126.857	3.56	0.76	1.25
P5		0 + 031.826	126.707	3.65	0.67	1.03
P6		0 + 033.318	126.558	2.84	1.10	2.33
P7	斜坡段	0 + 034.811	126.409	3.56	5.17	3.17
P8		0 + 036.303	126.260	3.56	11.68	12.59
P9		0 + 037.796	126.110	3.17	11.45	12.33
P10		0 + 039.288	125.961	3.26	12.99	13.26
P11		0 + 045.259	125.364	3.38	8.58	9.03
P12		0 + 051.229	124.767	3.16	4.60	5.16
P13		0 + 063.498	123.540	3.10	4.18	4.54
P14		0 + 075.769	122.313	3.43	6.40	6.91
P15		0 + 078.555	122.174	5.79	19.98	20.41
P16	反弧段	0 + 083.417	122.600	6.29	23.71	24.29
P17		0 + 088.132	123.863	5.15	19.40	20.60
P18		0 + 092.555	125.925	1.10	5.06	5.21

由于该方案跌坎后边墙进行了突扩,为量测水流冲击底孔两侧边墙侧墙压力,试验在左侧边墙按照水流流型沿程布置了 9 个测压点,具体位置见图 3-4-66。表 3-4-51 和图 3-4-67 为底孔侧边时均动水压力,可以看出在两边墙水流冲击侧墙位置下游 C2 测点位置,Z7 工况正常蓄水位和 Z8 工况校核水位均出现了负压,但负压值较小,最大为 0.65 m

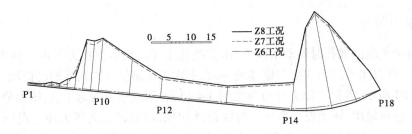

图 3-4-65　泄洪底孔底板时均动水压力分布　（单位：m 水柱）

水柱，边墙突扩设计可以满足要求。

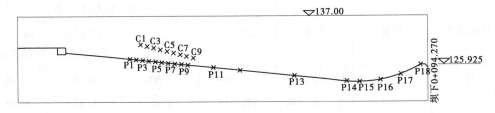

图 3-4-66　泄洪底孔侧边时均动水压力测点位置

表 3-4-51　泄洪底孔侧边时均动水压力

测点编号	位置	桩号	高程（m）	时均动水压力（m 水柱）		
				Z6 工况	Z7 工况 正常蓄水位	Z8 工况 校核洪水位
C1		0 + 028.387	130.609	0.50	0.82	1.09
C2		0 + 029.920	130.230	0.47	−0.53	−0.65
C3		0 + 031.454	129.850	0.69	0.97	1.04
C4		0 + 032.988	129.471	0.80	1.73	1.89
C5	左侧边墙	0 + 034.521	129.091	0.85	1.18	1.25
C6		0 + 036.055	128.712	1.08	3.22	4.45
C7		0 + 037.588	128.332	1.40	5.48	6.06
C8		0 + 039.122	127.953	1.45	5.54	6.88
C9		0 + 040.656	127.573	1.56	7.38	8.85

4.8.4　掺气浓度及通气量分析

　　试验观测 Z7 和 Z8 两种工况下均形成稳定而完整的底空腔及侧面空腔，底空腔长度、侧空腔长度及通气孔运用状况见表 3-4-52。由于跌坎后增加突扩体型，两侧突扩尺寸为 1.0 m，空腔长度较原短压力进口方案明显增大，正常蓄水位底空腔长度由原来的 18 m 增加至 25.5 m，校核水位由原来的 19.5 m 增加至 26 m。

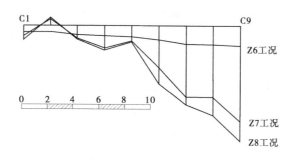

图 3-4-67　泄洪底孔侧边时均动水压力分布　（单位:m 水柱）

表 3-4-52　空腔长度及通气孔运用情况

项目	Z7 工况正常蓄水位	Z8 工况校核洪水位
底空腔长度(m)	25.5	26
侧空腔长度(m)	14.5	15
通气孔运用状况	通畅	通畅

试验对流速量测 V1～V6 断面位置两种工况下掺气浓度进行了测量,各工况下掺气浓度参见表 3-4-53,每个断面对左、中、右 3 个位置和对应每个位置垂线方向共量测了 15 个数据进行分析,图 3-4-68～图 3-4-73 为各断面及不同位置掺气浓度沿水深变化,下游底部水流掺气浓度沿程衰减,至跌坎下游 V5 断面掺气浓度仍接近 3%,V6 断面底部掺气浓度大于 V5,是由测点位置靠近鼻坎,坎后进气导致。试验表明,掺气设施对泄槽斜坡段具有较好的掺气保护能力。由于水流出工作门后突跌突扩的作用,不仅从水舌底部空腔,同时从侧空腔中补气,导致各断面掺气浓度较增设突扩前增加。

表 3-4-53　底空腔掺气浓度　　　　　　　　　　　　　　　（%）

编号	桩号	位置	Z7 工况正常蓄水位			Z8 工况校核水位		
			左	中	右	左	中	右
V1	0+039.288	表5	65.55	73.47	52.97	69.88	83.45	77.28
		4	32.45	15.68	20.58	38.37	18.50	17.53
		3	28.87	11.63	15.30	24.70	11.22	28.03
		2	19.33	14.97	19.27	19.08	11.62	21.52
		底1	16.97	23.90	17.40	29.37	11.77	37.43
V2	0+051.229	表5	81.63	86.47	78.58	65.63	71.37	82.48
		4	33.07	58.40	27.60	28.93	17.60	15.37
		3	28.52	53.17	36.80	13.63	15.63	14.80
		2	21.07	45.93	37.62	32.92	25.68	14.32
		底1	13.18	16.80	14.38	16.83	10.52	11.20

续表 3-4-53

编号	桩号	位置	Z7 工况正常蓄水位			Z8 工况校核水位		
			左	中	右	左	中	右
V3	0+063.498	表5	41.52	81.90	73.85	76.93	86.50	92.52
		4	27.42	30.88	58.46	34.88	41.08	58.37
		3	14.98	20.04	17.74	15.13	17.80	28.25
		2	14.52	18.51	55.80	22.90	35.17	30.45
		底1	12.55	13.38	17.46	15.65	25.97	15.43
V4	0+078.555	表5	18.83	71.78	55.25	37.04	85.87	71.15
		4	17.05	20.65	10.83	17.40	25.23	24.42
		3	14.01	28.54	25.74	22.92	34.60	34.12
		2	10.78	17.21	13.92	7.05	18.42	18.28
		底1	5.30	5.43	3.25	7.56	8.27	7.98
V5	0+088.132	表5	38.20	65.87	70.10	75.62	88.88	56.58
		4	20.78	18.10	42.85	30.52	67.73	37.75
		3	3.83	28.17	10.78	19.18	50.07	20.28
		2	1.23	13.63	0.90	7.20	5.43	15.22
		底1	2.90	2.72	2.35	2.93	2.82	2.90
V6	0+092.555	表5	33.07	48.25	82.82	86.85	83.15	72.40
		4	12.42	31.85	68.07	24.75	23.92	52.40
		3	11.77	17.43	10.80	23.98	16.47	12.88
		2	7.10	7.25	7.28	2.05	2.05	0.82
		底1	7.07	8.58	6.02	6.38	8.90	6.08

试验同样量测左、右通气孔距底部 3 m 处的风速,由于模型上闸门后突扩侧空腔与大气相同,由侧空腔补进一部分气体,因而模型实测通气孔风速较小,正常蓄水位 Z7 工况左、右侧通气孔风速为 15.84 m/s 和 16.40 m/s,校核水位 Z8 工况对应原型风速为 16.73 m/s 和 16.42 m/s,满足"通气孔风速最大值不大于 60 m/s"的规范规定,通气孔设计面积满足要求。

计算不同工况下原型通气量,计算结果见表 3-4-54。通气孔通气量随流量增大而增大,校核水位下总通气量为 21.09 m^3/s,掺气减蚀设施可形成稳定而完整的空腔,对底孔明流斜坡段具有较好的减蚀保护效果。

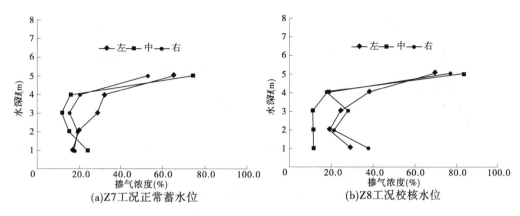

(a)Z7工况正常蓄水位　　　　　　　　(b)Z8工况校核水位

图 3-4-68　V1 断面掺气浓度沿水深分布

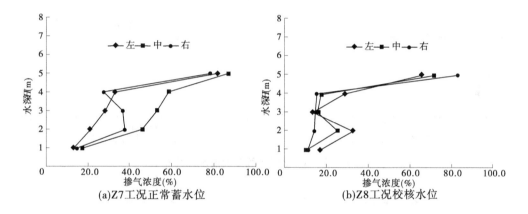

(a)Z7工况正常蓄水位　　　　　　　　(b)Z8工况校核水位

图 3-4-69　V2 断面掺气浓度沿水深分布

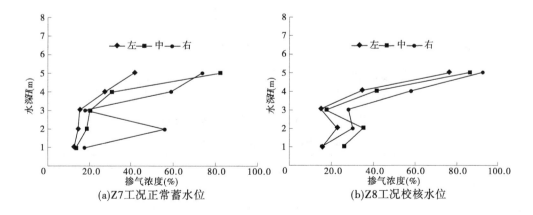

(a)Z7工况正常蓄水位　　　　　　　　(b)Z8工况校核水位

图 3-4-70　V3 断面掺气浓度沿水深分布

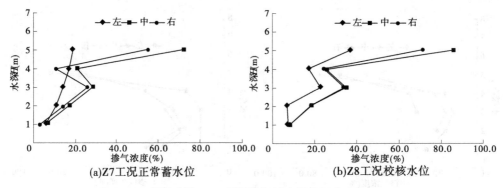

(a)Z7工况正常蓄水位　　　　　　　　(b)Z8工况校核水位

图 3-4-71　V4 断面掺气浓度沿水深分布

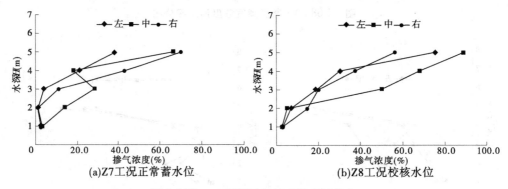

(a)Z7工况正常蓄水位　　　　　　　　(b)Z8工况校核水位

图 3-4-72　V5 断面掺气浓度沿水深分布

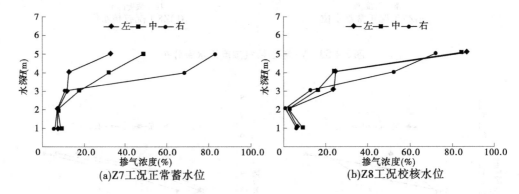

(a)Z7工况正常蓄水位　　　　　　　　(b)Z8工况校核水位

图 3-4-73　V6 断面掺气浓度沿水深分布

表 3-4-54　通气孔风速及通气量

项目	正常蓄水位 Z7 工况	校核水位 Z8 工况
左侧通气孔风速(m/s)	15.84	16.73
右侧通气孔风速(m/s)	16.40	16.42
左右平均通气量 Q_{ap}(m³/s)	10.25	10.54

4.8.5　空蚀空化分析

表 3-4-55 为底孔明流段测点水流空化数 σ 计算值,图 3-4-74 为水流空化数沿程分布图。可以看出,在量测位置桩号 0 + 051. 229 和 0 + 063. 498 处水流空化数 σ 值小于规范要求 0. 3,但此处掺气浓度大于设计规范的 3% 不需设置掺气槽。0 + 092. 555 鼻坎处水流空化数 σ 值小于规范要求 0. 3,掺气浓度也小于设计规范的 3% ,该段水流断面平均流速为 35. 18 m/s,接近规范上限值,可考虑设置掺气槽,若不设置,为安全起见应采用高强度、耐磨抗蚀的混凝土,并在施工时应严格控制平整度。其余测点位置空化数均大于 0. 3且掺气浓度也大于 3% ,不需设置掺气槽。

表 3-4-55　底孔明流段测点水流空化数 σ 计算

测点部位	测点桩号	正常蓄水位 Z7 工况	校核水位 Z8 工况
斜坡段	0 + 039. 288	0. 414	0. 354
	0 + 051. 229	0. 252	0. 222
	0 + 063. 498	0. 241	0. 210
反弧段	0 + 078. 555	0. 545	0. 492
	0 + 088. 132	0. 533	0. 514
	0 + 092. 555	0. 257	0. 255

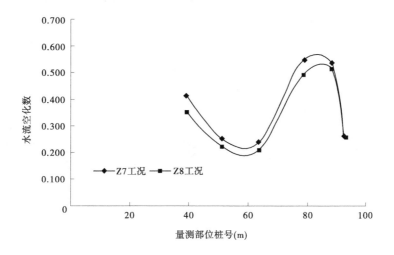

图 3-4-74　底孔明流段水流空化数沿程变化

4.8.6　挑流水舌及下游流态

出口左边墙改为直线,右边墙改为抛物线体型,扩散段长度为 35 m。图 3-4-75 为水面中心线轨迹,图 3-4-76 ~ 图 3-4-78 为各种工况下挑流水舌形态。

试验结果表明:Z6 工况、Z7 工况和 Z8 工况下挑流水舌入水点分别为桩号 0 +

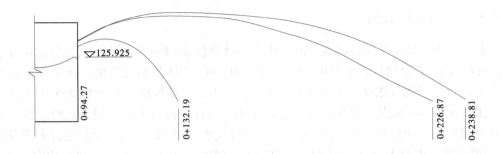

图 3-4-75　底孔挑流水舌水面中心线轨迹

图 3-4-76　Z6 工况($Q = 380$ m³/s, $H = 143.20$ m)下挑流水舌形态

图 3-4-77　Z7 工况($Q = 1\ 012$ m³/s, $H = 210$ m)下挑流水舌形态

图 3-4-78　Z8 工况($Q = 1\,039\ \mathrm{m^3/s}, H = 213.56\ \mathrm{m}$)下挑流水舌形态

132.19、0 + 226.87 和 0 + 238.81 处,即水舌长度分别为 37.9 m、132.6 m 和 144.5 m。与原设计相比较,正常蓄水位和校核水位下水舌长度分别增加了 2.5 m 和 9.54 m。由于明流段扩散段较长且扩散角度较小,试验观测 Z6 工况下水舌出鼻坎后扩散不明显;在 Z7 工况正常蓄水位和 Z8 工况校核水位下,水舌左、右扩散也不明显,靠右侧抛物线体型边墙位置水冠高度明显高于左侧,表 3-4-56 统计了水舌入水宽度及偏向左、右两岸距离。校核水位下水舌宽度由原方案的 96 m 减小至 40 m,横向影响范围大大减小。

表 3-4-56　挑流水舌入水点横向距离　　　　　　　　　　　　　　(单位:m)

项目	Z6 工况	Z7 工况正常蓄水位	Z8 工况校核洪水位
左侧入水点(距中心线)	7.5	16.4	16.74
右侧入水点(距中心线)	8.25	22.5	23.5
向右偏离(距中心线)	0.75	6.1	6.76
入水宽度	15.75	38.9	40.24

4.8.7　下游河道冲刷

进行下游河道冲刷试验时,模型初始地形是按照设计提供下游河道地形图高程铺设,模型冲刷试验历时为 4 h(相当于原型时间 21.9 h)。下游水位由设计计算的坝下 400 m 位置水位流量关系表确定。各工况下冲刷坑深度与位置见表 3-4-57,表中最大冲刷深度按水舌入水点附近河底高程 111.0 m 减去模型实测最深点高程计算得出。各种工况下冲刷坑最深点高程分别为 99.65 m、93.25 m 和 92.59 m，最大冲刷坑深度分别为 11.35 m、17.75 m 和 18.41 m。由于水舌横向扩散较原短压力进口方案相比小很多，水流消能不充分，出口修改方案下游冲刷深度有了较大增加，正常蓄水位下最大冲刷深度增大 8.59 m，校核洪水位下最大冲刷深度增大 7.48 m。下游冲刷坑地形绘于图 3-4-79 ~ 图 3-4-81，图中纵坐标轴为坝下桩号，横坐标 0 对应泄洪底孔中心线位置。

表 3-4-57　冲刷坑深度与位置

特征水位	下游水位（m）	最深点高程（m）	最大冲刷坑深度(m)	最深点位置（桩号）	最深点距鼻坎末端距离(m)
Z6 工况	111.50	99.65	11.35	0 + 122.77	28.5
Z7 工况正常蓄水位	112.55	93.25	17.75	0 + 229.27	135
Z8 工况校核洪水位	114.17	92.59	18.41	0 + 238.87	144.6

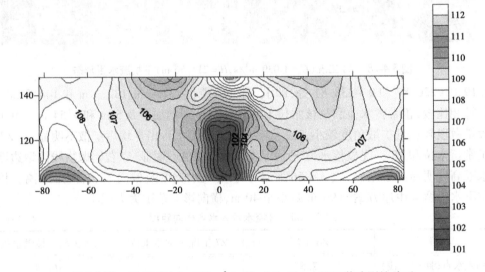

图 3-4-79　Z3 工况（$Q = 380$ m³/s，$H = 143.20$ m）下下游冲刷坑地形

4.8.8　脉动压力特性

对底孔侧墙、斜坡段和反弧段选取代表性测点对脉动压力进行了量测，正常蓄水位 Z7 工况和校核洪水位 Z8 工况下各测点脉动压力波形图与原设计相比差别不大。

4.8.8.1　脉动压力幅值

各测点位置及脉动压力特征值见表 3-4-58、表 3-4-59，试验结果表明，斜坡段脉动压力强度均方根 σ 为 2.82 ~ 62.51 kPa；鼻坎段脉动压力受反弧离心力影响，与冲击脉动压力类似，均方根 σ 为 4.17 ~ 6.01 kPa。与原方案脉动压力分布特性相似，均方根最大点出现在校核水位斜坡段最大冲击点附近，均方根最大值由原来的 34.858 kPa 增大至 62.51 kPa。

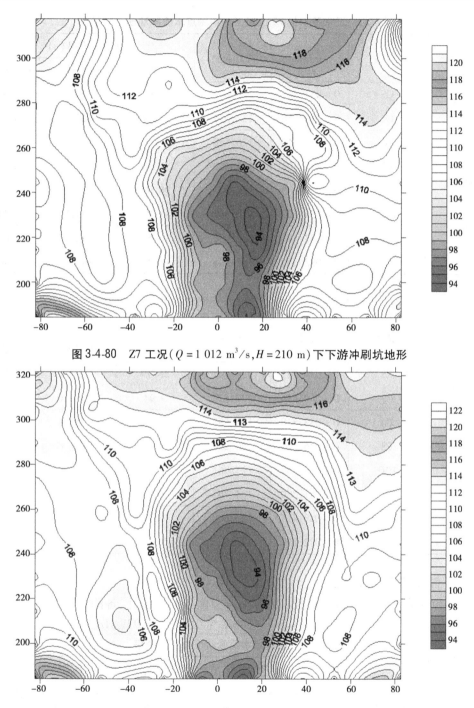

图 3-4-80　Z7 工况($Q = 1\,012\ \mathrm{m^3/s}, H = 210\ \mathrm{m}$)下下游冲刷坑地形

图 3-4-81　Z8 工况($Q = 1\,039\ \mathrm{m^3/s}, H = 213.56\ \mathrm{m}$)下下游冲刷坑地形

表 3-4-58　正常蓄水位 Z7 工况下不同测点水流脉动压力特征值

测点位置	编号	桩号	高程(m)	脉动压力(kPa)		
				最大值	最小值	均方根值
侧墙	C5	0 + 034.521	129.091	29.63	- 20.59	7.05
	C9	0 + 040.656	127.573	35.77	- 27.95	11.02
斜坡段	P6	0 + 033.318	126.558	194.85	- 75.03	27.18
	P8	0 + 036.303	126.260	201.41	- 93.22	47.41
	P10	0 + 039.288	125.961	98.92	- 76.03	23.89
	P12	0 + 051.229	124.767	11.00	- 11.91	3.40
反弧段	P16	0 + 083.417	122.600	16.52	- 12.17	6.01
	P18	0 + 092.555	125.925	11.46	- 10.66	4.44

表 3-4-59　校核洪水位 Z8 工况下不同测点脉动压力特征值

测点位置	编号	桩号	高程(m)	脉动压力(kPa)		
				最大值	最小值	均方根值
侧墙	C5	0 + 034.521	129.091	26.79	- 5.08	7.51
	C9	0 + 040.656	127.573	9.94	- 55.80	23.49
斜坡段	P6	0 + 033.318	126.558	54.52	- 35.34	11.99
	P8	0 + 036.303	126.260	93.02	- 126.47	62.51
	P10	0 + 039.288	125.961	111.13	- 36.03	29.80
	P12	0 + 051.229	124.767	10.41	- 8.53	2.82
反弧段	P16	0 + 083.417	122.600	13.55	- 17.31	5.32
	P18	0 + 092.555	125.925	10.08	- 11.39	4.17

4.8.8.2　脉动压力频谱特性

表 3-4-60 为试验实测不同测点水流脉动压力优势频率统计,各测点引起压力脉动的涡旋结构仍以低频为主,水流脉动压力优势频率为 0.293 ~ 0.977 Hz。

表 3-4-60　各测点水流脉动压力优势频率

测点位置	编号	桩号	高程(m)	脉动压力优势频率(Hz)	
				正常蓄水位	校核洪水位
侧墙	C5	0 + 034.521	129.091	0.293	0.488
	C9	0 + 040.656	127.573	0.488	0.488

续表 3-4-60

测点位置	编号	桩号	高程(m)	脉动压力优势频率(Hz)	
				正常蓄水位	校核洪水位
斜坡段	P6	0+033.318	126.558	0.391	0.977
	P8	0+036.303	126.260	0.586	0.391
	P10	0+039.288	125.961	0.391	0.977
	P12	0+051.229	124.767	0.293	0.293
反弧段	P16	0+083.417	122.600	0.684	0.488
	P18	0+092.555	125.925	0.391	0.684

4.8.9 结论

(1)各工况下水流出闸孔后均能在左、右两侧形成空腔,空腔范围随水位升高增大,两侧边墙水舌冲击处产生水翅,试验观测上游库水位 170~190 m 时,水翅上下波动范围最大,有水花溅出超过边墙高度,库水位逐渐增高至正常蓄水位和校核水位时水翅最大波动高度减小,未冲击工作门门铰。

(2)Z6 工况下各断面平均流速为 14.10~15.23 m/s,差异不大,最大断面平均流速出现在 V4 断面处;Z7 工况正常蓄水位下断面平均最大流速 33.95 m/s,Z8 工况校核水位下断面平均最大流速 36.79 m/s,均出现在 V3 量测断面。

(3)跌坎下游底板各测点压力均为正值,压力分布均匀,且符合正常分布规律,体型设计合理。在两边墙水流冲击侧墙位置下游 C2 测点,Z7 工况正常蓄水位和 Z8 工况校核水位下均出现了负压,但负压值较小,最大为 0.65 m 水柱,边墙突扩设计可以满足要求。

(4)底空腔长度较原短压力进口方案明显增大,正常蓄水位底空腔长度由原来的 18 m 增加至 25.5 m,校核水位由原来的 19.5 m 增加至 26 m。

(5)正常蓄水位 Z7 工况下左、右侧通气孔风速为 15.84 m/s 和 16.40 m/s,校核水位 Z8 工况对应原型风速为 16.73 m/s 和 16.42 m/s,满足规范规定,通气孔设计面积满足要求;通气孔通气量随流量增大而增大,校核水位下通气量为 10.54 m³/s,掺气减蚀设施可形成稳定而完整的空腔,对底孔明流斜坡段具有较好的减蚀保护效果。

(6)各断面下由于水流出闸孔后受体型突扩影响,水舌在侧向增加掺气,水舌冲击侧墙后也形成充分掺气,表面掺气浓度明显大于底部,突扩突跌掺气与仅突跌相比,底部水舌冲击区掺气效果有改善。

(7)鼻坎处水流空化数 σ 值小于规范要求 0.3,掺气浓度也小于设计规范的 3%,该段水流断面平均流速为 35.18 m/s,接近规范上限值,可考虑设置掺气槽,若不设置应采用高强度、耐磨抗蚀的混凝土,并在施工时应严格控制平整度。其余测点位置空化数均大于 0.3 且掺气浓度也大于 3%,不需设置掺气槽。

(8)Z6 工况、Z7 工况和 Z8 工况下挑流水舌入水点分别为桩号 0+132.19、0+226.87 和 0+238.81 处,即水舌长度分别为 37.9 m、132.6 m 和 144.5 m。由于明流段扩散段较长且扩散角度较小,水舌左右扩散不明显,靠右侧抛物线体型边墙位置水冠高度明显高于左侧。

(9)各种工况下最大冲刷坑深度分别为 11.35 m、17.75 m 和 18.41 m,由于水舌横向扩散较原短压力进口方案相比小很多,水舌入水宽度减小一半多,水流消能效果不如原方案,出口修改方案下游冲刷深度有了较大增加,正常蓄水位下最大冲刷深度增大 8.59 m,校核洪水位下最大冲刷深度增大 7.48 m。

(10)斜坡段脉动压力强度均方根 σ 为 2.82 ~ 62.51 kPa;鼻坎段脉动压力受反弧离心力影响,与冲击脉动压力类似,均方根 σ 为 4.17 ~ 6.01 kPa;各测点引起压力脉动的涡旋结构仍以低频为主,水流脉动压力优势频率为 0.293 ~ 0.977 Hz。

参考文献

[1] 中华人民共和国水利部.水工(常规)模型试验规程:SL 155—2012[S].北京:中国水利水电出版社,2012.

[2] 武汉水利电力学院河流泥沙工程学教研室.河流泥沙工程学[M].北京:水利出版社,1981.

[3] 南京水利科学研究院,北京水利科学研究院.水工模型试验[M].2版.北京:水利水电出版社,1985.

[4] 李炜.水力计算手册[M].2版.北京:中国水利水电出版社,2006.

[5] 国家能源局.水电水利工程掺气减蚀模型试验规程:DL/T 5245—2010[S].北京:中国电力出版社,2010.

[6] 夏毓常,张黎明.水工水力学原型观测与模型试验[M].北京:中国电力出版社,1998.

[7] 中华人民共和国水利部.溢洪道设计规范:SL 253—2010[S].北京:中国水利水电出版社,2000.

[8] 黄继汤.空化与空蚀的原理及应用[M].北京:清华大学出版社,1991.

[9] 梁川,倪汉根.不平整突体初生空化数的一种新表达式[EB/OL].水利水电泄水工程与高速水流信息网,1996.

[10] 武汉水利电力学院水力学教研室.水力学[M].北京:人民教育出版社,1974.

[11] 李远发,等.黄河小浪底水利枢纽配套工程——西霞院反调节水库整体动床水工模型试验报告[R].郑州:黄河水利科学研究院,2002.

[12] 郭子中.消能防冲原理与水力设计[M].北京:科学出版社,1982.

[13] 武汉水利电力学院水力学教研室.水力计算手册[M].北京:水利出版社,1980.

[14] 华绍曾,杨学宁,等.实用流体阻力手册[M].北京:国防工业出版社,1985.

[15] 陈惠玲,美树海.高坝泄洪雾化模型和工程影响分析[R].南京:南京水利科学研究院,1986.

[16] 刘宣烈,张文周.空中水舌运动特性研究[J].水力发电学报,1988(2):46-54.

[17] 孙双科,刘之平.泄洪雾化降雨的纵向边界估算[J].水利学报,2003(12):53-60.

[18] 陈惠玲,柴恭纯.泄洪运用方式对拱坝挑流雾化影响的初步分析研究[R].南京:南京水利科学研究院,1989.

[19] 杨敏,彭新民.高坝水垫塘底板上举力特性与预测方法[J].水利水电技术,2003(9):29-31.

[20] 中华人民共和国水利部.混凝土重力坝设计规范:SL 319—2005[S].北京:中国水利水电出版社,2005.

[21] 中华人民共和国电力工业部.水工建筑物荷载设计规范:DL 5077—1997[S].北京:中国电力出版社,1998.

[22] 中华人民共和国国家发展和改革委员会.DL 5207—2005:水工建筑物抗冲磨防空蚀混凝土技术规范[S].北京:中国电力出版社,2005.

[23] 郭选英,等.甘肃省巴家嘴水库除险加固工程初步设计报告[R].郑州:黄河勘测规划设计有限公司,2004.

[24] 王明甫.高含沙水流及泥石流[M].北京:水利电力出版社,1995.

[25] 卢泰山,王国杰.梯形明渠驼峰堰泄流能力试验研究[J].人民长江,2011(9):87-89.

［26］苗隆德,江峰,王飞虎.驼峰堰的水力特性研究［J］.西北水资源与水工程,1997(1):30-33.

［27］陈忠儒,陈义东.窄缝式消能工的水力特性及其体型研究［J］.水利水电科技进展,2003(2):25-29.

［28］戴振霖,宁利中.窄缝消能工水力设计中几个问题的研究［J］.陕西机械学院学报,1987,3(2):71-81.

［29］宋常春.水利水电行业标准《水工建筑物荷载设计规范》［J］.水利水电标准化与计量,1996(2).

［30］李渭新,王韦.挑流消能雾化范围的预估［J］.四川联合大学学报(工程科学版),1999,3(6):17-23.